PAUL-WERNER KRAPKE
LEOPARD 2
sein Werden und seine Leistung

Abbildungsnachweis

Folgende Firmen und Einzelpersonen stellten Abbildungen zur Verfügung:

AEG-Telefunken Anlagentechnik AG, Wedel
Julius Behr GmbH & Co. KG, Stuttgart
Blohm & Voss AG, Hamburg
Contraves AG, Zürich
Deugra Gesellschaft für Brandschutzsysteme mbH, Ratingen
Diehl Remscheid, Zweigwerk der Diehl GmbH & Co., Remscheid
Dräger-Werke AG, Lübeck
Elektro Spezial Unternehmensbereich der Philips GmbH, Bremen
Feinmechanische Werke Mainz, Mainz
FAG Kugelfischer Georg Schäfer KG auf Aktien, Schweinfurt
Grammer Sitzsysteme GmbH, Amberg
Glaswerke Haller GmbH, Kirchlengern
Hilmes, Rolf, Koblenz
Jung Jungenthal GmbH, Kirchen
INA Wälzlager Schaeffler KG, Herzogenaurach
Krauss-Maffei AG, München
Krupp Atlas Elektronik GmbH, Bremen
Krupp Mak Maschinenbau GmbH, Kiel

Ernst Leitz Wetzlar GmbH, Wetzlar
Mann & Hummel GmbH, Ludwigsburg
Maurer, O., O i. G., Gwatt-Thun
MTU Motoren- und Turbinen-Union Friedrichshafen GmbH, Friedrichshafen
Martini, Reinhold, OTL, Aachen
Dr. Ing. h. c. F. Porsche AG, Stuttgart
Rheinmetall GmbH, Düsseldorf
Rothe Erde-Schmiedag AG, Dortmund
Spielberger, Walter J., Wessling
Alfred Teves GmbH, Frankfurt
Westermeier, Uwe, Dipl.-Ing., Stolberg
Webasto-Werk W. Baier GmbH & Co., Gauting
Wegmann & Co. GmbH, Kassel
Westfälische Metallindustrie KG, Lippstadt
Zahnräderfabrik Renk AG, Augsburg
Zahnradfabrik Friedrichshafen AG, Friedrichshafen
Carl Zeiß, Oberkochen

Herstellung: Books on Demand GmbH, Norderstedt
ISBN 3-8334-1425-1

Was wäre ein Buch über den Kampfpanzer LEOPARD 2
ohne einen Blick auf die Panzertruppe selbst?
Neben Werden und Leistung des Panzers berichtet
Paul-Werner Krapke über die Panzerentwicklung
in der Zeit vor dem Ersten Weltkrieg und betrachtet
die Neuaufstellung der Panzertruppe in der
Bundeswehr.

KRAPKE · **LEOPARD 2**

Inhaltsverzeichnis

	Vorwort	7
	Einleitung	9
1	**Der Wiederaufbau der Panzertruppe in der Bundeswehr und ihre Ausstattung**	11
1.1	Einleitung	11
1.2	Die politische Entwicklung	11
1.3	Die Geburtsstätte der deutschen Panzertruppe	11
1.4	Die Ausstattung mit Großgeräten	11
2	**Die Entwicklung zum Kampfpanzer LEOPARD 2**	13
2.1	Ursprünge	13
2.2	Beginn der Panzerentwicklung	14
2.3	Neubeginn der Bundeswehr	16
2.4	LEOPARD 1	17
2.5	KPz 70	18
2.6	LEOPARD 2	19
3	**Die technische Konzeption und ihre Veränderung durch den technologischen Fortschritt**	54
4	**Der Kampfwert des LEOPARD 2 und seine Parameter: Feuerkraft – Überlebensfähigkeit – Beweglichkeit – Verfügbarkeit**	57
4.1	Das angestrebte Ziel	57
4.2	Die Feuerkraft	57
4.3	Die Überlebensfähigkeit	60
4.4	Die Beweglichkeit	61
4.5	Die Verfügbarkeit	61
5	**Technische Beschreibung der Baugruppen**	64
5.1	Der Generalunternehmer	64
5.2	Fahrgestellbaugruppen	68
5.3	Turmbaugruppen	94
6	**Fertigung**	109
6.1	Einleitung	109
6.2	Voraussetzung	109
6.3	Fertigungsvorbereitung	109
6.4	Fertigung	110
6.5	EDV-Steuerung	111
6.6	Qualitätssicherung	111
7	**Die Vertragsgestaltung** von Dir BWB Klemens Reinhard	113
7.1	Vorbemerkung	113
7.2	Die Experimentalentwicklung	113
7.3	Entwicklung von 5 Prototypen eines Kampfpanzers LEOPARD 2(K) mit 105 mm-Turm und zwei Turm-Prototypen 120 mm	113
7.4	Herstellung und Lieferung von zehn 0-Serien-Fahrzeugen des KPz LEOPARD 2(K) und zwei Ersatztriebwerken	114
7.5	Entwicklung, Fertigung und Lieferung eines Prototyps des KPz LEOPARD 2 AV und von zwei Türmen T 20 und T 21	114
7.6	Die Serienreifmachung	114
7.7	Fortführung der Serienreifmachung durch die Fa. Krauss-Maffei AG	116
7.8	Die Beschaffung der Kampfpanzer LEOPARD 2 (Serie)	119
7.9	Herstellung der Versorgungsreife	120
7.10	Planung der Haushaltsmittel	120
7.11	Nachwort	120
8	**System- und Gesamtbetrachtungen**	125
8.1	Die taktische Bedeutung des KPz	125
8.2	Entwicklungstendenzen im Bau des Kampfpanzers	125
8.3	Das Entwicklungsmanagement	125
8.4	Technische Probleme und deren Lösung	139
8.5	Probleme im Zusammenhang mit der Herstellung der Versorgungsreife	144

8.6	Probleme, die durch schnell fortschreitende Technik, durch Wandlung des Gefechtsbildes, politische Entscheidungen und fehlende Etatmittel auftraten	145
9	**Versorgung des KPz LEOPARD 2**	**146**
9.1	Überbrückungsmaßnahmen	147
9.2	Versorgungsreife	147
9.3	Qualitätsdatensysteme	152
10	**Die Ausbildung der Panzerbesatzung KPz LEOPARD 2** von OTL Hermann Rößler	**162**
10.1	Einleitung	162
10.2	Grundausbildung	162
10.3	Ausbildungsziele	162
10.4	Vollausbildung	163
10.5	Aufbau der Schießausbildung	163
10.6	Schul- und Gefechtsschießen	163
10.7	Ausbildungsmittel, Ausbildungshilfsmittel	163
10.8	Ausbildung zum Panzerkommandanten	164
10.9	Vorschriften und Ausbildungshilfsmittel	164
10.10	Zusammenfassung	164
11	**Die Ausbildung der Soldaten der Technischen Truppe und der Instandsetzungsdienste**	**166**
11.1	Die Ausbildung des Instandsetzungspersonals für das Fahrgestell von OTL Reinhold Martini	166
11.2	Die Ausbildung des Instandsetzungspersonals für Turm und Bewaffnung von Hpt Dipl.-Ing. Uwe Westermeier	174
12	**Eine Aussage der Truppe** von OTL Reinhold Schulenburg	**180**
12.1	Erfahrungen und Einsichten aus der Begegnung mit dem Kampfpanzer LEOPARD 2	180
12.2	Erfahrungen und Einsichten aus der Begleitung des Projektes Kampfpanzer LEOPARD 2 in der heißen Phase seiner Entwicklung	180
12.3	Erfahrungen und Einsichten mit dem Kampfpanzer LEOPARD 2 im Truppeneinsatz	181
12.4	Zusammenfassende Bewertung	184
12.5	Folgerung für die Zukunft	184
13	**Aspekte der Weiterentwicklung**	**185**
13.1	Kriterien	185
13.2	Zeitpunkt	186
13.3	Betrachtung	186
13.4	Gedanken nach der neuen Rüstungsplanung	194
14	**LEOPARD 2 im Ausland**	**198**
14.1	Niederlande	198
14.2	Schweiz	199
14.3	Aussichten in anderen Ländern	207
15	**Ausblick**	**208**
15.1	Was spricht für den Generalunternehmer?	208
15.2	Wo sind Verbesserungsmöglichkeiten?	208
15.3	Generalunternehmer für Fertigung und Entwicklung?	208
15.4	Nutzt der Generalunternehmer seine Systemkenntnisse aus?	208
15.5	Wo liegen die Vorteile eines GU für das BWB, für die Industrie?	208
15.6	Verbilligt der GU ein Programm, oder verteuert er es?	209
15.7	Generalunternehmer – nur große Firmen?	209
15.8	Möglichkeiten zur Kostenreduzierung	210
15.9	Möglichkeiten zur Senkung der Entwicklungskosten	210
15.10	Zeitlicher Ablauf	211
15.11	Organisationsänderungen im Rüstungsbereich	211
15.12	Änderungen in der Personalstruktur	212
15.13	Schlußwort	212
16	**Abkürzungen**	**213**
17	**Literaturverzeichnis**	**217**
18	**Stichwortverzeichnis**	**218**
	Inserenten	221

Vorwort

Der LEOPARD 2 ist ein Spitzenprodukt deutscher Wehrtechnik, das auch im internationalen Vergleich eine herausragende Bewertung erfahren hat.
Ein ausgewogenes Verhältnis von
überlegener Feuerkraft durch Waffe und Feuerleitanlage,
hoher Beweglichkeit,
angemessenem Schutz und
guter Führbarkeit
zeichnen dieses gepanzerte Hauptwaffensystem aus.
Soldaten und Fachpersonal des wehrtechnischen Bereiches wie der Industrie haben in Planung, Entwurf, Entwicklung und letztlich auch in der Produktion ein Meisterstück deutscher Wertarbeit geschaffen. Echter Teamgeist, sorglich gepflegt von den jeweiligen Beauftragten in eigenen Reihen und, übergreifend im dialogischen Prinzip, zu den Partnern, hat sich hier besonders bewährt.
Die Entwicklung des LEOPARD 2 geht vornehmlich auf drei Quellen zurück:
Erfahrung mit dem LEOPARD 1,
Erkenntnisse aus der Zusammenarbeit mit den USA im Vorhaben Kampfpanzer 70,
gezielte Untersuchungen aus der zum Teil überlappend angesetzten Experimentalentwicklung.
Das Ergebnis LEOPARD 2 ist die dringend erforderlich gewordene Antwort auf die qualitativ wie quantitativ gewachsene Bedrohung aus dem Osten, er ist damit ein bedeutender Baustein im Konzept der Abschreckung, um Frieden und Freiheit des deutschen Volkes zu sichern.

Dipl.Ing. *Dietrich Willikens*
Gen.Lt.a.D.

Einleitung

Dieses Buch entstand zu einer Zeit, als ich genügend Abstand zu meiner Arbeit und das Produkt dieser Arbeit, der LEOPARD 2, national und international Anerkennung gefunden hatte. Die technische Leistungsfähigkeit dieses Waffensystems ist überragend. Der erzielte technische Fortschritt gegenüber der vorigen Gerätegeneration kann wohl kaum wiederholt werden. Die Entwicklung wird über lange Zeit Meßlatte zukünftiger Arbeiten bleiben. Erzielt wurde diese Leistung gegen viele widrige Umstände und Einflüsse von innen und außen, so daß kein gradliniger Entwicklungsgang möglich war. Trotzdem konnte der finanzielle Aufwand begrenzt, die Planung der finanziellen Mittel eingehalten und teilweise sogar unterschritten werden. Die Öffentlichkeit nahm von der Entwicklung und Einführung zwar Kenntnis, aber im Gegensatz zu anderen Waffensystemen machte der LEOPARD 2 nie Schlagzeilen wegen Überziehung der vorgesehenen Haushaltsmittel oder verspäteter Einführung oder gar mangelnder Leistungsfähigkeit. All das hat mich veranlaßt nachzudenken, wie diese Entwicklung ablief, mich zu erinnern, welche Umstände bestimmend waren, welche Maßnahmen zukünftig übernommen oder geändert werden sollten. Ferner erinnere ich mich gern der Menschen, die mit mir zum Gelingen der Aufgabe beigetragen haben. Dabei wurde mir aber auch bewußt, welche politische Bedeutung meine Aufgabe und ihre Erfüllung hat. Ich habe über die Auswirkung laut nachgedacht und werde nicht immer von meinen alten Mitstreitern verstanden. Die Notwendigkeit dieses Waffensystems habe ich nie geleugnet, lehne aber aus politischen Gründen die Ausschließlichkeit der Verwendung von Kampfpanzern ab. Im Kapitel über »Aspekte der Weiterentwicklung« nenne ich eine mögliche Alternative.

Zum Schluß möchte ich allen meinen amtlichen und industriellen Mitarbeitern danken für ein hervorragendes Teamwork in allen Situationen. Höhen und Tiefen waren zu überwinden, sich überschneidende Termine waren zu erfüllen, und immer trat ich als Fordernder auf. Bemüht, die Kosten nicht ausufern zu lassen, war ich sicherlich nicht immer ein bequemer Vertragspartner. Trotzdem ist über die Jahre zwischen allen Beteiligten ein Teamgeist gewachsen, der letztlich Triebfeder für die Erreichung des Zieles war.

Dank auch allen Mitautoren und den namenlosen stillen Helfern, die mir die Erstellung dieses Buches ermöglicht haben.

Paul-Werner Krapke

1 Der Wiederaufbau der Panzertruppe in der Bundeswehr und ihre Ausstattung

1.1 Einleitung

Mit dem Inkrafttreten der »Bedingungslosen Kapitulation« am 9. Mai 1945 wurden nicht nur die letzten noch bestehenden Verbände der Deutschen Wehrmacht aufgelöst, es wurde auch das gesamte noch vorhandene Kriegsgerät entweder abtransportiert oder vernichtet. Militärische Anlagen wurden gesprengt, abgerissen oder zivilen Zwecken nutzbar gemacht. Über eine eventuelle Wiederbewaffnung wurde in dem zertörten Nachkriegsdeutschland zu dieser Zeit nicht einmal nachgedacht, jedenfalls nicht in den westlichen Besatzungszonen. Man muß an diese Tatsache erinnern, wenn man heute über den Wiederaufbau der deutschen Panzertruppe in der Bundeswehr als Teil eines westlichen Verteidigungsbündnisses nachdenkt.

1.2 Die politische Entwicklung

Selten in der deutschen Geschichte vorher ist das Primat der Politik über den militärischen Gesamtbereich so offensichtlich gemacht worden wie bei der Wiederbewaffnung Deutschlands nach dem Zweiten Weltkrieg.
Entgegen den »Potsdamer Entmilitarisierungsbestimmungen« hatte die UdSSR die Bildung einer militärischen Truppe in der damaligen Sowjetischen Besatzungszone veranlaßt. Bereits am 3. Juli 1948 wurde die Aufstellung der »Kasernierten Bereitschaften« in Stärke von 1 000 Mann befohlen. Diese Truppe war bis Ende 1948 schon auf 8 000 Mann angewachsen. Die DDR verfügte bis Ende 1950 über ca. 70 000 Mann, die in die drei Teilstreitkräfte Armee, Marine, Luftwaffe gegliedert waren. Daneben verfügte die Grenzpolizei zu diesem Zeitpunkt über weitere 18 000 Mann.
Unter dem Zwang dieser Tatsache bestellte Bundeskanzler Dr. Adenauer am 24. Mai 1950 den General der Panzertruppen a.D. Graf von Schwerin zu seinem militärischen Berater in Sicherheitsfragen. Am 26. Oktober 1950 ernannte Adenauer den Bundestagsabgeordneten Theodor Blank zum Bevollmächtigten für die mit der Vermehrung der Alliierten Truppen zusammenhängenden Fragen. Er begründete das später allgemein so genannte »Amt Blank«.
In der »New Yorker Konferenz« der Außenminister der Westmächte entwickelten die USA über eine westdeutsche Aufrüstung feste Vorstellungen, die jedoch auf erhebliche Vorbehalte der französichen Regierung stießen. Am 24. Oktober 1950 stimmte der französische Ministerpräsident Pleven der Aufstellung einer Europaarmee zu, und am 19. Dezember 1950 billigten die Außen-und Verteidigungsminister auch die Teilnahme deutscher Kontingente an dieser europäischen Armee.
Nachdem die »Neun-Mächte-Konferenz« in den »Pariser Verträgen« vom Oktober 1954 dem Beitritt der Bundesrepublik Deutschland zum Nordatlantikpakt zugestimmt und ein Kontingent von 12 Divisionen und einer Höchststärke von 500 000 Mann festgesetzt hatte, stimmte der Deutsche Bundestag am 27. Februar 1955 mit Mehrheit diesen Verträgen zu. Knapp 10 Jahre waren seit dem Kriegsende vergangen, und es ist nur zu verstehen, daß neben den materiellen Belastungen in einer Zeit der leeren Kassen auch große Antrengungen notwendig waren, um die tiefe Abneigung oder mindestens die allgemein vorherrschende Passivität in der Bevölkerung zu überwinden.

1.3 Die Geburtsstätte der deutschen Panzertruppe

Als die eigentliche Geburtsstätte der neuen Panzertruppe kann Munster bezeichnet werden, ein kleines Dorf in der Lüneburger Heide. Die unmittelbare Nähe zur Zonengrenze hatte die Entscheidung zwar nicht leicht gemacht, aber Munster hatte als Militärstandort eine lange Tradition. Für die Aufstellung der Panzertruppe der Bundeswehr waren in Munster noch Baracken und einige Kasernenbauten von der Wehrmacht vorhanden. Für die Truppenausbildung stand das sehr beschränkte und noch durch Gasgranaten verseuchte Gelände der »Raubkammer« zur Verfügung. Das räumlich und baulich günstigere Gelände um das Lager Bergen-Hohne, das bis zum Ende des Krieges zur Panzertruppenschule der Wehrmacht gehört hatte, war den britischen Truppen vorbehalten.

1.4 Die Ausstattung mit Großgeräten

Als Starthilfe wurden der Bundeswehr ca. 1 100 Kampfpanzer M 47, eine beschränkte Anzahl des leichteren Panzers M 41 und einige Schützenpanzer M 39 aus Beständen der US-Army vornehmlich für die Ausbildung zur Verfügung gestellt. Im Panzerlehrbataillon 93 wurden 1957 unter der Leitung des ATB-Stabes der Panzertruppenschule Vergleichserprobungen des US-Panzers M 48 A 1 und des britischen Kampfpanzers CENTURION durchgeführt. Diese Vergleichserprobungen sollten die Grundlagen für die Entscheidung über die zukünftige Ausstattung der Panzertruppe schaffen.
Welches aber sollte der künftige Kampfpanzer werden? Der M 47 war nur Ausbildungsgerät. Zwar wurde 1959 begonnen, den M 47 gegen den M 48 A 1 auszutauschen, aber damit war keineswegs entschieden, daß der amerikanische M 48 A 1 mit einer noch möglichen Leistungssteigerung in der überschaubaren Zukunft der Hauptkampfpanzer der Bundeswehr sein würde.

Die Diskussionen über dieses Generalthema verliefen zum Teil sehr kontrovers. Avantgardisten traten auf den Plan, die die vermeintliche Stunde Null dazu nutzen wollten, etwas ganz Neues zu schaffen. Die Ideen reichten vom »Ein-Mann-Panzer« über die von vielen favorisierte Sturmgeschützlösung bis hin zur völligen Ablehnung eines Kampfpanzers mit der Begründung, daß dieses Waffensystem für den Angriff konzipiert und deshalb für die ausschließlich zur Verteidigung aufgestellte Bundeswehr ungeeignet sei.

Die Panzertruppe der Wehrmacht war die damals modernste und schlagkräftigste Kampfkraft aller Armeen des Zweiten Weltkrieges gewesen. Warum sollte man bei allen Überlegungen über einen zukünftigen Panzer nicht von dem Entwicklungsstand ausgehen, den man am Ende des Krieges bereits erreicht hatte? Warum nicht dort weitermachen, wo man 1945 technisch bereits erfolgreich gestanden hatte? Die Panzerentwicklung in der Wehrmacht hatte (ohne Sturmgeschütze und Sonderpanzer) über den

Panzer I	mit 5,4-5,8 t
Panzer II	mit 6,5-11,8 t
Panzer III	mit 15-23 t
Panzer IV	mit 17,3-25 t
Panzer V	(Panther) mit 44-45 t zum
Panzer VI	(Tiger) mit 56,9-68 t

geführt.

Es soll hier nicht untersucht werden, welche Gründe zur Fertigung dieser schweren und überschweren Kampfpanzer geführt haben, die zwischenzeitliche Weiterentwicklung der Hohlladungswaffen machte jedenfalls einen gewichtsvertretbaren Panzerschutz durch Stahl nicht mehr möglich.

Bei allen unterschiedlichen Auffassungen über die Leistungsforderungen an den Zukunftspanzer der Bundeswehr war man sich im Grundsatz jedoch darüber einig, daß ein neuer Kampfpanzer wieder leichter werden und damit eine höhere Beweglichkeit, größere Schnelligkeit und auch einen weiteren Fahrbereich haben sollte. Der schwächere Panzerschutz sollte durch höhere Beweglichkeit weitgehend ausgeglichen werden. Der Feuerkraft wurde absolute Priorität eingeräumt.

Die militärischen Forderungen an einen Kampfpanzer wurden im November 1956 wie folgt formuliert:

Gefechtsgewicht 30 t, Leistungsgewicht 30 PS/T, Breite 3,15 m, Höhe 2,20 m, Höchstgeschindigkeit 65 km/h, luftgekühlter Vielstoffmotor und 105-mm-Kanone.

Mit diesen Forderungen mußten zwangsläufig der US KPz M 48 A 1 mit seinem Gefechtsgewicht von ca. 48 t, einer 90-mm-Kanone, einem Leistungsgewicht von 16,8 PS/t, einem Fahrbereich von nur ca. 105 km auf der Sraße und nur ca. 50 km im Gelände, Breite 3,40 m und Ottomotor mit Luftkühlung und der UK KPz CENTURION mit einem Gefechtsgewicht von 49 t, einem Leistungsgewicht von 13 PS/t, einem Fahrbereich von 150 km Straße und 100 km Gelände, Breite 3,63 m, einer 83,4-mm-Kanone und Ottomotor mit Wasserkühlung als zukünftige Ausstattung ausscheiden.

Diese und natürlich auch andere Gründe, z.B. politische, logistische und vielleicht auch kontinentale Überlegungen führten dann 1957 zu einem Vertrag mit Frankreich, gemeinsam militärisches Gerät zu entwickeln. Im Rahmen dieses Vertrages fanden im gleichen Jahr erste Gespräche über taktische Forderungen an einen Standardpanzer statt.

Im Jahre 1958 schloß sich auch Italien diesen Gesprächen an, und dieser 3er-Militärausschuß formulierte die trilateralen militärischen und technischen Forderungen:

○ Feuerkraft: 105-mm-Kanone mit hoher Treffsicherheit bei einer Kampfentfernung bis 2 500 m, schnelle Schußfolge, Ergänzung der Hauptwaffe durch zwei Sekundärwaffen;
○ Beweglichkeit: Höchstgeschwindigkeit 65 km/h, Geschwindigkeit im mittleren Gelände 40 km/h, Fahrbereich 600 km, Einsatzfähigkeit von −40° bis +43°C, Fahrzeugbreite 3,15 m, Gefechtsgewicht 30 t;
○ Schutz: Ausreichender Panzerschutz, schußabweisende Form, niedrige Silhouette, ABC-Schutz.

Neben den wesentlichen Forderungen an eine hohe Beweglichkeit waren die Einsatzfähigkeit und der ABC-Schutz bestimmend. Schmerzliche Erinnerungen und die neue nukleare Bedrohung fanden Eingang.

Die gemeinsame Entwicklung stieß jedoch auf Schwierigkeiten. Nach trilateralen Erprobungen in den Jahren 1961 bis 1963 wurde im Herbst 1963 die Gemeinsamkeit aufgegeben und die Serienreifmachung national weitergeführt.

Beginnend 1965 wurde der ursprünglich benannte Standardpanzer als Kampfpanzer LEOPARD in die Truppe eingeführt.

2 Die Entwicklung zum Kampfpanzer LEOPARD 2

2.1 Ursprünge

Man kann die Beschreibung dieser Entwicklung nicht beginnen, ohne sich zu erinnern, wie und wann es zur Entwicklung der Vorläufer der heutigen Hauptkampfmittel kam. Aus zwei Quellen flossen der deutschen Panzerentwicklung die Ideen zu: – zum einen war es der von Hauptmann Schneider 1873 mit Hilfe des Kölner Wagenbauers Peter Johann Schmitz gebaute Raupenwagen, den er in der »Zeitschrift für Artillerie- und Ingenieur-Offiziere« in einem Fachaufsatz »Über eine Construktion von Transportwagen mit gezahnten Rädern auf einer endlosen Fahrbasis« abdrucken ließ. Die Artillerie-Prüfungskommission in Berlin erkannte die sich Jahrzehnte später abzeichnende Umwälzung der Kriegstechnik nicht und verwarf die Idee. 1910 starb der Erfinder arm in Kassel. Ein kleines Stück jener ersten Raupenkette soll im Kasseler Landesmuseum verwahrt sein.

Daimlerscher Panzerwagen

Raupenwagen

Ob das unter dem Namen P. Schrimm im Jahre 1899 angemeldete Patent über eine Gleiskette diese Idee aufgegriffen hat, kann heute nicht mehr geklärt werden. Kettenfahrzeuge entstanden in der Folgezeit als Raupenschlepper für die schwere Artillerie.

Sechs Jahre später, im Jahr 1905, sah der Leutnant Ingenieur Günter Burstyn in Wien den Daimlerschen Panzerwagen. Dabei drängte sich ihm der Gedanke auf, daß man mit diesem Vierradwagen Gräben und Stufen des Geländes nicht würde überwinden können und daß ein Angriffswagen ganz anders beschaffen sein müßte. 1911 hatte Burstyn die Pläne zu seinem Motorgeschütz, wie er seinen Kampfwagen nannte, baureif entwickelt. Er meldete seine Erfindung in Deutschland und Österreich zum Patent an und beschrieb diese in »Streufflers militärischer Zeitschrift« (Wien). Die Militärverwaltungen in Wien und Berlin lehnten seine Erfindung ab und wurden erst von ihrem Wert überzeugt, als die Engländer im Ersten Weltkrieg dieses Kampfmittel wirkungsvoll

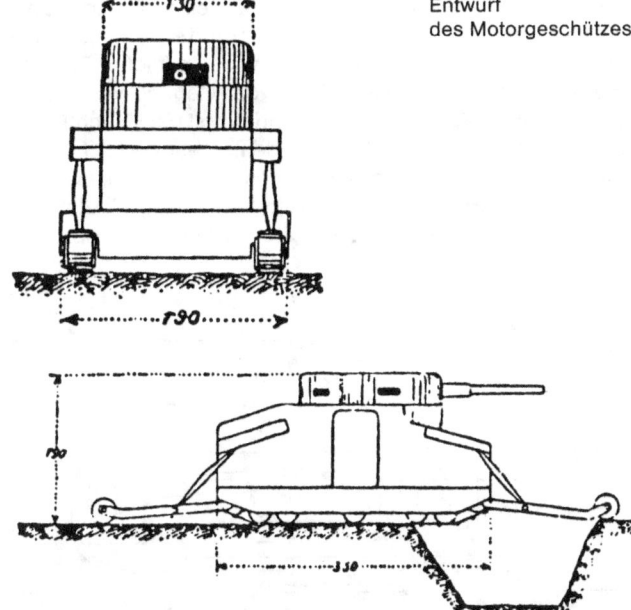

Entwurf des Motorgeschützes

Panzer aus dem Ersten Weltkrieg

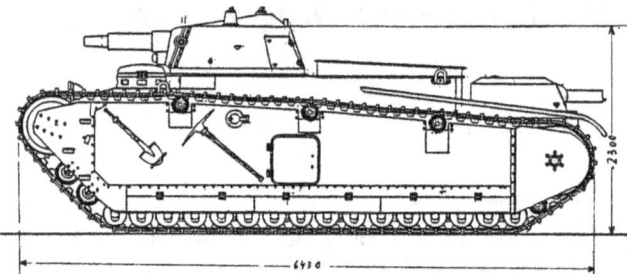

Großtraktor

einsetzten. Der Erfinder hat noch die Leistung der Kampfpanzer im Zweiten Weltkrieg erlebt und wurde für seine epochemachende Erfindung reichlich spät mit dem Kriegsverdienstkreuz 1. und 2. Klasse ausgezeichnet. Modelle seiner Erfindung sollen im Wiener Technischen Museum, im dortigen Heeresmuseum und im Korneuburger Pioniermuseum aufbewahrt sein.

2.2 Beginn der Panzerentwicklung

Diese Ideen, die auf der deutschen Seite im Ersten Weltkrieg nur geringe Resonanz fanden, wurden dann aber in ihrer Bedeutung von der deutschen Reichswehr erkannt. Da der Vertrag von Versailles die Entwicklung und den Besitz von Kampfpanzern verbot, wurde ab 1926 eine geheime Entwicklung betrieben. Ein »Leichttraktor« und ein »Großtraktor« wurden entwickelt und dank guter wirtschaftlicher Zusammenarbeit mit der Sowjetunion in der Gegend von Kasan erprobt. Diese Zusammenarbeit endete mit der »Machtübernahme« im Jahre 1933. Um diese deutsch-sowjetische militärische Zusammenarbeit ist viel gerätselt worden, man hat sie häufig als Ergebnis des Rapallo-Vertrages gedeutet. Der frühere amerikanische Botschafter in Moskau, George F. Kennan, schreibt aber in seinem Buch »Sowjetische Außenpolitik unter Lenin und Stalin«:

»Gerade zu dieser Zeit, 1921 und 1922, wurden auf einer ganz anderen Ebene die geheimen Abmachungen über eine Zusammenarbeit der deutschen und sowjetischen Militärbehörden getroffen, über die so viel geschrieben worden ist und die oft mit dem Namen Rapallo in Verbindung gebracht werden. Diese militärische Zusammenarbeit hat in Wirklichkeit einen völlig unabhängigen Ursprung und wenig Bezug zu den Problemen, von denen ich gesprochen habe. Sie wurde von den betreffenden militärischen Behörden der beiden Länder aus reiner Zweckmäßigkeit und kühlster Berechnung geschlossen: Von den Deutschen, weil es ihnen die Möglichkeit bot, einige Beschränkungen zu umgehen, die ihnen der Versailler Vertrag hinsichtlich der Wiederbewaffnung auferlegte; von den Russen, weil sie so für den Wiederaufbau ihrer Rüstungsindustrie und für die Ausbildung der neuen Roten Armee deutsche Hilfe erhalten konnten.

Deutscherseits wurden diese Abmachungen innerhalb des Heeres so geheim wie möglich gehalten. Erst Ende 1921 wurden einige Kabinettsmitglieder in die Vorgänge eingeweiht, und auch dann wurde nur zweien von ihnen das Geheimnis anvertraut. Daß sie darüber informiert waren, hatte, soweit ich nachprüfen kann, mit dem Entstehen des Vertrages von Rapallo nichts zu tun.«

Panzer I

Leichttraktor

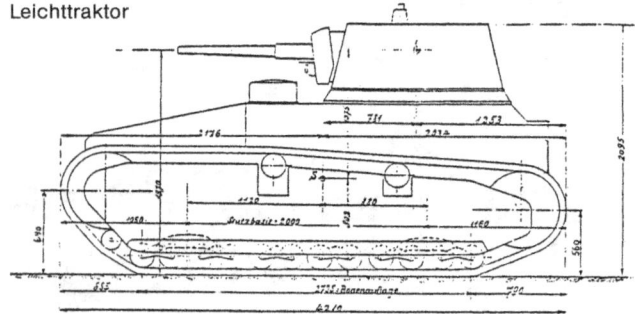

Lageplan

Panzer II

Die Verhandlungen begannen 1921 und führten im Jahr 1928 zum Aufbau der Erprobungsstelle in Kasan, östlich von Moskau an der Wolga. Der Deckname wurde Kama, als Abkürzung von **Ka**san und **Ma**lbrandt. OTL Malbrandt hatte eine Artilleriekaserne bei Kasan für die Zwecke der Panzererprobung erkundet. Im Sommer 1929 begann die Erprobung. Die als Leicht- und Großtraktoren bezeichneten Kampffahrzeuge stammten aus den Häusern Daimler-Benz, Krupp und Rheinmetall. Infolge der Unzulänglichkeiten der damaligen Konstruktion wurden in den Jahren nur wenige 100 km Fahrerprobung erbracht. Sowjetische Ingenieure begleiteten die technische Erprobung. Im September 1933 kam der Befehl zur Auflösung der Erprobungsstelle. Das gesamte Material wurde nach Deutschland zurückgeführt. Die Auswertung der Ergebnisse brachte wertvolle Erkenntnisse und beschleunigte die Panzerentwicklung in der Zeit bis zum Kriege. Im August 1935 wurden diese Panzerfahrzeuge erstmals der Öffentlichkeit vorgeführt. Ferdinand Porsche war von 1923 bis Ende 1928 Verantwortliches Vorstandsmitglied für die

Panzer IV

Panzer III

15

Panzer V Panther

Panzer VI Tiger

Entwicklung bei Daimler-Benz. Erst 1939 hat er sich dann wieder der Panzerentwicklung zugewandt. Dem bei der Fa. Krupp für die Konstruktion verantwortlichen Dipl.Ing. Wölfert ist der Verfasser in seiner Tätigkeit als Referent im Heereswaffenamt bei der entwicklungstechnischen Betreuung des KPz IV und seiner Abarten begegnet.

An die im Zweiten Weltkrieg erreichte Panzertechnik knüpfte die neue Panzerentwicklung mit Beginn der Wiederaufrüstung an.

2.3 Neubeginn für die Bundeswehr

In der Zeit der Vorgespräche über eine Einbeziehung der Bundesrepublik Deutschland in eine europäische Verteidigungsgemeinschaft übernahm die Dienststelle Blank die organisatorischen Schritte, die zur Vorbereitung einer Bundeswehraufstellung dringlich erschienen. Der ehemalige Wehrmachtsgeneral Schanze beschäftigte sich mit den Fragen, die im Zusammenhang mit der Aufstellung einer Panzertruppe erforderlich wurden. Ende 1954 kam es zu einem Übereinkommen zwischen der Dienststelle Blank, Gen Schanze und dem Bundeswirtschaftsministerium, ein Gutachten erstellen zu lassen. In diesem Gutachten sollte all das, was in der deutschen Industrie an Unterlagen und Kapazitäten geistiger und materieller Art auf dem Panzergebiet entweder nach Ende des Krieges vorhanden oder nach dem Kriege erarbeitet war, zusammengetragen werden. Es herrschte Übereinstimmung bei den mit der Aufstellung der Panzertruppe Beteiligten, daß die von den Amerikanern gelieferten Panzer eines Tages durch deutsche Kettenfahrzeuge abgelöst werden sollten, da die amerikanischen Fahrzeuge den praktischen deutschen Anforderungen nicht ganz entsprachen. Da das Amt Blank zu diesem Zeitpunkt, Ende 1954, noch nicht über eigene Mittel für Forschung und Entwicklung verfügte, übernahm das Wirtschaftsministerium diese Aufgabe und betraute damit die Fachgemeinschaft Kraftmaschinen in Frankfurt/Main. Diese Institution beauftragte ihrerseits einen ehemaligen technischen Beamten des Heereswaffenamtes, Herrn Oberregierungsbaurat a.D. Rau, mit der Durchführung. Im Jahre 1956 wurde die Arbeit abgeschlossen und dem zwischenzeitlich gegründeten Panzerbeirat vorgelegt. Dieser sollte durch die zusammengetragenen Unterlagen in die Lage versetzt werden, die wissenschaftlichen und wirtschaftlichen Produktionsvoraussetzungen für die Gestaltung und Herstellung eines Standardpanzers zu überprüfen. Auf Grund der Ergebnisse dieser Arbeit sah man sich im Jahre 1957 in die Lage versetzt, mit Frankreich ein Militärabkommen zu schließen, gemeinsam einen Europa- oder Standardpanzer zu entwickeln und zu fertigen. Frankreich hatte zwar nach dem Kriege mit der Entwicklung eines eigenen Panzers begonnen; es war das 48-t-Fahrzeug AMX-M4, von dem bis Dezember 1955 15 Fahrzeuge gebaut worden waren und das Schaltgetriebe, Lenkgetriebe und Seitenvorgelege von der Firma ZF enthielt. Das Fahrzeug schien den Franzosen aber plötzlich zu schwer, obwohl man sogar kurzzeitig eine Weiterentwicklung dieses Panzers plante, weil man gegenüber amerikanischen Entwicklungen erheblich bessere Verhältnisse geschaffen hatte. Man einigte sich dann mit den Deutschen in den technischen Forderungen auf ein Gefechtsgewicht von 30 t, das allerdings auch nicht erreicht werden konnte. Ob Italien, das ein Jahr später dem Entwicklungsabkommen beitrat, maßgebend war für die im Jahre 1958 abgestimmten trilateralen militärischen und technischen Forderungen kann heute nicht mehr eindeutig festgestellt werden.

In dem Gutachten wurden auch die Firmen und die Mitarbeiter genannt, die 11 Jahre nach Kriegsende noch gewisse panzerspezifische Kenntnisse besaßen und an Komponenten noch oder wieder arbeiteten. Es war dies die in der französischen Besatzungszone liegende schon erwähnte Firma ZF mit den maßgeblichen Ingenieuren Albert Meier und Schwab, die 1947/48 beauftragt wurde, für den Panzerprototyp AMX-M4 die Getriebe zu liefern. Aus eigener Initiative entwickelte die damalige Firma Henschel und Sohn, Kassel, unter ihrem Chefkonstrukteur Dr. Aders, dem Pz-Tiger-Konstrukteur, ein Gleiskettenfahrgestell, das an Stelle einer Hinterachse, z.B. bei dem 8-t-Henschel-LKW Hs 170, treten sollte, so daß ein Halbkettenfahrzeug entstand. Das Bild läßt eine Ähnlichkeit mit dem Schachtellaufwerk des Tigers erkennen. – Bei der Suche nach für den Panzerbau geeigneten Motoren kam der Verfasser des Gutachtens zu dem Schluß, daß derzeit nur ein wassergekühlter Motor von 600 PS der Firma Daimler-Benz interessant sei, der mit 2.1 kg/PS den Wünschen der Panzerfahrgestellkonstrukteure nahekam. Dieser Motor der Baureihe 837 war als 8-Zylinder-Maschine für die Schweiz im Panzer 61 entwickelt und gefertigt worden. Ein in Entwicklung befindlicher, stärkerer Motor MB 840 konnte zum Zeitpunkt noch nicht in die Überlegung einbezogen werden. Mit dieser Aussage wurde der militärischen Forderung nach einem luftgekühlten Vielstoffmotor widersprochen. Die Firmen KHD und MWM, die neben Henschel luftgekühlte Motoren in Fertigung hatten, waren damals der Auffassung, daß der luftgekühlte Dieselmotor bei einer Größe von etwa 300–350 PS seine Grenze finde, weil die Fragen der Wärmeabfuhr bei größeren Motoren konstruktiv nicht mehr so gelöst werden könnten, daß die größere betriebsmäßige Unabhängigkeit vom Kühlmittel und die damit verbundenen Vorteile nicht durch wesentlich größeres Gewicht, größeres Volumen und andere betriebliche Nachteile gegenüber wassergekühlten Motoren aufgewogen oder sogar überboten würden. Bei der Konstruktionsfirma Porsche arbeiteten zum Teil noch die alten Konstrukteure, genannt wurden die Herren Rabe, Reimspiess und Schmidt Leopold, sodaß hier mit der Fahrgestellentwicklung begonnen werden konnte. Gleichzeitig konnte man bei der Firma Wegmann, mit den Herren Bode sen. und jun., mit der Turmentwicklung beginnen.

2.4 Leopard 1

Im Jahr 1956 hatte die Firma Daimler-Benz von der indischen Regierung den Auftrag erhalten, ein LKW-Werk in Indien zu errichten, in dem auch Panzer gefertigt werden konnten. Aufgrund dieser Auflage erteilte die Firma Daimler-Benz der Firma Porsche den Auftrag, einen Entwurf für einen Kampfpanzer anzufertigen. Dieser Entwurf weist große Ähnlichkeit mit dem Standardpanzer A auf. Das Projekt mit Indien kam nicht zum Tragen, war aber mindestens auch ein Grund, die Firma Porsche in der Firmengruppe A mit der Entwicklung des Standardpanzers zu betrauen.

Halbkettenfahrzeug

Entwurf für Indien

Das trilaterale Abkommen Deutschland/Frankreich/Italien über die gemeinsame Entwicklung eines mittleren Standard-Kampfpanzers führte in Frankreich und in Deutschland zu zwei nationalen Parallelentwicklungen auf gleicher Ausgangsbasis und zur Fertigung von Prototypen. In Frankreich war es das Atelier des Construction Moulineaux (AMX) in Satory bei Versailles, in Deutschland waren es drei Firmengruppen. Nach einer deutschen Vorentscheidung für die Firmengruppe A: Porsche, Jung, MaK und Luther & Jordan, kam es im Jahre 1961 zur ersten Vergleichserprobung mit dem französischen Produkt.

Ziel war, aus den konkurrierenden nationalen Prototypen unter Mitwirkung des beteiligten, aber neutralen Italien den besten Typ auszuwählen.

Die Gemeinsamkeit des deutsch-französischen Entwicklungsprogrammes wurde gefährdet, als es um die Auswahl des zu standardisierenden Typs ging. So wurden in Deutschland und Frankreich verschiedene Bewertungsverfahren erarbeitet, an denen das Entwicklungsergebnis gemessen werden sollte. Die Bestrebungen zur Vereinheitlichung dieses Bewertungsverfahrens scheiterten. Die Gründe für das Scheitern waren darin zu suchen, daß die Verfahren zu spät erarbeitet wurden, zu einem Zeitpunkt nämlich, als die Schwächen und Stärken der einzelnen Kandidaten bereits abzusehen waren. Jedes Land setzte nun entsprechende Gewichtungen, eine objektive Auswahl war dadurch nicht mehr möglich.

Ein besonderer Nachteil, der einen Kompromiß erschwerte, lag darin, daß auf Untersystem- bzw. Baugruppenebene keine gemeinsamen Abmessungen von vornherein vereinbart worden waren. So waren z.B. nicht die Abmessungen des Turmdrehkranzes vereinheitlicht, obwohl die Turmkugellager von der gleichen deutschen Herstellerfirma Rothe Erde bezogen wurden.

Insofern muß festgestellt werden, daß die gemeinsamen technischen Forderungen in bezug auf die Standardisierungsbemühungen unzulänglich waren.

Schon nach den ersten Erprobungen war erkennbar, daß das beste französische Entwicklungsergebnis der Turm mit Waffe war und beim deutschen Panzer das Fahrgestell besonders gute Ergebnisse erbrachte.

Da keiner der Panzer voll befriedigte, zeichnete sich als tragbarer Kompromiß eine Verknüpfung beider Entwicklungsergebnisse ab. Ein deutsches Fahrgestell mit einem französischen Turm wäre das beste Gesamtergebnis gewesen.

1963 stellten die Engländer die Forderung, daß die Bundesrepublik sich an den Kosten der Stationierung von Truppen zu beteiligen habe. Um dieser Forderung zu genügen, kaufte der damalige Verteidigungsminister Strauß in England für 1 500 Panzer englische 105-mm-Kanonen und zugehörige Munition. Er tat dies, ohne den sich abzeichnenden Kompromiß der Panzerentwicklung zu berücksichtigen und ohne den Partner zu informieren. Die Franzosen erfuhren von dieser Wendung erst aus der Presse. Die Folge war eine Verstimmung und Abbruch der gemeinsamen Entwicklung im Herbst 1963.

Zwar kam es mit den Prototypen II deutscher und französischer Prägung danach nochmals formal zu trilateralen Vergleichserprobungen, aber das nationale Prestigedenken von Amts- und Industrieseite verhinderte den Bau des Standardpanzers. Dabei darf nicht vergessen werden, daß das Militärabkommen mit Frankreich über die gemeinsame Panzerherstellung ein Ergebnis der neubegründeten deutsch-französischen Freundschaft unter den Exponenten Adenauer und de Gaulle war.

Im Laufe der Jahre kühlte diese Freundschaft ab, die Atlantiker in der Bundesrepublik, die der Freundschaft zu den USA Priorität gaben, hatten die Oberhand gewonnen.

2.5 KPz 70

Die Amerikaner hatten schon 1961 kurzzeitig an der trilateralen Entwicklung Interesse bekundet, aber dann erklärt, diese Entwicklung entspreche nicht ihren Vorstellungen. Bereits August 1963, vor Abschluß der trilateralen Standardpanzerentwicklung, vor Beginn der Serienreifmachung und Fertigung von LEOPARD 1, wurde als Ausdruck der deutsch-amerikanischen Freundschaft ein Regierungsabkommen zur Entwicklung eines einheitlichen, standardisierten Kampfpanzers für die Streitkräfte der Vereinigten Staaten und der Bundesrepublik Deutschland (Main Battle Tank 70/Kampfpanzer 70) geschlossen. Man glaubte, nach der Konkurrenzentwicklung nun in der Gemeinschaftsentwicklung den Weg gefunden zu haben, nationale Ambitionen ausschalten zu können. Die an der deutschen Panzerentwicklung beteiligten Firmen vereinigten sich in der Deutschen Entwicklungsgesellschaft mbH (DEG) und standen dem US-Generalunternehmen General Motors als Partner gegenüber. Bei den überzüchteten Forderungen, den dadurch bedingten ausufernden Entwicklungskosten, der unterschiedlichen Mentalität im Denken und Handeln und dem Zwang zur Gemeinsamkeit knirschte bald Sand im Getriebe der Zusammenarbeit.

Die technischen Forderungen der beiden Partner, die von unterschiedlichen taktischen Vorstellungen ausgingen, ließen sich kaum auf einen Nenner bringen. In der Rangfolge ihrer Wünsche setzten die Amerikaner die Panzerung vor die Beweglichkeit, die Deutschen aber die Beweglichkeit vor die Panzerung. Einig war man sich zunächst lediglich in der Überzeugung, daß die Feuerkraft unter den Eigenschaften, die von den neuen Panzer verlangt werden mußten, an der Spitze stehen sollte.

Aus diesen Differenzen in der taktischen Grundkonzeption, die durch Kompromisse nicht völlig zu überbrücken waren, und wohl auch aus dem beiderseitigen Drang nach technischer Perfektion wird es verständlich, daß die ersten Prototypen, die im Oktober 1967 gleichzeitig in Augsburg und in Detroit vorgeführt wurden, zwar mit einer Menge von verblüffenden Neuheiten aufwarteten, doch wegen ihres hohen Gewichts für den europäischen Einsatz nur als bedingt brauchbar gelten konnten:

KPz 70

○ Der Panzer, der in Vorwärts- und Rückwärtsfahrt eine Geschwindigkeit von 70 km/h erreichte, war dank seiner hydropneumatischen Federung fähig, sich im Gelände zu »ducken«, wodurch seine Normalhöhe von 2,29 m um fast 40 cm niedriger wurde. Das Risiko, von feindlichen Waffen getroffen zu werden, sank dadurch um etwa 42%.

○ Mit seiner Hauptwaffe war der Panzer in der Lage, sowohl konventionelle Munition auf 2000 m als auch Flugkörper des Typs »Shillelagh« auf 3000 m zu verschießen. Außerdem besaß er durch passiv arbeitende Restlichtverstärkergeräte Fähigkeiten zum Nachteinsatz.

Aber diese und etliche andere Vorteile vermochten die Nachteile nicht aufzuwiegen. Seine Masse von 52,5 t und sein Serienpreis von mindestens 2.4 Mio. DM je Stück (»LEOPARD 1« = rund 1 Mio. DM, Preisstand 68) machten für den »MBT 70« eine »Abmagerungskur« auf etwa 46 t nötig, die sich nicht allein mit dem Verzicht auf den Neutronenschutz begnügen durfte. Zudem ergaben sich noch in einigen Details – zum Beispiel mit der im Turm untergebrachten Ladeautomatik – mannigfache Komplikationen.

Jedoch nicht allein deshalb, sondern ebenso wegen des Drucks ihrer Industrie dürften sich die Amerikaner entschlossen haben, das Gemeinschaftsprojekt aufzukündigen. Ihre Entscheidung war wahrscheinlich sehr wesentlich von dem Faktum bestimmt, daß sich das von Fa. MTU entwickelte 1500-PS-Triebwerk durchsetzte, der 1475-PS-»Continental«-Motor aber auf der Strecke blieb. Das amerikanische Produkt erreichte nicht die volle Leistung, während das deutsche Erzeugnis, das schwerer war, in der Konfiguration des Panzers zu Gewichtseinsparungen bei weiteren Baugruppen zwang. Washington, das sich schon ungern mit einem Renk-Getriebe aus der Bundesrepublik einverstanden erklärt hatte, wollte der amerikanischen Wirtschaft nun offenbar nicht den Lizenzbau eines fremden Motors zumuten.

Es ist nicht zu leugnen, daß das Kampfpanzer 70-Projekt dem Panzerbau insgesamt neue Impulse gegeben hat und daß davon letztlich auch die Entwicklung des LEOPARD 2 profitiert hat. Nach Konstruktion der zweiten Prototypen bei einem Kostenstand von 830 Mio. DM entschloß man sich im Januar 1970, das gemeinsame Projekt zu beenden. Der jähe Tod dieses Hätschel- und Sorgenkindes aus amerikanisch-deutscher Ehe erfüllte die meisten Techniker der Hardthöhe mit Trauer, während ihm die meisten Fachleute des Heeres kaum eine Träne nachweinten. Die Amerikaner kamen nach zwei Zwischenschritten zum KPz M 1 und die Bundesrepublik Deutschland über die Experimentalentwicklung, die Prototypen, den Turm 14 mod. und den AV zur LEOPARD-2-Serie. Der Weg dorthin war nicht gradlinig durch einen amtlichen Entstehungsgang vorgezeichnet.

2.6 LEOPARD 2

2.6.1 Vergoldeter LEOPARD

Da sich bereits 1967 erste Risse in der Gemeinschaftsarbeit KPz 70 zeigten, entschloß sich die deutsche Seite, eine Experimentalentwicklung zu beginnen; denn eine nationale Panzerentwicklung war durch Vertrag mit den USA während der Laufdauer des Gemeinschaftsprojektes untersagt. Die Konstruktionsfirma Porsche hatte in einer Studie dargestellt, welche Möglichkeiten sich abzeichneten, um den LEOPARD 1

Einbau eines Rechners

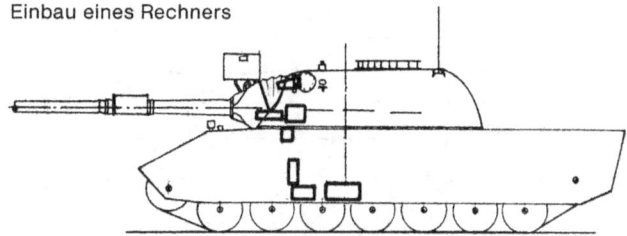

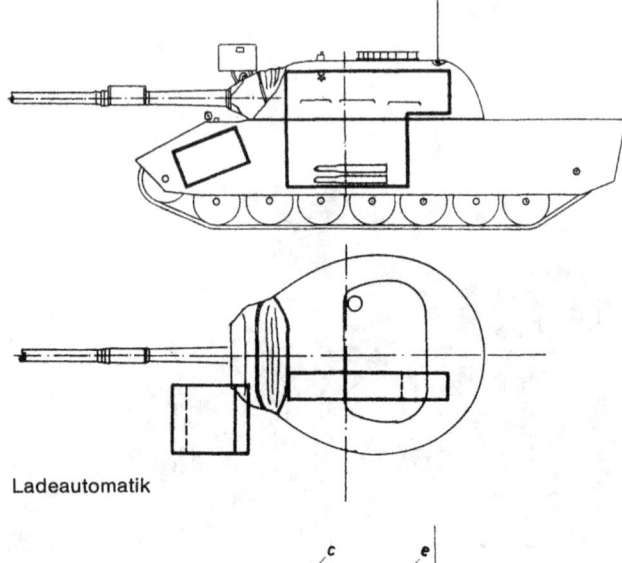

Ladeautomatik

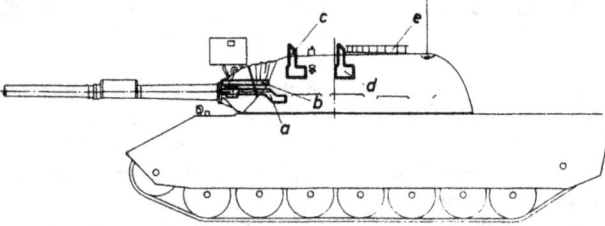

Einbau eines Kdt-Periskops

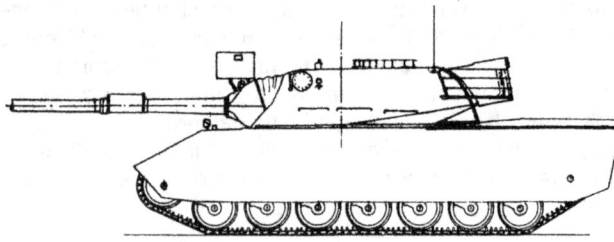

Änderung des Turmhecks

Änderung des Fahrgestellhecks

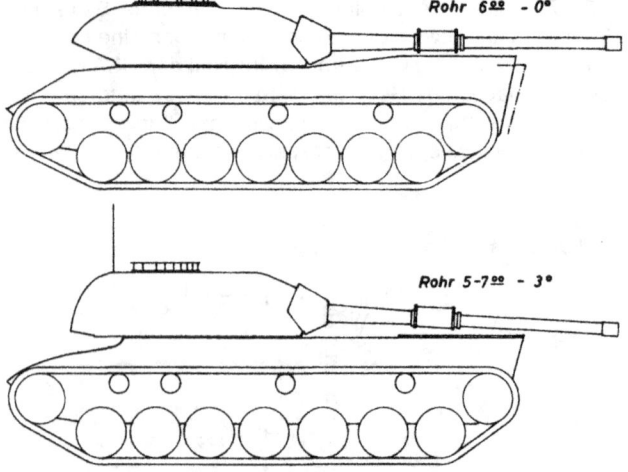

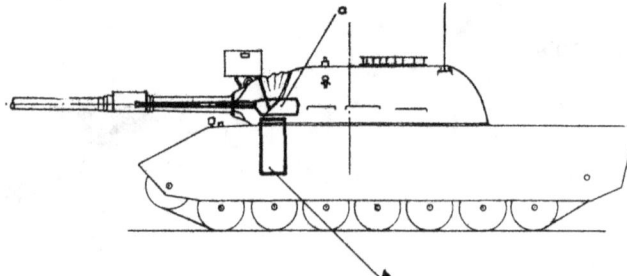

Einbau einer koaxialen Maschinenkanone

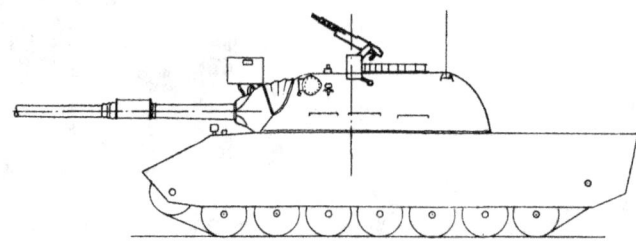

Einbau eines von innen bedienbaren Maschinengewehrs

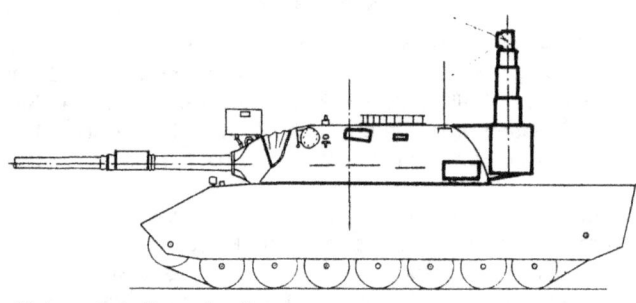

Einbau einer Fernsehanlage

in seinem Kampfwert zu steigern. Der »vergoldete LEOPARD« wurde Gesprächsstoff. Die Zeichnungen stellen die Baugruppen dar, die sich in der Nutzung als verbesserungswürdig herausgestellt hatten.

2.6.2 Experimentalentwicklung

Diese Studie kann als die Geburtsstunde des LEOPARD 2 bezeichnet werden. In einer »Experimentalentwicklung« sollten die aufgezeigten Möglichkeiten untersucht werden, und dabei sollten Komponenten zur Nachrüstung des LEOPARD 1 als auch diese im System für einen neuen Kampfpanzer entwickelt werden. Es durfte zu diesem Zeitpunkt nur experimentiert werden, und außerdem waren die Haushaltsmittel für Entwicklung sehr knapp. Dem damaligen stellvertretenden Abteilungsleiter T des BMVg, General Willikens, ist es zu verdanken, daß die Mittel, 25 Mio. DM, freigegeben wurden. Diese Summe bildete die Basis für die Panzerentwicklung LEOPARD 2. Die beteiligte Industrie stellte zwar fest, daß die

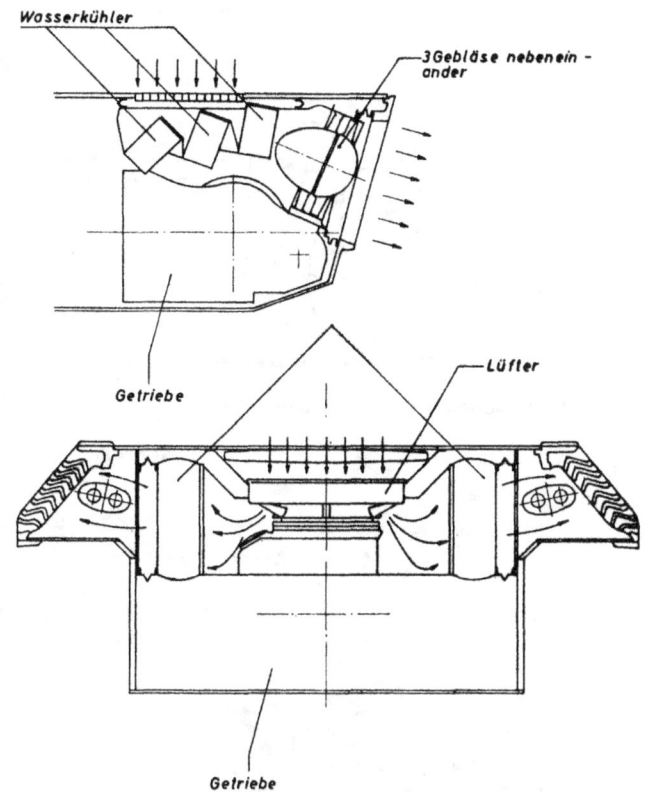

Änderung der Kühlanlage

Änderung des Getriebes

1 = Antrieb, 2 = Wandler, 3 = Wendegetriebe, 4 = Schaltgetriebe, 5 = Lenkgetriebe, 6 = Summierungsgetriebe, 7 = Abtrieb, 8 = Hydraulische Kupplung, 9 = Gebläse

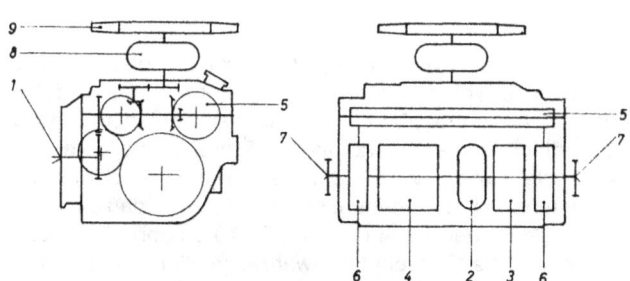

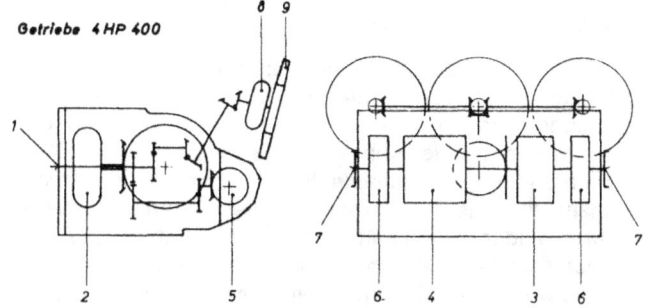

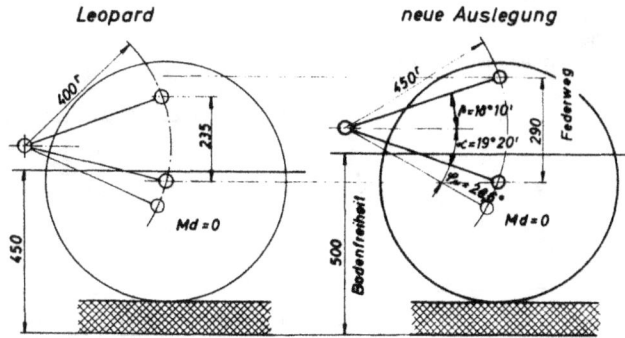

Neue Auslegung der Federung

genannte Summe für die Entwicklung und Fertigung von 2 Erprobungsträgern nicht ausreichen würde, man sprach von 30 bis 32 Mio. DM als kostendeckenden Betrag, aber man erklärte sich bereit, die Entwicklung zu beginnen. Die Hoffnung auf einen späteren Ausgleich hat dann auch nicht getrogen. Der GU für die Fertigung des LEOPARD 1, die Firma

Änderung des Hecküberstandes

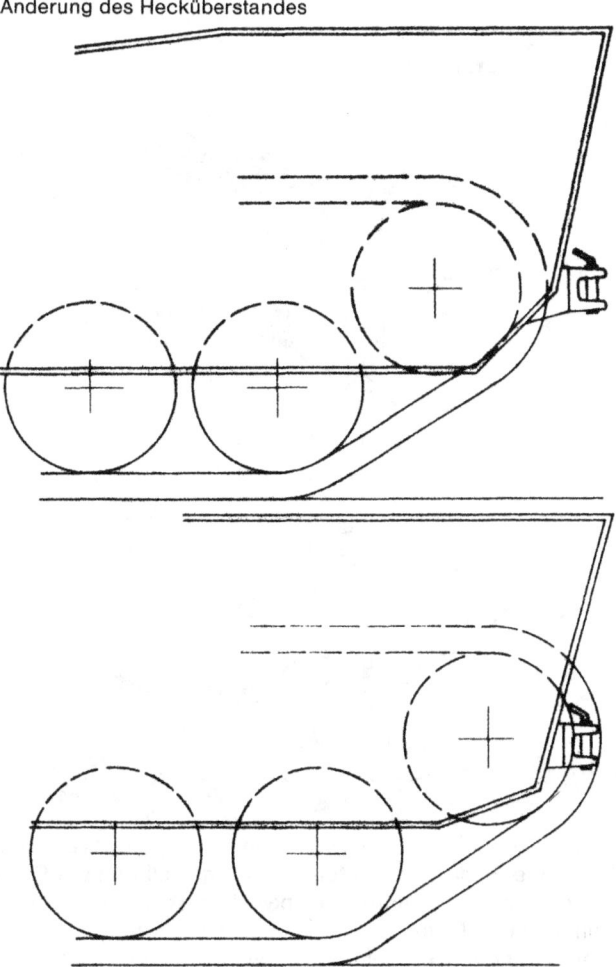

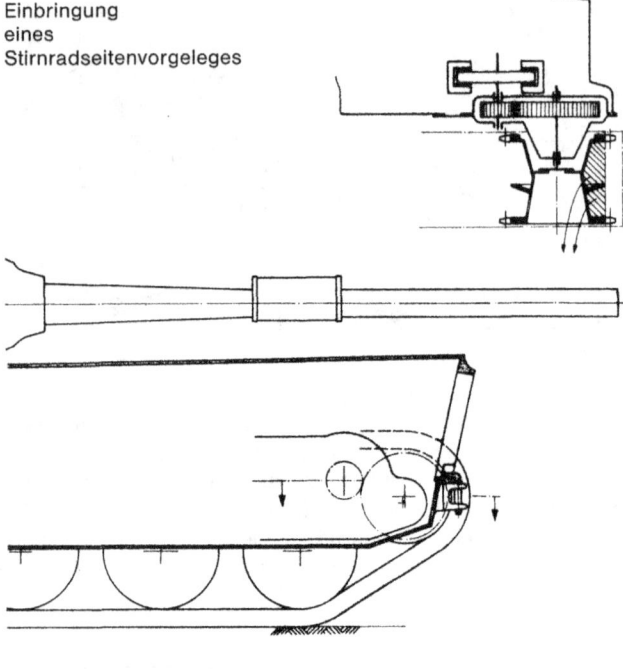

Einbringung eines Stirnradseitenvorgeleges

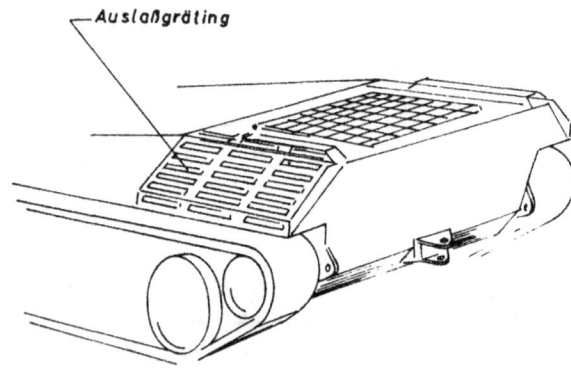

Verlegung des Auslaßgrätings nach hinten

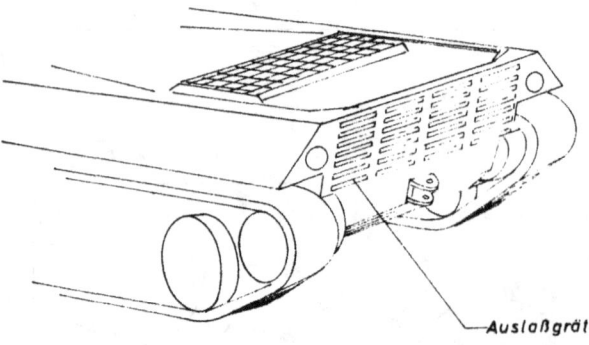

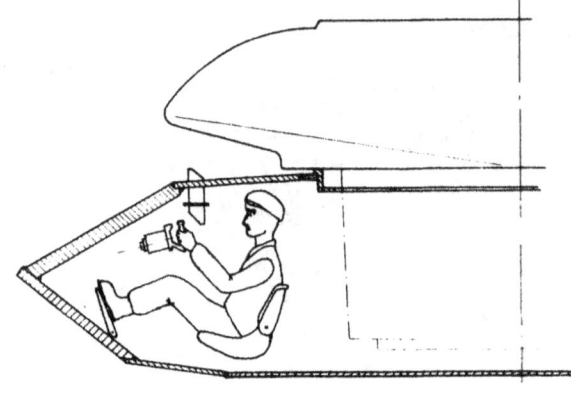

Andere Ausbildung des Turms und des Bugs

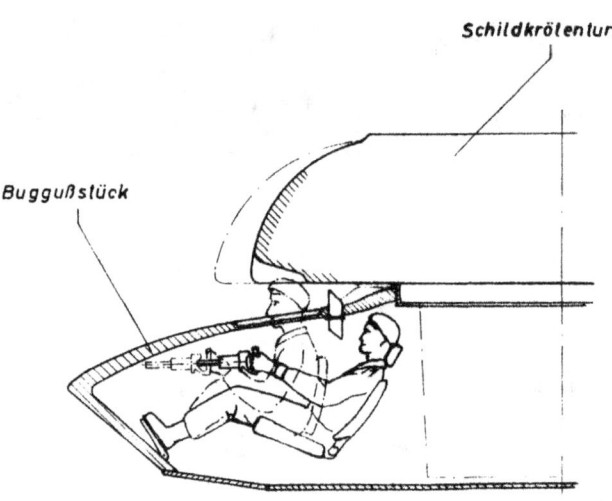

Krauss-Maffei, übernahm die Entwicklung mit der Verpflichtung, die Firma Porsche für das Fahrgestell und die Firma Wegmann für den Turm in die Entwicklung einzuschalten. Mit einem im Verhältnis zum Entwicklungsaufwand für KPz 70 verschwindend kleinen Betrag wurde diese Entwicklung begonnen und in Fertigung von zwei Erprobungsträgern umgesetzt. In diesen waren teilweise unterschiedliche Komponenten eingebaut, deren Versuchsergebnisse dann die Grundlage für die Ausstattung der Prototypen bildeten. Versuchsziel war, die Konzeption des LEOPARD 1 durch die nachzurüstenden Komponenten so zu verändern, daß die Feuerkraft den Forderungen für den KPz 70 entsprach. Es sollte vor allem die Erstschußtreffwahrscheinlichkeit (ETW) auf Entfernungen bis 2000 m im Stand und aus der Bewegung durch Einbringung eines rechnergesteuerten Feuerleitsystems wesentlich angehoben werden.

2.6.3 Zwischenschritte

Im Herbst 1969 zeichnete sich das Ende der KPz 70-Entwicklung ab. Man versuchte zwar, die bilaterale KPz 70-Entwicklung zu retten, indem man ein Problem, Fahrer im Turm, durch Änderung der Konzeption beseitigte. Gewisse Komponenten der Experimentalentwicklung sollten dem Kampfpanzer 70-Projekt weiterhelfen. Unter anderem sollte der Fahrer wieder seinen Platz in der Wanne haben. Diese von Ministerialdirektor Eberhardt, Abt. Rü im BMVg, angeregte Studie wurde bekannt unter dem Namen »Eber«. Die an der nationalen Experimentalentwicklung Beteiligten, unterstützt vom damaligen General der Kampftruppe, General Guderian jun., machten dagegen große Anstrengungen, die Experimentalentwicklung zu einer eigenen Panzerentwicklung aufzuwerten, und ließen diesen neuen Panzer unter dem Namen »Keiler« publizieren. »Kampfpanzer Eber« und »Kampfpanzer Keiler« standen sich gegenüber.

2.6.4 LEOPARD 2-Prototypen

Als Anfang 1970 das erwartete Ende der bilateralen Entwicklung kam, entschied der amtierende Verteidigungsminister eine Fortführung der Experimentalentwicklung unter dem Namen LEOPARD 2 K unter Verwendung des weitgehend »fertig« entwickelten Triebwerks des KPz 70 – bestehend aus MTU-Motor und RENK-Getriebe mit Ringkühlanlage.

Diese Entscheidung fand aber nicht überall Beifall, denn die KPz70-Beteiligten im BMVg und BWB versuchten mit allen Mitteln, »ihre« Entwicklung zu retten. Insbesondere glaubte man weiterhin an die Kombinationswaffe »Shillelagh«.

Kurzzeitig schien auch der Bedarfsträger sowohl die Flugkörperwaffe in kleiner Stückzahl als auch die Kanonenwaffe haben zu wollen. Wenn es dazu gekommen wäre, wäre es aber nicht vertretbar gewesen, zwei ganz verschiedene neue Panzer zur Einführung zu bringen. Die logistische Belastung der Truppe wäre folgenschwer gewesen. Deshalb mußte eine weitgehende Vereinheitlichung beider Fahrzeuge erreicht werden. Diesem Wunsche kam man entgegen und gab eine Studie LEOPARD 2 FK in nachfolgender Formulierung in Auftrag:

»Die Studie soll darlegen, wie in optimaler Weise das Shillelagh-Kombinationswaffensystem in zwei unterschiedlichen Turmversionen auf das Fahrgestell des KPz LEOPARD 2 aufgesetzt werden kann. Die beiden unterschiedlichen Turmversionen lauten:
○ *2 Mann im Turm mit automatischem Lader oder*
○ *3 Mann im Turm mit Ladehilfe.*
Dabei sollte beachtet werden, daß beim Einbringen dieser Turmversionen mit Kombinationswaffe das Fahrgestell weitgehend mit dem Fahrgestell des LEOPARD 2 (K) gleichbleiben soll. Eine Austauschbarkeit der Türme wird nicht gefordert, wäre aber wünschenswert.«

Um allen Eventualitäten begegnen zu können, wurde ein Einheitsfahrgestell gefordert zur Aufnahme des Kanonenturmes (hervorgegangen aus der Experimentalentwicklung) und des FK-Turmes mit der Kombinationswaffe (hervorgegangen aus der KPz70-Entwicklung). Der General der Kampftruppe lehnte zwar zum damaligen Zeitpunkt für die anstehende Panzergeneration einen FK-Turm ab, war aber an einer Weiterentwicklung der Waffe, evtl. zur Verwendung in der Kampffahrzeug-Generation der 80er Jahre, interessiert. Zum gleichen Zeitpunkt lehnte der Vertreter des Bedarfsträgers die Unterbringung von Munition im Turmheck und von Betriebsstoff im Kampfraum ab, wünschte das 4. Besatzungsmitglied und einen großen Fahrbereich mög-

LEOPARD 2-Prototyp

lichst durch Verwendung des 10-Zylindermotors; denn der 12-Zylindermotor aus dem KPz70-Programm gestattete in der damaligen Konzeption nur einen Kraftstoffvorrat von 950 l. Bei Verwendung des aus der Experimentalentwicklung stammenden 10-Zylindermotors hätten etwa 250 l Kraftstoff mehr untergebracht werden können. Dieser Motor erbrachte damals zwar nur 1 250 PS, aber die geringere Leistung wäre akzeptiert worden, zumal MTU glaubte, den Motor auf 1 500 PS steigern zu können. Bei der Wahl der Getriebe zwischen Renk und ZF entschied man sich für Renk, obwohl die integrierte Bremsanlage nicht den Vorschriften der StVZO entsprach und nur die Ringkühler zum Einbau kommen konnten, die fast eine doppelte Lüfterantriebsleistung gegenüber den Flachkühlern, beim ZF-Getriebe aus der Experimentalentwicklung, brauchten. Beim Endantrieb entschied man sich damals, trotz der festgestellten hohen Öltemperatur bei Straßenfahrt, für die Konstruktion Thyssen-Henschel in Planetenbauweise. Der ZF-Stirnradtrieb wurde wegen der höheren Belastung der Zahnflanken abgelehnt. Im Rahmen der Serienreifmachung wurde in dieser Baugruppe ein weiterer Wechsel vorgenommen.

Die Entscheidung des BMVg für das KPz70-Triebwerk fiel auch aus »optischen« Gründen, denn man wollte der Öffentlichkeit beweisen, daß nicht alle Kosten der KPz70-Entwicklung abgeschrieben werden müssen. Dem gravierendsten Mangel an der Bremsanlage begegnete man durch Einbau einer zusätzlichen Feststellbremse (Entwicklung Teves). Im Laufwerk wurden die Dimensionen der KPz70-Kette und der -Laufrollen übernommen, damit wurde die Einheitlichkeit von Verbindern, Führungszähnen und Zahnkränzen zwischen LEOPARD 1 und LEOPARD 2 aufgegeben, aber durch die größere Kettenteilung eine Gewichtsreduzierung erreicht. Die Stützrollen stammen vom LEOPARD 1. Die Drehstabfederung mit integriertem Lamellen-Reibungsdämpfer wurde der Experimentalentwicklung entnommen. Um der noch bestehenden Forderung nach der hydropneumatischen Friesecke + Höpfner-Federung aus der KPz70-Entwicklung zu entsprechen, wurde entschieden, 2 Prototypen als Studienobjekte damit auszurüsten.

2.6.5 Parallelentwicklung

Die KPz70-Entwicklung war kaum beendet – aber eine neue Regierung war am Ruder –, als Vertreter Großbritanniens und der Bundesrepublik Deutschland bei einem Vergleich der »Replacement Schedules« feststellten, daß beide Länder ab 1986 jeweils die Einführung eines neuen Kampfpanzers beabsichtigten. In der Bundesrepublik Deutschland sollte zu diesem Zeitpunkt der Kampfpanzer LEOPARD 1 und in Großbritannien der KPz Chieftain abgelöst werden. Es war eine Zeit, wo man noch frisch-fröhlich plante, weil das Wirtschaftswachstum scheinbar keine Grenzen kannte.

1972 waren die gemeinsamen militärischen Forderungen zwischen UK und Bundesrepublik Deutschland abgestimmt. Die Prioritätenfolge der Kampfwertparameter lautete: Feuerkraft, Beweglichkeit und Schutz, wobei der Schutz auch durch hohe Beweglichkeit bewirkt werden sollte; das Schlagwort hieß damals: »Wedeln«. Beide Nationen arbeiteten eigene Konzepte, und zwar Kasematten-, Scheitel- und Turmversionen aus.

Die wesentlichsten Kriterien der deutschen Konzepte waren:

○ 120-mm-Waffenanlage

○ 3-Sensor-Konzept für die Feuerleitanlage

○ Triebwerke der Leistungsklasse 1 330–2 350 KW

Bei einem Gesamtgewicht der Lastenklasse MLC 50 entsprach dies einem Leistungsgewicht von ca. 30 KW/t bei Grundlast und bis 50 KW/t bei Kurzzeithöchstleistung. Das von gewisser deutscher Seite favorisierte Doppelrohrkase-

Doppelrohrkasematte

mattkonzept wurde in zwei Prototypen gebaut und erfolgreich erprobt. Weil man in diesem Konzept »den großen Sprung nach vorn« sah, glaubte man sogar auf eine Weiterverfolgung der Entwicklung des LEOPARD 2 verzichten zu können. OR-Studien hatten bei der sehr hohen Erstschußtreffwahrscheinlichkeit, bedingt durch die Doppelwaffenanlage, verbunden mit der sehr hohen Vernichtungswahrscheinlichkeit, die theoretischen Grundlagen für die Euphorie geliefert. Erst als mehrere Truppenversuchsträger gebaut wurden und die Panzertruppe aus führungstechnischen Gründen dieses Konzept ablehnte, kam die Ernüchterung. Für das von UK favorisierte Turmkonzept wurden zum Vergleich die Ergebnisse der Zusatzstudien A, B, C und E herangezogen (Turm, Fahrer in Wanne, 120-mm-Waffe, vergleichbares Triebwerk, 4-Mann-Besatzung, MLC 60), weil das endgültige KPz3-Konzept erst nach der Konzeptstudienphase verfügbar gewesen wäre. Die Kampfkraft, in den klassischen Parametern:

Feuerkraft, Beweglichkeit, Schutz wurden verglichen auf der Grundlage der taktischen Forderung des KPz 3 unter Berücksichtigung folgender Untersuchungsergebnisse:

○ OR-Untersuchungen

○ Realisierbarkeitsuntersuchungen

○ Technische Erprobung

○ Taktische Versuche

Die Vergleichsergebnisse wurden wie folgt definiert:

Feuerkraft

○ Das Vernichtungsvermögen eines Panzers und die Wirkung in sich sind durch die Kanone und ihre Munition bestimmt. Die KPz3-Konzeptstudien sahen die 120-mm-Kanone (glatt) des LEOPARD 2 vor. Die britische 120-mm-Waffe wurde in der Leistung gleichgesetzt.

○ Die Erstschußtreffwahrscheinlichkeit des LEOPARD 2 entspricht der berechneten ETW des KPz 3 und liegt teilweise darüber.

Beweglichkeit

○ Ein Unterschied ergibt sich durch die Verwendung eines hubraumgesteigerten 12-Zylinder-MTU-Motors mit einer Kurzzeitleistung von 2 400 PS (1 760 KW) im KPz 3. Diese Auslegung ist aber nicht konzeptbestimmend, denn dieser Motor könnte auch im LEOPARD 2 zur Anwendung kommen.

○ Geringfügige Unterschiede ergaben sich in der laufwerksbedingten Beweglichkeit. Man sieht in diesen aber keinen wesentlichen Einfluß auf die Kampfkraft.

○ Alle Beweglichkeitskriterien in der TaF wurden von keinem Konzept erfüllt.

Schutz

○ Bei der Festlegung der MLC-60 als oberste Gewichtsgrenze haben parametrische Zusatzstudien ergeben, daß kein Turmpanzer den Schutz gemäß TaF realisieren kann.

○ Eine Reduzierung des Schutzes ergibt sich aus den vom Bedarfsträger erstellten Prioritäten.

○ Entscheidend ist das zu umpanzernde Volumen, und dieses wird beeinflußt durch die vorgegebenen Komponenten wie
Anzahl der Besatzungsmitglieder,
Waffenanlage,
Munitionsvorrat,
Triebwerk.
Diese Vorgaben waren bei den zu vergleichenden Konzepten nahezu identisch. Unterschiede könnten sich nur durch die Güte der Konstruktion ergeben.

○ Die Untersuchung zur Schutzerfüllung erbrachte keinen gravierenden Unterschied zum LEOPARD 2.

○ Auch die OR-Studien ergaben keinen signifikanten Unterschied.

Die zusammenfassende Aussage lautete:
»Der Vergleich in den klassischen Bereichen: Feuerkraft, Beweglichkeit und Schutz zur Beurteilung der Kampfkraft ergab keinen wesentlichen Vorteil für den Kampfpanzer 3 in der für die weitere Zusammenarbeit mit UK ausgewählten Form gegenüber dem KPz LEOPARD 2.«
Damit war das Ende dieser Zusammenarbeit wieder gegeben, und die Entwicklung LEOPARD 2 konnte in Ruhe fortgesetzt werden.

Unabhängig von der begleitenden Gemeinschaftsentwicklung eines KPz 3 war, nach der vorausgegangenen Baugruppenentwicklung im Rahmen der Experimentalentwicklung ab Herbst 1970, mit dem Bau der 17 Prototypen KPz LEOPARD 2 begonnen worden.

Prototyp mit 120 mm Waffe

Prototyp mit 105 mm Waffe

2.6.6 Technik in den Prototypen

In den 17 gefertigten Prototypen finden wir eine Vielzahl unterschiedlicher Komponenten, z.B. 105- und 120-mm-Kanone, Drehstab- und hydropneumatische Federung, mit und ohne 20-mm-Maschinenkanone als Sekundärwaffe, unterschiedliche Hilfsmotoren, 2 Restlichtverstärkungsgeräte für Nachtsicht u.a. Die umseitige Tabelle nennt die Ausrüstungsstände der einzelnen Prototypen.

Die unterschiedliche Ausstattung des Laufwerks war ein Ausfluß der KPz70-Entwicklung. Anhänger der hydropneumatischen Federung konnten es nicht verwinden, diese Entwicklungsrichtung verlassen zu müssen, und setzten es wie schon gesagt durch, zwei Prototypen mit einem hydropneumatischen Federlaufwerk auszustatten. Die Meinungsunterschiede unter den Fachleuten türmten hohe Wellen auf. Die technische Erprobung dieser Prototypen bei der Erprobungsstelle 41 führte dazu, daß diesen Fahrzeugen die technische Betriebsgenehmigung versagt wurde. Die Skeptiker hatten recht behalten, und das bewährte Drehstablaufwerk aus der LEOPARD 1-Konzeption, allerdings in seiner Leistung gesteigert, wurde zukünftig nicht mehr verlassen und auch nicht mehr in Frage gestellt. Ein hydropneumatisches Federlaufwerk könnte heute sicherlich die gleiche oder sogar noch eine höhere Leistung erbringen, aber die größere Komplexität schließt eine Leistungssteigerung bei Berücksichtigung von Zuverlässigkeit und Kosten aus.

Das integrierte Feuerleitsystem bestand aus den folgenden Komponenten:

EMES-12	mechanisch mit der Hauptwaffe gekoppeltes Richtschützenzielgerät mit Basisentfernungsmesser und Laserentfernungsmesser Entwickler: Fa. Zeiss.
WSA-ASA	elektrohydraulische Waffenstabilisierungs- und Richtanlage; Entwickler: ASA – Arbeitsgemeinschaft AEG-Telefunken, Feinmechanische Werke Mainz und Honeywell GmbH.
FLER-H	Feuerleiteinheitsrechner für Panzer Entwickler: AEG-Telefunken
PERI-R 12	primärstabilisiertes Kommandantenrundblickperiskop mit IR-Nachtsichtkanal; Entwickler: Zeiss-Anschütz
NZG	primärstabilisiertes Nacht-, Ziel- und Beobachtungsgerät, Restlichtverstärkung; Entwickler: Zeiss-Eltro

Alternativ:

PNZG	primärstabilisiertes Nacht-, Ziel- und Beobachtungsgerät, Restlichtverstärkung; Entwickler: AEG-Telefunken
XSW-30 U	umschaltbarer Infrarot-Weißlicht-Zielscheinwerfer Entwickler: AEG-Telefunken
Zentrallogik	Entwickler: Wegmann
400 Hz-Wechselrichter	Entwickler: AEG-Telefunken
RPP 1–4	automatisches internes Prüfsystem; Entwickler: Krupp-Atlas-Elektronik

KPz Leopard 2
Ausrüstung Fahrgestelle / Ausrüstung Türme

[Tabellen mit Fahrgestell- und Turmausrüstungen der Prototypen ET 01–02, Prototypen 01–17, AV 19–20 bzw. PT 14 mod.]

[1] PT = Prototyp Motor aus Kampfpanzer 70-Programm
[2] BR = Baureihenmotor aus KPz Leopard 2-Programm
[3] nur während der USA-Erprobung
Fahrgestell Nr. 12 wurde nicht gebaut

[1] gezogenes Rohr
[2] glattes Rohr
[3] in USA von 105-mm auf 120-mm umgerüstet

2.6.7 Erprobung

Mit diesen Prototypen fanden umfangreiche Erprobungen und Truppenversuche in der Bundesrepublik Deutschland bei den Erprobungsstellen 41 in Trier, 81 in Greding, 91 in Meppen und bei der Kampftruppenschule in Munster statt. Zur Erprobung des Systemverhaltens bei extremen Temperaturen gemäß den NATO-Betriebsbedingungen wurden mit 4 Panzern kombinierte technische Erprobungen und Truppenversuche im Winter in Camp Shilo bei Winnipeg in Kanada und im Sommer in der US-Erprobungsstelle Yuma in Arizona durchgeführt.

Die Winterversuche in Kanada erbrachten positive Ergebnisse für den Kampfwertparameter Beweglichkeit. Nicht ganz zufriedenstellend war die Leistung der Feuerleitanlage.

2.6.8 Konzeptzwang

Weil die Feuerleitkomponenten für die Nachrüstung im LEOPARD 1 geeignet sein sollten, war der Basisentfernungsmesser mit einer Breite von 1,72 und die Nachführung der optischen Geräte durch die Waffe für die Gestaltung der Prototypen LEOPARD 2 bestimmend.

Die Kombination optischer Entfernungsmesser – Laserentfernungsmesser – wurde gewählt, um die zumindest bis zu diesem Zeitpunkt vorhandene Meßunsicherheit des Lasers durch eine optische Kontrolle auszuschalten und trotzdem die Schnelligkeit der automatischen Messung zu nutzen. Die Kombination dieser Meßgeräte hat in Gesprächen mit Vertretern der Benutzerstaaten von LEOPARD 1 vielfach zu erregten Diskussionen geführt, denn diese vertraten die Meinung, daß sich die Entfernungsmessung allein durch Laser vornehmen ließe, und bezeichneten die deutsche Lösung als »Dampfschiff mit Segel« oder »Hosenträger mit Gürtel«. Aber in der Prototypphase war der deutsche Bedarfsträger nicht bereit, sich allein auf den Laser-Entfernungsmesser zu verlassen.

Parallel dazu wurde durch völlig neue Grundsatzuntersuchungen die Entwicklung eines neuartigen optronischen Entfernungsmessers möglich, der ebenfalls automatisch, aber auch kontinuierlich und passiv die Zielentfernung mißt.

Konventionelle optische Basisentfernungsmesser sind zwar passiv, jedoch nicht automatisch. Laserentfernungsmesser sind automatisch, jedoch aktiv, sodaß die Gefahr der Ortung des Laserstrahles und der Laserquelle besteht. Demgegenüber ist das optische Korrelationsverfahren passiv **und** automatisch. Das heißt: das Ziel wird mittels Richtgriff in einer Zielmarkierung der Strichplatte eingefangen. Nach Knopfdruck »E-Messung« wird in kurzer Zeit, üblicherweise 1 sec, die Entfernung automatisch gemessen.

Optisch physikalisch beruht die Messung auf einer Triangulation, d.h. die von zwei perspektivischen Zentren eingefangene Strahlung wird einer oder zwei Bildebenen zugeführt und dort durch ein schwingendes Raster gefiltert. Die durchgelassene und mit der Zeit variierende Strahlung wird zwei Detektoren zugeführt, die die optische Strahlung in elektrische Signale transformieren. Die Phase dieser elektrischen Signale enthält die Information über den parallaktischen Winkel und damit über die Entfernung. Eine Elektronik ermittelt diese Größe und stellt ein optisches Stellglied so ein, daß der parallaktische Winkel zwischen den beiden Strahlen gleich Null wird. Die Stellung des Stellgliedes (Schiebelinse) wird elektrisch abgegriffen, wobei jede Stellung einer definierten Entfernung entspricht. Damit steht die Entfernung analog oder digital für den Beobachter in Form einer Anzeige und/oder für den Feuerleitrechner zur Verfügung.

Das Verfahren arbeitet wesentlich genauer, als der menschliche Beobachter dies kann, sodaß eine eklatante Verringerung der Basis des Entfernungsmessers erreicht wird. Im übrigen kann man die Messung sowohl im sichtbaren Spektrum als auch im Wärmebildbereich durchführen.

2.6.9 Gewichtsproblem

Als Panzerschutz innerhalb der vorgegebenen Lastenklasse MLC 50 war eine Einfachschottung in Schweißausführung vorgesehen. Trotzdem lag das Gewicht der Prototypen über der vorgegebenen Lastenklasse. Ziel war eine Reduzierung des Gewichts ohne Verminderung des Panzerschutzes. In dieser Situation schlug die Firma Wegmann im Sommer 1973 vor, die Konzeption des Turmes zu verändern und dadurch

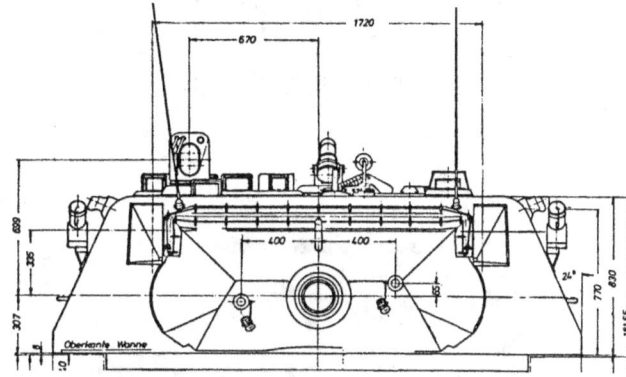

Turm der Experimentalentwicklung

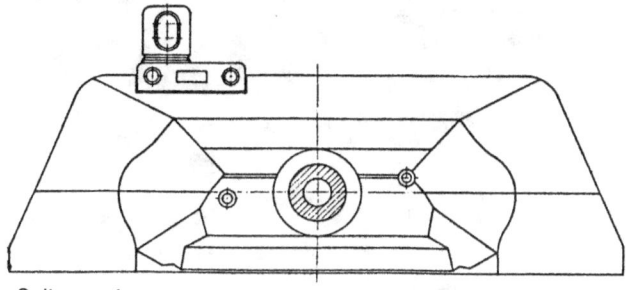

»Spitzmausturm«

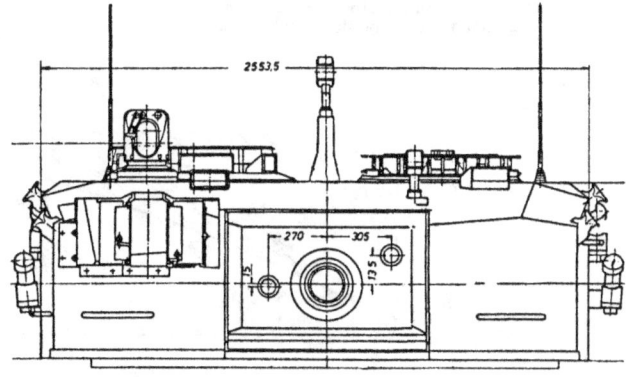

AV-Turm

1,5 t Gewicht einzusparen. Das als »Spitzmaus-Turm« in die LEOPARD 2-Geschichte eingegangene Konzept ging von der Turmbreite für den optischen Basisentfernungsmesser ab und verwendete das von der Firma Leitz vorab beschriebene Korrelationsentfernungsmeßgerät mit einer Basisbreite von nur 0,35 m statt der bisherigen 1,72 m.

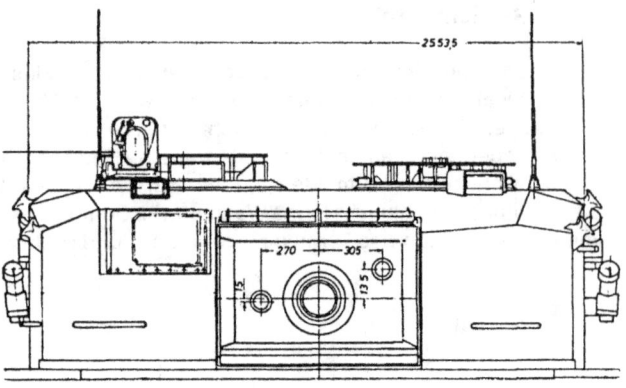

Serienturm

Modell des LEOPARD 2 mit Spitzmausturm und 120-mm-Kanone

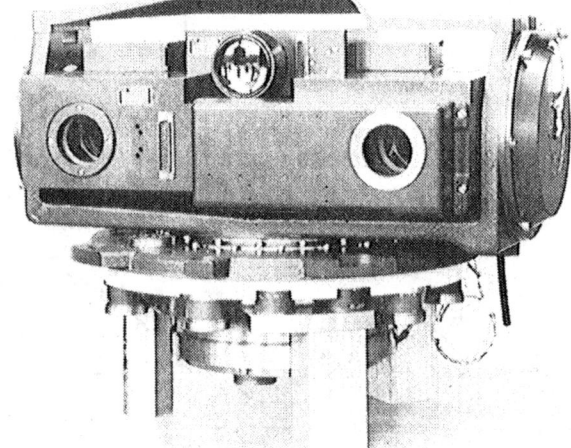

Korrelationsentfernungsmesser

Verhalten des abgasturboaufgeladenen Motors bei Lastaufnahme während der Beschleunigungsphase

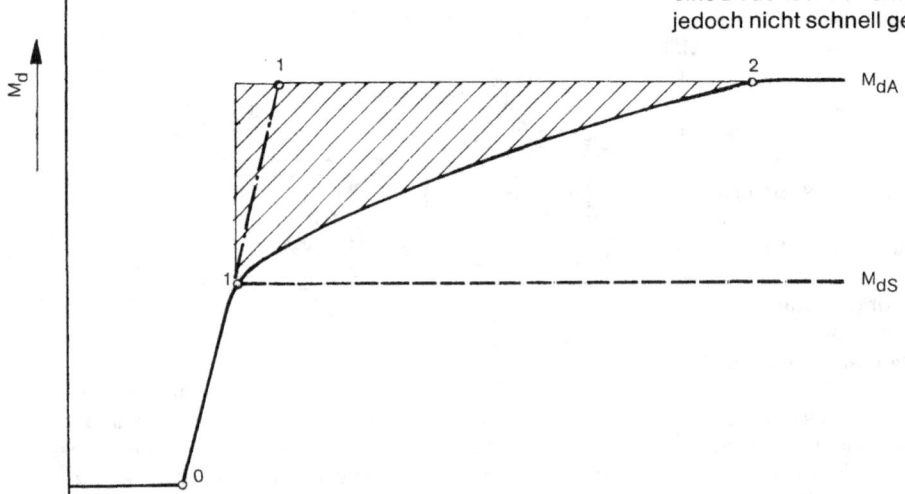

2.6.10 Rückschlag

Die ministerielle Anordnung, den im KPz70-Programm entwickelten Motor MB 873 Ka-500 im LEOPARD 2-Programm zu verwenden, schien eine gute Entscheidung zu sein, denn dadurch konnte wenigstens ein Teil der Entwicklungskosten für die nationale Panzerentwicklung gerettet werden. Diese Motorentwicklung mit Abgasturbolader brachte aber erstmalig sichtbar eine wesentliche Mindereigenschaft. Ein abgasaufgeladener Motor braucht bei einer Beschleunigung aus dem Leerlauf mehrere Sekunden, (Kurve) ehe der Turbolader die nötige Füllung liefert; er »beantwortet« ein Kommando vom Gaspedal mit einer störenden Verzögerung. Beim Fahren eines schweren Gleiskettenfahrzeugs über Bodenwellen wird durch das »Spielen« mit dem Gaspedal ein Hineinfallen in Bodensenken verhindert. Dazu ist aber ein reaktionsschneller Motor notwendig, und das war dieser Motor nicht. Als daher ein Testfahrer bei der Firma Krauss-Maffei einen der ersten Prototypen im Gelände erproben wollte, diese Charakteristik des Motors aber nicht kannte, glaubte er, auf die bisher übliche Weise ein Hineinfallen in eine Bodensenke vermeiden zu können. Der Motor reagierte jedoch nicht schnell genug, der Panzer fiel in die Senke, und der Fahrer zog sich eine schwere Wirbelsäulenprellung zu, die ihn fortan für den Beruf als Testfahrer unfähig machte. Die Überraschung war groß und forderte sofortige Entschlüsse. Die Firma MTU bot die Einbringung einer Brennkammer an und erhielt dazu einen Entwicklungsauftrag. Die Entwicklung dieser neuen Baugruppe zeigte zwar die Möglichkeit einer wesentlichen Verbesserung, verlief aber nicht zeitkonform mit der übrigen Entwicklung. Insbesondere machte die Steuerung noch erhebliche Entwicklungsarbeit notwendig. In dieser Situation und im Hinblick auf die amerika-

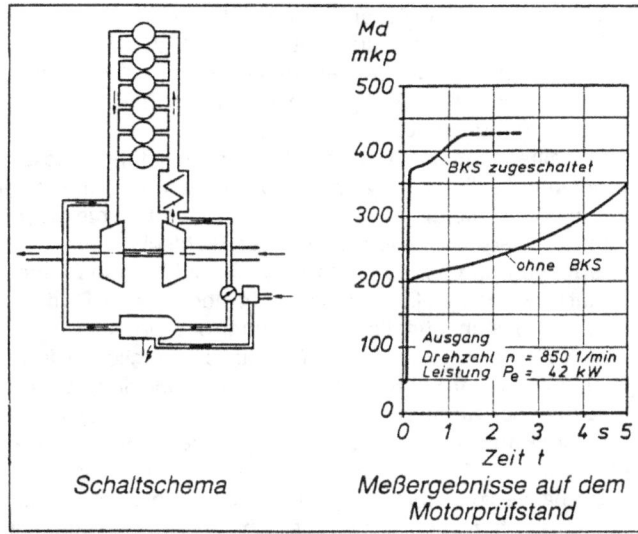

Schaltschema

Meßergebnisse auf dem Motorprüfstand

Brennkammer

nische Forderung nach einer Beschleunigung auf 20 mph/ 32 km/h in 6 sec – wesentlich für die Vergleichserprobung in den USA und dort im Wettbewerb mit der Lycoming-Turbine im Chrysler-Prototyp – machte die Fa. MTU den Vorschlag einer Hubraumvergrößerung. Dieser so abgewandelte Motor, neben anderen weiteren Entwicklungsschritten, erfüllte die Fahrbetriebsanforderungen und erbrachte die gleichen Beschleunigungswerte wie die Turbine, ohne deren Nachteile zu übernehmen. In der Weiterentwicklung der Motoren für die 90er Jahre hat die Fa. MTU der Brennkammer einen festen Platz eingeräumt.

2.6.11 Am Rande

Ein Relikt aus der KPz70-Entwicklung war auch die Ausstattung eines Prototypturmes mit der scheitellafettierten 20-mm-Maschinenkanone. Obwohl vom Bedarfsträger eigentlich nicht gewollt, sollte doch die mögliche Integration dieser Baugruppe demonstriert werden. Nach kurzer Erprobung verschwand diese Sekundärbewaffnung in der Versenkung.

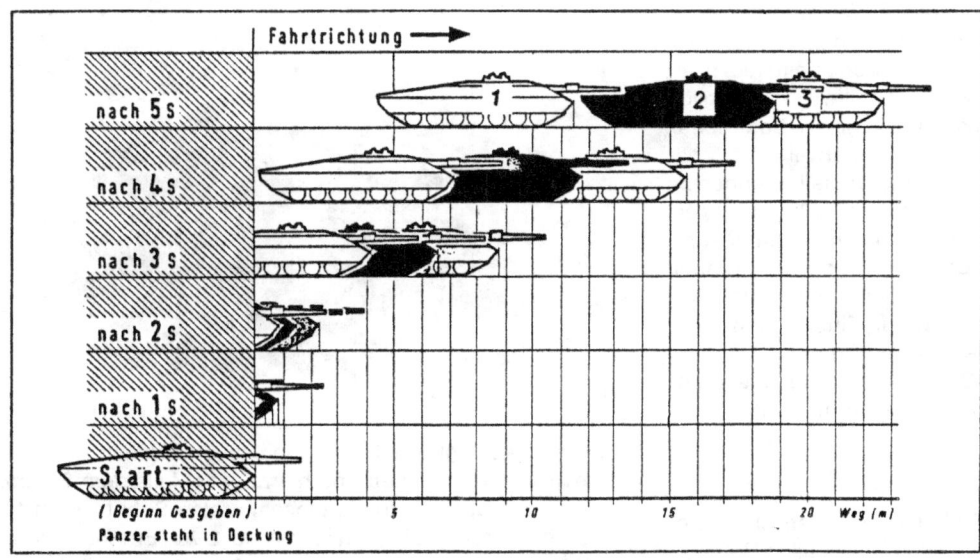

Unterschiedliches Beschleunigungsverhalten: 1 = LEOPARD 1, 2 = Prototyp, 3 = mit Brennkammer

2.6.12 Die 120-mm-Waffe und -Munition

Die 120-mm-Waffenanlage lief anfänglich außerhalb des LEOPARD 2-Programms. Begonnen hat diese Entwicklung als Alternative zur Shillelagh-Waffe im KPz70. Die 152-mm-Waffe war als Kombinationswaffe für Geschoß und Lenkflugkörper gedacht und sollte als patroniertes Geschoß eine verbrennbare Hülse haben. Die nicht erreichte vollständige Verbrennbarkeit in Verbindung mit einem automatischen Lader brachte das Projekt KPz 70 in große Schwierigkeiten.

Die Entwicklung der 120-mm-Panzerkanone durch die Fa. Rheinmetall sah die Verwendung eines glatten Rohres vor, was die Notwendigkeit eines flügelstabilisierten Fluggeschosses erforderlich machte. Die mit der Leistungssteigerung ver-

Prototyp mit scheitellafettierter Maschinenkanone

bundene höhere thermische und erosive Beaufschlagung der Rohrinnenoberfläche machte das Aufbringen einer Hartchromschicht notwendig. Die Voraussetzungen für ein gleichbleibendes Aufbringen dieser Chromschicht waren in der Bundesrepublik Deutschland nicht gegeben. Ein holländischer Galvanisationsbetrieb hatte es übernommen, die Aufgabe zu erfüllen. Immer wieder zeigten sich jedoch Ausfälle beim Probebeschuß. Besonders kritisch wurde es, als der Meister des Betriebes auf einen Arbeitsplatz im Büro überwechselte und nun im Betrieb seine persönlichen Erfahrungen fehlten. Viele Experten mußten eingeschaltet werden, ehe es gelang, alle mit der Beschichtung eintretenden Probleme voll zu klären. Es schien manchmal, als würde die Waffenentwicklung die Gesamtentwicklung des LEOPARD 2 erheblich verzögern.

Die Idee einer verbrennbaren Hülse wurde aus dem KPz70-Programm übernommen, weil nur dadurch das Gewicht der Patrone auf den Wert der 105-mm-Patrone gesenkt werden konnte und der damalige Inspekteur der Panzertruppe dies als Bedingung für die Übernahme der 120-mm-Waffenanlage in den LEOPARD 2 machte. Die Verwendung einer Ladeautomatik wurde damals entschieden abgelehnt, weil man auf den vierten Mann als Besatzungsmitglied nicht glaubte verzichten zu können. Eine Ladehilfe war anfänglich in den Prototypen vorhanden, nach Aussage des Bedarfsträgers und nach den Ergebnissen der Truppenversuche aber nicht nötig. Die Kadenz war durch die damalige Ladehilfe nicht zu erhöhen. Zur Vermeidung von unzureichender Verbrennung der Hülse entfernte man sich von der amerikanischen Lösung und gestaltete den Hülsenboden aus Stahl. Die Materialanhäufung an dieser Stelle hatte den Amerikanern Schwierigkeiten bereitet und zur Einbringung einer Rohrausblaseinrichtung, zum Ausblasen der unverbrannten Hülsenreste, geführt. Unter Berücksichtigung des deutschen Konzeptes wurden die Probleme der teilverbrennbaren Patronenhülse gelöst.

2.6.13 Neue Anstöße

Als Anstöße in die richtige Richtung erwiesen sich zwei Ereignisse im Herbst 1973. Zum einen wurde allen Beteiligten deutlich, daß die Haushaltsmittel für eine Nachrüstung der LEOPARD 1 nicht mehr zur Verfügung standen; der Zwang zur Berücksichtigung der LEOPARD 1-Turmkonstruktion entfiel. LEOPARD 2-Prototyp-Feuerleitbaugruppen sollten ursprünglich dem LEOPARD 1 nachgerüstet werden, um die ETW anzuheben. Nunmehr steht die Entscheidung bevor, das Feuerleitsystem der LEOPARD 2-Serie für die Nachrüstung der LEOPARD 1 vorzusehen. Die in den 70er Jahren fehlenden Haushaltsmittel für die Nachrüstung der LEOPARD 1 haben eine technische Fehlentwicklung verhindert und werden nunmehr nach Umrüstung der LEOPARD 1 diesen eine dem LEOPARD 2 vergleichbare feuerleittechnische Feuerkraft geben.

Die Ereignisse des Jom-Kippur-Krieges zeigten, daß man dem Panzerschutz besondere Priorität einräumen mußte. Es erhob sich die Frage, ob es nicht sinnvoll sei, die neue Turmkonzeption für eine Schutzerhöhung einzusetzen und die Lastenklasse MLC 60 anzustreben. Nach Abstimmung mit den Pionieren wurde die Lastenklasse MLC 60 Basis der weiteren Entwicklung. Als erstes wurde ein Turm mit neuem Schutz und einem Zielgerät mit kleinerer Basis (Korrelationsentfernungsmesser) gebaut. Dieser neuartige Entfernungsmesser EMES 13 war, wie schon ausgeführt, eine Entwicklung der Firma Leitz und wurde durch eine Plattform der Firma AEG-Telefunken stabilisiert. Das Gerät diente als primärstabilisiertes Hauptzielgerät des Richtschützen.

Zur Erprobung wurde ein Prototyp-Turm LEOPARD 2 umgebaut und unter der Bezeichnung T 14 mod. erprobt. Da dieser EMES 13 sich günstig in die Turmfront einpaßte, wurde die Verbesserung des Panzerschutzes ermöglicht. Gleichzeitig wurde im Rahmen dieser Weiterentwicklung ein rein elektrischer Turmwaffenantrieb zum Richten und Stabilisieren der Hauptwaffe in Zusammenarbeit der Firmen General-Electric und AEG-Telefunken entwickelt. Er stellte eine echte Alternative zum bisher gebräuchlichen elektrohydraulischen System dar. Der Zwischenschritt T 14 mod. war getan.

Model mit Turm 14 mod.

Da die USA zur gleichen Zeit einen neuen Anlauf in der Panzerentwicklung nahmen und hierbei ebenfalls dem Schutz Vorrang einräumten, folgte diesem ersten Schritt, Turm 14 mod., bald der zweite zum LEOPARD 2 AV. Erneut wurden Anstrengungen unternommen, zu einer Gemeinsamkeit in der Panzerausstattung in den USA und der Bundesrepublik Deutschland zu kommen.

2.6.14 Querschuß

In der gleichen Zeit glaubte die panzerbauende deutsche Konkurrenz zum Generalunternehmer Krauss-Maffei die Panzerentwicklung in ihrem Sinne beeinflussen zu können. Die Firmen Blohm + Voss, MaK und das Ingenieurbüro Dr. Hopp stellten Entwürfe eines leistungsgesteigerten Kampfpanzers LEOPARD 1 vor. Es waren Erkenntnisse des Panzerschutzes, der Feuerleitanlage und der 105-mm- bzw. 120-mm-Glattrohrkanone aus den Prototypen des LEOPARD 2 in den LEOPARD 1 eingebracht worden mit dem Ziel, den Panzerschutz und die Feuerkraft zu erhöhen. An eine Erhöhung der Beweglichkeit war nur partiell gedacht. Das vorgeschlagene Entwicklungsprogramm sah drei Varianten vor:

1. Verbesserter Panzerschutz an der Vorderseite Fahrgestell und Turm, 105-mm-Glattrohrkanone, Preis 103% gegenüber LEOPARD 1, lieferbar 18 Monate nach Auftrag;
2. Zusätzlich zum verbesserten Panzerschutz Erhöhung der Triebwerkleistung auf 1 200 bzw. 1 500 PS, Preis 110% gegenüber LEOPARD 1, lieferbar 36 Monate nach Auftrag;
3. Einbau der 120-mm-Glattrohrkanone neben den vorerwähnten Verbesserungen, Preis 125% gegenüber LEOPARD 1, lieferbar 44 Monate nach Auftrag.

Allen genannten Varianten gemeinsam war die Feuerleitanlage des LEOPARD 1 A 4, eine aus der LEOPARD 2-Prototyp-Entwicklung abgewandelte Lösung. Der Mehrpreis bezog sich auch auf den LEOPARD 1 A 4. Gemeinsam sollte allen drei Varianten die Einhaltung der Lastenklasse MLC 50 sein.
Da zum Zeitpunkt der Vorlage dieser Studie die Entwicklung der LEOPARD 2-Prototypen durch eine Modifizierung anlief, erarbeitete die Fa. KM einen Vergleich zwischen dem LEOPARD 2 mod. und dem LEOPARD 1 A4 »leistungsgesteigert« und kam zu folgender Aussage:

1. Feuerkraft
○ höhere Leistung der Hauptwaffe
  durch: größere Reichweite und Durchschlagsleistung,
     höhere Restwirkung im Ziel,
     verkürzte Ladezeit durch Indexstellung der Waffe;
○ höhere Treffwahrscheinlichkeit aus dem Stand und aus der Fahrt
  durch: genaueres Zielanrichten und Zielverfolgen mit primärstabilisierter Richtschützenoptik,
     Verkürzung und Präzisierung der Richtvorgänge mit leistungsgesteigerter Richtanlage,
     laufende passive Zielvermessung bei Objektstabilisierung,
     höhere Stabilisierungsgüte durch bessere Vorstabilisierung des Fahrgestells;
○ höhere Nachtkampffähigkeit
  durch: größere Reichweite bei passivem Beobachten und Zielen mit Wärmebildgerät,
     höhere Erkennungsmöglichkeiten auch bei schlechten Witterungsverhältnissen und getarnten Zielen bei Tag und Nacht.

2. Beweglichkeit
○ höhere Geschwindigkeit im Gelände
  durch: Steigerung des Leistungsgewichts um 50% (von 20 auf 30 PS/t),
     Vergrößerung des Federwegs um 40%,
     Erhöhung der Bodenfreiheit von 450 mm auf 540 mm,
     Steigerung des Arbeitsaufnahmevermögens des Laufwerkes von 330 auf 500 kpm/t;
○ weitere Verbesserung der Beweglichkeit
  durch: stufenlose Lenkung mit hydrostatisch-hydrodynamischem Überlagerungsgetriebe,
     Verkürzung des Zeitbedarfs für das Drehen des Fahrzeuges um die Hochachse (12 sec auf 8 sec).

3. Schutz
○ höhere Beschußsicherheit
  durch: Berücksichtigung neuer Panzerschutztechnologie;
○ besserer Minenschutz
  durch: günstigere Gestaltung des Wannenbodens;
○ erhöhter Schutz der Mannschaft
  durch: Abschottung von Munition und Hydraulikanlage.

Nach eingehenden Untersuchungen wurde dieser Querschuß abgewiesen.

2.6.15 Standardisierungsbemühen

Bereits im Jahre 1973 hatte die amerikanische Armee eines der 17 Prototypfahrgestelle des KPz LEOPARD 2 gekauft, die die Bundesrepublik für die Entwicklung des neuen Hauptkampfpanzers gebaut hatte. Dieses Fahrgestell (PT 7) wurde zur Erprobungsstelle Aberdeen angeliefert und dort einem normalen 1 500-Meilen-Fahrtest unterzogen.
Im Laufe des Juli 1973 trafen sich die Minister Leber und Schlesinger zu einem Gespräch, bei dem u.a. auch die Frage der Hauptkampfpanzer der 80er-Jahre und die Frage der Standardisierung der Bewaffnung von Hauptkampfpanzern angesprochen wurde. Als Ausfluß aus diesem Gespräch ergab sich ein reger Schriftwechsel in den Monaten August bis November 1973, in dem beide Minister gegenseitig auf die Vorteile einer Standardisierung in der Hauptwaffe und im Hauptkampfpanzer hinwiesen. Der Sinn und Zweck einer solchen Vereinheitlichung lag insbesondere bei den logistischen Vorteilen auf der Hand. Man einigte sich, die Frage der Standardisierung der Hauptbewaffnung zunächst in einem sogenannten trilateralen Versuch vorzuklären. Die Bundesrepublik stellte zu diesem trilateralen Waffenvergleich die 120-mm-Bordkanone mit glattem Rohr. Als Konkurrenten traten auf die im KPz M 60 eingeführte amerikanische Bordkanone M 68 (105 mm gezogen mit Munition XM 735) und die britische Kanone 110 mm. In bezug auf die Standardisierung des Hauptkampfpanzers selber begannen um die Jahreswende 73/74 intensive Gespräche auf Arbeitsebene. Der Leiter der amerikanischen Abteilung für Entwicklung und Forschung im Pentagon, Dr. Currie, besuchte in Begleitung von GenMaj Dean die Bundesrepublik und dabei besonders die Firma Krauss-Maffei als Hersteller der Prototypen LEOPARD 2. In einem Arbeitsgespräch wurden die Hintergründe aufgerollt, die zu einer Vergleichserprobung eines LEOPARD 2-Prototypen in den USA mit den XM 1-Prototypen der Firma Chrysler und General Motors führen sollten. Zu diesen Zeitpunkt war die US-Army immer noch in der Konzeptphase ihrer Kampfpanzer-Entwicklung, wohingegen in der Bundesrepublik bereits 15 von insgesamt 17 Prototypen ausgeliefert waren. Die technische Erprobung war weit gediehen, und der Truppenversuch hatte überlappend begonnen. Man versprach sich eine Verbilligung des amerikanischen Programms für den Fall, daß der vorgestellte LEOPARD 2-Prototyp den amerikanischen Erfordernissen gerecht werden würde; in dem Fall hätte die bereits in der Bundesrepublik durchgeführte Entwicklungsphase für das

gesamte System bzw. für wesentliche Komponenten eingespart werden können. Dies war der Anlaß, eine deutsche Kommission nach den USA zu entsenden; sie sollte sich dort an Ort und Stelle von den Möglichkeiten der Harmonisierung auf dem Komponentensektor der Kampfpanzer überzeugen. Diese Kommission, aus dem Ministerium und dem BWB zusammengesetzt, berichtete, daß aus Gründen des Wettbewerbs seitens der USA in dem derzeitigen Stadium eine Einführung deutscher Komponenten in das US-Prototypenprogramm nicht mehr möglich sei. Nach dem gültigen Entstehungsgang für Wehrmaterial in den USA war es für den öffentlichen Auftraggeber nicht möglich, in den Wettbewerb einzugreifen, wenn die Vorschläge der Bieterfirmen einmal akzeptiert und in einen Vertrag mit Gewinnanreizklausel und Termingarantie umgesetzt waren. Nach dem Bericht der oben erwähnten Kommission begannen nunmehr Untersuchungen, ob es möglich sei, einen kompletten Prototyp des Kampfpanzers LEOPARD 2 so zu modifizieren, daß er den Forderungen der US-Army, niedergelegt in einem sogenannten Request for Proposal, gerecht würde. Die wesentlichsten Abweichungen des Prototyps LEOPARD 2 von den Forderungen der US-Army für den Kampfpanzer XM 1 sind grob folgende:

1. Schutz gegen Wuchtmunition und Hohlladung,
2. Bewaffnung, bestehend aus Hauptwaffe, Kommandanten-MG, koaxialem MG und Fliegerabwehr-MG und
3. einige kleinere Dinge wie Fahrbereich, Kühlleistung u.ä.

2.6.16. LEOPARD 2 – AV

Die Forderung nach wesentlich höherem Schutz bedeutete eine Umkonstruktion der Prototypen LEOPARD 2, insbesondere der Wanne, denn im Entwicklungsprogramm LEOPARD 2 war ein höherer ballistischer Schutz im Turm bereits in dem sogenannten Turm 14 mod. verwirklicht, wobei hier die Neuentwicklung eines Entfernungsmessers auf Korrelationsbasis zum Zuge kommen sollte. Nach einer langen Reihe von Gesprächen und Diskussionen erklärte sich die Bundesrepublik durch den Abschluß eines Memorandums of Understanding bereit, mit einem kompletten Prototyp Kampfpanzer LEOPARD 2, genannt LEOPARD 2 AV, modifiziert nach den Erfordernissen der US-Army, in den Vergleich zum KPz XM 1 einzutreten.

Zum LEOPARD 2 AV führten zwei Wege. Die Firmen Krauss-Maffei, Wegmann und Porsche wurden beauftragt, im Rahmen einer 8wöchigen Arbeit Konzepte für einen LEOPARD 2/3 und einen LEOPARD 2 mod. zu erstellen. Diese sollten sich orientieren an

○ den US-Forderungen für den US-Panzer XM 1,
○ den bereits im LEOPARD 2 und LEOPARD 1 vorhandenen erprobten Baugruppen und
○ den Schutzforderungen für den KPz 3 unter Berücksichtigung der Lastenklasse MLC 60.

Der LEOPARD 2/3 basierte auf dem Konzept KPz 3 mit teilschwenkbarem Turm und der modifizierte LEOPARD 2 auf dem schon genannten Turm 14 mod.. Die Konzeptvorstellungen der Firmen zum LEOPARD 2/3 zeigten folgende wesentliche Kriterien:

○ Der Seitenrichtbereich des Turmes betrug nur ± 90°,
○ die Elevation der Hauptwaffe betrug nur 15°,
○ die Munition war gegenüber dem Mannschaftsraum nicht abgeschottet,
○ der Fahrerstand war turmfest, für die Fahrsicht war ein Winkelspiegeldrehkranz vorgesehen, der entgegen der Turmbewegung parallel zur Fahrzeuglängsachse gehalten werden sollte,
○ die Übertragungselemente vom Fahrerstand waren mittels Kabelschleife und Bowdenzüge bzw. Schleifringübertrager vorgesehen.

Das Konzept LEOPARD 2 mod. zeigte gegenüber dem Entwicklungsstand LEOPARD 2, wie er in den 17 Prototypen zu diesem Zeitpunkt bestand, folgende Änderungen:

○ Die amerikanischen Schutzforderungen waren im Turm voll und im Fahrgestell teilweise im Rahmen der MLC 60 erfüllt.
  Die amerikanische Gewichtsgrenze wurde dabei um ca. 2 t überschritten.
○ Das Hilfsaggregat war entfallen.
○ 12 Schuß Munition für die Hauptwaffe waren abgeschottet im Turmheck untergebracht.
○ Die Hydraulikversorgung war abgeschottet im Turmheck plaziert.
○ Die Feuerleitanlage hatte einen Laserentfernungsmesser und war primärstabilisiert.
○ Der Einbau der 105-mm-Waffenanlage war vorgesehen, aber die Einbaumöglichkeit für die 120-mm-Waffenanlage war offengehalten.
○ Die in der Zeichnung aufgeführten Baugruppen entfielen.

Zwei Kriterien dieser beiden Konzepte erregten Widerspruch, der erst in umfangreichen Versuchen geklärt wurde. Es waren dies:

A) – Das Fahren aus dem Turm,
B) – Die primärstabilisierte Richtoptik.

Zu A zeigten die Ergebnisse der Voruntersuchungen in einem umgebauten KPz70-Prototyp die Unmöglichkeit für den Fahrer, sich den Drehbewegungen des Turmes zu entziehen. Der Mensch folgt unwillkürlich den Bewegungen der Umwelt und verliert dabei die Orientierung. KM machte dann zur Realisierung »Fahren aus dem Turm« weitere Untersuchungen mit drehbarem Fahrerstand (ähnlich KPz 70); aber diese Lösung war nur bei folgenden Einschränkungen möglich:

a) Verbreiterung des KPz um 100 mm durch Drehkranzverbreiterung.
   Nicht möglich wegen erheblicher Überschreitung des Transitlademaßes.
b) Verwendung der Kanone 105 mm gezogen, dabei mußte der Kpz nur 50 mm verbreitert werden.
   Nicht möglich wegen Überschreitung des Transitlademaßes **und** Forderung Verwendung Kanone 120 mm.
c) Verschieben der Waffe mit Turm 100 mm nach rechts, Waffe verblieb jedoch im Mittelpunkt des Turmes. Hierdurch erhöhte sich der Drehkranzdurchmesser um 200 mm.

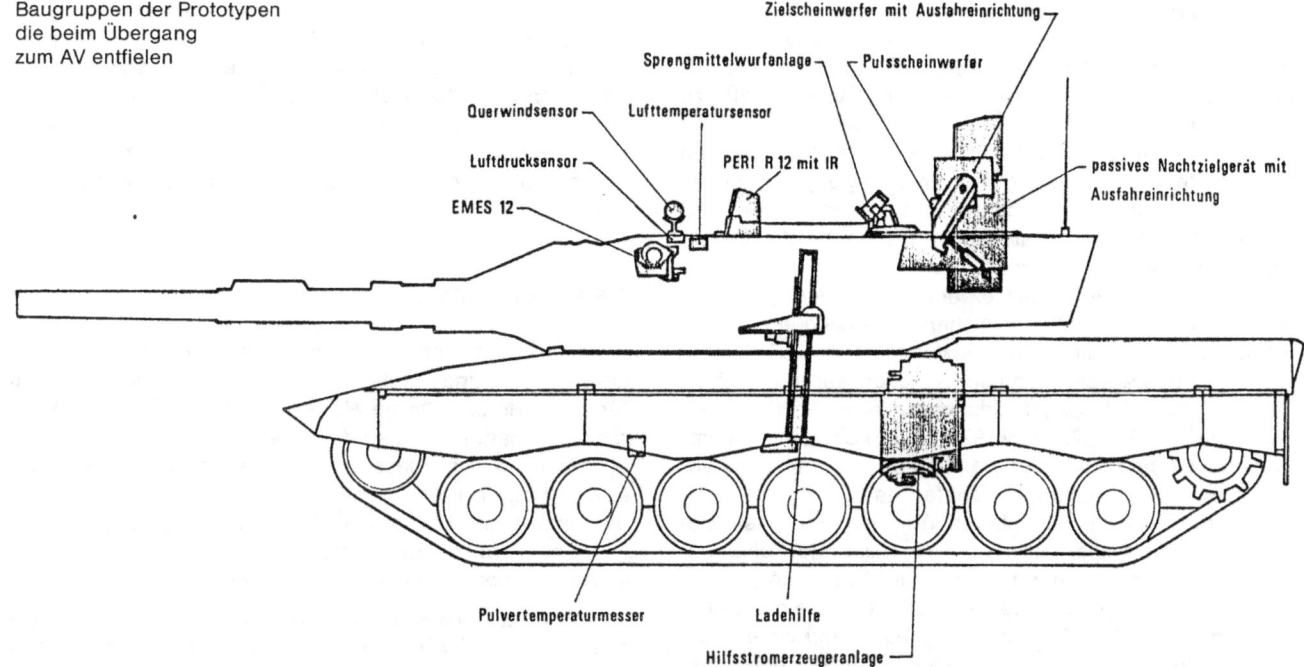

Baugruppen der Prototypen die beim Übergang zum AV entfielen

- Querwindsensor
- Lufttemperatursensor
- Luftdrucksensor
- EMES 12
- PERI R 12 mit IR
- Sprengmittelwurfanlage
- Zielscheinwerfer mit Ausfahreinrichtung
- Pulsscheinwerfer
- passives Nachtzielgerät mit Ausfahreinrichtung
- Pulvertemperaturmesser
- Ladehilfe
- Hilfsstromerzeugeranlage

Nicht möglich, da der jetzt schon geringe Platz für Richtschütze und Kdt noch mehr verringert wird. Außerdem ergaben sich Platzschwierigkeiten für den Waffenverschluß.

d) Beschränkung des Schwenkbereiches auf ca. ± 35°–40°.

Nicht möglich, da die Einschränkung des Schwenkbereiches nicht akzeptabel war.

Dieses von der Fa. Krauss-Maffei favorisierte Konzept 2/3 wurde damit hinfällig.

Zu B war ein Teil des Bedarfsträgers der Meinung, daß die mechanische Anbindung der Richtoptik mit der Kanone die größere Zuverlässigkeit verspreche. Umfangreiche Versuche erbrachten den Beweis für die zuverlässige elektrische Anbindung, die genaue Nachführung der Waffe und die außerordentliche Stabilisierungsgüte unter allen Betriebsbedingungen. Die im LEOPARD 2 erreichte hohe Erstschußtreffwahrscheinlichkeit im Stand und aus der Bewegung hat hier im wesentlichen ihre Begründung. Im nachhinein ist es kaum erklärlich, wie es während der Entscheidungszeit zu den sehr hart ausgetragenen »Glaubenskämpfen« kommen konnte.

2.6.17 Vergleichserprobung

Das Konzept KPz LEOPARD 2 mod. wurde ausersehen zur Vergleichserprobung in den USA und wurde nach Weiterentwicklung als LEOPARD 2 AV (Austere Version) geführt. Ein MOU wurde im Dezember 1974 abgeschlossen. Es verpflichtete die Bundesrepublik, einen kompletten Prototyp sowie ein Beschußfahrzeug, ein Fahrgestell und einige spezielle ballistische Teile zu liefern. Mit der Industrie war am 26. September 1974 ein Auslieferungstermin (Werkserprobung abgeschlossen) zum 21. Mai 1976 garantiert vereinbart. In 18 Monaten hatte der Firmenverbund eine außerordentliche Leistung zu erbringen, weil nicht nur der Termin garantiert war, sondern auch spezifische Leistungsdaten bei einer nach oben festgesetzten Kostengrenze. Dieser ungewöhnliche Entwicklungsschritt charakterisiert die Gesamtentwicklung und die Zusammenarbeit zwischen Industrie und Auftraggeber unter Berücksichtigung einer wohlausgewogenen Kostenbegrenzung.

Die Ausstattung der für die US-Vergleichserprobung vorgesehenen Türme erfolgte mit der 105-mm-Kanone (gezogenes Rohr wie LEOPARD 1). Da die amerikanischen Prototypen gleichfalls mit der 105-mm-Waffenanlage ausgerüstet waren, wurde damit bewußt die Leistung der Waffe aus dem Vergleich ausgeklammert. Die Auswahl der Panzerhauptbewaffnung für die 80er Jahre oblag wie gesagt einer trilateralen Vergleichserprobung (USA – Bundesrepublik Deutschland – UK) in England. Da die deutschen Türme aber für die 120-mm-Waffenanlage ausgelegt waren, konnte nach Beendigung der Vergleichserprobung in den USA die Umrüstung eines Turmes den US-Dienststellen vorgeführt werden. Die Waffenvergleichserprobung hatte zwischenzeitlich gezeigt, daß nur die 120-mm-Waffe der zukünftigen Bedrohung gewachsen war. Die Bundesrepublik verfolgte von diesem Zeitpunkt nur noch die Ausstattung mit dieser Waffe. Die USA glaubten diesen Schritt noch nicht gehen zu müssen; der Serienanlauf des M 1 begann daher mit der 105-mm-Waffe. Erst weitere umfangreiche Erprobungen und teilweise Umentwicklung führte sie zu der Entscheidung, ab 1986 den M 1 gleichfalls mit der 120-mm-Waffe auszustatten.

Die bis zu diesem Zeitpunkt gefertigten über 3 000 Kampfpanzer M 1 Abrams mit 105-mm-Waffe stellen eine unnötige Abwehrminderung der Nato-Streitkräfte dar und stehen der Forderung entgegen, die konventionellen Abwehrkräfte zu verstärken.

Dieser LEOPARD 2 AV hatte einen bisher nicht erreichten Schutz (Mehrfachschottung und Unterbringung der gefährlichen Betriebsstoffe außerhalb des Kampfraumes) und zeigte eine sehr hohe Erstschußtreffwahrscheinlichkeit im Stand und aus der Bewegung.

Die Einbringung des Schutzes war in der zur Verfügung stehenden Zeit nicht leicht zu erreichen. Die Auslegung im Turm war einfacher, weil hier schon die Vorarbeiten zum T 14 mod. herangezogen werden konnten. Dagegen waren mehrfach Vorversuche notwendig, und die entscheidenden Beschußversuche vom 23. – 26. Juni 1975 führten zu einer vollkommenen Umkonstruktion des Wannenbuges mit allen Konsequenzen. Da das Gesamtgewicht feststand, ging es um die Aufteilung des Schutzanteils auf Turm und Fahrgestell. In einer entscheidenden Sitzung legte der Projektleiter der Turmbaufirma die Turmobergrenze mit 17 t fest und verteidigte diese Zusage und Grenze über alle Jahre mit großer Hartnäckigkeit. Zum Zeitpunkt der Festlegung waren sich die Fahrgestellkonstrukteure dieser Grenze noch nicht bewußt, weil sie – wie oben angegeben – der Gesamtkonstruktion nachhinkten. Jetzt ist die gleiche Turmbaufirma flexibel genug, um innerhalb dieser 17-t-Grenze den Panzerschutz erhöhen zu können. Man kann daher nachträglich die Hartnäckigkeit begrüßen.

Die US-Army verpflichtete sich, die Erprobung für die Bundesrepublik kostenlos in gleicher Weise durchzuführen wie für ihre eigenen Prototypen. Aus Gründen der Umkonstruktion des ballistischen Schutzes konnte der Prototyp LEOPARD 2 AV erst zum 1. September 1976 in den USA zur Verfügung stehen. Nach dem mit der Industrie vereinbarten Liefertermin wurde eine amtliche Erprobung durchgeführt. Dies bedeutete im Hinblick auf die Gesamtzeitplanung des XM 1-Programmes, daß zunächst die beiden amerikanischen Prototypen der Firmen GM und Chrysler gegeneinander getestet und dann im Herbst 1976 die Versuche mit dem KPz 2 AV in entsprechender Weise nachgezogen wurden.

Der wesentliche Zweck dieser ganzen Erprobung war die Untersuchung, ob es möglich sei, die vorhandene Standardisierung in der Hauptbewaffnung mit 105-mm-Kanone, ausgedehnt auf den Hauptkampfpanzer, beizubehalten und zu intensivieren, so daß die Entwicklung des KPz LEOPARD 2 ganz oder teilweise, d.h. als Fahrzeug oder in Komponenten, die Entwicklung des KPz XM 1 ersetzen oder ergänzen konnte.

Dabei ist eindeutig festzuhalten, daß es sich **nicht** um eine gemeinsame Entwicklung der Bundeswehr und der US-Dienststellen handelte wie beispielsweise beim KPz 70, sondern daß hier die fertige deutsche Entwicklung als Konkurrenzprodukt durch US-Dienststellen erprobt, bewertet und – gegebenenfalls – ausgewählt werden sollte.

2.6.18 Herstellbarkeitsstudie

Zusätzlich zu diesem Versuchsprogramm wurde für den KPz LEOPARD 2 AV eine Studie angefertigt, die sich mit den Kosten für die Serie und für die Weiterentwicklung bis zur Serienreife beschäftigte, wie sie für einen LEOPARD 2 in den USA angefallen wären. Diese schloß eine Produzierbarkeitsuntersuchung ein. Diese Studie wurde seitens der US-Army bei der amerikanischen Firma FMC in Auftrag gegeben und gemeinsam von der Bundesrepublik und den USA finanziert. Im Abschlußbericht über die Studie hieß es u.a.:

»*Die Fahrzeuge wurden eingehend getestet, wobei 74 923 km auf Straßen und im Gelände gefahren und insgesamt 7 863 Schuß 105- und 120-mm-Munition verschossen wurden.*«

Das Bild zeigt einen Vergleich der LEOPARD 2 Entwicklungsgeschichte und der geplanten LEOPARD-2-Serienfertigung in den USA unter Berücksichtigung von US-Vorgaben. Die Auslieferung des ersten LEOPARD - 2 - Serienpanzers erfolgt laut Plan 3 Monate vor dem XM 1.

(Anmerkung des Verfassers: Bei den ab Februar 1980 ausgelieferten KPz M 1 handelte es sich genau genommen noch um Vorserienfahrzeuge.)

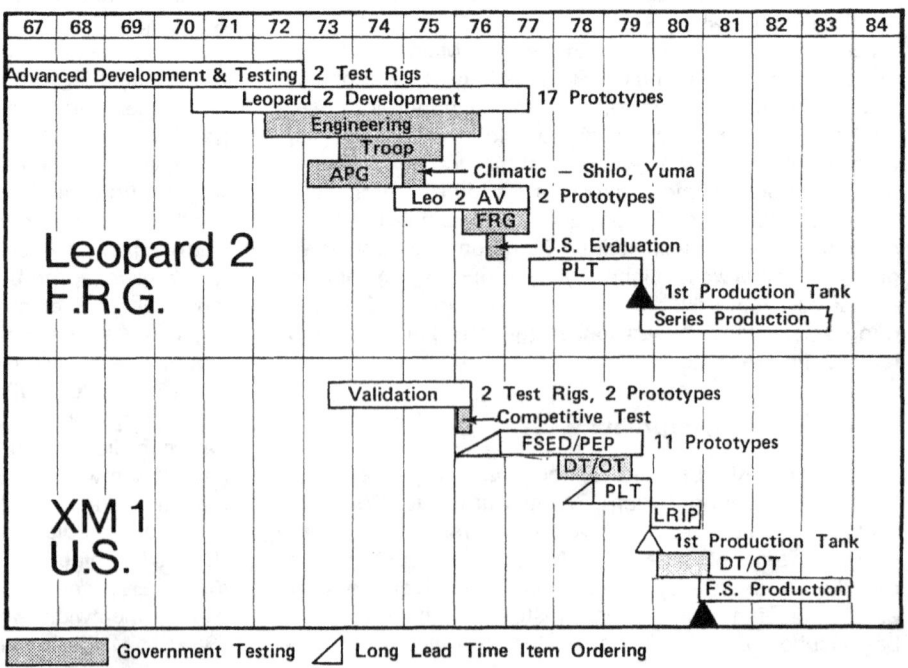

»Es wurde festgestellt, daß die Fertigung des LEOPARD 2 in den USA durchführbar war. Alle untersuchten Panzerkomponenten konnten über Lizenz-Vereinbarungen, durch Austausch entsprechender Teile und durch die Entwicklung einiger kleinerer Komponenten (die keinen Lizenzbestimmungen unterliegen) und geeigneter Fertigungsverfahren in den USA hergestellt werden. Es gab keine zu entwickelnde Komponente, die ein besonderes Risiko darstellte.«

»Ein Programm, in dem die Entwicklungsreife des LEOPARD 2 festgestellt wurde und das voll auf die deutschen Regierungspläne, die Auftragserteilung für die Serie bis Mitte 1977 zu beginnen, abgestimmt ist, hätte das FSED-Programm drastisch reduzieren oder gar erübrigen können.«

Soweit Auszüge aus dem Abschlußbericht der Studie über die Herstellbarkeit des KPz LEOPARD 2 in den USA.

2.6.19 Ergebnis der Vergleichserprobung

In der Vergleichserprobung mit den konkurrierenden amerikanischen Prototypen der Firmen GM und Chrysler auf der Erprobungsstelle Aberdeen (USA) zeigte das deutsche Entwicklungsergebnis positive Werte und erbrachte in vollem Umfang die Erfüllung der neuesten militärischen US-Forderungen. Auch die von der Firma FMC erstellte Kosten- und Produktionsstudie

○ bewies die Möglichkeit eines Nachbaus in den USA,
○ zeigte die Einhaltung des vorgegebenen Serienstückpreises einschl. Lizenzgebühr unter Berücksichtigung einer gleichen Ausstattung,
○ bewies eine Ersparnis von US-Entwicklungskosten, wenn die FSED- und DT/OTII-Phasen durch Übernahme vorher ermittelter oder parallel laufender deutscher Entwicklungs- und Erprobungsergebnisse verkürzt oder gestrichen würden,
○ machte eine Vorverlegung des Produktionsbeginns in den USA und damit eine um etwa 15 Monate frühere Einführung bei der Truppe möglich,
○ hätte die Ausrüstung **aller** neuen US-Panzer mit der 120-mm-Waffenanlage möglich gemacht,
○ machte deutlich, daß die Kampfkraft der US-Panzertruppe und damit der NATO erhöht worden wäre.

Aber nationale Prestigegründe waren stärker und bildeten abermals ein Hindernis für eine vernünftige und notwendige Lösung, obwohl im Triebwerk, bestehend aus MTU-Motor und RENK-Getriebe aus dem KPz70-Programm, die USA prozentual an den Entwicklungskosten beteiligt waren, das Richtschützengerät eine Entwicklung der US-Fa. Hughes war und im später eingebrachten Wärmebildgerät die US-Common-Modules zur Anwendung kamen und somit bedeutende Teile des Systems amerikanische Anteile aufwiesen. Die Vergleichserprobung in den USA hatte kaum begonnen, da einigten sich die amerikanischen und die deutschen Rüstungsstellen, nicht mehr eine gemeinsame Panzerentscheidung herbeizuführen, sondern als Hauptziel die Bewertung einzelner Baugruppen zu betreiben, um Baugruppen zu finden, die sich für eine Nutzung in beiden Panzern eignen könnten. Nicht Standardisierung, sondern Harmonisierung wurde Ziel. Als wesentliche Baugruppen wurden die 120-mm-Waffe und das Turbinentriebwerk bezeichnet.

Die Ergebnisse der Vergleichserprobung in den USA zeigten eine Überlegenheit des deutschen Systems. Aber die amerikanischen Veröffentlichungen sagten genau das Gegenteil aus. Die Lobby der amerikanischen Industrie fand in der amerikanischen Projektführung und in der Automobilarbeitergewerkschaft Verbündete.

Ehrgeiz und Sorge um den Arbeitsplatz waren Triebfeder für eine Verleumdungskampagne gegen das deutsche Entwicklungsergebnis. Die Arbeiter im Panzerwerk der Fa. Chrysler in Detroit wurden in der Meinung gehalten, ein Kauf der Panzer käme evtl. in Frage, was ja nie geplant war, wie die FMC-Studie bezeugt. Die Einschätzung der Standardisierung unterlag der politischen »Freundschaft«, und so mußte auf Weisung des damaligen Verteidigungsministers Leber jede weitere deutsche Stellungnahme unterbleiben. Nach einer Sprachregelung hatte die Harmonisierung nunmehr Primat. Es ist wohl verständlich, daß diese Entscheidung bei allen Beteiligten eine Ernüchterung herbeiführte und mit welcher Genugtuung die Entscheidungen der Niederlande und der Schweiz aufgenommen wurde, statt des US-KPz M1 den KPz LEOPARD 2 zu wählen. Die mit großem Elan in den Jahren 1975 und 1976 betriebene Entwicklungsarbeit fand damit nachträglich ihre internationale Anerkennung.

Das 1976 umfunktionierte Ziel, Harmonisierung statt Standardisierung, führte in den vergangenen 8 Jahren zu jährlichen Tagungen ministerieller Experten, ohne daß größere Fortschritte erzielt wurden. Zwar wurde die 120-mm-Waffe erprobt und soll 1986 in den M 1 E 1 einfließen. Die US-Entscheidung für die 120-mm-Waffe kam auch nur durch die Forderung zustande, im AWACS-Projekt einen Ausgleich zu schaffen. Aber die im Gegenzug erwünschte Einbringung des Turbinentriebwerkes aus dem M1 wurde von uns abgelehnt. Zwar wurde durch die Fa. Krupp MaK die Einbaumöglichkeit untersucht, der Einbau eines Leihtriebwerkes vorgenommen und Fahrversuche mit Unterstützung der Erprobungsstelle 41 durchgeführt. Aber der Einbau hatte erhebliche Veränderungen des Wannengehäuses notwendig gemacht, und die Fahrversuche zeigten die bekannten negativen Eigenschaften des US-Triebwerks; dessen hohen Kraftstoffverbrauch, eine unzureichende Getriebekomponente incl. der integrierten Bremsanlage. Im Vergleich zum deutschen Triebwerk, bestehend aus MTU-Motor und RENK-Getriebe, kam die Bundesrepublik zu dem Entschluß, diesen Harmonisierungspunkt fallenzulassen. Als einziges Harmonisierungsergebnis blieb nur die Festlegung einiger Daten bei den Kettenabmessungen. Die deutsche Seite hat keine Veranlassung, die eingeführte Kette mit ihren Abmessungen zu verlassen, denn diese Kette erfüllt die Forderung nach Dauerstandfestigkeit, was bei der US-Kette immer noch nicht der Fall ist.

Zwischenzeitlich hat eine Erprobung der deutschen LEOPARD 2-Diehl-Kette auf einem US KPz M 1 bei der Erprobungsstelle 41 in Trier stattgefunden. Nach anfänglichen Querelen und unterschiedlicher Auslegung der Erprobungsergebnisse und nach Änderung der M 1-Laufrollen-

Prototypfahrgestell
beim Einbau
der Lycoming-Turbine

Ablauf der Erprobungen und Truppenversuche zum KPz LEOPARD 2 AV

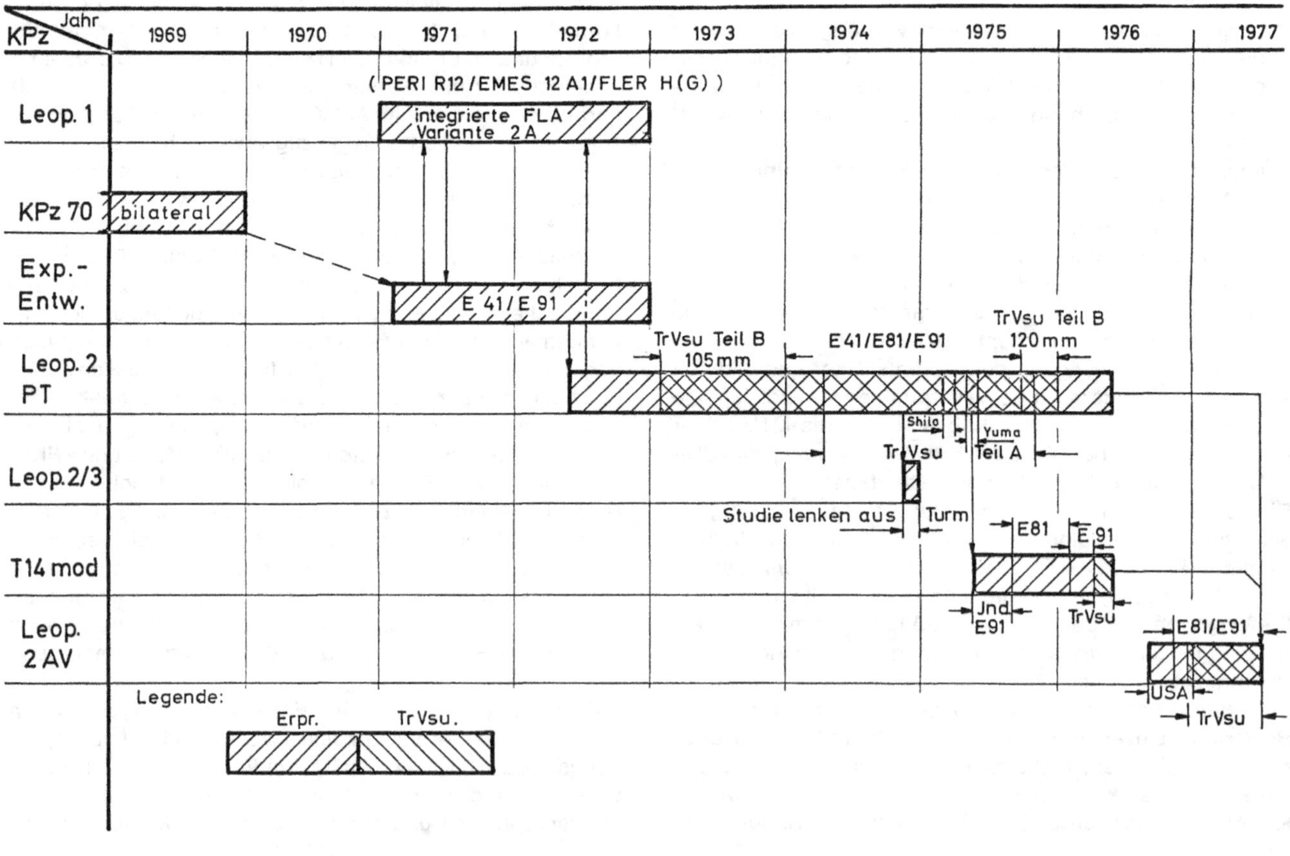

KPz \ Jahr	1969	1970	1971	1972	1973	1974	1975	1976	1977
Leop. 1			(PERI R12 / EMES 12 A1 / FLER H(G)) integrierte FLA Variante 2 A						
KPz 70	bilateral								
Exp.-Entw.			E 41/E 91						
Leop. 2 PT					TrVsu Teil B 105 mm	E41/E81/E91		TrVsu Teil B 120 mm	
Leop. 2/3					Studie lenken aus	TrVsu	Shilo Yuma Turm Teil A		
T14 mod								E81 E91	
Leop. 2 AV								Jnd E91 TrVsu	E81/E91 USA TrVsu

Legende: Erpr. TrVsu.

bandagen, abgestimmt auf die **nicht** innengummierte deutsche Kette, hat die LEOPARD 2-Kette auf dem M 1 ihre Leistung in bezug auf Dauerstandfestigkeit unter Beweis gestellt. Es wäre zu hoffen, daß die USA gemäß dem geschlossenen Harmonisierungsabkommen sich nunmehr entschließen könnten, sich dieser Kette zu bedienen und damit einen wesentlichen Schritt zur logistischen Gleichheit bei diesem Hochverschleißteil zu tun.

Eines ist aber nicht zu bestreiten, der Impuls, eine Vergleichserprobung in den USA zu betreiben, hat ungeheure Kräfte in der Industrie und in den Ämtern freigesetzt. Die technische und terminliche Realisierung dieses Entwicklungsschrittes erzeugte wohltuende Spannungen und öffnete die Kasse des Entwicklungsetats. Ohne diese übernationale Aufgabe wären die Mittel für diesen Entwicklungsschritt nicht freigegeben worden. Der KPz LEOPARD 2 wäre heute nicht das Waffensystem, welches auch zukünftig Meßlatte für alle weiteren Panzerentwicklungen sein wird.

2.6.20 Letzte Etappe vor der Serienreifmachung

Parallel zu der Vergleichserprobung in den USA mit dem LEOPARD 2 AV Vorserienfahrzeug PT 19, wurden die Türme 20 und 21 einer technischen Erprobung und einem Truppenversuch in der Bundesrepublik Deutschland unterzogen. Das Feuerleitsystem dieser Panzer wurde von AEG-Telefunken geliefert und enthielt folgende Komponenten:

- EMES 13 primärstabilisiertes Hauptzielgerät mit passivem kontinuierlichem Entfernungsmesser (Korrelationsentfernungsmesser), Entwickler: Fa. Leitz/AEG-Telefunken
- WNA elektrohydraulische Waffennachführanlage; Entwickler: ASA-Arbeitsgemeinschaft der Firmen AEG-Telefunken, Feinmechanische Werke Mainz und Honeywell GmbH.
- FLER-H 2 Feuerleitrechner für Panzer-modifiziert; Entwickler: AEG-Telefunken
- PERI-R 12 A 2 primärstabilisiertes Kommandantenrundblickteleskop; Entwickler: Zeiß
- Zentrallogik Entwickler: Wegmann
- 4 00 HZ-Wechselrichter Entwickler: AEG-Telefunken
- RPP 1–8 automatisches internes Prüfsystem; Entwickler: Krupp-Atlas-Elektronik

Um der Neigung der US-Army zum Laserentfernungsmesser Rechnung zu tragen und dem LEOPARD 2 AV PT 19 einen leichten amerikanischen »Anstrich« zu geben, war es zweckmäßig erschienen, eine amerikanische Firma mit in die Gesamtentwicklung einzubeziehen. Aus diesem Grunde lie-

Terminablauf für KPz LEOPARD 2 AV

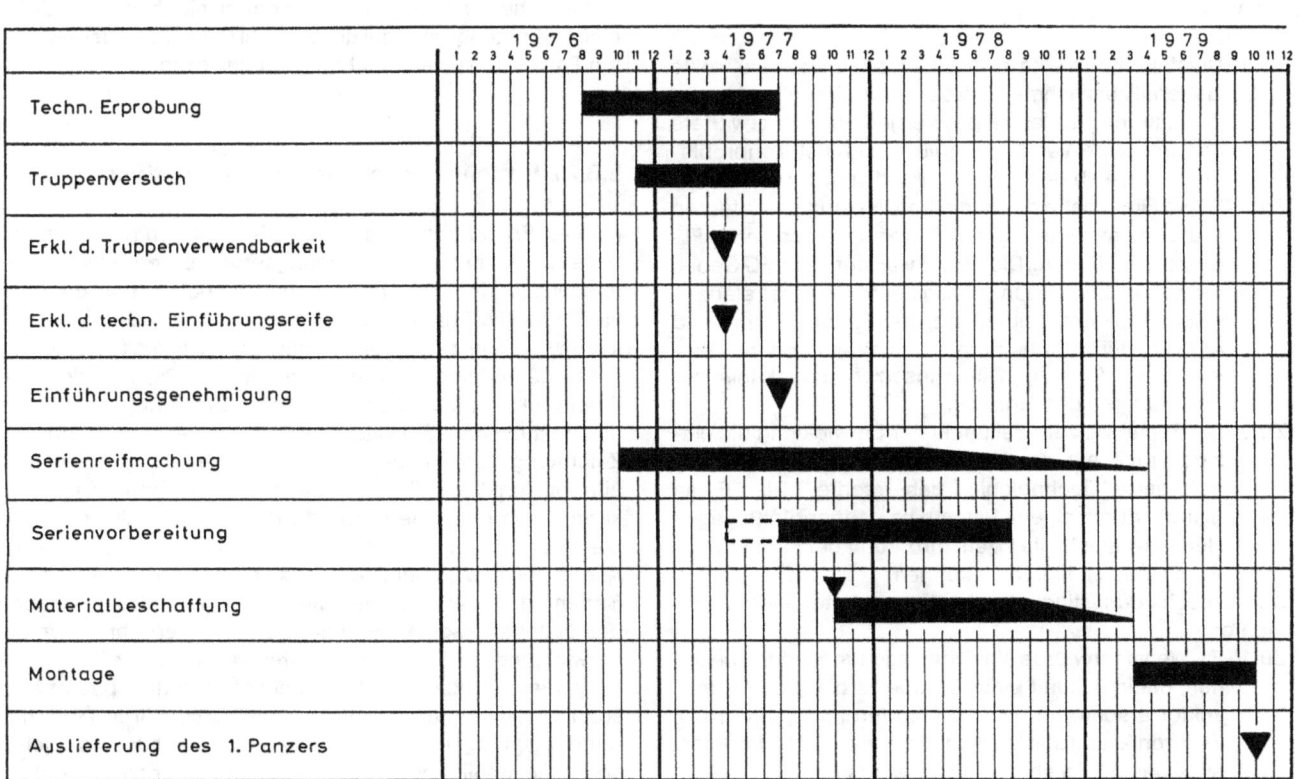

ferte die Fa. Hughes für den Turm 19 (für die Vergleichserprobung) anstelle des Entfernungsmessers EMES 13 und des Rechners FLER-H ein primärstabilisiertes Richtschützengerät mit Laserentfernungsmesser und Rechner. Hierfür wurde jedoch die Auflage gemacht, daß dieses Teilsystem der Fa. Hughes dem restlichen deutschen Feuerleitsystem anzupassen sei. Dies brachte jedoch keine Schwierigkeiten mit sich, da die deutschen Feuerleitgeräte mit standardisierten Schnittstellen ausgestattet waren und sind.

Zwei Feuerleitsysteme standen sich also im Frühjahr 1977 gegenüber:
○ 1. das in der US-Vergleichserprobung bewährte System der Firma Hughes,
○ 2. das System mit dem passiven Entfernungsmesser der Firmen Leitz/AEG, in dem für eine kurze Übergangszeit das Korrelationsgerät durch einen Laser ersetzt werden sollte, weil noch einige Entwicklungsschritte notwendig waren.

Nach einer eingehenden Erprobung beider Systeme bei den Erprobungsstellen 81 und 91 fand am 3. Juni 1977 eine Beurteilung und Bewertung durch die beteiligten Amtsstellen statt. Ausschlaggebend für die Entscheidung für das 1. System war der Preis, denn die technische Bewertung war fast gleich. Der Bedarfsträger war sehr von dem passiven Entfernungsgerät angetan.

Als Lizenznehmer der Fa. Hughes hatten sich 3 Firmen beworben:
1. Fa. Wegmann
2. Fa. KAE
3. AEG

Zu 1: Diese Firma strebte eine Arbeitsteilung an; sie wollte Generallizenznehmer werden und Unterlizenzen an die Baugruppenlieferanten vergeben. Man erwartete dadurch eine Vermeidung von Schnittstellenproblemen innerhalb der FL-Anlage und zum Turm.

Zu 2: Diese Firma hatte durch die Entwicklung des internen Prüfsystems eine intime Kenntnis des gesamten FL-Systems erfahren. Die Firma war auf dem FL-Gebiet bis zu diesem Zeitpunkt völlig neutral, d.h. sie stand in keiner Konkurrenzsituation zu den Firman Hughes und AEG. Die Firma hatte bereits von einem anderen Projekt her Erfahrungen im Umsetzen amerikanischer Zeichnungen und Normen.

Zu 3: Die Firma war zum Zeitpunkt der Entwicklung die einzige Firma auf dem deutschen Markt, die die hier geforderte Technologie beherrschte. Die Firma glaubte durch eigene Patente bzw. Einsprüche gegen Hughes-Patente die Lizenzforderung der Firma Hughes in Grenzen halten zu können.

Der Entscheidungsfindung dienten nachstehende Argumente:

Zu 1: Fa. Wegmann würde eine überragende Stellung beziehen, die in Zukunft einen Wettbewerb auf dem Turmsektor erschweren würde. Man fürchtete, eine neue Elektronikkapazität zu schaffen, was nicht im Interesse des öffentlichen Auftraggebers lag.

Zu 3: Fa. AEG war Konkurrent von Hughes, und es bestand Gefahr, daß man das noch nicht ausgereifte Hughes-System nicht objektiv behandeln würde. Hughes hatte zwischenzeitlich einer vertraglichen Regelung des Benutzungsrechts zugestimmt.

Die Systemkenntnis und die neutrale Stellung der Fa. KAE gaben den Ausschlag für die amtliche Entscheidung der Fa. Hughes eine Kooperation mit der Fa. KAE vorzuschlagen. Die Firma Krupp-Atlas-Elektronik übernahm als Lizenznehmer der Fa. Hughes die Aufgabe, dieses System den noch bestehenden Truppenwünschen anzupassen. Der amtliche Auftraggeber sorgte für eine Fertigungsbeteiligung des unterlegenen Mitbewerbers AEG. Aber nicht nur Truppenwünsche waren zu berücksichtigen, sondern es waren auch die Voraussetzungen für eine Serienfertigung zu schaffen. Die Fa. AEG-Telefunken als Fertiger des Spiegelkopfes mußte eine Reihe kostenintensiver Entwicklungen betreiben, ehe ihr Fertigungsanteil serienreif war. Aber auch die Fa. Steinheil-Lear-Siegler mußte noch Entwicklungsarbeit leisten, ehe die Serienfertigung beginnen konnte. Von diesem Aufwand wird nicht gesprochen, wenn vom »Hughes-EMES-15« gesprochen wird. Der Zeitpunkt ist gekommen, die Verantwortung und Leistung aller Beteiligten darzustellen und zu würdigen. Im nachhinein ist der Entscheid für den EMES-15 zu preisen, denn der Korrelationsentfernungsmesser hat durch seine Passivität unbestreitbare Vorzüge, war aber zum gegebenen Zeitpunkt noch nicht reif für eine Serie. Die oben erwähnte Übergangszeit hätte sich sehr lange ausgedehnt, und die einheitliche Ausstattung wäre nicht erreicht worden; denn eine Umrüstung wäre bei der Vielzahl der schon ausgelieferten Panzer finanziell nicht möglich gewesen.

2.6.21 Serienreifmachung und Beschaffung

Mit den Erkenntnissen aus den USA und den parallel erarbeiteten deutschen Erprobungsergebnissen wurde die anschließende Serienreifmachung betrieben und die Vorstufen für die Serienfertigung aufgenommen. Eine wesentliche und die letzte Phase der Entwicklung eines Projektes ist die Serienreifmachung, in der neben dem Problem der Fertigentwicklung (d.h. die bei der Erprobung erkannten Funktionsmängel bzw. Schwachstellen zu verbessern und in den Zeichnungssatz einzuarbeiten und soweit zu erproben, daß ein voll funktionsfähiges Projekt in Serie gebaut werden kann) auch noch die Probleme der Wirtschaftlichkeit (d.h. die Möglichkeit, durch Ausschreibung konkurrierende Angebote einzuholen) berücksichtigt werden muß. Die Serienreifmachung, beginnend im Oktober 1976, folgte nicht den üblichen Regeln. Nicht der Generalunternehmer für die Entwicklung, die Fa. Krauss-Maffei, wurde mit der Durchführung dieses letzten Entwicklungsabschnittes beauftragt, sondern die fertigungsneutrale Konstruktionsfirma Porsche. Auf der Leitungsebene standen gleichberechtigt nebeneinander die möglichen Generalunternehmer für die Serienfertigung, die Firmen Krauss-Maffei, Krupp MaK und Thyssen-Henschel unter dem Projekt-Serienreifmacher Porsche. Auf der Ebene Teilsystem Fahrgestell standen gleichfalls die genannten Firmen nebeneinander. Im Teilsystem Turm und bei fast allen Baugruppen waren der Entwicklungsfirma mögliche Wettbewerber zugeordnet worden, und im Verbund wurde die Serienreifmachung betrieben. Durch diese Organisationsform bekamen alle Wettbewerber Einblick in die Konstruktion und waren so in der Lage, ein Serienangebot abzugeben, obwohl der serienreife Zeichnungssatz als Unterlage für die Preisermittlung noch nicht vorlag. Die Entwicklungsfirmen besaßen also nicht ein Monopol, sondern sahen mögliche Mitbewerber und richteten ihre Kalkulation danach aus.

Parallel dazu wurde die parlamentarische Hürde genommen. Der Bundesminister der Verteidigung richtete am 28. April 1977 einen Brief an den Vorsitzenden des Verteidigungsausschusses des deutschen Bundestages, Herrn Dr. Manfred Wörner, und teilte diesem mit, daß er beabsichtige, 1800 Kampfpanzer LEOPARD 2 mit 120-mm-Bordkanone (glatt) zu beschaffen. Damit sollten die überalterten Kanonenjagdpanzer und KPz M 48 abgelöst werden. Er begründete dies mit dem Anwachsen des Offensivpotentials des WP und mit der Leistung des LEOPARD 2. Zugunsten der angestrebten Harmonisierung mit den USA sei der Beschaffungszeitpunkt bis zur äußersten Grenze hinausgeschoben worden. Eine weitere Verzögerung sei nicht tragbar. Bei voraussichtlichen Entwicklungskosten von 359,4 Mio. DM (Stand 31. Dezember 1976) würden die Beschaffungsgesamtkosten 6 448 478 800,- DM betragen. Die Ausschreibung der Serienbeschaffung war für die Monate Juni bis August 1977 vorgesehen. Der Verteidigungsausschuß wurde gebeten, von der Beschaffung des LEOPARD 2 Kenntnis zu nehmen.

Aus Zeitgründen erfolgte die Ausschreibung schon vor dem Ende der Serienreifmachung. Langläuferteile, wie Motor und Panzerstahl, für die es keine Wettbewerber gab, wurden schon vor der Ausschreibung in Auftrag gegeben. Der Preisabgabe für das Gesamtsystem durch die Firmen Krauss-Maffei, Krupp Mak und Thyssen Henschel folgte eine amtliche Bewertung der Angebote, und zwar nicht nur in bezug auf Preis und Konditionen, sondern auch in bezug auf die Angaben zur Herstellung der Versorgungsreife in allen Aspekten und Teilgebieten. Die Leitung des BWB und das Bundesministerium der Verteidigung folgte der vom Projektbeauftragten im BWB ausgesprochenen Empfehlung, allerdings mit der Auflage, die Fertigung auf die Firmen Krauss-Maffei und Krupp Mak aufzuteilen (55:45), ohne daß dadurch der Stückpreis eine Veränderung erfahren durfte. Diesem Auftrag lag die Anweisung des BMVg zugrunde, die das BWB anwies, vom Gesamtbedarf von 1 800 Kampfpanzern ein erstes Los mit 380 KPz nach folgender Maßgabe zu beschaffen:

○ Auf der Basis der genannten Gesamtstückzahl ist die Lieferung von 380 KPz sowie eine Option für die restlichen 1 420 KPz, für Beschaffung in weiteren Losen, vertraglich vorzusehen.

Die Möglichkeit einer Veränderung der Stückzahl ist vertraglich sicherzustellen.

○ Als Liefertermine wurden genannt:

1979	1980	1981	1982	1983	1984	1985	1986	
6	114	180	300	300	300	300	300	= 1800

○ Die Beschaffungsreife war gegeben durch:

Erklärung der techn. Einführungsreife v. 25. Mai 1977 durch BWB-ProB LEOPARD 2, Voraberklärung zur Truppenverwendbarkeit durch HA-Gen. d. Kampftruppe v. 13. Juni 1977.

Aus diesen Dokumenten ergab sich die grundsätzliche Leistungsfähigkeit des Systems. Die aufgeführten erforderlichen techn. Verbesserungen wurden im Rahmen der Serienreifmachung durchgeführt.

Mit der Fertigungsbeauftragung ging die Leitung der restlichen Serienreifmachung auf den ausgewählten Generalunternehmer, die Fa. Krauss-Maffei, über. Man sprach von einer Phase 1 unter Porsche, die überwiegend konzeptionell gestaltet war, und von einer Phase 2 unter dem neuen Generalunternehmer für die Durchführung, wobei der Übergang fließend war. Die Firma Porsche war fortan nur noch mit gewissen Teilarbeiten am Fahrgestell im Unterauftragsverhältnis zu Krauss-Maffei tätig.

Gemäß ABEI hatte die Konstruktionsfirma Porsche einen Anspruch auf eine Vergütung für die von ihr erbrachte geistige Entwicklungsleistung. Nach dem Beschaffungsvertrag über die Lieferung des KPz LEOPARD 2 sollte die Vergütung DM 6 000,– pro Panzer zuzüglich MWSt mit Preisstand 1976 nicht übersteigen. Die endgültige Höhe sollte sich nach dem begründeten Benutzungsentgelt richten. Zur Festlegung des Entgelts war vorab eine Feststellung der Entwicklungsanteile Porsche und KM am Gesamtfahrgestell notwendig. Da die Entwicklung des LEOPARD 2 nicht in einem Guß erfolgte, sondern mehrere Einzelentwicklungen wie Studien, KPz 70, Experimentalentwicklung, Prototypentwicklung, AV-Entwicklung und Serienreifmachung zusammenliefen, war die Aufteilung der Entwicklungsanteile nicht ganz einfach. Bei der Betrachtung der Vor- und Nachteile dieser nicht ohne Kritik praktizierten Serienreifmachung muß folgendes erwähnt werden:

○ die Serienreifmachung wurde dadurch teurer,
○ die Managementarbeit war umfangreicher,
○ es wurde aber ein Höchstmaß an Konkurrenzierung erreicht, und
○ dies schlug sich im Serienpreis nieder.

Die Wettbewerbssituation zwischen Entwickler und möglichen Nachbauern bewirkte einen Preisdruck. Dies trifft zu bis auf 2 Baugruppen:
1. für den Motor der Fa. MTU gab es keinen Wettbewerber,
2. für das Getriebe war daran gedacht, die Firma ZF mit ihren Erfahrungen auf dem Gebiet der Großserie als Wettbewerber der Firma Renk heranzuziehen.

Diese Firmen durchkreuzten aber die amtliche Politik und schlossen sich beteiligungsmäßig zusammen mit der Absicht, nur ein gemeinsames Angebot abzugeben. Dem konnte die Auftraggeberseite nicht widersprechen, mußte aber erleben, daß diese Baugruppe mit dem Serienpreis über dem vorher abgegebenen Schätzpreis lag. In allen anderen Baugruppen war es umgekehrt. Welch ein besonderer Zufall!! Zwischenzeitlich marschieren die Firmen wieder einzeln.

Die Mehrkosten für das Management ließen sich auf Heller und Pfennig belegen, der Minderpreis für das Produkt läßt sich nur erahnen. Für einen fiktiven Preisvergleich der beiden Kampfpanzer LEOPARD 1 und LEOPARD 2, unter Berücksichtigung der Leistungssteigerungen im Schutz (erhöhtes Gewicht), Beweglichkeit (1 500 zu 830 PS) und Feuerkraft (120-mm-Waffe zu 105-mm-Waffe und hohe Erstschußtreffwahrscheinlichkeit) sollen die nachfolgenden Tabellen herangezogen werden. Sie sind einer Studie entnommen, die vor Abschluß des MoU mit den USA entstand und die die Auswirkungen der Preisreduzierung des Austere-Versions-Prototyps gegenüber den PT-Prototypen darstellen sollte. Im Kampfwertvergleich war man wegen der geänderten Richt- und Beobachtungsgeräte (Primärstabilisierung und Entfeinerung des Kdt-Periskops) in der Beurteilung der Feuerkraft noch skeptisch. Das Mehr an Kampfwert beim AV wurde nur durch den besseren Schutz erreicht. Dieser theoretische Vergleich wurde von der Praxis überholt.

Aus den errechneten Kampfwerten und den von der Industrie genannten Schätzpreisen, insbesondere des AV, der in einem guten Verhältnis zum Angebotspreis steht, wurden Faktoren errechnet:

LEOPARD 2 AV = 1
LEOPARD 2 PT = 0,85
LEOPARD 1 leistungsgest. = 0,66
LEOPARD 1 A4 = 0,7
LEOPARD 1 A1–A3 = 0,6

Wenn Preis und Leistung (Kampfwert) beim LEOPARD 2 in einem gesunden Verhältnis zueinander stehen, dann kann man das im nachhinein von LEOPARD 1 nicht sagen. Diese Aussage widerlegt auch die allgemeine Meinung, neue Waffensysteme würden die üblichen Preisvorstellungen sprengen. Ob diese Aussage allerdings auch die Flugzeugtechnik mit einschließt, muß bezweifelt werden. Die Faktoren machen deutlich, daß sich das LEOPARD 2-Management bei der Preisgestaltung ausgezahlt hat und bei vergleichbaren Verhältnissen wieder zur Anwendung kommen sollte. Die Beschaffung des Waffensystems hat daher auch keine negativen Schlagzeilen in den Medien hervorgerufen.

Da der Angebotspreis für die GU-Auswahl sich aus dem Konstruktionsstand Mai 1977 (also vor Ende der Serienreifmachung) ableitete, der Stückpreis des Serienpanzers sich aber durch die fortschreitende Serienreifmachung (SRM) veränderte, war im GU-Vertrag mit Selbstkostenrichtpreis die Berücksichtigung einer +/– Rechnung vorgesehen. Danach waren die Firmen verpflichtet, die Veränderung des Konstruktionsstandes mit ihren Auswirkungen auf den Fertigungsaufwand aufzuzeigen. Die Durchsetzung dieser vertraglichen Vereinbarung machte viel Mühe, denn es sollte nicht nur der Mehr- oder Minderpreis einer Baugruppe genannt werden, sondern es sollte eine Gegenüberstellung der Konstruktionen und eine Begründung für die Änderung gegeben werden. Diese Konstruktionsunterlagen sind Teil der Basis für die Preisprüfer des BWB bei der Bildung des Festpreises. Diese Festpreisbildung erfolgte etwa nach Auslieferung des 100. Panzers. Bis zum SRM-Ende – für das Fahrgestell der 30. Juni 1979 und für den Turm der 30. September 1979 – konnten die Firmen Änderungen vornehmen, ohne das BWB um Genehmigung zu bitten, solange durch eine Änderung der Stückpreis des Panzers nicht um mehr als DM 50,– teurer wurde. Die Einholung der Genehmigung begann mit dem Zeitpunkt der eigentlichen Serienfertigung, also ab 4. Panzer. Die Genehmigung einer technischen Änderung war an eine Preisangabe und an eine Aussage über die Auswirkung auf die Logistik geknüpft. Das Bemühen, Logistik und Serienanlauf gleichwertig zu behandeln, war von Erfolg gekrönt; denn es konnten zum Anlauf die Materialgrundlagen, die Sonderwerkzeuge, die Ausbildungsgeräte und die Ersatzteile bereitgestellt werden. Die Versorgungsreife nach Definition war nicht erreicht, aber die

Versorgung des Waffensystems LEOPARD 2 in der Truppe war sichergestellt.

2.6.22 Die technische Veränderung zum Serienstand

Durch die Serienreifmachung wurde die Konstruktion vom AV-Stand zur Serie in folgenden Punkten wesentlich verändert:

FAHRGESTELL

Motor
- Für eine spätere Verwendung des Motors 873 für Berge- und Pionierpanzer wurde eine Nebenantriebsmöglichkeit geschaffen.
- Die Schlüsselweite (SW 19) für die Verschraubungen der Wartungsöffnungen wurde vereinheitlicht.
- Die Leistungsabregelung und die Steuerungsanlage wurden zu einer einheitlichen Baugruppe Motor-Kontrolleinheit (MKE) integriert. Die Motor-Kontrolleinheit wurde zusammen mit den verschiedenen Leistungsrelais, dem Öldruckgeber und dem Ladeluftgeber zu einer Motorkontrollanlage in einem Gerätekasten zusammengefaßt.

Luftfilteranlage
- Gewichtsverminderung und Umstellung von Flach- auf Rundpatronen zur Vereinfachung der Luftfilterwartung

Abgasanlage
- Die bisher hydraulisch betätigte Abgasklappe wurde durch eine federbelastete Pendelklappe ersetzt. (Sie verhindert das Eintreten von Wasser beim Befahren von Gelände mit tiefen Wasserlöchern, ohne daß vorher die Tauchhydraulik eingeschaltet werden muß.)

Getriebe
- Das Getriebe bzw. Steuergerät wurde mit einer Sicherheitsschaltung ausgestattet, durch die bei Störung in der elektrischen Verkabelung oder Ausfall von elektrischen Bauteilen der geschaltete Gang im Getriebe geschaltet bleibt, um so ein Überdrehen des Motors zu verhindern.

Kühlanlage
- Die in 3 Gruppen aufgeteilte Lüftersteuerung – Druckhalteventil, Magnetventil und Einstelldrossel – wurde zu einer Kompakteinheit zusammengefaßt.

Kraftstoffanlage
- Die Be- und Enttankungsmöglichkeit wurde mit zugehörigem Umschalthahn und zugehöriger umschaltbarer Pumpe eingebaut.
- Für die 2 Hauptkraftstoffbehälter ersetzte man die flexiblen Kraftstoffbehälter durch Aluminiumbehälter.

Serienpreis- und Kampfwertvergleich zwischen den KPz'n LEOPARD 2 und LEOPARD 1

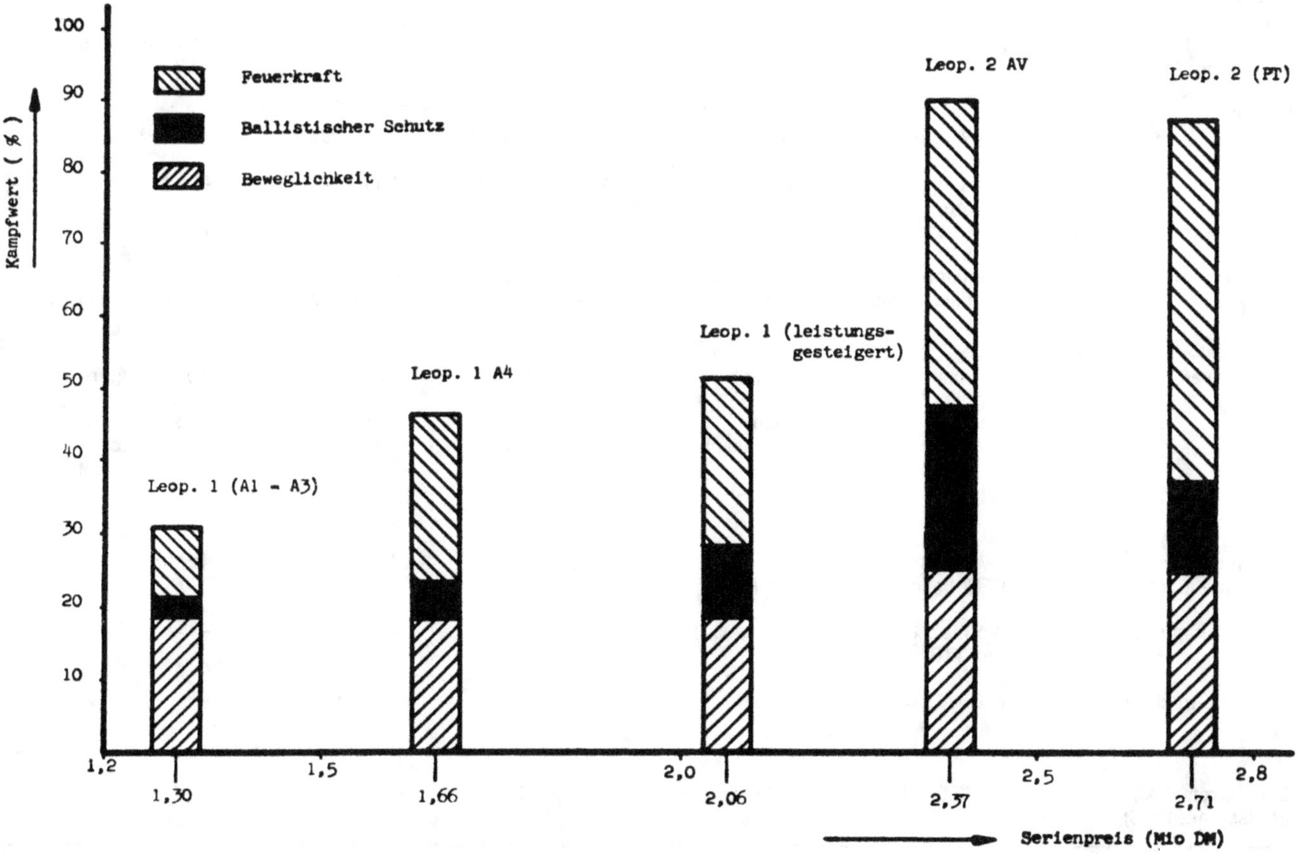

Vergleich der Leistungsmerkmale zwischen den KPz'n LEOPARD 2 und LEOPARD 1

Merkmale	Fahrzeugtypen				
	LEOPARD 2 AV	LEOPARD 2 PT-Ausf.	LEOPARD 1 (leistungsgesteigert)	LEOPARD 1 A4	LEOPARD 1 A1 – A3
Besatzung	4	4	4	4	4
Abmessungen [mm]					
— Länge Rohr 12 Uhr	9740	9740	9590	9540	9540
— Länge Fahrgestell	7875	7740	6990	6940	6940
— Breite mit Kettenschürzen	3540	3540	3370	3370	3370
— Breite ohne Kettenschürzen	3420	3420	3250	3250	3250
— Höhe bis Oberkante Turm	2490	2490	2400	2400	2400
— Bodenfreiheit					
vorn	540	540	440	440	440
hinten	490	490			
— Spurweite	2785	2785	2700	2700	2700
— Kettenaufstandslänge	4730	4720	4250	4250	4250
— Kettenbreite	635	635	550	550	550
Lenkverhältnis	1,7	1,69	1,57	1,57	1,57
Gefechtsgewicht [to]	54	50,5	44,5	43,0	40–42
Spez. Bodendruck [kp/cm^2]	0,904	0,83	0,95	0,92	0,855–0,897
Elektrische Anlage	24 V, 20 KW 8 Batterien a 125 Ah	24 V, 20 KW 6 Batterien a 100 Ah 9 KW – Hilfsaggregat	24 V, 9 KW 8 Batterien a 100 Ah	24 V, 9 KW 8 Batterien a 100 Ah	24 V, 9 KW 8 Batterien a 100 Ah
Antriebsanlage Motor					
— Typ	MB 873	MB 873	MB 872	MB 838	MB 838
— Leistung [PS]	1500	1500	1250	830	830
Getriebe					
— Typ	HSWL 354/3	HSWL 354/3	4 HP 250 (verstärkt)	4 HP 250	4 HP 250
Bremse	Einheitsbremsanlage	Integriertes Renk-Bremssystem	Mechan. Bremse	Mechan. Bremse	Mechan. Bremse
Leistungsgewicht [PS/to]	27,8	29,7	28,1	19,3	20,7–19,8
Laufwerk	Drehstab mit Lamellendämpfer	Drehstab mit Lamellendämpfer	Drehstab mit Teleskopstoßdämpfer	Drehstab mit Teleskopstoßdämpfer	Drehstab mit Teleskopdämpfer
Bewaffnung/Feuerleitung					
— Hauptwaffe	120 glatt	120 glatt	105 glatt	105 gezogen	105 gezogen
— WSA	elektrohydraulisch	elektrohydraulisch (elektrisch bei Turm 14)	elektrohydraulisch	elektrohydraulisch	elektrohydraulisch (nachgerüstet)
— Zieloptik					
Richtschütze	EMES 13	EMES 12	EMES 12	EMES 12	TEM
Kommandant	PERI (mager)	PERI R12	PERI R12	PERI R12	TRP
— Nachtsicht (passiv)	Wärmebild (mit TTS)	PNZG (AEG)	—	—	—
— Feuerleitrechner	FLER-V	FLER-H	FLER-HG	FLER-HG	—
Serienpreis (DM) (Preisstand: 1973)	2.372.515,–	2.708.590,–	2.062.625,–	1.660.100,–	1.300.000,–

Vergleich der Feuerkraft zwischen den KPz'n LEOPARD 2 und LEOPARD 1

Fahrzeugtyp	Bewertungsmerkmale					
	Waffen- und Munitions- streuung	Zielerfassung und Entfernungs- messung	Feuerleitung	Wirkungsfaktor von Waffe- und Munition	Sichtmittel	Feuerkraft
LEOPARD 2 AV	—	1,0	0,8	$0,9 \cdot 0,9 = 0,8$	4,8	5,6
LEOPARD 2 (PT)	—	0,5	1,0	$0,75 \cdot 0,9 = 0,7$	6,0	6,7
LEOPARD 1 (leistungsgesteigert)	—	0,3	0,5	$0,4 \cdot 0,3 = 0,12$	3,0	3,12
LEOPARD 1 A4	—	0,3	0,5	$0,4 \cdot 0,2 = 0,1$	3,0	3,1
LEOPARD 1 (A1–A3)	—	0,2	0,4	$0,3 \cdot 0,2 = 0,1$	1,2	1,3

Bemerkung: Die Waffen- und Munitionsstreuung wurden aus bisheriger Kenntnis für alle als gleich angenommen.

Kampfwert- und Serienpreisvergleich zwischen den KPz'n LEOPARD 2 und LEOPARD 1

Fahrzeugtypen	Kampfwertmerkmale				
	Beweglichkeit (25)	Ballistischer Schutz (25)	Feuerkraft (50)	Kampfwert (100)	Serienpreis DM
LEOPARD 2 AV	25	22,5	42	89,5	2.372.515,–
LEOPARD 2 (PT)	24,9	12,5	50	87,4	2.708.590,–
LEOPARD 1 (leistungsgesteigert)	18,5	10,0	23,3	51,8	2.062.625,–
LEOPARD 1 A4	18,25	5	23,1	46,35	1.660.100,–
LEOPARD 1 A1–A3	18,7	2,5	9,7	30,9	1.300.000,–

Vergleich der Beweglichkeit zwischen den KPz'n LEOPARD 2 und LEOPARD 1

Fahrzeugtypen	Beweglichkeitsmerkmale u. deren Anteile in %				
	Laufwerk – (35)	Antrieb (35)	Wasserbeweglichkeit (10)	Einsatzfähigkeit (20)	Beweglichkeit (100)
LEOPARD 2 AV MB 873 1500 PS (1650 PS) 54 to 27,8 (30,6) PS/to	35	35	10	20	100
LEOPARD 2 (PT-Ausführung) MB 873 1500 PS 50,5 to 29,7 PS/to	35	34,6	10	20	99,6
LEOPARD 1 leistungsgesteigert MB 872 1250 PS 44,5 to 28,1 PS/to	19,2	25	10	20	74,2
LEOPARD 1 A4 MB 838 830 PS 43 to 19,3 PS/to	21	22	10	20	73,0
LEOPARD 1 A1–A3 MB 838 830 PS 40–42 to 20,7–19,8 PS/to	22,8	22	10	20	74,8

Bemerkungen:
1. Die Bewertung der Beweglichkeit wurde anhand des Bewertungsschemas, wie es für die KPz 3-Entwicklung vorgesehen war.
2. Die geringere Beweglichkeit des Leop. 1 (leistungsgesteigert) gegenüber dem Leop. 1 (A1–A3) ist durch das unterschiedliche Gefechtsgewicht und der damit zusammenhängenden Schwerpunktverlagerung bedingt.
3. Die laufwerksbedingte Beweglichkeit zwischen dem Leop. 2 (AV) und dem Leop. 2 (PT) ist gleich anzusetzen, da das Laufwerk des Leop. 2 AV entsprechend dem Mehrgewicht verbessert wird (Laufwerk wie Leop. 2/3).
4. Der Abfall der antriebsbedingten Beweglichkeit des Leop. 1 gegenüber dem Leop. 2 ist durch die unterschiedlichen Brems- und Lenksysteme und durch die Vortriebsleistung bedingt.

Elektrische Anlage
○ Batterieraumbelüftung durch Luftfilter-Grobstaubabsauggebläse (Reduzierung der Umgebungstemperatur der Batterien)
○ Gasungsverhinderung durch Rekombinationssystem
○ Verkabelung für ein Batterieüberwachungsgerät
○ Entfall der induktiven Batterieheizung, da in der Bundesrepublik Deutschland aufgrund des Klimas nicht erforderlich. Für kältere Regionen Nachrüstung jederzeit möglich.
○ Fremdstromanschluß von außen zugänglich

Externes Prüfsystem (EKP)
○ Zur schnellen Fehlerlokalisierung sind verschiedene Baugruppen mit Prüfsteckdosen versehen.

Laufwerk
○ Verstärkungen an einigen Laufwerkteilen aufgrund der Erprobungserkenntnisse mit den Prototypen

Bremsanlage
○ Standardisierung der Feststellbremse mit anderen Kampffahrzeugen durch die Übernahme von Bauteilen aus der Einheitsbremsanlage

Lenkanlage
○ Verbesserung der anthropotechnischen Verhältnisse am Fahrerplatz durch höhen- und längsverstellbares Lenkrad mit entsprechender Möglichkeit der Sitzverstellung

Wannengehäuse und Einbauten
○ Verbesserung des Panzerschutzes im Bug- und Flankenbereich
○ Umstellung der Fahrerschiebeluke in eine Schwenkluke
○ Verbesserung der Fahrersichtverhältnisse durch 3 große Winkelspiegel in Verbindung mit einer Winkelspiegel-Reinigungsanlage

Heiz- und Vorwärmanlage
○ Das bisherige Heizgerät wurde durch ein in der Versorgung der Bundeswehr befindliches Heizgerät (Lkw) mit höherer Heizleistung ersetzt.

TURM
Elektrische Anlage
○ Kampfraumleuchten aus Fla-Panzer zur besseren Ausleuchtung

Turmgehäuse mit An- und Einbauten
○ Äußere Turmablage vergrößert, teilweise abgedeckt und Halterung für Tiefwatschacht;
○ Richtschützen-Sitz funktional besser geformt und vereinfacht (Sitzschale aus Fla-Panzer),
○ Winkelspiegel mit Laserschutz ausgestattet,
○ Verbesserter Not-Handbetrieb der Schiebetür-Munibunker,
○ Klappen für EMES zur Verbesserung der Bedienbarkeit und Betriebssicherheit auf hydraulische Handbetätigung umgestellt,
○ Stirnstützen für PERI und EMES aus Fla-Panzer übernommen,
○ Turmstellungsanzeiger für Richtschützen ähnlich wie Fla-Panzer,

○ Kdt.-Sitz vereinfacht (ohne Hydraulik),
○ LS-Sitz verbessert und vereinfacht,
○ zur Vereinfachung der Handhabung Schutzgitter am Bühnenrand verschiebbar ausgeführt,
○ Vereinheitlichte Halterungen für Elektronikgeräte im Turmheck,
○ Erhöhung der 120-mm-Bereitschaftsmunition im Turm von 12 auf 15 Schuß.

Kanone 120 mm
○ Absaugeleistung der Rauchabsauganlage verbessert,
○ Zur Verbesserung der Montage wurde der Hülsenkasten teilbar ausgeführt und zur Erleichterung beim Laden mit abklappbarer Rückwand versehen.
○ Einfahren in Ladeposition abhängig vom Beginn des Rohrrücklaufs (Sicherheitsvorkehrungen für Schießplätze)

Waffennachführanlage, Hydraulik
○ Hydraulisches Kraftrichten in Betriebsstufe Beobachten (neue Forderung des Bedarfsträgers)
○ Um das Absinken der Waffe beim Justieren auszuschließen, wurde eine hydraulisch angesteuerte mechanische Klemmung der Waffe eingeführt.
○ Zur Erreichung eines unabhängigen Notrichtbetriebes erfolgte die Versorgung der hydraulischen Handpumpen über den Ölbehälter des EMES-Klappenantriebes.
○ Abklappbarer Griff für Handseitenrichtpumpe zur Erleichterung des Fahrer-Durchstiegs
○ Integration des Turm-Relaiskastens in die WNA-Hydraulikanlage

EMES 15 und Feuerleitrechner
○ Entfernungskorrektur aufgrund der Eigenbewegung (neue Forderung des Bedarfsträgers)
○ Dynamischer Vorhalt in Seite und Höhe abschaltbar (neue Forderung des Bedarfsträgers)
○ Pulvertemperatur umgestellt von automatischem Sensor auf manuelle Einstellung

Zentrallogik
○ Entfall der Betriebsstufe »Marsch« und Verlegung der Justierung in die Betriebsstufe »Beobachten«, nachdem von Seiten des Bedarfsträgers auf die mechanische Turmzurrung und auf die Sicherung der Fahrerluke verzichtet wurde.
○ Zusammenfassung der Zentrallogik und Hauptverteilung in die Baugruppe ZL/HV.

Prüfsystem RPP 1–8
○ Das interne Prüfsystem wurde um den Systemtest zur Erweiterung der Aussage ergänzt.
○ Erweiterung um Fehlerlokalisierung mit Sonderprüfgeräten
○ Hauptwarnleuchte entfällt (Verzicht des Bedarfsträgers)

Bis zur Festlegung des endgültigen Konstruktionsstandes, am 30. Juni 1980, wurden die Änderungsgenehmigungen nur BWB-intern behandelt. Danach wurden die Dienststellen des Bedarfsträgers, Materialamt und Heeresamt, eingeschaltet, und die Durchführung erfolgte nach den in den VG-Normen festgelegten Regeln.

Die konstruktive Betreuung der Serienproduktion für das Fahrgestell liegt allein bei der Firma Krauss-Maffei, für den Turm im Untervertrag bei der Firma Wegmann. In der Serie auftretende Schadstellen auf dem Fahrgestellsektor erledigt KM allein und informiert – unter Hinweis auf ein fehlendes Vertragsverhältnis – den Teilentwickler Porsche nicht oder sehr unzureichend. Der Konstrukteur Porsche lernt also das Ergebnis seiner Konstruktion nicht kennen, er »hungert aus« und ist damit zukünftig für den öffentlichen Auftraggeber auf diesem Gebiet weniger attraktiv. Leider hat sich der öffentliche AG bisher gesträubt, die Firma Porsche zu Konstruktions- bzw. Änderungsbesprechungen einzuladen, weil er formell nur mit seinem Vertragspartner, der Firma Krauss-Maffei, verhandeln kann.

In den Änderungsbesprechungen werden Erkenntnisse aus der Nutzung mit der verwirklichten Konstruktion besprochen, die zum Teil durch die Firma Porsche im Rahmen der SRM veranlaßt war. Da nach der vertraglichen Regel gemäß ABEI auch der Konstrukteur für seine Arbeit Gewährleistung übernommen hatte, wäre bei jeder erwiesenen Schwachstelle zu untersuchen, inwieweit diese Gewährleistung zutrifft. Trotz dieser vertraglichen Konsequenz hat sich die Firma Porsche bereit erklärt, kostenlos für den Bund an den Änderungsbesprechungen teilzunehmen, weil sie hofft, auf diese Weise mit den praktischen Erkenntnissen vertraut zu bleiben.

Die Software-Kosten für konstruktive Änderungen nach Festlegung des endgültigen K-Standes waren mit Ausnahme von größeren Um-, Nach- und Weiterentwicklungen als Pauschbetrag in dem Serienpreis enthalten.

2.6.23 Serienfertigung und Einführung

Die Serienfertigung vollzog sich in Schritten. Im Herbst 1978 wurde ein Fahrgestell ausgeliefert, hauptsächlich zur Erprobung des Fahrerplatzes und seiner Luke, weil hier eine wesentliche Änderung gegenüber den AV-Prototypen vorgenommen worden war.

Im ersten Halbjahr 1979 folgten drei vorgezogene Serienfahrzeuge, mit denen nochmals Erprobungen des Serienstandes durch Industrie, Erprobungsstellen und Truppe vorgenommen wurden. Allerdings kamen bei dieser Fertigung noch nicht alle Sonderbetriebsmittel zur Anwendung, so daß aus den Erprobungsergebnissen der Serienstand noch nicht voll ablesbar war. Um diese drei Fahrzeuge gab es Meinungsverschiedenheiten mit dem Bundesverteidigungsministerium. Man wollte dort nicht anerkennen, daß der Beginn einer Serienfertigung eines komplexen Systems mit großen Schwierigkeiten verbunden war und ist. Die Forderung und Durchsetzung ist durch die Ereignisse voll bestätigt worden. Die Fertigung, Montage und Erprobung der drei vorgezogenen Panzer schufen erst die Grundlage für eine reibungslose Serienfertigung. Die Erkenntnisse aus den drei genannten Untersuchungsabschnitten (Industrie, E-Stellen und Truppe) wurden nochmals in Konstruktionsänderungen umgesetzt.

Die Serie begann ohne Einbringen des Wärmebildgerätes. Da sich die Entwicklung an die Nutzung der US-Common-

Modules anlehnte und die USA die Entscheidung erst nach dem deutschen Panzereinführungsentscheid trafen, konnte die Wärmebildgerät-Einbringung nur zeitversetzt vorgenommen werden. Die beiden Firmengruppen Hughes-AEG und Texas Instruments-Zeiß bewarben sich. Prototypgeräte beider Versionen unter Verwendung der US-Common-Modules wurden in die vorgezogenen Serientürme eingebaut und eine kombinierte Truppenerprobung vorgenommen. Im Frühjahr 1980 fand die Erprobung und die Bewertung der Vergleichsergebnisse statt, danach wurde die Version der Firmengruppe TI-Zeiß ausgewählt. Die Serienreifmachung dieser Baugruppe und die Fertigungsvorbereitungen erlaubten die Einbringung der WBG erst in Fahrzeuge des 2. Loses. Die bis dahin ausgelieferten Panzer des 1. Loses werden nachgerüstet.

Das Besondere dieser Ausstattung mit kampfwertsteigernden Wärmebildgeräten ist die Verwendung der US-Common-Modules und die Integrierung dieser zu einem Grundgerät, das auch in den Nachrüstgeräten für die Panzerfahrzeuge LEOPARD 1, Spz Marder und Spähpz Luchs zur Anwendung kommt. Die logistische Gleichheit dieser sehr kostenaufwendigen Bauteile ist bedeutungsvoll und fast ohne Beispiel.

Der vierte Serienpanzer wurde nach 12jähriger Entwicklungszeit im Herbst 1979 termingerecht der Truppe übergeben. Diese Übergabe erfolgte in festlicher Form und war gekoppelt mit einem wehrtechnischen Symposion der Deutschen Gesellschaft für Wehrtechnik am Vortage in Garmisch-Partenkirchen. In den Vorträgen dieses Symposions wurde am Anfang die rüstungspolitische Situation zum Zeitpunkt der Einführung dieses neuen Waffensystems aufgezeigt. General Walter hob besonders die erstmalig verwirklichte volle Nachtkampffähigkeit hervor. Dahinter verbirgt sich der Einsatz dieses Waffensystems, unabhängig von Wetter und Tageszeit, also »rund um die Uhr«. Die mit dieser Technik verbundenen Fragen erfordern eine Vielzahl von Untersuchungen auf heterogenen Gebieten. Sie reichen von der technischen Ausrüstung über organisatorische Aufgaben (Struktur, Gefechtsgliederung, Schichteinteilung) bis zum Problem der menschlichen Leistungsfähigkeit und den Möglichkeiten ihrer Steigerung (z.B. auch auf pharmakologischem Wege – eine Frage, die in medizinisch-moralische Grenzbezirke vorstößt).

Damit wurde für alle Anwesenden die Bedeutung dieser neuen Waffentechnik im LEOPARD 2 erkennbar.

In den weiteren Vorträgen wurde die Technik der Kampfpanzer unterstützenden Fahrzeuge auf Kette und Rad dargestellt und die Technik des Waffensystems LEOPARD 2 beschrieben. Vertreter der maßgeblich an der Entwicklung beteiligten Firmen und Vertreter der Amtsseite führten die anwesenden Interessenten des Symposions in die Technik des Kampfpanzers LEOPARD 2 ein.

Am darauffolgenden Tag hielt, nachdem der Vorstandsvorsitzende Dr. Griesmeier die Anwesenden begrüßt hatte, der Verteidigungsminister Apel in der Werkhalle der Fa. Krauss-Maffei eine wehrpolitische Rede. Ein Meister der Fa. KM übergab das Fertigungsprodukt dem Vertreter der Rüstungsabteilung, Min.Dir. Eberhardt, durch symbolische Aushändigung des Zündschlüssels. Herr Eberhardt würdigte die Bedeutung dieses Tages für die Rüstung und übergab dann den Zündschlüssel an den Inspekteur des Heeres, Generalleutnant Hans Poeppel. Dieser unterstrich in seiner Ansprache, welchen Wert der KPz LEOPARD 2 für die Verstärkung der konventionellen Abwehrkraft der NATO hat, und händigte dann den Schlüssel einem Panzerkommandanten aus. Dieser übernahm als Mitglied einer von der Lehrbrigade 9 Munster ausgewählten Panzerbesatzung das Fahrzeug und fuhr den ersten an die Truppe übergebenen Kampfpanzer LEOPARD 2 auf die Teststrecke. (Die ersten 3 vorgezogenen Serienpanzer blieben im Bereich der E-Stellen.) Minister Apel und die anderen Teilnehmer dieser Übergabefeier wurden von der Geschäftsleitung der Fa. KM durch die neu errichtete Montagehalle geführt und besichtigen die ausgestellten Teile der für die Nutzung notwendigen Dinge wie techn. Dienstvorschriften, Sonderwerkzeuge, Ersatzteile, Prüfgeräte und Ausbildungsgeräte. Damit sollte deutlich gemacht werden, daß mit der Panzerübergabe auch erste wesentliche Schritte zur Versorgungsreife getan waren. Anschließend wurde den Teilnehmern dieser Veranstaltung der Panzer auf der Teststrecke vorgeführt. Er faszinierte durch seine Beweglichkeit und seine stabilisierte Waffe beim Überfahren der Höckerstrecke. Alle am Gelingen dieser Waffenentwicklung beteiligten Personen aus den Ämtern und dem GU konnten sich zum Erreichen beglückwünschen und versammelten sich zu einem Erinnerungsfoto vor dem Panzer.

Der Tag klang aus mit einem Fest, zu dem die beteiligte Industrie ins Hotel Conti geladen hatte. Die in Bayern bekannte Soubrette Lisa Fitz trug das Lied vom LEOPARD 2 vor und gab damit einen humorigen Querschnitt durch die Entwicklungsgeschichte.

2.6.24 Rückblick

Rückblickend muß die Frage gestellt werden, was von den Vorschlägen zur »Vergoldung des LEOPARD«, der eigentlichen Geburtsstunde des LEOPARD 2, realisiert worden ist.

Rede des Verteidigungsministers Dr. Apel

Parade der 3. Generationen: von l.n.r. LEOPARD 2, Panther, LEOPARD 1

Erinnerungsfoto:
von l.n.r. OTL Elkemann (Projektoffizier MatAHeer),
LBDir Krapke (Projektbeauftragter BWB),
Herr Jacobs (Projektleiter des GU Fa. Krauss-Maffei),
O Inama von Sternegg (Projektreferent BMVg), O Pfeiffer (Systembeauftragter BMVg), O Baginski (Projektoffizier HA)

1. Eine Ladevorrichtung wurde nicht realisiert, eine in den Prototypen vorhandene Ladehilfe wurde vom Bedarfsträger als nicht notwendig erklärt. Die Ladung der Patrone von Hand erbrachte die gewünschte Kadenz, vier Mann als Besatzungsmitglieder wurden als notwendig erachtet.
2. Die Treffwahrscheinlichkeit in allen Betriebsarten und -bedingungen wurde auf ein Maß angehoben, das teilweise über den in der TaF fixierten Werten liegt.
3. Die Nachtsicht wurde passiv verwirklicht.
4. Ein Höhenrichtbereich der Hauptwaffe bei 6^h auf $-3°$ wurde nicht erreicht.
5. Eine koaxiale 2-cm-Maschinenkanone wurde nicht verwirklicht. Im KPz 70 und in einem LEOPARD 2-Prototyp war eine 2-cm-scheitellafettierte-Maschinenkanone realisiert, dann aber vom Bedarfsträger abgelehnt worden.
6. Ein von innen bedienbares FlaMG war für den LEOPARD 2 AV entwickelt worden, der zur Vergleichserprobung in den USA eingesetzt war. Der Bedarfsträger verzichtete darauf.
7. Eine ausfahrbare Fernsehanlage wurde nie realisiert.
8. Alle Vorschläge zur Verbesserung der Beweglichkeit wurden weit übererfüllt.
9. Die Vorschläge zur Schutzverbesserung wurden den Fortschritten der Panzerschutztechnologie angepaßt und im LEOPARD 2 im Rahmen der MLC 60 verwirklicht.

Die vom Konstruktionsbüro Porsche als machbar bezeichneten technischen Vorschläge wurden nicht alle realisiert, weil der Bedarfsträger sie nicht als Forderung aufnahm oder die Forderung später wieder fallen ließ oder weil die Techniker sich nicht in der Lage sahen, diese Vorschläge mit der vorhandenen Technologie zu verwirklichen. Abschließend kann behauptet werden, daß das Erreichte den jahrelangen finanziellen und persönlichen Aufwand rechtfertigt und daß die überstandenen Querelen und politischen Einflüsse Ansporn waren, dieses leistungsfähige und zur Zeit konkurrenzlose Waffensystem zu schaffen. Alle späteren Entwicklungen werden sich daran messen lassen müssen.

Betrachtet man die Meilensteine im LEOPARD 2-Geschehen, dann wird deutlich, wie politische Entscheidungen oder Ereignisse diese bestimmten:
1. Das Auftreten des T 62 zeigte Schwächen im Kampfwert des LEOPARD 1.
2. Weil die deutsch-amerikanische KPz70-Zusammenarbeit sich als schwierig erwies, bewilligte der Unterabteilungsleiter Rü III Mittel für den Beginn der Experimentalentwicklung.

3. Die politische Veränderung durch die sozial-liberale Regierung bewirkte eine Abkühlung der deutsch-amerikanischen Freundschaft und führte zum Abbruch der KPz70-Entwicklung.
4. Der Jom-Kippur-Krieg brachte Erkenntnisse, die zu einer Änderung der Schutzkonfiguration führten.
5. Der neuaufgekommene Standardisierungsgedanke ermöglichte eine Entwicklungsphase zum LEOPARD 2-AV.
6. Die negative Vergleichserprobung in den USA führte zu einer schnellen Serienreifmachung.
7. Die politische Absicht, mit der Einführung von LEOPARD 2 vor dem US-Panzer M1 zu beginnen, führte zu einer Überlappung der Phasen Serienreifmachung und Serienfertigung mit dem Ziel, am 1. Oktober 1979 der Truppe das neue Waffensystem zu übergeben.

Zusammenfassend kann gesagt werden:
○ die »Vergoldung« des LEOPARD 1 gab den Anstoß,
○ die KPz70-Entwicklung war der Erblasser,
○ die Verknappung der Haushaltsmittel überwand technisch-logistische Zwänge,
○ der Nahostkrieg von 1973 setzte neue Prioritäten,
○ im Zusammenspiel von Serienpreisreduzierung und Anpassung an die US-Forderungen entstand eine neue Konzeption,
○ die KPz3-Komponentenentwicklung wirkte befruchtend in der Schutzauslegung,
○ das »Damokles-Schwert« einer Panzerstandardisierung zu Lasten der deutschen Panzerentwicklung überwand alle Meinungsverschiedenheiten und bewies, welche Kräfte und Möglichkeiten in der deutschen Panzerentwicklungskapazität stecken.

2.6.25 Die Kosten

Die Ablaufbeschreibung dieser Entwicklung wäre aber unvollständig, wenn nicht auch die finanzielle Seite betrachtet würde. Wie dargestellt begann die Entwicklung mit der Studie über die »Vergoldung«

des LEOPARD 1	2,6 Mio. DM
die Experimentalentwicklung	35,0 Mio. DM
die Entwicklung u. Fertigung der Prototypen	176,2 Mio. DM
Ein Zwischenschritt ist der Turm 14 mod.	14 Mio. DM
und diesem folgte die Entwicklung u. Fertigung des LEOPARD 2 AV	65 Mio. DM
Die Serienreifmachung war der letzte Schritt	105 Mio. DM
Hinzuzurechnen sind die anteiligen Kosten für die Entwicklung des Motors und des Getriebes aus dem KPz 70-Programm	59,6 Mio. DM
für die Entwicklung der 120-mm-Waffe und ihrer Munition	83,1 Mio. DM
und die Kosten für das Wärmebildgerät	32,5 Mio. DM
Nicht vergessen darf man die Kosten für die Herstellung der Versorgungsreife	27,0 Mio. DM
Gesamtkosten	600 Mio. DM*

* Im KPz 70-Programm waren bereits 1970 830 Mio. DM Entwicklungskosten angefallen.

Verlauf und Beeinflussung der Panzerentwicklung

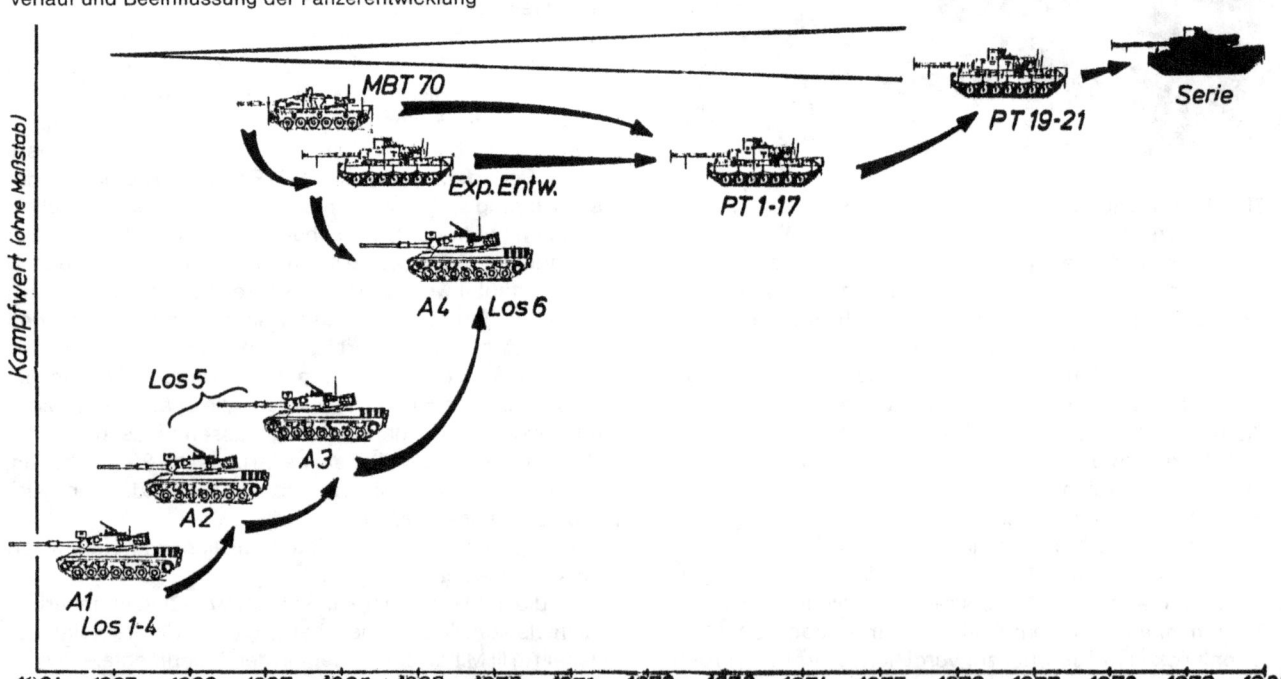

Prototyp mit
105-mm-Kanone

Vergleich
KPz LEOPARD 1
mit
KPz LEOPARD 2

KPz LEOPARD 2
mit neuem
Fleckentarnanstrich

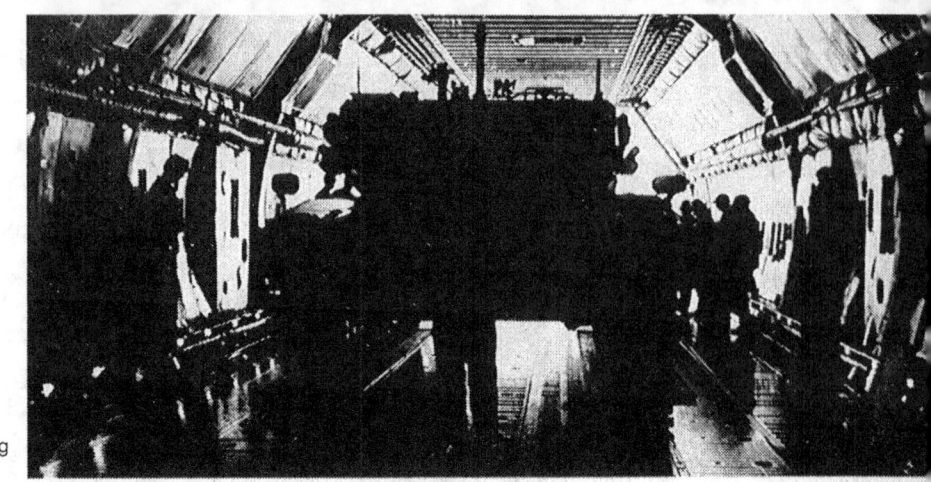

Verladung in einem
US-Transportflugzeug
zur Vergleichserprobung
in Aberdeen, USA

Bilder von der
Erprobung
in Aberdeen

Kanone 120 mm

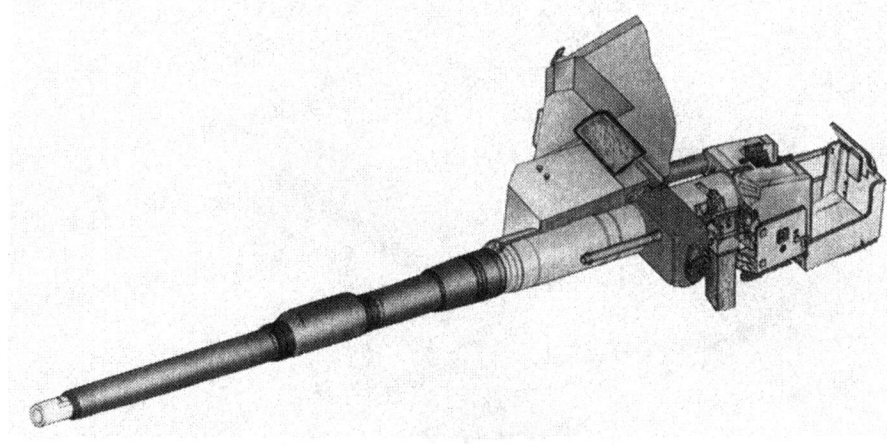

Gesamtübersicht der
120-mm-Kanone
1 Anschlag Senkung
2 Rohrbremse rechts
3 Rohrvorholer
4 Notabfeuerung
5 Rohrrücklaufanzeiger
6 Hülsenkasten

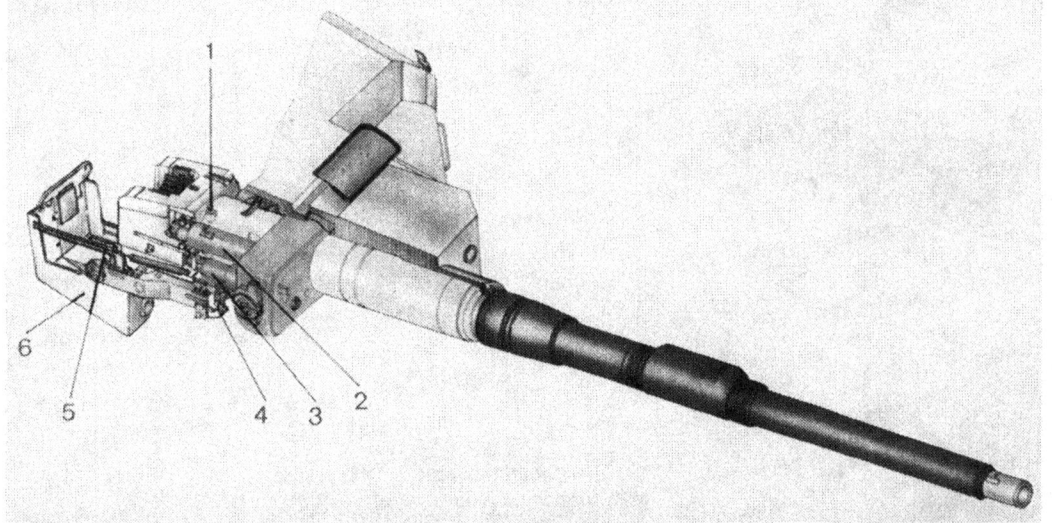

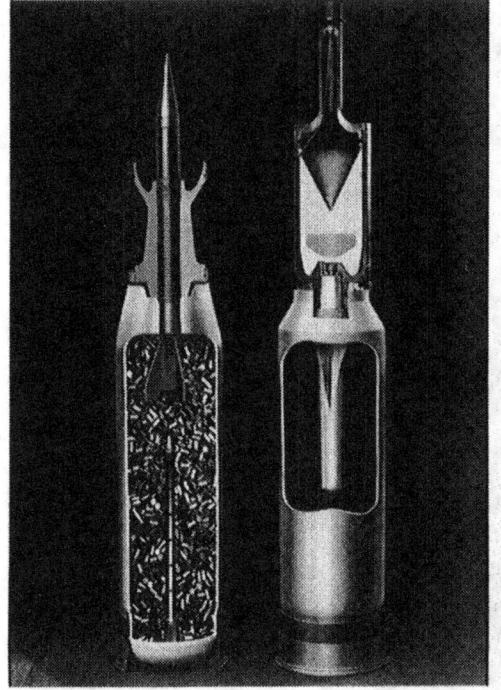

Linkes Bild:
Schnitt durch
die KE- und
MZ-Patrone

Rechtes Bild:
Tragarm
mit
hydraulischem
Endanschlag

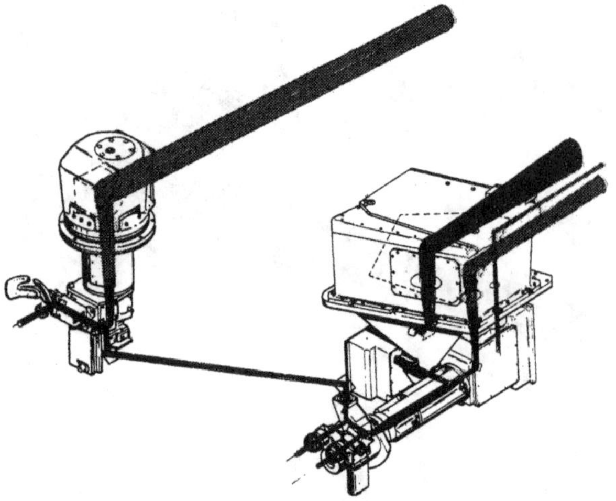

Strahlengänge beim EMES-15 und PERI R 17

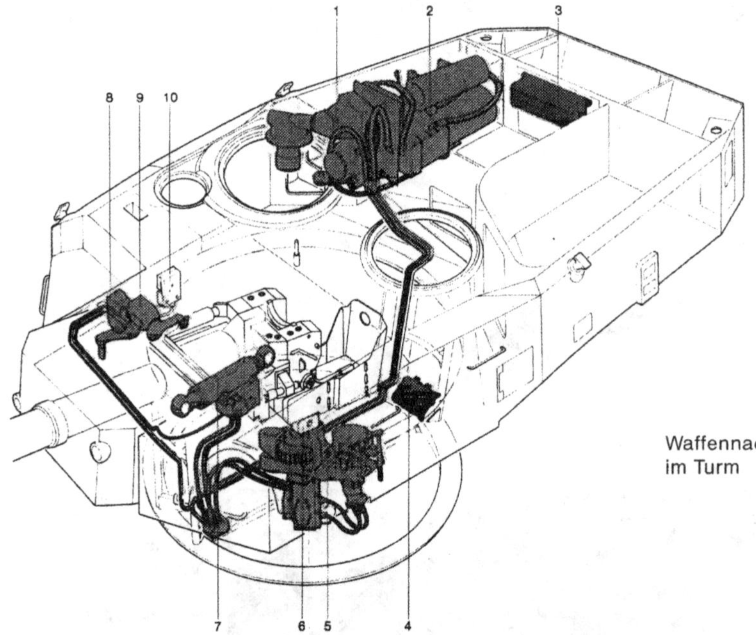

Waffennachführanlage im Turm

Prototyp mit 105-mm-Kanone

Diese Gesamtkosten, entfallen auf die Jahre 1967–1984, ergeben auf den heutigen Preisstand hochgerechnet eine Summe von ca. 1,3 Mrd. DM oder von 722 220,– DM je Panzer. Für diese Summe wurden aber Leistungssprünge erreicht, wie sie selten in einem Generationsschritt zu erwarten sein werden. Diese Summe muß auch verglichen werden mit den Entwicklungskosten im Programm LEOPARD 1 mit rd. 250 Mio. DM aus den Jahren 1958–1964 (Preisstand?) und dem Inhalt der damaligen Entwicklung (keine Waffe und Munition, kein Motor, keine elektronische Feuerleitanlage, keine Stabilisierung, keine Nachtsicht). Der erreichte Kampfwert des KPz LEOPARD 2 rechtfertigt den Aufwand für dieses Waffensystem als deutschen Anteil der konventionellen Abschreckung. Die später folgende technische Einzelbeschreibung der Baugruppen gibt Einblick in die Vielzahl der zur Anwendung gekommenen Techniken.

Die genannten 600 Mio. DM stehen im Gegensatz zu den in der Beschaffungsanweisung genannten 359,4 Mio. DM. Letztere Summe ist eine Zusammenfassung **nur** der im LEOPARD 2-Programm entstandenen **Entwicklungskosten** und berücksichtigt nicht die Kosten für die Entwicklung von Motor und Getriebe, die schon früher im KPz70-Programm angefallen waren und der für Waffe und Munition, die außerhalb des Programms erfaßt wurden. Außerdem konnten zum Zeitpunkt der Erstellung der Beschaffungsanweisung die Kosten für das Wärmebildgerät und für die Versorgung nicht erfaßt werden, weil die Bearbeitung gerade erst begonnen hatte und der Gesamtumfang noch nicht zu übersehen war.

3 Die technische Konzeption und ihre Veränderung durch den technologischen Fortschritt

Nach der erfolgreichen Entwicklung des KPz LEOPARD 1 lag es nahe, seine Grundkonzeption beizubehalten. Neben dem technischen Fortschritt waren es Außenereignisse, die die Entwicklung beeinflußten:
1. Die wachsende quantitative Überlegenheit des Warschauer Paktes,
2. die Erkenntnisse aus Gefechten der Nahost-Kriege.

Als Reaktion auf die schweren Kampffahrzeuge gegen Ende des Zweiten Weltkrieges trachtete man anfangs das Gefechtsgewicht drastisch zu senken. Nachdem die KPz Tiger I und Tiger II ein Gefechtsgewicht von 55 t bzw. 69 t erreichten, sollte ein Gefechtsgewicht von 30 t angestrebt werden. Schon bei der Entwicklung des LEOPARD 1 hatte man dieses Ziel nicht erreicht und war wieder bei 40 t angelangt, obwohl der Panzerschutz unzureichend war. Die Entwicklung der Hohlladung ermöglichte keinen gewichtsmäßig vertretbaren Schutz durch Panzerung, man nahm deshalb Zuflucht zur Beweglichkeit. Als es dann in den 70er Jahren der Panzerschutztechnologie gelang, die Voraussetzung für einen wirksamen Schutz gegen Hohlladungsgeschosse zu schaffen, waren es die Außenereignisse, die den Ausschlag gaben, das mögliche Gefechtsgewicht auf 55 t anzuheben. Der Überlebensfähigkeit der Besatzung und des Systems wurde eine hohe Rangordnung eingeräumt.

Trotz gewisser Nachteile bezüglich Gesamthöhe und Gewicht war der Turmpanzer nach einstimmiger Aussage des Bedarfsträgers **das** universelle Kampfmittel für Angriff und Verteidigung. Diese Feststellung bekräftigte die Verwirklichung des LEOPARD 2 als Turmpanzer. Zum Entscheidungszeitpunkt waren politische Auswirkungen und finanzielle Überlegungen noch weitgehend ausgeklammert.

Die quantitative Überlegenheit des potentiellen Gegners und die Qualität seiner Panzer führten zu der Forderung einer hohen Erstschußtreffwahrscheinlichkeit auf große Entfernung bis 2 000 m aus der Bewegung bei Tag und Nacht mit wirksamer Durchschlagsleistung. Dies machte eine hohe Intelligenz des Systems notwendig und mußte zur Automatisierung von Abläufen führen, wenn die Besatzung nicht überfordert werden sollte. Diese Entwicklung verlief in 3 Schritten:
1. Schritt: Minimierung des Erstschußfehlers,
2. Schritt: Beobachten und Richten während der Fahrt,
3. Schritt: Während der Bewegung bei Tag und Nacht mit hoher ETW wirksam treffen zu können.

Der erste Schritt führte zum Laserentfernungsmesser. Dieser schloß für den Richtschützen menschliche Unzulänglichkeiten und zusätzliche Irritationen im Streß eines Kampfgeschehens aus. Mit der Forderung, aus der Bewegung beobachten zu können, kam man zur Stabilisierung der optischen Sichtlinien beim Richtschützen und Kommandanten.

Die Nachführung der Hauptwaffe, versetzt um die vom Rechner gelieferten Aufsatz- und Vorhaltewerte, war ein Teil des dritten Schrittes. Diese Nachführtechnik erlaubte eine Stabilisierung der wesentlich kleineren Massen in den Richtmitteln und verbesserte damit die Stabilisierungsqualität der optischen Sichtlinien. Dadurch wurde die Zielentdeckung, Zielbeobachtung und Zielidentifizierung während der Geländefahrt erleichtert und der Kampf aus der Bewegung möglich.

Wesentlich zur Erzielung hoher Treffwahrscheinlichkeiten und schnellere Reaktion ist die Kenntnis der verschiedenen Einflußgrößen auf die Ballistik des Geschosses und dessen automatische Aufarbeitung und Einspeisung in die Feuerleitanlage. Die Elektronik trat als bestimmende Technik in die Panzerentwicklung. Im elektronischen Feuerleitrechner werden die wichtigsten Parameter aus der Entfernung zum Ziel und die Munitionsart neben anderen Einflußgrößen verarbeitet und die wichtigsten Aufsatz- und Vorhaltewerte ermittelt.

In den folgenden Turm-Baugruppen wurden die Entwicklungen im Rahmen des LEOPARD 2 AV und der Serienreifmachung betrieben:

Turmgehäuse:
Verbesserung des ballistischen Front- und Flankenschutzes bei Einhaltung einer vorgegebenen Gewichtsobergrenze; Konstruktive Auslegung für die Einbringung der 120-mm-Waffenanlage; Ausbildung des Turmhecks zur Aufnahme des Bunkers mit entsprechenden Druckabbauflächen für die Bereitschaftsmunition, eines zur besseren Wartung von außen zugänglichen Elektronik-Raumes und abgeschottete Unterbringung der Turmhydraulik vom Mannschaftsraum. Kdt- und Ladeschützenluke überarbeitet unter weitgehender Verwendung von LEOPARD 1-Bauteilen. Vereinheitlichung der Winkelspiegel von Kdt-Luke und Fahrerplatz und Einbringung einer Wisch-Waschanlage, ergonomische Überarbeitung der Sitzplätze.

Waffenanlage:
Fertigentwicklung der 120-mm-Waffe mit glattem Rohr, insbesondere der Innenverchromung, des Verschlusses, des Hülsenauswurfs, der Hülsenfangvorrichtung, des Rauchabsaugers und der Rohrschutzhülle.

Munition:
Fertigentwicklung der Mehrzweckmunition, Verbesserung des Wuchtgeschosses am Leitwerk und am Treibspiegel zur Verringerung der Streuung. Überarbeitung der verbrennbaren Hülse und einer klebstofffreien Verbindung mit dem Stahlstummel zur rückstandsfreien Verbrennung. Veränderung der Stummelhülse zur Verbesserung der Liderung.

Kdt-Optik:
Kommandantenperiskop primär stabilisiert, für n x 360° Rundsicht, durch »Light-pipe« mit dem Richtschützengerät für die Wärmebildübertragung verbunden.
Richtschützengerät:
Primärstabilisierung der Optik, Laserentfernungsmesser, Integration eines Wärmebildgerätes unter Verwendung der US-Common Modules; Feldjustieranlage.
Rechner:
Hybridrechner mit Sensoren, die zum Ausgleich aller wesentlichen innen- und außenballistischen Störeinflüsse benötigt werden wie
Vertikalsensor,
Fahrzeuggeschwindigkeitsgeber,
Turmstellungsresolver.
Waffennachführanlage:
Entwicklung zum hydraulischen Durchlaufbetrieb, Unterbringung im Turmheck mit Belüftung und Kühlung, Erreichung einer max. Stabilisierungsgenauigkeit in der Nachführung der Waffe; Verwendung von Richtgriffen, die, ergonomisch geformt, dem Richtschützen in der Bewegung einen sicheren Halt geben und ein gutes Feinrichtverhalten ermöglichen.
Prüfsysteme:
Anschluß aller elektrischen und elektronischen Baugruppen der Feuerleitanlage an eine Prüfzentrale zum Zwecke der internen Prüfung on-line und off-line;
Vorbereitung aller elektrischen und elektronischen Baugruppen für eine Adaption an das externe Prüfsystem REMUS.
Hilfszielfernrohr:
Entwicklung eines ergonomischen einfachen Richtgerätes mit opt. Gelenk.
Die Verbesserungen und Leistungssteigerungen von Treffleistung und Überlebensfähigkeit waren durch Anwendung neuer Techniken revolutionär, dagegen war die Fortentwicklung der Beweglichkeit eher evolutionär. Die Fahrgestellkonzeption des LEOPARD 1 wurde auf das höhere Gewicht und den Wunsch nach größerem Beschleunigungsvermögen zugeschnitten. Hohe Straßengeschwindigkeit fiel dabei mit an. Erkannte Schwachstellen wurden ausgemerzt, das Laufwerk verstärkt, die Geländegängigkeit gesteigert und der höheren Triebwerkleistung angepaßt. Wo es vertretbar war, wurden aus logistischen Gründen Baugruppen des LEOPARD 1 übernommen.
Die Entwicklung, Veränderung, Verbesserung und Leistungssteigerung an den einzelnen Fahrgestell-Baugruppen zeigt sich wie folgt:
Motor:
Hubraumerhöhung und Reduzierung auf Mehrstofffähigkeit, damit Verbesserung des thermischen Verhaltens – und dadurch höhere Leistung im unteren Drehzahlbereich, Beschleunigungsverbesserung – geringerer Kraftstoffverbrauch und weniger Rauchentwicklung.
Kühlanlage:
Verbesserung der Kühlleistung durch größeren Kühllufteintritt und Vergrößerung der Kühlfläche; verbunden damit eine Überarbeitung der Einluftgratings zur Erreichung einer optimalen Beschußsicherheit.
Kraftstoffanlage:
Überarbeitung der Unterbringungsmöglichkeit für die Behälter zur Erreichung eines großen Kraftstoffvolumens; Änderung der Kraftstoffpumpen zur Verbesserung der Dauerstandfestigkeit.
Elektrische Anlage:
Verzicht auf eine Zusatzstromerzeugungsanlage und Einbringung von 8 Batterien, deren Leistung von 100 auf 125 Amp/h gesteigert wurde.
Die Unterbringung erfolgte wartungsfreundlich oberhalb der Kettenabdeckung. Zur Überwachung der Batterien wurde ein Ladezustandsanzeiger entwickelt.
ABC-Anlage:
Leistung wie die bereits eingeführten Anlagen im LEOPARD 1 und Marder, aber Filterwechsel von außen möglich.
Taucheinrichtung:
Im Prinzip wie beim LEOPARD 1, aber überarbeitet zur Erreichung einer größeren Dauerstandsicherheit.
Besondere Verbesserung der Dichtflächen und der Gummidichtlippen. Erzeugung des hydraulischen Druckes durch zentrale Hydraulikversorgung.
Laufwerk:
Überarbeitung der Drehstabfederung für ein Gewicht von 55 t unter Beibehaltung einer möglichst hohen Bodenfreiheit und eines großen Federweges; Tragarme und Gehäuse verwindungssteif ausgeführt zur Aufnahme des im Tragarm integrierten, wartungsarmen Reibungsdämpfers; Entwicklung eines hochwirksamen hydraulischen Endanschlags.
Seitenvorgelege:
Überarbeitung der Dichtungen für eine Betriebstemperatur bei Höchst- und Dauergeschwindigkeit; Wartungsfreundlichkeit durch geteilte Antriebstrommel.
Wanne:
Verbesserung des ballistischen Bugschutzes; Optimierung des Fahrerplatzes im Hinblick auf Platz- und Sichtverhältnisse unter Panzerschutz.
Anschrägung des Anschlusses Boden zur Seitenwand und Ausführung in Panzerstahlguß, damit Versteifung des Tragarmlagergehäuses; Sickung des Wannenbodens; Einbringung der Werkzeugkästen auf der Kettenabdeckung in den Panzerschutz.

Elektronische Signale steuern über die Wirkkette der Feuerleitanlage die Richtantriebe der Waffe automatisch.
Die Eingabe von Entfernung, Munitionsart, Eigengeschwindigkeit, Neigungs- und Verkantungswinkeln, Luftdruck, Lufttemperatur, Pulvertemperatur, Abgangsfehler, Rohrverschleiß und Aufsatzkennwert in den Feuerleitrechner erfolgt teils von Hand mit Einstellknöpfen, teils automatisch durch Sensoren.
Die von den USA übernommene Wärmebildtechnik gestattete eine Integration von Sensoren, die die von der beobachteten Szene ausgehende thermische Eigenstrahlung (Strahlung im nichtsichtbaren Infrarotbereich) im Richtschützengerät aufbereiten und vervollständigte damit den 3. Schritt.

Über einen Direktsichtadapter wird das Wärmebild direkt in die Einblickoptik übertragen. Durch eine Light-pipe mit Direktsichtadapter wird dem Kommandanten das Wärmebild gleichfalls in den Strahlengang seines Periskops eingespiegelt. Diese aufwendige Technik erweitert die Einsatzmöglichkeit des Waffensystems außerordentlich. Es erlaubt eine gute Beobachtung bei Tag und Nacht, bei Dunst und gut getarnten Zielen.

Gute Trefferleistung ist aber nicht allein ausschlaggebend für die Wirkleistung eines Panzers, sondern auch die Durchschlagswirkung der Munition. Bedeutung für einen Panzerdurchschlag haben die Wucht- und Hohlladungsgeschosse. Während Hohlladungsgefechtsköpfe sowohl mit Rohrwaffen als auch mit Raketen ins Ziel gebracht werden können, läßt sich die Wucht-(KE)-Munition nur durch Beschleunigung in einem Waffenrohr mit der notwendigen Auftreffgeschwindigkeit ins Ziel bringen. Da die Durchschlagsleistung im wesentlichen bestimmt wird durch die Masse und die Auftreffgeschwindigkeit des Geschosses, kam es darauf an, ein Geschoßmaterial von extrem hoher Dichte zu verwenden, dem Geschoß eine Form mit großem Länge/Durchmesser-Verhältnis zu geben und eine möglichst große und wirkungsvolle Treibladung zu verwenden. Die Hochleistungskanone im 120-mm-Kaliber und glattem Rohr erbringt die notwendige innenballistische Leistung, und das flügelstabilisierte Unterkalibergeschoß ist auf diese Technik zugeschnitten. Bei einer Steigerung des Projektilgewichts um 10% und einer Erhöhung der V_0 auf 1 650 m/sec konnte die Mündungsenergie gegenüber den bis dahin üblichen drallstabilisierten Treibkäfiggeschossen (APDS) um über 40% gesteigert werden.

Mit der Entwicklung des LEOPARD 2 wurden neue Dimensionen erreicht. Leistungswerte in Feuerkraft und Beweglichkeit haben durch den technologischen Fortschritt Grenzwerte erreicht, die nur sehr schwer im gesteckten finanziellen Rahmen überschritten werden können. Der Kampfpanzer LEOPARD 2 wird weiter Meßlatte bleiben. Man wird zukünftig abzuschätzen haben, ob für eine Verteidigungsaufgabe alle Eigenschaften dieses Systems immer notwendig sind.

4 Der Kampfwert des LEOPARD 2 und seine Parameter: Feuerkraft – Überlebensfähigkeit – Beweglichkeit – Verfügbarkeit

4.1 Das angestrebte Ziel

Der KPz LEOPARD 2 kam nach einer fast 12jährigen Entwicklungszeit zur Einführung. Zielvorstellung war, die nicht erfüllten Punkte der militärischen Forderung für den KPz LEOPARD 1, die gemeinsamen Forderungen für den bilateralen KPz 70, die davon abgeleiteten nationalen Forderungen und die Material Needs der US-Army für einen Kampfpanzer der 70er Jahre zu erfüllen. Der LEOPARD 2 wurde Meßlatte für den bilateralen (Bundesrepublik Deutschland/Großbritannien) KPz 3 und beendete dessen Dasein, weil für diesen keine signifikanten Vorteile erkennbar waren.

Der Kampfwert oder die Kampfkraft eines Kampfpanzers wird gekennzeichnet durch die Parameter: Feuerkraft, Beweglichkeit und Überlebensfähigkeit. Ein leistungsfähiger Panzer stellt einen ausgewogenen Kompromiß zwischen diesen Parametern dar. Die Prioritätenfolge innerhalb dieser Parameter ist abhängig von der Einsatzdoktrin.

Die Spitzenstellung nimmt die Feuerkraft ein, Beweglichkeit und Schutz sind jetzt gleichrangig. Darin ist der große Unterschied zum KPz LEOPARD 1 erkennbar. Der technische Fortschritt und die schmerzhaften Erkenntnisse aus den letzten Nahost-Kriegen haben diese Änderung bewirkt.

4.2 Die Feuerkraft ist ein Produkt von Feuerleitung, Waffe und Munition

Die Feuerleitanlage ist elektronisch gesteuert und arbeitet mit primärstabilisierten Optiken und nachgeführter Waffenanlage. Die Komponenten sind: Laser-Entfernungsmesser, Rechner mit Sensoren zum Ausgleich innen- und außenballistischer Störeinflüsse, Richtschützenzielfernrohr mit integriertem Wärmebildgerät mit Direktsicht für den Richtschützen und einer »Light-pipe« zum eigenstabilisierten Kommandantenperiskop.

Damit ist es der Besatzung möglich, die gestellte taktische Aufgabe bei Tag und Nacht, aus dem Stand und der Bewegung in kürzester Reaktionszeit zu erfüllen.

Die hohe Trefferleistung, auch Erstschußtreffwahrscheinlichkeit, wurde erzielt durch schnelle und genaue Zielerfassung, Zielentfernungsmessung, Bestimmung der Zielelemente, Führung und Präzision der Waffe und ihrer Munition.

Treffleistung der 120 mm Kanone im Vergleich zum Lenkflugkörper

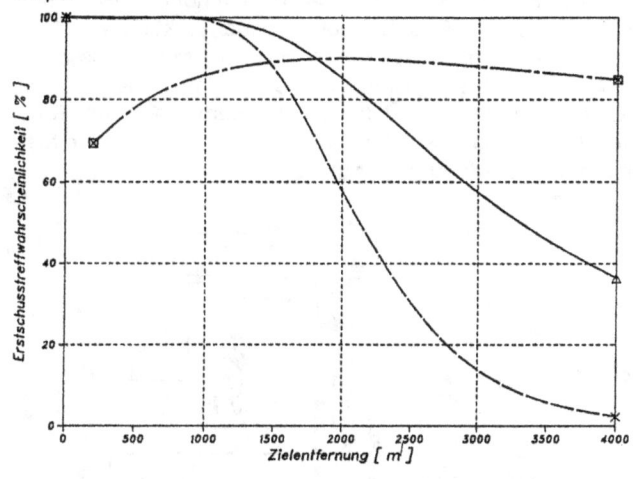

△ KE-Geschoss, 120 mm
× MZ-Geschoss, 120 mm
⊠ Lenkflugkörper, 90%-Zuverlässigkeit

Die technischen Faktoren zur Erfüllung der Kampfwertparameter

Feuerkraft	Beweglichkeit	Überlebensfähigkeit
Waffe und Munition mit großer Wirkung im Ziel,	Leistungsfähiges, kleinvolumiges Triebwerk,	Kleinstmögliches Gesamtvolumen,
leistungsfähige optische und optronische Feuerleitmittel,	optimale Schaltgetriebeabstufungen,	kleine Silhouette,
Stabilisierung der Optiken,	stufenloses Lenkgetriebe,	günstige Flächenwinkel,
elektromagnetische Verträglichkeit des Systems,	optimale Sichtverhältnisse,	Ausschöpfung der Gewichtsobergrenze,
vibrationsarmes Laufwerk,	gute Federung und Dämpfung bei hoher Bodenfreiheit,	ausgewogener Rundumschutz,
gut zugänglicher Munitionsvorrat,	geringstmöglicher Bodendruck,	Ausnutzung der neuesten Schutztechnologie,
ergonomisch gestaltete Bedienplätze,	großer Kraftstoffvorrat,	möglichst viel Redundanzen,
gute Vorstabilisierung des Fahrgestells durch leistungsfähiges Feder/Dämpfungssystem.	Möglichkeiten zur Überwindung von Wasserhindernissen,	optimale Verstauung.
	ergonomisch gestaltete Bedienplätze.	

- Bei Ausfall der elektr. Anlage ist eine hydraulische Richtmöglichkeit der Waffe von Hand und ein Anvisieren mit dem waffenfesten Hilfszielfernrohr möglich;
- eine hohe Genauigkeit der Waffennachführung in der Wirkkette zwischen Zielgerät und Waffe ermöglicht die Waffennachführanlage und ihren Waffenrichtantrieben;
- das Fahrgestell mit einem optimalen Federungs-Dämpfungssystem des Laufwerks erbringt eine gute Vorstabilisierung;
- eine ausgeprägte mechanische Präzision erbringt eine Beständigkeit der Justierung zwischen den Zielgeräten und der Waffe;
- alle Komponenten der Feuerleitanlage sind durch das interne, rechnergesteuerte Prüfsystem verbunden; dadurch ist eine automatische Betriebs- und Funktionsüberwachung des Systems und Fehlermeldung bei Störungen gegeben.

Die Waffe hat ein Kaliber von 120 mm, und das Rohr weist keine Züge auf. Damit ist ein wesentlich höherer Gasdruck möglich, ohne daß die Rohrlebensdauer verkürzt wird. Dieser höhere Gasdruckverlauf steigert die Mündungswucht der 120-mm-KE-Munition und liefert eine hohe V_0. Eine Rohrschutzhülle schützt das hochtemperaturbelastete Rohr vor Umwelteinflüssen (Wind, Regen) und verhindert weitgehend die Rohrdurchbiegung.

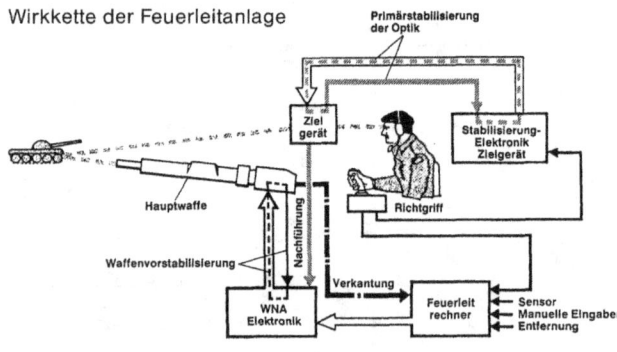

Wirkkette der Feuerleitanlage

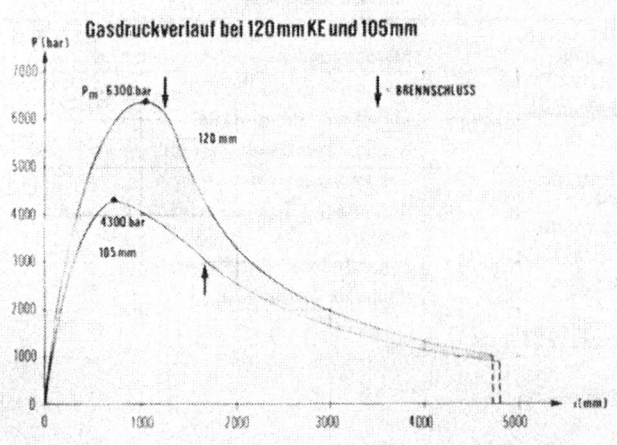

Mit dem Übergang auf ein glattes Rohr war der Schritt zum flügelstabilisierten Fluggeschoß verbunden. Damit konnte das Verhältnis von Länge/Durchmesser des Projektils auf Werte von 1:12 erhöht werden. Damit war eine Steigerung der Durchschlagsleistung verbunden. Ein geringer V_0-Abfall führt zu einer gestreckten Flugbahn und in Verbindung mit einer kleineren Streuung auf Entfernungen bis zu 2 000 m zu hoher Trefferleistung auf Ziele in Turmgröße.

Neben der Wuchtmunition (KE oder APDSFS) wurde eine Mehrzweckmunition entwickelt. Es ist dies ein Hohlladungsgeschoß mit starker Splitterwirkung. Die Bilder beschreiben in einigen Kenngrößen die Leistung im Vergleich zur 105-mm-Munition.

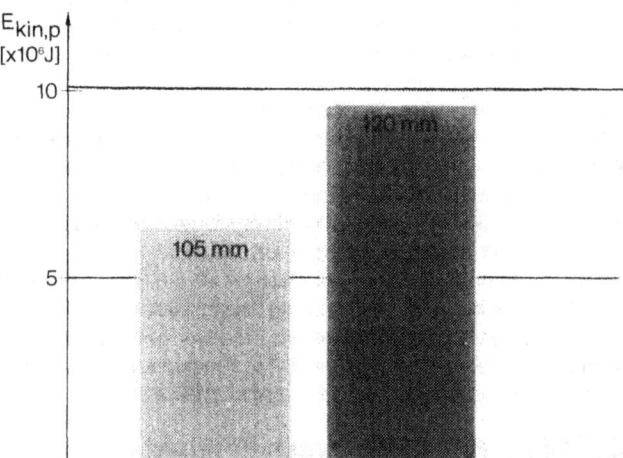

Mündungswucht der 105 mm- und 120 mm-KE-Munition

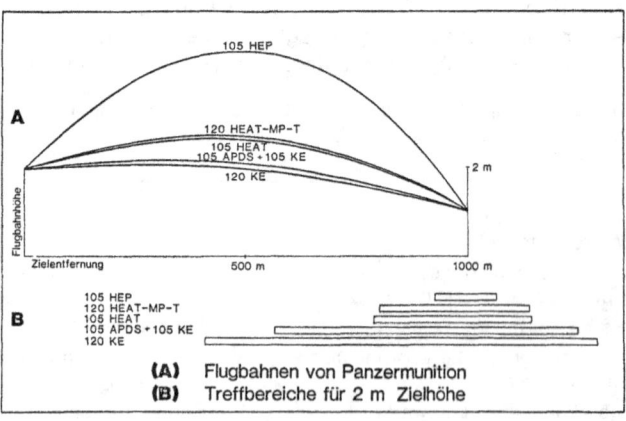

(A) Flugbahnen von Panzermunition
(B) Trefferbereiche für 2 m Zielhöhe

Die Handhabung der 120-mm-Munition als Patrone durch einen Ladeschützen, insbesondere im fahrenden Panzer im Gelände, war nur möglich durch Verwendung einer gewichtssparenden Patronenhülse aus verbrennbarem Material. Man vermied die aus amerikanischen Entwicklun-

Kampfreichweite für den Durchschlag (frontal auf die am stärksten gepanzerte Stelle am Turm)

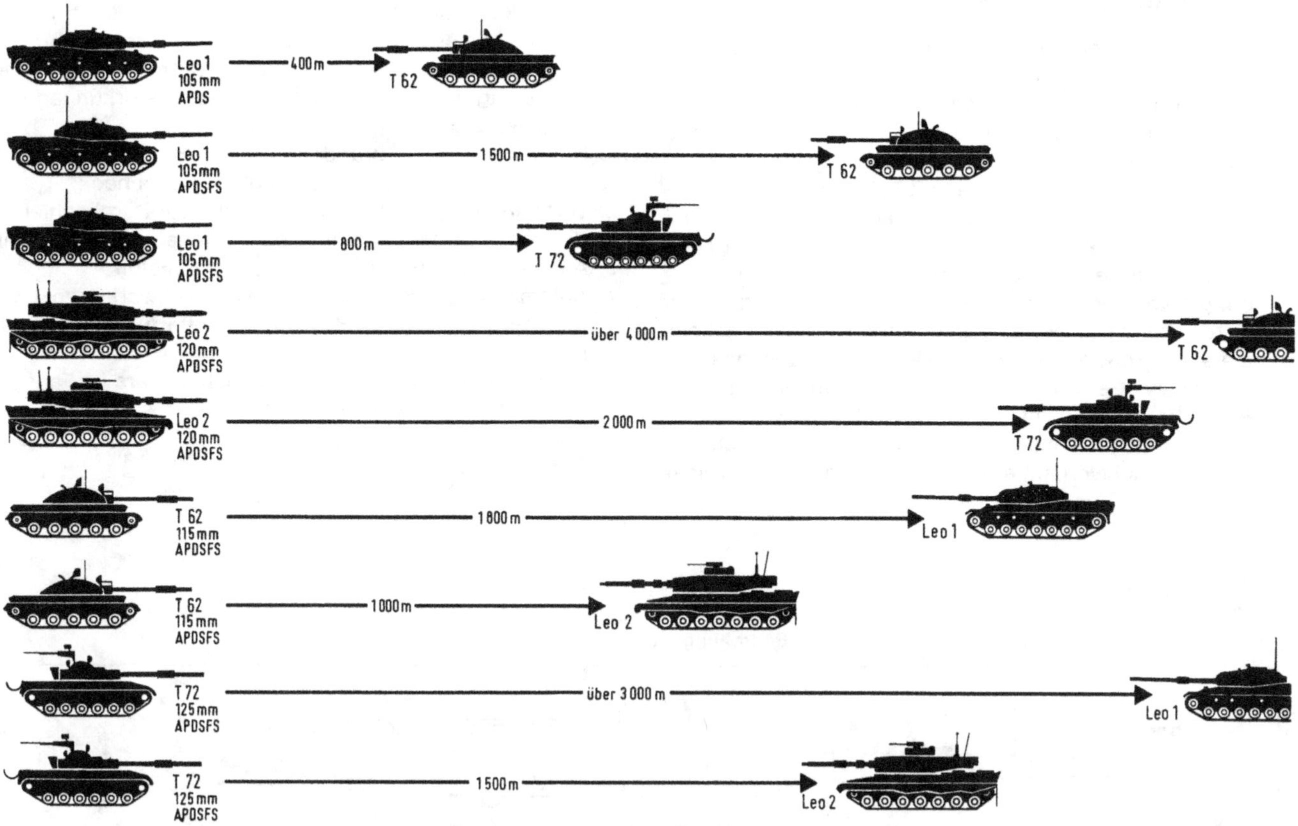

Leo 1
105 mm
APDS
400 m
T 62
Leo 1
105 mm
APDSFS
1 500 m
T 62
Leo 1
105 mm
APDSFS
800 m
T 72
Leo 2
120 mm
APDSFS
über 4 000 m
T 62
Leo 2
120 mm
APDSFS
2 000 m
T 72
T 62
115 mm
APDSFS
1 800 m
Leo 1
T 62
115 mm
APDSFS
1 000 m
Leo 2
T 72
125 mm
APDSFS
über 3 000 m
Leo 1
T 72
125 mm
APDSFS
1 500 m
Leo 2

105 HEP
A
120 HEAT-MP-T
105 HEAT
105 APDS+105 KE
120 KE
Flugbahnhöhe
2 m
Zielentfernung
1000 m
2000 m
B
105 HEP
120 HEAT-MP-T
105 HEAT
105 APDS + 105 KE
120 KE

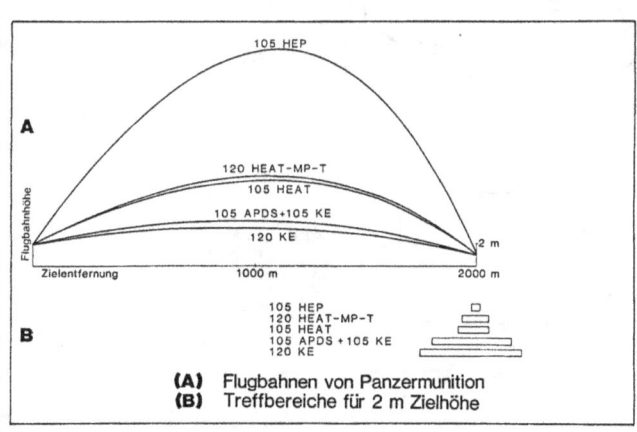

(A) Flugbahnen von Panzermunition
(B) Treffbereiche für 2 m Zielhöhe

105 mm HESH
105 mm HEAT
120 mm MZ
Sprengstoffgewicht
Splittergewicht
Durchschlag Einfach Ziel
Durchschlag Dreifach Ziel

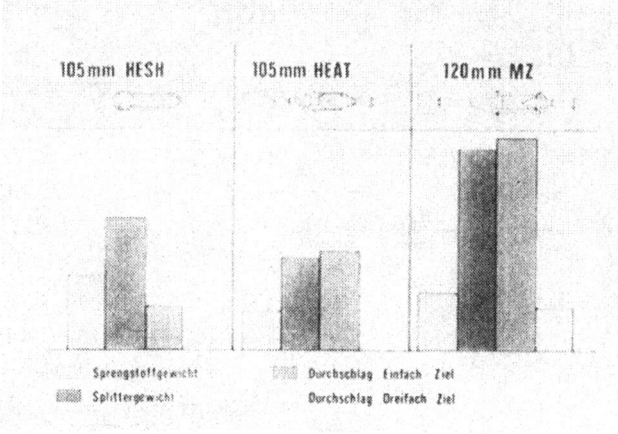

Vergleich der Munitionstypen

gen bekannten Schwierigkeiten beim Verbrennen des Hülsenbodens und fertigte diesen aus Stahl. Diese Kombination machte es möglich, das Gewicht der 105-mm-Munition zu halten und damit die Handhabung durch den Ladeschützen zu gewährleisten. Der Schaft der Patronenhülse verbrennt rückstandslos. Eine Ausblaseinrichtung ist nicht vorhanden. Durch Außenimprägnierung und geeignete Halterungen werden die Einflüsse der Umwelt auf die empfindlicheren Patronen minimiert.

4.3 Die Überlebensfähigkeit soll innerhalb der vorgegebenen Gewichtsgrenze ausgewogen sein

Der frontalen Bedrohung ist anders zu begegnen als der seitlichen, rückwärtigen oder aus der Luft. Der Primärschutz ist sowohl gegen panzerbrechende Wuchtgeschosse als auch gegen Hohlladungsgeschosse optimiert. Er wurde erreicht durch
○ Panzerstahl von hoher Härte und Zähigkeit,
○ Gehäuse in geschotteter Ausführung in Kombination mit anderen Materialien; durch Forschung über die Vorgänge bei Bildung des Hohlladungsstachels und dessen Eindringphänomen und damit dessen Abschirmmöglichkeit wurde es möglich, Panzerschutzaufbauten zu entwickeln, die einen Schutz boten gegen HL- und KE-Geschosse;
○ besondere Gestaltung der unteren Wannenpartie zur Erzielung eines optimalen Minenschutzes;
○ indirekt führt eine hohe Beweglichkeit zu einer Erschwernis des Anrichtvorganges beim Gegner und damit zu einer Reduzierung der Treffwahrscheinlichkeit.

Ein Sekundärschutz wurde erreicht durch:
○ Unterbringung der Bereitschaftsmunition in einem vom Kampfraum abgeschotteten Munitionsbunker im Turmheck, der so konstruiert wurde, daß die bei einem Treffer im Bunker sich aufbauende Druckwelle durch Sollbruchstellen eine Ausblasmöglichkeit findet. Somit wird die Besatzung weitestgehend gegen die Auswirkungen der Druckwelle geschützt.
○ Unterbringung der brandgefährdeten Hydraulikanlage in dem vom Kampfraum abgeschotteten Turmheck;
○ Verminderung der Explosionsgefahr bei Durchschießen der Kraftstoffbehälter, über der Kettenabdeckung, dank Ausfüllung der Gummitanks mit Schaumstoff;
○ Automatische Feuerlöschanlage im Triebwerkraum;
○ Luftfilteranlage für A, B, C-Kampfstoffe für den Kampfraum;
○ Unterbringung des Hauptmunitionsbehälters im Fahrgestell hinter der Frontpanzerung.

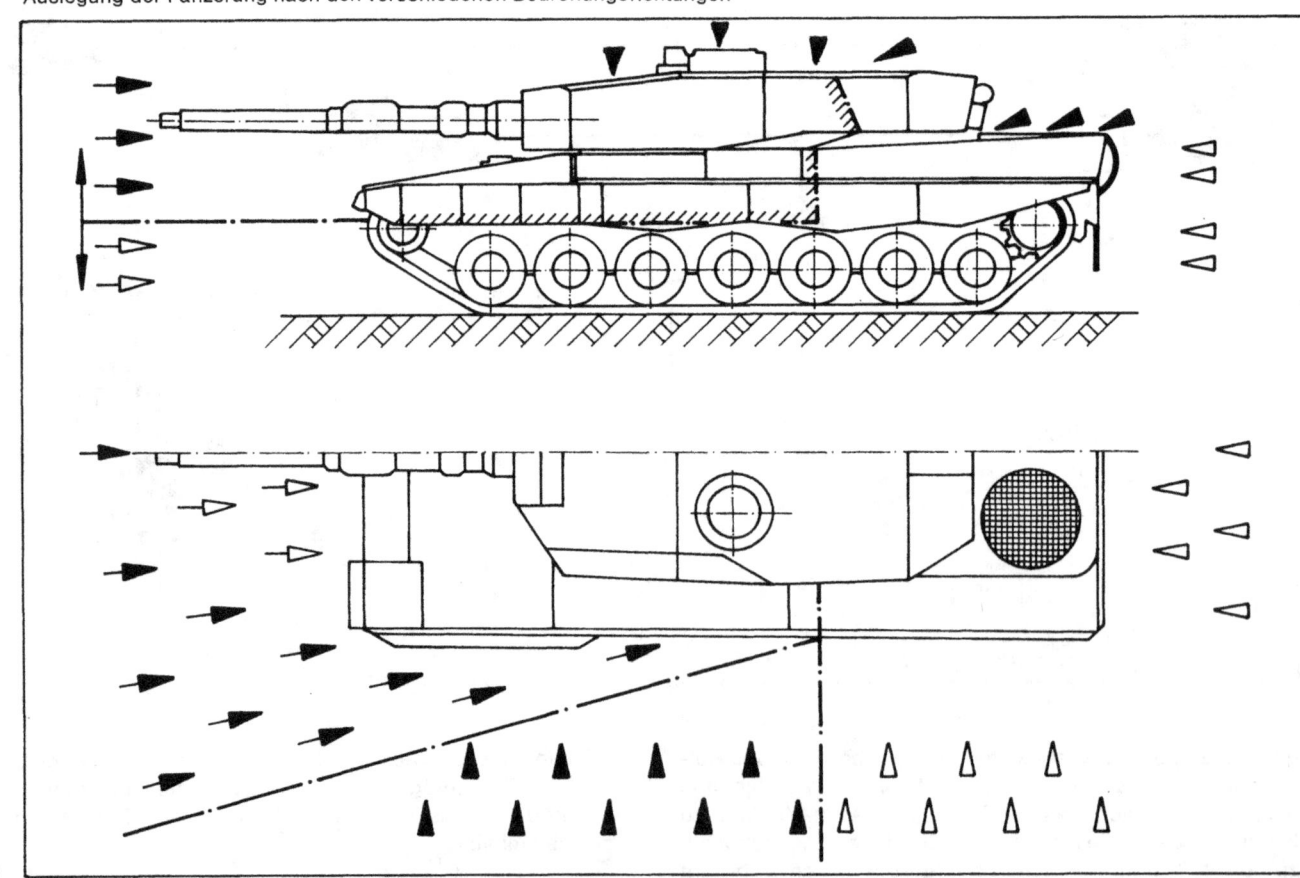

Auslegung der Panzerung nach den verschiedenen Bedrohungsrichtungen

4.4 Die Beweglichkeit

als eine Funktion von Triebwerk- und Laufwerkleistung zeigt sich in einer
- hohen Anfahrbeschleunigung und einer
- großen Arbeitsaufnahme des Laufwerks, verbunden mit guter Kletter-, Steig- und Grabenüberschreitfähigkeit.

Erreicht wird dies durch leistungsstarke, verschleißarme Schwingungsdämpfer und hydraulische Endanschläge, ein automatisches Getriebe mit stufenloser Lenkung, eine Bremsanlage, die durch Kombination von Mechanik und Hydrodynamik (Retarder) hohe Leistung bei geringem Verschleiß erbringt.

Widrige Umweltverhältnisse wie Hitze, Kälte oder Nässe werden gemeistert durch ausreichend dimensionierte Kühlanlage, integrierte Kühlmittelvorwärmanlage und zentrale Verriegelung aller gefährdeten Öffnungen und Luken. Temperaturen von +40° bis –30° und Unterwasserfahrfähigkeit bis zu einer Tiefe von 4 m beschreiben die Grenzen der Leistungsfähigkeit des Systems. Eine Überwindung von Flüssen ohne aufwendige Vorbereitung ist möglich.

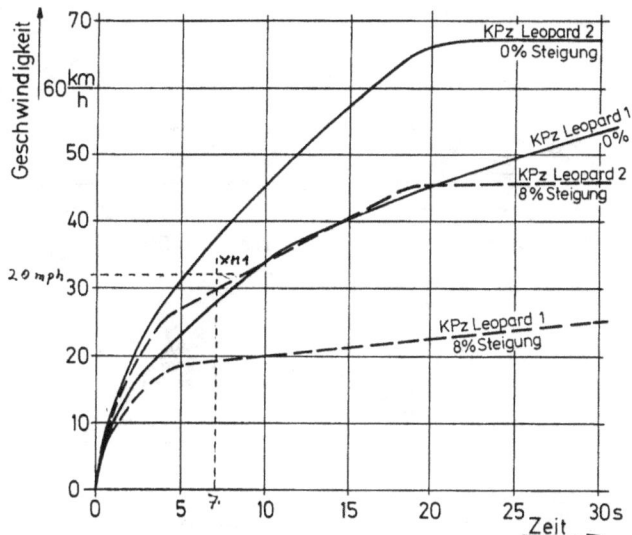

Beschleunigungsvermögen (Straße)

4.5 Die Verfügbarkeit

Der Kampfwert eines Waffensystems wird aber nicht nur durch eine optimale Leistungssteigerung seiner einzelnen Baugruppen oder Teilsysteme bestimmt, sondern durch seine Verfügbarkeit zum Kampfeinsatz. Die notwendigen Maßnahmen zur Erreichung einer hohen Verfügbarkeit sind:
- hohe Zuverlässigkeit der Baugruppen und Bauelemente,
- schnelle Fehlererkennung mit Hilfe des internen Prüfsystems für die Feuerleitanlage und des externen Prüfgerätes für die Fahrgestellbaugruppen,
- niedriger Justieraufwand,
- gute Zugänglichkeit zu den Baugruppen,
- große Zeitintervalle für Wartung, Pflege und Reinigung,
- schnelle Ausbau- bzw. Einbaubarkeit der Baugruppen,
- ausgefeilte Sonderwerkzeuge und Sonderprüfmittel,
- hohe Lebensdauer der Verschleißteile.

Der Kampfwert des LEOPARD 2 entspricht den Erwartungen seiner Benutzer, er ist relativ leicht instandzuhalten, und seine Kosten halten sich im vorgegebenen Rahmen.

(Weitere Grafiken Seite 62/63)

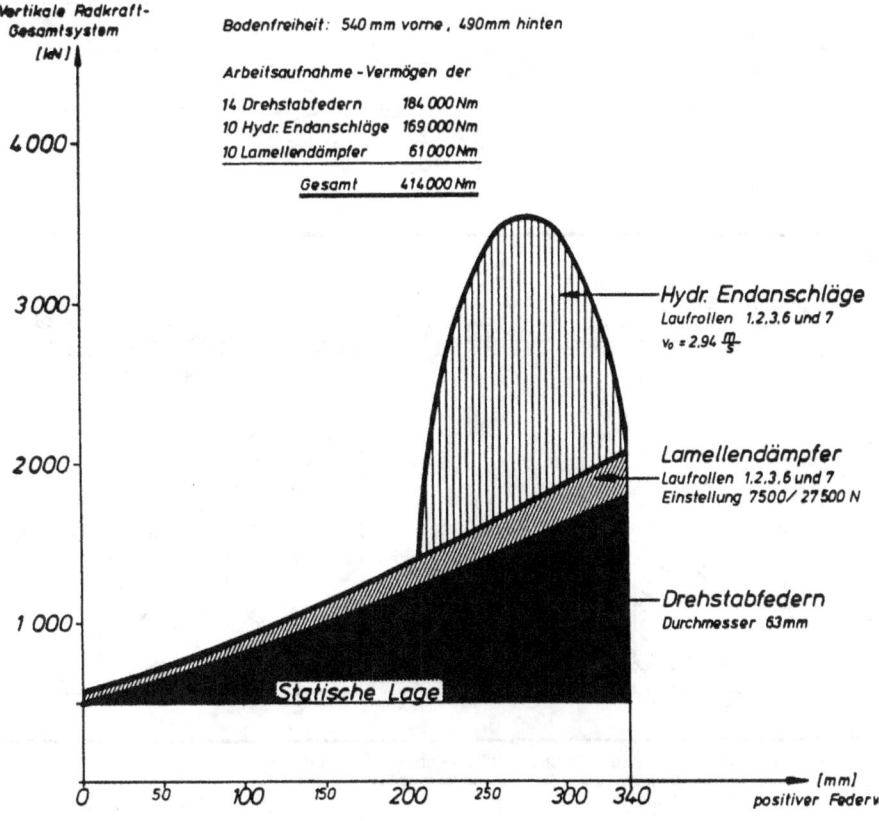

Arbeitsaufnahme des Laufwerks

Geländegängigkeit

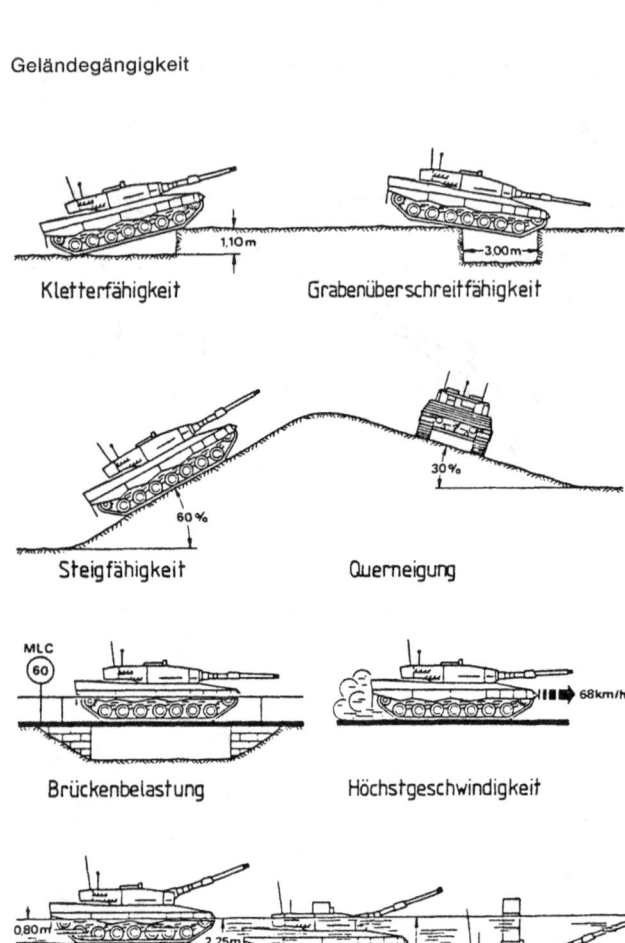

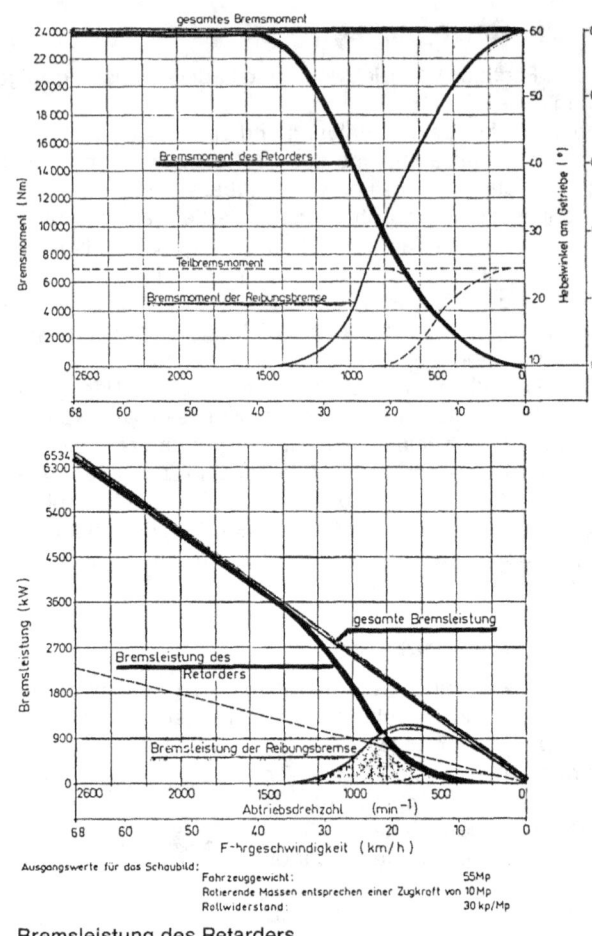

Bremsleistung des Retarders

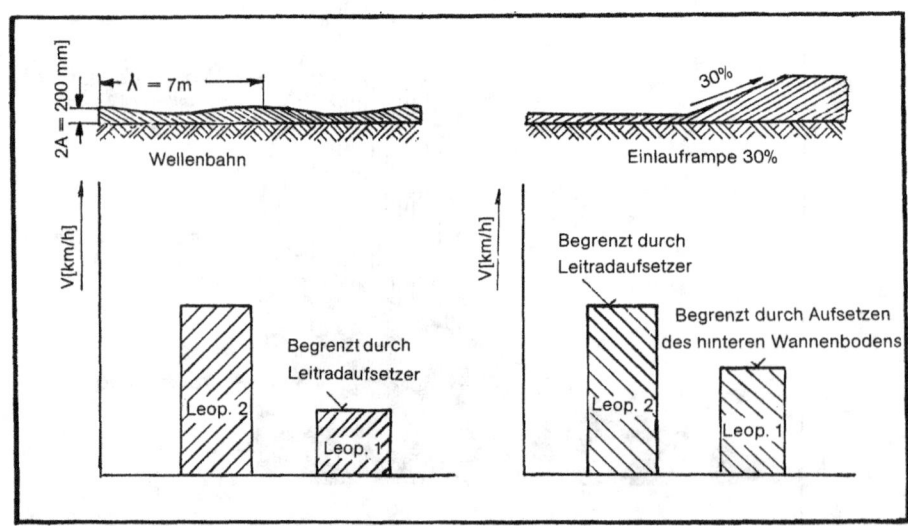

Grenzfahrgeschwindigkeiten des KPz Leopard 2 im Vergleich zum Leopard 1 auf einer Wellenbahn [Wellenlänge(λ)7m, Höhendifferenz Wellenberg – Wellental 2A = 200 mm] und einer 30% Rampe.

Maßnahmen zur Erreichung einer hohen Verfügbarkeit

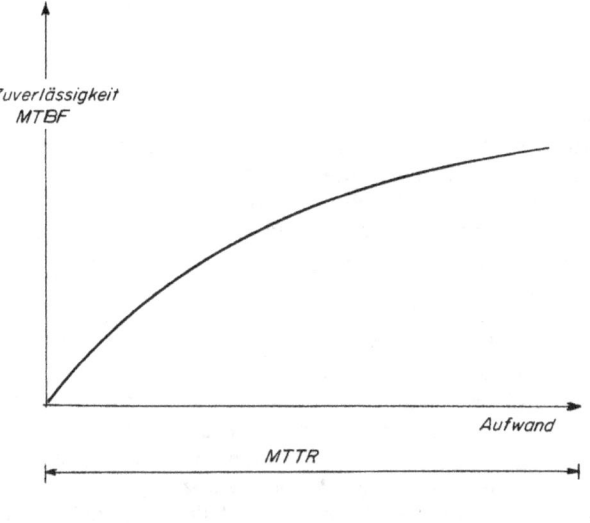

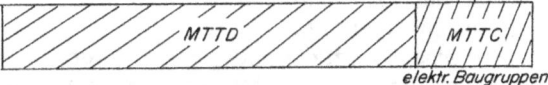

MTBF = mean time between failures
(mittl. Zeit zwischen 2 Ausfällen)

MTTR = mean time to repair
(mittl. Reparaturzeit)

MTTD = mean time to detect
(mittl. Zeit zur Fehlererkennung)

MTTC = mean time to change
(mittl. Austauschzeit)

LEOPARD 2-Serie im Gelände

5 Technische Beschreibung der Baugruppen

Nachstehend beschreiben die Entwicklungs- und Fertigungsfirmen ihre Baugruppen. Hierbei werden nicht nur die großen und gewichtigen Teile aufgeführt, sondern auch weniger bedeutende Komponenten. Das Gesamtsystem Kampfpanzer ist nur als Verbund aller Teile denkbar. Nur im Zusammenspiel aller Bauteile war die erreichte Leistung möglich. Es ist daher an der Zeit, alle Entwickler und Hersteller durch ihren Beitrag in diesem Buch zu würdigen.
Im Firmenverbund kommt dem Generalunternehmer eine besondere Bedeutung und Verantwortung zu.

5.1 Der Generalunternehmer

5.1.1 Einleitung

Da die Amtsseite von ihrer personellen Austattung und ihren Möglichkeiten her nicht dazu eingerichtet ist, die Vielzahl der industriellen Tätigkeiten, die bei der Entwicklung und Produktion komplexer Waffensysteme erforderlich sind, einzuleiten, zu koordinieren und zu überwachen, bedient sie sich eines industriellen Generalunternehmers.
Im Sinne einer einfacheren Darstellungsform wird nachfolgend unter dem Begriff »Generalunternehmer« die sogenannte Hauptauftragnehmerschaft für die Entwicklungsphase von Kampfpanzern plus Peripherie und die Generalunternehmerschaft für die Serienproduktion von Kampfpanzern plus Peripherie zusammengefaßt.
Unter dem Begriff »Peripherie« sind folgende Schwerpunkte, die die Leistungsfähigkeit des Kampfpanzers während der Nutzung unterstützen, zu verstehen:
Ausbildungslehrgänge von Kaderpersonal für die Taktische und Technische Truppe,
Ausbildungsgeräte für die Taktische und Technische Truppe,
Sonderwerkzeuge, Meß-, Prüf- und Justiergeräte,
Technische Dienstvorschriften für Bedienung, Pflege, Wartung und Instandsetzung,
Ersatzteile.
Diese Schwerpunkte liefern die Vorraussetzung, um eine hohe Einsatzbereitschaft des Kampfpanzers sicherzustellen, damit der Nutzer in die Lage versetzt wird, die Versorgungsreife für das Gesamtwaffensystem zu erklären. Der Generalunternehmer hat verantwortlich dafür Sorge zu tragen, daß
die Leistungsdaten des Systems erbracht und eingehalten werden,
der vorgegebene finanzielle Rahmen nicht überschritten wird und
die Entwicklung und Produktion termingemäß abläuft.
Damit der öffentliche Auftraggeber sicher damit rechnen kann, daß diese Leistungen erfüllt werden, achtet er bei der Auswahl des Generalunternehmers insbesondere auf folgende Qualitätsmerkmale:
erfahrenes, entscheidungsfreudiges Management-Personal, ausgestattet mit einem gut funktionierenden Management-Informationssystem mit einer entsprechenden EDV-Kapazität;
technisches und kaufmännisches Fachpersonal, das in bezug auf Ausbildung und Erfahrung den Anforderungen des öffentlichen Auftraggebers entspricht;
Vorhandensein von Einrichtungen und Mitteln für die Entwicklung, Produktion, Integration, Prüfung und Abnahme;
Erfahrungen und Vorraussetzungen, um neben dem Gerät parallel die Belange der Peripherie abzudecken;
ausreichender finanzieller Rückhalt, um Verpflichtungen im Umfang eines solchen Großprogrammes zu übernehmen;
Erfahrung in der Akquisition und im Vertrieb gegenüber ausländischen Kunden, um eine Standardisierung innerhalb der NATO zu erreichen und um die daraus eventuell notwendigen resultierenden Koproduktions- und Kompensationsverpflichtungen zu erfüllen.
Darüber hinaus nutzt der öffentliche Auftraggeber die Tatsache, daß der Generalunternehmer sich naturgemäß voll mit dem zu schaffenden Werk identifiziert und auch zu Wagnissen bereit ist. Er nutzt weiterhin die Tatsache, daß ein so komplexes Waffensystem mit dem vom öffentlichen Auftraggeber gewollten geringen Eigenanteil von Entwicklungs- und Fertigungsleistungen des Generalunternehmers zwangsläufig zum Prestigeprojekt des Generalunternehmers wird und zu seinem Image-Gewinn beitragen kann.
Aufgabe eines Generalunternehmers ist es jedoch nicht, nur als verlängerter Arm des Bundesamtes für Wehrtechnik und Beschaffung der übrigen Industrie gegenüber zu fungieren, sondern auch als Vertreter der beteiligten Firmen die Interessen der Industrie dem Amt gegenüber zu vertreten. Schon allein diese Aufgabenstellung macht es erforderlich, einen Generalunternehmer aus dem industriellen Bereich zu bestimmen.
In der Nachkriegszeit hatte das Bundesamt für Wehrtechnik und Beschaffung die Firma Krauss-Maffei, München, bereits als Generalunternehmer für die Serienfertigung des Waffensystems LEOPARD 1 beauftragt. Dieses Waffensystem wurde im Zeitraum zwischen 1965 und 1976 mit einer Stückzahl von 2 437 Fahrzeugen an die Bundeswehr ausgeliefert.
Nach der Studie zum »Vergoldeten LEOPARD 1« – im Kapitel 2.6.1 dieses Buches beschrieben – wurde bereits für die anschließende Experimentalentwicklung erstmalig ein Generalunternehmer für ein derartiges Waffensystem bestellt.
Das Amt wollte, daß der Generalunternehmer dabei nur einen relativ geringen Anteil von Komponenten des Kampfpanzers selbst entwickelt.

Für die Experimentalentwicklung schloß Krauss-Maffei Entwicklungsverträge mit den Unterauftragnehmern Fa. Wegmann – Kassel, Fa. Porsche – Stuttgart, Fa. ZF – Friedrichshafen, Fa. Voith – Heidenheim, Fa. Daimler-Benz – Stuttgart, Fa. Zeiss – Oberkochen, Fa. AEG – Konstanz, Fa. FWM – Mainz, Fa. Honeywell – Maintal und Fa. AEG – Wedel ab. In einer späteren Entwicklungsphase kamen Fa. MTU – Friedrichshafen, Fa. Renk – Augsburg, Fa. Thyssen-Henschel Antriebstechnik – Mühlheim, Fa. Hughes-Aircraft – Los Angeles/USA und ihr deutscher Lizenznehmer Fa. Krupp Atlas Elektronik – Bremen hinzu.

5.1.2 Durchführung

Dem Generalunternehmer, der voll für das zu entwickelnde Waffensystem einzustehen hatte, oblag es, die zu erbringenden Entwicklungsleistungen in zeitlicher, technischer und wirtschaftlicher Hinsicht zu optimieren. Besonders in der späteren Entwicklungsphase der AV-Prototypen – 1974 bis 1977 –, die einem Vergleich mit dem X M 1 in USA unterzogen wurden, erwartete der öffentliche Auftraggeber vom Generalunternehmer ein hohes Maß an Risikobereitschaft in wirtschaftlicher und technischer Hinsicht sowie Elastizität und Kooperationsbereitschaft. Es lag im Interesse des öffentlichen Auftraggebers, daß Krauss-Maffei bei dieser schwierigen Aufgabe Verantwortung für die Funktionsfähigkeit des Gesamtsystems übernehmen mußte, d.h. voll für das zu entwickelnde Waffensystem einzustehen hatte.

Neben den fahrzeugspezifischen Belangen hatte der Generalunternehmer als Systemverantwortlicher frühzeitig parallel die Aspekte der Peripherie zu berücksichtigen. So wurden Maßnahmen der Peripherie zur Unterstützung der Herstellung der Versorgungsreife bereits ab Mitte der 70er Jahre eingeleitet. Unter anderem wurde bereits ab Beginn der Truppenversuche ein von Krauss-Maffei geschaffenes Stördaten-Erfassungssystem eingeführt. Diese Daten wurden mittels EDV dokumentiert, um sie nach unterschiedlichen Gesichtspunkten zusammenfassen, abrufen und auswerten zu können. Die gezielten technischen Auswertungen der Datenbank dienten nicht nur der laufenden konstruktiven Verbesserung, sondern fanden auch Eingang in ein von Krauss-Maffei geschaffenes Modell für die Zuverlässigkeits- und Materialerhaltbarkeitsanalyse. Hieraus wurde unter anderem die Ersatzteil-Anfangsbevorratung und -Erstbevorratung für die Serie im voraus berechnet.

Bereits während der Entwicklungsphase innerhalb der zweiten Hälfte der 70er Jahre wurden auch die Sonderwerkzeuge, Meß-, Prüf- und Justiergeräte entsprechend dem Materialerhaltungskonzept der Truppe entwickelt. Daher konnte auch sehr frühzeitig während der Entwicklung des Kampfpanzers darauf Einfluß genommen werden, deren Anzahl für den Nutzer auf ein Minimum zu reduzieren; Ende der 70er Jahre wurden sie einem logistischen Truppenversuch unterzogen. Darüber hinaus wurde die Entwicklung von Ausbildungshilfsmitteln, Materialgrundlagen und Simulatoren rechtzeitig begonnen.

Ab Mitte 1977 wurde dann die Ausschreibung für eine Serienproduktion eingeleitet. Die Details über die Anfrage zum Angebot, die Angebotsbearbeitung und die Vertragsgestaltung durch das Bundesamt für Wehrtechnik und Beschaffung sind in Kapitel 7 dieses Buches beschrieben. Krauss-Maffei hatte dem Gesichtspunkt der Wirtschaftlichkeit für die Angebotserarbeitung bei der Auswahl des Serienproduktionskonzeptes und bei der Auswahl der Zulieferfirmen, soweit diese nicht von der Amtsseite vorgegeben waren, einen hohen Stellenwert in der Priorität eingeräumt. Zwischen dem Bundesamt für Wehrtechnik und Beschaffung und dem Generalunternehmer wurden die Technischen Lieferbedingungen (TL) für die Serie dahingehend verhandelt, die höchstmöglichen Leistungswerte, die aus den Erkenntnissen der Erprobung und der Serienreifmachung gewonnen wurden und über die gesamte Serienstückzahl garantiert werden sollten, hierin festzuschreiben.

Nachdem Krauss-Maffei zum Generalunternehmer der Serienproduktion ausgewählt war, wurde im Dezember 1977 zwischen dem Bundesamt für Wehrtechnik und Beschaffung und Krauss-Maffei ein Vertrag über die Lieferung von 380 LEOPARD 2 (erstes Fertigungslos), der die Option auf die Lieferung weiterer 1 420 LEOPARD 2 – aufgeteilt in mehrere Fertigungslose – beinhaltete, geschlossen,

Bei der Vertragsgestaltung mit den Unterlieferanten wurden alle erdenklichen wirtschaftlichen Möglichkeiten ausgeschöpft; hier galt es auch, Bestimmungen aus dem Vertrag mit dem Bundesamt für Wehrtechnik und Beschaffung wie Preisrecht etc. in die Verträge mit den Unterlieferanten umzusetzen und die gleiche Vertragslage zu schaffen, als ob das Bundesamt für Wehrtechnik und Beschaffung die Verträge mit den Unterlieferanten selbst geschlossen hätte. Der Generalunternehmer wurde nämlich verpflichtet, Unterverträge nach Wettbewerbsgesichtspunkten abzuschließen und in den Unterverträgen sicherzustellen, daß die vom öffentlichen Auftraggeber geforderten technischen und kaufmännischen Bedingungen gewährleistet sind; dabei wurden die vom öffentlichen Auftraggeber vorgeschriebenen Baugruppenhersteller berücksichtigt.

Der Generalunternehmer erhielt die Auflage, die Firma Krupp-MaK, Kiel, als Mitproduzenten für das Gesamtfahrzeug mit der Lieferung eines Anteiles von 45% aller Fahrzeuge zu beauftragen.

Der Teilsystemverantwortliche für Entwicklungs- und Produktion des Turmes, Firma Wegmann, Kassel, wurde mit der Lieferung von 56% aller Türme und die Firma Rheinmetall, Düsseldorf (Montagewerk-Unterluß), mit der Lieferung der restlichen Türme beauftragt.

Mit der Lieferung der Großbaugruppen wurden folgende Firmen beauftragt:

○ Turmgehäuse	Blohm & Voss, Hamburg
○ Waffenanlage	Rheinmetall, Düsseldorf
○ Richtschützenzielgerät und Feuerleitrechner	Krupp Atlas Elektronik, Bremen

- Waffennachführanlage Arbeitsgemeinschaft Stabilisierungsanlage (AEG-Wedel, FWM-Mainz u. Honeywell-Maintal)
- Kommandantenzielgerät Zeiß, Oberkochen
- Wärmebildgerät im Richtschützenzielgerät Zeiß, Oberkochen (mit Zulieferung von Common Modules von Texas-Instruments, Dallas/USA)
- Laserentfernungsmesser im Richtschützenzielgerät Eltro, Heidelberg
- Stabilisierungskomponente im Richtschützenzielgerät AEG, Wedel
- Wannengehäuse Blohm & Voss, Hamburg
- Antriebsmotor mit Kühlanlage Motoren- und Turbinen-Union, Friedrichshafen
- Schalt- und Lenkgetriebe Renk, Augsburg
- Hilfs- und Feststellbremse Teves, Frankfurt
- Seitenvorgelege Zahnradfabrik Friedrichshafen, Passau
- Gleiskette Diehl, Remscheid
- ABC-Anlage Dräger-Piller, Köln
- Motorvorwärm- und Heizungsaggregat Webasto, Stockdorf

Schon aus der Nennung nur der größten Zulieferfirmen ist ersichtlich, daß das LEOPARD 2-Programm für die deutsche Industrie ein bedeutsames Beschäftigungsprogramm ist, bindet es doch über 10 000 in der Produktion Beschäftigte in über 1 500 Industrieunternehmen ein.

Der öffentliche Auftraggeber erwartet vom Generalunternehmer u.a. die Bereitschaft und Fähigkeit, die Gesamtversorgung des Waffensystems während seines Lebensweges zu unterstützen (Ersatzteilversorgung, Reparatur- und Grundüberholungskapazität usw.).

Um seiner vielfältigen Verantwortung gerecht zu werden, hat der Generalunternehmer einen entsprechend großen Stamm seines qualifizierten Fachpersonals für den LEOPARD 2 in der Projektführung und in den Fachbereichen zusammengezogen, die u.a. für folgende Leistungen eingesetzt sind:

Terminplanung und -überwachung gegenüber den Unterauftragnehmern bzw. Zulieferfirmen und den beteiligten hauseigenen Abteilungen,

Schnittstellenabstimmungen und -festschreibungen für die Komponenten von Zulieferfirmen,

Konstruktionsstandfestlegungen für Komponenten der Zulieferfirmen vor der Freigabe ihrer Serienproduktion,

Organisation und Koordination der Durchführung des Änderungswesens,

Überwachung der Schnittstellenverträglichkeit über die gesamte Zeitdauer der Serienfertigung,

Definition und Überwachung der Prüfungen für Qualifikationsmuster von Komponenten der Zulieferfirmen,

Definition der notwendigen Endprüfungen vor Auslieferung an den Benutzer,

Produktionsplanungen in Abstimmung mit allen Zulieferfirmen,

Organisation der Betreuung des Benutzers durch Kundendienstpersonal,

Abstimmung eines einheitlichen Tolerierungsverfahrens und dessen Durchführung gegenüber den an der Serienproduktion beteiligten Firmen über die gesamte Zeitdauer der Produktion,

Entwicklungstechnische Betreuung des Waffensystems über die Zeitdauer der Serienproduktion und der anschließenden gesamten Nutzungsphase,

Technisch-logistische Betreuung während der gesamten Nutzungsphase.

Die Projektführung beim Generalunternehmer koordiniert die spezifischen Fachfragen der bestehenden Fachabteilungen. Der Projektleitung zugeordnet sind vier Teilprojektbereiche für die Gebiete Koordination, Fahrgestell, Turm und Peripherie; jeder der vier Teilprojektbereiche verfügt über mehrere Mitarbeiter. Der Projektführung zugeordnet ist auch eine Terminplanungsabteilung mit mehreren für dieses Projekt eingesetzten Mitarbeitern.

Mit der Generalunternehmerschaft für die Serienproduktion übernahm Krauss-Maffei auch die gesamtheitliche Verantwortung für die Serienreifmachung und die entwicklungstechnische Betreuung einschl. des von der Industrie erwarteten Beitrages für die technisch-logistische Betreuung während der Nutzungsphase.

Vielfältige Vorbereitungen für die Serie mußten vom Generalunternehmer getroffen werden. Für die Endprüfung des Gesamtsystems – liegt doch die Dauer der Endprüfung des Fahrzeuges bei 23 Arbeitstagen – mußten umfangreiche Prüfmittel definiert und mit dem Mitproduzenten abgestimmt werden. Hierfür mußten Prüfeinrichtungen neu entwickelt werden, um den Anforderungen an ein derartiges Waffensystem nachzukommen.

Die hierbei durchgeführten intensiven Recherchen mit den Mitproduzenten dienten dem Ziel, gleiche Erzeugnisqualität bei vergleichbarer Nachweisführung unter Verwendung von adäquaten Prüfverfahren und -einrichtungen zu gewährleisten. Aus diesem Grund sind sowohl beim Generalunternehmer als auch beim Mitproduzenten eine Reihe von identischen Prüfeinrichtungen zu finden wie z.B. hydraulischer Kippstand, Optik-Justierwand, EMV-Halle usw. Diese Abstimmungen dienten auch dazu, vorteilhaft Know-how verschiedener Firmen zielorientiert einzusetzen.

Ein weiterer wichtiger Abschnitt in der Serienvorbereitungsphase durch den Generalunternehmer war die Überprüfung, Beurteilung und zum Teil die Verbesserung der qualitativen Fertigungsvoraussetzungen und -fähigkeiten von Zulieferfirmen als wichtiger Baustein in der Erwägung der eigenen Produktionsrisiken. Hier wurde natürlich das Hauptaugenmerk auf die »Neulinge« in diesem Geschäft konzentriert, d.h. auf die Firmen, die sich weder im Zuge der Entwicklung und Prototypenfertigung des LEOPARD 2 noch in der LEOPARD 1 - oder Flak-KPz-Fertigung als Unterauftragnehmer qualifizieren konnten.

Als Leitfaden für die Prioritäten diente hier hauptsächlich die technisch-taktische Bedeutung des Zulieferumfangs innerhalb des Waffensystems LEOPARD 2 sowie die zur Herstellung erforderliche Fertigungstechnologie. Es hat sich hierbei herausgestellt, daß eine umfassende Information der Unterauftragnehmer über Verwendungszweck, Weiterbearbeitung und Einbauort der von ihnen hergestellten Teile/Baugruppen wesentlich zur Erfüllung der qualitativen Erwartungen beigetragen hat.

Während der zeitparallel laufenden Serienreifmachungs- und Serienvorbereitungsaktivitäten waren zahlreiche und teilweise sehr komplexe Bestätigungstests notwendig. Voraussetzung hierfür war eine leistungsfähige Versuchsabteilung beim Generalunternehmer.

Das Gebiet der Störfestigkeit von elektronischen Komponenten durch mögliche Störungen aus dem fahrzeugeigenen Elektriknetz oder von Störquellen außerhalb des Fahrzeugs war entwicklungstechnisches Neuland, das es zu erforschen galt. Hierfür erhielt der Generalunternehmer eine sehr effektive fachliche Unterstützung durch die amtliche Erprobungsstelle 81 – Greding. Um diese Störfestigkeit – bekannt unter dem Begriff »elektromagnetische Verträglichkeit« (EMV) – im Rahmen der Serienreifmachung für das System und die betroffenen Komponenten versuchstechnisch im Hinblick auf das Erreichte und technisch-wirtschaftlich Machbare zu untersuchen, war es notwendig, in München eine EMV-Halle (Faradayischer Käfig) – geeignet für Untersuchungen am Gesamtpanzer und an Einzelkomponenten – zu installieren, um somit u.a. unabhängig von undefinierten Einstrahlungen von außen zu sein.

Am 30. Juni 1980 wurde die Serienreifmachung abgeschlossen und der Konstruktionsstand der Fertigungsunterlagen zwischen dem Bundesamt für Wehrtechnik und Beschaffung und dem Generalunternehmer festgeschrieben. Jede Änderung an den Fertigungsunterlagen ab diesem Zeitpunkt war und ist im Detail genehmigungspflichtig durch ein amtliches Gremium, das sich aus dem Projektbeauftragten im Bundesamt für Wehrtechnik und Beschaffung, dem Projektoffizier im Materialamt des Heeres und dem Projektoffizier im Heeresamt zusammensetzt. Alle industrieseitigen Vorbereitungen für eine derartige Änderungskonferenz erfolgen koordinierend und/oder ausführend durch den Generalunternehmer Krauss-Maffei.

Die Qualitätssicherung des Generalunternehmers ist von der übergreifenden Verantwortung für die Qualität des Gesamtsystems geprägt und leistet somit einen entscheidenden Beitrag zur Qualität und Leistungsfähigkeit des LEOPARD 2.

Aufgrund der zwangsläufig hohen Anforderungen an die Fertigungs- und Prüftechnik galt es deshalb, für die Serienfertigung die strengste Mindestforderung an ein industrielles Qualitätssteuerungssystem zu erfüllen, wie sie in AQAP 1 (**A**llied **Q**uality **A**ssurance **P**ublication) beschrieben ist.
Der Generalunternehmer und seine Hauptauftragnehmer mußten deshalb entsprechend den Anforderungen des öffentlichen Auftraggebers für die Vergabe des Serienliefervertrages ein leistungsfähiges Qualitätssicherungssystem nachweisen.

Dieses System ist im Handbuch der Qualitätssicherung des Generalunternehmers beschrieben und wurde nach vorangegangener Überprüfung durch das Bundesamt für Wehrtechnik und Beschaffung erstmalig bereits am 18. Dezember 1974 schriftlich bestätigt und in vorgeschriebenen Zweijahreszyklen jeweils erneut überprüft und bestätigt.

Zur Erfüllung der daraus abgeleiteten Aufgaben muß die Qualitätssicherung über
○ eine funktionsgerechte Organisation,
○ qualifiziertes Personal und
○ dem Stand der Technik entsprechende Einrichtungen und Hilfsmittel
verfügen.

Über all den Forderungen des Qualitätssicherungssystems steht neben der Wirksamkeit natürlich auch die Wirtschaftlichkeit der Qualitätssicherung, und unter diesem Gesichtspunkt war die Planung der erforderlichen Prüfmittel und Prüfeinrichtungen aufzubauen. Diese Phase barg einen besonderen Schwierigkeitsgrad in sich, denn hier mußte ständig nach einem Optimum zwischen den Fragen »wozu ist die Industrie verpflichtet?«, »was ist technisch möglich?« und »was ist unter Betrachtung aller Risiken für beide Vertragspartner wirtschaftlich vertretbar?« gesucht werden.

Dies erforderte zahlreiche Abstimmungen des Generalunternehmers mit dem Mitproduzenten, den Teilsystem-Herstellern und den Unterauftragnehmern für Komponenten.

Trotz bester Vorbereitungen für den Beginn der Serienfertigung eines so komplexen Waffensystems waren die Maßnahmen der Qualitätssicherung mit vielen Schwierigkeiten verbunden. Zu dieser Situation war es folglich notwendig eine intensive und kritische Soll-Ist-Betrachtung der qualitativen Merkmale in allen Phasen der Herstellung vorzunehmen, um vorhandene Unzulänglichkeiten und Risikoherde möglichst rasch zu beseitigen. Hier hatte der Generalunternehmer wieder eine Feuerprobe zu bestehen, die letztlich nur in Kooperation aller am Herstellungsprozess beteiligten Firmen und in einem offenen Meinungs- und Erfahrungsaustausch mit dem öffentlichen Auftraggeber bestanden werden konnte.

Die Summe aller qualitätssichernden Maßnahmen trug entscheidend dazu bei, daß dem Benutzer des LEOPARD 2 ein qualitativ hochstehendes Erzeugnis über die gesamte Dauer der Serienproduktion zugeführt wird. Die Erfahrung hat gezeigt, daß Qualitätseinbrüche in einer Serienproduktion katastrophale Folgen haben können. Die Ursachen dafür sind vielfältig.

Alle an der Serienproduktion Beteiligten sind verpflichtet, sämtliche Prüfergebnisse gezielt zu beobachten und zu bewerten, um sich abzeichnenden Qualitätseinbrüchen durch geeignete Maßnahmen wirksam vorbeugen zu können. Hier hat der Generalunternehmer eine überwachende und koordinierende Funktion; hat er doch die Pflicht, die vom öffentlichen Auftraggeber gestellten qualitativen Anforderungen bis ins letzte Glied der Unterauftragnehmerkette durchzusetzen und sicherzustellen.

Die Maßnahmen der Qualitätssicherung werden laufend durch den Güteprüfdienst des öffentlichen Auftraggebers überwacht.

Als im Oktober 1979 termingemäß das erste Serienfahrzeug durch den Verteidigungsminister, Herrn Dr. Apel, der Bundeswehr übergeben wurde, konnte mit Befriedigung festgestellt werden, daß aufgrund frühzeitig eingeleiteter Maßnahmen bereits zu diesem Zeitpunkt eine ausreichende Ausstattung an Technischen Dienstvorschriften (TDv'en), Sonderwerkzeugen, Meß-, Prüf- und Justiergeräten sowie Ausbildungsgeräten zu Verfügung stand. Dies war zuvor bei anderen Waffensystemen des Heeres nicht erreicht worden. Nach einer Serienhochlaufphase von ca. 2 Jahren wurde die Lieferrate von 25 Stück/Monat erreicht und das erste Fertigungslos im März 1982 abgeschlossen.

Die Ausübung der Option durch das Bundesamt für Wehrtechnik und Beschaffung wurde wie folgt wahrgenommen:

Los	Fzg.-Zahl	Vertr.-Abschluß	Auslieferung
2	450	10/1980	3/82 – 11/83
3	300	12/1981	11/83 – 11/84
4	300	12/1982	11/84 – 12/85
5	370	1/1984	12/85 – 4/87

Dank der frühzeitig (bereits ab 1973) in der Entwicklungsphase begonnenen permanenten Störddatenerfassung und -auswertung konnte auf Basis der von Krauss-Maffei geschaffenen Zuverlässigkeits- und Materialerhaltbarkeitsanalyse auch rechtzeitig, d.h. mit Lieferung des ersten Serienfahrzeuges, der Ersatzteilbedarf der ersten Jahre der Seriennutzung relativ präzise im voraus berechnet werden. Dies bedeutete, daß die erste Tranche, die sogenannte Ersatzteil-Anfangsbevorratung (ca. 3 000 verschiedene Artikel), ab Ende 1979 zur Auslieferung gelangte; ihr folgte eine zweite Tranche der Ersatzteilanfangsbevorratung. Über die erwähnte Zuverlässigkeits- und Materialerhaltbarkeitsanalyse konnte ebenfalls die Ersatzteil-Erstbevorratung (ca. 12 000 verschiedene Artikel) sehr präzise definiert werden; deren Auslieferung wurde zunächst über eine dritte Tranche für das erste und zweite Panzer-Lieferlos ab Anfang 1983 eingeleitet. Insgesamt werden fünf Tranchen von der GLS (Gesellschaft für Logistischen Service) – Tochterfirma des Generalunternehmers – bis Serienende ausgeliefert; die letzten drei Tranchen beinhalten speziell die Ersatzteil-Erstbevorratungen für alle fünf Panzer-Lieferlose.

Auf den Ersatzteil-Folgebedarf hat der Generalunternehmer keinen Einfluß mehr, da das Management hierfür durch das Materialamt des Heeres erfolgt.

Dem Generalunternehmer oblag es ferner, mit Zulauf der Serienfahrzeuge das Kaderpersonal an den Truppenschulen der Bundeswehr auszubilden und Ausbildungsgeräte zu liefern.

Parallel zur Serienfertigung des 3., 4. und 5. Lieferloses werden die 380 Fahrzeuge des ersten Lieferloses ab Anfang 1984 bis Mitte 1987 mit dem Wärmebildgerät (WBG) in dem Richtschützenhauptzielgerät und zusätzlich annähernd auf den gleichen Konstruktionsstand der laufenden Serie nachgerüstet.

Neben der passiven Nachtkampffähigkeit mittels Wärmebild ist folglich ab 1987 der gesamte LEOPARD 2-Bestand der Bundeswehr im Konstruktionsstand nahezu gleich. Diese Gleichheit konnte beim LEOPARD 1 infolge von mehreren unterschiedlichen Bauständen innerhalb seiner 12jährigen Lieferzeit nicht erreicht werden; daraus ergibt sich – im Gegensatz zum LEOPARD 1 – ein erheblicher Vorteil für den LEOPARD 2 im Hinblick auf die Logistik und die Ausbildung der Taktischen und Technischen Truppe.

Darüber hinaus werden von der Industrie – koordiniert durch den Generalunternehmer – weitere Ausbildungsgeräte besonders der Simulationstechnik konzipiert und angeboten mit dem Ziel, bei der Grundausbildung der Panzertruppe Betriebs-, Ersatzteil- und Nutzungskosten einzusparen und die Wirksamkeit des Kampfes zu simulieren.

Je nach Grad des Einsatzes von Simulationsausbildung könnten über eine 30jährige Nutzung des LEOPARD 2 ca. 1,0 Mia. DM bei 10%iger und bis zu 3,5 Mia. DM bei 40%iger Reduzierung des Fahrzeugeinsatzprofiles eingespart werden. Diesen möglichen Einsparungen sind die verhältnismäßig geringen Anschaffungs- und Wartungskosten von entsprechenden Simulationsausbildungsgeräten gegenüberzustellen.

5.2 Fahrgestellbaugruppe

5.2.1 Gehäuse

Die Fertigung der Wannengehäuse erfolgt durch die Fa. Blohm und Voß. Die spanabhebende Bearbeitung teilt sich diese Firma mit der Fa. Krupp Mak. Die Motorraumabdeckungen liefert die Fa. Jung, Jungenthal.

Die Turmgehäuse fertigen die Firmen Blohm und Voß und Thyssen, Witten-Annen. Die spanabhebende Bearbeitung

Motorraumabdeckung

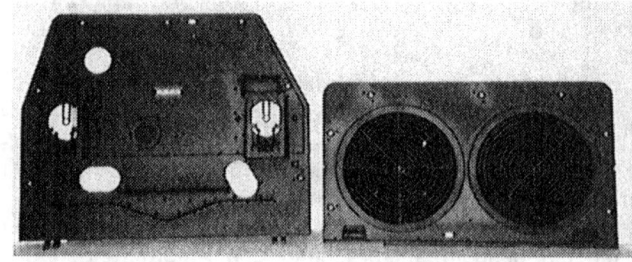

erfolgt durch die Turmsystemfirmen Wegmann und Rheinmetall.

Die Blende liefert die Fa. Jung, Jungenthal.

Die Bilder geben Einblick in die Fertigung und veranschaulichen die Größe der Baugruppen.

Blende

5.2.2 Laufwerk

5.2.2.1 Einleitung

Die Entwicklung und Konstruktion war Aufgabe der Fa. Porsche AG. Lediglich der hydraulische Endanschlag ist eine Konstruktion der Fa. Krauss-Maffei AG.

5.2.2.2 Aufbau

Das Laufwerk des KPz LEOPARD 2 ist mit 7 Doppellaufrollen – 700 mm Durchmesser- und 4 innen/außen versetzt angeordneten Stützrollen-230 mm Durchmesser – je Fahrzeugseite ausgerüstet.

Das Leitrad wurde zur Vermeidung von »Aufsetzern« und Überwindung höherer Hindernisse gegenüber den Laufrollen auf 5 65 mm Durchmesser verkleinert.

Die Bodenfreiheit beträgt vorn 540 mm und hinten 490 mm. Der vordere Wannenbodenbereich wurde über das Maß von 540 mm hinaus noch zusätzlich abgeschrägt.

Der Schwerpunkt des Fahrzeuges konnte, relativ betrachtet, unter Beachtung annähernd gleicher Radaufstandskräfte nach hinten – hinter Mitte Laufwerk – verlagert werden durch Verlängerung des Laufwerkes nach vorn.

Die Laufrollen werden durch quer zum Fahrzeug angeordnete Federstäbe von 63 mm Durchmesser abgefedert. Die Arbeitsaufnahme der Federung beträgt unter Ausnutzung des neu verwendeten Werkstoffes 56 Ni Cr Mo V 7 und Vergrößerung der positiven Federwege bis max. 3 40 mm 184 000 Nm bei einer Hubeigenschwingungszahl von 76 1/min.

Zusätzlich sind die Laufrollenpositionen 1 bis 3 sowie 6 und 7 bestückt mit geschwindigkeitsabhängigen hydraulischen Endanschlägen hoher Energieverzehrung von 169 000 Nm bei einer Radeinfederungsgeschwindigkeit von 2,94 m/s. Die gleichen Laufrollen werden mit geschwindigkeitsunabhängigen Lamellenreibungsdämpfern versehen. Die Dämpferkräfte steigen mit zunehmender Einfederung der Laufrolle an.

Laufwerk-Übersicht

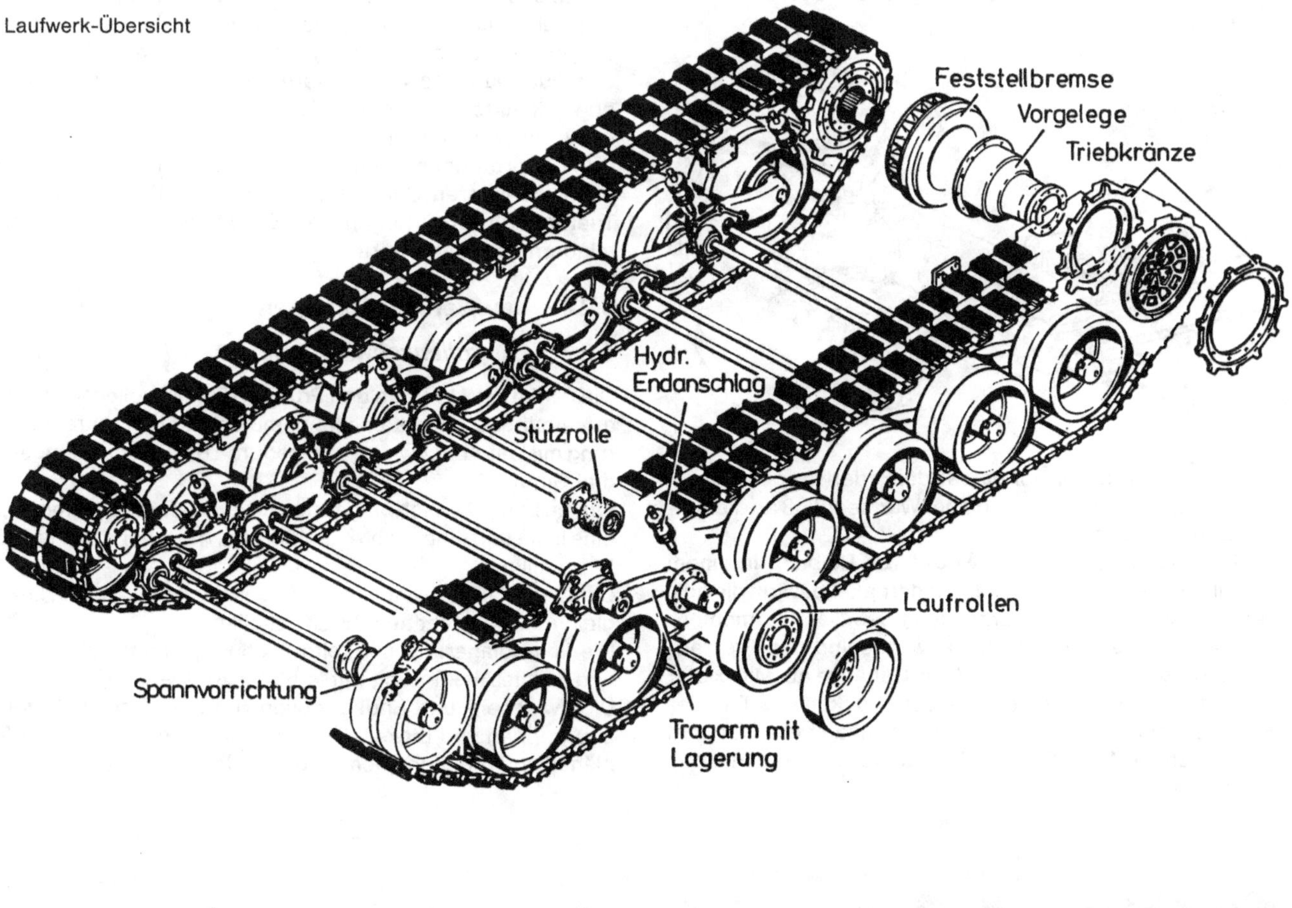

Die Federungs-Dämpfungselemente sind innerhalb des Fahrzeuges angeordnet und behalten somit – gesichert vor Beschädigungen und Beschuß – ihre Funktionsfähigkeit. Bei Minenexplosionen unter dem Laufwerk bleibt die Wanne, insbesondere der Schrägflanschplattenbereich, der mittels Scherbolzenaufnahmen die Verbindung zum Laufwerk herstellt, unbeschädigt. Ein problemloses, schnelles Auswechseln der minenbeschädigten Laufwerkselemente ist somit gewährleistet.

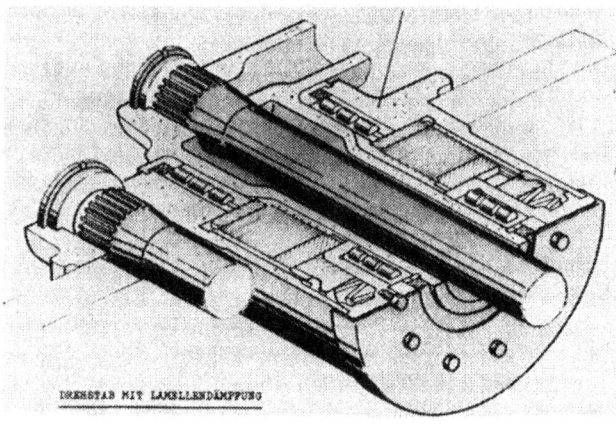

DREHSTAB MIT LAMELLENDÄMPFUNG

Die Lamellenreibungsdämpfer sind mit der Tragarmlagerung in einem Gehäuse zusammengefaßt und an der Wanne angeflanscht.

Tragarm mit integriertem Dämpfer und Laufrollen

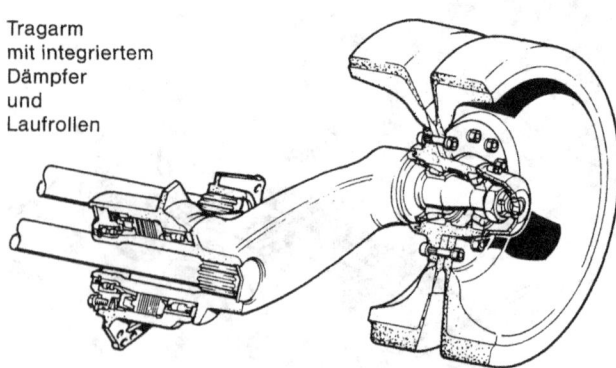

Dieses System hat den Vorteil, daß der Federweg nicht durch den Dämpfer begrenzt wird und der Wärmeabfluß an die Seitenwand gegeben ist.

Die Dämpfung der Laufrolle wird durch Reibung in einem Lamellenpaket erreicht. Ein Tellerfederpaket bewirkt die notwendige Anpreßkraft zur Erzeugung des Dämpfermomentes. Die Lamellen stützen sich abwechselnd über Verzahnungen gegen den Tragarm und das Gehäuse ab. Mit axialer Steigung versehene Kurvenscheiben drücken das Tellerfederpaket beim Einfedern der Laufrolle zusammen. Dadurch erhöht sich die Anpreßkraft auf die Lamellen und damit das Dämpfermoment.

Die Kennlinie des Tellerfederpaketes ist so ausgelegt, daß die durch Abrieb an den Lamellen eintretende teilweise Entspannung der Federn einen nur unwesentlichen Rückgang des max. Dämpfermomentes zur Folge hat.

Durch die Teflon-Beschichtung der Lamellen sind der Haft- und der Gleitreibwert nahezu gleich. Bei Beginn einer Einfederungsbewegung baut sich deshalb keine überhöhte Losbrechkraft auf.

Der Lamellendämpfer wurde zusammen mit der Tragarmlagerung, dem Hohlgußtragarm und der Laufrollenlagerung als robuste Montageeinheit entwickelt. Diese Einheit ist wartungsfrei und macht eine Nachstellung des Dämpfers bis zur Hauptinstandsetzung überflüssig.

Die hydraulischen Endanschläge stehen an der Wanne angeflanscht über dem Laufrollenradius des Tragarmes mit einem Hub von 130 mm.

Das wesentliche Merkmal des Endanschlagdämpfers ist der Kugelkolben, der in Verbindung mit einem elastisch gelagerten Dichtungsträger eine Schwenkbewegung der Kolbenstange zuläßt, die über die Kreisbogenbewegung des Auftreffpunktes am Tragarm eingeleitet wird. Dieser Dichtungsträger kann der Schwenkbewegung folgen, da er elastisch in einem Gummigehäuse gelagert ist. Dieses Gummigehäuse nimmt auch das durch die einschiebende Kolbenstange verdrängte Ölvolumen auf. Drosselstelle für das Öl ist eine längs des Zylinders sich verändernder Spalt zwischen Kolben und Zylinder. Beim Einfedern schwimmt der Kolben auf dem Ölkeil, der vom mit hoher Geschwindigkeit durch den Spalt entweichenden Öl gebildet wird. Dieser Ölkeil überträgt auch die seitliche Kraftkomponente der Kolbenstange, hervorgerufen durch die Einfederungsbewegung.

Das Rückwärts-Abwärtsklettern – z.B. vom Eisenbahnwaggon – konnte durch einen Kettenüberstand am Fahrzeugheck realisiert werden.

Das hintere Kettentrumm hat einen steilen Anstieg, damit einen geringeren Schmutztransport. Durchbrüche in den Triebradkränzen erhöhen den Selbstreinigungseffekt und mindern das Kettenwerfen.

5.2.3 Laufwerksbaugruppen

5.2.3.1 Laufrollenschwingarme

Die Fertigung, Montage und Prüfung der Laufrollenschwingarme mit und ohne Lamellendämpfer und der Leitradlagerung mit Leitradschwinge erfolgt durch die Fa. Jung Jungenthal GmbH.

Für die Laufrollenschwingarme mit Lamellendämpfer gibt es eine linke und eine rechte Ausführung, bestehend aus je 125 Einzelteilen.

Der Laufrollenschwingarm mit Lagerung ist rechts und links gleich und besteht aus 38 Einzelteilen.

Die Leitradlagerung mit Leitradschwinge kennt eine linke und rechte Ausführung mit je 50 Einzelteilen.

Die Zwischen- und Endkontrollen von Baugruppen, Unterbaugruppen und Einzelteilen erfolgen nach Kontrollablaufplänen entsprechend dem Qualitätssicherungssystem nach AQAP 4.

5.2.3.2 Die Fertigung der Laufrollen erfolgt durch die Fa. Krauss-Maffei

5.2.3.3 Die Tragarmlagerung

Ein Beispiel für die spezielle Abstimmung der Wälzlager auf den Anwendungsfall ist die Tragarmlagerung. Sieben Tragarme auf jeder Fahrzeugseite führen die Kettenlaufrollen. Beim Überfahren von Hindernissen weichen Ketten und Laufrollen nach oben aus, wobei die Tragarme bis zu 53 Winkelgraden ausschwenken können. Die Schwenkbewegungen werden von Drehstäben abgefedert und durch Lamellenreibungsdämpfer gedämpft.

Die Tragarmlagerung wird durch die Gewichtskraft belastet, zu der noch erhebliche Stoßbelastungen kommen. Außerdem resultiert aus der Reibungsdämpfung eine hohe thermische Beanspruchung bei Geländefahrt.

Aus lieferungstechnischen Gründen wurde eine alternative Ausstattung gewählt.

5.2.3.3.1 INA-Lager

Wartungsfreiheit, kleinster Einbauraum, optimale Abdichtung nach außen und zum Lamellendämpfer sowie statische Tragsicherheit – mit der Gewähr von mehr als einer Nutzungsphase – waren die Anforderungen, die an die Schwingenlagerung gestellt wurden.

Tragarm

Nur die von Fa. INA entwickelten Sonderlager kamen in den Prototypen Pt 1–17 zur Erprobung.

Als äußeres Loslager wurde ein vollrolliges INA-Zylinderrollenlager der Bauform NCL ... VPP, befettet, mit integrierter Gleitring- und Radialwellendichtung, gewählt. Das Prinzip der »halben Gleitringdichtung« – mit jeweils nur einem Duronit- und einem Gummiring, die gegen eine auf den Innenring des Lagers aufgepreßte, geläppte Scheibe wirken – wurde von INA in Zusammenarbeit mit einem namhaften Dichtungshersteller entwickelt.

Als hinteres Festlager wirkt ein vollrolliges INA-Zylinderrollenlager NCC ... VPZ mit integrierter Radialwellendichtung. Die Erprobungsergebnisse bestätigen die rechnerisch ermittelten Lagergebrauchswerte.

In der Druckplatte des Reibungsdämpfers eingebaute INA-Stützrollen NUTR ... übertragen die von der Lage des Schwingarmes abhängigen Anpreßkräfte. INA-Stützrollen dieser Baureihe sind vollrollig, befettet und durch eine wirksame Spaltdichtung abgedichtet. Die Zentrierung und Längsführung der Druckplatte übernehmen INA-Laufrollen LR ... KDD in Sonderausführungen, befettet, mit Käfig und beidseitig abgedichtet.

5.2.3.3.2 FAG-Lager

Wegen der Forderung, hohe statische Tragfähigkeit auf engstem Raum unterzubringen, wurden auch von der Fa. FAG Kugel Fischer vollrollige, zweireihige Zylinderrollenlager gewählt. Damit ergibt sich auch für den angenommenen ungünstigsten Fall, daß sich das gesamte Fahrzeuggewicht kurzzeitig nur auf eine einzige Laufrolle stützt, noch eine ausreichende Kennzahl f_s für statische Lagerbeanspruchung.

Das Festlager auf der Fahrzeuginnenseite überträgt über die Rollenstirnseiten und die Borde am Innen- und Außenring auch die auf den Tragarm wirkenden axialen Führungskräfte.

Beim äußeren Zylinderrollenlager, dem Loslager, ist das auffälligste Merkmal die ins Lager integrierte Gleitringdichtung. Damit wird die Lagerung nach außen sicher gegen Schmutz und Wasser abgedichtet. Solche federnd angestellten Gleitringdichtungen haben sich besonders in den starkem Schmutz ausgesetzten Gleiskettenlaufwerken bestens bewährt. Durch die Integration ins Lager wird Bauraum eingespart sowie Montage und Logistik vereinfacht.

Beide Lager sind mit einer Lebensdauer-Fettfüllung ausgerüstet. Verwendet wird ein Fett nach Spezifikation MIL-G-25760A, das insbesondere für den hier abzudeckenden extrem großen Bereich von sehr niedrigen bis sehr hohen Temperaturen ausgelegt ist. Damit kein Fett in den Bauraum der Dämpfungslamellen austritt, sind beide Lager zur Innenseite hin mit kleinen, ins Lager integrierten Wellendichtringen abgedichtet. Auf der anderen Seite des Loslagers genügt eine einfache Stahlblechabdeckscheibe.

Diese Zylinderrollenlager sind aber noch durch weitere, weniger auffällige Details an ihre spezielle Aufgabe angepaßt. So wird z.B. beim äußeren Lager durch eine gezielte unterschiedliche Rollensortierung erreicht, daß bei der für die maximale Belastung errechneten Wellendurchbiegung beide Rollenreihen gleichmäßig tragen und somit örtliche Überlastungen vermieden werden.

5.2.4 Gleiskette

5.2.4.1 Einleitung

Die Gleiskette ist ein Entwicklungsergebnis der Fa. Diehl. Nachfolgend die wichtigsten Entwicklungsschritte:
Die Entwicklung führte zunächst zu einer Kettenausführung, deren Bauprinzip vom KPz LEOPARD 1 und vom KPz 70 her bekannt war. Es handelt sich um eine Verbindergleiskette mit der Typbezeichnung 570 A mit **zwei** Rohrkörpern pro Kettenglied, Einschiebelaufpolstern, angeschraubter Mittelführung und zwei Endverbindern nach dem Einflächen-Klemm-Prinzip.

Bedingt durch den hohen Motorisierungsgrad und das hohe Fahrzeuggewicht des LEOPARD 2, konnte dieses Bauprinzip den Anforderungen nicht genügen. Die Aufstandskräfte der Laufräder wirken nämlich als Biegekräfte auf die Kettenbolzen und führen zu deren Überbeanspruchung.

5.2.4.2 Aufbau

Die Weiterentwicklung führte daher folgerichtig zu einem einteiligen Rohrkörper, d.h. die beiden Einzelrohrkörper wurden durch einen angegossenen Mittenverbund zu **einem** Bauteil. Diese Ausführung mit der Kettenbezeichnung 570 C brachte eine weitgehende Entlastung der Kettenbolzen, da die Radaufstandskräfte vorwiegend in den Rohrkörper übertragen werden.

Zur Verminderung der Schwingungsanregung durch die Kette wurde der Rohrkörper mit einer Stahlinnenlauffläche und einer Verschachtelung des Spaltes zwischen den Kettengliedern ausgeführt.

Damit war die heutige Serienkette des LEOPARD 2 mit der Typbezeichnung 570 F entstanden.

Diese Verbindergleiskette hat eine Kettenbreite von 635 mm und eine Kettenteilung von 183,5 mm, das Gewicht pro m Kettenlänge beträgt 182,5 kg. Die im Rohrkörper gummigelagerten Kettenbolzen sind vergütet und zur Erzielung einer hohen Lebensdauer mit einer induktiven Randhärteschicht versehen. Auswechselbare Laufpolster nach dem Einschiebeprinzip können zur Erhöhung der Traktion durch Stahlgreifer für den Einsatz in schwierigem Gelände oder bei

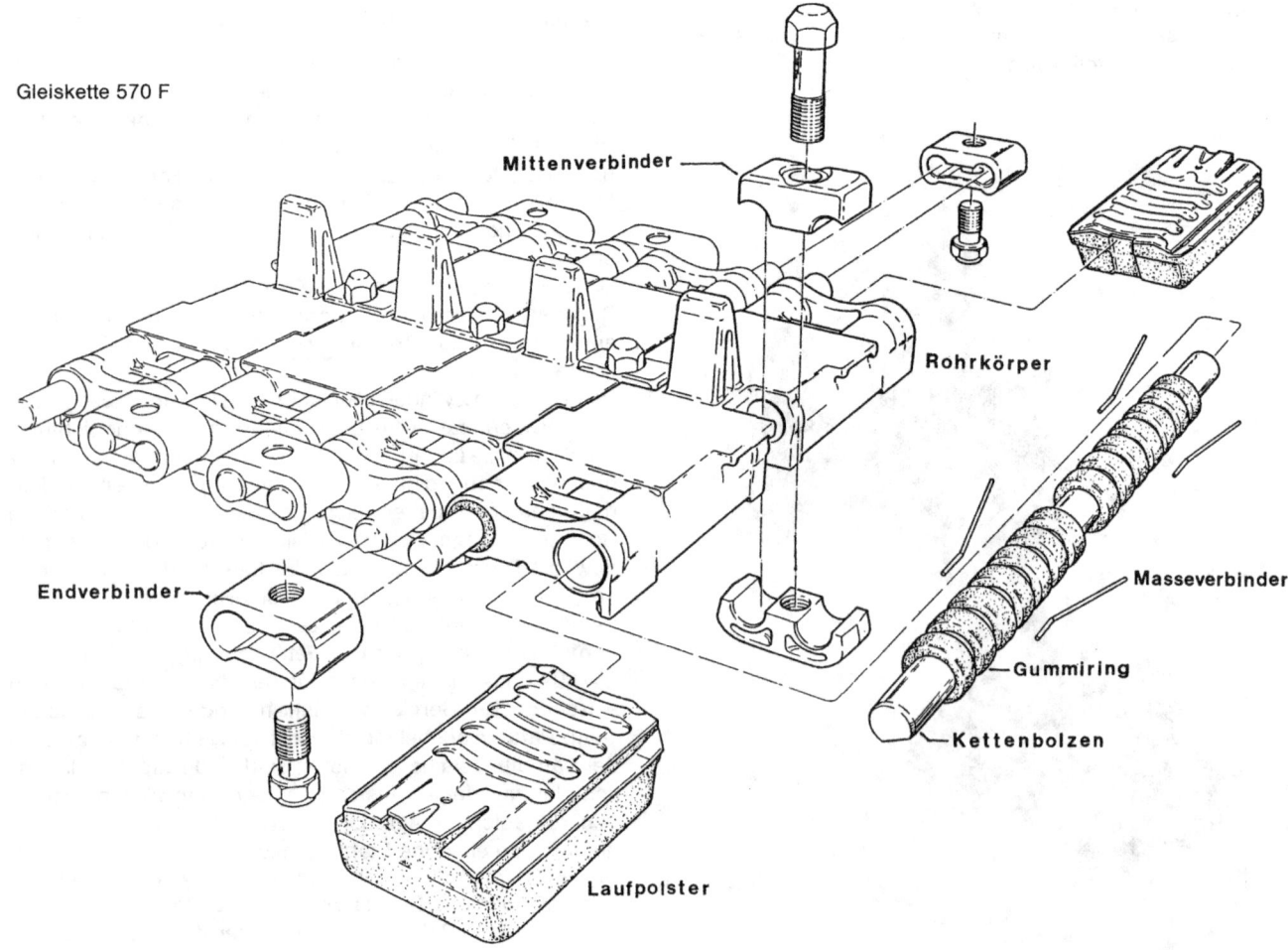

Gleiskette 570 F

Schnee und Eis ersetzt werden. Pro Fahrzeug werden 164 Kettenglieder benötigt. Im Truppeneinsatz beträgt die Lebensdauer, abhängig von den Einsatzbedingungen und dem rechtzeitigen Wechsel der Verschleißteile, 8 000 km und mehr.

5.2.4.3 Beschreibung der Fertigung

○ Die Rohrkörper werden im Croning-Gießverfahren aus Vergütungsstahl hergestellt. Mit diesem Verfahren sind die Maßtoleranzen so einhaltbar, daß eine mechanische Bearbeitung nur der Rohrkörperbohrungen erforderlich ist.

○ Das Ausgangsmaterial für die Herstellung der Kettenbolzen ist gewalzter, geschliffener und vergüteter Rundstahl, dessen Randschicht mit einer Induktivhärtung versehen wird. Die Bolzenenden werden zur formschlüssigen Aufnahme der Endverbinder mit Anflächungen versehen. Aufvulkanisierte Gummiringe dienen der Lagerung des Kettenbolzens im Rohrkörper.

○ End- und Mittenverbindungsteile werden aus Vergütungsstahl durch Schmieden hergestellt und durch Spanen fertigbearbeitet.

○ Die einschiebbaren Laufpolster bestehen aus einem verschleißfesten, dynamisch hoch beanspruchbaren Gummiblock mit einvulkanisierten Grund- und Zwischenblechen.

○ Die zur Gleiskette gehörenden Triebkränze werden aus Schmiede- oder Blechronden hergestellt, die Zahnkonturen ausgebrannt und zur Verbesserung des Verschleißverhaltens mit einer Randschichthärtung versehen.

5.2.4.4 Abschließende Betrachtung

Mit der Gleiskette 570 F steht für den LEOPARD 2 eine Kette zur Verfügung, die folgende wichtige Forderungen erfüllt:
○ Hohe Betriebssicherheit
○ Hohe Lebensdauer
○ Gute Handhabbarkeit
○ Annähernde Wartungsfreiheit
○ Hohe Wirtschaftlichkeit

Neben diesen Kriterien hat die Weiterentwicklung von Gleisketten für den Einsatz auf modernen Kettenfahrzeugen zwei wichtige Ziele:

A) Die Reduzierung des Kettengewichtes zugunsten der Realisierung gewünschter Maßnahmen wie z.B. Erhöhung des Panzerschutzes oder der Feuerkraft;
Zur Verringerung des Kettengewichtes bieten sich folgende Möglichkeiten an:
○ Gestaltoptimierung der Bauteile (z.B. mit Hilfe der rechnerischen und experimentellen Spannungsanalyse),
○ Einsatz alternativer Werkstoffe.

B) Die Verminderung der vom Laufwerk induzierten und in die Fahrzeugstruktur eingeleiteten Schwingungen, die zu Ausfällen oder zu Störungen von Baugruppen mit hochempfindlicher Mechanik, Elektronik oder Optronik führen können;

Die Schwingungen werden hauptsächlich durch das Überrollen der Kettenglieder und den Ketteneinlauf im Triebkranz erzeugt.

Bisher ausgeführte Ketten mit besonderen konstruktiven Merkmalen zu reduzierter Schwingungsanregung ergaben im Test Nachteile in der Handhabbarkeit, der Lebensdauer und den Herstellkosten, so daß es notwendig ist, die Schwingungsbelastung auch durch Beeinflussung der angeregten Teile (z.B. Verstimmung durch Aussteifung von Wannenteilen) bzw. der Übergangsstrecke (z.B. Erhöhung des Isolationsgrades durch elastische Zwischenglieder) zu senken.

Die Reduzierung der Schwingungsbelastung stellt daher ein gemeinsames Ziel dar, welchem besondere Bedeutung zukommt.

5.2.5 Triebwerkblock

5.2.5.1 Einleitung

Hauptkomponenten des LEOPARD 2-Antriebsblockes sind der MTU-Dieselmotor MB 873 Ka-501 mit einer Leistung von 1 100 kW (1 500 PS) und das Renk-Getriebe HSWL 354. Das Antriebskonzept ist im wesentlichen von zwei Entwicklungsschritten geprägt: bilaterale KPz70-Phase und nationale LEOPARD 2-Phase.

5.2.5.2 Die Entwicklung in der KPz70-Phase

Daimler-Benz wurde bei Beginn des KPz70-Programmes aufgefordert, eine Alternative zum amerikanischen Teledyne-Motor AVCR 1 100 zu entwickeln. Dies führte zur Entwicklung des Dieselmotors MB 873 Ka-500. Er hatte mit 165 mm die gleiche Bohrung wie der Motor des KPz LEOPARD 1. Der Kolbenhub wurde gegenüber diesem von 175 mm auf 155 mm verkleinert. Damit wurde eine erwünschte hohe Drehzahl von 2 600/min erreicht. Die Motorleistung von 1 500 PS erforderte zwei Abgasturbolader und Ladeluftkühlung mit Motorkühlmittel. Mit diesen einfachen Mitteln konnte die geforderte Leistung erzielt werden, ohne daß die komplizierten und damit risikoreichen Techniken des amerikanischen Motors, wie z.B. variables Kompressionsverhältnis und zweistufige Aufladung, angewandt wurden. Verglichen mit dem LEOPARD 1-Motor konnte der Querschnitt des MB 873 beträchtlich verringert werden. So stieg die Bauraumleistung von 330 kW/m^3 (600 PS/m^3) auf 670 kW/m^3 (910/m^3), bezogen auf das Motorvolumen einschließlich aller Hilfsgeräte. Bereits 1966 konnte die geforderte Leistung nachgewiesen werden.

Als Getriebe war im KPz70-Programm das neuentworfene Getriebe HSWL 354 von Renk vorgesehen. Dieses Wandlerplanetengetriebe mit vier Vorwärtsgängen und hydrostatischer Überlagerungslenkung konnte optimal auf die Kennlinie des Motors MB 873 abgestimmt werden.

Die ersten Triebwerkblöcke standen bereits 1967 für Versuchsfahrgestelle zur Verfügung. Forderungen bezüglich der Fahrzeugabmessungen führten zu Einschränkungen des zur Verfügung stehenden Einbauraumes für das Triebwerk. Nur durch einen Antriebsblock in weitgehend integrierter Bauweise konnten die vorgegebenen Abmessungen eingehalten werden.

Ein Sicherheitsaspekt dieser Bauweise ist die Anordnung des Luftfilters am Motor, die von dieser Zeit an für alle Triebwerkblockentwicklungen in Deutschland richtungsweisend wurde. Mit einer neuentwickelten Ringkühlanlage konnte die geforderte geringe Bauhöhe eingehalten werden. Im Verlauf der Vergleichserprobung deutscher und amerikanischer Triebwerke kam es zur Auswahl des Daimler-Benz-Motors für die Prototyp-Fahrzeuge der zweiten Generation beider Länder.

5.2.5.3 Experimentalentwicklung

Im Rahmen dieser Entwicklung baute Daimler-Benz zwei 10-Zylindermotoren vom Typ BM 872 Ka-500 mit 810 bis 920 kW (1 100 bis 1 250 PS) auf der Basis der 12-Zylindermotoren MB 873 Ka-500 des KPz70-Programms. Das vom KPz 70 stark abweichende Triebwerkkonzept war mit ZF-Getriebe vom Typ 4 HP 400 sowie einer saugenden Flachkühlanlage über der nach hinten abfallenden Getriebekontur geplant.

5.2.5.4 Die Entwicklung des LEOPARD 2-Triebwerks

Aufgrund der positiven Versuchsergebnisse im KPz70-Programm bestand keine Notwendigkeit, das Grundkonzept des Motors sowie des Triebwerkes zu ändern. Motor- und Triebwerkblockentwicklung wurden von der MTU Friedrichshafen fortgeführt, die 1969 aus der Maybach Mercedes-Benz Motorenbau GmbH entstanden war und danach auch die Aktivitäten der Daimler-Benz AG auf dem Sektor Spezialmotoren für gepanzerte Fahrzeuge übernommen hatte. Der 12-Zylindermotor wurde zunächst überarbeitet, so daß er Teil einer gesamten Motorbaureihe mit 8, 10 und 12 Zylindern wurde.

Ein besonderer Schwerpunkt im nationalen Programm wurde die Beschleunigungsfähigkeit des Fahrzeuges. Mit einer Vergrößerung der Bohrung von 165 mm auf 170 mm und des Hubes von 155 auf 175 mm bei gleicher Leistung und Drehzahl gelang es, die Lastannahmefähigkeit und damit Beschleunigungsfähigkeit des Motors deutlich zu verbessern. Mit dem Verzicht auf die Vielstoff-Fähigkeit des Motors wurde zusätzlicher Optimierungsspielraum gewonnen. Dieser Motor bekam die Typbezeichnung MB 873 Ka-501.

Im Bereich des Triebwerkblockes wurden weitere Verbesserungen aller Komponenten erzielt. So konnte der Abscheidegrad des Luftfilters wesentlich gesteigert werden, ein entscheidender Faktor für die Standfestigkeit eines Panzertriebwerks. Aufgrund aerodynamischer Verbesserungen am Lüfterrad und Optimierung des Kühlernetzes wurde die Effektivität der Ringkühlanlage und damit die Kühlleistung gesteigert. Dies führte zu einem Triebwerkblock, der gegenüber dem LEOPARD 1 im Leistungsgewicht von 8 kg/kW (5,9 kg/PS) auf 4,8 kg/kW (3,5 kg/PS) verbessert werden konnte. Die Leistung je Bauvolumen erhöhte sich von 147 kW/m^3 (200 PS/m^3) auf 272 kW/m^3 (370 PS/m^3).

Der Motor wurde während der Entwicklung intensiv auf Prüfständen erprobt. Dabei wurden mehrere Dauerläufe (NATO-TEST) sowie Qualifikationstests für Schräglauf, Heiß- und Kaltstart, Gegendruckbetrieb sowie Betrieb mit verschiedenen Kraft- und Schmierstoffen durchgeführt. Insgesamt absolvierten die Motoren während der Entwicklung 44 000 Laufstunden. Parallel zur Prüfstandserprobung wurden die Triebwerke im Fahrzeug unter extremen klimatischen Bedingungen auf Fahrzeugprüfständen der Industrie und den Erprobungsstellen der Bundeswehr und in verschiedenen Ländern getestet. Die Gesamtleistung der Fahrzeuge betrug bei der Serieneinführung rund 165 000 km mit Einzellaufleistungen bis zu 16 000 km.

5.2.5.5 Aufbau des LEOPARD 2-Motors

Der Motor MB 873 Ka-501 ist ein 12-Zylinder-Viertaktdieselmotor mit 90° V-Winkel, der im Vorkammerverfahren arbeitet und mit Flüssigkeitsumlaufkühlung ausgerüstet ist. Er hat ein Kurbelgehäuse aus Leichtmetallguß mit einer Trockensumpfschmierung, die in Verbindung mit zwei Saug- und einer Druckölpumpe einen Betrieb des Motors in Schräglage bis zu 35° in Richtung der Kurbelwelle und bis zu 25° quer dazu erlaubt.

Die Zylinderköpfe sind aus Leichtmetallguß und als Einzelköpfe ausgebildet mit jeweils zwei Ein- und Auslaßventilen, einer Vorkammer, Einspritzdüsenhalter und Glühkerze. Im Gegensatz zu den Kolben des LEOPARD 1-Motors sind die Leichtmetallkolben ölgekühlt. Die Ventile werden von zwei hochliegenden Nockenwellen über Rollenstößel, kurze Stoßstangen und Kipphebel betätigt. Die induktiv gehärtete Kurbelwelle ist in sieben dünnwandigen Mehrstofflagern gelagert. Die 3-Ringkolben laufen in nassen, auswechselbaren Büchsen. Jeder Zylinderreihe ist eine Aufladegruppe zugeordnet, bestehend aus Abgas-Turbolader und Ladeluftkühler. Die zweiflutig beaufschlagte Abgasturbine treibt den Verdichter an. Die komprimierte und heiße Luft wird vom im Motorkühlkreislauf integrierten Ladeluftkühler vor Eintritt in den Motor gekühlt. Ein ebenfalls vom Motorkühlkreislauf beaufschlagter Motor-Öl-Wärmetauscher ist innerhalb der Motorgrundkontur angeordnet.

Im V-Raum des Motors wird eine V-Einspritzpumpe in Blockbauweise mit Regler vom Rädertrieb des Motors über einen Spritzversteller angetrieben. In die Motorgrundkontur ist eine Stromerzeugungsanlage mit 20 kW Leistung integriert. Der Generator wird über eine schnellaufende hydrodynamische Kupplung vom Rädertrieb des Motors angetrieben.

5.2.5.6 Aufbau des LEOPARD 2-Triebwerkblockes

Das Antriebssystem des LEOPARD 2 ist als Gesamttriebwerkblock konzipiert. Diese Bauweise ermöglicht den Ein- und Ausbau des Triebwerks unter feldmäßigen Bedingungen innerhalb weniger Minuten, da nur wenige Versorgungsleitungen zum Fahrzeug erforderlich sind, die über selbstdichtende Schnelltrennkupplungen sowie Stecker schnell gelöst bzw. verbunden werden können. Das Triebwerkblockkonzept ermöglicht außerdem Funktionsläufe des Trieb-

LEOPARD 2 Dieselmotor MB 873 Ka-501

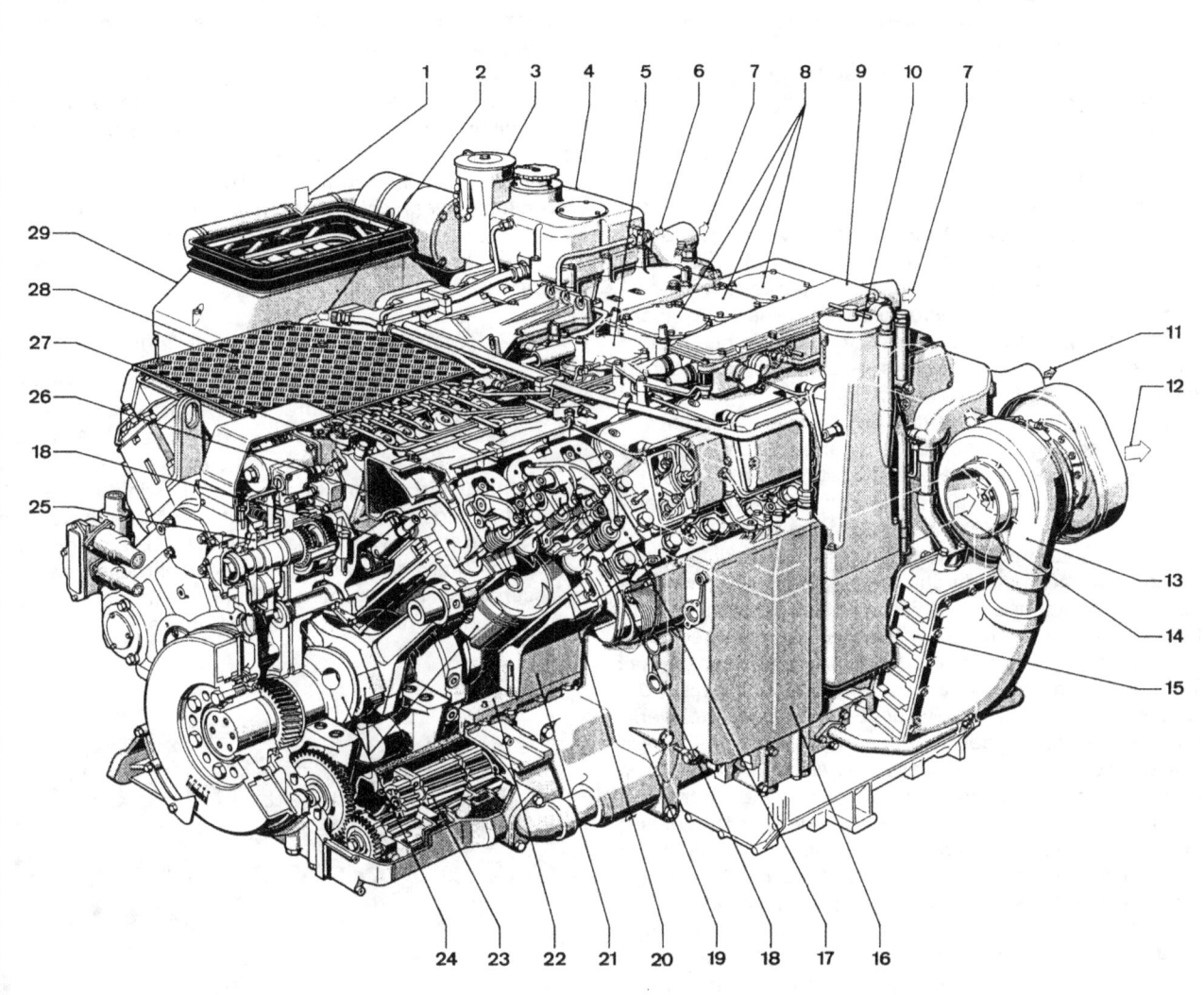

1 Brennlufteintritt in Kombinationsluftfilter
2 Kraftstoff-Rücklauf zum Tank
3 Kühlflüssigkeits-Einfüllstutzen (Hauptkreislauf)
4 Kühlflüssigkeits-Ausgleichbehälter (Vorwärmkreislauf)
5 Kraftstoff-Stufenfilter
6 Kraftstoff-Zulauf vom Ringkühler zum Kraftstoff-Stufenfilter
7 Kühlflüssigkeits-Austritt zu den Ringkühlern
8 Motorenölfilter
9 Motorkontrollanlage (MKA)
10 Motorenöleinfüllstutzen
11 Grobstaubaustritt
12 Abgasaustritt
13 Abgasturbolader
14 Brennlufteintritt in Abgasturbolader
15 Ladeluftkühler
16 Wasser-Wasser-Wärmetauscher
17 Zylinderkopf
18 Motorsteuerung
19 Motorenölbehälter
20 Zylinderlaufbuchse
21 Kurbelgehäuse
22 Kurbelwanne
23 Motorenölpumpen
24 Triebwerk
25 Spritzversteller
26 Ladeluft-Sammelrohr
27 Kraftstoff-Einspritzpumpe
28 Trittschutzblech
29 Kombinationsluftfilter

werks außerhalb der Wanne auf einem Feldprüfstand ohne besondere Maßnahmen. Bei der Konzeption der Peripherie wurde insbesondere auf gute Zugänglichkeit und leichte Wartbarkeit geachtet, um Bedien- und Wartungsfehler weitgehend auszuschließen.

Beide Luftfilteranlagen sind seitlich am Motor angebaut, was eine optimale Luft- und Abgasführung ergibt. Beim Ein- und Ausbau des Triebwerkblocks müssen keine Reinluftführungen angeschlossen bzw. getrennt werden, so daß Sandschäden durch Montagefehler ausgeschlossen sind. Die Rohluft wird in zwei Stufen gereinigt: Im einstufigen Zyklonvorabscheider wird der größte Anteil des angesaugten Staubes mit einem Abscheidegrad von rund 94% abgeschieden und vom Grobstaubgebläse aus dem Triebwerksraum entfernt. Der restliche Staub wird durch leicht auswechselbare Feinfilterrundpatronen, zwei pro Filter, ausgeschieden. Die Grenze der Staubaufnahme wird mit einem Umdruckschalter auf der Reinluftseite überwacht.

Das im Rahmen des LEOPARD 2-Programmes weiterentwickelte Fahrgetriebe HSWL 354 ist über drei Schnellspannpratzen direkt mit dem Motor verflanscht.

Zwei Ringkühler führen die Wärme aus dem Motor und aus dem Getriebe an die Kühlluft ab. Sie sind auf der Getriebeoberseite angeordnet. Die Kühlluft wird über Radialgebläse von oben angesaugt, durch die Ringkühler gedrückt und über ein Abluftgehäuse zum Fahrzeugheck geleitet. Die Lüfter werden über hydrodynamische Kupplungen vom Getriebe angetrieben. Ihr Öldurchfluß wird in Abhängigkeit von der Kühlmitteltemperatur geregelt. Ein kleiner Teil der Kühlerabluft dient gleichzeitig der Belüftung des Triebwerkraumes. Die Wärme des Getriebes wird über zwei jeweils seitlich vom Verbindungsflansch zwischen Motor und Getriebe angeordneten Getriebeölwärmetauscher dem Kühlmittelstrom des Motorkreislaufes zugeführt. Die Zusammenführung des Wärmeanfalls von Motor und Getriebe erlaubt eine optimale Ausnutzung der Kapazität der Kühlanlage unter Berücksichtigung aller Betriebszustände.

Das LEOPARD 2-Triebwerk ist für Tauchbetrieb des Fahrzeugs bis 4 m Wassertiefe ausgelegt. Hierbei wird die Kühlanlage abgeschaltet und während des Tauchens geflutet. Im getauchten Zustand kann der Motor gegen den auf die Abgasklappe wirkenden Wasserdruck gestartet und betrieben werden.

Eine elektronische Steuerung und Überwachungsanlage für das Triebwerk ist auf dem Motor angeordnet. Sie verhindert u.a. durch Begrenzung der Leistung eine Übertemperatur des Kühlmittels und optimiert den Beschleunigungsvorgang. Das Gerät ist zusätzlich für den Anschluß eines externen Prüfgerätes für die Fehlersuche bzw. zum Erfassen von Daten ausgelegt.

5.2.6 Kühlsysteme

5.2.6.1 Einleitung

Im Rahmen der Entwicklung des LEOPARD 2 wurden in bezug auf Bauvolumen und Gewicht der einzelnen Kühlerteile bisher nicht gelöste Forderungen gestellt.

Die Süddeutsche Kühlerfabrik Julius Fr. Behr GmbH verwendete daher nahezu ausschließlich Aluminiumwerkstoffe und Paketbausysteme. Das erlaubte in bezug auf die machbaren Bauformen eine flexible Anpassung an die Fahrzeug- bzw. Motorgegebenheiten.

Dabei wurden z.B. die Strömungsgeschwindigkeit der einzelnen Kühlmedien den maximal zulässigen Grenzen bei Aluminium angenähert und die Bearbeitungstechniken den speziellen Forderungen dieses Fahrzeuges angepaßt, d.h. daß z.B. die Anschlüsse im Bereich der einzelnen Kühler und Wärmetauscher nicht mehr für Schlauchverbindungen ausgebildet sind, die bei dem relativ hohen Druckniveau gefährdet wären. Im einzelnen entwickelten sich daraus folgende Baugruppen:

5.2.6.2 Ringkühler zur Motorwasserkühlung

Aufgrund der relativ hohen Motorleistung dieses Fahrzeuges ergibt sich eine entsprechende Wärmemenge, die an den Wasserkühlern abgeführt werden muß. Die Fahrzeugspezifikation des LEOPARD 2 gestattete nur eine sehr geringe Bauhöhe für die Kühlanlage, die durch die ringförmige Kühlerausführung und praktisch im Kühler integrierte Gebläseanordnung gelöst wurde. Dabei wurde z.B. auch die kühltechnisch maximale Ausnutzung eingearbeitet, wie z.B. wasserseitiger Kreuzgegenstrom und Integrierung der Kurzschlußthermostaten innerhalb des Kühlers.

Ringkühler

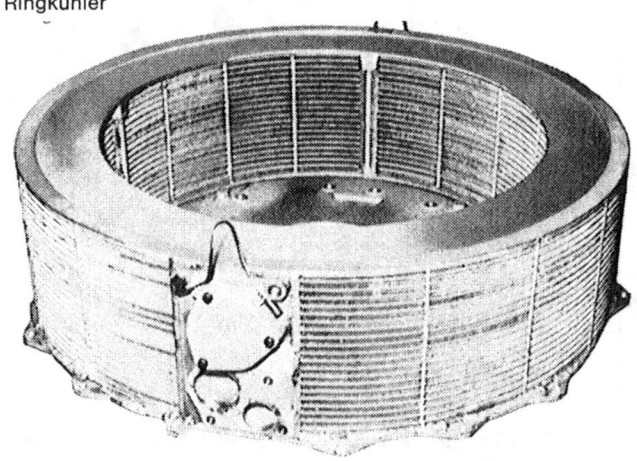

5.2.6.3 Kraftstoffkühler

Bei bestimmten Betriebsbedingungen ergibt sich eine zu hohe Kraftstofftemperatur und damit eine Leistungsreduzierung am Triebwerk. Die Kühlung des Kraftstoffes ist aufgrund des Temperaturniveaus nur über einen Luft/Kraftstoffkühler möglich.

Um ein zusätzliches Gebläse und die damit erforderlichen Luftführungen zu vermeiden, wurde der Kraftstoffkühler innerhalb des Ringkühlers zwischen Gebläse und Lufteintritt am Ringkühler integriert.

5.2.6.4 Getriebeölkühlung

Aufgrund der Raumverhältnisse wurde eine sehr enge Integration aller für den Triebwerkblock relevanten Baugruppen erforderlich, d.h., daß Motor, Getriebe und Kühlanlage in Form eines Triebwerkblockes gestaltet wurden. Motor und Getriebe sind wie üblich zusammengeflanscht, auf dem Getriebe ist die Kühlanlage des Motors aufgebaut, und zwischen Getriebe und Motor wird ein linker bzw. rechter Getriebeölkühler den Bauverhältnissen angepaßt eingesetzt.

5.2.6.5 Ladeluftkühler

Die am Motor angebauten Ladeluftkühler wurden aufgrund von Studien und Messungen verschiedener Systemlösungen ausgewählt. Dabei wurde insbesondere eine möglichst niedrige Ladeluftaustrittstemperatur ohne die Verwirklichung eines komplett abgespalteten zweiten Kühlmittelkreislaufes angestrebt.

5.2.6.6 Motorölkühlung

Aufgrund der typischen Bauform eines Kolbenmotors ergibt sich seitlich vom Kurbelgehäuse ein Bauraum, der zur Kühlung des Motoröles genutzt wurde, d.h. die Ölkühlung erfolgt außerhalb des Motors, wobei zur Erreichung eines möglichst kleinmaßigen Ölkühlers die Einbindung in den Wasserkreislauf direkt nach der Wasserpumpe erfolgte und damit die tiefste Temperatur im Kühlmittelkreislauf ausgenutzt werden konnte.

Außerdem ist damit die volle Kühlmittelmenge am Wärmeaustauscher vorhanden, die nach Motor auf die beiden Ringkühlanlagen aufgespaltet wird. Dabei war zu beachten, daß dadurch das höchste Druckniveau und – was im übrigen für nahezu alle Kühler-Baugruppen gilt – das gesamte Schwingungsspektrum des Motors bzw. Getriebes ansteht und konstruktiv berücksichtigt werden mußte.

5.2.6.7 Über- bzw. Unterdruckventileinrichtung

Das Volumen des Kühlmittels ist aufgrund seiner physikalischen Gesetzmäßigkeit einer Änderung unterworfen, d.h. bei steigender Wassertemperatur vergrößert sich die Füllmenge. Die Volumenänderung wird zur Druckerhöhung im Kreislauf ausgenutzt, d.h., daß die Luft im Expansionsraum komprimiert und ab einem bestimmten Überdruck nach außen abgesteuert wird.

Die Überdruckeinstellung ist zur Vermeidung von Dampfblasen in Kühlsystemen mit einer entsprechenden Höhe erforderlich. Dieser Überdruck steht jedoch statisch über dem gesamten Kühlsystem, so daß bei der Entwicklung der einzelnen Kühler und Wärmeaustauscher zu berücksichtigen war, daß der statische Überdruck des Ventils dem dynamischen Druck durch den Wasserumlauf hinzuzurechnen ist. Mit Abkühlen des Kühlmittelkreislaufes reduziert sich das Kühlmittelvolumen wieder, dabei muß diese Ventileinrichtung ein entsprechend niedrig eingestelltes Unterdruckventil enthalten, welches dafür sorgt, daß der Unterdruck im Kühlmittelkreislauf so gering wie nur möglich gehalten wird.

5.2.6.8 Wasser-Wasser-Wärmeaustauscher

Bei Fahrbetrieb wird über den Wasser-Wasser-Wärmeaustauscher vom Kühlmittelkreislauf die Motorwärme auf den Heizkreislauf übertragen und bei Vorwärmbetrieb in umgekehrter Richtung. Das heißt, auf der Sekundärseite dieses Wärmeaustauschers fließt der Heiz- und Vorwärmkreislauf und auf der Primärseite das Kühlwasser vom Hauptmotor. Mittels der getrennten Kreisläufe kann unter Verwendung eines Umschalthahnes der stehende Motor durch die im Heizkreislauf eingebundene Brennstoffheizung vorgewärmt bzw. das Fahrzeug geheizt werden.

Bei laufendem Motor wird die für die Heizung benötigte Wärme über den Wasser-Wasser-Wärmeaustauscher dem Motorkreislauf entzogen.

5.2.6.9 Heizungen

Der LEOPARD 2 hat eine Heizung im Kampfraum und eine Heizung im Fahrerbereich. Die Heizkörper sind zur Vermeidung von Fremdwerkstoffen im Kühlmittelkreislauf und aus Gründen der kühlmittelseitigen Druckstabilität ebenfalls aus Aluminium, wobei die Heizkörpergehäuse den fahrzeugspezifischen Gegebenheiten angepaßt sind.

Heizkörper im Fahrgestell

5.2.6.10 Regulierventil für die Heizungen

Regulierventile und Betätigungszug gestatten, den Heißwasserstrom zu den Heizungen zu regeln bzw. zu unterbinden, so daß je nach Bedarf die Temperatur im Fahrzeuginneren geregelt werden kann, wobei die Fahrzeugbelüftung durch das Gebläse auch ohne Lufterwärmung möglich ist.

5.2.6.11 Ölkühlung für Waffennachführanlage

Das hier eingesetzte Kühlsystem hat je nach Betriebsfall sehr stark schwankende Öl-Mengenströme zu verarbeiten. Zur Sicherstellung einer großen Standzeit wird die Kühlluft über einen Zyklonfilter geleitet, wobei eine Grobstaubabscheidung dafür sorgt, daß Filter und Kühler wartungsfrei bleiben.

Ölkühler für WNA

5.2.6.12 Zusammenfassung

Durch die spezifischen Leistungsverbesserungen der Kühlsysteme im Laufe der Entwicklung des LEOPARD 2 sowie die Integration dieser Baugruppen am Triebwerk bzw. Getriebe ergab sich eine erhebliche Reduzierung des Bauvolumens und Gewichtes und damit die Möglichkeit, relativ hohe Wärmeübertragungsleistungen auf kleinstem Bauraum zu erreichen.

5.2.7 Filtergeräte

5.2.7.1 Einleitung

Damit das Triebwerk zuverlässig und dauernd hervorragende Leistungen erbringen kann, sind u.a. Schutzmaßnahmen in Form von Filtergeräten nötig, die das Eindringen schädlicher Feststoffe über die Ansaugluft und den Kraftstoff in den Motor verhindern. Daneben muß der Schmierölkreislauf von Verbrennungsrückständen, Alterungsprodukten des Öles und Partikeln ständig gereinigt werden, um Störungen zu vermeiden.

Das Leistungsvermögen solcher Filter – jeder Verbrennungsmotor ist damit ausgerüstet –, beurteilt nach Abscheidungsgrad, Partikelspeichervermögen, mechanischer Standfestigkeit, Raumbedarf und Wartungsfreundlichkeit, ist auf den jeweiligen Anwendungsfall abgestimmt:

Einfache Einsatzbedingungen erfordern geringeren Aufwand; höchste Ansprüche an vorgenannte Filtereigenschaften bedeuten Filterkonstruktionen, in denen der gesamte Kenntnisstand derzeitiger Filtertheorie und Felderfahrung über Jahrzehnte zusammengefaßt sind.

In diese Qualitätsklasse gehören auch die MANN-Filter, die im Kampfpanzer LEOPARD 2 im Einsatz sind: Kombinationsluftfilter, Schmieröl- und Kraftstoffilter und in Motornachbarschaft Filter für Hydraulikkreisläufe.

5.2.7.2 Luftfilter

Eine Sonderstellung innerhalb der genannten Filterbauarten nimmt der Kombinationsluftfilter ein, der die Verbrennungsluft vom Staub befreit. Die Sonderstellung deswegen, weil die Staubkonzentration in der Ansaugluft von Kettenfahrzeugen im Gelände extrem hohe Werte bis zu 1 g/m^3 erreichen kann. Das bedeutet, daß die Luftfilter während eines für die Praxis als notwendig anzusehenden zusammenhängenden Zeitraums Staubmengen bis zu 40 kg zu bewältigen haben.

Die im vorgegebenen Bauraum untergebrachten Trockenluftfiltereinsätze mit kunstharzimprägnierten Filterpapieren, die alle Staubpartikel oberhalb der Größe 3 μm nahezu quantitativ abscheiden, können derartige Staubmengen ohne unzulässig hohe Durchflußwiderstände nicht aufnehmen. Es sind darum den Filtereinsätzen Blöcke aus parallel geschalteten Zyklonzellen kleiner Durchmesser vorgeschaltet, die bis zu 95% des anfallenden Staubes vor-

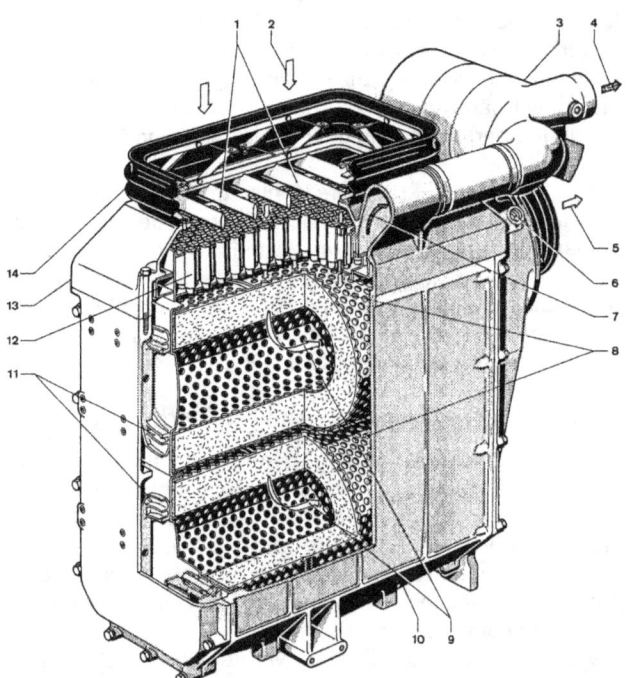

Kombinationsluftfilter
1 Trittschutz
2 Brennlufteintritt
3 Grobstaubabsauggebläse
4 Grobstaubaustritt
5 Reinluftaustritt
6 Anschluß für Unterdruckschalter
7 Grobstaubabsaugung
8 Feinfiltereinsätze
9 Reinluftseite
10 Filtergehäuseunterteil
11 Spannvorrichtung für Feinfiltereinsätze
12 Zykloneinsatz
13 Luftfilteroberteil
14 Gummibalg

abscheiden. Dieser Staub wird durch eigens dafür konstruierte Gebläse wieder ins Freie ausgestoßen.
Filtereinsätze und Zyklonbatterien sind in der Aufteilung des Bauraumes und des Durchflußwiderstandes so aufeinander abgestimmt, daß ein Maximum an Staub ausgestoßen werden kann.
Die Filterentwicklungen wurden in enger Zusammenarbeit mit dem Motorenhersteller betrieben. Auf diese Weise wurde erreicht, daß neben der eigentlichen Filtertechnik auch in der Bauraumnutzung, der Strömungsführung und in der Zugänglichkeit der Filter bei Wartungsarbeiten optimale Verhältnisse vorliegen.

5.2.7.3 Schmierölfilter

Der Filtereinsatz für den Schmierölkreislauf ist eine sterngefaltete Filterpapierpatrone mit einer mittleren Filterfeinheit von ca. 12 µm. Durch den Kreislaufbetrieb werden praktisch alle Partikel oberhalb 3 bis 5 µm entfernt, wodurch ein ausgezeichneter Verschleißschutz der Lager- und Engstellen im Motor gegeben ist. Neben der Abscheideleistung für Feststoffe sind an die Schmierölfilter hohe Anforderungen in der Temperaturbeständigkeit gestellt, die durch spezielle Kunstharzimprägnierungen des Filterpapiers erzielt werden.

5.2.7.4 Hydraulikfilter

Die Hydraulikkreisläufe sind ausgerüstet mit Rücklauffiltern mittlerer Feinheit und Hochdruckfiltern mit absoluten Filterfeinheiten von 3 µm. Diese Filter sind differenzdruckbeständig bis zu 180 bar. Damit ist die erforderliche Sauberkeit und Sicherheit für Pumpen und Ventile gegeben.

5.2.7.5 Kraftstoffilter

Der Kraftstoff wird gereinigt durch eine in Serie geschaltete Filterkombination, bestehend aus Kunstfaserfilz in der ersten und einer feinen Filterpapierpatrone in der zweiten Stufe. Die erzielten mittleren Filterfeinheiten liegen bei 3 bis 5 µm.

5.2.8 Getriebe

5.2.8.1 Einleitung

Für den KPz LEOPARD 2 wurde das im Rahmen der deutsch-amerikanischen Entwicklung KPz 70 konzipierte Triebwerk, bestehend aus dem 12-Zyl. Dieselmotor MB 873 KA 500 und dem **H**ydromechanischen **S**chalt-, **W**ende- und **L**enkgetriebe HSWL 354 der Zahnräderfabrik RENK AG in Augsburg übernommen.
Mit der Entwicklung des Getriebes Typ HSWL 354 ist Mitte der 60er Jahre begonnen worden.
Im Rahmen dieser Entwicklung wurden mehrere für moderne Kettenfahrzeuggetriebe international richtungsweisende Neuerungen von RENK entwickelt und eingeführt, unter anderem z.B.

○ das stufenlos drehzahlsteuerbare, für hohe Lenkleistungen geeignete, hydrostatisch-hydrodynamische Überlagerungsgetriebe,
○ das elektronisch gesteuerte, vollautomatische hydromechanische Lastschaltwendegetriebe für den Fahrantrieb,
○ das nahezu verschleißlos und sicher arbeitende hydrodynamisch-mechanische Kombinationsbremssystem mit Hochleistungs-Sekundärretarder.

Für den Einsatz des Getriebes HSWL 354 im KPz LEOPARD 2 ist Anfang der 70er Jahre eine sog. Anpassungsentwicklung durchgeführt worden, als deren Ergebnis Volumen und Gewicht des Getriebes reduziert werden konnten, ohne daß Funktionssicherheit und Dauerhaltbarkeit gemindert wurden.
Die nach diesem Entwicklungsstand produzierten Prototypgetriebe wurden auf Prüfständen und in Fahrzeugen einer harten Funktions- und Dauererprobung mit erfolgreichem Abschluß unterzogen.
In der darauf folgenden Entwicklungsphase LEOPARD 2 AV waren aufgrund des bereits erreichten technischen Standes am Getriebe nur noch Anpassungsarbeiten infolge des erhöhten Fahrzeuggewichtes und für den Einsatz des hubraumgesteigerten Motors MB 837 KA 501 erforderlich. Erkenntnisse aus der mit den Fahrzeugen LEOPARD 2-AV durchgeführten technischen Erprobung, der Vergleichserprobung in USA und der Truppenerprobung wurden im Rahmen der Serienreifmachung der Fertigungsunterlagen berücksichtigt und verwertet.

5.2.8.2 Aufbau

Das **H**ydromechanische **S**chalt-, **W**ende- und **L**enkgetriebe HSWL 354 für den Antrieb des KPz LEOPARD 2 ist für eine Motor-Bruttoleistung von 1 100 kW ausgelegt. Die Getriebebaugruppen Fahrantrieb, Lenkantrieb, Bremsanlage und Hilfsantriebe sind in einem gemeinsamen Leichtmetallgehäuse angeordnet. Motor und Getriebe sind zu einem Triebwerkblock verbunden und über elastische Elemente im Fahrzeug gelagert. Die beiden Getriebeabtriebswellen liegen quer zum Motor.
Siehe hierzu auch Getriebe-Schemabild.
Im Schemabild sind die Hauptbaugruppen farbig angelegt, und zwar:
der Fahrantrieb rot,
der Lenkantrieb grün,
die Bremsanlage gelb,
die Hilfsantriebe blau.

5.2.8.2.1 Fahrantrieb

Für den Fahrantrieb ist das Getriebe mit einem hydrodynamisch-mechanischen 4-Gang-Lastschaltgetriebe mit Wendestufe ausgerüstet. Der hydrodynamische Drehmomentwandler mit Pumpenrad, 2-stufigem Turbinenrad und auf Freilauf abgestütztem Leitrad ist auf der Getriebe-Eingangswelle angeordnet und hat eine druckölbetätigte Wandler-Überbrückungskupplung. Das Schaltgetriebe ist als Planetengetriebe, die Wendestufe als Kegelradgetriebe mit je einem Planetenradsatz ausgeführt. Schaltvorgänge im Schalt- und Wendegetriebe erfolgen über öldruckbetätigte Lamellenkupplungen bzw. Lamellenschaltbremsen.

Getriebe HSWL 354

ANSICHT VON VORNE RECHTS

1 Kühlwassereintritt
2 Notschalthebel
3 Bremshebel
4 Lenkhebel
5 Einbausteckdose
6 Anschluß für Ölmeßstab und Öleinfüllstutzen
7 Speicher I
8 Getriebeöl-Wärmetauscher links
9 Antrieb
10 Zentrierflansch
11 Kühlwasseraustritt
12 Getriebe-Wärmetauscher rechts
13 Speicher II

5.2.8.2.2 Lenkantrieb

Für die Lenkung des Fahrzeuges besitzt das Getriebe HSWL 354 ein stufenlos steuerbares, hydrostatisch-hydrodynamisches Überlagerungslenkgetriebe.
Die Gesamtlenkleistung wird teilweise vom hydrostatischen und teilweise vom hydrodynamischen Antriebszweig auf die inneren Sonnenräder der beiden abtriebsseitig angeordneten Lenksummierungsdifferentiale mit jeweils entgegengesetzter Drehrichtung übertragen. Die vom Lenkrad über mechanische Gestänge auf das Getriebe wirkende Lenkbetätigungseinrichtung wird durch einen Servokolben unterstützt und ist somit im gesamten Betriebsbereich leicht bedienbar. Das angewandte Lenksystem ermöglicht die stufenlose Steuerung der Kettengeschwindigkeiten für die Kurvenfahrt und das Drehen des Fahrzeugs um den Fahrzeugmittelpunkt.

5.2.8.2.3 Getriebe-Bremsanlage

Die Getriebe-Bremsanlage dient als Betriebsbremse (Fußbremse). Zusätzlich ist im Fahrzeug eine Hilfs- und Feststellbremse angeordnet (Handbremse).
Die Getriebe-Bremsanlage ist eine kombinierte hydrodynamisch-mechanische Bremse und besteht im wesentlichen aus einer Hochleistungs-Strömungsbremse (Retarder) und zwei mechanischen Reibungsbremsen. Die Strömungsbremse ist auf der Schaltgetriebe-Abtriebswelle angeordnet und wirkt damit auf beide Abtriebe in gleicher Weise. Der mechanische Teil der Bremsanlage besteht aus 2 ölgekühlten Einscheiben-Trockenbremsen, die an den beiden Getriebe-Abtriebswellen gut zugänglich angeordnet sind und zur Unterstützung der Strömungsbremse beim Fahrbetrieb, insbesondere bei niedrigen Fahrgeschwindigkeiten, dienen.
Die hydrodynamisch-mechanische Getriebebremse wird über das Bremspedal durch die Bremshydraulik automatisch so gesteuert, daß im oberen Geschwindigkeitsbereich nur die hydrodynamische Strömungsbremse wirksam ist und im unteren Geschwindigkeitsbereich die Reibungsbremse selbsttätig zusätzlich in dem Maße gesteigert wird, wie das Bremsmoment der Strömungsbremse aufgrund des Drehzahlabfalls abnimmt. Dadurch bleibt über den gesamten Fahrbereich das jeweils vom Fahrer vorgegebene Bremsmoment konstant.
Die Strömungsbremse übernimmt somit den größten Teil der erforderlichen Bremsleistung und entlastet die Reibungsbremse weitgehend.
Bei diesem Bremssystem wurde erstmals eine Strömungsbremse als echte Betriebsbremse – nicht nur als Dauerbremse für Gefällefahrten – eingesetzt und damit eine wesentliche Steigerung von Dauerhaltbarkeit und Dauerbremsfähigkeit bei Gefällefahrten erreicht.

5.2.8.2.4 Hilfsantriebe und Zubehör

Das Getriebe enthält außer den vorgenannten Hauptbaugruppen auch Hilfsantriebe für den Antrieb der Kühlgebläse für die Triebwerkkühlanlage, für den Antrieb der Ölpumpen für die Druckölversorgung aller Getriebebaugruppen sowie Antriebe für Tachogeneratoren zur Messung von Drehzahlen und Fahrgeschwindigkeiten. Ferner sind am Getriebe zur Reinigung und Kühlung des Getriebeöls entsprechende Ölfilter und Wärmetauscher angebaut. Das Getriebegehäuse ist öldicht ausgeführt und dient gleichzeitig als Ölbehälter für das Getriebeöl. Alle erforderlichen hydraulischen Schalt- und Steuerelemente sind in das Getriebe integriert. Das angewandte sog. sumpflose Ölkreislauf- und Schmiersystem gewährleistet den funktionssicheren Betrieb bei den geforderten Schräglagen des Fahrzeugs.

5.2.8.2.5 Getriebe-Bedienelemente

Das Getriebe wird über eine elektrische Fernschaltung mit elektronischem Steuergerät bedient und kann mit dem Gangwahlschalter manuell oder automatisch geschaltet werden. Zur Steuerung des Getriebes sind am Gangwahlschalter folgende Betätigungsorgane vorhanden:
Gangwahlhebel mit den Schaltstellungen
1, 2, 3, A (1. Gang, 2. Gang, 3. Gang, Automatik)
Fahrtrichtungshebel mit den Schaltstellungen
N, V, R, W (Neutral, Vorwärts, Rückwärts, Wenden)
Entriegelungsknopf
Der Gangwahlhebel dient zur Wahl der Gangstufen von Hand und kann beliebig geschaltet werden. Eventuell falsch gegebene Befehle (z.B. Rückschaltung bei zu hoher Geschwindigkeit), die Schäden am Triebwerk zur Folge hätten, werden

von der Elektronik nicht an das Getriebe weitergegeben.
Der Fahrtrichtungshebel dient zur Wahl von Fahrtrichtung, Neutralstellung und der Wendestellung. Der Hebel ist gegen unbeabsichtigtes Schalten und falsche Bedienung durch mechanische Sperren gesichert. Gegen unbeabsichtigtes Einschalten ist der Fahrtrichtungshebel außerdem in der Neutralstellung verriegelt. Durch Druck auf den Entriegelungsknopf wird die Verriegelung aufgehoben.

Das getrennt im Fahrzeug eingebaute elektronische Steuergerät des Getriebes erhält die Steuerbefehle des Gangwahlschalters und Meßwerte aus dem Getriebe und leitet die entsprechenden Signale an die elektro-hydraulische Steuerung im Getriebe weiter.

Dieses Gerät dient außerdem der Überwachung der gesamten Getriebeanlage bezüglich Öldruck- und Öltemperatur, Sicherheitsschaltungen gegen Fehlbedienung und Störungen im elektrischen System.

Bei Stromausfall im Fahrzeug ist das Getriebe über eine eingebaute mechanische Notschalteinrichtung bedienbar, mit der ein eingeschränkter Fahrbetrieb möglich ist.

5.2.8.2.6 Leistungsfähigkeit

Das Getriebe HSWL 354 im KPz LEOPARD 2 ist abgestimmt auf

die installierte Motorleistung von	1100 kW
bei einer Antriebsdrehzahl von	2600 U/min
und für ein Fahrzeuggewicht von ca.	55 t
bei einer max. Fahrgeschwindigkeit von ca.	68 km/h.

Das Getriebe verfügt in seinen Hauptbaugruppen noch über ein Leistungssteigerungspotential, welches durch geringfügige Änderungen nutzbar gemacht werden kann.

5.2.9 Seitenvorgelege

5.2.9.1 Einleitung

Das Seitenvorgelege P 25 000 dient zur Übersetzung der Getriebeabtriebsdrehzahlen, zur Steigerung der Getriebeabtriebsmomente sowie zur Aufnahme der Feststellbremse. Bei der Entwicklung dieses Getriebes durch die Zahnradfabrik Friedrichshafen wurde besonders auf die einfache Wartung in niederen Erhaltungsstufen geachtet.

Das Seitenvorgelege ist ein Planetengetriebe, welches in einem Gehäuse gelagert ist und von außen links und rechts koaxial zu den Getriebeabtrieben an die Fahrzeugwanne angeschraubt wird.

5.2.9.2 Aufbau

Das vom Schalt- und Lenkgetriebe abgegebene Drehmoment wird über eine Bogen-Zahnkupplung auf die Sonnenradwelle des Seitenvorgeleges übertragen, die das Drehmoment auf die Planetenräder verteilt.

Die Planetenräder stützen sich in dem feststehenden Hohlrad ab und leiten das Drehmoment, welches um die Übersetzung des Planetentriebes gesteigert wird, auf den Planetenradträger und über die Abtriebswelle auf die Triebradtrommel.

Die Verbindung zwischen Getriebeabtrieb und Seitenvorgelegeantrieb ist so gestaltet, daß sie von außen her schnell vom Getriebe getrennt werden kann und mögliche statischen und dynamischen Achsenversatz zwischen Schaltgetriebeabtrieb und Seitenvorgelegeantrieb ausgleicht.

5.2.9.3 Beschreibung der Baugruppen

Der Aufbau des Seitenvorgeleges ist unten dargestellt.

Seitenvorgelege

Seitenvorgelege-Schnitt

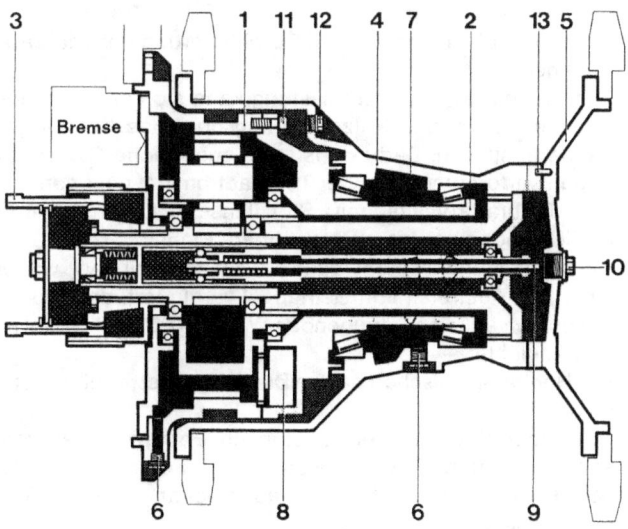

5.2.9.4 Bogenzahn-Kupplung

Zur Übertragung der Drehzahlen und Drehmomente sind die Getriebeabtriebs- und Seitenvorgelegeantriebsflansche mit einer Bogenverzahnung ausgerüstet.

Die Bogenverzahnung der Flansche greift in die Innenverzahnung der Schiebemuffe (1), welche hierdurch die Verbindung zwischen dem Getriebeabtrieb und dem Seitenvorgelegeantrieb herstellt.

5.2.9.5 Übersetzungsstufe

Die Übersetzungsstufe in Planetenbauweise (i = 4,67) hat ein feststehendes Hohlrad (2), welches als tragendes Gehäuseteil ausgebildet ist und direkt mit der Wanne verschraubt wird. Das Hohlrad nimmt das Reaktionsmoment der 4 Planetenräder auf.

Das vom Schalt- und Lenkgetriebe über die Sonnenradwelle eingeleitete Drehmoment wird um das 4,67fache gesteigert. Die Drehmomentübertragung erfolgt vom Planetenradträger über die Hohlwelle (13) mit Mitnahmeverzahnung (12) direkt auf die Triebradtrommel (5).

Die Sonnenradwelle, die Planetenräder und der Planetenradträger sind wälzgelagert. Hierdurch wird, in Verbindung mit einer auf hohe Belastung ausgelegten Laufverzahnung, ein optimaler Wirkungsgrad an Übertragung und ein Minimum an Verlustwärme erreicht.

Das Seitenvorgelege ist so konstruiert, daß durch Kettenzugkräfte oder Verformungen der Fahrzeugwanne keine Biegemomente in den Planetenradträger eingeleitet werden können.

5.2.9.6 Triebradtrommellagerung

Am Hohlradgehäuse (2) ist der Stützflansch (6) zentriert und angeschraubt. Auf diesem ist mit einer breiten Lagerbasis, über Kegelrollenlager, die Triebradtrommel (5) gelagert. Kettenzug sowie Stoß- und Spitzenbelastungen im Fahrbetrieb werden über den Stützflansch und das Hohlradgehäuse auf die Wanne übertragen.

Extreme Stöße bewirken eine Durchfederung der Triebradtrommel.

Zum Schutz gegen Überbelastung kann sich die Triebradtrommel durch eine Notzentrierung über das Hohlradgehäuse abstützen. Dadurch ist eine zusätzliche Sicherheit gegen Verformungen an der Triebradtrommel gegeben.

Die Triebradtrommel mit Stützflansch, Lagerung und Abdichtungen ist eine austauschbare Einheit.

Die Abdichtung besteht aus 2 Wellendichtringen, wobei einer das Austreten von Getriebeöl verhindert, der andere gegen von außen eindringendes Wasser (z.B. beim Tiefwaten) abdichtet.

Der Hohlraum zwischen beiden Dichtringen ist mit einer Fettfüllung versehen.

Die Triebradtrommeleinheit ist nach Entfernen der Verschlußschraube (4) und Lösen der danach zugänglichen Stützflanschverschraubung (3) auch bei angebautem Seitenvorgelege austauschbar.

5.2.9.7 Triebradtrommel und Triebradring

Die Triebradtrommel (5) dient zur Aufnahme des inneren Triebradzahnkranzes sowie zur Befestigung des Triebradringes (8) mit äußerem Triebradzahnkranz. Die durch Fahrtwind, Regen usw. gekühlte Triebradtrommel wird im Bereich der Trommellagerung zur Ölkühlung ausgenutzt.

Die Drehmomentübertragung zwischen Triebradtrommel und Triebradring erfolgt über die Stirnverzahnung (11).

Die Triebradzahnkränze können nach Entfernen des Triebradringes problemlos ausgewechselt werden.

5.2.10 Hilfs- und Feststellbremse

5.2.10.1 Einleitung

Die Fa. Alfred Teves GmbH wurde von Beginn als Bremsen- und Hydrauliklieferant in die Entwicklung eingeschaltet.

Die mechanische Reibungsbremse war zunächst nur als Feststellbremse ausgelegt, da der Triebwerkblock mit den Betriebs- und Hilfsbremsen komplett aus der Entwicklung des KPz 70 übernommen wurde.

Der Aufbau der Bremsanlagen wurde nach dem Baukastensystem vorgenommen, wobei die hydraulische Betätigung in Anlehnung an die Bremsanlagen des SpähPz (8x8) und TPz (6x6) weiterentwickelt wurde.

Mit der Bremsanlage müssen die Bestimmungen der StVZO sowie die Bestimmungen des ECE-Reglements bzw. die Richtlinien des Rates der europäischen Gemeinschaft vom 26. Juli 1971 erfüllt werden.

Die üblichen Forderungen, mittlere Verzögerungen von 5 m/s² sowie Halten am 60%-Hang, stellten hohe Anforderungen an die in der mechan. Bremse verwendeten Materialien, besonders an die Reibpaarung/Reibungsbelag/Bremsscheibe.

Bei der Erfüllung aller gesetzlichen Bestimmungen darf die mechan. Bremse thermisch nicht überlastet werden.

Hilfs- und Feststellbremse

5.2.10.2 Funktion der Hilfs- und Feststellbremsanlage

a) Das hydraulische Versorgungsaggregat, bestehend aus Ölvorratsbehälter und elektrisch angetriebener Hydraulikpumpe, versorgt den Hydrauliksteuerblock und damit

das Hilfs- und Feststellbremssystem mit Betriebsmedium und Druck.
b) Der Hydrauliksteuerblock mit angebautem Hydrospeicher stellt dem Bremssystem im Druckbereich von 160–130 bar Drucköl zur Verfügung.
c) Das Handbremsventil, vom Fahrer betätigt, dient zum Betätigen der Hilfs- und Feststellbremse: Bremse einlegen und Bremse lösen. Zur Erfüllung der Hilfsbremsfunktion ist das Handbremsventil dosierbar, damit die mechanische Reibungsbremse nicht schlagartig einfällt.
d) Betätigungszylinder (Federspeicher). Der Federspeicher ist, wie der Name ausdrückt, mit einer Feder ausgerüstet. Die Federkraft wirkt über die Hubstange und den fahrzeugseitig angeordneten Umlenkhebel auf die Zustelleinrichtung der mechan. Bremse. Die Federkraft ist so ausgelegt, daß mit ausreichender Sicherheit die Betätigungskraft und die Forderung nach Halten am 60%-Hang erfüllt werden.
Das Lösen der Bremse erfolgt dergestalt, daß die Feder über einen Kolben mittels hydraulischem Druck gespannt wird. Das Lösen der mechan. Bremse erfolgt über eingebaute Rückzugsfedern selbsttätig.
e) Mechanische Bremse
Die mechanische Bremse ist eine Vollscheibenbremse. Sie ist direkt am Endantrieb (Seitenvorgelege) fest montiert. Die Bremsscheibe ist schwimmend auf der Seitenvorgelegewelle gelagert. Beim Bremsvorgang wirken von beiden Seiten Bremsbelagsegmente auf die Bremsscheibe und erzielen in Abhängigkeit von der Betätigungskraft die geforderte Abbremsung des Fahrzeuges.

5.2.11 Fahrgestellhydraulik

5.2.11.1 Einleitung

Für die Fahrgestellhydraulik des Kampfpanzers LEOPARD 2 hat die Fa. FAG Erzeugnisbereich Bremshydraulik die Feststellbremshydraulik, die Tauchhydraulik und die Lüfterhydraulik mitentwickelt.

5.2.11.2 Feststellbremshydraulik

Mit zwei Scheibenbremsen, die im Fahrzeugmotorraum an jeder Seite des Endabtriebs sitzen, wird das Fahrzeug im Stillstand gehalten – und das auch am bis zu 60 Prozent steilen Hang. Die Betätigungskraft für die Feststellbremsen von je 26 Kilonewton wird pro Bremse von einem FAG Federspeicher erzeugt, (alternativ zum Teves-Federspeicher).
Für den Fall, daß die Hauptkreishydraulik unwirksam ist, kann die Feststellbremse über einen zweiten Hydraulikkreis durch die Notlösehandpumpe gelüftet werden. Die FAG Notlösepumpe ist eine doppelt wirkende Handpumpe mit einer Fördermenge von 5 ccm pro Doppelhub. Sie ist im Mannschaftsraum angeordnet und trägt ein Manometer sowie ein kombiniertes Druckbegrenzungs- und Ablaßventil. Der Kunststofföltank ist über einen Verbindungsschlauch angeschlossen.

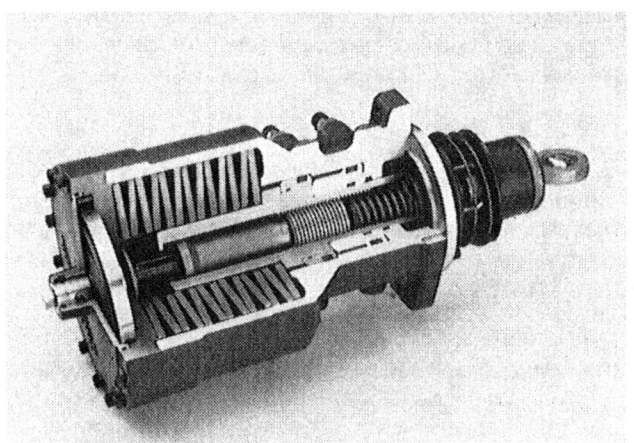

Federspeicher

5.2.11.3 Tauchhydraulik

Die »Kommandozentrale« dieser Baugruppe ist der FAG Steuerblock-Tauchhydraulik. Er enthält ein mechanisch und drei elektromagnetisch zu betätigende 3/2-Wegesitzventile sowie entsprechende Warnschalter. Das platzsparende, leichte Gerät sitzt im Mannschaftsraum. Es ist über einen verblockten zentralen Kabelbaum mit der Fahrzeugelektrik verbunden.
Die meisten Betätigungszylinder für die Klappenbetätigung beim Tauchvorgang werden ebenfalls von FAG geliefert. Unter den vier verschiedenen Ausführungen von Druck- und Zugzylindern sind FAG Standardzylinder ebenso wie neuentwickelte Vollaluminiumzylinder, die auch noch bei +140 °C Umgebungstemperatur und 170 bar Betriebsdruck zuverlässig arbeiten.

5.2.11.4 Lüfterhydraulik

Zur Regelung der Kühlwassertemperatur sitzt in der Triebwerkgruppe zwischen Dieselmotor und Getriebe ein leichter, äußerst gedrängt gebauter Steuerblock, der FAG Lüfterregler. Er ist für Umgebungstemperaturen bis 160 °C ausgelegt und bewirkt durch eine Füllungsregulierung der beiden Lüfterkupplungen drei unterschiedliche Lüfterstufen.

5.2.12 Winkelspiegel

5.2.12.1 Einleitung

Winkelspiegel dienen dazu, der Besatzung eines Panzers auch bei geschlossenen Luken eine möglichst vollständige und schnelle Rundumsicht bei einem indirekten Sehen von 1:1 zu ermöglichen. Gleichzeitig gewähren sie einen höchstmöglichen Schutz gegen Treffereinwirkung bei der Beobachtung. Daher sind sie eine wichtige Baugruppe eines Kampfpanzers, denn sie ermöglichen dem Kommandanten das sichere Führen des Fahrzeuges im Gefecht und bieten dem Fahrer die für seine Aufgabe erforderlichen Sichtverhältnisse.

Nach dem Zweiten Weltkrieg kam im Zusammenhang mit der Entwicklung des KPz LEOPARD 1 eine neue Generation von Winkelspiegeln auf den Markt.

5.2.12.2 Aufbau

Als geeignetes Kernmaterial für die Optik erwies sich schlieren- und blasenfrei gegossenes Acrylglas. Da der Ein- und Ausblick für den Gebrauch im Panzer aber nicht genügend kratzfest war, mußte man hierfür auf Naturglas zurückgreifen, das mit dem Acrylglas verklebt wurde.

Für den KPz LEOPARD 2 waren zusätzliche Forderungen zu erfüllen:

Als erstes ein optimales Sehfeld und Beschußfestigkeit – bei direktem Treffer des Oberteiles durch 2-cm-Geschosse dürfen keine vom Einblick abfallende Splitter das Auge des Beobachters gefährden. Außerdem mußte das Material feuer- und ABC-beständig sein. Ferner wurde ein beheizbarer Ein- und Ausblick gefordert, um Beschlagen oder Vereisen der Scheiben im Winter zu vermeiden.

Aufgrund der sehr begrenzten Platzverhältnisse in der Kommandantenkuppel wurden die Winkelspiegel dem Verlauf des Sehstrahles entsprechend im Grundriß trapezförmig gestaltet. Dadurch konnten die Geräte selbst erheblich vergrößert und unter Berücksichtigung des Platzes für die Halterung so dicht zusammengesetzt werden, daß mit 7 Winkelspiegeln eine Rundumsicht von 360° möglich wurde. Das Sehfeld beträgt bei 40 mm Augenabstand seitlich 50° bei bewegtem Auge und 63° bei seitlich bewegtem Kopf. Im vertikalen Bereich liegt es in beiden Fällen bei 15°.

Bei einer Entfernung von ca. 1,10 m wird bereits eine Überschneidung der einzelnen Sehfelder bei bewegtem Auge erreicht.

Für den Fahrer wurden drei Winkelspiegel vorgesehen. Ein Gerät ist mit Sicht direkt in Fahrtrichtung eingebaut, die beiden anderen seitlich rechts und links davon so abgewinkelt, daß ein möglichst großes, ununterbrochenes Sehfeld von fast 180° entsteht.

Damit Fahrer und Kommandant möglichst dicht vor bzw. letzterer auch dicht neben dem Panzer sehen können, wurden die Geräte um 5° nach vorn geneigt. Damit erreichte man gleichzeitig eine Verringerung der Spiegelung des Winkelspiegels bei entsprechend einfallenden Lichtstrahlen, z.B. Sonnenstrahlen, durch Reflexion. Durch eine solche Spiegelung kann unter Umständen der Standort des Fahrzeuges durch den Gegner leicht ausgemacht werden.

Für den Laserschutz kam der bereits bekannte Absorptionsfilter vom Fla-Panzer GEPARD zur Anwendung.

Als größtes Problem erwies sich die Forderung nach der Beschußfestigkeit bei Treffern mit 2-cm-Geschossen.

Durch einen Spezialaufbau der unteren Einblickscheibe wurde erreicht, daß bei Treffern des Winkelspiegel-Oberteils das Auge des Beobachters nicht durch Splitterabfall gefährdet ist.

Um ein Herausfallen des Winkelspiegels aus der Halterung bei auftreffenden Geschossen zu verhindern, wurden die seitlich am Gehäuse angebrachten Nocken für die Halterung durch eingespritzte Feingußteile verstärkt. Damit konnte die geforderte mechanische Festigkeit erreicht werden.

Die Nichtbrennbarkeit wurde durch Auswahl eines glasfaserverstärkten ABS-Materials für das Kunststoffgehäuse erreicht, wodurch man gleichzeitig die Forderung nach ABC-Beständigkeit erfüllte.

Um auch dem Richtschützen ein Sehen von 1 : 1 wenigstens in Zielrichtung zu ermöglichen, erhielt dieser einen Spezialwinkelspiegel. Er fällt durch seine besonders große optische Länge von 512 mm auf. Bei 200 mm Augenabstand hat er ein Sehfeld von 13° horizontal und 7° vertikal. Er ist ebenfalls mit einem Laserfilter ausgerüstet. Zur Vermeidung der Spiegelung wurde der Ausblick im Gerät um 5° nach unten geneigt. Dieser Winkelspiegel erhielt die Bezeichnung WISP 12 A 1.

5.2.13 Passives Fahrer-Nachtsichtgerät

5.2.13.1 Einleitung

Bei der Entwicklung des passiven Fahrgerätes (BiV-Fahrperiskop BM 8 005) durch die Fa. Elektro-Spezial ist man davon ausgegangen, daß nicht die Erkennung der Details einzelner Objekte wesentlich ist, sondern vielmehr Verlauf, Begrenzung und Oberflächenzustand der zu befahrenden Strecke

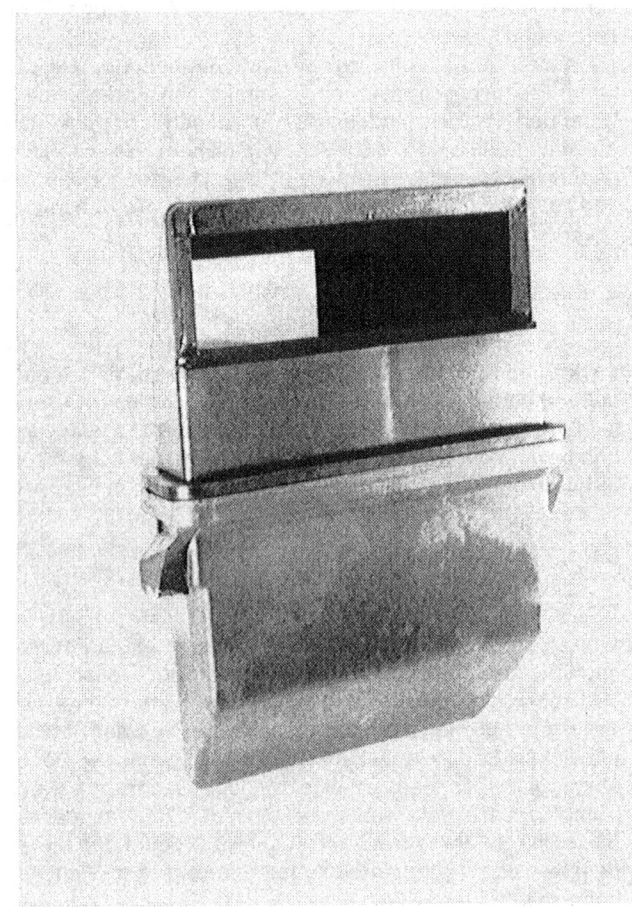

Winkelspiegel

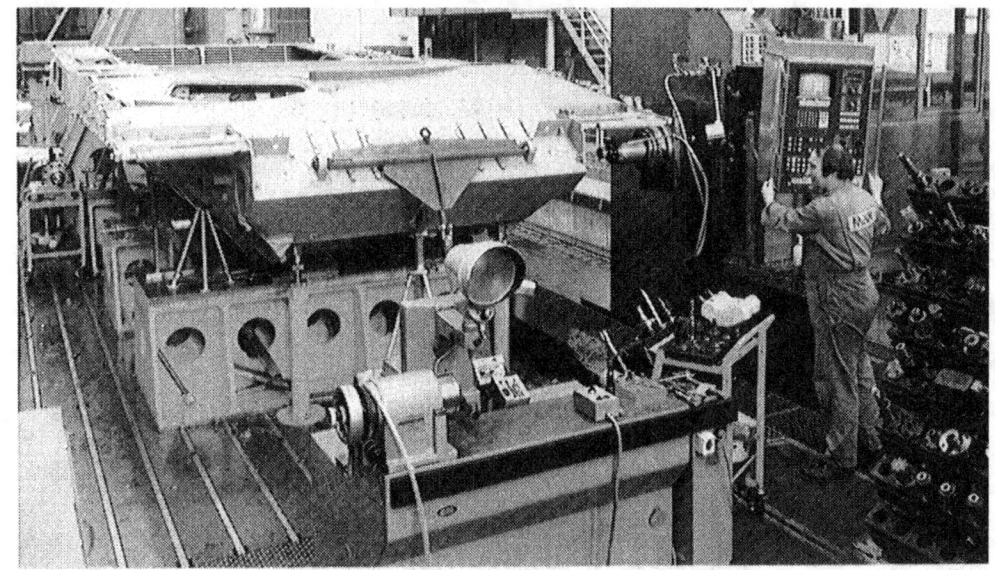

Wannenbearbeitung

Turmvermessung

Wannenvermessung

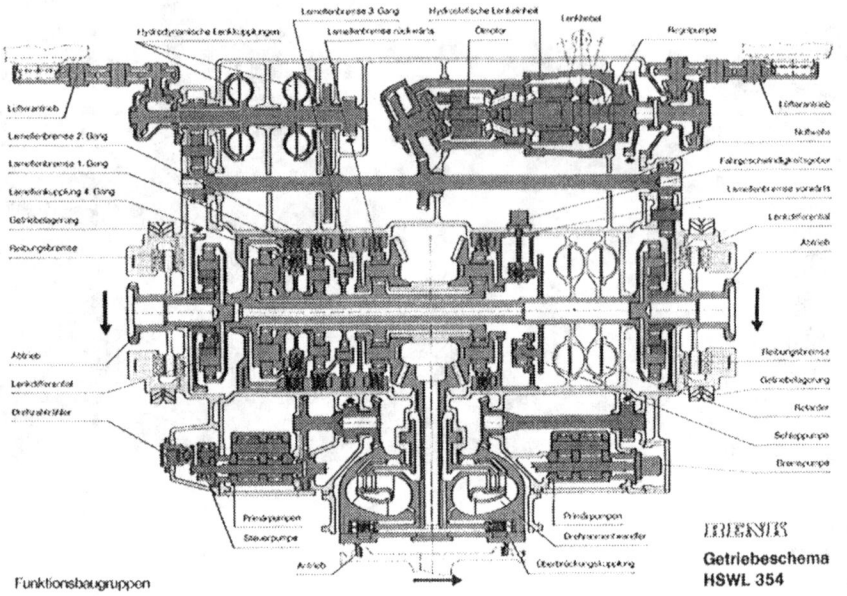

Getriebeschema HSWL 354

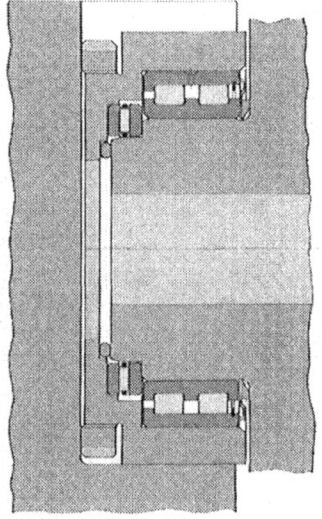

INA-Schildzapfenlagerung

Prüfung des Turmes

INA-Tragarmlagerung

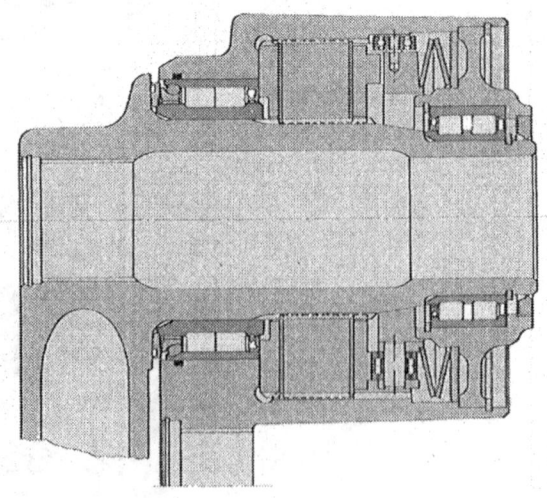

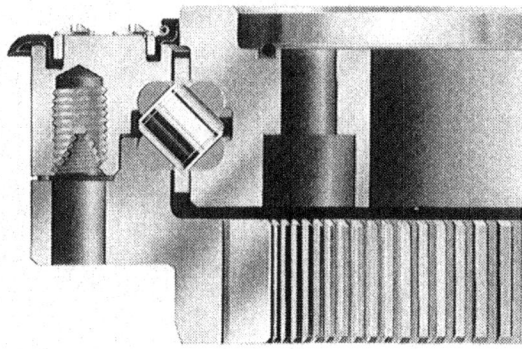

INA-Turmdrehkranzlager

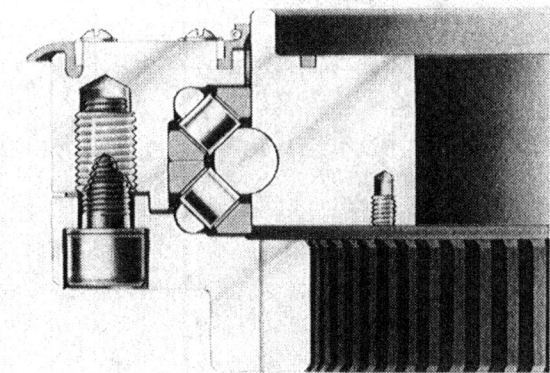

Rothe Erde-Schmiedag-Turmdrehkranzlager

Feuerleitkomponenten

Feuerlöschanlage

Explosionsunterdrückungsanlage

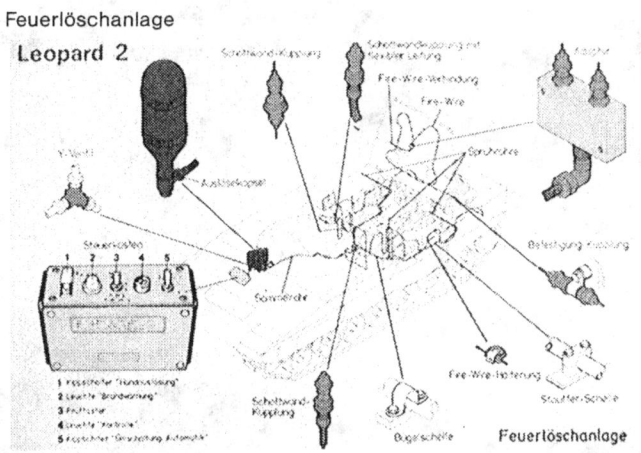

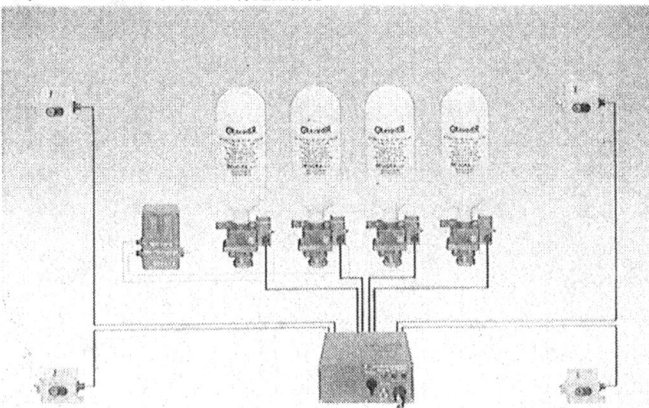

Kabelbaumprüfung

Schweißen des Fahrgestell-Munitionsbunkers

Motorenprüfstand

Fahrersichtgerät

5.2.14 Vorwärm- und Heizanlage

5.2.14.1 Einleitung

Zur Erfüllung der taktischen Aufgabe eines Kampfpanzers ist es notwendig, die Mannschaft und das Gerät ausreichend mit Wärme zu versorgen. Zur Sicherstellung der Einsatzfähigkeit muß soviel Wärme zugeführt werden, daß der Motor auf Starttemperatur und die Einbauten auf Betriebstemperatur gebracht werden.

Vorwärm- und Heizanlage

sowie Fahrzeuge, Personen und ähnliche Hindernisse, auf die Rücksicht zu nehmen ist.

5.2.13.2 Aufbau und Wirkungsweise

Durch die Frontscheibe im Ausblickkopf fällt das vom Objekt reflektierte Restlicht auf einen Umlenkspiegel, von dort durch die Objektive auf die dahintersitzenden Bildverstärkerröhren. Das auf den Photokathoden entworfene Bild wird im Bildverstärker verstärkt und auf den Leuchtschirm abgebildet. Dieses Bild wird dann vom Beobachter durch die Lupen über Umlenkprismen betrachtet.
Das Lupensystem hat eine Dioptrieneinstellung, die auf den jeweiligen Beobachter eingestellt werden kann. Um ein Beschlagen der Lupen zu verhindern, sind beide Lupen mit einer Lupenheizung ausgestattet.
Die Anpassung der Bildhelligkeit an die jeweiligen Sichtverhältnisse erfolgt durch eine von Hand bediente Blende.

5.2.13.3 Einbau und Bedienung

Bei Einbau des Gerätes wird der Tageswinkelspiegel herausgenommen, in den vorhandenen Schacht der entsprechende Adapter eingesetzt und das Fahrernachtsichtgerät gehaltert.
Nach Arretierung wird das Gerät an das 24-V-Bordnetz angeschlossen und ist sofort betriebsbereit. Durch Betätigung des Hauptschalters wird das Gerät eingeschaltet. Durch Weiterdrehen des Schalters wird die Blende des Gerätes geöffnet, dabei ist der Schalter zu drehen, bis die erforderliche Helligkeit eingestellt ist.

5.2.14.2 Entwicklung

In den ersten Prototypen wurde der Wärmebedarf durch einen Hilfsdiesel gedeckt, wogegen in der AV-Ausführung der Wärmestrom über ein schon eingeführtes Webasto-Heizgerät erzeugt wurde. Mit Beginn der Serienreifmachungsarbeiten wurde für den LEOPARD 2 ein neues Heizgerät gesucht und getestet. Den Wettbewerb gewann die Fa. Webasto mit ihrem Hochdruckbrenner DBW 2020, welcher aus einer erfolgreichen laufenden Serie von Omnibusheizgeräten für die speziellen Belange des militärischen Einsatzes weiter entwickelt wurde. Das Konzept der Vorwärm- und Heizanlage des LEOPARD 2 sieht eine absolute Trennung zwischen dem Kühlsystem des Triebwerks und dem Heizsystem vor. Diese Trennung schließt aus, daß bei Beschädigung am Heizkreislauf die Beweglichkeit des Fahrzeuges eingeschränkt wird. Zur Aufrechterhaltung des Wärmetransports im Triebwerksystem muß allerdings während der Vorwärmphase eine zusätzliche elektrisch betriebene Kühlmittelumwälzpumpe eingesetzt werden. Grundsätzlich hat die Vorwärm- und Heizanlage zwei Aufgaben zu erfüllen: Bei extrem kalten Umweltbedingungen beliefert das Heizgerät das gesamte Triebwerk mit Wärme, so daß ein problemloser Kaltstart des Motors möglich ist. Wird das Triebwerk bei kalten Außentemperaturen abgestellt, so versorgt die Heizanlage das Fahrzeug mit genügend Wärme, um ein Auskühlen zu verhindern. Die durch das Heizgerät erzeugte Wärme wird über die Umwälzpumpe des Heizkreislaufes entsprechend den Schaltstellungen der Umschalthähne entweder durch die Wärmetauscher des Kampfraumes gefördert oder durch das Vorwärmeelement Motoröl und den Wasser-Wasser-Wärmetauscher des Triebwerkblocks geführt. Im Wasser-Wasser-Wärmetauscher findet ein Wärmeaustausch an den

Kühlkreislauf des Triebwerks statt. Die am Triebwerk befindliche Umwälzpumpe fördert das Kühlmittel durch die Zylinderblöcke, um auch hier eine bestmögliche Erwärmung zu erreichen. Selbstverständlich ist die Anlage so konzipiert, daß auch der umgekehrte Vorgang geschaltet werden kann. Solange der Motor das Kühlmittel erwärmt, kann über den Wasser-Wasser-wärmetauscher diese Wärme an das Heizsystem des Fahrzeugs abgegeben werden.

5.2.14.3 Aufbau

Das Heizgerät arbeitet unabhängig vom Fahrzeugmotor und ist für seine Kraftstoffversorgung an den Kraftstoffbehälter des Triebwerkes angeschlossen. Der elektrische Anschluß erfolgt vom 24Volt-Bordnetz. Das Heizgerät besitzt eine eigene eingebaute Kraftstoffpumpe, die zur Förderung aller für den Betrieb zugelassenen Kraftstoffe geeignet ist. Der ordnungsgemäße Betrieb des Wasserheizgerätes wird durch entsprechende Bedienungs- und Überwachungselemente sichergestellt. Zur Steuerung der Ein-und Abschaltvorgänge des Heizgerätes dient ein elektronisches Steuergerät, welches als Steckmodul ausgebildet ist. Das mit einem Druckzerstäuber ausgerüstete Gerät arbeitet thermostatisch geregelt. Nach dem Einschalten leuchtet die Betriebsanzeigelampe auf, und die Umwälzpumpe läuft an. Der Antriebsmotor im Wasserheizgerät treibt den Läufer des Gebläses für die Brennluft und die Kraftstoffpumpe an. Kraftstoff aus der Saugleitung wird gefördert und über das Druckrohr dem Düsenstock zugeführt. Nach einer kurzen Vorlaufzeit öffnet sich das Magnetventil und gibt den Weg zur Hochdruckdüse frei. Der zerstäubte, eingespritzte Kraftstoff wird durch einen gleichzeitig zwischen den Zündelektroden entstehenden Zündfunken gezündet. Der Flammwächter leitet nach erfolgter Flammbildung das Abschalten des Zündfunkengebers ein. Das Gerät brennt nun im Normalbetrieb. Die heißen Abgase durchströmen den Lamellenträger und geben ihre Wärme an das Kühlmittel im Wärmeüberträger ab. Das Kühlmittel wird von der Umwälzpumpe durch das Leitungs- und Verbrauchersystem befördert. Zur Funkentstörung und zur EMV sind im Heizgerät besondere Entstörbauteile eingebaut, um die Verträglichkeit zu anderen Baugruppen sicherzustellen. Die folgenden Daten zeigen die Leistungsfähigkeit des Heizgerätes.

Wärmestrom	23,3 kW
Kraftstoffverbrauch	2,5 kg/h
Gewicht	23 kg
Leistungsaufnahme	90 W
zulässiger Betriebsdruck	0,4-2 bar
Prüfzeichen (ABG)	S 136

5.2.15 Brandschutz

5.2.15.1 Einleitung

Brandschutzsysteme für Panzerfahrzeuge unterteilen sich in zwei Gruppen: Feuerlöschanlagen, die Brände im Motorraum erkennen und löschen, und sogenannte Brandunterdrückungsanlagen, die im Mannschaftsraum des Fahrzeugs schnell verlaufende Treibstoff- und Hydraulikölbrände unterdrücken, die infolge eines Treffers entstehen können. Während die Installation einer Feuerlöschanlage inzwischen obligatorisch ist, werden erst Fahrzeuge des 5. Loses mit einer Brandunterdrückungsanlage ausgestattet werden. Es bleibt zu hoffen, daß im Rahmen von Nachrüstungen der Lose 1-4 die Chance ergriffen wird, durch eine Brandunterdrückungsanlage den Schutz der Mannschaft zu verbessern und somit einen weiteren Beitrag zur Steigerung des Kampfwertes zu leisten.

5.2.15.2 Feuerlöschanlage

Die Feuerlöschanlage der Fa. Deugra erkennt und löscht automatisch Brände im Triebwerkraum des LEOPARD 2. Zur Branderkennung ist im Motorraum der sogenannte FIREWIRE installiert. Der Feuerwarndraht ändert ab einer bestimmten Temperatur sein elektrisches Verhalten und ist im Motorraum so verlegt, daß eine rasche Branderkennung gewährleistet ist. Das Signal des FIREWIRE wird im Steuergerät ausgewertet, und von dort geht im Brandfall ein elektrischer Impuls an die Ventile der Löschmittelbehälter, die dann pyrotechnisch geöffnet werden. Die Löschmittelbehälter sind im Mannschaftsraum bordfest installiert und an ein Verteilerrohr angeschlossen, das dann das Löschmittel in den Motorraum führt und es dort durch ein Sprührohrsystem verteilt. Der rasche Aufbau der erforderlichen Löschmittelkonzentration von 10% wurde erreicht. Die Ausströmzeit beträgt nur 3 Sekunden, und damit kann ein Brand im Motorraum auch bei laufendem Motor und vollem Luftdurchsatz sicher abgelöscht werden. Als Löschmittel wird Halon 1211 verwendet. Es hat neben seiner schlagartigen Löschwirkung den Vorteil, das Feuer zu löschen, ohne Rückstände zu hinterlassen. Die Auslösung der Feuerlöschanlage erfolgt normalerweise automatisch.
Sie kann aber auch manuell durch Betätigen eines Schalters am Steuergerät ausgelöst werden. Insgesamt stehen vier Löschmittelbehälter für zwei automatische und eine manuelle Auslösung zur Verfügung. Das Steuergerät liegt im Sichtbereich des Fahrers. Die Funktionsbereitschaft der Anlage wird permanent überwacht und am Steuergerät angezeigt. Das Steuergerät zeigt nicht nur an, wenn das Feuer ausbricht, es zeigt auch an, wenn es gelöscht ist.

5.2.15.3 Brandunterdrückungsanlage

Der bei Trefferwirkung mit hoher Wahrscheinlichkeit zu erwartende schnell einsetzende Brand eines Treibstoff- oder Hydraulikölgemischs wird im LEOPARD 2 mit einer DEUGRA-Brandunterdrückungsanlage unterdrückt. Aufgabe ist es hier, den mit der auftretenden explosionsartigen Kohlenwasserstoffverbrennung verbundenen Einwirkungen auf die Mannschaft so weit entgegenzutreten, daß ein Überleben der Mannschaft möglich ist. Die Brandunterdrückungsanlage baut eine Löschmittelkonzentration im Mannschaftsraum so rasch auf, daß die katastrophalen Folgen, die durch

Anstieg des Druckes und der Temperatur sowie durch Sauerstoffverarmung und Kohlenmonoxydproduktion entstehen, vermieden werden. Die Zeit, die hierfür zur Verfügung steht, liegt unter 200 ms. Bei Versuchen lagen die häufigsten Zeiten zwischen 80 ms und 150 ms.

Die Erkennung der typischen Kriterien von Kohlenwasserstoffverbrennungen erfolgt durch optische Melder, die im Fahrzeuginnern so installiert sind, daß ein Erkennen im gesamten Mannschaftsraum gewährleistet ist. Sie geben über das Steuergerät einen Impuls zur Auslösung der Löschmittelbehälter. Daneben hat die Steuereinheit die Aufgabe, die gesamte Anlage kontinuierlich auf ihre Funktion zu überwachen. Dies schließt die Überwachung des Druckes in den Löschmittelbehältern mit ein. Die Steuereinheit bietet außerdem eine Anschlußmöglichkeit für ein externes Prüfgerät, mit dem dann das gesamte System geprüft werden kann. Die Löschmittelbehälter sind mit besonders schnell öffnenden Ventilen und Ausströmdüsen ausgestattet, so daß ein rascher und gleichmäßiger Aufbau der Löschmittelkonzentration erreicht wird, ohne durch zu hohe Druckwerte die Mannschaft zu gefährden. Die Öffnung der Ventile erfolgt pyrotechnisch. Als Löschmittel wird hier Halon 1301 verwendet. Die Löschwirkung erfolgt auch hier **nicht** durch Sauerstoffentzug, sondern durch schlagartige Unterbrechung des Verbrennungsprozesses auf chemischem Wege.

5.2.16 ABC-Schutzanlage

5.2.16.1 Einleitung

Die im Kampfpanzer LEOPARD 2 eingesetzte ABC-Schutzanlage ist als Überdruckanlage konzipiert. Sie wurde von der Arbeitsgemeinschaft Dräger/Piller entwickelt. Die Schutzanlage reinigt die von außen angesaugte Luft von Staub und evtl. vorhandenen ABC-Stoffen. Mit der gereinigten, in den Kampfraum geförderten Luft wird dort ein Überdruck aufgebaut, der das Eindringen unfiltrierter Außenluft durch die konstruktionsbedingten Leckstellen des Mannschaftsraumes verhindert. Somit werden Besatzung, Kampfraum und das darin installierte Gerät durch die ABC-Schutzanlage vor den Auswirkungen der ABC-Stoffe geschützt.

ABC-Anlage

5.2.16.2 Aufbau

Über die verschließbare Ansaugöffnung in der Fahrzeugaußenwand wird die Luft in das Grobstaubfiltersystem geleitet. In dessen Zyklonen wird der Grobstaub abgeschieden und kontinuierlich von dem Absauggebläse ins Freie zurückgefördert. Das Grobstaubfiltersystem ist daher wartungsfrei. Danach durchströmt die Luft ein Hochleistungs-Schwebstoffilter. Hier werden auch die feinsten partikulären Substanzen, wie radioaktive Stäube, Rauche, Nebel und Bakterien zurückgehalten.

In der letzten Filterstufe durchströmt die Luft das Gasfilterteil. Hier werden die gas- und dampfförmigen Reiz- und Kampfstoffe zurückgehalten.

Das direkt anschließende Hauptgebläse saugt die Luft durch alle Filterstufen, fördert sie weiter in den Kampfraum und baut dort den Raumüberdruck auf.

Während der Fahrt wird die ABC-Schutzanlage mit der Schaltstellung »Vollbetrieb« benutzt. Die ABC-Schutzanlage fördert dann 180 m^3/h Frischluft in den Kampfraum. Bei stehendem Fahrzeug kann die ABC-Schutzanlage auf »Halbbetrieb« geschaltet werden. Die Anlage fördert dann ca. 90 m^3/h in den Kampfraum. Der Energiebedarf der Anlage wird durch diese Betriebsart reduziert, die Standzeit der Filterelemente verlängert.

Der Raumüberdruck im Kampfraum wird durch den Raumüberdruckmesser kontrolliert. Er ist im Turm im Sichtbereich des Kommandanten angebracht.

Die extrem flach konstruierte ABC-Schutzanlage ist – von außen zugänglich – in der Wanne über der linken Kette installiert. Das Auswechseln der Filterelemente erfolgt somit von außen, ohne daß Platz hierfür im Kampfraum beansprucht wird.

5.2.17 Fahrzeug-Elektrik

5.2.17.1 Einleitung

Seit 1958, d.h. mit Beginn der Entwicklung des KPz LEOPARD 1, wurde von der Fa. Krupp MaK der Entwicklung von elektrischen Anlagen in Panzerfahrzeugen höchste Priorität eingeräumt.

5.2.17.2 Fertigung

Im Rahmen der LEOPARD 2-Fertigung werden bei Krupp MaK folgende Bauteile gefertigt:
○ Fahrer-Bedienpulte
○ Sicherungskasten
○ Feuerlöschbediengerät
○ Brückensteuerungen
○ Entkupplungsdioden
○ Fremdanschlüsse
○ Lastmomentbegrenzungen
○ weitere Kleinkomponenten
○ Konfektionierung aller bei der Bundeswehr eingeführten Steckverbinder entsprechend Mil-Spezifikationen und nach VG-Normen zu entsprechenden Verkabelungen.

Die Fertigung dieser Baugruppen wird nach wirtschaftlichen Losgrößen festgelegt. Wobei unterschieden wird in
○ mechanische Fertigungsteile,
○ Oberflächenbehandlung,
○ Konfektionierung von Kabelbäumen,
○ Montage der Baugruppen.

Um eine qualifizierte Fertigung dieser Bauteile zu gewährleisten, sind moderne Einrichtungen geschaffen worden, z.B. für folgende Arbeiten:
○ vollautomatisches Ablängen und Abisolieren von Leitungen,
○ Bedrucken von Leitungen,
○ Anfertigung von Kabelbäumen,
○ Verarbeitung von wärmeschrumpfenden Teilen für Steckerendgehäuse und Schutzschläuche,
○ Montageeinrichtungen, die größere Serienfertigung zulassen.

In modernen Panzerfahrzeugen werden auch in der Kfz-Elektrik immer mehr Steckkarten verwendet. Aus diesem Grunde sind modernste Bestückungs- und Löteinrichtungen für die Steckkartenfertigung vorhanden.
Alle Baugruppen werden einer 100%igen Prüfung unterzogen. Hierfür sind vollautomatische Prüfeinrichtungen für den Bereich Kabel- und Kabelbaumfertigung sowie prozeßrechnergesteuerte Prüfstände für Baugruppen vorhanden.
EMV-Prüfungen werden in den hierfür vorhandenen Meßräumen durchgeführt.

5.2.18 Beleuchtung

5.2.18.1 Einleitung

Kampfpanzer, die am Straßenverkehr teilnehmen, unterliegen selbstverständlich der StVZO und sind nach dieser mit Beleuchtungskörpern vorn und hinten auszurüsten. Die Entwicklung und Fertigung erfolgt durch die Fa. Westfälische Metall Industrie KG.

5.2.18.2 Scheinwerfer

Gemäß der Bestimmung ist der LEOPARD 2 vorn mit 2 Hauptscheinwerfern und Tarnlicht ausgestattet. Die Hauptscheinwerfer sind abnehmbar, d.h. sie werden auf einen Sockel, der auf der Panzerplatte montiert und mit einer Gummikappe verschließbar ist, aufgesteckt. Sockel und Hauptscheinwerfer sind aus einem besonders verschleißfesten Metall gefertigt. Dank einer speziellen Klarglas-Vorsatzscheibe ist der Scheinwerfer wasserdicht bei bis zu 0,6 bar Überdruck. Scheinwerfer und Sockel sind nach RAL 6014 lackiert, kampfstoffresistent und dekontaminierbar. Für das Hauptlicht wird eine handelsübliche 24 V 55/50 W-Doppelglühfadenlampe verwendet, so daß der Panzer über Abblend- und Fernlicht verfügt. Im Tarnlichtteil kommt eine 24 V 18 W-Glühlampe zum Einsatz.

5.2.18.3 Blinkleuchte

Am LEOPARD 2 ist zur Richtungsänderung eine Blink-/Positionsleuchte vorne seitlich montiert.

5.2.18.4 Rückleuchte

Damit nachfolgende Fahrzeuge die »Absichten« des Panzers erkennen, ist er nach hinten mit einer Rückleuchte ausgerüstet. In dieser Rückleuchte sind folgenden Funktionen zusammengefaßt:

Funktionen:	Farbe:
Schlußlicht	rot
Tarnschlußlicht	rot
Bremslicht	rot
Blinklicht	gelb

Die Rückleuchte ist mit Schwingungsdämpfern versehen, um zu verhindern, daß die Vibration des Panzers auf die Leuchte übertragen werden und dadurch die Glühfäden der Glühlampe zu schnell zerbrechen.

5.2.18.5 Tarnbremsleuchte und Leitkreuz

Zur normalen Schlußleuchte besitzt der LEOPARD 2 noch eine Tarnbremsleuchte und eine abnehmbare Leitkreuzleuchte.

5.2.19 Batterien

5.2.19.1 Einleitung

8 Batterien mit einer Spannung von 12 V und einer Kapazität von 125 Ah sind in Gruppen von je 4 in einem Batterieraum links und rechts in Seitennischen oberhalb der Kettenabdeckung untergebracht. Durch Zugänglichkeit von außen sind sie, im Gegensatz zum LEOPARD 1, wartungsfreundlich. An den eingeführten nassen Batterien (mit Elektrolytflüssigkeit gefüllt) sind anstelle der Batteriestopfen Rekombinationsstopfen (Katalysatoren) eingesetzt. Diese sorgen dafür, daß sich die beim Laden entstehenden Gase, Wasserstoff und Sauerstoff, wieder zu Wasser verbinden, das dann in die Batterie zurückfließt.

5.2.19.2 Zukünftige Entwicklung

Die Fa. Sonnenschein hat eine völlig wartungsfreie dryfite-Batterie 12 V 100 Ah NBB 248 nach VG 96924 T 9 entwickelt.

Die Batterien sind mit einem Elektrolytgel anstelle von flüssiger Schwefelsäure gefüllt. Die einzelnen Zellen sind mit Sicherheitsventilen anstelle der konventionellen Füllstopfen verschlossen. Damit entfällt jegliche Elektrolytkontrolle bzw. jegliches Nachfüllen von destilliertem Wasser, ohne das zusätzliche Rekombinationsstopfen zur Verwendung kommen.

Nach erfolgreicher Erprobung im LEOPARD 1 wurde diese Batterie für den LEOPARD 1 in die Versorgung aufgenommen. Ein Truppenversuch in einem LEOPARD 2 – PzBtl in Lüneburg wurde angeordnet. Nach erfolgreichem Abschluß kann davon ausgegangen werden, daß diese Batterie für den LEOPARD 2 gleichfalls in die Versorgung aufgenommen wird. Mit der Wartungsfreiheit wird die Zuverlässigkeit des Systems gesteigert und damit die Verfügbarkeit vergrößert, ohne die Nutzungskosten zu erhöhen.

5.2.20 Munitionsbunker und Kühlerverblechung

5.2.20.1 Einleitung

Zur Gesichtsminimierung wurden beide Baugruppen aus Aluminium konstruiert.

5.2.20.2 Fertigung

Bei der Fa. Krupp MaK wurden für die Fertigung des Munitionsbunkerrahmens eigens Sonderbetriebsmittel erstellt, deren Ausführung und Funktion auf den Erkenntnissen der Materialuntersuchung in bezug auf Schweißverhalten und Bearbeitbarkeit aufbauen.

Um die Hülsen für den Munitionsbunker fertigen zu können, mußte eine für diesen Anwendungsfall konstruierte Drückmaschine verwendet werden. Auf dieser Maschine wird die Grundhülse im Drückfließverfahren in drei Schritten mit einer Durchmessertoleranz von 0,4 mm gefertigt: Damit die engen Toleranzgrenzen eingehalten werden können, sind für die Weiterverarbeitung spezielle Schweißvorrichtungen erforderlich.

Die Kühlerverblechung als Schweißkonstruktion, bestehend aus Biege-, Dreh- und Stanzteilen, erfordert ebenfalls eine Vielzahl von Sonderbetriebsmitteln, deren Ausführung unter anderem das Schrumpfverhalten beim Schweißen berücksichtigen muß.

Für die gesamte Palette der aus Aluminium gefertigten Baugruppen bzw. Einzelteilen steht, soweit konstruktiv gefordert, eine Warmbehandlungsanlage zur Verfügung. In Luftumwälzöfen können die Teile lösungsgeglüht (mit anschließendem Abschrecken in Wasser) bzw. warm ausgelagert werden.

5.2.21 Instrumente

5.2.21.1 Einleitung

Moderne Panzermotoren- und Getriebetechnik verlangt für die Überwachung und Regulierung die notwendige Meßtechnik. Die Fahrzeug-Motoren- und Getriebebauer stellten der Fa. VDO die Aufgabe, die erforderlichen Instrumente und Sensoren für einen robusten Einsatz zu entwickeln. Die Geräte müssen den extremen Umwelteinflüssen und Belastungen standhalten und zuverlässig sein.

VDO entwickelte, abgeleitet vom konventionellen Kraftfahrzeug-Instrumenten-Programm, ein sogenanntes »Robustes Programm«.

Diese »Robusten Instrumente« unterscheiden sich sowohl durch ihre Wirkungsweise und erhöhte Belastungsfähigkeit als auch in den äußeren Anschlüssen von den Geräten im zivilen Kfz-Bereich.

5.2.21.2 Aufbau der Geräte

Die Meßwerke in den Anzeigegeräten für Geschwindigkeit mit Wegstreckenzähler für Motordrehzahl und Getriebeschaltung sind gegenüber normal zapfengelagerten Meßwerken in Steinen gelagert.

Besondere Antibeschlaggläser und Schlitzlichtbeleuchtung garantieren ein klares Ablesen.

Die elektrischen Anschlüsse sind verschraubbare Steckanschlüsse. Die mechanischen Anschlüsse sind vierfach befestigte Flanschanschlüsse mit beweglicher Mitnehmerachse.

Druckgeber, Druckschalter, Temperaturgeber und Temperaturschalter sind infolge ihres robusten Aufbaus in Bereichen einsetzbar, wo starke Schwingungseinflüsse und extreme Temperaturen auftreten.

Alle Geräte besitzen eine hohe Korrosionsbeständigkeit und sind spritz- und schwallwasserdicht.

Die Überwachung des Kraftstoffvorrates erfolgt durch den in zwei Vorratsbehältern eingesetzten Vorratsgeber. Die Vorratsmenge wird durch Fernanzeige im Vorratsanzeiger angezeigt.

Das Gerät kann auf drei verschiedene Anzeigebereiche geschaltet werden, auf den linken oder den rechten Tank und auf die Gesamtrestmenge.

Ein Schriftanzeiger vermittelt 10 Informationen wie z.B. Kraftstoffmangel, Luftdruckmangel, Batterieladung, Lenzpumpen und andere Warn-, Kontroll- und Überwachungsfunktionen.

Viele Klima-, Schwingungs-, Schutzart- und Korrosionsprüfungen waren notwendig, bis die VDO-Ausrüstung für den LEOPARD 2 die militärische Zulassung erhielt.

Zusammen mit den Motor- und Getriebebauern ist es gelungen, für den Motor-, Getriebe- und Fahrzeugbereich mit 30 Geräten den Betriebszustand zu erfassen, zu kontrollieren, zu überwachen und anzuzeigen.

5.2.21.3 Zukunft

Die moderne Technologie im Motoren- und Getriebebau fordert auch von der Meßtechnik intelligente Instrumente.

Es gibt bereits geeignete Sensoren, die überwiegend kontaktlos und verschleißarm arbeiten. Weitere Meßwertaufnehmer für die Motorsteuerung oder Durchflußsensoren für die Kraftstoffverbrauchsmessung befinden sich in der Entwicklung. Bei den Temperaturschaltern werden geringste Schaltpunkttoleranzen und eine geringe Hysterese erreicht. Die Hysterese ist außerdem in weiteren Grenzen einstellbar, und der Schalter besitzt eine hohe Schwingungsfestigkeit.

Die technischen Veränderungen bei Temperaturschaltern, Temperaturgebern, Druckgebern oder die kapazitive und elektronische Füllstandmessung u.a. beeinflussen die Anzeigetechnik.

Auch die Fahrerinformationssysteme im Fahrerraum der Kampffahrzeuge von heute werden sich verändern. Die Einzelinstrumentierung wird durch Zentralinformationen abgelöst.

Die Forderung, dem Fahrer Informationssysteme zu bieten, die beim Ablesen eine größere Ablenkung der Aufmerksamkeit vom Verkehrs- und Gefechtsgeschehen ausschließen, wird immer dringlicher. Die Informationssysteme sollen trotz eines größeren Informationsumfanges den Fahrer nicht durch vermehrte optische Sinneswahrnehmungen belasten. Die Informationsanzeige sollte sich freizügig gestalten lassen, so daß der Fahrer Informationen möglichst mit einem Blick erfassen kann.

Die Display-Technik bietet die Möglichkeit, Instrumente in Zukunft flach zu bauen und dadurch auf begrenztem Raum optimal aufbereitete Informationen anzuzeigen.

Die ständige Zunahme elektrischer und elektronischer Baugruppen im Panzerfahrzeug und der damit verbundenen Zunahme der elektrischen Leitungsstruktur (Kabelbäume) macht eine sinnvolle Systemlösung, die verschiedene Bedingungen erfüllen kann, notwendig.

5.2.22 Fahrersitz

5.2.22.1 Einleitung

Speziell für den Einsatz im militärischen Bereich wurde mit großem Aufwand und nach neuesten anthropotechnischen und ergonomischen Erkenntnissen der Einheitsfahrersitz entwickelt und von der Fa. Grammer gefertigt. Ziel dieser Entwicklung war, einen Sitz zu gestalten, der für alle Körpergrößen eine gute Sitzposition ermöglicht, d.h. Einsatzzeiten von 5 Stunden ohne Unterbrechung bzw. 12 Stunden mit Pausen ohne körperliche Beschwerden abzuleisten. Weitere Kriterien waren ein guter Klimakomfort, Stabilität, gutes Verschleißverhalten und die Verwendbarkeit in anderen Panzerfahrzeugen.

5.2.22.2 Sitzbeschreibung:

○ Der Sitz ist aufgrund des speziellen Einsatzgebietes durch eine Blechschalenkonstruktion besonders stabil.
○ Um größtmöglichen Sitzkomfort zu erreichen, hat der Sitz eine Spezialpolsterung mit einem Bezug aus Naturleder. Dadurch ergibt sich auch ein angenehmer Klimakomfort.
○ Der komplette Sitz ruht auf einer Verstelleinheit mit kombinierter Höhen- und Längsverstellung.
○ Die Rückenlehne ist stufenlos verstellbar.
○ Durch eine spezielle Führung ist der Sitz nach hinten abklappbar und abnehmbar.
○ Eine Schnellentriegelung ermöglicht ein leichteres Einsteigen. Außerdem kann durch diese Vorrichtung im Ernstfall der verletzte Fahrer schnell geborgen werden.

5.3 Turmbaugruppen

5.3.1 Turmuntersystem

Das gesamte Waffensystem LEOPARD 2 wurde in einzelne Verantwortungsbereiche aufgeteilt.

Die Firma Wegmann & Co GmbH in Kassel erhielt den Auftrag, als Teilsystemverantwortlicher den kompletten Turm mit der Waffenanlage zu betreuen.

Dazu waren neben der eigentlichen Konstruktion folgende Aufgaben zu erfüllen:

○ Ermittlung und Festlegung der Leistungsdaten mit den Amtsstellen, dem Bedarfsträger und dem Generalunternehmer;
○ Erstellung der Leistungsbeschreibungen und technische Koordination mit allem am Turm beteiligten Partnerfirmen;
○ Festlegung aller Schnittstellen zu den Untersystemen und zum Fahrzeug;
○ Erstellung des gesamten technischen Unterlagensatzes wie Zeichnungen, Beschreibungen und Bedienungsanweisungen;
○ Erstellung der Inbetriebnahme- und Prüfvorschriften;
○ Dokumentation für den Bedarf der Truppe (TDv'en, Schautafeln, Handbücher);
○ Abwicklung der Angebots- und Auftragsphase einschließlich Lieferplanung mit dem Generalunternehmer;
○ Abwicklung aller kaufmännischen Aufgaben wie Anfragen, Auftragserteilung und Lieferabwicklung mit den Unterlieferanten;
○ Nachweis und Abstimmung aller Leistungsdaten mit dem Güteprüfdienst des öffentlichen Auftraggebers;
○ Übernahme der Gewährleistung sowie Planung und Durchführung des Kundendienstes;
○ Terminplanung und -verfolgung;
○ Einflußnahme auf Zuverlässigkeit, Materialerhaltung und logistische Belange.

Fahrersitz

5.3.1.2 Fertigungsablauf

Beim LEOPARD 2-Turm handelt es sich um eine anspruchsvolle Serienfertigung, die die Integration des Teilsystems aus mechanischen, hydraulischen, elektrisch-elektronischen und optischen Baugruppen beinhaltet, die zum Teil eigens entwickelt und gefertigt werden.

Für die Fertigung hat der Teilsystemverantwortliche folgende Aufgaben zu erfüllen:
- Planung des gesamten Fertigungsablaufes unter Beachtung der technischen und wirtschaftlichen Gegebenheiten;
- Erstellung der erforderlichen Betriebs- und Sonderbetriebsmittel einschließlich deren Entwicklung oder Beschaffung;
- Schaffung der notwendigen Infrastruktur im Werk, insbesondere Gebäude, Transportmittel und Versorgungseinrichtungen;
- Durchführung der gesamten Montage, Inbetriebnahme und Prüfung des Teilsystems Turm unter Beachtung der Liefer- und Terminpläne;
- Vorstellung der geprüften Teilsysteme beim Güteprüfdienst des öffentlichen Auftraggebers;
- Beschuß des Teilsystems Turm nach den Vorschriften des Güteprüfdienstes;
- Durchführung bzw. Veranlassung aller Transporte;
- Aufbau und Unterhalt der werkseigenen Lager;
- Zurverfügungstellung und Unterhalt des bundeseigenen Lagers.

Auch für die Durchführung der Fertigung ist die genaue Kenntnis der heute wirtschaftlich und technisch sinnvollen Methoden erforderlich.

So werden für die mechanische Baugruppenfertigung – bestes Beispiel hierfür ist die mechanische Bearbeitung des Turmgehäuses – modernste NC-gesteuerte Bearbeitungs- und Meßmaschinen eingesetzt. Für die Prüfung des gesamten Teilsystems Turm wurden hochautomatisierte elektronische Testeinrichtungen entwickelt.

Hierzu gehören insbesondere die Sonderbetriebsmittel für die Überprüfung aller elektronisch gesteuerten Regelkreise, für die Justierung des optischen Anteils sowie für die Abnahme des gesamten Feuerleitsystems.

Dies geschieht durch Einsatz von Prozeßrechnern, die ein schrittweises Abarbeiten aller Prüfvorgänge ermöglichen, dabei für alle betrachteten Meßwerte Soll-Istwert-Vergleiche unter Betrachtung der jeweiligen Toleranzen durchführen und zum Schluß eine eindeutige Protokollierung aller Daten auf Papier und Datenband vornehmen.

5.3.1.3 Kampfpanzerturm

Bei der Entwicklung und Konstruktion des Turmgehäuses wurden alle wesentlichen Anforderungen an einen modernen Kampfpanzer erfüllt und teilweise übertroffen.

Somit besitzt der Turm des KPz LEOPARD 2 die folgenden wichtigen Konstruktionsmerkmale:

- Starker ballistischer Schutz an Frontseite und Flanken bei möglichst geringem Gewicht, soweit dieses physikalisch und technisch realisierbar ist;
- Kleines Turmvolumen ohne Beeinträchtigung der Geräteverstauung und Unterbringung der Besatzung im Mannschaftsraum;
- Eigene Verstauräume für elektrische und elektronische Baugruppen, für hydraulische Energieversorgungsanlagen und für Munitionsvorrat;
- Besonders starke Panzerung für Ziel- und Beobachtungsgeräte außerhalb des Mannschaftsraumes bzw. Unterbringung dieser Baugruppen in den Hohlräumen der Schottwandkonstruktion;
- Belüftung der einzelnen Verstau- und Mannschaftsräume durch elektrische Lüfter, um gefährliche Gasbildung zu verhindern;
- Zum Laden der Kanone (Hauptwaffe) sind anwählbare Indexpositionen vorzusehen, damit kein größerer Raum für die manuellen Ladetätigkeiten notwendig wird;
- Die Baugruppen der Kanone sind soweit wie möglich in den Mannschaftsraum zu verlegen, damit ein günstiger Schwerpunkt und ein geringer Aufwand für Panzerschutz erreicht wird.

5.3.1.4 Zentrallogik/Hauptverteilung (ZL/HV)

Die Zentrallogik/Hauptverteilung besteht aus einem Gehäuse, in welchem elektronische Baugruppen schraub-oder steckbar untergebracht sind.

Die ZL/HV hat die Aufgabe, die Feuerleitanlage und die Turmelektrik mit Spannung zu versorgen, vor unzulässigen Strömen zu schützen und die einzelnen Baugruppen in ihrer Feuerleitfunktion logisch miteinander zu verknüpfen. Weiter sichert sie die Abfeuerung der Waffenanlagen.

Der **Geräteeinschub** besteht aus einer Frontplatte, in welcher die Steckdosen, Sicherungsautomaten, Schaltrelais und der Betriebsstundenzähler angebracht sind. Weiter sind am Geräteeinschub die Steckleisten und mechanische Aufnahme der Trägerplatte Signalverstärker und Trägerplatte Netzteil angeordnet. Zwei Kabel mit ihren Steckverbindern dienen zum Anschluß an den Baugruppenträger.

Der Geräteeinschub hat die Aufgabe, die Versorgungs- und Signalleitungen zu verteilen. Je nach Betriebsstufe wird die Grob-und Feinspannung jeweils durch einen Schaltschütz geschaltet.

Die **Trägerplatte Signalverstärker** hat die Aufgabe, die Relais und Halbleiter aufzunehmen, welche die Ausgangssignale der Zentrallogik verstärken.

Die **Trägerplatte Netzteil** kann ebenfalls in den Geräteeinschub gesteckt werden und dient zur Aufnahme des Netzteiles und des Modules für die Überstromauslösung.

Das Netzteil selbst versorgt die Zentrallogik mit 15 V und 5 V Betriebsspannung.

Die Module für die Überstromauslösung sensieren die Ströme der einzelnen Steckkarte und unterbrechen bei Überstrom automatisch die Versorgungsleitung der Steckkarten.

In einem speziellen **Baugruppenträger** sind folgende Steckkarten für die Steuerung und Verknüpfung von Funktionen untergebracht:
○ Steckkarte Turmelektrik
○ Steckkarte WNA
○ Steckkarte Rechner
○ Steckkarte PERI, WBG, Resolverkette
○ Steckkarte APE (Anpaßelektronik)
○ Steckkarte Mun.-Raum-Antrieb, Netzteil

5.3.1.5 Schleifringübertrager

Der Schleifringübertrager befindet sich auf der Mitte der Turmbühne und hat die Aufgabe, über Kohlebürsten und Schleifkontakte die Stromversorgung und die Signalverbindungen für die Bordsprech- und Feuerleitanlage zwischen Turm und Fahrgestell herzustellen.

Erstmals befinden sich bereits im Schleifringübertrager EMV-Filter, die vor allem Störungen vom Generator des Fahrgestells zum Turm fernhalten.

Verteilung der wichtigsten Versorgungsspannungen zu den Großverbrauchern im Turm findet ebenfalls bereits im Schleifringübertrager statt, so daß aufwendige Verteilerkästen entfallen konnten.

Schleifringübertrager

5.3.1.6 Schiebetür mit Antrieb für Munitionsraum

Um die im Munitionsraum gelagerte Munition vom Turminneren her entnehmen zu können, ist eine Schiebetür vorhanden. Sie ist aus schutztechnischen Gründen hinter der Mun-Raum-Öffnung gelagert und kann sowohl elektrisch wie auch mit Handantrieb betätigt werden.

Zur Vermeidung von Unfällen sind an der Schiebetür Schutzeinrichtungen angebracht (Sicherheitstaster, Kupplungsverblockungen usw.).

Die Schiebetür bietet so der Turmbesatzung in Verbindung mit der gesamten Munitionsraumkonstruktion einen optimalen Schutz gegen explodierende Munition.

5.3.1.7 Munitionshalterung

Seit dem Einbau der ersten 120-mm-Panzerkanone in einen Turm im Jahre 1971 wurde die Verstauung der Munition von Wegmann durchgeführt.

Seit diesem Zeitpunkt wurde diese Munitionshalterung laufend in vielen Details verbessert. Die Erfahrungen aus Umweltprüfungen, Truppenversuchen, Fertigung und Nutzung flossen konsequent in die Serienhalterung ein.

Die Munitionshalterung hat 15 Aufnahmehülsen, jeweils 5 in 3 Reihen übereinander angeordnet. Um die Öffnung zum Munitionsraum möglichst klein zu halten und eine bessere Be- und Entlademöglichkeit zu erreichen, ist ein Teil der Aufnahmeröhren mit Schwenkeinrichtungen ausgerüstet.

Das integrierte Rückhalte- und Auswerfersystem besteht aus einer Rückhaltekralle und einem Auswerfermechanismus. Beide federunterstützten Elemente verspannen den Patronenboden und halten die Munition in der Transportlage.

Munitionsluke

Die für die Schock- und Vibrationsdämpfung eingesetzten Dämpfungselemente wurden speziell für den KPz LEOPARD 2 entwickelt und optimiert. Ein Dämpfungssystem besteht aus einem Ganzmetallelement und einem Gummielement, das auch die Verbindung zum Turmgehäuse sicherstellt. Die

Funktion der Dämpfungselemente ist im wesentlichen von der Gewichtsbelastung abhängig. Dabei wirkt bei geringer Beladung nur das Gummielement. Erhöht sich das Gewicht bis zur vollen Beladung, wirkt zusätzlich das Ganzmetallelement.

5.3.2 Turmdrehkranz

5.3.2.1 Turmdrehkranz der Fa. Rothe Erde-Schmiedag AG

5.3.2.1.1 Einleitung

Es handelt sich um ein doppelreihiges Schrägrollenlager, das als sogenanntes Dreidrahtrollenlager für spezielle Anforderungen entwickelt und patentiert wurde.
Wie kein anderes Lager zuvor überträgt es mit hoher Genauigkeit die auftretenden Axial- und Radialkräfte sowie Kippmomente bei gleichzeitig ausgeführten Dreh- und Schwenkbewegungen.

5.3.2.1.2 Aufbau

Technische Daten des Turmlagers für den LEOPARD 2
Lageraußendurchmesser: 2 200 mm
Bauhöhe: 109 mm
Gewicht: 225 kg
Laufsystem spielfrei vorgespannt,
Innenring Teil 1 und Außenring Teil 3: Aluminium Knetlegierung, Zahnkranz Teil 2: Gasnitrierter Stahl,
Laufdrähte und Wälzkörper: Korrosionsbeständiger Wälzlagerstahl.
Das Lager ist nach außen komplett abgedichtet. Der Dichtungssatz besteht aus einem Rundschnurring zwischen Lagerinnenring und Wannenzarge sowie einer federvorgespannten Lippendichtung zwischen Außen- und Innenring des Lagers. Die Dichtungen wurden von RES entwickelt und so ausgelegt, daß sie sowohl Spritz-, Schwall- und Standwasser bis 0,4 bar von außen als auch den Luftüberdruck bis 5 mbar der ABC-Druckbelüftung im Kampfraum halten. Die weitgehend korrosionsbeständigen Materialien des Turmlagers sichern dem LEOPARD 2 einen hohen Verfügbarkeitsgrad; durch Dauerschmierung kann auf Wartung innerhalb eines Hauptinstandsetzungsintervalls – rund 8–15 Jahre – vollständig verzichtet werden. Diese Unempfindlichkeit gibt dem Turmlager eine sehr hohe Gebrauchsdauer.

5.3.2.2 Turmdrehkranz der Fa. INA
(Der Zeichnungssatz sieht eine alternative Ausstattung vor)

5.3.2.2.1 Einleitung

Fa. INA begann die Entwicklung Anfang 1976, als die Erprobung der Prototypen weitestgehend abgeschlossen war. Zielsetzung war es, mit dem INA-Drahtkreuzrollenlager ein drehwiderstandsarmes Lager mit kleinerem Querschnitt anzubieten, um mehr Raum im Turm zu gewinnen.

5.3.2.2.2 Aufbau

Das entwickelte Laufbahnsystem weist folgende wesentliche Charakteristiken auf:
○ Wälzkörpergeführter Käfig, der die kreuzweise angeordneten Wälzkörper auf Abstand hält;
○ Die Wälzkörper werden über ihre Stirnflächen zwischen den Rollenlaufdrähten geführt.
○ In den Käfigsegmenten sind die Wälzkörper im Verhältnis 2:1, bei 6 Wälzkörpern pro Segment, angeordnet. Das ergibt eine erhöhte axiale Tragfähigkeit zur Aufnahme des Turmgewichtes.
○ Die relativ torsionsweichen, halbrunden Rollenlaufdrähte stellen sich in den Drahtbetten der Ringe ein, z.B. bei Verwinden der Fahrzeugwanne. Sie verhindern somit Kantenlasten an den Wälzkörpern.
○ Das INA-Leichtmetalldrahtwälzlager kann mit Abstimmbeilagen spielfrei eingestellt werden.
○ Die Dichtungen verhindern, insbesondere beim Tiefwaten, das Eindringen von Wasser in das Lager und das Fahrzeuginnere. Außerdem ist der ABC-Schutz gesichert.
○ Das Lager ist durch die eloxierten Leichtmetallringe korrosionsgeschützt und zeichnet sich durch geringes Gewicht aus.

5.3.3 Waffenanlage und zugehörige Munition

5.3.3.1 Einleitung

Ein entscheidendes Element der Kampfkraft des LEOPARD 2 ist die 120-mm-Glattrohrkanone, die einschließlich der dazugehörigen Munition von der Firma Rheinmetall entwickelt wurde. Ausgangspunkt der Entwicklung war folgende Aufgabenstellung: Entscheidende Leistungssteigerung in Panzerdurchschlag und Treffgenauigkeit gegenüber dem bisherigen Kaliber 105 mm unter möglichst weitgehender Einhaltung der Abmessungen und Gewichte der 105-mm-Waffe und -Munition.

Zur Lösung dieser Aufgabe sind insbesondere die folgenden, sich zum Teil gegenseitig bedingenden neuen Auslegungen und Technologien eingeführt worden:

○ Flügelstabilisierung für das unterkalibrige Wuchtgeschoß,
○ Erhöhung des Kalibers,
○ Erhöhung der innenballistischen Leistung,
○ Erhöhung des Energieinhaltes der Treibladung,
○ Verbrennbare Hülse,
○ Reduzierung der Munitionstypen von KE, HEAT und HEP im Kaliber 105 mm auf KE und HEAT, d.h. Realisierung der Spreng- und Splitterwirkung der HEP-Munition in der HEAT-Munition nun als Mehrzweck(MZ-)-Munition bei gleichzeitiger Maximierung der Hohlladungswirkung,
○ Glatte Rohre aus hochfestem, vakuum-umgeschmolzenen Stahl, autofrettiert und hartverchromt,
○ Rückstoßkraft und Bremsweg wie bei 105 mm.

5.3.3.2 Technische Beschreibung

5.3.3.2.1 Die Waffe

Obgleich das 120-mm-Rohr vollständig etwa 60% mehr ballistische Leistung erzeugt als das 105-mm-Rohr, ist insbesondere die Länge vergleichbar. Im Bild sind die Umrisse der beiden Waffen gegenübergestellt. Auch die Rückstoßkraft und damit der Bremsweg der 120-mm-Kanone sind nicht größer als die entsprechenden Werte bei der eingeführten 105-mm-Kanone (Tabelle). Damit sind aber auch die Einbauverhältnisse im Turm vergleichbar.

Natürlich erfordern das hohe ballistische Leistungsniveau und das größere Kaliber bei annähernd gleichbleibenden Außenabmessungen und Rückstoßkräften eine Reihe von konstruktiven Maßnahmen und die Anwendung neuer Technologien:

Als Werkstoff wird ein vakuum- oder schlackenumschmolzener Stahl mit einer optimalen Streckgrenze verwendet.

Das Rohr ist ein kaltgerecktes Vollrohr, das für einen Konstruktionsgasdruck von 7100 bar ausgelegt ist. Zur Erhöhung der Erosionslebensdauer wird das Rohr innen hartverchromt.

Um eine gleichmäßige Spannungsverteilung im Rohrquerschnitt während des Schusses zu erreichen, wird das Rohr autofrettiert, d.h. vor der letzten Fertigbearbeitung werden durch Belasten des Rohres definierte Eigenspannungen in der Rohrwand erzeugt. Durch diese Maßnahmen erreicht man besonders günstige Waffenabmessungen und sehr gute Werte für die Ermüdungslebensdauer.

Durch eine besondere Mechanik im Verschluß wird eine hohe Feuerfolge sichergestellt. Die Schwerpunktlage der gesamten höhenrichtbaren Masse im Schildzapfen ist die Voraussetzung für das präzise Arbeiten des Stabilisierungssystems LEOPARD 2. Um für die Stabilisierung der Waffenanlage noch günstigere Verhältnisse – d.h. im wesentlichen ein geringeres Trägheitsmoment – zu erreichen, wurden beim Rauchabsauger und bei der Wärmeschutzhülle, die zur Treffgenauigkeit der Kanone beiträgt, die faserverstärkten Kunststoffe im Waffenbau eingeführt.

Das Bodenstück, das die beim Schuß entstehenden Gaskräfte aufnimmt, ist mit der Rücklaufeinrichtung fest verbunden und mit dem Rohr mit einem Bajonettgewinde verschraubt. Diese Konstruktion erlaubt den schnellstmöglichen Aus- und Einbau des Rohres.

Tabelle: Rücklauf und Bremskraft für die KPz-Kanonen 105 mm und 120 mm

Kaliber	Rücklaufweg	Max. Bremskraft	Rücklaufende Masse
105 mm	280 mm	560 kN	1235 kg
120 mm	340 mm	570 kN	2050 kg

Die Rücklaufeinrichtung der 120-mm-Waffenanlage ist ähnlich wie beim LEOPARD 1 ausgeführt. Das System setzt sich aus zwei symmetrisch angeordneten exzentrischen Rück-

Tabelle: Technische Einzelheiten der 120-mm-Waffenanlage

Gesamtwaffenanlage

Gewichte
Gewicht ohne Blende	3100 kg
Gewicht mit Blende (Leopard 2AV)	4290 kg

Abmessungen
Mitte Schildzapfen bis Hinterkante Bodenstück	1375 mm
Rohrmündung bis Hinterkante Bodenstück	5600 mm
Wiegenbreite	730 mm
Höchstbreite der rücklaufenden Teile	500 mm
Erforderliche Turmmaulabmessungen	730 x 500 mm

Rohr, vollständig

Gewichte
Gesamtgewicht Rohr vollständig	1995 kg
Rohrgewicht	1315 kg

Abmessungen
Gesamtlänge Rohr vollständig	5600 mm
Rohrlänge	5300 mm
Rohrkaliber	120 mm
Bauart	Kaltgerecktes Vollrohr, innen hartverchromt, Konstruktionsgasdruck 7100 bar
Verschluß	Fallkeilverschluß — vorgesteuerte Öffner- und Auswurfmechanik — Schließen mittels Schließfeder, — Öffnen und Schließen mittels Handhebel möglich
Abfeuerung	elektrisch — Schlagbolzen wird mechanisch zurückgezogen — Notabfeuerung induktiv mittels Stoßgenerator
Rauchabsauger	GFK-Bauteil
Rohrschutzhüllen	doppelwandige GFK-Rohre, ausgeschäumt
Rohrlebensdauer	500 Standardschuß

Wiege

Typ	Jackenwiege
Lagerlänge	1640 mm
Lagerungsdurchmesser	310 mm

Schildzapfenlager

Lagertypen	Je Seite ein dreirolliges Radiallager und ein einrolliges Axiallager
Elevation	20°
Depression	9°

Rücklaufeinrichtung

Rohrbremse	2 hydraulische Rohrbremsen
Rohrvorholer	1 hydropneumatischer Vorholer
Rücklaufweg	340 mm normal 370 mm maximal
Bremshöchstkraft	600 kN

Rauchabsauger

Hauptwaffe	auf dem Rohr montiert
Sekundärwaffe	Axialventilator in Wiegenwalze

laufbremsen, der höheren rücklaufenden Masse und einem einseitig exzentrisch angeordneten Vorholer zusammen. Durch entsprechende Auslegung der Rücklaufbremsen und eine geringfügige Verlängerung des Rücklaufweges gegenüber der LEOPARD 1-Kanone konnte erreicht werden, daß die Rücklaufkräfte nicht die der 105-mm-Kanone übersteigen. – Die technischen Daten der 120-mm-Waffenanlage sind in der Tabelle zusammengestellt.

5.3.3.2.2 Die Munition

Gemeinsam mit der 120-mm-Glattrohrkanone wurden die beiden bereits angesprochenen komplementären Munitionsarten entwickelt. Das erste ist das flügelstabilisierte, unterkalibrige KE-Geschoß. Dieses neue Geschoß übertrifft alle bisherigen bekannten Geschoßarten in Fluggeschwindigkeit, Treffgenauigkeit und endballistischer Leistung. Es ist in der Lage, alle bekannten z.Z. eingesetzten und für die Zukunft überschaubaren Panzerungen zu durchschlagen.

Die Geschoßstreuung liegt sehr günstig, so daß in Verbindung mit der Feuerleit- und Stabilisierungsanlage des LEOPARD 2 im Rahmen verschiedener Systemerprobungen hervorragende Treffergebnisse erzielt wurden. Die neue mit diesem Wuchtgeschoß verbundene Technologie ist daher inzwischen in der westlichen Welt Schrittmacher für eine ganze Reihe von Folgeentwicklungen im Kaliber 105 mm geworden. Die zweite Munitionsart, das Hohlladungsgeschoß, hat anerkanntermaßen die beste spezifische Leistung, die heute verfügbar ist. Die Hohlladung wurde übrigens gemeinsam mit der Firma MBB, der Zünder von der Firma Junghans entwickelt.

Die Geschoßhülle dieser Munition wurde so ausgestaltet, daß das Hohlladungsgeschoß ein echtes Mehrzweckgeschoß ist, d.h. es kann auch gegen weiche Ziele verwandt werden, und zwar mit der gleichen Wirkung wie das bisherige beim 105-mm-Waffensystem verwandte zusätzliche HESH-Geschoß.

Bemerkenswert ist, daß die 120-mm-Patronen die Längen der 105-mm-Munition nicht überschreiten.

Daß Gewicht und Abmessungen der 120-mm-Munition trotz der wesentlich höheren Leistung so gering gehalten werden konnten, erklärt sich zum einen aus dem Einsatz des hochkalorigen Treibmittels, zum anderen an der Verwendung der neuentwickelten verbrennbaren Hülse, auf die oben bereits eingegangen wurde.

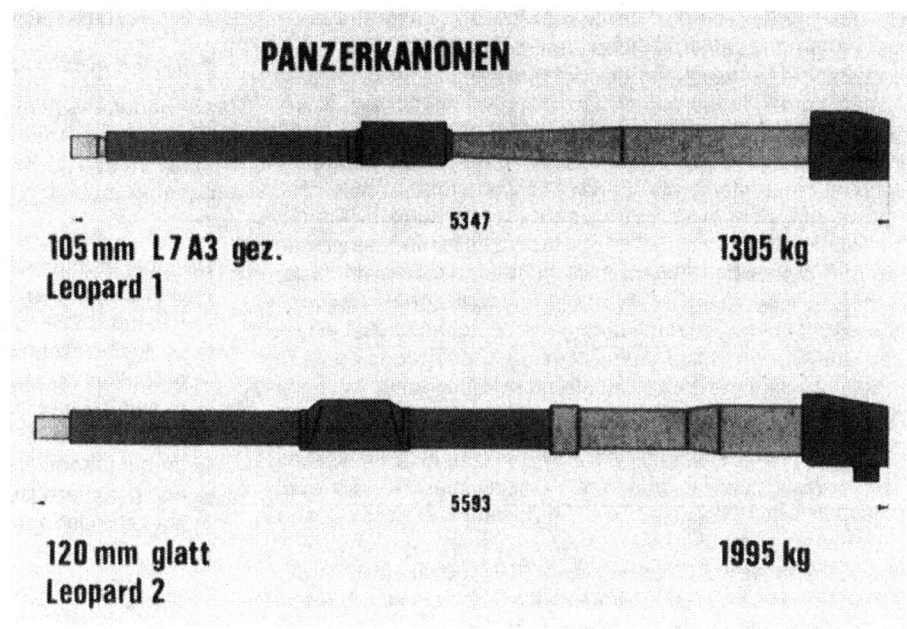

Panzerkanonen 105 mm und 120 mm

Werkstoffkennwerte

Waffe	$R_{p0,2}$ (N/mm^2)	R_m (N/mm^2)	E_m
105 mm	850	1100	12 %
120 mm	1030	1230	13 %

Rohrbeanspruchung

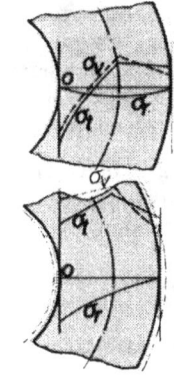

Eigenspannungen im Rohrrohteil mit Autofrettage; Autofrettagegrad c = 0,6

Spannungen im Fertigrohr mi Autofrettage beim Schuß Autofrettagegrad c = 0,6

Werkstoffkennwerte (links) und Rohrbeanspruchung (rechts)

Der Patronenschaft der 120-mm-Patrone besteht aus verbrennbarem Material, lediglich der Boden der Hülse – der sogenannte Hülsenstummel – der die Abdichtung zwischen Rohr-Verschluß übernimmt, ist weiterhin metallisch ausgeführt. Mit der teilverbrennbaren Hülse sind folgende Vorteile verbunden: Da das verbrennbare Hülsenmaterial wesentlich leichter ist als metallische Werkstoffe, konnte das Patronengewicht in den Grenzen der bisherigen 105-mm-Munition gehalten werden. Trotz des größeren Kalibers sind die 120-mm-Patronen gut zu handhaben. Das nach dem Schuß in dem Kampfraum des Panzerturms verbleibende Leergut hat ein wesentlich geringeres Volumen als bei einer vollmetallischen Hülse. Außerdem werden kaum noch das giftige Kohlenmonoxid enthaltende Pulvergase in den Kampfraum transportiert.

Die verbrennbare Hülse der 120-mm-Munition besteht aus einer Mischung von Zellulose, Nitrozellulose und Harz sowie stabilisierenden Zusätzen; sie hat sich auch über die oben genannten Vorteile hinaus bisher ausgezeichnet bewährt: Sie wurde härtesten Beschuß- und Klimatests, wie z.B. dem Panamatest, unterzogen und erwies sich dabei den konventionellen Hülsen deutlich überlegen.

Die Beschußsicherheit der Patrone mit verbrennbarer Hülse ist wesentlich günstiger als die der Patrone mit Metallhülse. Das liegt einmal daran, daß sowohl Geschosse als auch Splitter beim Durchschlag der Metallhülse zusätzlich Wärme erzeugen, welche die Zündgefahr des in den Patronen enthaltenen Treibladungspulvers erhöht. Zum anderen ist die Verdämmung bei der Metallhülse wesentlich größer, so daß bei der Zündung des Treibladungspulvers in einer freiliegenden Patrone mit Metallhülse ein bedeutend höherer Druck erzeugt wird als bei einer verbrennbaren Hülse.

Um die hohe Robustheit und Sicherheit der 120-mm-Patrone zu illustrieren, sei erwähnt, daß sie nach einem Fall aus 2 m Höhe unter ungünstigen Bedingungen noch lade- und beschußfähig ist.

5.3.3.2.3 Die Schildzapfenlagerung der Kanone

Die Forderung nach größtmöglicher Treffergenauigkeit der Kanone bedingt eine über die gesamte Einsatzdauer spielarme und wartungsfreie Lagerung des Schildzapfens. Die Prototypentürme und die Serientürme wurden ausschließlich mit INA-Wälzlagern ausgerüstet.

Die Radialbelastung wird durch zweireihige, vollrollige INA-Zylinderrollenlager der Baureihe SL18 49.., mit eingeengtem Radialspiel, die Axiallasten durch INA-Nadelkränze AXK.. aufgenommen, die zwischen INA-Wellenscheiben WS.. und INA-Gehäusescheiben GS.. angeordnet sind. Die statische Tragsicherheit unter der max. Rückstoßkraft des Schusses liegt knapp unter 2. Das Drehwiderstandsmoment unter der höhenrichtbaren Masse liegt bei ca. 20 Nm. Dieser geringe Wert wirkt sich sehr positiv auf alle Bewegungsabläufe des hydraulischen Höhenrichtens aus.

5.3.4 Feuerleitanlage

5.3.4.1 Einleitung

Die Feuerleitanlage liegt in der Gesamtverantwortung bei der Firma Krupp Atlas Elektronik GmbH, Bremen.
Abgeleitet aus den Forderungen an das Gesamtsystem ergeben sich für die Feuerleitanlage u.a. folgende Forderungen:

- Hohe Erstschußtreffwahrscheinlichkeit gegen stehende und bewegte Ziele bei stehendem und fahrendem Panzer bei Tag und Nacht,
- gute Zielerkennung,
- gute Zielverfolgungseigenschaften,
- schnelle Reaktionszeit,
- hohe Zuverlässigkeit,
- gute Instandsetzbarkeit,
- hohe Justierbeständigkeit,
- gute Handhabbarkeit.

5.3.4.2 Die Feuerleitanlage ist durch folgende wesentliche Merkmale gekennzeichnet:

- Primär stabilisierte Visierlinien für das Rundblickperiskop des Kommandanten und für das Hauptzielfernrohr EMES 15 des Richtschützen. Verbunden mit hochwertiger Optik erlauben diese Sichtmittel
  - Beobachtung und Zielentdeckung,
  - Zielerkennung / Identifikation,
  - Zielverfolgung,
  - Zielbekämpfung

  aus Stand und Fahrt mit hoher Reichweite und hohen Erfolgswahrscheinlichkeiten;
- Einsatz eines Wärmebildgerätes, integriert in das Hauptzielfernrohr EMES 15 für den Nachtkampf bzw. für die Erkennung/Identifizierung von getarnten Zielen oder bei ungünstigen Sichtverhältnissen am Tage;
- Im Hinblick auf kurze Reaktionszeiten und sichere Zielbekämpfung wurde in das Hauptzielfernrohr EMES 15 ein Laser-Entfernungsmesser integriert.
- Verwendung des Turmzielfernrohres FERO Z18, verwendbar als optisches Sichtmittel im Notbetrieb;
- Elektro-hydraulisch nachgeführte Waffe;
- Anwendung des Direktor-Systems, d.h. die hochgenau stabilisierten Visierlinien des PERI R 17 bzw. des EMES 15 führen über eine Nachführkette mit hoher Güte die Waffe über die elektro-hydraulische Waffennachführanlage;
- Kreuzweise Verknüpfung der Sichtlinien über die elektrische Übertragungskette mit der Hauptwaffe / MG in Verbindung mit entsprechenden Betriebszuständen, gesteuert durch die Zentrallogik, ermöglicht eine schnelle Reaktionszeit;
- Verwendung eines Feuerleitrechners zur Aufsatz- und Vorhaltbildung;
- Integriertes fahrzeuginternes Prüfsystem.

5.3.4.3 Prinzipielle Funktion der Feuerleitanlage

Das Hauptzielfernrohr EMES 15 besitzt eine eigene stabilisierte Sichtlinie. Störungen aufgrund der Fahrzeugbewegungen werden durch Kreisel detektiert und mittels einer Stabilisierungselektronik über Stellmotore ausgeregelt. Das gleiche Prinzip gilt für die stabilisierte Sichtlinie des PERI R 17. Die Sichtlinien sind über eine Nachführkette mit der vorstabilisierten Waffennachführanlage verbunden.

Auf die Nachführketten wirkt auch das Ergebnis des Feuerleitrechners für Höhe und Seite ein. Die Feuerleitrechnung berücksichtigt die Schußtafel für verschiedene Munition sowie die Parametervariation für verschiedene außen- und innenballistische Daten. Darüber hinaus wird eine Koordinatentransformation vom erdfesten ins sichtlinienfeste System vorgenommen. Bei den Normalbetriebsarten führt entweder der Richtschütze über seinen Richtgriff die Visierlinie des EMES 15 bzw. führt der Kommandant über seinen Richtgriff die Visierlinie des PERI R 17. Die Korrelation der jeweiligen Sichtlinien mit der tatsächlichen Waffenposition wirkt sich über die Nachführkette auf die Waffennachführanlage aus und führt so zu einer Beeinflussung der Waffe in Höhe bzw. Seite.

Der Kommandant hat die Möglichkeit, unabhängig vom Richtschützen mit Hilfe des PERI R 17 rundum zu beobachten. Bei Zielaufnahme folgt die PERI-Sichtlinie, gesteuert durch einen Nachführregler, automatisch der vom Richtschützen gewählten Sichtlinie für das EMES. Führt der Kommandant über das PERI die Waffe, kann auch das EMES 15 über einen Nachführregler der Sichtlinie des PERI entsprechend nachlaufen.

Beim Wärmebildbetrieb kann der Kommandant über einen Direkteinblick für das Wärmebildgerät über den Okulararm des EMES 15 die Wärmebildsichtlinie führen, genau wie im Normalfall der Richtschütze, und damit über die Nachführanlage EMES 15/WNA die Waffe führen.

5.3.4.3 Beschreibung der Feuerleitanlagen-Komponenten

5.3.4.3.1 Hauptzielfernrohr EMES 15

Das Hauptzielfernrohr EMES 15 ist die Hauptzieleinrichtung des KPz LEOPARD 2. Es wird vom Richtschützen bedient und dient zum
○ Beobachten,
○ Zielerkennen,
○ Zielidentifizieren,
○ Zielverfolgen,
○ Zielentfernungsmessen

gegen stehende und bewegte Ziele aus dem Stand und aus der Fahrt bei Tag und Nacht bzw. bei schlechter Sicht.

Das Hauptzielfernrohr EMES 15 faßt die optischen Tagsichtbaugruppen, den Laser-Entfernungsmesser, das Wärmebildgerät und die Ausblickbaugruppe über einen speziell gestalteten Montageträger zu einer Einheit zusammen. Dieses integrierte Konzept ermöglicht das gleichzeitige Führen aller Visierlinien für Tagsicht und Wärmebild und Lasersender/-empfänger über einen hochgenau stabilisierten Spiegel in der Ausblickbaugruppe. Damit ergeben sich u.a. erhebliche Vorteile für die Justierung der verschiedenen optischen Komponenten zueinander und insbesondere deren Standfähigkeit im Einsatz.

Das Hauptzielfernrohr besteht im wesentlichen aus den Baugruppen:
○ Ausblickbaugruppe,
○ Verbindungsbaugruppe (Periskop),
○ Laser-Entfernungsmesser incl. zugeh. Elektronik,
○ Wärmebildgerät,
○ Einblickbaugruppe,
○ Montagehalterung.

Entfernungsmesser EMES 15

Die Ausblickbaugruppe enthält, wie schon erwähnt, den stabilisierten Spiegel sowie die Ausblickscheiben für Tagsicht und für das Wärmebildgerät.

Die Verbindungsbaugruppe (Periskop) ist mit den optischen Baugruppen für die Tagsicht und den Strahlteiler zur Trennung des Laser-Empfangssignales ausgerüstet. In diese Baugruppe wird auch der Lasersender/-empfänger integriert.

Der Laser-Entfernungsmesser ist ein Neodym-YAG-Laser mit hoher Ausgangsleistung unter Verwendung modernster Techniken. Die notwendige Elektronik ist in einer separaten Baugruppe untergebracht, welche in der Nähe des Hauptzielfernrohres installiert ist. Funktionell besitzt der Laser-Entfernungsmesser eine Nahzielunterdrückung sowie eine Letzt-Echo-Logik.

Auf der rechten Seite des Hauptzielfernrohres ist das Wärmebildgerät angeordnet (Beschreibung siehe Seite 103).

Die Einblickbaugruppe ist direkt an die Verbindungsbaugruppe angeflanscht. Die Einblickbaugruppe enthält:

○ Objektiv für Tagsicht/Wärmebildbetrachtung,
○ einen fest eingebauten Laserschutzfilter,
○ einschwenkbaren Sonnenschutzfilter,
○ einschwenkbare Blende gegen Austreten von Kampfraumlicht,
○ zwei Okulare für einen binokularen Einblick,
○ Einspiegelung für spezielle Anzeigen in das linke Okular,
○ einschwenkbarer Spiegel zur wahlweisen Betrachtung Tagsicht bzw. Wärmebild.

Über eine spezielle Ausspiegelung ist der Anschluß einer Übertragungsoptik zum Rundblickperiskop PERI R 17 gegeben, so daß auch der Kommandant direkt das Wärmebild betrachten kann.

5.3.4.3.2 Rundblickperiskop PERI R 17

(Beschreibung siehe Seite 105)

5.3.4.3.3 Turmzielfernrohr FERO – Z 18

Das Turmzielfernrohr FERO – Z 18 (TFZ) ist im Richtschützenstand neben der Kanone eingebaut (Beschreibung siehe Seite 106).

5.3.4.3.4 Waffennachführanlage WNA – H 22

Die Waffennachführanlage hat die Aufgabe, die Waffe in Höhe und Seite dem hochstabilisierten und führenden Sichtgerät verzugsfrei und mit hoher Genauigkeit nachzuführen und sie in dieser Position, unbeeinflußt von den Fahrzeugbewegungen, zu stabilisieren (Beschreibung siehe Seite 107).

5.3.4.3.5 Zentrallogik

Die Zentrallogik besteht aus der Logikeinheit und der Hauptverteilung. Diese sind intern über zwei hochpolige Stecker miteinander verbunden (Beschreibung siehe Seite 95).

5.3.4.3.6 Feuerleitrechner

Die Baugruppe des Feuerleitrechners ist im Turmheck untergebracht. Sie enthält die Elektronik für die Nachbildung der Ballistik, Berechnung von Aufsatz und Vorhalt sowie für die Stabilisierung der Visierlinie für das Hauptzielfernrohr.
Die Aufsatz- und Vorhaltewinkel ermittelt der Rechner unter Berücksichtigung folgender Parameter:
○ Verschiedene Munitionsarten,
○ Entfernung,
○ Lufttemperatur,
○ Pulvertemperatur,
○ Luftdruck,
○ V o-Korrektur,
○ Querwindgeschwindigkeit,
○ Verkantung,
○ Systemfehler.

Die Eigenbewegungen des Fahrzeuges und die Zielverfolgung werden in folgender Weise berücksichtigt:
○ Automatischer Parallaxenausgleich für die Sichtmittel,
○ Berechnung von Richtkorrekturen und automatische Rücksteuerung der Visierlinie,
○ Bildung eines dynamischen Vorhalts aufgrund der Zielverfolgungsgeschwindigkeit durch den Richtschützen bzw. aufgrund der Eigenbewegung,
○ Korrektur der gemessenen Entfernung in Zielrichtung (aufgrund der Eigenbewegung),
○ Verkantungsfreies Richten,
○ Entfernungsabhängige Filterung des Richtschützenrichtgriffsignals.

5.3.4.3.7 Bediengerät der Feuerleitanlage

Die wesentlichen Bediengeräte der Feuerleitanlage sind:
○ Rechnerbediengerät,
○ Richtschützen-Bediengerät,
○ Kommandanten-Anzeigegerät,
○ PERI-Bedien- und Justiergerät,
○ Richtschützensteuereinrichtung (Richtgriff),
○ Kommandantensteuereinrichtung (Richtgriff),
○ Handhöhenrichtpumpe der WNA,
○ Handseitenrichtpumpe der WNA,
○ Anzeige- und Bediengerät RPP 1–8.

Die Bediengeräte sind funktionsgerecht gestaltet. Ihre Anordnung beim Richtschützen- und Kommandantenplatz ermöglichen eine sichere und einfache Handhabung für die Feuerleitanlage.

5.3.4.3.8 Rechnergesteuertes Panzerprüfgerät RPP 1–8

Mit dem Prüfgerät RPP 1–8 wird die Funktionsbereitschaft der Feuerleitanlage überwacht. Defekte Baugruppen der Feuerleitanlage werden lokalisiert und können im Rahmen der Materialerhaltungsstufe 2 ausgetauscht werden.
Das Prüfgerät RPP 1–8 besteht aus:
○ Bedien- und Anzeigegerät,
○ Prüfzentrale,
○ Anpaßelektroniken in verschiedenen Prüflingen zum Signalaustausch.

Vom Prüfgerät RPP 1–8 erkannte Fehler sowie angezeigte Aktionsaufforderungen, die von der Besatzung oder dem Instandsetzungspersonal auszuführen sind, werden auf dem Anzeigefeld des Bedien- und Anzeigegerätes in Form von Klarschriftabkürzungen angezeigt.
Die Prüfzentrale ist u.a. mit folgenden Prüflingen in der Feuerleitanlage verbunden:

○ WNA-Elektronik,	○ EMES-Elektronik,
○ PERI-Elektronik,	○ Feuerleitrechner,
○ WBG-Elektronik,	○ Zentrallogik,
○ div. Sensoren,	○ Kdt.-Steuereinrichtung (Richtgriff)
○ Wechselrichter,	○ Richt-Steuereinrichtung (Richtgriff).

Die Überwachung, Funktionsprüfung und Fehlerlokalisierung durch das RPP 1–8 erfolgt in den folgenden Prüfbetriebsarten:
○ Betriebsüberwachung »BÜ«
Die Betriebsüberwachung ist eine ständige systemtechnische und gerätetechnische Überwachung der Feuerleitanlage. Das Prüfgerät arbeitet nur im passiven Prüfbetrieb. Eine Eigenprüfung des RPP 1–8 vor jedem Prüfzyklus ver-

hindert Falschaussagen. In der Prüf-Betriebsart »BÜ« werden keine Bedienungen vorgenommen.
Aufgetretene Fehler werden im Anzeigefeld des Bedien- und Anzeigegerätes angezeigt und gleichzeitig gespeichert.
○ Fehlereinkreisungsprüfung »FP«, bestehend aus
  ○ Systemtest »Syst«
  Der Systemtest dient der funktionellen Überprüfung der Feuerleitanlage hinsichtlich der für den Einsatz wesentlichen Funktionen. Das Prüfgerät arbeitet im aktiven Prüfbetrieb. Die Anzeige gibt Aufforderungen an den Bediener
    ○ zur Durchführung von Kontrollen,
    ○ Entscheidungen zu treffen,
    ○ Anweisungen auszuführen
  oder auch eine Fehleranzeige.
  ○ Fehlerlokalisierungstest »FLOK«
  Der Fehlerlokalisierungstest dient zur Lokalisierung defekter Baugruppen. Er wird durch das Instandsetzungspersonal der Materialerhaltungsstufe 2 durchgeführt. Der Test entspricht im wesentlichen dem Systemtest. Das Instandsetzungspersonal verfügt über weitergehende Fehlersuchbeschreibungen.
  ○ Aufsatz- und Seitenwinkeltest »ASP«
  Dieser Test dient zur Überprüfung der Justierung für das Rundblickperiskop PERI R17 und das Hauptzielfernrohr EMES 15. Es wird ebenfalls durch das Instandsetzungspersonal der Materialerhaltungsstufe 2 ausgeführt. Die Durchführung des »ASP« erfordert vorhandene Sonderprüfgeräte.

Die tiefgreifende Prüfung mit dem fahrzeuginternen Prüfsystem RPP 1-8, die Vorbereitung der Baugruppen für eine Adaption an REMUS sowie die Prüfung mit der WSA-Optronik erlauben eine gute Fehlereinkreisung und Instandsetzung in den verschiedenen Materialerhaltungsstufen.
Zur Vermeidung von speziellen Hilfsmitteln und hoch ausgebildetem Fachpersonal wird zur Vereinfachung der Optimierungsarbeiten der WNA das WNA-Einstellgerät verwendet.

5.3.4.4 Justierkonzept

Auf eine gute Justierbeständigkeit wurde bei der Gestaltung und Anordnung der optischen Sichtmittel in bezug auf die Waffe geachtet. Zu erwähnen ist insbesondere das integrierte Sichtkonzept des Hauptzielfernrohres EMES 15, wodurch die Visierlinien von Tagsicht, Laser und Wärmebildgerät günstig und justierbeständig angeordnet sind und nur über einen elektrisch zur Waffe justierbaren Spiegel stabilisiert werden. Die wesentlichen Justierungen sind nachfolgend aufgeführt.

Feldjustierung:	dient der Nachjustierung der Sichtlinie auf Rohrmündung,
Punktjustierung 1500:	Justierung Sichtlinien und Waffe auf die bekannte Entfernung 1500 m,
Punktjustierung E:	Justierung Sichtlinien und Waffe auf eine mit dem Laser gemessene Entfernung,
Kollimatorjustierung:	18 m T/W-Kollimator, Justierung Sichtlinien auf Kollimator (incl. Wärmebild),
Gleichlauf:	Justieren gleicher Höhenlagen von Optik und Waffe im Elevationsbereich,
Lotablauf:	Justieren des Parallellaufs von Optik und Waffe im Elevationsbereich,
Grundjustierung:	Ausrichtung Optik und Waffe nach Einbau der Optiken. Ausgleich mechanischer Toleranzen.

5.3.5 Wärmebildgerät WBG

5.3.5.1 Einleitung

Das Wärmebildgerät ermöglicht die Entdeckung, Erkennung, Identifizierung und Bekämpfung gegnerischer Ziele auf große Entfernungen bei schlechten Sichtbedingungen und bei Nacht.
Zur kostengünstigen Realisierung leistungsfähiger Wärmebildgeräte wurden im Auftrag des Night Vision & Electro-Optics Laboratories, Ft. Belvoir, USA durch die Fa. Texas Instruments standardisierte Bausteine, die sogenannten US-Common Modules, entwickelt. Die Anpassung an gerätespezifische Leistungsdaten hinsichtlich Sehfeld und Reichweite erfolgt durch den Einsatz individuell angepaßter Infrarotobjektive.
Für die Integration des Wärmebildgerätes in die gepanzerten Fahrzeuge der deutschen Bundeswehr entwickelte die Fa. Carl Zeiss eine modular aufgebaute Gerätefamilie.
Das WBG-Grundgerät, die Stromversorgung und die Bediengeräte werden als Querschnittsgeräte in alle Kampffahrzeuge eingebaut. Die Anpassung an die fahrzeugspezifischen Gegebenheiten erfolgt durch den Einbau von den fahrzeugangepaßten Peripherie-Baugruppen (z.B. Ausblickkopf, Übertragungsoptik). Im Kampfpanzer LEOPARD 2 ist das WBG-Grundgerät in das Richtschützenzielgerät EMES 15 integriert und benutzt den primärstabilisierten Ausblickspiegel mit.
Das Wärmebild wird in den Okulararm des EMES 15 eingespiegelt, der Richtschütze beobachtet beidäugig durch die Okulare. Der Kommandant erhält das Wärmebild in das Okular des PERI-R 17 eingespiegelt. Die Bildübertragung von EMES 15 zum PERI-R 17 erfolgt mit einer optischen Übertragungsoptik.

5.3.5.2 Funktionsbeschreibung

Das Wärmebildgerät empfängt die Wärme-Eigenstrahlung natürlicher Objekte und Fahrzeuge/Gebäude, die bei Temperaturen um 30 °C ihr Emissionsmaximum bei einer Wellenlänge von 10 μm haben. Das atmosphärische Fenster bei 8–14 μm kommt der Forderung nach großen Reichweiten ebenfalls entgegen.
Der Satz Common Modules stellt bereits ein funktionsfähiges Wärmebildgerät dar, das eine unendlich ferne thermische Szene in ein im Unendlichen liegendes visuelles Bild wandelt.

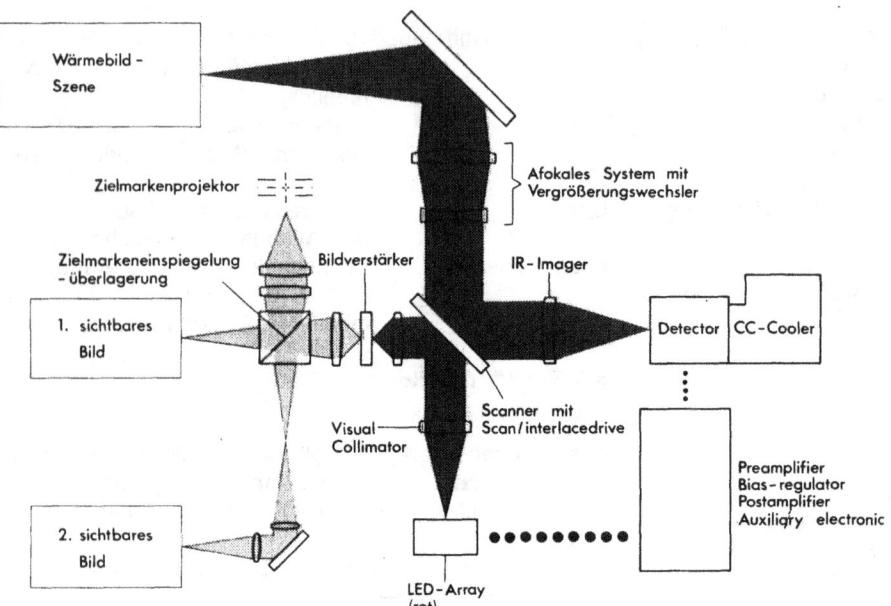

Strahlengang im Wärmebildgerät

Die von der Szene empfangene thermische Strahlung wird über den Scan-Spiegel auf das Infrarotabbildungsobjektiv abgelenkt und durch dieses auf das Detektor-Array fokussiert. Das Detektor-Array wird auf 77 K (–196 °C) gekühlt. Der Kühler arbeitet auf der Basis eines geschlossenen thermischen Prozesses, der nach seinem Erfinder Sterling benannt ist. (Sterling hat diesen Prozeß vor 150 Jahren beschrieben.) Abhängig von der Intensität der auftreffenden IR-Strahlung geben die Detektoren sehr kleine elektrische Signale ab, die auf die Vorverstärker gegeben werden. Jede Vorverstärkerplatine verarbeitet die Signale von 20 Detektorelementen. Die Vorspannung für alle Vorverstärkerplatinen erzeugt zentral der Bias-Regulator.

Die vorverstärkten Signale werden auf die Nachverstärker geleitet. Auf den Nachverstärkerplatinen, jede verarbeitet wieder die Signale von 20 Kanälen, sind die Justierpotentiometer zur Einstellung gleicher Verstärkung für alle Kanäle leicht zugänglich angebracht.

Der zentralen Spannungsversorgung der Nachverstärker dient die Auxiliary Elektronik.

Die Signale gelangen von den Nachverstärkern auf das LED-Array, dessen einzelne Dioden entsprechend der Größe des ansteuernden Signals verschieden hell leuchten.

Über das Kollimatorobjektiv und die Rückseite des Scan-Spiegels wird daraus ein scheinbar unendlich fernes visuelles Bild aufgebaut.

In den Bildwiedergabeteil wird mittels Zielmarkenprojektor die Zielmarke für das kleine Sehfeld und ein Rahmen, der das kleine Sehfeld im großen Sehfeld markiert, eingespiegelt. Für die Punktjustierung im Kampfpanzer kann die Zielmarke über Drehkeilpaare in Höhe und Seite um je ± 7 Strich verstellt werden.

Das Vorhandensein eines reellen Bildes erlaubt die Wiedergabe der thermischen Szene entweder auf dem Bildschirm eines Monitors oder durch Direktbetrachtung des Bildes über ein Okular.

5.3.5.3 Fa. Texas Instruments Incorporated liefert die standardisierten Wärmebild-Bausteine (Common Modules)

Mit der Carl Zeiss/Texas Instruments-Partnerschaft konnte eine Verknüpfung von technischem Know-how zum Tragen kommen, welche entscheidend dazu beigetragen hat, daß sowohl Entwicklung als auch Serienreifmachung der Geräte in der relativ kurzen verfügbaren Zeit (1978 Beginn der Entwicklungsarbeiten und 1981 Beginn der Auslieferung der ersten Seriengeräte) erfolgreich durchgeführt werden konnte.

Für die Entwicklung des Wärmebildgeräts konnte eine bereits verfügbare standardisierte Technologie eingesetzt werden, die es ermöglichte, den spezifischen Anforderungen an Konfiguration und Leistungsfähigkeit gerecht zu werden.

Das Interesse der Firma Texas Instruments an der Wärmebildtechnologie geht zurück ins Jahr 1955, als die Eigenschaft von Halbleitern als Wärmesensoren erkannt wurde. Die Entwicklung von kritischen Technologien auf dem Gebiet der Optik- und IR-Detektoren wurde seitdem verstärkt vorangetrieben, da ein eindeutiger Bedarf für zukünftige Anwendungen in den Bereichen militärische Aufklärung und geophysikalische Vermessung sich abzeichnete.

Diese Technologie wurde dann zum ersten Mal im Jahre 1967 zu Kampfzwecken in Südostasien eingesetzt. Sie brachte den »Gunship«-Hubschraubern der US-Luftwaffe den Ruf ein, eines der genauesten Waffenablagesysteme bei Nacht zu sein, das je in der Kriegsführung eingesetzt wurde. Beträchtliche Leistungsverbesserungen konnten in den

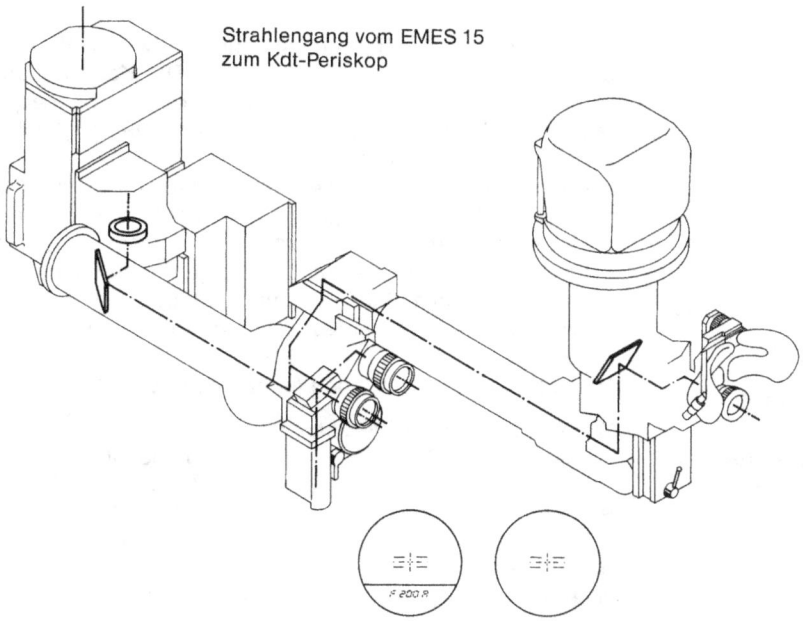

Strahlengang vom EMES 15 zum Kdt-Periskop

Kommandant und Richtschütze sollen sowohl vom stehenden als auch vom fahrenden Kampfpanzer aus **unabhängig** voneinander das Gefechtsfeld beobachten können und **separat** und/oder im integrierten Feuerleitsystem **gemeinsam** Ziele bekämpfen.

Der Kommandantenstand des KPz LEOPARD 2 ist mit dem primärstabilisierten Rundblickperiskop PERI R17 ausgerüstet. Das Bild zeigt das Rundblickperiskop PERI R17

Das PERI R17 ist ein monokulares Beobachtungs- und Zielgerät für den Einsatz bei Tag und dient dem Kommandanten für
○ unabhängige Rundumbeobachtung (n x 360°),
○ Zielentdeckung, -erkennung und -identifizierung,
○ Zielzuweisung an den Richtschützen,
○ Zielüberwachung des Richtschützen,
○ Führung des Feuerkampfes,
○ Zielbekämpfung im Notbetrieb.

daraufolgenden Jahren erzielt werden. Jedoch die Entwicklung einer einmaligen Gerätekonfiguration und die zwangsläufig damit verbundenen niedrigen Stückzahlen für den jeweiligen Anwendungszweck hielten die Kosten auf einem zu hohen Niveau. Daher wurde Texas Instruments im Jahre 1972 vom US-Verteidigungsministerium beauftragt, eine Untersuchung zur Kostenreduzierung durchzuführen. In dieser Studie wurde nachgewiesen, daß bestimmte Elemente von Gerät zu Gerät einheitlich ausgelegt werden können, ohne dabei die Gesamtleistung zu beeinträchtigen. Unter Berücksichtigung der anhand der Studie erarbeiteten Randbedingungen wurde daraufhin eine Baugruppen-Familie entwickelt und gefertigt. Sie wurde unter dem Namen »FLIR Common Modules« bekannt und ermöglichte – wegen ihrer äußerst hohen Packungsflexibilität – eine Vielzahl von Anwendungen bei angemessenen Kosten.

Die Verwendung von US Common Modules für Projekte der deutschen Bundeswehr wurde durch ein von beiden Regierungen unterzeichnetes Memorandum of Understanding (MOU) voll unterstützt. Ferner erteilte die US-Regierung die Erlaubnis, die kritischen Common Modules für das deutsche Wärmebildgerät in Deutschland zu fertigen, und auf Anregung des Bundesministeriums für Verteidigung wurde die Firma AEG-Telefunken, Heilbronn, als Lizenznehmer für die Fertigung der kritischen Common Modules ausgewählt.

5.3.6 Rundblick – Periskop PERI R17

5.3.6.1 Einleitung

Um den technischen und taktischen Forderungen des Panzerkampfes voll zu genügen, benötigen Richtschütze **und** Kommandant Beobachtungs-, Meß- und Zielgeräte, die es ihnen erlauben, in unterschiedlichen, wechselnden Situationen jeweils eine optimale optische Feuerleitung durchzuführen.

PERI R17

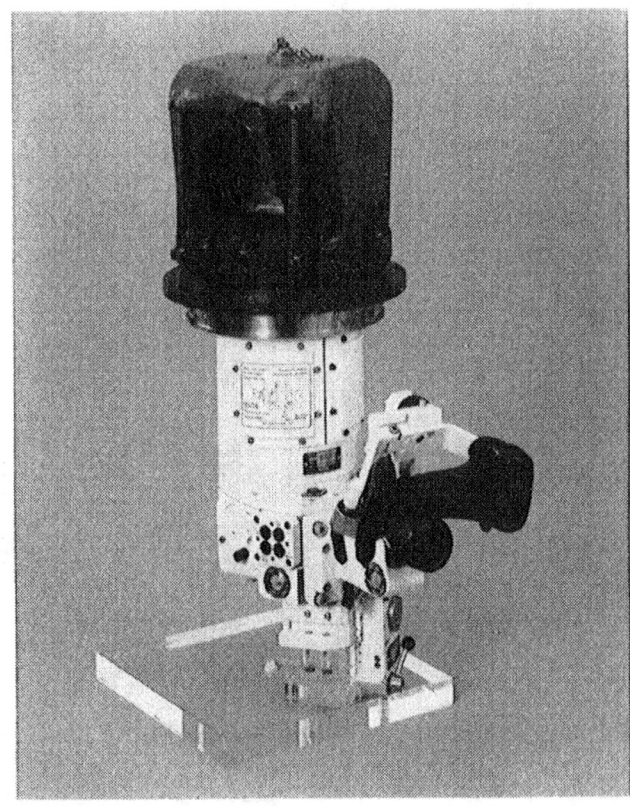

5.3.6.2 Aufbau

Die Gesamtanlage des PERI R17 besteht aus
○ Rundblickperiskop PERI R17,
○ Elektronikeinheit,
○ Kommandantenrichtgriff,
○ Bedien- und Justiergerät,
○ Schildzapfen-Stellungsgeber.

Das Rundblickperiskop PERI R17 verfügt über eine geräteeigene Kreiselstabilisierung der Ausblickachse. Bei nichtstabilisierten Beobachtungsgeräten werden durch die Fahrzeugbewegungen Abweichungen der Visierlinie von der Sollrichtung verursacht. Das Stabilisierungssystem des PERI R17 kompensiert diese Abweichungen in Höhe und Seite.

Unser Bild zeigt den schematischen Aufbau des PERI R17. Im Stabilisierungsbetrieb kann die Visierlinie in Höhe und Seite mit dem Kdt.-Richtgriff geführt werden, wobei die Drallachse der Visierlinienbewegung folgt und die Visierlinie in der neuen Ausblickrichtung stabilisiert. Der Kommandant kann unabhängig von der Turmstellung rundum beobachten, wobei das Okular stets turmbezogen ortsfest bleibt – Stellungsanzeige im PERI.

Die umschaltbare Fernrohrvergrößerung (2fach/8fach) und die hohe Stabilisierungsgenauigkeit erlauben dem Kommandanten die Anpassung an rasch wechselnde Aufgaben bei exakter Zielhaltung – auch auf große Entfernungen.

Eine automatische Bildaufrichtung kompensiert den bei periskopischer Rundumbeobachtung auftretenden Bildsturz.

Das Bild zeigt den optischen Aufbau des PERI R17.

Wesentliche technische Daten:

Einblick	monokular
Vergrößerung	2fach/8fach
Sehfeld	30° 8°
Eintrittspupillendurchmesser	8 mm 40 mm
Austrittspupillendurchmesser	4 mm 5 mm
Dioptrieneinstellbereich	± 4 dpt
Laserschutzfilter -Gerätetransmission für Neodymlaser $\lambda = 1064$ mm	ca. 10^{-6}
Neutralglasfilter (Sonnenfilter) Transmissionsgrad	0,1
Richtbereich Höhe	–13° +20°
Seite	n x 360°
Richtgeschwindigkeit in Höhe und Seite kontinuierlich steuerbar	–10°/s bis +10°/s
maximale Stellgeschwindigkeit	$\geq$ 40°/s

Zur Führung des Feuerkampfes bei Tag **und** bei Nacht aus stehendem oder fahrendem Kampfpanzer wird das Wärmebild des Richtschützen in das PERI R17 eingespiegelt. Eine Übertragungsoptik zwischen dem Kdt.-Rundblickperiskop und dem Richt- und Zielgerät des Richtschützen und ein umschaltbarer Direktsichtadapter am PERI R17 ermöglichen wahlweise über die gleiche Okularbaugruppe den Tag- oder Wärmebildbetrieb durch den Kommandanten.

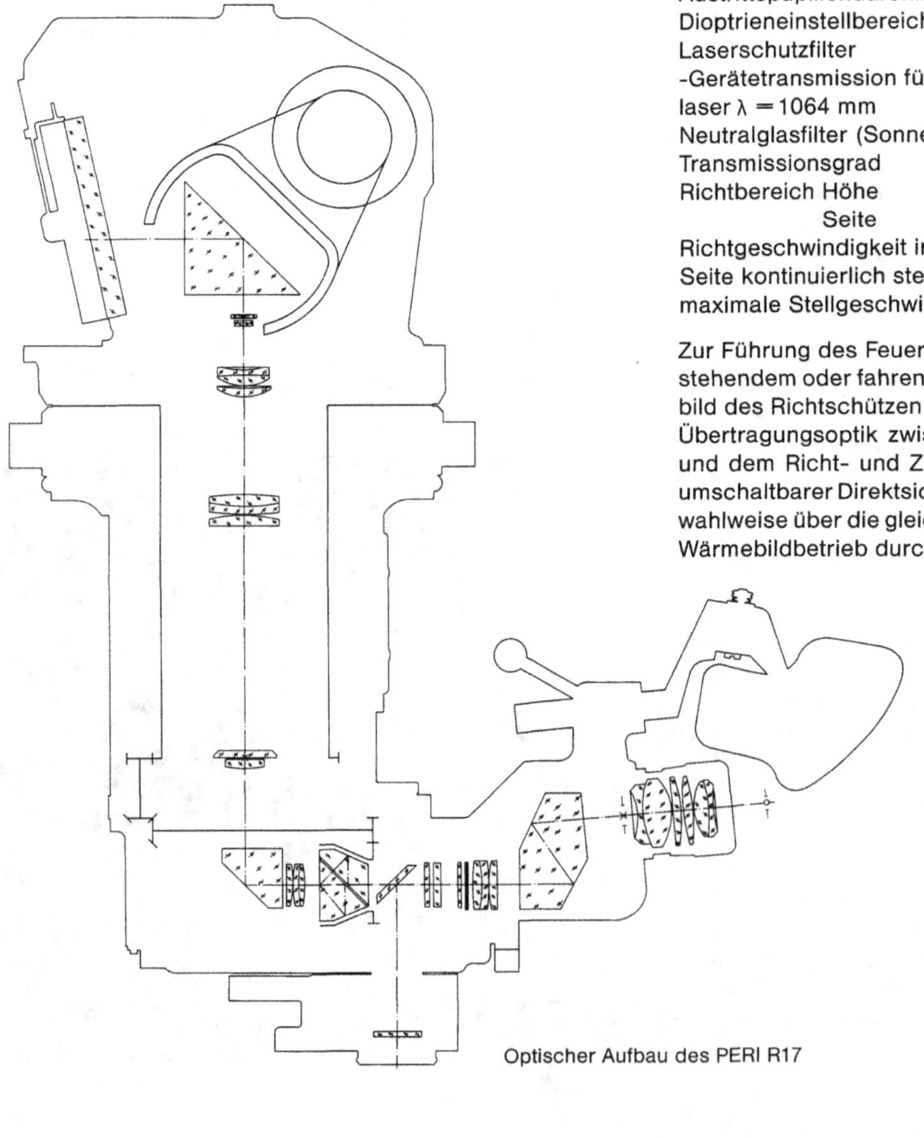

5.3.7 Turmzielfernrohr FERO-Z18

5.3.7.1 Einleitung

In der Entwicklung von Panzerzielfernrohren besitzt die Fa. LEITZ langjährige Erfahrung. Das Turmzielfernrohr FERO-Z18, Zielfernrohr für die Hauptwaffe und das koaxial angeordnete MG, ist eine spezielle Entwicklung für den KPz LEOPARD 2 und trägt den hohen taktischen Anforderungen durch eine sehr gute optische Leistung am Tage und in der Dämmerung und durch eine hohe Justierstabilität Rechnung.

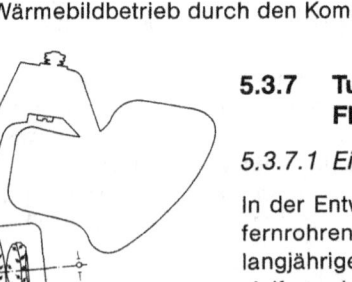

Optischer Aufbau des PERI R17

5.3.7.2 Aufbau

Das die Visierlinie definierende Teil, die Ausblickbaugruppe des Fernrohres, ist in der Wiegenwalze und an der Waffenlagerung gelagert. Durch ein optisches Gelenk ist das Einblickteil des Fernrohres mit der Ausblickbaugruppe so verbunden, daß das Okular, nahezu ortsfest im Turm, dem Richtschützen einen bequemen Einblick über den ganzen Elevationsbereich der Waffe gestattet. Das Strichplattensystem ermöglicht vorweg die Justierung der Ziellinie in Seite und Höhe und im Einsatz die Einstellung der erforderlichen Aufsatzwinkel für das MG und für die verschiedenen Munitionsarten der Hauptwaffe.

Turmhilfszielfernrohr

Eine Feuerblende, gesteuert durch die Abfeuerkontakte, verhindert die Blendung des Richtschützen durch den Mündungsblitz, der fest eingebaute Laserschutzfilter schützt vor Schäden durch Laserstrahlung.

Die Qualität in der Ausführung bedingt eine hohe Standzeit und geringe Ausfälle. Die übersichtliche Gliederung des Gesamtgerätes in leicht auswechselbare Baugruppen ermöglicht eine schnelle und einfache Instandsetzung.

5.3.8 Elektrohydraulische Waffennachführanlage

5.3.8.1 Einleitung

Bei der Entwicklung von Kampfpanzern haben stets die Begriffe Beweglichkeit, Feuerkraft und Panzerschutz die führende Rolle gespielt. Zwar haben die Prioritäten gelegentlich gewechselt, aber man erkannte schließlich, daß sie gleichwertig nebeneinander stehen müssen.

Konzentrierten sich diese Zielsetzungen früher vorrangig auf die Triebwerk- und Fahrwerkeigenschaften, auf die Durchschlagsleistung der Hauptwaffe mit ihren verschiedenen Munitionsarten und auf die Panzerung des Fahrzeuges, so spielt heutzutage zunehmend die Konzeption und die Qualität des Feuerleitsystems eine ebenso wichtige Rolle bei der Beurteilung des Kampfwertes eines Panzers. Beweglichkeit wird nicht mehr allein unter dem Gesichtspunkt der triebwerk- und fahrwerkbezogenen Eigenschaften gesehen, sondern auch von den kampftaktischen Möglichkeiten her, was gegenüber dem historischen Verständnis wiederum den Begriffen Feuerkraft und Schutz ebenfalls erweiterte Bedeutung gibt. Möglich geworden ist dies vor allem durch die Einführung von Waffen- und Visierlinienstabilisierungen. Die Verwendung primär stabilisierter Richtschützen- und Kommandanten-Zielgeräte mit nachgeführter, ebenfalls stabilisierter Waffenanlage stellt heute die größtmögliche Leistungsstufe in einem Kampfpanzer dar, stellt aber auch an die beteiligten Komponenten die höchsten Anforderungen.

Die Entwicklung der Waffennachführanlage (WNA) und ihres Vorläufers WSA (=Waffenstabilisierungsanlage, war in der Experimententwicklung und den darauf aufbauenden Prototypen enthalten) wurde in den Jahren 1968 bis 1977 von den Firmen AEG-Telefunken, Feinmechanische Werke Mainz (FWM) und Honeywell GmbH unter der technischen Verantwortung von AEG-Telefunken durchgeführt. Der Zusammenschluß dieser drei Firmen zur

»Arbeitsgemeinschaft Waffenstabilisierungsanlagen« unter der Kurzbezeichnung ASA erfolgte auf Anregung des BWB im Jahre 1969 in der Absicht, die gemeinsamen Erfahrungen der Partnerfirmen auf dem Gebiet der Waffenricht- und -stabilisierungstechnik zusammenzufassen und für die Entwicklung der Waffenstabilisierungsanlage des KPz LEOPARD 2 optimal zu nutzen.

Ausgehend von den wesentlichen Arbeitsgebieten der Partnerfirmen verteilten sich in der Entwicklungsphase des LEOPARD 2-Programms die Aufgaben wie folgt:

○ Federführung für das
   Gesamtsystem WNA: AEG-Telefunken
○ Hydrauliksystem und
   Mechanik: FWM
○ Regelsystem und Stabilisierungselektronik: AEG-Telefunken
○ Kreiseltechnik: Honeywell
○ Richtgriffe: AEG-Telefunken
    Honeywell

Nach Abschluß der Entwicklung wurde für die Serienreifmachungsphase und für die Beschaffungsphase vereinbart, daß AEG-Telefunken die ASA-Anlage als Generalunternehmer vertritt.

5.3.8.2 Aufbau

Das Hydraulikschema für die Stabilisierungs- und Nachführregelung ist in dem farbigen Schaltbild auf dem hinteren Vorsatz (am Ende des Buches) dargestellt.

Die WNA stellt einen hydrostatischen Antrieb mit Drosselsteuerung dar. Es handelt sich um ein geschlossenes System mit Vordruck, d.h. die Anlage steht auch rücklaufseitig nicht mit der Außenluft in Verbindung. Das Reservoir ist geschlossen und mit einem Vordruck beaufschlagt.

Die hydraulische Kraftversorgung ist, abgeschottet vom Mannschaftsraum, im Turmheck eingebaut. Sie besteht aus einer von einem Elektromotor angetriebenen Axialkolbenpumpe mit einer Druck-/Leistungsregelung, welche die Hydroflüssigkeit aus dem Reservoir in einen Hydrospeicher fördert.

Kombiniert mit der hydraulischen Kraftversorgung ist eine Kühlluftversorgung, welche den Raum, in dem die Kraftversorgung untergebracht ist, belüftet, damit alle Baugruppen der hydraulischen Kraftversorgung ausreichend gekühlt werden. Zusätzlich durchströmt die Luft einen Wärmetauscher, in welchem die aus den Antrieben zurückgeführte Hydroflüssigkeit gekühlt wird. Die Kühlluft selbst wird von einem Elektrogebläse über entsprechende Öffnungen im Turmdach angesaugt und ausgeblasen.

Als Antrieb für die Hauptwaffe (Höhenrichtantrieb) wird ein doppelt wirksamer Hydrozylinder eingesetzt, dessen Gehäuseende turmseitig und dessen ausfahrendes Kolbenstangenende waffenseitig befestigt ist.

Integriert in den Zylinder ist eine hydraulisch betätigte Klemmung. Für die Justierung der Feuerleitanlage kann der Zylinder durch diese Klemmung in jeder Stellung arretiert werden. Auch geringfügige Abwanderungen, z.B. durch Leckagen, werden dadurch ausgeschlossen.

Mit dem Zylinder kombiniert ist der Höhenservoblock. Dieser enthält unter anderem die Ventile zur Umschaltung der Ansteuerung bei den verschiedenen Betriebsarten, Sicherheitsventile und Sperrventile.

Die Bewegungen des Richtschützen-Richtgriffes werden über einen Bowdenzug (Fernbetätigung) zum Servoventilblock übertragen.

Der Antrieb des Turmes (Seitenrichtantrieb) wird durch einen in beiden Drehrichtungen laufenden Hydromotor über ein Getriebe bewerkstelligt. Mittels eines federbelasteten Stabilisators wird das Getriebe gegen den Turmdrehkranz geschwenkt und somit ein spielfreier Eingriff des Abtriebsritzels in den Turmdrehkranz erreicht. Das Getriebe ist zur Absicherung gegen ein unkontrolliertes Drehen mit einer Feststellbremse ausgerüstet.

Für den Handantrieb wird in der Höhen- und Seitenachse je eine rotatorische Handpumpe eingesetzt. Die Handpumpen sind in dem zugehörigen Höhen- bzw. Seitenrichtantrieb mit je einem eigenen geschlossenen Kreislauf verbunden und im Griffbereich des Richtschützen angeordnet.

In der WNA-Elektronik sind sämtliche elektronischen und elektrischen Baugruppen und Schaltungen für die betriebsartenabhängige Steuerung und Regelung der WNA enthalten. Die Elektronik übernimmt die Verknüpfung aller WNA-spezifischen logischen Operationen; ferner wird von hier aus über die Zentrallogik/Hauptverteilung die vollständige Korrespondenz mit allen übrigen Baugruppen des Feuerleitsystems geführt.

Als Bewegungssensoren für die Stabilisierung dienen Wendekreisel, von denen ein zweiachsiges Wendekreiselgerät an der Waffe und ein weiterer einachsiger Wendekreisel am Turmgehäuse befestigt ist.

Durch Zusammenfassung ihrer Hauptbaugruppen zu schnittstellenmäßig klar abgegrenzten Funktionsblöcken ist die WNA in der MES 2 mit sehr hoher Fehlererkennungs- und Fehlerlokalisierungswahrscheinlichkeit durch das interne Prüfsystem RPP1–8 prüfbar. Darüber hinaus wird durch diesen Aufbau die vollständige Austauschbarkeit der WNA in der MES 2 sichergestellt.

Zur Genauigkeitsüberprüfung der Turm- und Waffenstabilisierung (sog. δ-Wert-Bestimmung) sowie zur Kontrolle und ggf. Nachoptimierung der Stabilisierungsregelkreise aufgrund von langfristigen Parameteränderungen oder nach erfolgtem Baugruppentausch hat AEG-Telefunken ein spezielles mikroprozessorgesteuertes Sonderprüfgerät entwickelt, das unter dem Namen »WNA-Einstellgerät« bei der Truppe eingeführt worden ist. Dieses Prüfgerät stellt eine wertvolle Hilfe in der Materialerhaltung dar, weil es anhand einer elektronisch simulierten Fahrt über die APG-Bahn die Optimierung der Regelkreise für die Turm- und Waffenstabilisierung durch MES 2 – Personal bei stehendem Fahrzeug ermöglicht. Der Anschluß des Gerätes erfolgt extern über den Prüfstecker der WNA-Elektronik, die ihrerseits bei geöffneter Heckklappe des Turmes leicht zugänglich ist, ohne ausgebaut werden zu müssen.

6 Fertigung

6.1 Einleitung

Der Produktionsverantwortliche gegenüber dem Bundesamt für Wehrtechnik und Beschaffung ist die Firma Krauss-Maffei, München, mit der vertraglich vereinbart ist, daß 45% der Panzer bei dem Mitproduzenten Krupp MaK, Kiel, endmontiert und ausgeliefert werden.
Die jeweilige Beschaffung und Fertigung der Teile erfolgt eigenverantwortlich bei den Produzenten.
Bei dieser Konstellation muß durch ein geeignetes Configuration Management sichergestellt werden, daß nach den gleichen Fertigungs-, Prüf- und Abnahmeunterlagen und Qualitätssicherungsmaßnahmen produziert wird. Für die Auftraggeber wäre es nicht zumutbar, auch nur geringste Abweichungen technischer oder funktioneller Art zu tolerieren. Dies bedeutet, daß die Produktionsmethoden durchaus unterschiedlich sein können, daß aber das Endergebnis in Technik und Qualität gleich sein muß.

6.2 Voraussetzung

Die oben angesprochenen Fertigungs-, Prüf- und Abnahmeunterlagen können nur einheitlich sein, wenn diese verbindlich festgelegt und im Änderungsdienst gehalten werden. Der Start für dieses Configuration Management war die Konstruktionsstandfestlegung am 30. Juni 1980. Danach stellt das amtliche Änderungswesen sicher, daß alle Änderungen ordnungsgemäß beantragt und nach festgelegten Abläufen mit Verfolgung des Einsatzpunktes in die Produktion einfließen. Das Änderungswesen schließt die Ermittlung der Auswirkungen von Änderungen auf die Versorgungsreife ein. Im einzelnen wird ermittelt und EDV-gesteuert:

○ Ersatzteilbevorratung,
○ Technische Dienstvorschriften (TDv),
○ Ausbildungsanlage,
○ Meß- und Prüfgeräte,
○ Sonderwerkzeuge,
○ Nachrüstungen.

In Abstimmung mit dem Auftraggeber wurde eine Auswahl von Baugruppen getroffen, deren Bauzustand in einer gesonderten Liste erfaßt und in Form eines Kartendecks mit jedem Fahrzeug bei Auslieferung mitgegeben wird.
Dieses Configuration Management vertritt der Generalunternehmer Krauss-Maffei in Abstimmung mit dem Mitproduzenten gegenüber den Benutzerstaaten. Das Configuration Management läuft bei Krauss-Maffei voll mit elektronischer Datenverarbeitung.

6.3 Fertigungsvorbereitung

Auf der Basis des Unterlagensatzes bedarf die Produktion eines Waffensystems einer bis ins Detail gehenden Produktionsvorbereitung.

Die wichtigsten Disziplinen sind:

a) Fertigungsplanung
Die Fertigungsplanung gliedert sich in mehrere Bereiche. Sie sind funktionsorientiert und haben folgende Aufgaben:

○ Produktionsgestaltung,
○ Fertigungstechnische Konstruktionsberatung,
○ Arbeitsplanerstellung mit Vorgabezeitbestimmung,
○ Arbeitsgangbestimmung,
○ Kostenstellen- und Maschinennummerbestimmung,
○ Betriebsmittelbestimmung,
○ Prüf- und Kontrollanweisungen,
○ Rationalisierung und Zeitwirtschaft,
○ Maschinelle Programmiertung der NC-Maschinen,
○ Arbeitspapiererstellung,
○ Betriebsmittelkonstruktion,
○ Betriebsmittelerstellung und -einführung,
○ Lagerung und Pflege von Betriebsmitteln und Werkzeugen,
○ Pflege und Betreuung der Integration, Hard- und Software.

Die Aufgaben verteilen sich wie folgt:
○ Arbeitsplanung
  Es werden Arbeitspapiere nach dem Neuplanungs- und Ähnlichkeitsplanungsprinzip aufgestellt.
  Anhand von Zeichnungen und Stücklisten wird hier in Zusammenarbeit mit der NC-Programmierung entschieden, ob ein Teil wirtschaftlicher an NC- oder an konventionellen Maschinen zu erstellen ist. Danach wird der Arbeitsplan unter Berücksichtigung der Wirtschaftlichkeit mit folgendem Inhalt erstellt: Arbeitsgangbeschreibung, Kostenstellenbestimmung, Maschinennummerbestimmung, Vorgabezeitbestimmung und Betriebsmittelbestimmung.
  Parallel hierzu werden die Arbeitspläne für die Betriebsmittelfertigung erstellt.
○ Konstruktion Betriebsmittel
  Bei der Erstellung der Arbeitspläne werden vom Planer Betriebsmittel aufgegeben.
  Nach der Freigabe werden Zeichnungen angefertigt. Bevor diese zur Arbeitsplanerstellung gelangen, werden sie in Optimierungsgesprächen kritisch geprüft von
  ○ Fertigungsbetrieb,
  ○ Qualitätssicherung,
  ○ Arbeitsplanung,
  ○ Konstruktion.

Anschließend gelangen die Konstruktionsunterlagen an die Planung. Hier werden die Arbeitspläne erstellt und gelangen über die Fertigungslenkung an die Betriebsmittelfertigung.

b) Materialdisposition

Sowohl für die Fremdteile als auch für das Ausgangsmaterial der Eigenfertigung erfolgt eine mit der Arbeits- und Montageplanung EDV-mäßig verbundene Materialdisposition.

Die Materialbedarfsermittlung erfolgt bei der Serienvorbereitung mit einem EDV-gestützten Fertigungssteuerungssystem. Die Nettobedarfsmenge wird über dieses System im Rechner ermittelt. Die Stücklistenauflösung erfolgt unter Berücksichtigung der zu fertigenden Stückzahlen und des vorhandenen Lagerbestandes. Anhand der geschriebenen Nettobedarfslisten werden Bedarfsmeldungen und Bestellung ausgelöst. Die terminliche Zuordnung erfolgt über die erstellten Termin- und Zeitpläne der Terminplanung.

Durch die kostenträgergebundene Sachnummernfertigung können die Teile nach Sachnummern gelagert und nach Bedarf (Losgröße) abgerufen werden.

c) Fertigungssteuerung

Die Fertigungssteuerung ist für folgende Aufgaben verantwortlich:
- Terminplanung
  - Einzelplanung der monatlich auszuliefernden Fahrzeuge unter Berücksichtigung der Lieferpläne;
  - Festlegen von Durchlaufplänen für die Beschaffung und Fertigung von Baugruppen sowie für die Vor- und Hauptmontage;
  - Erstellen von Terminplänen für Integration, Optimierung, Prüfung und Auslieferung der Gesamtgeräte.
- Kapazitätsplanung
  Ausgehend von den vorhandenen und zu erwartenden Aufträgen wird der Arbeitsumfang bei den direkten Lohnempfängern soweit wie möglich aufgrund der Arbeitspapiere in Vorgabestunden bestimmt. Dabei wird das in Erzeugnismengen dargestellte Programm über Erzeugnisgruppen in Vorgabestunden aufgelöst.
- Betriebsmittelfertigung
  Anhand der Arbeitspläne und Konstruktionsunterlagen werden die Betriebsmittel geplant und gefertigt. Nach der Fertigung werden diese erprobt und in die Fertigung eingeführt.
  Entsprechend der Gütesicherungsfestlegung werden die Betriebsmittel wie auch die Werkzeuge und Meßmittel einer permanenten Kontrolle unterzogen.
- Zeitstudien und Rationalisierung
  Die Aufgaben sind:
  - Verfahrensorientierte Planzeittabellenerstellung,
  - Fertigungsüberwachung unter dem Aspekt der wirtschaftlichen Fertigung,
  - Rationalisierung der laufenden Fertigung,
  - Änderung der Fertigungsunterlagen.
- Erstellung von Fertigungsunterlagen
  Nach den Angaben der Fertigungsplanung werden aus der EDV termingerecht die Fertigungsunterlagen (Entnahmescheine, Lohnscheine, Arbeitsfolgeplan usw.) abgerufen und in den Betrieb gesteuert.

Die Erstellung und EDV-Eingabe der Arbeitspapiere erfolgt mit dem EDV-gestützten Fertigungssteuerungssystem. Dabei werden
- alle Fertigungsabläufe der Werkstücke, Baugruppen und Geräte anhand der gespeicherten Fertigungspläne terminlich geplant,
- die vorgegebenen Fertigungsstunden und -kosten nachgewiesen,
- der Kapazitätsbedarf für alle Werkzeugmaschinen und sonstige Arbeitsplätze entsprechend der terminlichen Fertigungsplanung gezeigt,
- eventuelle Terminüberschreitungen kurz nach dem Entstehen durch die in der EDV durchgeführten Arbeitsfortschrittsberichtskontrollen nachgewiesen,
- der Fertigungsstand aller Aufträge nach Fertigungsstunden und -kosten laufend dargestellt (Soll-Ist-Vergleich).

Die Materialbereitstellung zur Vor- und Hauptmontage wird durch die über den Rechner erstellten Arbeitspapiere ausgelöst.

6.4 Fertigung

Die Fertigung läuft nach folgendem Plan ab:
- Eingangsprüfung:
  Bleche, Profilmaterialien, Kabel, Roh-, Hilfs- und Betriebsstoffe sowie Geräte und Untergruppen, soweit sie von Unterlieferanten kommen, werden entsprechend den Gütesicherungsrichtlinien in der Wareneingangskontrolle auf Übereinstimmung mit den Forderungen der Zeichnungen, Stücklisten, Lastenhefte, Bestellungen und einschlägigen Normen geprüft, gekennzeichnet und vereinnahmt.
- Zwischenlager:
  Entsprechend der Zuordnung der Zwischenlager zu den einzelnen Produktionsstätten werden die gekennzeichneten Halbzeuge, Gruppen und Geräte in speziellen Transport- und Lagerbehältnissen in den abgeschlossenen Zwischenlagern nach dem System »first in – first out« gelagert und von der Fertigungssteuerung übereinstimmend mit dem Fertigungsablauf abgerufen und den Produktionsstätten zugeführt.
- Blech- und mechanische Bearbeitung von Einzelteilen:
  Abhängig von der Eigenfertigungstiefe werden im eigenen Werk auf Einrichtungen und Maschinen, die dem modernen Stand der Bearbeitungstechnik entsprechen, verschiedene Gruppen und Einzelteile des Fahrzeugs nach anerkannten Qualitätsnormen erstellt, geprüft und weiterverarbeitet.
- Untergruppenfertigung:
  Parallel zur Fahrzeugmontage werden alle übrigen mechanischen, elektrischen und hydraulischen Baugruppen vervollständigt, geprüft und für die Fahrzeugmontage bereitgestellt.
- Triebwerkmontage:
  Die vorgeprüften, gekennzeichneten Baugruppen Motor, Luftfilteranlage, Getriebe mit Betriebsbremse, Kühlanlage

Integrations- und Prüfhalle

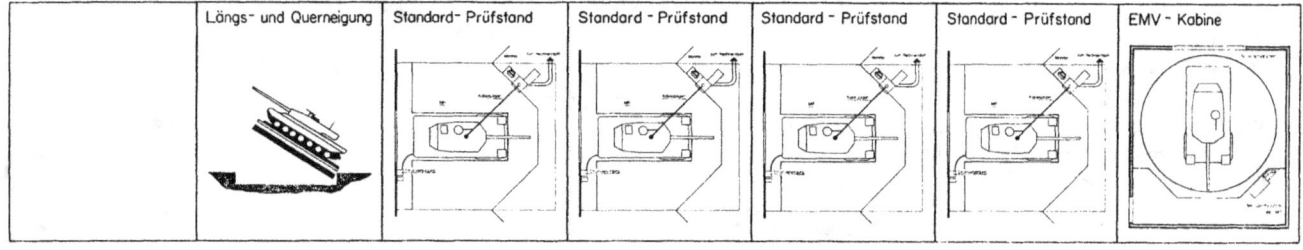

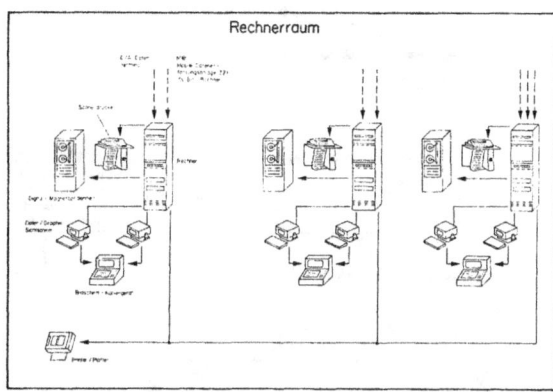

und Abgasanlage werden zu einer Funktionseinheit, dem Triebwerkblock, montiert und mit Hilfs- und Betriebsstoffen aufgefüllt.
Die Funktionsprüfung erfolgt auf zwei computergesteuerten, halbautomatischen Prüfständen in schalldichten Räumen gemäß den Prüf- und Abnahmevorschriften. Der Prüfumfang umfaßt das Zusammenwirken der Antriebsanlage als autarkes System. Hierbei werden diverse Fahrbetriebszustände simuliert und die Kontrolle der Überwachungs- und Steuerelemente auf ihre einwandfreie Funktion getestet und hiermit der Triebwerkblock einer Abnahme unterzogen, bevor er am Taktband in das Fahrgestell eingebaut wird.

○ Fahrzeugtaktmontage:
Die Montage des Fahrgestells ist entsprechend dem Fertigungsfortschritt in Takte aufgegliedert. Dabei werden spezielle Qualitätssicherungstakte zwischengeschaltet.

○ Integration Gesamtsysteme:
Nach der Fahrgestellmontage wird das funktionsfähige Fahrgestell mit dem Turm versehen und in die Halle für die Integration Gesamtsystem gefahren. Hier wird die Optimierung und Prüfung durchgeführt, bevor das Fahrzeug zum Testgelände mit den Prüfplätzen im Freigelände fährt. Hier werden alle festgelegten Prüfungen vorgenommen.

○ Auslieferung:
Nach abgeschlossener Integrationsprüfung wird das Fahrzeug in der Fahrbetriebshalle endausgerüstet und ausgeliefert.

6.5 EDV-Steuerung

Der Generalunternehmer und der Mitproduzent verwenden für alle oben angesprochenen Teilbereiche EDV-Verfahren, die entweder miteinander korrespondieren oder voll integriert sind. Die beim Generalunternehmer und Mitproduzenten eingesetzten EDV-Systeme unterscheiden sich in Soft- und Hardware und orientieren sich am derzeitigen Stand der Anwendungstechnik.
Für den gesamten Produktionsablauf besteht also ein rechnergestütztes Ablaufsteuerungs- und Datenerfassungssystem. Mit diesem System wird erreicht, daß die gesamte Produktion terminlich und kapazitätsmäßig integriert mit anderen laufenden Projekten gesteuert wird und daß jederzeit aussagefähige Daten über den Stand der Produktion, der Materialdisposition und der Abnahme geliefert werden können. Schnittstellenprogramme zum Rechnungswesen und zur kaufmännischen Abwicklung bestehen.

6.6 Qualitätssicherung

Die Firmen unterhalten ein Qualitätssicherungssystem gemäß den Nato-Forderungen an ein industrielles Qualitätssicherungssystem, AQAP-1. Damit ist die Voraussetzung für die Abwicklung dieses Auftrages gegeben.
Schon bei der Angebotserstellung ist die Qualitätssicherung bei der Definition der Prüfaufgaben und Leistungsnachweise einbezogen.
Nach Vertragsabschluß sind QS-Aktivitäten in allen Phasen der Planung, Beschaffung, Fertigung und Endprüfung

durchgeführt. Aus den »Technischen Lieferbedingungen« sind die Grundlagen der Prüfplanung wie
○ Prüfpläne,
○ Prüfablaufschemata,
○ Prüfvorschriften,
○ Prüfprotokolle
entstanden, die im Qualitätssicherungsprogrammplan enthalten sind.

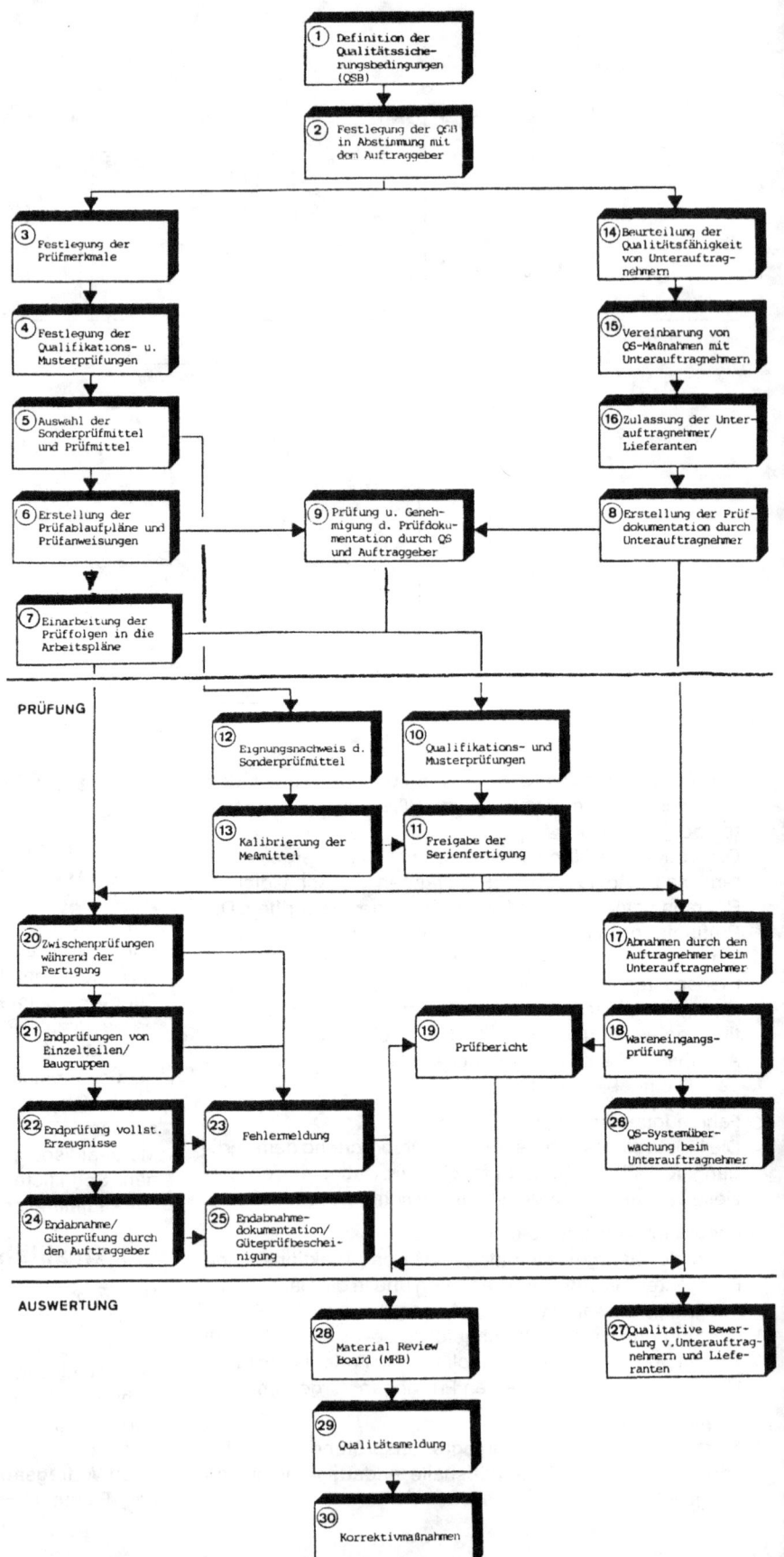

Ablauf der Qualitätsprüfung

7 Die Vertragsgestaltung von Dir BWB Klemens Reinhard

7.1 Vorbemerkung

Wenn die Entstehung von Projekten oder Geräten, d.h. deren Entwicklung und Beschaffung, mündlich oder schriftlich behandelt wird, so stehen meist richtigerweise der technische Fortschritt und die Überlegenheit gegenüber anderem Gleichartigem sowie die technischen Schwierigkeiten bei der Entwicklung und der Produktion im Vordergrund. Die nicht rein technischen Aktivitäten wie Planung der erforderlichen Haushaltsmittel, Zeitplanung, Vertragsgestaltung und Zustandekommen der Preise werden dagegen, weil sie nicht spektakulär sind, in der Regel – wenn überhaupt – nur am Rande erwähnt. Trotzdem sind sie natürlich für die Durchführung der Entwicklung und Beschaffung von Projekten und Geräten ebenfalls von großer Wichtigkeit. Die nachstehenden Ausführungen sollen nun keinen akribischen Ablauf der nichttechnischen Aktivitäten bei der Entwicklung und Beschaffung des Kampfpanzers LEOPARD 2 wiedergeben, sondern neben der Schilderung des zum Verständnis notwendigen groben Ablaufs seines Werdeganges nur die gegenüber ähnlichen Vorhaben in kommerzieller Hinsicht abweichenden Maßnahmen und Besonderheiten bei seiner Entstehung widerspiegeln.

7.2 Die Experimentalentwicklung

Der Bundesminister der Verteidigung (BMVg) wies im Jahre 1967 das Bundesamt für Wehrtechnik und Beschaffung (BWB) an, eine geeignete Firma als Generalunternehmer (GU) mit der Entwicklung von gepanzerten Kettenfahrzeugen zu beauftragen. Wenige Monate später erhielt das BWB zudem die Weisung, die Experimentalentwicklung eines mittleren Kampfpanzers in Auftrag zu geben. Sie sollte das Ziel verfolgen, eine Kampfkraftsteigerung des Kampfpanzers LEOPARD 1 durch Leistungserhöhung von Baugruppen zu erreichen.

Es wurde entschieden, mit der Fa. Krauss-Maffei AG (KM) als GU einen Einzelvertrag über die vorgenannte Experimentalentwicklung – mit der Vorstellung von 2 Erprobungsträgern – zu schließen. Dieser Vertrag wurde als Entwicklungsvertrag auf der Grundlage der mit dem Bundesverband der deutschen Industrie abgestimmten »Allgemeinen Bedingungen für Entwicklungsverträge mit Industriefirmen (ABEI)« entworfen und am 7. November 1968 abgeschlossen.

Bemerkenswert ist in diesem Zusammenhang die Bestimmung in den ABEI, nach welcher »der Auftragnehmer seinen Verpflichtungen zur Durchführung der Entwicklungsarbeiten bereits nachkommt, wenn er sich nach besten Kräften bemüht, unter Ausnutzung des neuesten Standes von Wissenschaft und Technik und unter Verwertung der eigenen Kenntnisse und Erfahrungen das bestmögliche Ergebnis zu erzielen«. Diese Regelung bedeutet, daß sich der Auftragnehmer unter den genannten Voraussetzungen lediglich zu bemühen hat, das Entwicklungsziel zu erreichen, nicht aber verpflichtet ist, dem Auftraggeber ein fertiges Entwicklungsergebnis vorzulegen (Bemühensklausel).

Eine weitere schwerwiegende Regelung in den ABEI besagt, daß bei Vereinbarung eines nach oben begrenzten Selbstkostenerstattungspreises eine Überschreitung desselben möglich ist, wenn der Auftragnehmer eine Preisaufstockung vor der Überschreitung der im Vertrag festgelegten Vergütung beantragt, die Notwendigkeit durch Beifügung einer zusätzlichen Kalkulation glaubhaft macht und der Auftraggeber dem zustimmt. Wenn diese Zustimmung verweigert wird, kann der Auftragnehmer die Entwicklungsleistungen nach Verbrauch der ihm mit Vertrag zugebilligten Haushaltsmittel einstellen. Im übrigen enthält der Vertrag über die Experimentalentwicklung gegenüber den bei Entwicklungsverträgen sonst üblichen Regelungen keine besonders zu beachtenden Abweichungen. Lediglich die Festlegung eines als gering zu betrachtenden Generalunternehmerzuschlags auf die Einstandspreise für Leistungen Dritter ist noch erwähnenswert.

7.3 Entwicklung von 5 Prototypen eines Kampfpanzers LEOPARD 2 (K) mit 105 mm-Turm und zwei Turm-Prototypen 120 mm

Mit Entwicklungsanweisung des BMVg aus dem Jahr 1969 wurde das BWB aufgefordert, die »Entwicklung von fünf Prototypen Kampfpanzer LEOPARD 2 (K) – (K) ist die Abkürzung für »Kanone« – mit 105 mm-Turm und 2 Turm-Prototypen 120 mm«, basierend auf den Ergebnissen der Experimentalentwicklung, in Auftrag zu geben.

Um den vorgegebenen Zeitplan einzuhalten und um eine vertragliche Abdeckung der hierfür notwendigen sofort zu beginnenden Firmenleistungen zu erreichen, schlossen BWB und Fa. KM zunächst einen Teilleistungsvertrag, der durch den Hauptvertrag vom 6. Oktober 1970 über die gesamten Leistungen abgelöst wurde.

Diese Leistungen wurden wie bei der Experimentalentwicklung über einen Entwicklungsvertrag auf der Basis der ABEI vergeben. Der Vertrag enthält auch die Vereinbarung, einen »Entwicklungsbeauftragten« des Auftraggebers beim Auftragnehmer zu installieren, der Beobachtungs- und Abstimmungsfunktionen zur Aufgabe haben sollte.

7.4 Herstellung und Lieferung von zehn 0-Serien-Fahrzeugen des Kampfpanzers LEOPARD 2 (K) und zwei Ersatztriebwerken

Das BWB wurde mit Weisung des BMVg im Jahre 1970 aufgefordert, für die Durchführung des Truppenversuches zehn 0-Serien-Fahrzeuge Kampfpanzer LEOPARD 2 (K) und zwei Ersatzgetriebe herstellen und liefern zu lassen. Ein entsprechender Vertrag wurde mit der Fa. KM am 6. Oktober 1970 geschlossen. Die entwicklungstechnischen Leistungen, die zu den unterschiedlichen Ausführungen dieser Fahrzeuge führten, waren im Vertrag über die Entwicklung der fünf Prototypen abgedeckt. Daher fehlen im Vertrag über die Herstellung und Lieferung der 0-Serien-Fahrzeuge auch diesbezügliche Regelungen. Diese 0-Serienfahrzeuge wurden später auch als PT-Fahrzeuge geführt.

7.5 Entwicklung, Fertigung und Lieferung eines Prototyps des Kampfpanzers LEOPARD 2 AV und von zwei Türmen T 20 und T 21

Die Bundesrepublik Deutschland hatte sich gemäß dem Memorandum of Understanding vom 11. Dezember 1974 verpflichtet, der US-Regierung für einen Vergleichstest mit dem amerikanischen Kampfpanzer XM 1 einen im Panzerschutz und in der Feuerleitung modifizierten Kampfpanzer LEOPARD 2 spätestens zum 1. September 1976 zum Zwecke der »Kampfpanzer-Harmonisierung« zur Verfügung zu stellen. Demzufolge gab der BMVg dem BWB mit Erlaß vom 12. März 1975 die Weisung, einen Prototyp des Kampfpanzers LEOPARD 2 AV (AV = Abkürzung für »Abgemagerte Version«) sowie zwei Kampfpanzertürme für eine Auswahlentscheidung entwickeln und herstellen zu lassen. Hierbei sollte auch durch Entfeinerung ein annehmbarer Serienstückpreis angestrebt werden.

Aufgrund der für die Realisierung dieser Forderung sehr kurzen Zeit waren sowohl auf Seiten der Fa. KM, die zur entsprechenden Angebotsabgabe aufgefordert wurde, als auch vom BWB Anstrengungen in ungewöhnlichem Umfang notwendig, um das gesteckte Ziel zeitlich, technisch und im Rahmen der vorgegebenen Haushaltsmittel zu erreichen. Zahlreiche und zum Teil sehr schwierige Vertragsverhandlungen wurden unter hohem Zeitdruck geführt, um dem berechtigten Verlangen der Industrie auf schnellstmögliche finanzielle Abdeckung ihrer bereits auf eigenes Risiko begonnenen Leistungen nachzukommen. Bereits am 20. Juni 1975 konnte der Vertrag als Entwicklungsvertrag auf der Basis der ABEI mit der Fa. KM als GU abgeschlossen werden. Der Vertrag enthält jedoch eine größere Zahl von Regelungen, die in Entwicklungsverträgen des BWB sonst unüblich und zum Teil nur in Anbetracht der besonderen Umstände verständlich sind. So wurde die in den ABEI enthaltene sogenannte Bemühensklausel für die im Lastenheft des Vertrages mit »G« (garantiert) bezeichneten Forderungen vertraglich abbedungen; insofern bestand hierfür eine unbedingte Erfüllungsverpflichtung des Auftragnehmers. Außerdem wurden für die verschiedenen Teilleistungen des Auftragnehmers feste Termine vereinbart, um nicht die Chance zu versäumen, an dem US-Vergleichstest mit dem Kampfpanzer XM 1 teilzunehmen. Bei Nichteinhaltung dieser Termine sollte der Vertragspreis sogar um einen erheblichen Betrag gekürzt werden.

Weil aus Zeitgründen eine Überprüfung der im Angebot enthaltenen Kosten- und Mengenansätze vor Vertragsabschluß nicht möglich war, enthält der Vertrag die Bestimmung, das Mengengerüst und die Kostenansätze im einzelnen einer Prüfung auch nach Vertragsabschluß zu unterziehen und ggf. die Höchstbegrenzung des vereinbarten Selbstkostenerstattungspreises zu reduzieren. Zudem wurde die nach den ABEI mögliche Erhöhung der Preisobergrenze vertraglich ausgeschlossen. Außerdem trafen die Vertragsparteien Regelungen, die dem Zweck dienten, insbesondere auf der Unterauftragnehmerebene Preise und Zuschläge möglichst niedrig zu halten. Verhandlungen und Vereinbarungen des BWB unmittelbar mit mehreren Unterauftragnehmern nahmen hierbei einen zeitlich breiten Raum ein. Demzufolge befindet sich im vereinbarten Selbstkostenerstattungspreis bereits ein Festpreisanteil für Leistungen der US-Firma Hughes AC als Entwickler der Feuerleitanlage, der vom BWB mit dieser Fa. gesondert ausgehandelt worden war. Ebenso enthält der Vertrag spezielle Regelungen, die der Auftragnehmer mit der Fa. Hughes AC und dem Entwickler des Turmes, der Fa. Wegmann & Co, zu vereinbaren hatte.

Auch die Gewährleistungsregelung geht weit über die entsprechenden Bestimmungen in den ABEI hinaus. Hierbei kam es dem BWB besonders in Hinsicht auf die Mängelbeseitigung und die im Vertrag zugesicherten Eigenschaften des Kampfpanzers darauf an, vom Auftragnehmer alle zumutbaren Anstrengungen zu verlangen, um das Zustandekommen des Vergleichstests – ohne zusätzliche Kosten – unbedingt sicherzustellen.

Zu erwähnen ist noch, daß der bei der Fa. KM bereits installierte »Entwicklungsbeauftragte« des Bundes auch bei der Entwicklung des Kampfpanzers LEOPARD 2 AV weiterhin tätig blieb.

7.6 Die Serienreifmachung

Gegen Mitte des Jahres 1976 zeichnete sich ab, daß der erste in Serie zu fertigende Kampfpanzer LEOPARD 2 – aufgrund politischer Vorgabe – zu Ende des Jahres 1979 ausgeliefert werden sollte. Das BWB begann daraufhin mit den Vorbereitungen für die Vergabe der erforderlichen Serienreifmachung. Ziel derselben war, auf Grund eines fertigungsneutralen Zeichnungssatzes eine Konkurrenzsituation bei der Vergabe sowohl der Leistungen eines GU für die Lieferung der Serie Kampfpanzer LEOPARD 2 als auch der Lieferung seiner wesentlichen Baugruppen zu schaffen

sowie noch notwendige Nachentwicklungen durchführen zu lassen. In diesem Zusammenhang wurden vier Alternativen erörtert:
1. Serienreifmachung durch eine an der Serienfertigung selbst nicht interessierte – fertigungsneutrale – Firma;
2. Parallele Serienreifmachung durch zwei oder mehrere Firmen, die als GU für die Lieferung der Serie in Betracht kamen;
3. Serienreifmachung durch Arbeitsgruppen, in denen jeweils der Entwickler wie auch mögliche spätere Konkurrenten gemeinsam arbeiten sollten;
4. Serienreifmachung durch den Entwickler mit entsprechender Informationsverpflichtung gegenüber möglichen späteren Konkurrenten.

Die Entscheidung fiel zugunsten der Einschaltung eines solchen Unternehmens, das an der Fertigung der Serie Kampfpanzer LEOPARD 2 kein Interesse besitzen sollte. Die Hauptaufgabe dieser Firma sollte darin bestehen, die Serienreifmachung gegenüber dem Bund gesamtverantwortlich durchzuführen, das zugehörige Management zu übernehmen und einen fertigungsneutralen Zeichnungssatz zum Zwecke der Konkurrenzierung zu liefern. Dieses Konzept sah im übrigen vor, zur Durchführung dieser Aufgabe die für eine Serienlieferung in Betracht kommenden GU in die Projektleitung aufzunehmen sowie bei wesentlichen Baugruppen neben den betreffenden Entwicklungsfirmen auch mögliche spätere Konkurrenzunternehmen bei der Erarbeitung des jeweiligen Fertigungszeichnungssatzes zu beteiligen. Sinn dieses Vorgehens war, den für die Serienfertigung in Betracht kommenden Konkurrenzfirmen bereits während der Serienreifmachung alle Informationen zu vermitteln, die sie befähigen sollten, zum einen ein GU-Angebot oder ein solches über die Lieferung einer Baugruppe auszuarbeiten und zum anderen später als ausgewählter GU oder Unterauftragnehmer die Arbeiten für die Serie – ohne Unterbrechung durch eine Einarbeitungszeit – zu übernehmen.

Als Auftragnehmer für die Serienreifmachung wurde die Firma Porsche AG, ein in der Panzerentwicklung erfahrenes Unternehmen, ausgewählt. Firma Porsche AG übersandte am 8. November 1976 ein vorläufiges Angebot über die »Vorphase« der Serienreifmachung – Stufe 1 – (»Leistungen, die dem unverzüglichen Beginn und der termingerechten Durchführung der gesamten Serienreifmachung dienen«), das durch das definitive Angebot vom 18. Februar 1977 ersetzt wurde. Da zur terminlichen Einhaltung der vorgesehenen Serienlieferung ein sofortiger Beginn der Serienreifmachung erforderlich war, gab das BWB gegenüber der Fa. Porsche AG am 10. November 1976 eine schriftliche Absichtserklärung ab, mit ihr einen Serienreifmachungsvertrag abzuschließen. Der Zuschlagssatz auf fremde Leistungen – ein wichtiger Preisfaktor – war zu diesem Zeitpunkt schon verhandelt und bereits festgelegt.

Aufgrund der vorgenannten Absichtserklärung begann Fa. Porsche AG mit den Serienreifmachungsarbeiten, obwohl die Vergleichserprobung des Kampfpanzers LEOPARD 2 AV mit dem US-Kampfpanzer XM 1 noch nicht abgeschlossen war.

Die anschließenden Vertragsverhandlungen zwischen BWB und der Fa. Porsche AG gestalteten sich schwierig und waren langwierig. Zahlreiche Vertragsentwürfe mit immer neuen Formulierungen wurden erstellt und diskutiert. So ging die Fa. Porsche AG u.a. davon aus, den Serienreifmachungsvertrag auf der Basis der ABEI mit der Bemühensklausel und der Möglichkeit des Überschreitens einer vertraglich vereinbarten Preisgrenze abzuschließen, da insbesondere im Rahmen der Serienreifmachung noch Nachentwicklungsarbeiten durchzuführen seien. Das BWB vertrat hingegen die Ansicht, daß eine Serienreifmachung keine Entwicklung im Sinne der ABEI darstelle und insofern für bestimmte Regelungen der ABEI, insbesondere für die Bemühensklausel und eine Benutzungsgebühr für Serienreifmachungsleistungen, kein Raum sei. Erst im August 1977 konnte der schlußverhandelte Vertragsentwurf der Fa. Porsche AG zur Unterzeichnung zugesandt werden. Am 7. September 1977 wurde der Vertrag über die 1. Stufe der Serienreifmachung rechtsgültig.

Eine seiner wesentlichen Bestimmungen besagt, die Fa. Porsche AG werde dafür Sorge tragen, die für die Serienfertigung als GU in Betracht kommenden Firmen in die Lage zu versetzen, auf Anforderung des BWB – spätestens zum 1. Juli 1977 – auf der Grundlage der zum 1. Mai 1977 vorliegenden Unterlagen und Zeichnungen Angebote über die Serienfertigung und die Herstellung der Versorgungsreife mit entsprechenden Kalkulationen vorzulegen. Es würde zu weit führen, sämtliche interessanten unüblichen Regelungen dieses Vertrages zu nennen und zu erläutern. Nur einige wenige, insbesondere die Vereinbarungen, welche für die sich anschließende Beschaffungsphase von Bedeutung waren, seien hier aufgeführt. So sollten in die Projektleitung Angehörige der Firmen KM, MaK-Maschinenbau GmbH (jetzt Krupp-MaK) und Thyssen-Henschel als mögliche spätere GU für die Serienlieferung aufgenommen werden. Zudem wurde vereinbart, bei der Serienreifmachung der wesentlichen Baugruppen die entsprechenden Entwicklungsfirmen mit der leitenden Bearbeitung ihres Entwicklungsanteils zu beauftragen, die ihrerseits jedoch mögliche spätere Konkurrenzfirmen – zumindest aber die in einer Anlage zum Vertrag besonders aufgeführten Unternehmen – bei der Erarbeitung des Zeichnungssatzes zu beteiligen hätten.

Somit war vertraglich sowohl auf GU- wie aber auch auf Baugruppenebene eine gleichzeitige und gleichwertige Information bei den in der Serienreifmachung jeweils zusammengeschalteten Unternehmen sichergestellt.

Fa. Porsche AG erklärte sich außerdem bereit, die bei der Serienreifmachung beteiligten Firmen zu verpflichten, auf Anforderung des Auftraggebers hinsichtlich ihres Anteils auch tatsächlich Angebote für die Serie abzugeben. Zweck dieser Verpflichtung war, wettbewerbsschädliches Verhalten zu verhindern. In einer weiteren Regelung erklärte sich die Firma Porsche AG damit einverstanden, daß ein später ausgewählter GU für die Herstellung und Lieferung der Serie in gewissem Umfang in die Rechte des Bundes aus dem Serienreifmachungsvertrag eintreten könne. Eine weitere Vertragsbestimmung besagt, daß Fa. Porsche AG und ihre

Unterauftragnehmer hinsichtlich der Serienreifmachung kein Benutzungsentgelt für den Fall des Nachbaus durch Dritte erhalten würden; hiervon sollten nur »echte« Entwicklungen im Rahmen der Serienreifmachung ausgenommen sein.

Außerdem wurde im Serienreifmachungsvertrag wie auch in den vorangegangenen Entwicklungsverträgen vereinbart, daß dem Bund – u.a. für Zwecke der Verteidigung – zum Nachbau des entwickelten Gegenstandes an allen im Entwicklungsergebnis verwerteten in- und ausländischen Schutzrechten usw. grundsätzlich ein nicht ausschließliches, übertragbares Benutzungsrecht zustehen solle.

7.7 Fortführung der Serienreifmachung durch die Fa. Krauss-Maffei AG

In der Aufforderung zur Abgabe eines Angebotes zur Lieferung der Serie Kampfpanzer LEOPARD 2 und zur Herstellung der Versorgungsreife wurde den als GU in Betracht kommenden Firmen erklärt, daß der künftige GU – unabhängig davon, wer die Serienreifmachung als Auftragnehmer durchgeführt habe bzw. weiter durchführen werde – Gewähr für eine termingerechte Lieferung der Kampfpanzer unter Einhaltung der in der Leistungsbeschreibung festgelegten Werte und Eigenschaften leisten müsse. Außerdem wurde dem künftigen GU anheimgestellt, die weitere Serienreifmachung bis zu ihrer Beendigung oder bis zu einem bestimmten Zeitpunkt unter der Leitung und Verantwortung der Fa. Porsche AG weiterführen zu lassen oder aber selbst zu übernehmen.

Die Fa. KM als schließlich ausgewählter GU für die Lieferung der Kampfpanzer LEOPARD 2 und zur Herstellung der Versorgungsreife machte für die vom BWB gewünschte Übernahme der Funktionsgarantie durch den GU zur Voraussetzung, die restliche Serienreifmachung in eigener Regie durchzuführen. Das BWB kündigte daraufhin den mit der Fa. Porsche AG geschlossenen Vertrag. Die Serienreifmachungsarbeiten wurden sodann unter Leitung der Fa. KM – ohne die Firmen MaK-Maschinenbau GmbH und Thyssen-Henschel sowie unter Ausschluß der Firmen auf Unterauftragnehmerebene, die beim Wettbewerb unterlegen waren – weitergeführt. Ein entsprechender Vertrag wurde mit Fa. KM geschlossen. In diesem vereinbarten die Vertragsparteien, daß »sich der Auftragnehmer (Fa. KM) hinsichtlich der Vollständigkeit und Güte des Ergebnisses der Serienreifmachung und hinsichtlich der Einhaltung der Termine, auf denen die Termine für die Herstellung und Lieferung von 380 Kampfpanzern LEOPARD 2 (1. Los) sowie die Herstellung der Versorgungsreife gemäß dem Serienvertrag wiederum beruhen, nicht darauf berufen wird, daß die Serienreifmachung nicht von Anfang an unter seiner Verantwortung durchgeführt wurde«. Hierdurch konnte erreicht werden, daß sich das BWB hinsichtlich der Einhaltung der vereinbarten Leistungen aus dem Serienvertrag, der zeitweise parallel zum Serienreifmachungsvertrag lief, nur mit einem Unternehmen auseinanderzusetzen brauchte. Bei unterschiedlichen Auftragnehmern für die Serienreifmachung und für die Serienlieferung hätte sonst die Gefahr bestanden, daß beide Auftragnehmer bei Abweichungen von vertraglich festgelegten Werten und zugesicherten Eigenschaften des Vertragsgegenstandes (Serie) sowie bei Nichteinhaltung von Terminen ein »Vertretenmüssen« jeweils dem anderen zuweisen würden und der Bund als Auftraggeber infolge mangelnden Beweises, wem von beiden das Versagen anzulasten sei, der Leidtragende gewesen wäre.

Der Serienreifmachungsvertrag mit der Fa. KM enthält im wesentlichen gleiche Vereinbarungen wie der mit der Fa. Porsche AG. Er weist jedoch einige Besonderheiten auf. So wurde die in den ABEI enthaltene Bemühensklausel abbedungen, da eine solche Regelung der Vereinbarung von festgelegten Leistungen mit festen Lieferterminen im parallellaufenden Serienvertrag widersprochen hätte. Im Vertragstext heißt es daher, die Fa. KM gewährleiste, daß der »zu liefernde Zeichnungssatz richtig, vollständig und geeignet für die Serienfertigung des Kampfpanzers LEOPARD 2« sei. Weiterhin verpflichtete sich Fa. KM, die Herstellung der Versorgungsreife so zu planen und vorzubereiten, daß die entsprechenden Leistungen termingerecht erfüllt würden.

Insofern wurde auch vertraglich – für den Bund zufriedenstellend – dem Umstand Rechnung getragen, daß Serienreifmachung und Produktion der Kampfpanzer LEOPARD 2 (Serie) für eine gewisse Zeit parallel zueinander durchgeführt werden mußten.

7.8 Die Beschaffung der Kampfpanzer LEOPARD 2 (Serie)

Bereits vor der offiziellen Weisung des BMVg zur Beschaffung der Kampfpanzer LEOPARD 2 traf das BWB zu Beginn des Jahres 1977 Vorbereitungen für eine entsprechende Angebotseinholung. So wurde der Entwurf eines sehr ausführlichen Aufforderungsschreibens zur Angebotsabgabe und der eines bis ins Detail ausgearbeiteten GU-Vertrages erstellt und mit den als GU in Betracht kommenden Firmen KM, MaK-Maschinenbau GmbH und Thyssen-Henschel vorbesprochen. Zweckmäßige sowie erforderliche Ergänzungen und Änderungen fanden hierbei in die vorgenannten Entwürfe Eingang. Durch diese Vorgehensweise sollten, wie sonst meist üblich, langwierige und schwierige Verhandlungen über die einzelnen Vertragsbedingungen nach der Angebotsabgabe vermieden werden. Außerdem wollte man auf diese Weise die kurze zur Verfügung stehende Zeit vom Eingang der Angebote bis zum Vertragsabschluß vor allem für die Festlegung des genauen technischen Leistungsumfanges und für die Verhandlungen über die Preise nutzen.

Die Aufforderung zur Abgabe der Angebote datiert vom 21. April 1977. Sie enthält u.a. Ausführungen darüber, wie der Wettbewerb auf der Unterauftragnehmerebene durchzuführen sei und welche Möglichkeiten dem künftigen GU offenstanden, beim Parallellauf von Serienreifmachung und Produktion der Serie – ohne unzumutbares Risiko – die Funktionsgarantie und die Verpflichtung zur Gewährleistung der Betriebssicherheit übernehmen zu können. Weiterhin befindet sich in diesem Schreiben ein Fragenkatalog zu den The-

men »Projektmanagement, Planung und Steuerung« nebst diesbezüglichen Wünschen und Forderungen. Ein weiterer Abschnitt befaßt sich mit »Vertragsbedingungen«. Hiernach sollte der Bieter u.a. bei von ihm gewünschten Abweichungen von den im Vertragsentwurf genannten Bedingungen eine entsprechende preisliche Bewertung vornehmen.
Um möglichst vergleichbare Preisangebote auch auf der Unterauftragnehmerebene zu erhalten und sie rasch beurteilen zu können, enthält das Angebotsaufforderungsschreiben umfangreiche Ausführungen zur »Preisbildung und -aufgliederung« mit Mustern und einem Kalkulationsschema. Hierbei ist erwähnenswert, daß Bieter für bestimmte Leistungen und Baugruppen auf der Unterauftragnehmerebene dem BWB parallel zu der Angebotsabgabe an die GU-Bewerber Zweitschriften mit entsprechender Kalkulation vorlegen sollten.
Weitere Abschnitte befassen sich mit den Themen »Vorauszahlungen«, »Benutzungsrecht« und »Herstellung der Versorgungsreife«.
Ergebnis dieser nicht ganz üblichen Vorgehensweise bei der Angebotsaufforderung war, daß Nachfragen seitens der Firmen und Vertragsverhandlungen – mit Ausnahme solcher über Werte und Eigenschaften im endgültigen Konstruktionsstand sowie über die Preise – nur im erwarteten geringen Umfang erforderlich waren.
Am 4. Juli 1977 gingen die aus zahlreichen Aktenordnern bestehenden GU-Angebote beim BWB ein. Nach interner Auswertung derselben wurde mit den drei als GU in Betracht kommenden Firmen insbesondere in bezug auf die angebotenen Preise und Preisgleitklauseln für ihre Eigenleistungen verhandelt. Hiernach fand die Auswahl des GU statt, wobei als Entscheidungshilfe ein Kriterienkatalog diente, dessen einzelne Kriterien zuvor gewichtet worden waren.
Der Zuschlag fiel auf das Angebot der Fa. KM.
Aus bestimmten Gründen wurde kurze Zeit später jedoch entschieden, die Produktion der gesamten Stückzahl von 1 800 Kampfpanzern nicht der Fa. KM allein zu überlassen, sondern einen Anteil von 45% der Kampfpanzer von der Firma MaK-Maschinenbau GmbH unter der Generalunternehmerschaft der Fa. KM herstellen zu lassen.
Obwohl die drei als GU in Frage gekommenen Unternehmen – wie im Angebotsaufforderungsschreiben gewünscht war – auf Unterauftragnehmerebene Wettbewerb veranstaltet hatten, führte das BWB nach Auswahl des GU mit zahlreichen Firmen auf der Unterauftragnehmerebene Gespräche mit dem Ergebnis, daß der Preis je Kampfpanzer um ca. DM 120 000, ohne Umsatzsteuer, gesenkt werden konnte. Das bedeutet bei dem im Vertrag vereinbarten Preisstand vom 31. Dezember 1976, bezogen auf die Gesamtzahl von 1 800 Kampfpanzern, eine Gesamtreduzierung von über 200 Mio. DM. Damit erwies sich, daß die in der »Phase« der Serienreifmachung veranlaßten Maßnahmen zur Einschaltung von Konkurrenzunternehmen das vom BWB angestrebte Ziel erreichen ließen.
Mit Erlaß vom 9. September 1977 wies der BMVg das BWB an, den Gesamtbedarf von 1 800 Kampfpanzern unter Vertrag zu nehmen, wovon jedoch zunächst nur 380 (1. Los) zur Beschaffung freigegeben wurden; für die übrigen Kampfpanzer sollte die Möglichkeit einer Beschaffung durch Ausübung von sogenannten Optionen vereinbart werden.
Nachdem am 22. September 1977 ein Teilleistungsvertrag über die Lieferung sogenannter »Langläufer« – Teile, die eine überlange Produktionszeit erfordern – abgeschlossen war, wurde der GU-Vertrag mit der Fa. KM am 9. Dezember 1977 rechtskräftig. Er weist neben den Regelungen der mit dem Bundesverband der deutschen Industrie abgestimmten »Allgemeinen Bedingungen für Beschaffungsverträge des Bundesministers der Verteidigung (ABBV)« zahlreiche Vereinbarungen auf, von denen einige unüblich und manche sogar erstmalig sind.
Im übrigen gliedert er sich wie folgt:

§ 1 Auftragnehmerleistung
§ 2 Beistellung von Material durch den Auftraggeber, sonstige Auftraggeberleistungen
§ 3 Liefertermine
§ 4 Bestimmungsort, Versandregelungen, Erfüllungsort
§ 5 Sicherheit
§ 6 Gewährleistung
§ 7 Vergütung
§ 8 Kosten freier Entwicklung
§ 9 Sonderbetriebsmittel, Sonderanlagen
§ 10 Versicherungskosten
§ 11 Zahlungen
§ 12 Außerordentliche Kündigung, Restabgeltung
§ 13 Gütesicherung
§ 14 Güteprüfung
§ 15 Vertragsstrafe
§ 16 Weitere Lieferungen
§ 17 Sonstige Vereinbarungen
§ 18 Verhältnis zwischen Auftraggeber, Auftragnehmer und dem Unterauftragnehmer Firma MaK-Maschinenbau GmbH
§ 19 Allgemeine Vertragsbedingungen

Außerdem sind 23 Anlagen Vertragsbestandteile.
Der Vertrag ist als Generalunternehmervertrag konzipiert, d.h., in ihm ist neben der hauptsächlichen Auftragnehmerleistung, der Lieferung der Kampfpanzer LEOPARD 2, auch die für ein solches Projekt wesentliche Verpflichtung enthalten, alle Maßnahmen zu ergreifen, um die rechtzeitige Herstellung der Versorgungsreife (Lieferung von Ersatzteilen, Sonderwerkzeug, Ausbildungsgeräten, Bedienungs- und Wartungsvorschriften usw.) sicherzustellen (siehe hierzu Abschnitt »Herstellung der Versorgungsreife«).
Insbesondere in Anbetracht der Risiken durch den Parallellauf der Serienreifmachung mit der Serienfertigung wurde davon abgesehen, Beistellungen des Bundes für die Fertigung der Kampfpanzer in größerem Umfang vorzunehmen. Im wesentlichen wurden nur das Wärmebildgerät, das Funkgerät und die Maschinengewehre als Beistellungen des Bundes vereinbart.
Die bei Abschluß des Serienvertrages noch andauernde Serienreifmachung hatte weiterhin zur Folge, daß ein Konstruktionsstand, nach welchem die Kampfpanzer ausgelie-

fert werden sollten, bei Vertragsabschluß noch nicht festgelegt werden konnte; seine endgültige Festlegung war erst für den 1. Juli 1980 vorgesehen. Der bis dahin gleitende Konstruktionsstand hatte naturgemäß, wie noch darzustellen sein wird, schwerwiegende Folgen, insbesondere für die Preisvereinbarungen.

Der im Vertrag vereinbarte Selbstkostenrichtpreis je Kampfpanzer beläuft sich auf der Basis von 1 800 Kampfpanzern und einem festgelegten Gesamtlieferplan – ohne Umsatzsteuer – auf DM 2 403 638,– (Preisstand: 31. Dezember 1976; Konstruktionsstand entsprechend einer Vertragsanlage mit verschiedenen Zeitpunkten für die einzelnen Baugruppen, in der Regel 1. Mai 1977). Weitere wesentliche Preiskonditionen sind eine 30%ige Vorauszahlung und die vorgenannten Beistellungen. Die zahlreichen sonstigen Preisbedingungen sind für die Höhe des genannten Preises unerheblich.

Die Vergütungsregelung enthält nach der Nennung des Stückpreises je Kampfpanzer eine Aufgliederung nach den wesentlichen Leistungen und Baugruppen, für die jeweils eine bestimmte Firma Auftragnehmer ist. Damit sollte bei den einzelnen Firmen die Umwandlung der Selbstkostenrichtpreise in Selbstkostenfestpreise und deren vertragliche Vereinbarung bereits vor der Umwandlung des Gesamtpreises möglich gemacht werden. Hierbei ist anzumerken, daß für die typischen GU-Leistungen wie Management, Serienbetreuung und für Risiken aus Funktions- und Leistungsstörungen, sowie für das Rohturm- und Wannengehäuse bereits vor Vertragsabschluß Selbstkostenfestpreise ausgehandelt werden konnten; sie fanden als solche bereits Eingang in den Vertrag. Durch die vorgenannte Preisaufgliederung sollte zum anderen aber auch eine preisliche Zuordnung von Kosten der aufgrund der Serienreifmachung erwarteten technischen Änderungen zu den einzelnen Leistungen und Baugruppen ermöglicht werden.

Aufgrund des teilweisen Parallellaufes von Serienreifmachung und Produktion ergaben sich beim Vorhaben Kampfpanzer LEOPARD 2 bis zur Festlegung des endgültigen Konstruktionsstandes zahlreiche Änderungsnotwendigkeiten. Die für die einzelne Änderung von der Industrie angegebene Preiserhöhung bzw. -ermäßigung konnte infolge der Menge der Änderungen vom BWB nicht sofort mit der gebotenen Sorgfalt beurteilt werden. Hinzu kam, daß diese Beurteilung zum Teil insofern überaus schwierig war, als hierbei ein Vergleich eines nicht zu fertigenden und auch nie gefertigten Teils mit einem gebauten angestellt werden mußte. Aus diesem Grunde wurden die vom Auftragnehmer für die Änderungen genannten Mehr- und Minderkosten nach sehr grober Beurteilung entsprechend dem Aufgliederungsschema des Ausgangspreises separat in den Vertrag aufgenommen. Hierzu wurde vereinbart, daß diese Preise für die Änderungen zwar als vorläufige Abrechnungsbasis dienen, aber erst nach Zustimmung des Auftraggebers dem Gesamtpreis und den Ausgangspreisen in der entsprechenden Aufgliederung zugeschlagen werden sollten.

Sinn und Zweck dieser bisher einmaligen Vorgehensweise war, zu vermeiden, daß der im Ausgangspreis berücksichtigte Verhandlungserfolg des BWB nicht durch zu hoch angegebene Änderungskosten aufgehoben würde. In diesem Zusammenhang ist jedoch anzumerken, daß es auch für die Industrie schwierig war, die Mehr- oder Minderpreise genau zu errechnen, und es in einem solchen Fall sehr viel einfacher ist, den zu bewertenden Gegenstand von Grund auf neu zu kalkulieren.

In der Folgezeit wurden die als »Plus-Minusrechnung« bezeichneten Änderungskosten vom BWB beurteilt. Hierbei zeigte sich, wie vom BWB befürchtet, daß manche Unterauftragnehmer die Änderungskosten zu hoch angesetzt oder die betreffende Leistung bzw. Baugruppe völlig neu kalkuliert hatten. Etwa $1/3$ der angegebenen Änderungskosten konnten durch dieses vom BWB geforderte und nur mit Schwierigkeiten durchgesetzte Verfahren als unbegründet zurückgewiesen werden. Die so bereinigten Änderungspreise wurden hiernach den vertraglichen Ausgangspreisen zugeschlagen.

Da im Vertrag über das 1. Los als Preisstand der 31. Dezember 1976 festgelegt war, wurden sogenannte Preisgleitklauseln vereinbart, welche die Anpassung der Preise an geänderte Lohn- und Materialkosten in den Folgejahren zum Inhalt hatten. Wegen der Unterschiede der für die Produktion der Kampfpanzer erforderlichen Leistungen und Baugruppen in Struktur, Material usw. war die Vereinbarung von 13 unterschiedlichen Preisgleitklauseln, in welche wiederum zahlreiche Preisgleitklauseln von Unterlieferanten integriert werden mußten, notwendig.

Beide Vertragspartner hatten wegen der außergewöhnlich langen Vertragsdauer (ca. 10 Jahre) Bedenken, diese Preisgleitklauseln für einen derartigen Zeitraum festzuschreiben. Sie kamen daher überein, jeweils vor Ausübung der Option für ein weiteres Los eine Überprüfung der Preisgleitklauseln in bezug auf die Angemessenheit der strukturellen Zusammensetzung, der Vorlaufzeiten und der hieraus resultierenden Ergebnisse vornehmen zu können, um dann evtl. nach einem im Vertrag bestimmten Verfahren eine Änderung der Preisgleitklauseln für das neue Los zu vereinbaren. Es stellte sich jedoch heraus, daß das Ergebnis der Preisgleitklauseln bei sämtlichen Losen den Vorstellungen beider Vertragspartner entsprach und keine Revision vorgenommen zu werden brauchte.

Vor der Angebotsauswertung hatte das BWB befürchtet, daß eventuell notwendige Übertragungen von Benutzungsrechten auf Konkurrenten der Entwicklungsfirmen zum Zwecke des Nachbaus der entwickelten Baugruppen und damit zusammenhängende Lizenz- und Benutzungsentgeltvereinbarungen schwierig und zeitraubend sein würden. Diese Befürchtung war jedoch grundlos gewesen; nur relativ wenige solcher Übertragungen von Benutzungsrechten waren notwendig, da die Entwicklungsfirmen sehr häufig im Wettbewerb gesiegt hatten. Im übrigen konnten bereits bei den Verhandlungen über die Angebote selbst einige Forderungen auf Zahlung eines Benutzungsentgeltes erledigt werden. Wieder andere wurden durch Absprachen der Firmen untereinander zugunsten des Bundes fallengelassen. Im wesentlichen blieb zum Zeitpunkt des Vertragsabschlusses; nur die Forderung der Fa. Porsche AG auf ein Benutzungsentgelt aus früheren Entwicklungsverträgen, dem Gegenstand und der Höhe nach noch strittig; sie wurde als möglicher preiserhöhender Faktor im Vertrag berücksichtigt. Zu einem späteren Zeitpunkt kam es hierüber zwischen Fa. Porsche AG und dem BWB zu einem Vergleich.

Breiten Raum in der Preisregelung, die ohne die Preisgleitklauseln ungefähr 10 von insgesamt 34 Seiten des Vertragstextes umfaßt, nimmt auch die Beteiligung der Fa. MaK-Maschinenbau GmbH als Fertigerin von 45% der Serie ein. Der wesentliche Punkt hierbei ist die Festlegung, daß der mit der Fa. KM auf der Basis von 1 800 Kampfpanzern ausgehandelte Preis durch die Fertigungsteilung nicht erhöht werden durfte. Die Einbeziehung der Fa. MaK-Maschinenbau GmbH in die Serienproduktion erforderte zugleich auch zahlreiche zusätzliche Regelungen in anderen Vertragsbedingungen. In diesem Zusammenhang ist die Verpflichtung der Firmen KM (GU) und MaK-Maschinenbau GmbH zu enger Zusammenarbeit und Abstimmung auf dem Gebiet des Materialeinkaufs besonders zu erwähnen.

Obwohl der Bundestag beschlossen hatte, 1 800 Kampfpanzer beschaffen zu lassen und dieser Beschluß der Grund dafür war, den Preis auf der Basis der bewilligten Gesamtzahl kalkulieren zu lassen, bestanden dennoch Bedenken, ob später aus triftigen Gründen, insbesondere durch eventuelle Einschränkungen bei der Zuweisung von erforderlichen Haushaltsmitteln, nicht doch noch eine Reduzierung der Gesamtzahl oder aber der geplanten monatlichen Lieferrate erfolgen würde. Dementsprechend enthält der Vertrag ausführliche Regelungen über die Ausübung der Optionen, um produktionsmäßig einen reibungslosen Anschluß an das vorhergehende Los zu gewährleisten (Zeitpunkte der Optionsausübung, Anzahl der Kampfpanzer je Los, monatliche Lieferrate, Höhe der Vorauszahlungen usw.), sowie Bestimmungen, die sich mit den vom Bund zu tragenden Mehrkosten bei Nichtausübung der Optionen befassen.

Andererseits vereinbaren die Vertragsparteien auch Regelungen für die Möglichkeit weiterer Beschaffungsverträge des Auftraggebers über die Gesamtzahl von 1 800 hinaus und für den Fall des Kaufs von Kampfpanzern LEOPARD 2 durch Drittländer. Hierbei sollten Kostendegressionen infolge von Verrechnung der Serienanlaufkosten, der Kosten für die Sonderbetriebsmittel auf die höhere Stückzahl usw. im Preis berücksichtigt werden.

Da der Bund insbesondere Beschaffungen durch Drittländer erwartete, wurden die Kosten für Sonderbetriebsmittel und Sonderanlagen – von Ausnahmen abgesehen – vom Auftraggeber voll übernommen und die sonst übliche, jedoch geringe Beteiligung der Industrie an diesen Kosten abgelehnt. Diese Maßnahme bezweckte, daß der Bund das Eigentum an den Sonderbetriebsmitteln durch volle Bezahlung erhält und deshalb bei Benutzung der Sonderbetriebsmittel für Dritte eine entsprechende Vergütung beanspruchen kann. Diese Rechnung des BWB ging durch den Kauf von 445 Kampfpanzern durch die Niederlande bei der Fa. KM auf. Neben einer Kostendegression aus sonstigen Gründen, die im Preis für die deutschen Kampfpanzer berücksichtigt wurde, beteiligten sich die Niederlande an den Kosten der von ihnen mitbenutzten Sonderbetriebsmittel im Verhältnis der Stückzahl der von ihnen in Auftrag gegebenen Kampfpanzer zu denjenigen, die vom Bund beschafft wurden. Eine Beschaffung von Kampfpanzern LEOPARD 2 bei der Fa. KM durch noch andere Länder und damit eine Beteiligung an den Kosten für die Sonderbetriebsmittel würde zudem zu einer weiteren Verringerung der vom Bund aufzuwendenden Haushaltsmittel führen.

Erwähnenswert ist noch die Gewährleistungsbestimmung, deren Regelung sich über fast drei Vertragsseiten erstreckt. Für den Kampfpanzer selbst wurde das Ende der Gewährleistungsverpflichtung des GU bei Erreichen einer Gesamtfahrleistung des Kampfpanzers von 2 000 km oder nach Ablauf von sechs Monaten – »je nachdem, welcher Fall zuerst eintritt« – festgelegt. Hiervon sind jedoch der Hauptmotor, die Kette, die Waffenanlage und die Feuerleitanlage ausgenommen, für die zum Teil ein anderer Endzeitpunkt, vor allem aber deren Belastung durch Betriebsstunden usw. ein das Ende der Gewährleistungsverpflichtung bestimmender Faktor ist.

Eine für alle Baugruppen wünschenswerte gleiche Gewährleistungsregelung wäre unter Umständen zwar möglich gewesen, hätte aber einen unverhältnismäßig hohen Preis gefordert, da die Industrie die Übernahme derartiger Risiken, wenn diese das Übliche überschreiten und zudem schlecht einschätzbar sind, in der preislichen Bewertung entsprechend hoch ansetzt.

Vieles müßte zum Serienvertrag noch dargelegt werden, um eine einigermaßen genaue Vorstellung davon zu vermitteln, welche Regelungen erforderlich sind, neben der technischen Komponente eine reibungslose Beschaffung auch in wirtschaftlicher und vertraglicher Hinsicht sicherzustellen. Die vorgenannten Ausführungen können daher nur dazu dienen, einen kleinen Einblick in die Aufgaben der mit der Vertragskonzeption und Vertragsabwicklung Beauftragten beider Vertragsparteien zu geben.

7.9 Herstellung der Versorgungsreife

Die sehr späte Herstellung der Serienreife hatte naturgemäß auch schwerwiegende Auswirkungen auf die der Versorgungsreife. Bei Abschluß des Serienvertrages bestanden zwar schon Vorstellungen über den Ersatzteilerstbedarf, das Sonderwerkzeug, die Ausbildungsgeräte, Bedien- und Wartungsvorschriften usw. Für ihre vertragliche Festlegung zusammen mit derjenigen der Kampfpanzer-Serie (1. Los) reichten die vorhandenen Kenntnisse und Erkenntnisse jedoch nicht aus. Der seinerzeit gefaßte Plan, sämtliche Leistungen, die der GU in bezug auf die Serie und die Leistungen zur Herstellung der Versorgungsreife erbringen sollte, in einem Vertrag regeln zu wollen, wurde u.a. aus diesem Grund fallengelassen. Daß diese Entscheidung richtig war, zeigt die am Ende 1984 ermittelte Zahl von 118 selbständigen Verträgen, die zu der Anweisung des BMVg »Beschaffung der

Kampfpanzer LEOPARD 2« geschlossen wurden, wozu noch eine mindest gleiche Zahl von Änderungsverträgen hinzukommt. Ein Vertragswerk, das derart zahlreiche, zum Großteil unterschiedliche Leistungen und demzufolge entsprechend viele verschiedene sonstige Regelungen umfaßt, wäre nicht mehr überschaubar, geschweige handhabbar gewesen.

Da die mit dem Serienangebot abgegebenen Angebote über Leistungen zur Herstellung der Versorgungsreife aus o.a. Grund nicht vollständig sein konnten, wurden lediglich die hierfür angebotenen Zuschlagssätze anläßlich der Verhandlungen über das GU-Angebot mit der Fa. KM ausgehandelt und im GU-Vertrag fest vereinbart.

In diesem Zusammenhang spielte die Regelung zur Deckung des Ersatzteilerstbedarfs, welcher wirtschaftlich bedeutend ist, eine besondere Rolle. Die Vertragsparteien trafen deshalb für die Lieferung der Ersatzteile folgende erwähnenswerte Vereinbarungen: Fa. KM wurde Auftragnehmer, jedoch mit der Erlaubnis, die Durchführung der Ersatzteillieferungen ihrem Tochterunternehmen, der Fa. Gesellschaft für Logistischen Service mbH (GLS), zu überlassen. Fa. KM hatte die Fa. GLS seinerzeit aus der Erwägung gegründet, daß eine Handelsgesellschaft günstigere Zuschlagssätze als eine Fertigungsfirma anbieten könne.

Für die mit der Lieferung der Ersatzteile verbundenen Leistungen sollte lediglich die Fa. GLS einen Zuschlag erhalten, der relativ gering und zudem noch nach Lieferwerten pro Jahr gestaffelt war. Ihr wurde später außerdem zur Auflage gemacht, soweit technisch möglich, nur beim Hersteller des Ersatzteils und nicht beim Hersteller des Hauptgerätes, der Hauptbaugruppe usw. zu kaufen, um die Zuschläge der Zwischenhändler auszuschalten. Weiterhin sollte der Preis für das Ersatzteil grundsätzlich nicht teurer sein als der für das in der Serie verwendete entsprechende Teil.

Aus der Rückschau kann heute gesagt werden, daß sich diese von vornherein getroffenen grundsätzlichen Regelungen aus der Sicht des Bundes bewährt haben. Insbesondere war für die aufgrund der Los-Aufteilung erforderlichen Folgeverträge für Leistungen zur Herstellung der Versorgungsreife eine erneute Aushandlung von Zuschlagssätzen nicht mehr nötig.

7.10 Planung der Haushaltsmittel

Die Haushaltsmittelplanung für die Beschaffungsphase war anfangs besonders schwierig, da für die Bundeswehrplanung bereits vor Abgabe der GU-Angebote Angaben über die benötigten Gelder, dazu aufgeteilt auf die einzelnen Haushaltsjahre, erforderlich waren. Unter jedoch relativ geringem Aufwand stellte das BWB hierzu einen zunächst groben und später einen bis in die einzelne Leistung der Versorgungsreife gehenden sehr umfangreichen Haushaltsmittelplan auf, der insbesondere nach Abschluß des Serienvertrages (1. Los) noch verfeinert werden konnte und in der Folgezeit laufend fortgeschrieben wurde. In diesem Zusammenhang waren die noch nicht erfaßbaren Änderungskosten, die aus der Serienreifmachung erwartet wurden, die »unbekannte Größe«. »Stille Reserven«, insbesondere aus den Ergebnissen der Preisverhandlungen, machten es jedoch möglich, auch diese Kosten voll abzudecken.

Die seinerzeit erstellte und stets auf dem laufenden gehaltene Haushaltsmittelplanung war im übrigen so gut, daß bislang außer Haushaltsmitteln für »normale« Preissteigerungen, d.h. für die Anpassung der Preise an die geänderten Lohn- und Materialkosten anhand der Preisgleitklauseln, sowie für die aus Anlaß der Erhöhung des Umsatzsteuersatzes erforderliche Angleichung keine zusätzlichen Mittel angefordert zu werden brauchten. Das BWB war sogar in der Lage, aufgrund der Ergebnisse der Preisverhandlungen weniger Haushaltsmittel als sonst notwendig anzufordern, und konnte überdies Haushaltsmittel zurückmelden. Der für das Projekt Kampfpanzer LEOPARD 2 erarbeitete Haushaltsplan hatte außerdem zur Folge, daß sich im jeweiligen Haushaltsjahr benötigte Haushaltsmittel zur Abdeckung der Verträge und die entsprechenden Zuweisungen des BMVg im wesentlichen deckten, da ihr Erfordernis seit langem hinreichend genau bekannt war und insofern im Bundeswehrplan frühzeitig berücksichtigt werden konnte. Lediglich die gegenüber der endgültigen Zuweisung von Haushaltsmitteln übliche geringere Höhe der sogenannten Verpflichtungsermächtigungen, d.h. der eingeräumten Möglichkeit, den Bund in weiteren Jahren zu Zahlungen zu verpflichten, bedeutete, die hiervon abhängigen Losgrößen entsprechend anzupassen. Nur so sind die Unterschiede in den Losgrößen 380 (1. Los), 450 (2. Los), 300 (3. Los), 300 (4. Los) und 370 (5. Los) zu verstehen.

Beim Projekt Kampfpanzer LEOPARD 2 hat sich wiederum gezeigt, daß bei persönlicher Neigung und besonderem Engagement der Bearbeiter in bezug auf die Haushaltsmittelplanung nur wenige Personen ausreichen, um trotz vorhandener großer Schwierigkeiten eine richtige Planung für den Haushaltsmittelbedarf zu erstellen und ihn realistisch fortzuschreiben.

7.11 Nachwort

In der Rückschau auf die Geschehnisse bei der Vertragsvorbereitung, bei den Vertragsabschlüssen und der Vertragsabwicklung im Zusammenhang mit dem Werdegang des Kampfpanzers LEOPARD 2 kann festgehalten werden, daß es nicht nur auf technischem Gebiet große Hemmnisse zu überwinden galt. Auch auf dem vertraglichen und wirtschaftlichen Sektor waren bedeutende Schwierigkeiten vorhanden.

Trotzdem konnte das Projekt Kampfpanzer LEOPARD 2 bisher im großen und ganzen reibungslos abgewickelt werden.

Ein Grund für den bisher guten Projektverlauf besteht darin, daß sowohl der Auftraggeber als auch der Generalunternehmer zusammen mit den Unterauftragnehmern insbesondere nach Abschluß des GU-Vertrages ein partnerschaftliches Verhältnis pflegten. Viele Schwierigkeiten, die bei einem so großen und komplexen Projekt üblich sind, konnten so auf Auftragnehmer- wie auch auf Auftraggeberseite überwunden werden.

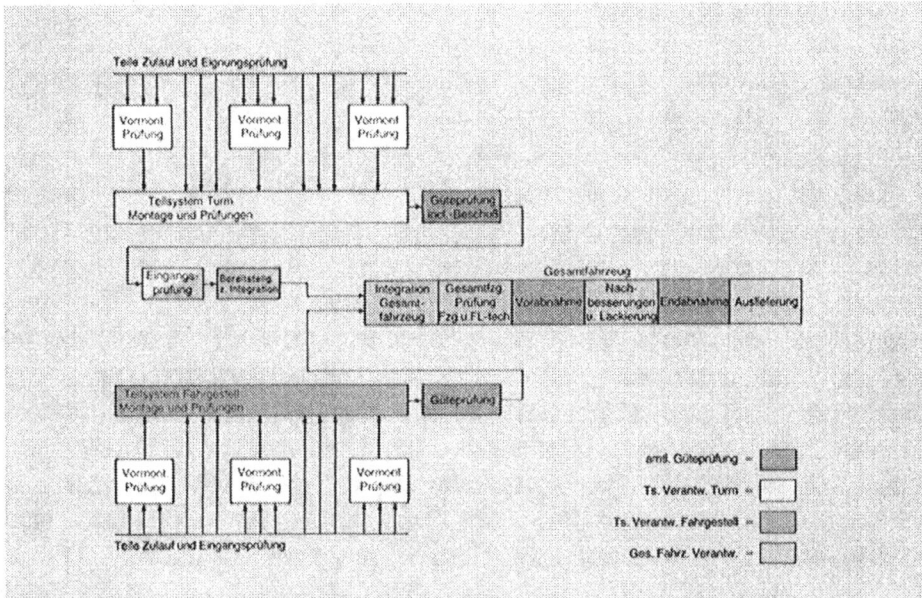

Ablauf der Fertigung

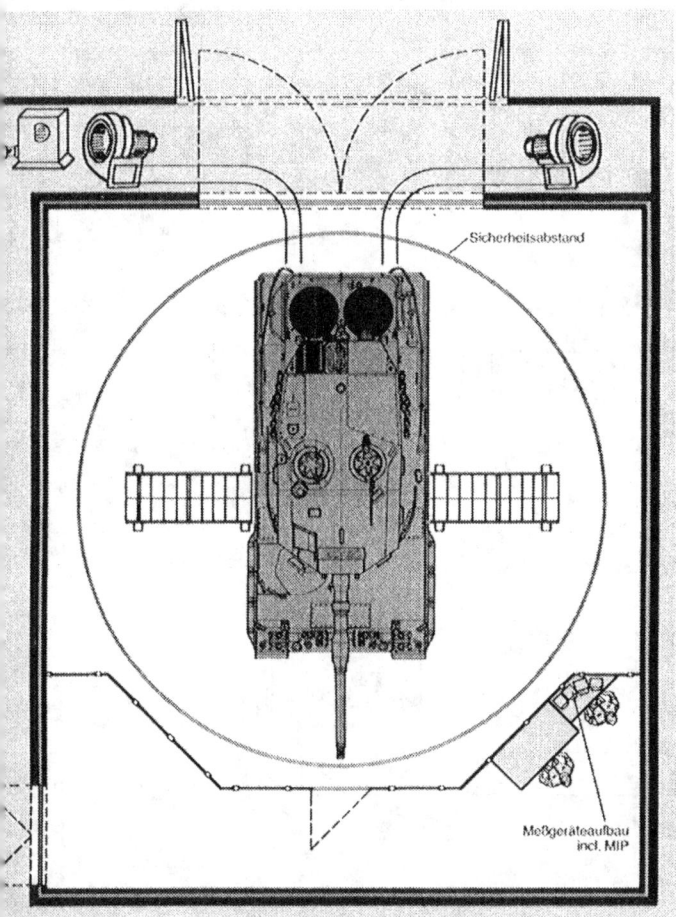

EMV-Prüfhalle

Integrations- und Prüfstand

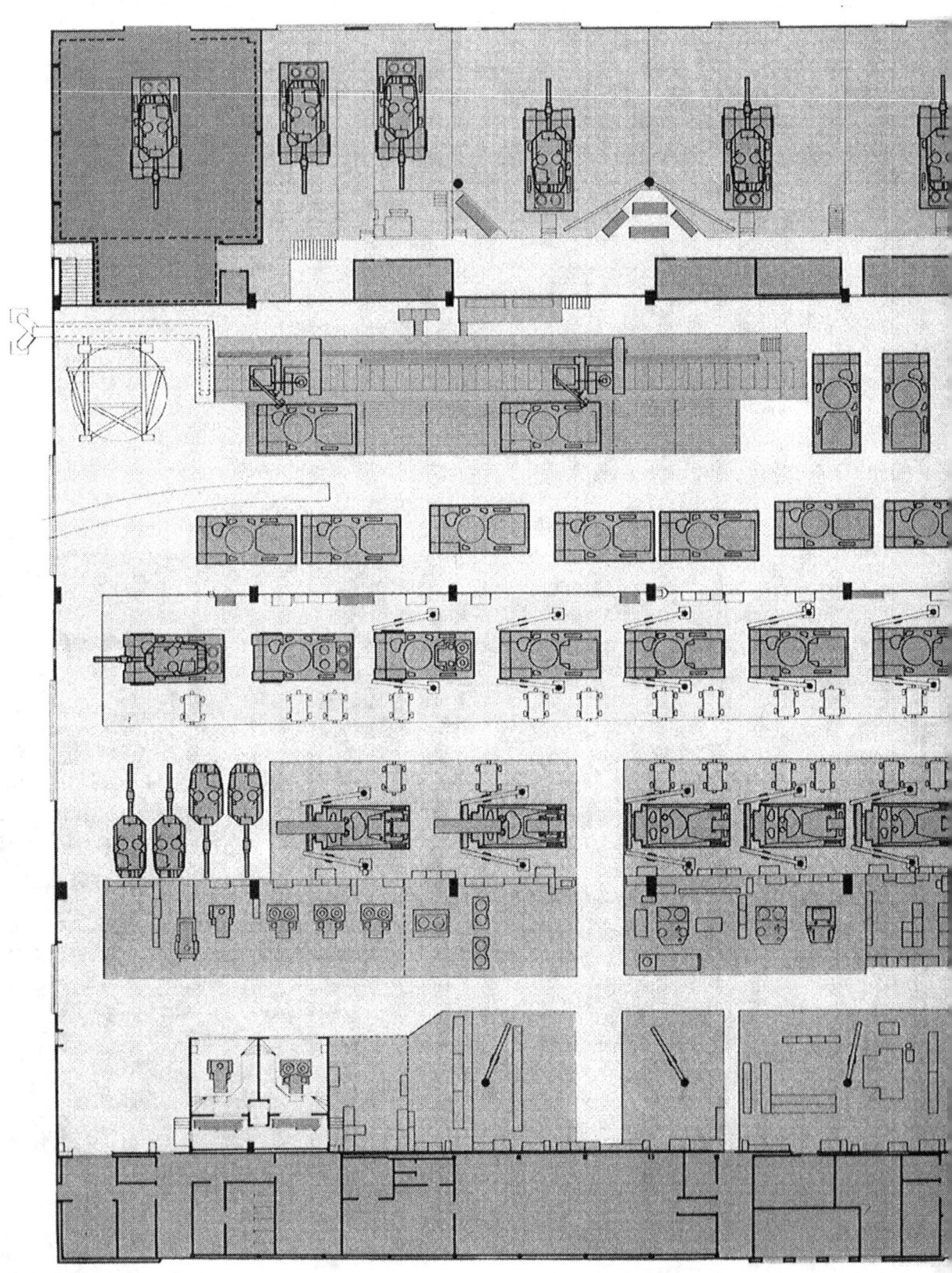

Grundriß Mehrzweckhalle Krupp MaK Maschinenbau GmbH

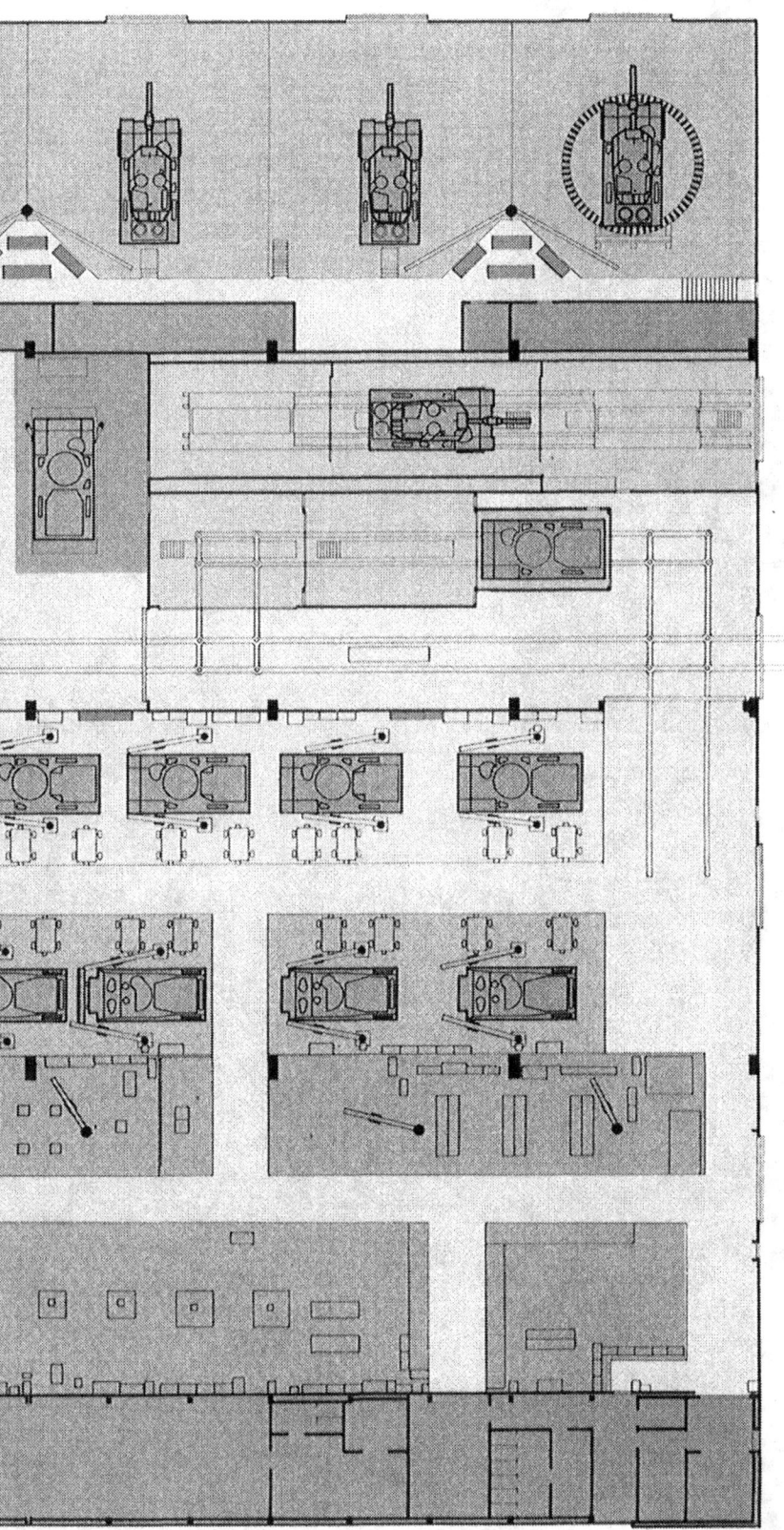

Tauchprüfung

Montagehalle der Fa. Krauss-Maffei

8 System- und Gesamtbetrachtungen

8.1 Die taktische Bedeutung des KPz

Angenommen, daß die Truppen des WP angreifen, besteht die Aufgabe darin, die gegnerischen Panzer abzuwehren und zu vernichten. Der weiträumig 1:3 überlegene Angreifer kann sich in großen Räumen mit Kräftegleichheit begnügen oder sogar eine Unterlegenheit in Kauf nehmen. An Stellen, wo er eine Entscheidung sucht, wird er jede gewünschte Überlegenheit aufbauen, bis das Gelände gefüllt ist. Durch raschen Staffelwechsel wird er einen solchen Angriff aus der Tiefe auffüllen mit dem Ziel, dann an dieser Stelle durchzubrechen und die Front zum Einsturz zu bringen. Die in der Tiefe bereitgestellten eigenen Panzerverbände haben die Aufgabe, im Gegenangriff (Gegenschlag) die eingedrungenen feindlichen Panzer in der Flanke anzugreifen und so den feindlichen Vorstoß zu stoppen und im weiteren Gegenstoß den Angreifer zu vernichten.

8.2 Entwicklungstendenzen im Bau des KPz

Ausgehend von der Gestaltung der Kampfpanzer im Ersten Weltkrieg tauchten zu Beginn des Zweiten Weltkrieges an allen Fronten noch die unterschiedlichsten Panzertypen auf. Bald aber egalisierte sich das äußere Erscheinungsbild, und seit dieser Zeit haben sich die Panzerkonstruktionen kaum noch grundsätzlich verändert. Lediglich die einzelnen Kampfwertparameter: Feuerkraft, Beweglichkeit und Schutz unterlagen unterschiedlichen Leistungsveränderungen und wechselnden Prioritäten.

In der Nachkriegszeit gab es nur 2 turmlose Panzer, den schwedischen S-Panzer und den deutschen Kanonenjagdpanzer 90 mm. Die Forderung nach Universalität des Kampfpanzers für Angriff und Abwehr hat bislang alle anderen vorgestellten abweichende Panzerkonstruktionen (Scheitellafette, Kasematte, Doppelrohr u.a.) blockiert.

In der Hervorhebung der einzelnen Kampfwertparameter und Bestimmung der Prioritätsfolge unterscheiden sich die einzelnen Konstruktionen. Allen gemeinsam aber ist eine wechselseitige Beeinflussung.

Die erste deutsche Nachkriegsgeneration – repräsentiert durch den KPz LEOPARD 1 – setzte Beweglichkeit vor Schutz. Die damalige Panzerschutztechnologie kannte keinen vertretbaren Schutz gegen Hohlladungsgeschosse. Man glaubte, den fehlenden Schutz durch hohe Beweglichkeit ausgleichen zu können. Zwischenzeitliche Erkenntnisse lassen den Schutz gleichrangig neben die Beweglichkeit treten. Die zweite Generation (LEOPARD 2) berücksichtigt dies. Hierbei schöpfte man die durch das eingeführte Brük-

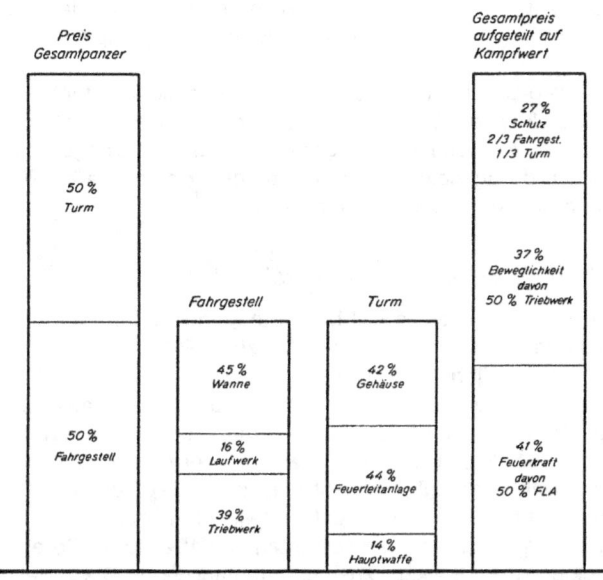

kengerät bzw. Übersetzmittel vorgegebene Gewichtsobergrenze – nämlich die MLC 60 – vollständig aus.
Das Balkendiagramm nennt die Hauptbaugruppen und ihren Preiswertanteil am Stückpreis des KPz LEOPARD 2. Des weiteren ist dieser Darstellung der Kostenanteil der Kampfwertparameter zu entnehmen. Die Gleichrangigkeit der Parameter Beweglichkeit und Schutz ist in den Kosten nicht erreicht, sondern zeigt eine Diskrepanz, die aber sicher mit fortschreitender Entwicklung des Schutzes zum Aktiv-Schutz beseitigt werden wird. Die Nennung der Hauptkostenverursacher in den Parametern Feuerkraft und Beweglichkeit macht deutlich, wo in Zukunft Maßnahmen zur Kostenreduzierung greifen müssen.

8.3 Das Entwicklungsmanagement

Die Entwicklung dieses komplexen Waffensystems verlief nicht nach EB-Mat. Der Anfang zu dieser neuen Kampfpanzer-Entwicklung war im Jahre 1967 ein Weiterentwicklungsvertrag für den KPz LEOPARD 1 mit der Fa. Porsche. Eine Studie dieser Firma zeigte auf, was alles getan werden könnte, um den Kampfwert des LEOPARD 1 zu verbessern. An eine »Vergoldung« des LEOPARD war gedacht.

8.3.1 Der Weg zum Generalunternehmer (-Entwicklung)

Zur gleichen Zeit hatte die Fa. Krauss-Maffei als Generalunternehmer für die Fertigung des LEOPARD 1 die Bedeutung eines Generalunternehmens für den öffentlichen Auftraggeber aufgezeigt. Um das vorhandene Potential an Menschen, Material und Organisation auch für die Entwicklung nutzen zu können, wurde die obengenannte Weiterentwicklung, dem neuen GU (Entwicklung), der Fa. Krauss-Maffei übertragen mit der Auflage, mit den konstruktiven Aufgaben für Fahrgestell und Turm die Firmen Porsche und Wegmann zu beauftragen und keine eigene Entwicklungskapazität zu schaffen.

Der Weg zum GU (Entwicklung) war aber nicht einfach.

Die Diskussion über einen GU für die Entwicklung von gepanzerten Kettenfahrzeugen hat im Jahre 1966 begonnen. Sie wurde ausgelöst durch die guten Erfolge, die bei der Serie mit dem GU erzielt worden waren.

8.3.1.1 Auswirkungen im Amtsbereich

Die Einführung eines GU bedingte keine Änderungen der bestehenden Organisation im BMVg oder BWB. Es war lediglich erforderlich, ein Entwicklungsprojekt in einer Entwicklungsanweisung zusammenzufassen und die Herausgabe von Teilanweisungen durch die verschiedenen Unterabteilungen des BMVg bzw. Fachreferate zu vermeiden. Daß dies ohne weiteres möglich war, beweist die Entwicklungsanweisung über die Experimentalentwicklung des mittleren Kampfpanzers, in der die gesamten Aufgaben für Weiterentwicklung des LEOPARD 1 zusammengefaßt waren. Die Vorteile solcher Anweisungen für die Termin- und Mittelüberwachung lagen auf der Hand. Innerhalb des BWB konnte eine solche Entwicklungsanweisung wie jede andere behandelt werden mit der Einschränkung, daß die Federführung eines Fachreferates im Vergleich zur bisherigen Praxis intensiviert wurde, d.h. eine echte Federführung mit echten Befugnissen gegenüber den anderen Fachreferaten eingerichtet wurde. Dies sollte keinen Eingriff in die Arbeit der zuständigen technischen Referate bedeuten, sondern die Möglichkeit der Koordinierung im Amt verbessern. Das Instrument der »Beteiligung« eines anderen Fachreferates durch das federführende Fachreferat sollte auf besondere Ausnahmefälle beschränkt werden. Diese Einschränkung war unerläßlich, weil eine interne Führung sonst unmöglich war und dem GU sowie dessen Unterauftragnehmern keine zentrale und allein autorisierte Ansprechstelle gegenüberstand. Dies bedeutete keineswegs eine Abwertung der »Komponentenfachreferate«, sondern lediglich eine Straffung in der Führung einer Waffensystementwicklung auf der Seite des Auftraggebers.

Besondere Wünsche statistischer Art zu Berichtswesen, Kostenüberwachung, Zahlungen und Terminen konnten durch entsprechende vertragliche Vereinbarungen realisiert werden, wie dies ohnehin schon seit längerem beispielsweise auf dem Kostengebiet der Fall ist, wo Kosten der Entwicklung, des Prototypenbaues, der Sonderbetriebsmittel oder der Erprobung gesondert erfaßt werden. Dies könnte ohne weiteres auch für die Trennung nach Komponenten geschehen. Die Entwicklungsanweisungen müßten allerdings von vornherein entsprechende Auflagen enthalten.

8.3.1.2 Entscheidung

Die negativen Erfahrungen in der Zusammenarbeit mit Firmengruppen wurden bei der Entwicklung des LEOPARD 1 (Arbeitsgemeinschaft mit 4 Firmen) und des KPz 70 (DEG GmbH mit 7 Gesellschaftern) gesammelt. Hiernach erschien es zweckmäßig, für die künftige Panzerentwicklung **eine** potente, qualifizierte Firma auszuwählen, der ein Vollauftrag für die Weiterentwicklung erteilt werden sollte. Nach den guten Erfahrungen bei der Organisation der Serienfertigung hat sich hierfür Krauss-Maffei angeboten.

Diese Maßnahme sollte nun nicht etwa zur Folge haben, daß der GU auf Gebieten tätig wurde, auf denen er bisher nicht gearbeitet hatte. Er mußte jedoch soviel Fachpersonal besitzen, daß er die Arbeiten der beteiligten Firmen steuern und koordinieren sowie dem Auftraggeber sachgemäß Vorschläge unterbreiten konnte. Durch entsprechende Auflagen konnte der Auftraggeber auch jederzeit die Mitwirkung einer bestimmten Firma oder den Einbau bestimmter Erzeugnisse steuern. Eine straffe Führung der Entwicklung von Großgeräten mit allen organisatorischen Möglichkeiten (PERT) war jedoch unerläßlich. Nur mit gegenseitiger Abstimmung allein war es nicht getan, Durchsetzungsvermögen gehörte dazu. Die Verantwortung des Generalunternehmers für das Gesamtgerät sollte dadurch herausgestellt werden, daß bestimmte unverzichtbare Eigenschaften als »zugesicherte Eigenschaften« im Sinne von § 3 (2) d ABEI zu gewährleisten waren. Dadurch konnten an den Begriff »Verantwortung« finanzielle Konsequenzen geknüpft werden, was bei Bediensteten des Amtes in der Regel kaum möglich ist.

Eine derartige Entwicklungskapazität sollte ferner die Kontinuität im Panzerbau sicherstellen und dadurch auf logistischem Gebiet Vereinfachungen bringen. Es dürfte auf die Dauer für die Bundeswehr zu teuer werden, wenn neue Waffensysteme stets »auf der grünen Wiese« konzipiert und vorhandene, auch bei technischem Fortschritt voll ausreichende Baugruppen nur deshalb nicht berücksichtigt werden, weil ein anderer Konstrukteur die Feder führt.

8.3.1.2.1 BMVg-Weisung

Die Berücksichtigung vorgenannter Gründe führte am 27. Juli 1966 zu einer BMVg-Weisung. Hiernach sollten Entwicklungsverträge zur Schützenpanzer-Familie an Rheinstahl-Hanomag, nachmals Thyssen-Henschel, und Entwicklungsverträge auf Basis Kampfpanzer an Krauss-Maffei als Generalunternehmer vergeben werden.

8.3.1.2.2 KM-Vorschlag

KM erarbeitete folgenden Organisationsplan als Vorschlag: Gemäß der 5 Grundfunktionen einer Entwicklungstätigkeit sollte gegliedert werden in:
Entwicklungsplanung,
Entwicklung,
Konstruktion,
Versuch/Erprobung,
Fertigung.

Die Aufteilung dieser Arbeiten war wie folgt vorgesehen:

Entwicklungsplanung –	Krauss-Maffei (KM)
Entwicklung d.h. Grundsatz-entwicklung/Gesamtstudie/Gesamtprojekt –	Porsche
Entwicklung des fahrzeugtechnischen Teils –	Porsche
Konstruktion des fahrzeugtechnischen Teils –	Krauss-Maffei
Entwicklung und Konstruktion des Turmes –	Wegmann
Versuch/Erprobung –	KM – Porsche – Wegmann
Fertigung (der Modelle, Erprobungs-träger, Prototypen) –	KM – Wegmann

Gemäß dieser Aufgabenteilung glaubten die beteiligten Firmen folgende Personalkapazität bereitstellen zu müssen:

	KM	Porsche	Wegmann
Konstrukteure	30	30	25
Ingenieure	5	5	5
	35	35	30

Hierin sind die für Erprobung/Versuch erforderlichen Monteure nicht enthalten.

8.3.1.2.3 BWB-Entwurf

Im BWB wurde gemäß vorgenannter Weisung und dem KM-Vorschlag ein Rahmenentwicklungsvertrag entworfen, für den die am 31. Mai 1967 ergangene Entwicklungsanweisung – Experimentalentwicklung des mittleren Kampfpanzers – als Basis diente. Es war daran gedacht, diesen Rahmenvertrag mit allen anderen Aufgaben wie z.B. Entwicklung eines Brückenlegepanzers, Entwicklung eines Überwachungspanzers, Entwicklung von Ketten für gepanzerte Fahrzeuge und sonstige Baugruppen aufzufüllen, so daß für alle diese Aufgaben ein einheitlicher Vertrag bestand. Die Vorteile wurden darin gesehen, daß stets eine vertragliche Deckung vorhanden war und durch technische Weisungen kurzfristig Entwicklungsprojekte eingeleitet werden konnten. Aufgrund der vorhandenen Aufgaben sollte jährlich ein Kostenrahmen festgelegt werden, was einen guten Überblick über den Abfluß der Haushaltsmittel ergeben hätte. Da die Entwicklungsanweisung zunächst nur 9,6 Mio. DM, d.h. den Haushaltsmittelbedarf für die Jahre 1967 und 1968 freigab, von der Fa. KM in den geführten Vorbesprechungen jedoch der Aufbau einer Entwicklungskapazität für die Dauer von 5 Jahren verlangt worden war, wurde im Rahmenvertrag vorgesehen, einen Teil der Entwicklungskapazität zu garantieren.

Dieser Vertragsentwurf ist dem BMVg am 29. Juni 1967 zur Kenntnis gebracht worden mit der Frage, ob der Vertrag nach diesen Vorschlägen abgeschlossen werden kann.

8.3.1.2.4 Bedenken und Entscheidung

Mitte November zeigten sich erste Bedenken des Finanzministeriums und nachträglich auch der Haushaltsabteilung des BMVg gegen den vorgelegten Vertrag. Die Bedenken des Finanzministeriums beruhten auf folgenden Gründen:

a) Durch den Vertrag würden finanzielle Bindungen für eine Zeit eingegangen, für die noch keine Abdeckung durch eine Entwicklungsanweisung vorhanden war.

b) Durch den Vertrag würden Aufgaben des BWB und der Abteilung T (Rü) auf die Industrie verlagert, hierin erblicke man einen Versuch, die Personalhöchstzahl zu umgehen.

c) Durch den Vertrag bestehe die Möglichkeit, daß eine Industriekapazität ohne vorhandene Aufgaben alimentiert werden müsse, was auf keinen Fall gewünscht werde.

Diese Gründe führten dazu, daß auf Weisung des Herrn HAL II der Vertrag beim Finanzministerium zurückgezogen wurde. Nach längerer Diskussion im BVMg wurde folgende Entscheidung getroffen:

1. Der Vertrag wird nicht in der vom BWB vorgelegten Form abgeschlossen, weil er eine Alimentation einer Kapazität beinhaltet, die grundsätzlich abzulehnen ist. Auch wird die Form des Rahmenvertrages nicht gewünscht.

2. Das BWB schließt mit der Firma Krauss-Maffei Einzelverträge (Vollaufträge) über die einzelnen Entwicklungsprojekte (Experimentalentwicklung, Brückenlegepanzer, Pionierpanzer). In dem Vertrag über die Experimentalentwicklung werden der Firma möglichst konkrete Aufgaben für die Jahre 1970–1971 mit einem Volumen von rd. 2 Mio. DM pro Jahr gestellt, um auf diese Weise der Firma die Möglichkeit zu bieten, qualifiziertes Personal langfristig beschäftigen zu können.

Bei der Bekanntgabe dieser Entscheidung erklärten die Vertreter der Firma Krauss-Maffei:

»*Selbst wenn materiell durch die Einzelaufträge die Erwartungen von Krauss-Maffei erfüllt werden, so glaubt Krauss-Maffei jedoch, daß diese Form der Vertragsgestaltung für sie einen Prestigeverlust darstellt.*«

Diese Entscheidung gegen einen Rahmenvertrag, gegen das Entwicklungszentrum Kampfpanzer, setzte den Zielvorstellungen zweier Personen ein Ende. Der erste Verfechter war der beurlaubte Referent für die Panzerbeschaffung im BMVg, der Geschäftsführer der Krauss-Maffei-Fahrzeug GmbH geworden war. Diese Firma war eigens für das Tätigwerden dieses »Beamten« gegründet worden, denn er durfte ja nicht in einer mit dem Bund in Geschäftsbeziehungen stehenden Firma arbeiten. Der zweite Verfechter war der Vertragsreferent für die Panzerbeschaffung im BWB.

Dieses dubiose Zusammenspiel fand im amtlichen Bereich nur bei einigen Stellen Unterstützung und hätte auf Dauer zu einer ungleichen Behandlung der anderen Panzerbauer geführt. Durch die Einzelverträge konnte noch ein gewisser Wettbewerb erreicht werden, was sich zukünftig positiv auswirkte. Es kann nicht geleugnet werden, daß die Fa. Krauss-Maffei als GU für die Serienfertigung des LEOPARD 1 eine unerhörte organisatorische Leistung erbracht hatte. Sie hatte im Herbst 1963 den Auftrag erhalten, ihre Omnibusfertigung eingestellt, um- und ausgebaut, insbesondere die Errichtung der Test- und Abnahmeeinrichtungen, bereits im Sommer 1965 die beiden vorgezogenen Serienfahrzeuge geliefert und ab September des gleichen Jahres den Serienausstoß begonnen. Diese Leistung faszinierte, denn die Firma war vorher an der Entwicklung und Fertigung der Prototypen nicht beteiligt gewesen.

8.3.1.3 GU-Aufgaben

Im ersten Einzelvertrag (Vollauftrag) Experimentalentwicklung wurden dem **GU-Entwicklung** folgende Aufgaben übertragen:
(Gemäß BMVg ALRü vom 24. Oktober 1967)

»a) *Verantwortung für Entwickeln, Konstruieren, Fertigen und Abliefern von funktionsfähigen Prototypen gepanzerter Kettenfahrzeuge*
   (Bemerkung: Diese Aufgabe der Verantwortung zum Gesamtsystem kann mit der Aufgabe zur »Koordinierung« nicht erfüllt werden. Zwischen einem Generalunternehmer und einem Koordinierungsbüro besteht ein grundsätzlicher Unterschied – nämlich in der Verantwortung zum Gesamtsystem)
b) *Aufstellung und Verfolgen eines Arbeits-/Zeit-/Kostenplanes für Durchführung der Gesamtentstehung.*
c) *Beratende Mitwirkung bei der Vorentwicklung von Waffen, Geräten und Kfz-Baugruppen, die für das Gesamtsystem bestimmt sind und die vom Auftraggeber im Vorlauf bei Unternehmen entsprechender Kapazitäten geführt werden. (Der Generalunternehmer wird über alle Baugruppen – und Teilentwicklungen, die für das Gesamtsystem bestimmt sind, unterrichtet.)*
d) *Anpassungsentwicklung der vorentwickelten Baugruppen für das Gesamtsystem im Zusammenhang mit Ziff. c.*
e) *Entwicklung von Baugruppen bei Unterauftragnehmern für gepanzerte Kettenfahrzeuge im Auftrag des Auftraggebers.*
f) *Laufende Informationen des Auftraggebers.«*

Parallel zur Experimentalentwicklung wurde bilateral die KPz70-Entwicklung betrieben. Mit der Entwicklungsarbeit war die DEG betraut. Diese Gesellschaft vereinte alle an der KPz-Entwicklung unter Führung der Fa. KM tätigen deutschen Firmen.
Das Ende der KPz70-Entwicklung war auch das Ende der Fa. DEG, die Fa. KM hatte plötzlich eine große freie Entwicklungskapazität von 90 Konstrukteuren verfügbar. Teilweise waren diese Ingenieure aber von den Gesellschaftern der DEG nur leihweise überlassen worden. Unter Berücksichtigung der von diesem Zeitpunkt an mit Hochdruck betriebenen LEOPARD 2-Entwicklung versuchte die Firma KM diese freie Kapazität für sich zu nutzen und eine eigene große Konstruktionskapazität aufzubauen.
Diese vom öffentlichen AG erkannte Absicht, die gegen die vertragliche Vereinbarung verstieß, führte zu einem Einspruch des BMVg und des BWB. Die Firmen Porsche und Wegmann protestierten und verwiesen auf die abgeschlossenen Verträge. Die Firma KM entschuldigte sich bei den Firmen und versprach den amtlichen Stellen, die Entwicklungsingenieure zu entlassen bzw. den Leihfirmen wiederzugeben. Aber das geschah nur teilweise, denn rund 30 Personen verblieben bei der Firma KM.
Diese 30 Konstrukteure und einige, die schon seit längeren im Werk arbeiteten, bildeten nun eine Entwicklungskapazität, die hauptsächlich auf dem Fahrgestellsektor tätig wurde. Im Rahmen der LEOPARD 2-Entwicklung übernahm KM die Fahrgestellentwicklung und gab davon einen Teil im Unterauftrag an Porsche. Das war eine klare Abweichung vom ursprünglichen Plan des amtlichen AG. Es kam zu einer Aufteilung des Entwicklungsauftrages für das Fahrgestell auf beide Firmen mit allen Nachteilen des Feilschens um den Anteil und der Verantwortung für die Schnittstellen. Doppelarbeiten und Leerlauf waren damit verbunden, und beides ging zu Lasten des Bundes. Diese »Zusammenarbeit« der beiden Firmen endete mit der letzten Phase der Entwicklung, der Serienreifmachung.
Nach Beendigung der KPz70-Entwicklung wurde die Experimentalentwicklung Erbe.
Zwei Aufgaben waren dabei gleichzeitig zu erfüllen:

○ Entwicklung von Geräten und Baugruppen, die im LEOPARD 1 Verwendung finden konnten, und
○ Integrierung dieser neuen Geräte zu einem neuen Waffensystem.

Da für die Experimentalentwicklung keine eigene militärische Forderung bestand, wurden die nichterfüllten Punkte der militärischen Forderung für den LEOPARD 1, die gemeinsamen militärischen Forderungen für den KPz 70 und die davon abgeleiteten nationalen Forderungen für den KPz der 70er Jahre als Basis für die Entwicklungsarbeit des LEOPARD 2, wie diese Entwicklung ab 1970 weisungsgemäß hieß, benutzt.

8.3.2 Die amtliche Organisation

Auf der Amtsseite lag der Beginn der Entwicklung im Referat der Fachabteilung KG. Anfangs als federführender Referent und dann als »ProB alter Art« hatte dieser zwei Aufgaben zu erfüllen:

○ fachliche Arbeit bei der Entwicklung des Fahrgestells, und
○ Koordinierung von Fahrgestell und Turm zum System.

Bei der Gleichberechtigung aller Referenten und der verständlichen Art, die eigene Baugruppe als besonders wichtig anzusehen, war die Steuerung nur beim »Goodwill« aller Beteiligten möglich. Überredung und »Seelenmassage« waren die einzigen Hilfsmittel, und trotzdem lief die Entwicklung ohne Beanstandung.

8.3.2.1 Neuordnung

Mit der Neuordnung des Rüstungsbereichs im Jahre 1971 wurde im Frühjahr 1972 der Projektbereich ins Leben gerufen. Diese Reform war ausgerichtet auf mehr Treffsicherheit und Zuverlässigkeit der Planung, auf Abkehr vom Geräteprinzip in der Vorhabensabwicklung, auf umfassende Delegation von Durchführungsverantwortung an den Geschäftsbereich des BWB, Vereinfachung der Verfahren in einem funktionsbezogenen Ablauf, Zwang zur Abstimmung zwischen Bedarfsträger und Bedarfsdecker und auf Ausnutzung der in der Praxis gewachsenen Erfahrung wehrtechnischer Arbeitsebenen. Was jetzt 1971 als Neuordnung erlassen wurde, hatte vor 10 Jahren der damalige Rüstungschef, Dr. Fischer, in einem Brief an Herrn Dr. Stammbach, Präsident des BWB, wie folgt ausgedrückt:

»*Während der Zeit, in der die Standardpanzer-Prototypen entwickelt wurden, hat es sich hier in der Abteilung T als recht nachteilig herausgestellt, daß das Objekt Standardpanzer mit allen seinen Bauteilen nicht in einem Referat verantwortlich bearbeitet wurde. Zweifellos kann ein Referat, in dem das Gesamtobjekt verantwortlich bearbeitet wird, schnellstens zum Erfolg kommen. Da die Entwicklung des Standardpanzers zeitlich in Verzug geraten ist, halte ich es für richtig, diese Entwicklung durch Schaffung eines entsprechend personell ausgestatteten <u>Sonderreferates</u> zu beschleunigen. Ich wäre Ihnen daher sehr dankbar, wenn Sie dem Referat die Bearbeitung und Verantwortung sowohl für das Fahrgestell als auch für den Turm mit optischer-, Fernmelde- und ABC-Ausstattung übertragen würden.*«

Man ist diesem Wunsch nicht gefolgt, erklärte aber den Referenten für das Fahrgestell als federführend und schuf räumlich eine Einheit mit Teilen des Turmreferates. Damit konnten gewisse Nachteile der alten Organisation ausgeglichen werden.

Ziel dieser »Neuordnung« war eine wirksame Vorhabensführung unter

○ Konzentration und Ausrichtung der beschränkten behördlichen Personalkapazität auf die Vorhabensziele,
○ Sicherstellung des Grundsatzes, daß die Tätigkeiten im (bedarfsdeckenden) Rüstungsbereich als Einheit zu verstehen seien.

8.3.2.1.1 Ministerieller Bereich

In diesem Zusammenhang spricht der Rüstungsrahmenerlaß von Konzentration der ministeriellen Verantwortung auf Planung, Lenkung und Kontrolle in deutlicher Unterscheidung von der (relativ mehrschichtigen) Verantwortung des durchführenden Bereichs. Dem Ministerium obliegen in dieser Beziehung die Aufstellung der Programme für Forschung, Entwicklung und Beschaffung, die »Mitgestaltung« der Objektplanung (zur Wahrnehmung übergeordneter Gesichtspunkte), die Vertretung der Bundesrepublik auf politischem, technischem und wirtschaftlichem Gebiet in den Führungsgremien der internationalen Zusammenarbeit und Lenkung und Kontrolle des durchführenden Bereichs.

8.3.2.1.2 Durchführender Bereich

Dem durchführenden Bereich obliegen demgegenüber Vollzug der Objektplanung und Durchführung objektgebundener Studien, Beiträge für die Entwicklungs- und Beschaffungsprogramme, Entwicklung einschließlich Erprobung, Industrieinstandsetzung, Beschaffung einschließlich Fertigungsvorbereitung, Güteprüfung, Lenkung und Kontrolle der zugeordneten Dienststellen.

8.3.2.1.3 Arbeitsgruppe beim SBWS

Entscheidenden Einfluß auf eine zügige Entwicklung hatte die mit der Neuordnung geschaffene **Arbeitsgruppe beim Systembeauftragten**. In dieser Arbeitsgruppe wurde über den Stand der Arbeit berichtet, Schwierigkeiten und Verzögerungen aufgezeigt und Abhilfevorschläge diskutiert.
Der Systembeauftragte war Angehöriger des ministeriellen Teilstreitkraft-Führungsstabes, somit Angehöriger der bedarfsfordernden Truppe und verantwortlich für Steuerung und Überwachung des Gesamtvorhabens.

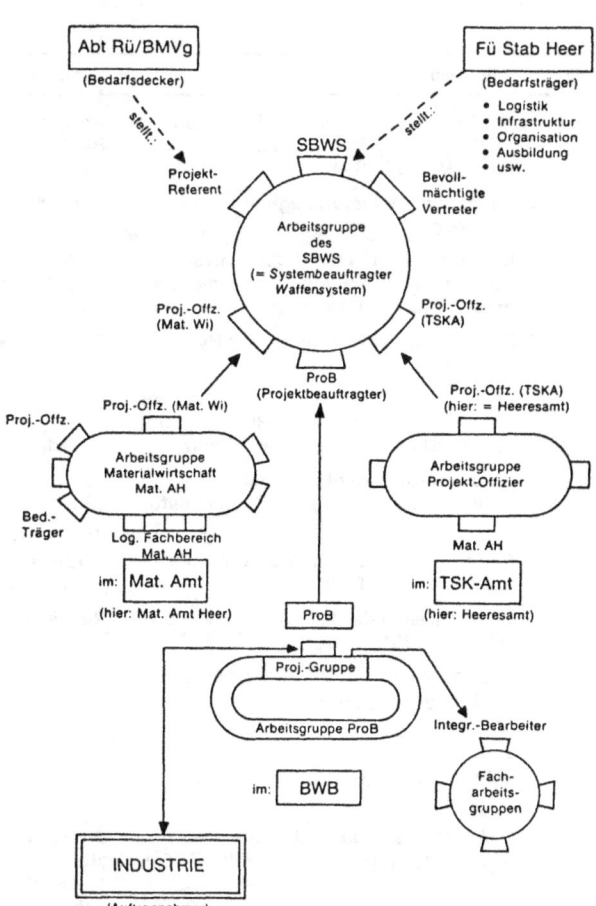

Projekt-Management im BMVg und im nachgeordneten Bereich

Der Systembeauftragte soll in allen Entwicklungsphasen dafür sorgen, daß das Projekt im Ablauf der Phasen in allen Teilen nach den militärischen Erfordernissen zu einem leistungsfähigen Waffensystem integriert wird. Unter Verwendung der Beiträge aus den Fachbereichen erstellt er die »militärisch-technische Zielsetzung« (MTZ) und die »militärisch-technische-wirtschaftliche Forderung« (MTWF) gemäß Vorgabe des EB-Mat. Der Systembeauftragte bildet mit den bevollmächtigten Vertretern (Mitgliedern) und einem Vertreter des TSK-Amtes eine Arbeitsgruppe.

Hierzu einige Bemerkungen über die Position der stimmberechtigten Mitglieder der ArbGrSBWS zueinander:

a) Die Arbeitsgruppe des SBWS besteht aus vier stimmberechtigten Mitgliedern. Jedes hat eigene Aufgaben, aber die Summe ihrer Aufgaben fügt sich nahtlos zusammen zu einem funktionsgerechten Führungssystem für das zugeordnete Vorhaben. Diese Addition der Aufgaben ihrer Mitglieder ist die Existenzgrundlage der Arbeitsgruppe; ihre Leistungen in summa sind auf die Koordinierung aller Maßnahmen zum Projektfortschritt, auf Früherkennen von Hindernissen und auf Entscheidungen in der richtigen Ebene ausgerichtet. Beschlüsse der Arbeitsgruppe setzen voraus, daß alle Mitglieder dem zur Abstimmung vorgelegten Beschlußvorschlag zustimmen. Nicht-Zustimmung eines Mitgliedes verhindert einen Beschluß (wenn man von der Konsequenz absieht, daß daraufhin die Nicht-Übereinstimmung durch Beschluß festgestellt, Vertagung beantragt bzw. die höhere Ebene im Sinne der GGO eingeschaltet werden muß). Die Arbeitsgruppe ist das von Bedarfsträger und Bedarfsdecker gemeinsam genutzte dynamische Element des Vorhabens, das immer dann die notwendigen Impulse gibt, wenn das Vorhaben irgendwo steckenzubleiben droht. Dieses Kollegialprinzip mit dem Zwang zum Dialog und mit seiner kollektiven Verantwortung ist die wesentliche Substanz des Management-Erlasses. Es wird dem normalen Arbeitsprinzip nach GGO mit dem (begrenzten) Zweck **überlagert**, komplexe Großvorhaben vor dem Steckenbleiben in einer unabänderlichen Amtshierarchie zu bewahren.

Die Systemarbeitsgruppe entscheidet nach Anhörung oder führt nach Erarbeitung eine erforderliche Phasenentscheidung herbei. Diese Zusammenarbeit in der Arbeitsgruppe hatte sich zu einer außerordentlichen fruchtbringenden Institution entwickelt, und rechtfertigt schon allein die Neuordnung.

Ein Ausschnitt aus den getroffenen Entscheidungen vermittelt nachstehende Tabelle und zeigt die Bedeutung dieser Institution.

Lfd. Nr.	Entscheidung	Begründung	Datum	ArbGrp-Sitzung Nr.
1.	Produktion eines Teils der TrVsuMun (120 mm) unter Inkaufnahme finanz. Risikos (DM 150.000,–)	Abwendung der Verschiebung des Beginns TrVsu (1–1½ Jahre)	8. 11. 1972	2. AG
2.	Verzicht auf Vielstoffähigkeit f. Kampffahrzeuge	Vereinfachungen + Kosteneinsparungen	8. 12. 1972	InspH
3.	Bau von 2 PT des EMES 13 (Korrelationsentf. Messer) und Einbau in einen mod. PT-Turm. (T 14 mod)	Verbess. des ballist. Schutzes durch Modifiz. der Turmfrontform. (Wegfall der 1,72 m Basis)	9. 11. 1973	5. AG
4.	Einstellung der Erprobung mit Hydrop-Fahrgestell	Zu häufiges Auftreten techn. Mängel	15. 7. 1974	8. AG
5.	Einleitung von Maßnahmen zum Bau von zwei PT-Versionen (LEOPARD 2 mod und LEOPARD 2/3) (Verb. ballist. Schutz)	Verbesserung ballist. Schutz und Annäherung an US-Forderungen. (Schutz und Feuerleitung)	3. 10. 1974	10. AG
6.	Zurückstellung der Untersuchungen der Ermüdungslebensdauer (105 mm glatt)	Zu hohe Kosten der Bodenstücke (UK/GE); Untersuchungen erst nach Entscheidungen für 105 mm glatt.	3. 10. 1974	10. AG
7.	Bau von 2 Türmen „AV-Version" mit „abgemagerter FLA"	Verbesserung des Schutzes u. Reduzierung des Stückpreises (Emes 13)	5. 11. 1974	11. AG
8.	Überschreiten der MIC 50 bis MIC 60 für zukünftige KPz	Realisierung neuer Schutztechniken	4. 10. 1974	InspH
9.	Ausstattung PT 19 (US-Vergleichs-Erpr.) mit 105 mm glatt. Nachrüstbarkeit für 120 mm gegeben.	Zeitrisiko der 120 mm – Entwicklung zu groß	7. 1. 1975	12. AG
10.	Ausstattung T 20 u. 21 mit 105 mm glatt auf Basis der Auslegung der Türme auf 120 mm	Zeitrisiko	7. 1. 1975	12. AG
11.	Richtschützenstand mit primärstab Optik u. nachgeführter Waffe für T 20 + 21	Die Ausstattung alternativ mit primärstab Waffe + nachgeführter Optik ist aus <u>Personal</u>-Termingründen nicht möglich	7. 1. 1975	12. AG

Lfd. Nr.	Entscheidung	Begründung	Datum	ArbGrp-Sitzung Nr.
12.	Ausstattung des PT 19 nunmehr mit 105 mm gezogen mit Querkeilverschluß	— Kostenersparnis (Waffe + Mun. vorhanden) — Waffe + Munition können bei Auswertung des Vergleichs mit XM 1 unberücksichtigt bleiben	18.3.1975	13. AG
13.	Ausstattung der Türme 20 + 21 nunmehr mit 105 mm gezogen (kurze Lagerung; Rh-Fallkeil; GE-Bodenstück)	— leistungsgesteigerte US-Munition M 735 ist gleich 105 mm glatt-Munition — M 735 kann aus 105 glatt ohne Modif. nicht verschossen werden — es ist leichter einen Turm von 105 mm gez. auf 105 gl. umzurüsten als umgekehrt. — Verschlußmöglichkeit M 735	16.5.1975	14. AG
14.	Entfall Außenbordsprechanlage jedoch Möglichkeit der Benutzung der Fernsprechanlage	Kostenreduzierung	16.5.1975	14. AG
15.	Ausstattung der Türme 20 + 21 mit EMES 13 (Korrelationsprinzip); Weiterverfolgung EMES 13 (L)	passives Meßverfahren mit kleinerer Basis. Risiko überschaubar	13.6.1975	15. AG
16.	Verzicht auf Vielstoffähigkeit für den Motor des PT 19	— Verminderung des Rauchstoßes — Verminderung des Kraftstoffverbrauchs u.a.	21.10.75	16. AG
17.	Umrüstung des Turmes T 21 auf 120 mm BK	— Sicherstellung des reibungslosen Übergangs von 105 mm auf 120 mm	4.3.1976	18. AG
18.	Beginn Serienreifmachung 105 mm gez. mit Querkeil	Sicherstellung der Einführungsplanung 79	4.3.1976	18. AG
19.	Zur Ausstattung des T 21 ist ein Hughes-System (EMES 15) anzukaufen; für T 20 ein Zielfernrohr mit LASER zu entwickeln EMES 14 (PERI 12 mit LASER) oder EMES 13 A1 (LASER)	— technische Schwierigkeiten beim EMES 13 die zur grundsätzlichen Umkonstruktion führen — Einhaltung der Einführungsplanung	28.6.1976	19. AG
20.	Ausstattung T 20 mit EMES 13 A1 (LASER)	— Preisvorteil — techn. + terminliche Risiken beim Konkurrenten EMES 14 — spätere Nachrüstbarkeit auf EMES 13 gegeben — Vorteil in log Bewertung	26.11.1976	23. AG
21.	**Vorziehen von 3 Serienfahrzeugen**	**Nachuntersuchungen wie — Überprüfung SBM — Überprüfung der Konstruktionszeichn. — Fahrversuche — Durchführung TrVsu Log MES 3 — Überprüfung der TDv-Reihen**	**20.1.1977**	**24. AG**
22.	Verzicht der Schutzkonzeption »Waterjacket«	— 150 kg Mehrgewicht — DM 15.000,– Mehrkosten je KPz — Verlust von 5 Schuß	20.1.1977	24. AG
23.	Extern. Prüfsystem (EKP) für Bordelektrik ist vorzusehen. Prüfgeräte nicht Bestandteil LEOPARD 2 – Programm	— Zeitbedarf zur Fehlersuche um 90% gesenkt — Prüfpersonal wird eingespart	10.3.1977	27. AG
24.	Kenntnisnahme von Beschaffungsvorhaben KPz LEOPARD 2 durch Verteidigungsausschuß		25.5.1977	Verteid.-Ausschuß
25.	Bau eines zusätzl. Panzerfahrgestells in Panzerstahl	— Zeitablauf für log Untersuchungen — Beschußmodell — techn. Untersuchungen	26.5.1977	28. AG
26.	Einstellung der Serienreifmachungsaktivitäten LEOPARD 2 mit 105 mm	Entscheid für Kanone 120 mm für LEOPARD 2	26.5.1977	28. AG
27.	**Entscheid für Gerät der Fa. HUGHES AC/KAE = EMES 15 für Richtschützenstand Serie LEOPARD 2**	**— Preisvorteil für EMES 15**	**3.6.1977**	**29. AG**

Lfd. Nr.	Entscheidung	Begründung	Datum	ArbGrp-Sitzung Nr.
28.	Kenntnisnahme von Beschaff.-Vorhaben KPz LEOPARD 2 durch Haushaltsausschuß		15.6.1977	HH-Ausschuß
29.	Verwendung hubraumgesteigerter Motor (MB 873 KA-501) im LEOPARD 2	– günstigerer Kraftstoffverbrauch im Teillastbereich – geringere Verlustwärme – bess. Beschleunigungsverhalten u.a.	4.11.1977	32. AG
30.	Ausstattung Serie LEOPARD 2 mit BiV-Fahrgerät BM 8005	BM 8005 hat gegenüber Baird-Atomic-Gerät – größere Reichweite – bessere Bildqualität u.a.	4.11.1977	32. AG
31.	Im Rahmen der Maßnahmen zur Herstellung der VersReife – die ersten 300 KPz in den Bereich I. Korp – ErsTeil Anfangsversorgung mit Sonderregelung – REMUS-Adaption zeitlich vorgezogen	Herstellung von Maßnahmen zur »Versorgbarkeit«	(24.10.1977) 4.11.1977	(InspH) 32. AG
32.	Für Übungsgerät 35 mm keine kostenwirksamen Aktivitäten	– unannehmbare Streuung – neue Munition in VersKette u.a.	21.4.1979	36. AG
33.	Verwendung YAG-Laser in EMES 15	Vorteile im Fertigungs- u. Kostenbereich	1.12.1978	40. AG
34.	**Auswahl Wärmebildversion ZEISS/TI für LEOPARD 2**	**Leistungs- u. Kostenvorteile gegenüber AEG/Eltro/HAC**	**5.3.1979**	**43. AG**
35.	Direktsicht für Richtschützen und Lightpipe zum Kdt	Leistungssteigerung gegenüber Monitor; ergonomische Vorteile	3.5.1979	44. AG
36.	Ausrüstung von 200 KPz LEOPARD 2 mit PZB 200	»Nachtblindheit« des KPz LEOPARD 2 1. Los	3.5.1979	44. AG
37.	Einleitung der Beschaffung Kompl. WBG für 1. und 2. Los sowie WBG-spezifische Teile für weitere 995 Geräte	Nutzung der finanziellen Vorteile der Gesamtserie und Sicherstellung möglichst frühzeitiger Ausrüstung	6.6.1979	45. AG
38.	Einleitung der Entwicklung zur Schußbegrenzungsanlage	Zu große Sicherheitsbereiche beim Schießen KE/KE-Üb	16.11.1979	46. AG
39.	Anwendung der Störmeldeverfahren – SERAV-N (Auswerteziel A) u. – SERAV-E (bis 30.6.1981) für die Serie	Erfassung und Auswertung aller Mängel/Störungen zur möglichst unverzüglichen Abstellung	24.1.1980	47. AG
40.	Beteiligung an Beschaffung eines LASER-Meß/Prüfgerätes JULEM (BeobPz, GEPARD u.a.)	Vereinheitlichung der Meß- und Prüfgeräte	13.5.1980	50. AG
41.	Beschaffung von insgesamt 15 Lehrsaalfahrerständen	Ausstattung KTS 2	13.5.1980	50. AG
42.	Billigung der EFG durch Sts. Dr. Schnell		11.7.1980	

b) Die stimmberechtigten Mitglieder der Arbeitsgruppe können dem Sinne dieses Grundgedankens des Management-Erlasses nach je nach Sachlage Gruppierungen zu zwei Mitgliedern* bilden:

Für den Bedarfsträger: SBWS und Systemoffizier

Für den Rüstungsbereich: Projektreferent und ProB

Für das Ministerium: SBWS und Projektreferent

Selbst für die Durchführung noch erstrebenswert: ProB und Systemoffizier

Hier wird eine in der Praxis gewachsene und bewährte Abweichung vom Rüstungsrahmenerlaß absichtlich undiskutiert gelassen: Der Systemoffizier gehört zur Projektgruppe. Seine Stimmberechtigung in der Arbeitsgruppe des SBWS war anfangs nicht vorgesehen. Dennoch hat sich seine Stimmberechtigung de facto durchgesetzt. Der Systemoffizier (im Rahmenerlaß noch Pro-

---

* Dadurch ist immer sichergestellt, daß in der Arbeitsgruppe kein Bereich isoliert dasteht und daß im Falle von Meinungsverschiedenheiten der Zwang besteht, nach GGO den regulären und vom Rüstungsrahmenerlaß keineswegs hinfällig gemachten Geschäftsweg der Bundesbehörden zu beschreiten.

jektoffizier genannt) ist auf Ämterebene federführend für die militärischen Anteile. Er ist jetzt der bevollmächtigte Vertreter des militärischen Durchführungsbereichs. Nach Angaben des Heeresamtes Abteilung III liegen die hauptsächlichen Aufgaben auf folgenden Gebieten:

»○ *Planerische Vorbereitung, Steuerung und Überwachung der militärischen Anteile von Waffensystemen, nämlich Personal, Ausbildung, Einsatz, Organisation, Logistik, Infrastruktur,*
○ *Abstimmung der militärischen Anteile mit dem technisch-wirtschaftlichen Anteil,*
○ *Erarbeitung des militärischen Beitrages zu Entwürfen von Phasen-, Stufen- und Zwischenentscheidungen einschließlich der Abstimmung mit dem Projektbeauftragten.«*

Nach jetziger Auslegung soll der Systemoffizier also die Maßnahmen anstoßen und steuern, die bei Einführung neuer Waffensysteme notwendig sind, damit die Truppe das neue Wehrmaterial mit Beginn voll nutzen kann.

8.3.2.1.4 Projektreferent

Von besonderem Interesse sind die Positionen des Projektreferenten und des Projektbeauftragten, die zusammen die Gruppierung des Rüstungsbereiches bilden. Der Projektreferent hat in der Systemarbeitsgruppe dafür verantwortlich zu sorgen, daß alle innerhalb der Rüstungsabteilung des BMVg zu treffenden Maßnahmen unverzüglich koordiniert, eingeleitet und durchgeführt werden. Ferner ist er für die Veranlassung der vorhabensbezogenen Entscheidungen der Rüstungsabteilung und der entsprechenden Erlasse und für Überwachung der Durchführung gemäß diesen Erlassen verantwortlich.

Diese Funktionen des Projektreferenten laufen auf Verantwortung für Verbindung und Einschaltung der ministeriell Beteiligten im Rahmen seiner Vertretungsaufgaben für Planung, Lenkung und Kontrolle hinaus.

In der Endphase der Entwicklung, Serienreifmachung, kurz vor Abschluß des Beschaffungsvertrags mit dem GU KM glaubte der Abteilungsleiter Rüstung, die Zusammenarbeit in der Rüstungsabteilung stärken zu müssen. Er errichtete am 29. Oktober 1977 eine Koordinierungsgruppe Kampfpanzer LEOPARD 2 und strebte damit eine Verbesserung der Koordinierungsmöglichkeit des Projektreferenten KPz LEOPARD 2 an. Diese Gruppe sollte folgende Aufgaben erfüllen:

a) Abstimmen und Festlegen der Einzeltätigkeiten und Teilpläne der fachlich zuständigen Referate der Rüstungsabteilung hinsichtlich Arbeit, Zeit und Kosten;
b) Abstimmen und Festlegen der Lenkungs- und Kontrollmaßnahmen gegenüber dem Durchführungsbereich BWB;
c) Abstimmen und Festlegen der Position des Rüstungsbereiches für die Vertretung in der Arbeitsgruppe des Systembeauftragten.

d) Veranlassen aller erforderlichen Arbeiten durch die hierfür zuständigen Stellen, insbesondere bezüglich
○ der Erstellung der Materialgrundlagen, vornehmlich die Vorbereitung der Ersatzteilbevorratung,
○ des Peripherie-Gerätes wie z.B. Sonderwerkzeug und Ausbildungsgerät.

Die Zusammenarbeit mit anderen Stellen hat dadurch keine positive und negative Veränderung erfahren. Die Hauptarbeit der Entwicklung war gelaufen, und trotzdem glaubten zu diesem Zeitpunkte einige Personen und Dienststellen, nun doch »der gekochten Suppe das Gewürz« geben zu müssen. Menschliches Profilierungsbemühen wurde erkennbar.

Der Projektbeauftragte ist der Vorhabensverantwortliche im Durchführungsbereich. Er ist der Sprecher des BWB in Angelegenheiten, die von der Systemarbeitsgruppe behandelt werden. Er verkehrt mit den Mitgliedern der Arbeitsgruppe unmittelbar dienstlich, darf also kraft seiner persönlichen Ermächtigung direkt auf ministerielle Entscheidungen hinwirken, ohne einen hierarchisch vorgegebenen Dienstweg beschreiten zu müssen. Daraus folgert in der Umkehrung, daß der Projektreferent dem Gedanken des Rahmenerlasses nach in seiner Funktion als Mitglied der Arbeitsgruppe nicht befugt ist, als Angehöriger des Ministeriums auf den ProB »erlaßgebend« oder »weisungsberechtigt« einzuwirken. Er ist Mitglied eines Teams und Referent und als solcher berufen, im Ministerium Erlasse und Weisungen an das **BWB** zu veranlassen bzw. zu erwirken. Dies findet auch darin seinen Niederschlag, daß es im Ministerium eine Unterschriftsberechtigung für Erlasse aus der formalen Position eines Projektreferenten heraus nicht gibt, sondern nur aus der Position eines Referenten nach GGO. Normalerweise und dem Sinne des Rahmenerlasses entsprechend wird die Funktion des Projektreferenten von einem Referenten der Abteilung Rü wahrgenommen. Die Verantwortung aus beiden Funktionen ist durch die korrespondierenden Regelungen festgelegt, nämlich GGO und Management-Erlaß. Dabei ist von entscheidender Bedeutung, daß in der Arbeitsgruppe des SBWS die Eigenschaft des Projektreferenten als »stimmberechtigter« Team-Angehöriger gegenüber dem ProB, ebenfalls als stimmberechtigter Team-Angehöriger und zugleich Sprecher des BWB, eine Weisungsfunktion ausschließt. Weisungen können nur dem BWB als Amt gegeben werden. Das den Team-Angehörigen ausdrücklich gegebene und für die Arbeitsfähigkeit der Arbeitsgruppe des SBWS notwendige Stimmrecht kann nicht von dem einer anderen Tätigkeit zugeordneten Weisungsrecht eines der Team-Angehörigen gebrochen werden (Stimmrecht bricht Weisungsrecht). Diese Gesetzmäßigkeit verlangt persönliche Beachtung besonders in dem Ausnahmefall, daß die Projektreferentenfunktion einem Hilfsreferenten übertragen werden sollte.

8.3.2.1.5 Projektbeauftragter

Eine Arbeitsanweisung, die die Grundsätze zum Projektmanagement und die Aufgabe und Arbeitsweise des Projektbeauftragten (ProB) mit seiner Projektgruppe umreißt, wurde erlassen. Von wesentlicher Bedeutung sind folgende Ausführungen:

»*Der ProB ist im Geschäftsbereich des BWB dafür verantwortlich, daß nach Maßgabe der jeweiligen Phasenentscheidung*

1. *die erforderlichen Untersuchungen eingeleitet, durchgeführt und koordiniert werden und ein zusammengefaßter Entwurf des technisch-wirtschaftlichen Beitrages zur jeweiligen Phasenentscheidung dem Systembeauftragten und gleichzeitig dem Projektreferenten vorgelegt wird;*
2. *die für die Durchführung der Entwicklung und Beschaffung notwendigen Entscheidungen getroffen werden.*

Dazu wird er vor allem

3. *das Projekt in Teileelemente und Bausteine aufteilen;*
4. *die Bearbeitung dieser Teileelemente den dafür zuständigen Abteilungen übergeben;*
5. *für diese Bearbeitung einen mit den beteiligten Abteilungen abgestimmten Arbeitsplan festlegen;*
6. *für die Einhaltung dieses Planes sorgen;*
7. *fortlaufend und in ständiger Abstimmung mit dem Vertreter des TSK-Amtes die Bearbeitung der Teileelemente und Bausteine durch Integration dieser Teilleistungen zum System koordinieren.*«

Wenn auch am Ende dieser amtlichen Aufzählung, so steht doch die Forderung nach der Gesamtsystemverträglichkeit an der Spitze des Aufgabenkatalogs. Hauptaufgabe war und bleibt immer, die Realisierung des Gesamtkonzepts nicht aus den Augen zu verlieren. Der ProB hat die berühmte und berüchtigte »eierlegende Wollmilchsau« oder eine einseitig überbestimmte Konstruktion zu verhindern. Der ProB mußte Kompromisse zwischen den teilweise gegenläufigen Forderungen der Nutzer und den technischen Lösungen der Fachreferenten suchen und finden. Er wurde dadurch oft zur Zielscheibe aller. Die Stellung des ProB im Verbund aller Beteiligten zur Schaffung eines komplexen Waffensystems zeigt das Organigramm, und die fachtechnische Koordinierung der Komponentenreferate des BWB verdeutlicht das Tableau.

Der ProB wurde aus der Fachabteilung ausgegliedert und fand seinen Platz in der Projektabteilung Land. Da auch die langjährig am Projekt tätigen Mitarbeiter die Fachabteilung verließen und dieses Loch nur durch Neueingestellte ausgefüllt wurde, war der ProB zur Erfüllung seiner Aufgabe gezwungen, nicht nur als Integrator der Fahrgestellbaugruppen zu wirken, sondern gleichzeitig wie bisher fachliche Entwicklungsarbeit auf dem Fahrgestellsektor zu leisten. Diese Doppelarbeit konnte im Laufe der Zeit wesentlich abgebaut werden, war aber charakteristisch für die Anfangsjahre und die Ursache für manche Anwürfe.

Die Auslieferung der Serienfahrzeuge wird im Jahre 1987 abgeschlossen sein. Nach den heute gültigen Vorschriften hat danach die Projektarbeit ihr Ende gefunden. Die nachfolgende entwicklungstechnische Betreuungsarbeit in den nächsten beiden Jahrzehnten soll von der Fachabteilung betrieben werden. Dieser Auffassung muß widersprochen werden, denn ohne Systemkenntnisse ist eine gedeihliche Arbeit nicht vorstellbar. Die zu erwartenden Änderungen zur Verbesserung der Zuverlässigkeit und Anhebung der Kampfkraft setzen intime Detailkenntnisse des Systems voraus, wenn nicht Rückschritte eintreten sollen. Es muß deshalb das erfolgreiche Team der Projektgruppe erhalten bleiben, entsprechend der Bedeutung müssen auch Dienstpostenanhebungen in der Projektgruppe vorgenommen werden, um das Verbleiben der Mitglieder nicht in einen »Strafvollzug« umzuwandeln.

Dieses eingearbeitete Team ist auch in der Lage, zu gegebener Zeit beurteilen zu können, welche technischen Verände-

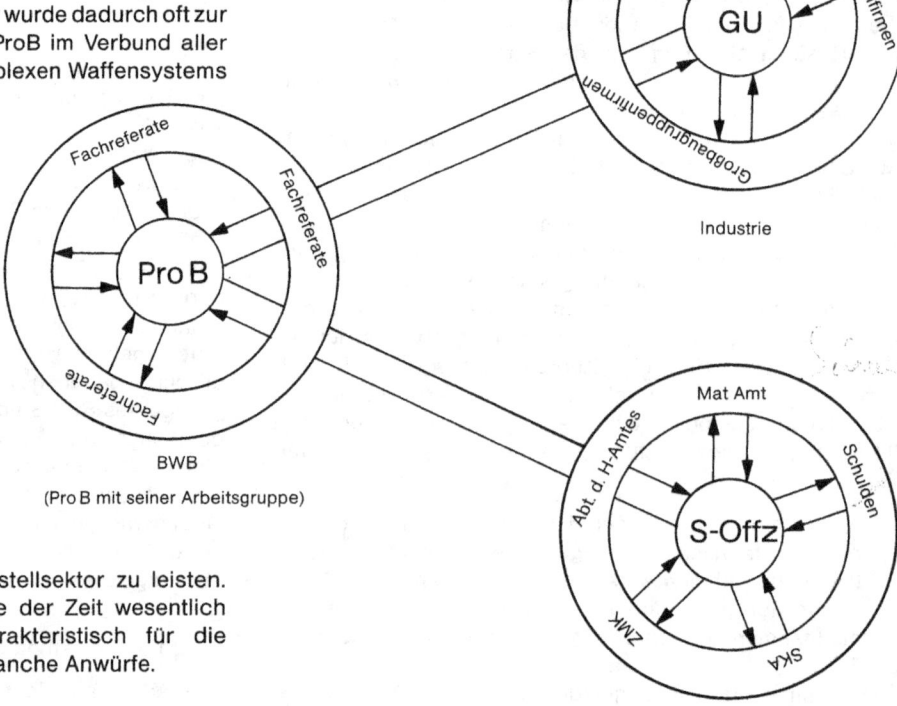

Zusammenarbeit im durchführenden Bereich

rungen und Forderungen anstehen, die eine Nachrüstung sprengen würden, und wann diese zum Beginn einer neuen Kampfpanzerentwicklung führen werden. Vollkommen falsch wäre die Installierung einer neuen Projektgruppe für die Entwicklung eines neuen Kampfpanzers, denn dann würden zwangsweise Schritte gegangen werden, die bereits schon in der anderen Gruppe gegangen wurden. Ein solches unökonomisches Vorgehen aber sollte und kann die Bw sich nicht leisten.

8.3.2.1.5.1 Zusammenarbeit mit den Fachreferenten

Die Anlaufschwierigkeiten bestanden darin, daß sich die Fachabteilungen in die neue Rolle einer gewissen Unterordnung finden mußten. Die BWB-Organisation, Gliederung der Fachreferate nach dem Geräteprinzip, macht eine zusammenfassende Bearbeitung eines Gerätes aus allen bei der Bw genutzten, eingeführten und zu entwickelnden Kampffahrzeugen in einem Referat möglich. Hierbei werden Erfahrungen erkannt, gesammelt und Neukonstruktionen nutzbar gemacht. Nach Erlaß sind zwar die Fachabteilungen verantwortlich für die Anlagen und Baugruppen des Projektes, soweit Gesamtentwurf, Termine und Kosten nicht verändert werden, die notwendigen Entscheidungen trifft aber der ProB, weil nur er, der die Mittel verwaltet, die finanzielle Auswirkung einer Entscheidung übersehen kann.

Unbefriedigend für die Fachreferate war die Zusammenarbeit mit ihren Firmen, mit den Unterlieferanten des GU. Die konstruktive Entwicklungsarbeit der Unterlieferanten erfolgte nach einer vertraglichen Regelung zwischen GU und diesen. Der GU hatte wiederum einen Vertrag mit dem BWB, der vom ProB gesteuert wurde. Wollte ein Fachreferat eine techn. Änderung beim Unterlieferanten veranlassen, dann konnte er diese wohl besprechen, in der Regel hatte eine solche Änderung aber finanzielle Auswirkungen, und diese waren durch den Vertrag mit dem GU nicht abgedeckt. Daher war die Verhandlung des Fachreferenten mit dem Unterlieferanten ohne Folgen. Der Fachreferent konnte den Integrator des ProB nur bitten, die von ihm gewünschte Änderung dem GU in Auftrag zu geben. Mit dieser fehlenden Selbständigkeit entfiel aber das persönliche Engagement und konnte auch nicht erwartet werden, da trotz Arbeits- und Facharbeitsgruppen die unmittelbare Beziehung zum Projekt fehlte. Sehr viele Fachreferenten fühlen sich nur dann voll verantwortlich für ihre techn. Aufgabe, wenn sie durch finanzielle und vertragliche Vereinbarungen die Möglichkeit haben, unmittelbar mit ihren industriellen Partnern Absprachen zu treffen.

Eine enge Zusammenarbeit des Unterlieferanten zum Fachreferenten ist zwar, wie schon besprochen, technisch wünschenswert, jedoch formell ohne rechtliche Grundlage, denn Auftraggeber für UA ist der GU und nicht der Bund. Ein nachlassendes Interesse einiger Fachreferenten am Projekt war erkennbar. Man arbeitete viel lieber an der Entwicklung von Einzelgeräten und Baugruppen als in der vom ProB gebildeten Arbeitsgruppe.

8.3.2.1.5.2 Zusammenarbeit mit dem Bedarfsträger

Wesentlich für eine erfolgreiche Projektarbeit wehrtechnischer Geräte ist die Zusammenarbeit mit dem Bedarfsträger, mit dem Kunden. Die im Heeresamt tätigen Offiziere der Abteilungen Heeresrüstung, Kampftruppe und Instandsetzungstruppe waren in einem ständigen Dialog mit der Projektführung im BWB. Da eine eigene TaF für den LEOPARD 2 nicht bestand, ergaben sich im Laufe der Jahre aus der Kenntnis der Panzernutzung und der potentiellen Bedrohung Anregungen, Wünsche und Forderungen, die noch Eingang in den Entwicklungsablauf finden sollten. Diese verständlichen Absichten wurden aber erschwert durch einen häufigen Wechsel der Personen in den vorgenannten Abteilungen während der Entwicklungszeit. Die Fluktuation der Offiziersdienstposteninhaber war groß und behinderte die Arbeit sehr. Aber nicht nur der Wechsel der Personen erschwerte die Arbeit, auch der Generationswechsel wurde während der Entwicklungszeit deutlich. Den vom Kriege geprägten Praktikern standen die in den Schulen herangebildeten Theoretiker gegenüber. Während die erste Gruppe besonders die persönlichen Erfahrungen des Ostfeldzuges im Sommer und Winter in den Weiten des russischen Raumes einbrachte, war die zweite Gruppe sehr beeindruckt durch die Übermittlung amerikanischer Erkenntnisse und Auslegungen aus Korea, Vietnam und über die Israelis aus Nahost. Dieser Wechsel in den Betrachtungsweisen und in den Auffassungen führte nicht immer zu einer geradlinigen Entwicklung. Sprünge und Rücksichten mußten verkraftet werden, um dem menschlichen Profilierungsbedürfnis gerecht zu werden. Diese Unzulänglichkeiten haben der Zielfindung nie ernsthaft geschadet, sie sollten aber erwähnt werden; denn wenn das Werden und die Leistung dargestellt werden, gehören auch immer die Rückschläge dazu.

8.3.2.1.5.3 Zusammenarbeit mit der Industrie

Auch die Zusammenarbeit mit der beteiligten Industrie durch den GU war nicht problemlos. Die Verantwortung für das Gesamtprojekt lag beim GU, und dieser hatte sich zur Steuerung eine ähnliche Einrichtung geschaffen wie die amtsseitige Projektgruppe. Die Teams des industriellen Projektleiters und des amtlichen ProB standen einander gegenüber, und im Arbeitsablauf war Doppelarbeit nicht immer zu vermeiden.

Das Industriemanagement war teilweise schwerer zu erreichen als das amtliche. Fachstolz, Firmenegoismus und Furcht vor dem »Großen« erschwerten die Steuerung. Da der GU keine Weisungsbefugnis gegenüber seinen Unterlieferanten hat, war er **nur** auf den guten Willen angewiesen; erschwert wurde ihm dies noch, weil einige Unterlieferanten eine besondere Stellung im Management durch die Amtsleitung des BWB erreichen konnten und einige Unterlieferanten in starker Bindung zum Amt sich den Weisungen des GU zu entwinden suchten. Die Beschränkung der Einwirkung des GU auf seine UA hatte zwei Seiten:

○ Einesteils wurde dadurch für den ProB die industrieseitige Lenkung erschwert, aber
○ andererseits wurde dadurch der GU nicht zu stark und damit zu einer Gefahr für den öffentlichen Auftraggeber.

»Die Zusammenarbeit mit der Industrie muß so gestaltet werden, daß das Risiko der mit hohem Kostenaufwand verbundenen Entwicklungen durch geeignete vertragliche Vereinbarungen so abgegrenzt wird, daß der öffentliche Auftraggeber mit Aussicht auf Erfolg kostensparend entwickelt und die Industrie mit einem überschaubaren Risiko und Aussicht auf einen angemessenen Gewinn bereit ist, mit dem Bund auf wehrtechnischem Gebiet zusammenzuarbeiten.«

Diese aus dem Blaubuch zur Neuordnung des Rüstungsbereichs übernommene Formulierung wäre das erstrebenswerte Ziel für jeden ProB. Leider geben die jetzt noch üblichen Vertragsgestaltungen nach ABEI der Industrie nur die Aussicht auf einen angemessenen Gewinn.

Die »Allgemeinen Bedingungen für Entwicklungen mit der Industrie« (ABEI) stammen aus dem Jahre 1954, also aus einer Zeit, als der Bund die ersten Rüstungsaufträge vergeben wollte, die Industrie aber geschockt durch die Landsberger Prozesse (Wirtschaftsführer als Kriegsverbrecher) keine Neigung zeigte, Rüstungsaufträge anzunehmen. Nur durch Überredung gelang es damals, die Abneigung abzubauen. Der Bund der deutschen Industrie übernahm es, mit den Rüstungsdienststellen Bedingungen auszuhandeln, die den Auftragnehmern vorteilhafte Positionen einräumten, und bis zum jetzigen Zeitpunkt verstand es die Industrie diese zu halten.

Vielfach war man der Auffassung, daß nicht alle Entwicklungen mit der Bemühensklausel abgeschlossen werden müßten. Es geht um das Bemühen, die vereinbarte Zeit einzuhalten, die Kosten nicht zu überschreiten und das technische Entwicklungsziel zu garantieren. Ein Beispiel ist die Auswahl des internen Prüfsystems.

Nach Festlegung mit dem Bedarfsträger im Dezember 1970, welche Prüflinge in welchen Erhaltungsstufen durch ein internes Prüfsystem im Kampfpanzer geprüft werden sollen, erhielt der GU den Auftrag zur Erstellung einer Studie über ein Konzept für ein internes Prüfsystem. An dieser Studie arbeiteten die Firmen AEG und Honeywell.

Das Ergebnis dieser Studie war das Prüfsystem »Bite« in der Größenordnung von über 6 Mio. DM Entwicklungskosten.

Die Firmen wurden veranlaßt, einfachere und billigere Lösungen zu suchen, und zusätzlich wurde die Konkurrenzfirma Krupp-Atlas-Elektronik (KAE) eingeschaltet. Die Arbeitsgruppe AEG – Honeywell legte daraufhin 2 neue Angebote vor, und zwar das Konzept »Bop« und das Konzept »Büs«. Gleichfalls legte KAE ein erstes Angebot über RPP1-3 vor.

Nach Aussprache mit dem Bedarfsträger wurde das Konzept »Büs« wegen nicht ausreichender Leistung verworfen. Die Konzepte »Bop« und RPP1-3 wurden als technisch gleichwertig erachtet und der wirtschaftlichen Komponente entscheidende Bedeutung beigemessen.

Das Angebot für »Bop« und »Büs« enthielt die Bemühensklausel und das Recht der Nachforderung, KAE dagegen verzichtete darauf und schloß die §§ 1 (1) und § 5 (5) aus. Zur Auffindung aller möglichen Schwierigkeiten an den Schnittstellen zwischen Prüfzentrale und den Prüflingen wurden beide konkurrierenden Gruppen beauftragt, Schnittstellenabsprachen im Beisein der Turmfirma Wegmann zu führen und vor Abgabe eines endgültigen Angebotes alle möglichen Unklarheiten zu berücksichtigen. Diese Schnittstellengespräche wurden den Firmen bezahlt.

Nach der Schnittstellenabsprache legten beide Gruppen im August 1972 neue Angebote über den GU vor. Danach sollte das Prüfsystem KAE RPP1-4 DM 3 293 881,– und das »Bop« DM 3 309 634,– kosten.

Bei der technischen Gleichwertigkeit beider Konzepte, vom Fachreferat bestätigt, vom Bedarfsträger beurteilt und bei den Schnittstellengesprächen bewiesen, übertrug die Systemarbeitsgruppe den Auftrag der Fa. KAE.

Bei fast gleichen Endpreisen war der Verzicht auf die Bemühensparagraphen 1 (1) und 5 (5) ein außerordentliches Angebot der Fa. KAE und führte zu einem »Aufruhr« in der beteiligten Industrie. Die bisher als »heilige Kuh« gehandhabten Bestimmungen in den Entwicklungsverträgen waren unter Konkurrenzdruck aufgebrochen worden und setzten den amtlichen Auftraggeber in eine bessere Position, weil er nunmehr sein technisches Ziel mit seinen beschränkten Haushaltsmitteln zur Deckung bringen konnte.

Der ProB LEOPARD 2 hat gehandelt und die Industrie vertraglich verpflichtet, mit einem überschaubaren Risiko Anteil zu nehmen und für den Bund kostensparend zu entwickeln.

In zwei Fällen sind entsprechende Verträge geschlossen worden. Ziel sollte sein, auch bei Entwicklungsverträgen Festpreise zu vereinbaren, wobei die Preis- und Lohnentwicklung in der Wirtschaft die Vereinbarung von Preisen mit Vorbehalten (Gleitklauseln für Material- und Lohnkosten) unvermeidbar macht, Termine einzuhalten und in Lastenheften festgelegte Leistungen zu garantieren. Übererfüllung sollte gekoppelt sein mit Gewinnanzeigen.

Die Projektführung wurde erschwert durch die Tatsache, daß nicht alle Komponenten der Entwicklung gemäß Managementerlaß beim ProB geführt wurden. Die Fachabteilung WM hatte sich erfolgreich dagegen gewehrt, die Munitionsentwicklung in die Projektentwicklung voll einbeziehen zu lassen. Eigene Entwicklungsanweisungen, eigene Verträge ohne Beteiligung des GU machten eine Steuerung dieser Komponente besonders schwierig. Diese Konstellation war auch mit ein Grund, warum die Gesamtentwicklung des Projektes in seinem terminlichen Ablauf durch die Komponente Munition litt. Eine ähnliche Abweichung mußte bei der Entwicklung der Nachtsichtoptik hingenommen werden. Durch die Zusammenfassung aller am Projekt beteiligten Entwicklungsanweisungen in den Haushaltsplanungsunterlagen und die alljährliche Vertretung dieser Planungsansätze in der Haushaltsbesprechung konnte von Jahr zu Jahr mehr Einfluß genommen werden. Aber das war kein Ersatz für eine volle Einbindung aller Komponenten. Probleme traten auf bei der Weiterentwicklung der Munition durch die USA und bei der Integration der Wärmebildgeräte in die Serienfertigung des Panzers. Zwischenzeitlich wurden Lösungen gefunden, aber nur nach erhöhtem personellen und finanziellen Aufwand.

8.3.2.2 Erprobungsorganisation

Mit der Neuordnung des Erprobungswesens war dem ProB auch die Steuerung der Erprobung übertragen worden. Die von ihm zu bildende Arbeitsgruppe für Erprobung am Ort der Erprobungsstelle sollte die Mitglieder des ausgelagerten Bereichs der Fachabteilungen und der E-Stellen-Basis umfassen.

Die Aufklärungsfibel über diese Neuordnung enthält ein Organigramm und bezeichnet dort die Arbeitsgruppe als Team der an der Erprobung tätigen Personen. An der Spitze dieses Teams steht der ProB. Schon im Neuordnungserlaß war bestimmt, daß der ProB oder Teile seiner Projektgruppe ihre Aufgaben am Ort der entsprechenden E-Stelle wahrnehmen sollen. Die Mitglieder der Basis, Vertreter von Planung, Koordinierung, Meßtechnik und Werkstatt sollten eine zügige Durchführung der Erprobung sicherstellen. Dem ProB war hier die Aufgabe gestellt, im Rahmen des Erprobungsablaufs die Fachleute der Fachabteilungen und die Erprobungs- und Meßexperten der E-Stellen zu koordinieren.

Die Organisation des BWB und seines nachgeordneten Bereichs sieht für ein komplexes Waffensystem Kampfpanzer aber keine Systemerprobungsstelle vor. Die kraftfahrtechnischen, elektronischen und waffentechnischen Erprobungsstellen 41, 81 und 91 in Trier, Greding und Meppen sind eifersüchtig darauf bedacht, ihren Anteil am System zu behandeln. Der hier erkennbare Organisationsfehler ist beim Aufbau der Bundeswehr entstanden (man spricht von Rücksichten gegenüber einzelnen Personen) und wurde bei der Erprobung des LEOPARD 1 dadurch gelöst, daß der damalige schon erwähnte Leiter der Abteilung Rüstung, Min. Dir. Dr. Fischer, dem Präsidenten des BWB am 30. Dezember 1961 vorschlug, die technische Erprobung des Gesamtfahrzeuges einschließlich Turm mit Waffenanlage, Munition, Optik, Fernmeldegerät und ABC-Ausstattung in eine Hand zu legen und die Erprobungsstelle Meppen personell so einzurichten, daß die Erprobung dort einheitlich durchgeführt werden konnte. Die Leitung des BWB folgte diesem berechtigten Wunsch und gründete eine E-Stelle 41 Außenstelle (ASt) A in Meppen. Diese Gesamtgruppe leistete hervorragende Arbeit. Mit Abschluß der Erprobung LEOPARD 1 wurde diese ASt A aufgelöst, und die in Meppen geschaffenen Anlagen für die Systemerprobung wurden nicht mehr genutzt. Die Erkenntnis des Systemdenkens führte in der Rüstungsneuordnung zum Projektbereich, blieb aber ohne Auswirkung auf die Erprobung im System. Die See- und die Luftstreitkräfte haben ihre Systemerprobungsstellen, aber das Heer mußte verzichten. Dieses Übel kostet Zeit und Geld und ist in Anbetracht der heerestechnischen Rüstungsleistung nicht zu verstehen.

Bis zur »Neuordnung der Erprobung« war es möglich, auf dem »kleinen Dienstweg« bei der E-Stelle 91 ein Erprobungsteam aller Fachrichtungen zu etablieren. Da der ProB nicht in Koblenz und Meppen gleichzeitig sein konnte, wurde folgende Regelung getroffen:

In seiner Abwesenheit übernahm als Vertreter ein Mitglied der Arbeitsgruppe des Erprobungsteams die Leitung. Dieser Vertreter trug also dann zwei »Hüte«; zum einen den als gleichberechtigtes Mitglied der Gruppe, wenn der ProB anwesend war, und zum zweiten den Hut des ProB, wenn dieser abwesend war. In diesem Fall war er mit den gleichen Vollmachten gemäß Weisung ausgestattet, aber auch mit der gleichen Verantwortung.

Diese Regelung war wirksam und machte einen zügigen Ablauf der Erprobung möglich. Mit der »Neuordnung« fand die improvisierte Lösung ein Ende, weil durch die vorgegebenen Verfahrensrichtlinien und die rigorose Reduzierung des Personals des ausgelagerten Fachbereichs (AFB), besonders bei der E 91, die Fachabteilungen ihren Angehörigen des ausgelagerten Bereichs mit der Neuordnung die Basis für die doppelte Funktion entzug. Man zog sich nur auf die fachliche Zuarbeit zurück und verwies auf die personelle Decke. Die Hoffnung, die Änderung der Neuordnung der E-Stellen würde auch eine Regelung der Projekterprobung erbringen, erwies sich als irrig. Das Fehlen einer Regelung machte ein dauerndes »Durchwursteln« notwendig und erschwerte den Ablauf.

Durch diese »Neuordnung« ist die vorher übliche Verfahrensweise, kurzfristig einzuschiebende Erprobungen, die zwangsläufig bei der Entwicklung komplexer Waffensysteme anfallen, auf dem sogenannten kleinen Dienstweg zu regeln, fast nicht mehr gegeben; die Kapazitätsplanung und -bindung über die Planungs- und Kontroll (PK)-Dezernate läßt die Durchführung derartiger Zwischenerprobungen, wenn überhaupt, dann nur nach zähen Verhandlungen zu; der Begriff »Prioritätsentscheidung« ist zur gewohnten Phrase geworden.

8.3.2.3 Zusammenfassende Beurteilung

Der Ablauf der Entwicklung nach dem Managementerlaß brachte aus heutiger Sicht folgende Vorteile:

○ eindeutige schnelle Entscheidungen in der Systemarbeitsgruppe als Hauptgrund für die erfolgreiche Projektführung;
○ Koordinierung der Erprobung durch den ProB;
○ Zwang zur Planung ermöglichte rechtzeitige Einleitung von Phasenentscheidungen;
○ Serienreifmachung von bestimmten Baugruppen schon während der Entwicklungsphase möglich;
○ wirtschaftliche Führung durch Zusammenfassung des Gesamtvorhabens mit entsprechender Einflußmöglichkeit des ProB im BWB und zum GU.

Als Nachteile müssen genannt werden:

○ Fehlen einer Organisation zur Systemerprobung,
○ Tennung der Aufgaben des ProB von den Referaten für Vertrag, Logistik und Planung.

Die Zusammenfassung der großen Projektaufgaben im Projektbereich und damit Loslösung der Projektbeauftragten von den Fachabteilungen gab diesem eine große Wirkungsmöglichkeit für verantwortliches Handeln. Der Bereichsleiter war der Schutzschild unter dem der ProB die Fachabteilungen zur Mitarbeit heranzog. Die zusätzlichen Technischen Abteilungsleiter im Projektbereich waren überflüssig und hemmten nur den Ablauf. Der im Projektzeitraum anwesende Abteilungsleiter Land erkannte dies, handelte danach und förderte so den Ablauf. Dies war ein weiterer Grund für die erfolgreiche Projektarbeit. Die jetzt erkennbare Auszehrung des Projektbereichs, vielleicht mit dem Ziel der Auflösung, würde einer zukünftigen Projektführung schaden. Der Projektbereich sollte zur organisatorischen Zusammenfassung aller Projektbeauftragten und Vertretung gegenüber der Leitung und den Fach- und Vorschaltabteilungen nur einen kleinen Stab umfassen. Nur so ist eine wirkungsvolle Projektführung möglich. Die Wirkung ließe sich noch verstärken, wenn man in die Projektgruppe Sachbearbeiter für die Vertragsgestaltung, Logistik und Planung integrieren würde, wie es in den USA der Fall ist. Damit könnten Spannungen abgebaut und die gesetzten Ziele noch besser erreicht werden. Der ProB sollte umfassend für Technik, Vertrag und Logistik verantwortlich sein und dazu auch über die Personen und Mittel verfügen können. Außerdem sollte zur Ergänzung der ProB-Aufgaben bei der Erprobungstelle 91 eine Waffensystemerprobungsgruppe gebildet werden, die dem ProB zu unterstellen wäre.

8.3.2.4 Schulung und Ausbildung

Die Neuordnung des Rüstungsbereichs brachte neben der Bildung eines Projektbereichs zugleich eine neue Festlegung des verfahrenstechnischen Ablaufes für die Entstehung von Wehrmaterial. Damit sollte eine wirksamere Gestaltung und Abwicklung von wehrtechnischen Projekten erreicht werden, nachdem früher das technische Ziel nicht immer erreicht und dabei Zeit- und Kostenvorgaben überschritten wurden. Um diese Abläufe allen Beteiligten einsichtig zu machen, wurde zugleich eine entsprechende Ausbildung für das Projekt-Management durch Lehrgänge in der Wehrakademie in Mannheim und bei der Industrieanlagen und Betriebsgesellschaft (IABG) in Ottobrunn veranlaßt.
Im Projekt LEOPARD 2 wurden neben der Verfolgung des technischen Zieles die wirtschaftlichen Komponenten stets gleichwertig behandelt, und damit hatte die Arbeit Erfolg. Bei vielen technischen Referenten des BWB ist das Gefühl für die Bedeutung der wirtschaftlichen Komponenten nicht vorhanden; es sollte ihnen daher in solchen Lehrgängen nahegebracht werden. Bei der notwendigen ökonomischen Behandlung der Rüstung sind die gegebenen Ausbildungsrichtlinien der technischen Referenten und der Vertragsreferenten für eine Technische Verwaltungsbehörde falsch. Die jetzigen Grundlagen der Ausbildung zum Nur-Techniker und zum Verwaltungsjuristen schaffen nicht die Vorraussetzungen für ein wirtschaftliches Handeln beim Ablauf einer Entwicklung.

Sich ganz auf die Preis- und Kostenprüfer des Amtes und der Länder zu verlassen, führt bei der Beurteilung der durch die Industrie genannten Kosten nicht zum Erfolg. Die im BWB arbeitenden technischen Referenten sollten nicht das Fachwissen von Konstrukteuren haben, Konstruktionsarbeit ist Aufgabe der Industrie, aber sie sollten beurteilen können, ob eine Konstruktion den technischen und taktischen Forderungen entspricht und ob die wirtschaftlichste Lösung gefunden wurde. Die wirtschaftliche Komponente wird jetzt und in Zukunft noch eine viel größere Bedeutung haben. Die ökonomische Behandlung militärischer Objekte kann nicht von einem Nur-Techniker erwartet werden. Die Ausbildung zum Wirtschaftsingenieur wäre die richtige Voraussetzung für einen optimalen Einsatz im Rüstungsbereich.
Desgleichen ist der Verwaltungsjurist nicht der geeignete Einkäufer wehrtechnischer Güter. Nicht auf die juristischen Formulierungen eines Vertrages kommt es an – diese liegen in Formularverträgen weitgehend fest –, sondern die wirtschaftlichste, preisgünstigste Aushandlung von Verträgen sollte die Hauptaufgabe der Vertragsreferenten sein. Hierzu wäre eine Ausbildung zum Diplomkaufmann die geeignete Grundlage.

8.3.2.5 Planung

Der mit dem Managementerlaß verbindliche EB-Mat. hatte in seinen ersten Phasen für das LEOPARD 2-Projekt keine Bedeutung mehr erlangen können. Theoretisch hat es eine Konzept- und Definitionsphase nicht gegeben, betrachtet man aber die zurückliegende Entwicklungsphase, so wurde auch schon damals nach den Grundsätzen des Managements – nach heutiger Definition wäre die Experimentalentwicklung als Definitionsphase zu betrachten – gearbeitet. Sicherlich nicht in genau beschriebenem Ablauf, aber in der Zielsetzung und in der Auswirkung.
Planung durch Netzplanung und Balkendiagramm war Hilfsmittel, aber nie mehr, und wurde nie Selbstzweck. Einhaltung fest umschriebener Ecktermine, großer Meilensteine, waren Verpflichtung. Da einige Komponenten nicht im Projekt geführt wurden, was weiter vorn schon ausgeführt wurde, war deren Ablauf und Verknüpfung im Projektnetz nicht erfaßbar. Laufende Änderungen im Projektplan waren die Folge. Trotz dieser vielleicht von Planungsexperten kritisierten planerischen Projektführung wurden erstmalig parallel zur Entwicklung und Fertigung der Prototoypen die Materialgrundlagen zum Beginn des Truppenversuchs bereitgestellt. Die Materialerhaltbarkeitsbewertung als Teil des Truppenversuchs lag am Anfang und bediente sich der geschaffenen Technischen Dienstvorschriften.

8.3.2.6 Berichterstattung und Auswertung

Um auch der späteren Nutzungsphase die notwendigen Angaben über Instandsetzung und Ersatzteile machen zu können, wurden seit Beginn der technischen Erprobung alle Daten des Erprobungs- und Versuchablaufs gesammelt, ausgewertet und gespeichert. Basierend auf Erfahrungen aus dem bilateralen KPz 70-Programm entwickelte Fa. Krauss-Maffei auf der Grundlage des in den USA angewandten STIC-Verfahrens (System Technical Information Center) für die nationale Ebene das STIZ (System-Technische Informations-Zentrale).

Alle Prototypen des KPz LEOPARD 2 wurden sowohl in der technischen Erprobung als auch im Truppenversuch dem STIZ-Verfahren angeschlossen. Das hieß in der Praxis, daß jeder erkannte Schaden auf einem STIZ-Mängel-Ereignis-Berichtsformular erfaßt werden mußte. Hierbei war von größter Wichtigkeit, die Eintragungen, bezogen auf die Schadensursache, so wahrheitsgetreu wie möglich durchzuführen. Nachlässigkeit oder sogar bewußte Täuschung (z.B. Bedienungsfehler ist Urheber des Schadens, und aus Gründen der Furcht vor Kritik der Vorgesetzten oder aus Bequemlichkeit wird eine andere Schadensursache angegeben) bringen bei entsprechender Häufung natürlich eine Verfälschung der ermittelten Zuverlässigkeitsaussage mit sich. Des weiteren mußte für jedes Fahrzeug ein STIZ-Wochenberichtsformular ausgefüllt werden.

Dieser Bericht diente der Erfassung der Lebenslaufdaten bis auf eine ausgewählte Baugruppenebene und des Erprobungsgeschehens.

Der Reparaturbericht schließlich ermöglichte eine genaue Kategorisierung des Schadens bis auf Unterbaugruppenebene. Dieser Bericht wurde durch die Firma erstellt, die das defekte Gerät instandsetzte, und er mußte den Umfang der getroffenen Maßnahmen, auch Änderungen und Verbesserungen, dokumentieren.

Aus der ausgewerteten Erhebungsmasse der 3 Berichtsformen
a) Wochenbericht
b) Mängel-Ereignisbericht
c) Reparaturbericht
zeichneten sich Komponenten ab, die die geforderten Lastenheftspezifikationen bei der Abnahme zwar erfüllten, jedoch die errechneten Zuverlässigkeits- und Standfestigkeitsziele nicht erreichten. Diese Erkenntnisse waren der Anstoß zu einer vierten Berichtform, dem STIZ-Untersuchungs- und Abhilfebericht.

In ihm wurden alle wesentlichen Daten über Art und Ergebnis einer Untersuchung, über Abhilfe- und Verbesserungsvorschläge, über getroffene Schlußfolgerungen und über Inkrafttreten der getroffenen Maßnahmen niedergelegt.

Der Extrakt dieser Details fand seinen Niederschlag in folgenden Berichtsformen:
a) Monatsbericht
erteilte Auskunft über Erprobungsablauf, Laufleistung, Betriebsmittel, Ersatzteilbewegungen, Mängel-Ereignisberichte, Reparaturberichte, Untersuchungs- und Abhilfeverfahren und durchgeführte STIZ-Arbeiten.
b) Quartalsbericht
erteilte Auskunft über Entwicklungsstand, Zuverlässigkeitsanalyse, Standfestigkeitsanalyse, Folgeschäden und informative Daten.

Es würde zu weit führen, noch tiefer in die theoretischen Grundlagen und Entwicklungsziele des STIZ einzudringen.

8.4 Technische Probleme und deren Lösung

Durch die Schockbelastungen beim Abschuß und Treffer, die Schwingungs- und Stoßbelastungen bei der Fahrt und die Umweltbelastungen (Temperatur, Feuchtigkeit, Schmutz) werden die Komponenten unterschiedlich beansprucht. Die Beeinflussung an den verschiedensten Stellen im Panzer (Einbauorte) wurde definiert und eine Zuordnung der Betriebsbedingungen zum Gesamtsystem und zu den Baugruppen vorgenommen.

8.4.1 Betriebsbedingungen

Diese Bedingungen waren wesentliche Bestandteile der Entwicklungslastenhefte für die Baugruppen und das System und Grundlage für die Typprüfungen der Seriengeräte und des Gesamtpanzers.

Die technischen Forderungen an das Gesamtsystem, an die Teilsysteme und an die Baugruppen sind in den jeweiligen Lastenheften festgelegt. Die nachfolgende Aufzählung beinhaltet die Beeinflussungsmöglichkeiten, unter denen diese Forderungen gelten:

a) Temperaturen:
Luftumgebungstemperaturen
Oberflächen-Materialtemperaturen
a)a) Temperaturschock (Umgebungsluft)
a)b) Temperaturschock (Wasser)
b) Wasser:
Luftfeuchtigkeit
bei Unterwasserfahrt
beim Abspritzen
bei Schnee und Eis
c) Sand und Staub
d) Betriebsstoffe
e) ABC-verseuchte Umgebung
f) Dekontamination
g) Salz (Meeresluft)
h) Höckerstrecke (APG-Bahn) Rüttelbeanspruchung
i) Änderungen im Bordnetz: unterschieden in Grob- und Feinnetz
Nennspannung (Batteriespannung bei stehendem Triebwerk)
Betriebsspannung bei laufendem Triebwerk
Spannungsspitzen und ihre Auswirkungen auf die Baugruppen
Spannungsspitzen und deren Dauer
k) Elektromagnetische Verträglichkeit unterschieden in
  ○ ungeschirmter Bereich
  ○ geschirmter Bereich
  ○ Schirmungsbereich des Feuerleitsystems
l) Betriebszeiten gemäß 24-Stunden-Kampftag
m) Schräglagen
n) Sonstiges: Pilzbefall, Insekten

Um Baugruppen mit gleichen Betriebsbedingungen zusammenfassen zu können, wurden folgende Bereiche definiert:

Einbauort

A Baugruppe befindet sich im Fahrzeug.

A_1 Baugruppe befindet sich in dem Teil des Kampf- oder Fahrerraumes, der bei keiner, auch nicht der max. Neigung des Fahrzeuges von der Wassermenge überflutet wird, die bei Horizontallage des Fahrzeuges 100 mm Wasserhöhe in der Wanne ergibt.

A_2 Baugruppe befindet sich in dem Teil des Kampf- oder Fahrerraumes, der unter den o.g. Bedingungen überflutet wird.

A_3 Wie A_2 jedoch in der Nähe der Lamellenreibungsdämpfer.

A_4 Elektronikraum

A_5 Hydraulikraum

A_6 Batterieraum

A_7 Triebwerkraum

A_8 Triebwerkraum entsprechend A_2 überflutet

A_9 Triebwerkraum in der Nähe der Abgasanlage sowie Wärmenester

Einbauort

B) Baugruppen an der Fahrzeugaußenseite

C) Baugruppe durchdringt Turm- oder Wannengehäuse und befindet sich z.T. innen (entspricht A) und z.T. außen (entspricht B).

Diesen Einbauorten bzw. den Baugruppen, die sich dort befinden, sind in der nachfolgenden Tabelle die für sie geltenden Betriebsbedingungen zugeordnet.

Neben der angestrebten Leistung in den einzelnen Parametern, wie sie sich in der TaF niederschlagen, den vorgenannten Betriebsbedingungen und den Logistikforderungen für die spätere Materialerhaltung in der Nutzung ergibt aber erst die Berücksichtigung der wirtschaftlichen Komponente – fertigungsgerechtes Gestalten – eine optimale Systemkonstruktion.

	Gesamtsystem	Fahrzeuginnenraum Kampf-Fahrerraum						Triebwerksraum			Fahrzeugaussenseite	z.T. innen z.T. aussen
		nicht überflutet	überflutet	nähe Reibdämpfer	Elektronikraum	Hydraulikraum	Batterieraum	nicht überflutet	überflutet	Wärmenester		
	O	A_1	A_2	A_3	A_4	A_5	A_6	A_7	A_8	A_9	B	C
Luft: –30°C/+44°C	X										X	X
Schock: 30°C/30 min	X	X	X	X	X	X	X	X	X	X	X	X
Schock: Wasser 10°C	X		X	X				X	X	X	X	X
Feuchtigkeit 95%	X	X	X	X	X	X	X	X	X	X	X	X
Wasser 4 m	X										X	X
Wasser 9 bar	X										X	X
Schnee, Eis	X										X	X
Sand, Staub	X	X	X	X	X	X	X	X	X	X	X	X
Betriebsstoffe	X	X	X	X	X	X	X	X	X	X	X	X
ABC	X							X	X	X	X	X
Salznebel	X	X	X	X	X	X	X	X	X	X	X	X
APG-Bahn	X	X	X	X	X	X	X	X	X	X	X	X
Bordnetz	X	X	X	X	X	X	X	X	X	X	X	X
EMV (Ges.-Syst.)	X											
Betr.-Zeit	X	X	X	X	X	X	X	X	X	X	X	X
Schräglage	X	X	X	X	X	X	X	X	X	X	X	X
Luft: bis +63°C					X							
Luft: bis +120°C								X	X			
Luft: 120°C										X		
Luft: bis +55°C		X	X			X						X
Inbetriebnahme		X	X	X	X	X	X	X	X			
Spritzwasser		X		X	X	X	X		X			
Wasser 1 m			X	X				X				
Wasser 4 m											X	X
Stossbeanspr.	X	X	X	X	X	X	X	X	X	X	X	X
Rüttelbeanspr.	X	X	X	X	X	X	X	X	X	X	X	X
Stromvers.		X	X	X	X	X	X	X	X	X	X	X
EMV (Baugr.)		X	X	X	X	X	X	X	X	X	X	X
Sonstiges	X	X	X	X	X	X	X	X	X	X	X	X
Salzwasser		X	X						X		X	X

8.4.2 Schnittstellenprobleme

Das Bild 112 macht deutlich, welche verschienensten Techniken im System Kampfpanzer zusammenfließen.
Bei der Bearbeitung einzelner Techniken durch die Fachleute in den amtlichen Stellen und den Fachfirmen muß mit einer Überbetonung ihrer Aufgabenstellung gerechnet werden. Die schwierigste Aufgabe besteht in der Festlegung der Schnittstellen zwischen den Techniken und deren Beachtung durch die Beteiligten. Die Festlegung kann technisch, kommerziell und bei übernationalen Entwicklungen politisch bedingt sein:
Beispiele:
Motor-Getriebe, Fahrgestell-Turm, Waffe-Feuerleitanlage, Motor-Luftfilter, Motor-Kühler, Getriebe-Bremse
Wärmebildgerät (Common-Module)-Richtschützenzielgerät,
Richtschützenzielgerät-Rest Feuerleitanlage

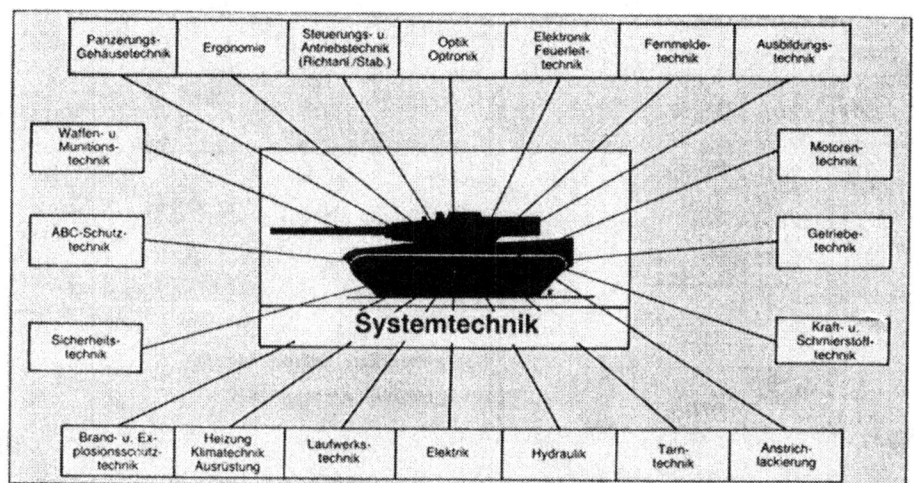

Das Beispiel: Schnittstelle Motor-Luftfilter hat gegenüber dem LEOPARD 1 eine wesentliche Änderung erfahren. Beim LEOPARD 1 wird beim Ein- und Ausbau des Triebwerks die Verbindung zwischen Luftfilter und Motor gelöst (Luftfilter bleibt im Fahrgestell). Folge war oft eine Undichte der Verbindungsstelle mit der Konsequenz, daß ungefilterte Brennluft zum vorzeitigen Verschleiß des Motors führte. Eine ähnliche Erfahrung mußten die USA beim M 1 Abrams machen, denn auch dort war der Luftfilter von der Turbine getrennt, was anfangs zum vorzeitigen Verschleiß der Turbine führte. Im LEOPARD 2 hat man aus den Erfahrungen gelernt und die Luftfilter in den Triebwerksblock integriert. Die Luftfilter werden mit dem Block ein- und ausgebaut. Damit wurde ein weiterer positiver Nebeneffekt möglich, nämlich die Ansaugöffnung für die Verbrennungsluft in die Mitte der Triebwerksabdeckung zu verlegen. An dieser Stelle ist die Luft sauberer als an den Außenkanten des Fahrgestells, wo die Ketten Sand und Staub aufwirbeln.
Das in der Aufzählung zuletzt genannte Beispiel (RiSch Zielgerät-RestFL-Anlage) war das Ergebnis einer Änderung der Schnittstellenverantwortung aus politischen Überlegungen und der Übertragung an einen deutschen Lizenznehmer, der durch das integrierte Prüfsystem gute Kenntnisse des Teilsystems Turm hatte.
Neben den Schnittstellen zwischen den Baugruppen sind auch die Schnittstellen zwischen den Kampfparametern zu beachten.

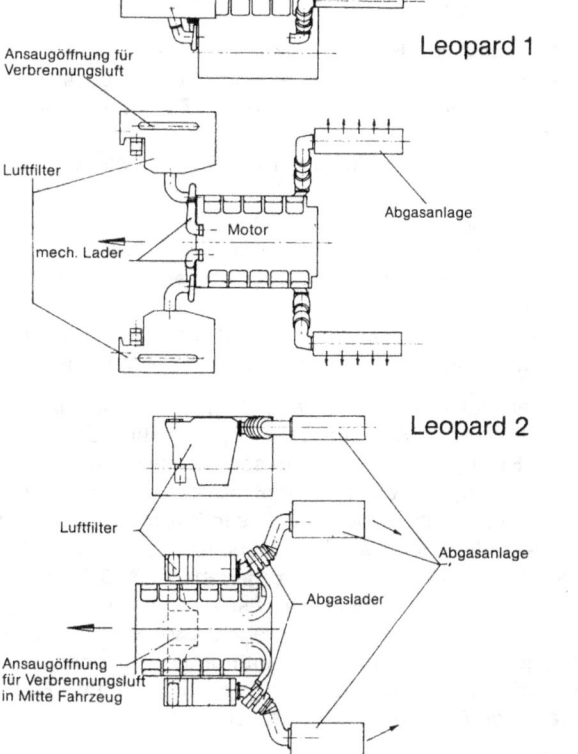

Unterschiedliche Gestaltung der Motor-Luftfilter-Verbindung

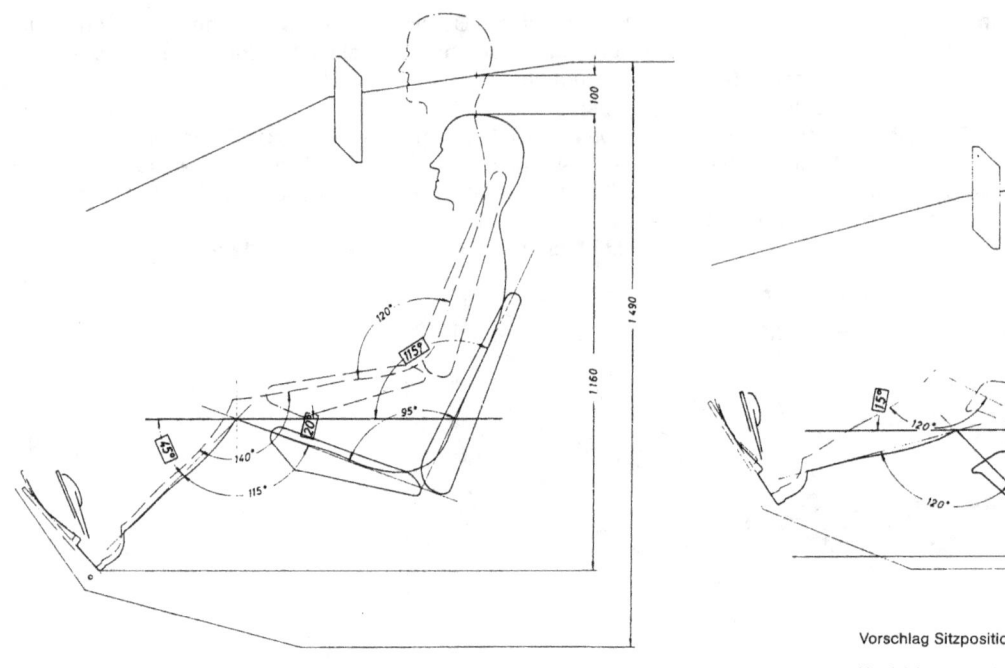

Sitzstudie nach Anthropotechnischer Empfehlung ▢

Vorschlag Sitzposition Exp.-Entwicklung

▢ Vergleichsmaße z Anthro.-Empf.

Erarbeitung der Fahrersitzposition

Auch hierfür einige Beispiele:

○ Verstauung von Hydraulik, Munition und Elektronik zur Verbesserung der Überlebensfähigkeit der Besatzung;
○ Gestaltung des Fahrerplatzes und der Fahrersichtverhältnisse;
○ Beachtung der Schnittstelle Turm/Fahrgestell bei Bewegung des Turmes und seiner Kanone im gesamten Bereich von 360° (Abweiser und Höhenrichtbereich);
○ Verlegung aller besonders schutzbedürftigen Objekte (Mensch, Baugruppen, Betriebsmittel) in besonders geschützte Zonen;
○ Die durch das Laufwerk entstehenden Schwingungen beeinträchtigen das übrige System und den Menschen.

Beim Beispiel: »Gestaltung des Fahrerplatzes« war folgendes zu beachten; Weil durch die Stabilisierung der Kampf aus der Bewegung mit hoher Erstschußtreffwahrscheinlichkeit (ETW) möglich wurde, besteht nunmehr der Zwang zum Fahren unter Panzerschutz. Zu diesen Zweck stellte die Fa. Porsche, Entwickler des Fahrgestells, verschiedene Studien unter Zugrundelegung des vorgegebenen 90-Perzentil-Mannes* als Fahrer an, verglich diese auch mit den Sitzpositionen in ihren Porsche-Sportwagen und erarbeitete die Konsequenzen gegenüber den anthropotechnischen Empfehlungen. Die Sitzposition der Experimentalentwicklung, später auch übernommen in den LEOPARD 2 - Prototypen,
den AV-Prototyp und die Serienfahrzeuge, bringt gegenüber den Empfehlungen eine Raumverkleinerung und damit eine Minderung des Wannengewichts. Dieser Sitz wurde als Einheitssitz für gepanzerte Kampffahrzeuge vom BWB erwählt, weil er ein Optimum an Sitzkomfort mit minimiertem Raumbedarf für den Fahrer erbringt.

Zum letzten Beispiel:
Mit Einbringung der Systemkette (einschiebbare Polster), die unter der Zielsetzung einer hohen Dauerstandsfestigkeit entwickelt wurde, trat bei bestimmten Geschwindigkeiten eine hohe Schwingungsbelastung auf. Mit der Veränderung des Kampfpanzersystems durch Einbringung stabilisierter Optiken in den Turm (die nunmehr eine Beobachtung während der Fahrt ermöglichen) sollte die Forderung nach Dauerfestigkeit der Gleiskette hinter die Forderung nach Schwingungsarmut treten. Die Entwicklung der Kette lief leider nicht synchron mit der Panzerentwicklung und berücksichtigt das nicht in vollem Umfang. Für das System bestanden 2 Möglichkeiten:

○ Abbau der Schwingungen durch Änderungen am Laufwerk (Seitenvorgelege/Wanne),
○ Einbringung schwingungsdämpfender Glieder in die besonders betroffenen Baugruppen der Feuerleitanlage.

Man hat sich zur 2. Lösung entschließen müssen, obwohl dadurch das Gesamtsystem leidet, die Zuverlässigkeit beeinträchtigt wird und die Nutzungskosten gegenüber der Nutzungsdauer wesentlich höher liegen werden; der Grund

---

* d.h. 90% aller Wehrpflichtigen mit den Körpergrößen von 1,63 bis 1,83 m müssen berücksichtigt werden.

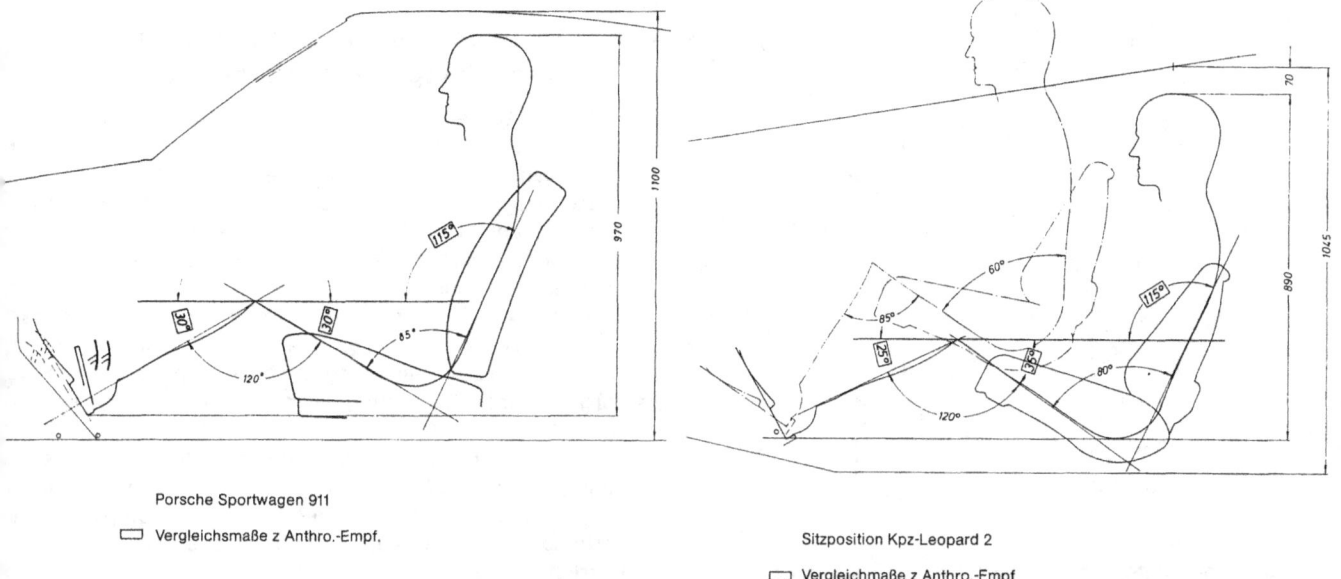

Porsche Sportwagen 911
☐ Vergleichsmaße z Anthro.-Empf.

Sitzposition Kpz-Leopard 2
☐ Vergleichsmaße z Anthro.-Empf.

dafür liegt darin, daß die konstruktiven Änderungen noch nicht ausgereift waren und die Kosten unvertretbar schienen. Die von der Fa. KM vorgeschlagene Lösung eines gummigelagerten Seitenvorgeleges an der Wanne war zwar am LEOPARD 1 grundsätzlich erprobt worden, aber eine Übernahme dieser Idee im Zeitpunkt der Serienreifmachung schien doch zu risikoreich.

8.4.3 Elektrische Versorgung

Die Versorgung fast aller Komponenten (Ausnahme: Laufwerk) mit elektrischer Energie erfolgt durch das Bordnetz. Dieses gliedert sich in ein Feinnetz für die Turmverbraucher und ein Grobnetz für die Verbraucher im Fahrgestell.
Die Übertragung vom Fahrgestell zum Turm erfolgt durch einen Schleifring. Die Nennspannung, d.h. die Batteriespannung bei stehendem Triebwerk, beträgt für beide Netze 24 V. Die Betriebsspannung bei laufendem Triebwerk beträgt im Grobnetz 28 V und im Feinnetz 27,5 V. Für bestimmte Betriebssituationen wurden die erwähnten Funktionen und Leistungen genau definiert. Die Bestätigung über die Richtigkeit der Auslegung des Netzes in bezug auf Stromerzeugung und -speicherung erfolgte durch die Energiebilanzrechnung. Die Ermittlung des Energiehaushalts im Gesamtsystem beinhaltete die Feststellung des Verbrauchs aller elektrischen Geräte in den verschiedenen Betriebsphasen und den Verlauf des Batterieladezustandes während des 24-Std.-Kampftages.

Grundlage für die Festlegung der Einsatzbedingungen in den Betriebsphasen ist der unter taktischen Gesichtspunkten vom Bedarfsträger erstellte 24-Std.-Kampftag. Dieses Drehbuch eines möglichen Kampfverlaufs über 24 Stunden ist aus verständlichen Gründen der Geheimhaltung unterworfen. Aus dem Kampftag eines Kampfpanzers wird der Einschaltplan der einzelnen elektrischen Komponenten erstellt und die Einschaltzeit der einzelnen Verbraucher ermittelt und in die Rechnung übernommen.
Beim LEOPARD 2 beträgt auch nach 24stündigem Betrieb die Batteriekapazität noch über 50%.

8.4.4 Elektromagnetische Verträglichkeit

Ein Höchstmaß an Integration ist in das Feuerleitsystem eingebracht. Die Verknüpfung der Daten aus den einzelnen Komponenten im Feuerleitrechner und die Steuerung der Waffenanlage erfordert eine sorgfältige Abstimmung der Schnittstellen und volle Berücksichtigung der elektromagnetischen Verträglichkeit. Man versteht darunter die Nichtbeeinflussung von elektrischen Geräten und Systemen untereinander oder durch nicht zum jeweiligen System gehörende Störquellen. Im Bild werden die Gerätekomponenten aufgezeigt, welche sich gegeneinander beeinflussen könnten, wenn nicht bereits bei der Auslegung des Systems entsprechende Maßnahmen eingebracht worden wären. Störungen treten sowohl leitungsgebunden, d.h. Störimpulse werden auf Leitungen aufgeprägt, als auch

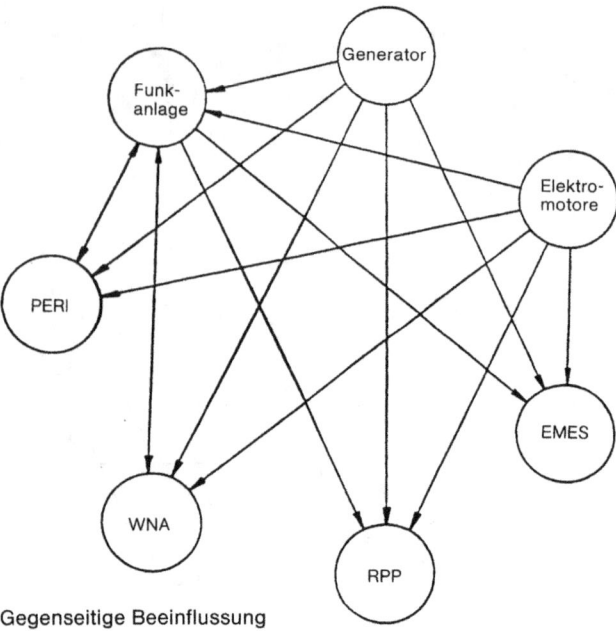

Gegenseitige Beeinflussung

strahlengebunden auf, d.h. Störimpulse wandern als elektromagnetische Welle über das Medium Luft. Die möglichen Beeinflussungsarten zeigt das Bild.

Die Erfüllung dieser Verträglichkeit stellt eine besondere Leistung dar, denn die bearbeitende Industrie hatte zum Zeitpunkt der Entwicklung des Waffensystems LEOPARD 2 noch geringe Erfahrungen. Man ging empirisch vor: Der damals verantwortlichen Feuerleitfirma AEG wurde ein Panzer ver-

Beeinflussungsarten

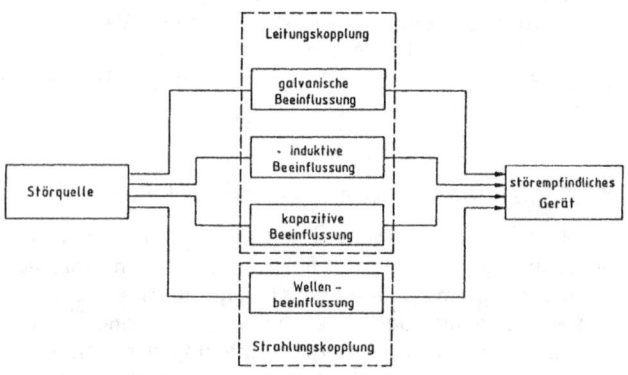

liehen, und an diesem arbeitete man sich durch Versuche an das Problem heran. Zwischenzeitlich hat auch die Erprobungsstelle 81 Erfahrungen gesammelt und ist in der Lage, durch Versuchseinrichtungen Entwicklungskomponenten befruchtend zu beeinflussen. Der LEOPARD 2 war das erste Heereswaffensystem, das serienmäßig die unerwünschte Nebenwirkung eleminierte, wozu auch die bei den panzerfertigenden Firmen geschaffenen Abnahme- und Prüfeinrichtungen (EMV-Kabine) beitrugen.

8.5 Probleme im Zusammenhang mit der Herstellung der Versorgungsreife

Komplexe Waffensysteme werden nicht in wenigen Jahren erstellt. Den zeitlichen Ablauf vermittelt das Bild. Während dieser ganzen Zeit war bei den einzelnen Schritten die spätere Nutzung und deren Kosten zu berücksichtigen. Nach Erhebungen kann davon ausgegangen werden, daß die Nutzungskosten bis zum Zehnfachen der Beschaffungskosten ausmachen können.

Je komplexer das System, umso geringer ist die Zuverlässigkeit und umso höher liegen die Materialerhaltungskosten. Damit wird die Verpflichtung dringlich, alle Konstruktionsvorgänge unter Beachtung einer idealen Versorgbarkeit zu betrachten.

Hierbei ist zu beachten, daß eine Infrastruktur (Instandsetzungsorganisation, Ausrüstung, Transportkapazität, Gelände u.a.) schon von der vorausgegangenen Waffengeneration vorhanden war, und diese sollte möglichst nicht verändert werden müssen.

8.5.1 Raumverhältnisse

Die Konzentration hoher Leistung auf kleinem Raum, wie sich die heutigen Panzersysteme in Ost und West darstellen, wobei die Komponenten bewußt zum Einbau im Kampfpanzer gezüchtet wurden, läßt keinen Raum für Instandsetzungen im eingebauten Zustand zu. Diese gedrängten Einbauverhältnisse (Volumenvergrößerung heißt Steigerung des umpanzerten Raumes), widersprechen dem Ziel einer einfachen Materialerhaltung, weil die Prüfbarkeit durch die räumliche Anordnung der Baugruppen und deren Gestaltung erschwert und/oder unmöglich ist.

8.5.2 Prüfsysteme

Dem begegnete man durch integrierte Prüfsysteme und Prüfverkabelungen. Das Prüfsystem des Feuerleitsystems im LEOPARD 2 stellt einen Höhepunkt in der Schnittstellenbeherrschung aller Feuerleitkomponenten dar. Das im Turm vorhandene interne Prüfsystem gestattet

○ einen Systemtest,
○ eine automatische Überwachung im Einsatz,
○ eine automatische Funktionsprüfung vor und nach dem Einsatz,
○ eine automatische Lokalisierung defekter Baugruppen für die Instandhaltung in der MES 2.

Die Einbringung elektronischer Baugruppen in ein Waffensystem des Heeres schuf Probleme für die Materialerhalter. Das Prüfsystem im LEOPARD 2 gestattete das Erkennen des Fehlers (in 80% aller Fälle) und ermöglichte anschließend

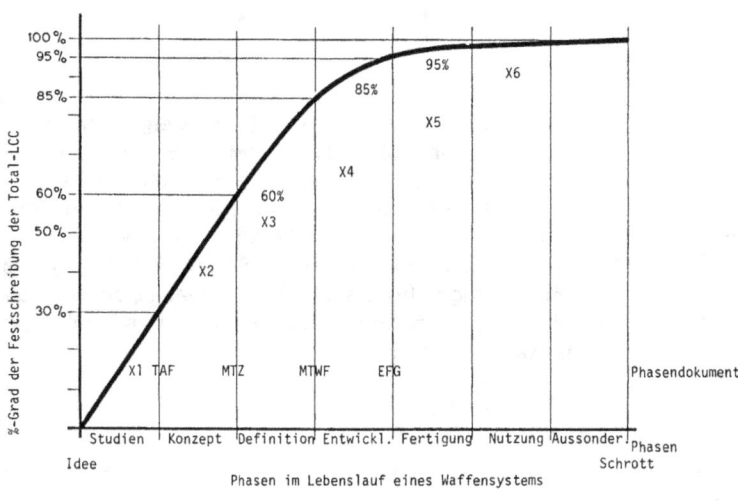

Einfluß der Phasenentscheidungen auf »Life Cycle Cost« LCC

das Austauschen der Bau- oder Unterbaugruppe. Die Instandsetzung dieser ausgetauschten Baugruppen in der Erhaltungsstufe 3 und 4 war bis zur Einführung des rechnergesteuerten einheitlichen Meß- und Prüfsystems (REMUS) aber nicht gegeben. Die anfangs bestechende Forderung, alle elektronischen Baugruppen durch ein einheitliches Prüfsystem zu erfassen, führte im Laufe der Entwicklung in die falsche Richtung. Da die Baugruppen in den Waffensystemen nicht für eine spätere Remus- Prüfung ausgelegt waren, auch nicht im LEOPARD 2, denn die Remus- Forderung kam später, mußten diese durch Entwicklung von Adaptern für REMUS prüfbar gemacht werden. Der dazu notwendige Aufwand war ungeheuer zeit- und kostenintensiv. In Kenntnis dieser Umstände haben die Niederlande mit der Einführung des LEOPARD 2 diesen Weg verlassen und sich eines einfachen Prüfsystems bedient, welches nur den Flak-Panzer CA 1 und den LEOPARD 2 abdeckt. Auch die Schweiz wird das aufwendige Remus-Prüfsystem nicht übernehmen, sondern ein für den LEOPARD 2 und seine Bau- und Unterbaugruppen abgestimmtes Prüfsystem schaffen. Die mit Remus angestrebte Universalität ist in Wirklichkeit stark eingeschränkt, weil für die Adaption der einzelnen Waffensysteme erhebliche Vorleistungen erbracht werden müssen. Die Forderung nach Mobilität der Remus-Stationen machte es notwendig, 5 Sattelzüge, 5 LKW 5 t und 5 Anhänger mit einem Gesamtgewicht von ca. 175 t vorzusehen.

Die Prüfverkabelung im Fahrgestell erlaubt eine zerlegungsfreie Prüfung der Fahrgestell-Triebwerkbaugruppen mit eindeutiger Fehlerlokalisierung. Eine Verkabelung zwischen Baugruppe und Prüfstecker ermöglicht den Anschluß des externen Prüfautomaten EKP. Dieser soll durch Messung die Abweichungen von den Sollzuständen feststellen und damit den Fehler erkennen.

8.6 Probleme, die durch schnell fortschreitende Technik, durch Wandlung des Gefechtsbildes, politische Entscheidungen und fehlende Etatmittel auftraten

Am Anfang der Entwicklung und Fertigung der Prototypen stand die Verpflichtung, ein Feuerleitsystem zu entwickeln, das auch im LEOPARD 1 nachrüstbar war, und die Einhaltung der Gewichtsklasse MLC 50. Etatentwicklungen und Erkenntnisse aus dem Nahostkrieg sprengten beide vorgenannten Grenzen. Die politische Absicht zu standardisieren ergab einen heilsamen Anstoß und erzwang technische Verbesserungen in kürzester Zeit.

Diese drei Ereignisse waren wesentlich mitbestimmend für das schnelle Erreichen eines hohen Leistungsniveaus des Waffensystems KPz LEOPARD 2. Zwar waren manche Entwicklungsschritte nicht im Sinne des amtlichen Materialentstehungsganges, aber letztlich entscheidend ist die Erreichung des Zieles: Hoher Kampfwert zu vertretbaren Kosten. Die Abhängigkeit dieser beiden Faktoren (Kampfwert und Kosten) wurde 1974 mit der Schaffung des LEOPARD 2 AV letzmalig erarbeitet und in Tabellen und Diagrammen dargestellt. Der im Abschnitt 2.6.21 genannte Serienpreis war ein Schätzpreis zum Preisstand 1973. Die eingetretenen politischen Ereignisse und die gekürzten Etatmittel zwangen zu einer AV – Austere Version – zu einer abgemagerten Ausführung –, und dies war für das Projekt heilsam. Die Kosten sanken, und der Kampfwert stieg an. Mögen in Zukunft immer solche »Entziehungskuren« heilsame Folgen haben! Auch Waffenentwicklungen bei den anderen Teilstreitkräften würden solche Einwirkungen gut tun und damit Kampfwert und Haushaltsmittel zur Deckung bringen.

9 Versorgung des Kampfpanzers LEOPARD 2

Nicht immer von vornherein, aber zunehmend bedeutungsvoller sind alle die Maßnahmen, die notwendig sind, ein Waffensystem zu nutzen. Dieser objektbezogene logistische Anteil (oblogAN) wird vom Materialamt des Heeres erarbeitet und enthält alle geforderten logistischen Aktivitäten zur Herstellung der Versorgungsreife einschließlich des Materialerhaltungskonzeptes.

Mit der Erarbeitung sollte gemäß Durchführungsbestimmungen zur Rüstungsneuordnung ab Beginn der Konzeptphase begonnen werden. Der besondere Entwicklungsgang des Kampfpanzers LEOPARD 2 kannte keine eigentliche Konzept- und Definitionsphase. Während der Entwicklungszeit wurden dazu parallel gewisse logistische Aktivitäten, insbesondere Bedienungs- und Wartungsvorschriften und Sonderwerkzeuge als Vorläufer, erarbeitet. Die wesentlichsten Arbeiten wurden erst parallel zur Serienreifmachung des Systems durchgeführt. Damit war der Idealfall, die Herstellung der Versorgungsreife zum Zeitpunkt der Einführung dieses Waffensystems, nicht erreicht.

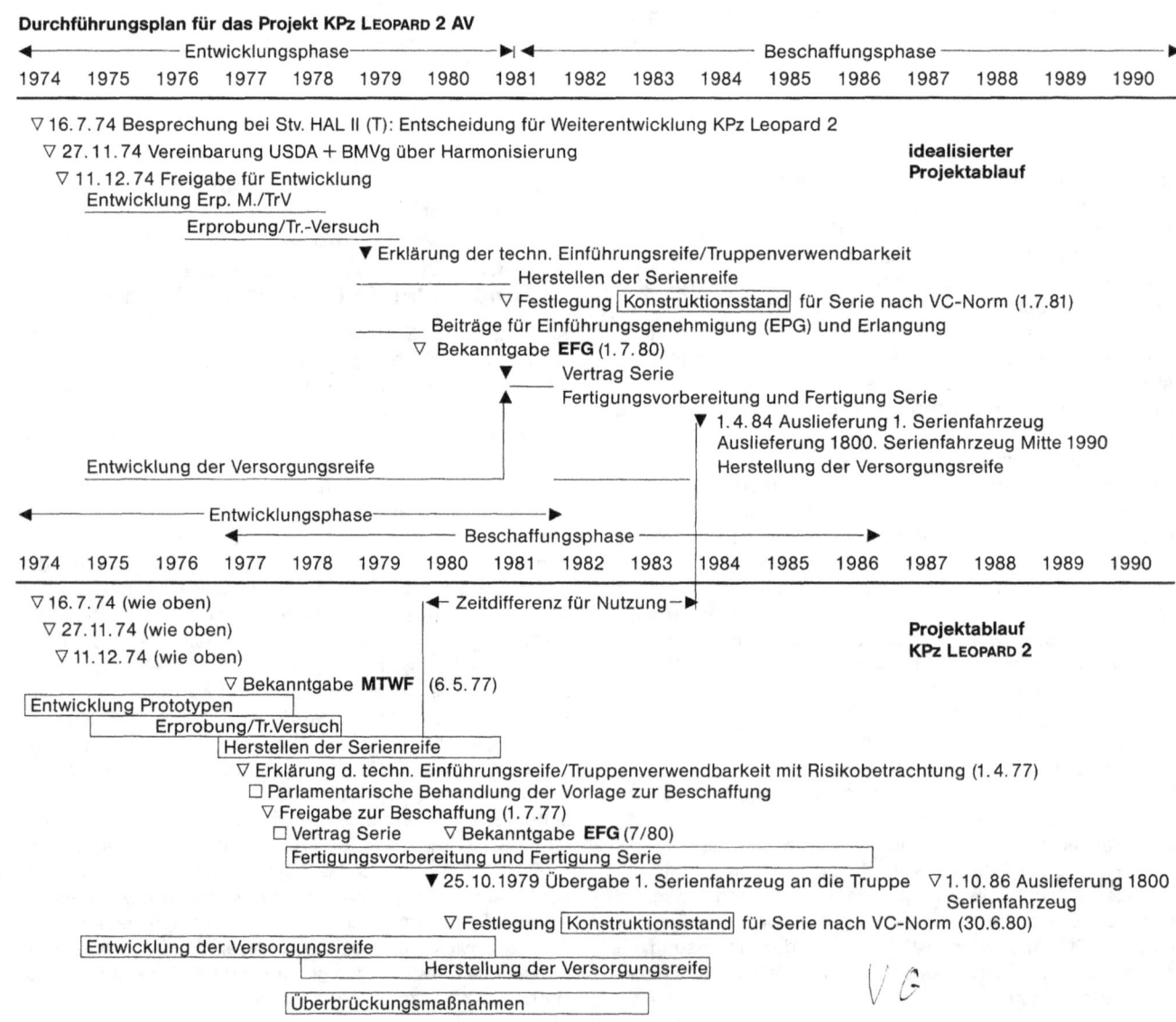

9.1 Überbrückungsmaßnahmen

Der Inspekteur des Heeres hat am 10. November 1977 dem Abteilungsleiter Rüstung in einem Schreiben zum Ausdruck gebracht:

- »Die Bedeutung, die der Herstellung der Versorgungsreife von in Beschaffung gehenden neuen Wehrmaterials zukommt, ist allgemein bekannt.
- Auch ist bekannt, daß man den Idealfall kaum erreichen wird, die Versorgungsreife bereits zu Beginn der Auslieferung hergestellt zu haben, insbesondere bei neuen komplexen Waffensystemen.
- Die vermehrte Verwendung von elektronischen und optronischen Baugruppen, auch in den Waffensystemen des Heeres, belasten den Inst-Titel besonders bis zur Herstellung der Versorgungsreife in immer stärkerem Maße.
- Zum Kpz LEOPARD 2 wurde mir ein mit den zuständigen Stellen abgestimmter Zeitplan vorgetragen, wie die Versorgungsreife schrittweise erreicht werden soll und welche Überbrückungsmaßnahmen erforderlich sind.
- Ich habe dem Zeitplan und den zur Einhaltung dieses Planes notwendigen Maßnahmen zugestimmt;
- Aus meinen Darlegungen können Sie ersehen, welche Bedeutung ich dieser Angelegenheit beimesse.
  Ich darf daher auch um Ihre Unterstützung bitten, wenn im Bedarfsfall Soforthilfe notwendig werden sollte, um den Zeitplan bei der Herstellung der Versorgungsreife einzuhalten. Alle diese Anstrengungen sollen sicherstellen, daß die Belastung des Inst-Titels bei Zulauf des KPz LEOPARD 2 in vertretbaren Grenzen gehalten werden kann.
- Hervorheben möchte ich noch, daß es mich besonders gefreut hat zu hören, daß es gelungen ist, die Beschaffung der KPz LEOPARD 2 und die Herstellung der Versorgungsreife in nur einem Vertrag mit dem Generalunternehmer zu verankern.«

Um diese letzte Feststellung gab es allerdings im BWB konträre Auffassungen. Im Abschnitt über die Vertragsgestaltung wird auf diese Frage nochmals eingegangen.
Diese Überbrückungsmaßnahmen betrafen im wesentlichen 2 logistische Positionen:

A) Beschleunigung der Umlaufzeiten defekter Baugruppen durch direkte Absteuerung an den Hersteller. Dadurch konnten gegenüber dem üblichen Verfahren 6–11 Monate eingespart werden. Dieses Verfahren stützte sich ab auf den Erfahrungen mit dem KPz LEOPARD 1 A 4.

B) Lagerung der Ersatzteile bei dem nächsten zuständigen Nachschubbataillon im I. Korps.

Daneben wurden Haushaltsmittel für nachstehende Bereiche bereitgestellt:

a) Material-grundlagen	Erstellung von TDv-Vorläufern	1,5 Mio. DM
b) FESI	Auswertung der Ausfälle der elektronischen Baugruppen	0,15 Mio. DM
c) SERAV-E	Auswertung der Ausfälle bei 30 Panzern im Raum Munster bis zum 30. Juni 1981	0,39 Mio. DM
d) Ersatzteile	Änderungen von Ersatzteilen durch veränderten K-Stand, Ersatz von Fehlbevorratung	9,5 Mio. DM
e) Sonderwerkzeuge Meß- und Prüfgeräte	Beschaffung von Prototyp-Sätzen	4,8 Mio. DM
f) REMUS	Instandsetzung von Elektronik-Baugruppen bei der Industrie bis zur Lieferung von Adaptern für die 17 prüfbaren Baugruppen	2,0 Mio. DM
g) Instandsetzungs-Rahmenverträge für Standort und Werk	Instandsetzung zu f oder ungenügender Pos. a) und e) bis 1983	14,0 Mio. DM
		30,34 Mio. DM

Diese Summe hätte sich im Idealfall ersparen lassen. Wenn man aber diese Summe im Verhältnis zu den Gesamtkosten (Entwicklung und Beschaffung) betrachtet, dann sind das weniger als 0,5% bei einem Kampfwertzuwachs der Bundeswehr ab 1979.

9.2 Versorgungsreife

Die Versorgungsreife für Wehrmaterial (Systeme/Projekte/Geräte) ist gemäß ZDv 30/41 dann gegeben, wenn

- die Mat-Grundlagen (hier TDv) bei den Nutzern vorhanden sind,
- die Versorgungskette mit Ersatzteilen (Erstbedarf) aufgefüllt ist,
- die Deckung des Ersatz-Nachfolgebedarfs gewährleistet ist,
- die Einrichtungen, Sonderwerkzeuge, Prüf- und Meßgeräte für die Materialerhaltung beim Bedarfsträger zur Verfügung stehen,
- das für die Materialerhaltung und Materialbewirtschaftung benötigte Personal verfügbar ist,
- die Ausbildungsunterlagen und Ausbildungsmittel an den Bedarfsträger ausgeliefert sind und die Ausbildung des zu diesem Zeitpunkt erforderlichen Personals für die Materialerhaltung erfolgt ist,
- die Instandsetzungsmöglichkeit in der Industrie und erforderlichenfalls die industrielle Betreuung am Einsatzort sichergestellt sind.

Mit dem Beschluß zur Serienfertigung, Billigung der Einführungsgenehmigung, waren alle Beteiligten mit der Herstellung der Versorgungsreife **während** der Auslieferung einverstanden. Als dann aber gelegentlich trotz der Überbrückungsmaßnahmen Engpässe auftraten, fühlten sich einige »Fachleute« veranlaßt, den Mißstand der nicht vorhandenen Versorgungsreife anzuprangern. Der für die Versorgung zuständige Referent im BWB stellte daraufhin den idealisierten mit dem tatsächlichen Programmablauf LEOPARD 2 gegenüber. Der Vergleich zeigte eine erhebliche Zeitdifferenz für die Nutzung. Über 4 Jahre früher konnte die Verteidigungsfähigkeit der Bundeswehr durch die Auslieferung des LEOPARD 2 gestärkt werden. Die durch die Überbrückungsmaßnahmen erreichte »Versorgbarkeit« eines Waffensystems hat also wehrpolitische Bedeutung und sollte daher in die Erlasse aufgenommen werden und nicht nur als »Ausnahme« geduldet werden. Nach Vorschlag sollte die Versorgbarkeit eine stufenweise Herstellung der Versorgungsreife ermöglichen.

Stufe 1:
Mit Indienststellung der ersten Seriengeräte sind Ausbildungsgeräte, die Sonderwerkzeuge, die Prüf- und Justiergeräte, die TDv-Vorläufer und die Ersatzteile entsprechend dem K-Stand dieses Gerätes auszuliefern, und zwar in einem Umfang, daß Ausbildung und Materialerhaltung der umzurüstenden Verbände bis Beginn der Stufe 2 sichergestellt sind.

Stufe 2:
Abschluß der Auslieferung der Serien-TDv, der Serien-Ersatzteile, der Serien-Sonderwerkzeugsätze und der Ausbildungsanlagen mit endgültigem K-Stand unter Einarbeitung der Truppenversuchsergebnisse.

Stufe 3:
Auslieferung der querschnittmäßig zu entwickelnden Werkstattausstattung und Prüfsysteme wie z.B. REMUS, EKP usw. samt projektspezifischen Adaptionen und damit endlich »Herstellung der Versorgungsreife«.

Die stufenweise Herstellung der Versorgungsreife mit dem Begriff VERSORGBARKEIT sollte daher in den EBMat eingebracht werden, um den Beteiligten den unberechtigten Vorwurf einer Nachlässigkeit zu ersparen.

In dem Beschaffungsvertrag mit dem Generalunternehmer, der Firma Krauss-Maffei AG, München, wurden alle Leistungen zur Herstellung der Versorgungsreife im Teilstrukturplan der Versorgung niedergelegt.

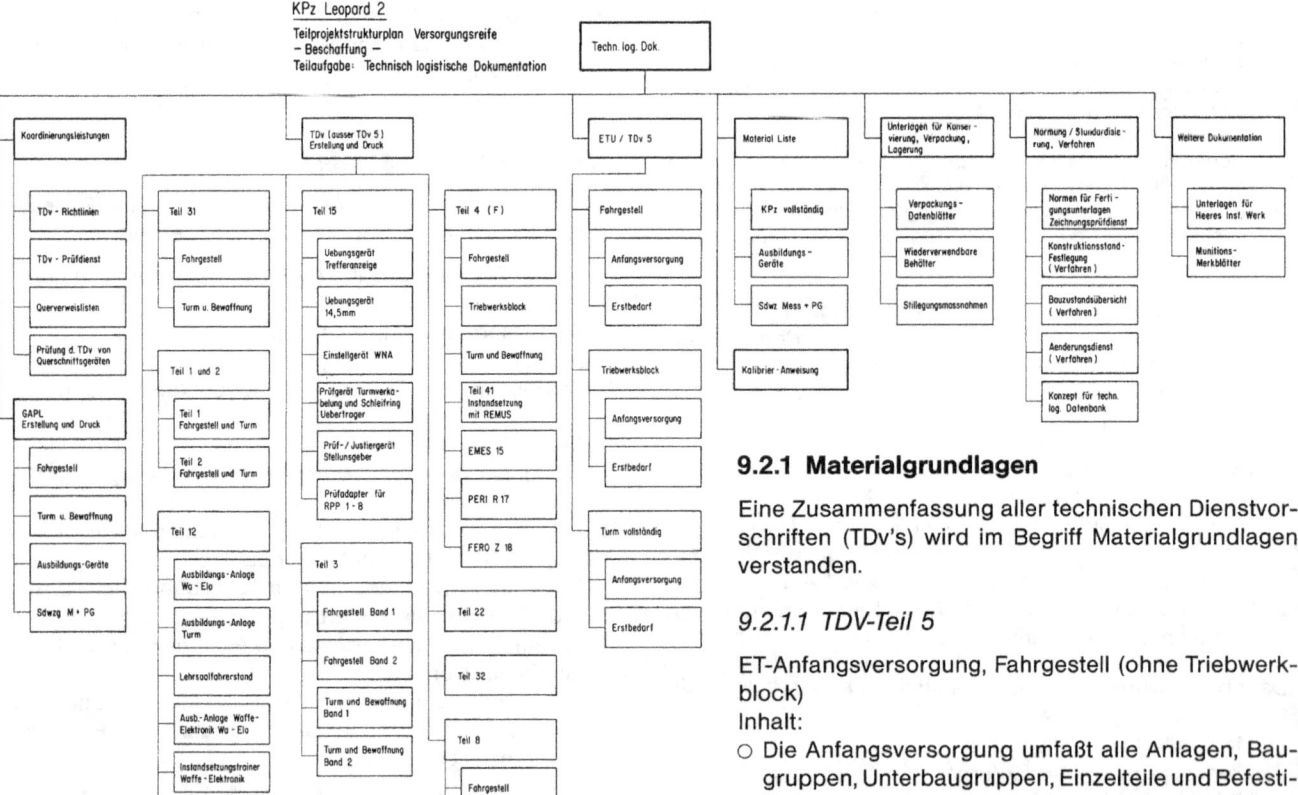

9.2.1 Materialgrundlagen

Eine Zusammenfassung aller technischen Dienstvorschriften (TDv's) wird im Begriff Materialgrundlagen verstanden.

9.2.1.1 TDV-Teil 5

ET-Anfangsversorgung, Fahrgestell (ohne Triebwerkblock)
Inhalt:
○ Die Anfangsversorgung umfaßt alle Anlagen, Baugruppen, Unterbaugruppen, Einzelteile und Befestigungsteile, die von der Industrie vorgeschlagen und vom deutschen Auftraggeber freigegeben wurden. Basis für diesen Vorschlag waren die Daten aus der Auswertung von STIZ. Selbstverständlich wurden die Ergebnisse der Serienreifmachung und die Änderungsforderungen nach Erprobung und Truppenversuch berücksichtigt. Im wesentlichen waren

es Baugruppen, Unterbaugruppen und Verschleißteile. Parallel zur Beschaffung erfolgte die Katalogisierung durch das Materialamt der BW (MATABw), denn es mußte sichergestellt werden, daß bis zur Auslieferung an die Truppe die Versorgungsnummer pro Teil erteilt und dieses damit gekennzeichnet wurde. Gemäß der Festlegung über die Überbrückungsmaßnahmen wurden diese E-Teile an 2 Lagerorten (3. NschBtL 3 und Nsch[L]Kp90) gelagert.

○ TDv-Teil 5 (Ersatzteilkatalog) ist der bebilderte Katalog (Explosivdarstellung), der zum Erkennen und Anfordern von Ersatzteilen für das Wartungs- und Instandsetzungspersonal notwendig ist.

9.2.1.2 ETU-TDv-Teil 5

ET-Erstbedarf, Fahrgestell (ohne Triebwerkblock)
Inhalt:

○ Der Erstbedarf umfaßt alle Anlagen, Baugruppen, Unterbaugruppen, Einzelteile und Befestigungsteile.
○ Die Festlegung erfolgte durch das MatAH auf der Basis der ET-Urliste in Ersatzteilkonferenzen. Der Umfang der Versorgungsartikel liegt etwa bei 30 000 Positionen, die natürlich nicht alle LEOPARD 2-spezifisch sind. Unterstützt wurde diese Erarbeitung durch die Ergebnisse der Z/M-Analyse. Das von MatAH vorgegebene Berechnungsverfahren wurde auf die Besonderheiten des LEOPARD 2 abgestimmt.

9.2.1.3 Materialliste LEOPARD 2

Inhalt:

○ An Hand der Materialliste werden die am und im Panzer mitgeführten Gegenstände aufgeführt.

Das sind:
○ Bordzubehör
Waffen mit Zubehör 33 Teile u.a. MG, Patronenausstoßer, Reinigungsgerät
Zubehör Mehrfachwurfanlage 2 Teile: Reinigungsbürste, Schutzüberzug
Zubehör Opt. Geräte 6 Teile u.a. Ersatzwinkelspiegel
Zubehör Fernmeldegerät 11 Teile u.a. Sprechfunksatz, Ersatzantenne
Zubehör Gleiskette 33 Teile u.a. Schneegreifer, Montagewerkzeug, Meßschablone
Zubehör Gewässerdurchfahrt (Tiefwatausrüstung) 16 Teile u.a. Tiefwatschacht, Atemgeräte
Zubehör KPz (allg. Art) 29 Teile u.a. Handfeuerlöscher, Zughaken, Schaltschlüssel
○ Bordwerkzeug
91 Teile u.a. Schlüssel, Schraubendreher, Zangen
○ Bordersatzteile
21 Teile u.a. Ersatzteile f. opt. Gerät u. Turmelektrik
Sicherungen f. Peri R 17
Glühlampen f. Turm und Fahrgestell
Gleiskette 8 Einzelteile

○ Bordausstattung
Fahrzeug 46 Teile u.a. Säge, Hammer, Spaten, Entgiftungsmittel für Kettenfahrzeuge

Für jedes dieser Teile gibt es im und am Panzer einen mit dem Bedarfsträger festgelegten Platz. Nicht alle Teile gehören zum Lieferumfang des Fahrzeugherstellers.

9.2.2 Prüfsysteme und Sonderwerkzeuge (SWZ)

Mit der Einführung dieses neuen Waffensystems und seiner elektronischen Komponenten begann für die Heeresinstandsetzung eine neue Epoche, der mit großen Besorgnissen entgegengesehen wurde. Durch die Schaffung eines instandsetzungsfreundlichen Prüfkonzepts konnte die Sorge aber ausgeschaltet oder besser gemindert werden. Für die Feuerleitbaugruppen im Turm wurde ein internes Prüfsystem integriert und für die elektrischen und elektronischen Baugruppen im Fahrgestell ein externes Prüfsystem (EKP) vorgesehen.

Materialerhaltung im Fahrzeug

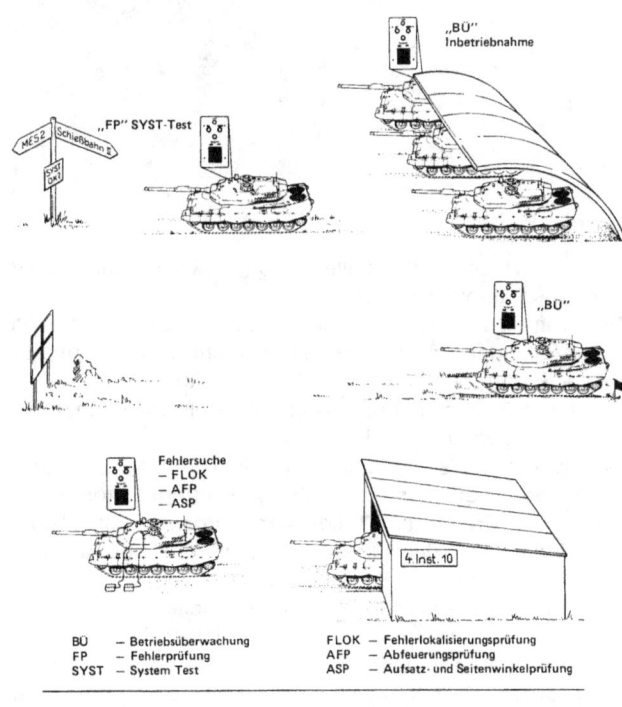

Das Prüfprogramm des internen Prüfsystems kennt eine laufende und automatische Betriebsüberwachung und eine Fehlereinkreisungsprüfung, die eine Bedienung durch die Besatzung erforderlich macht. Im einzelnen sind es folgende Funktionen:

Die automatische Prüfung überwacht die Funktionen, die während des ungestörten Betriebes der Feuerleitanlage in den Betriebsstufen »Beobachten« und »Stab ein« prüfbar

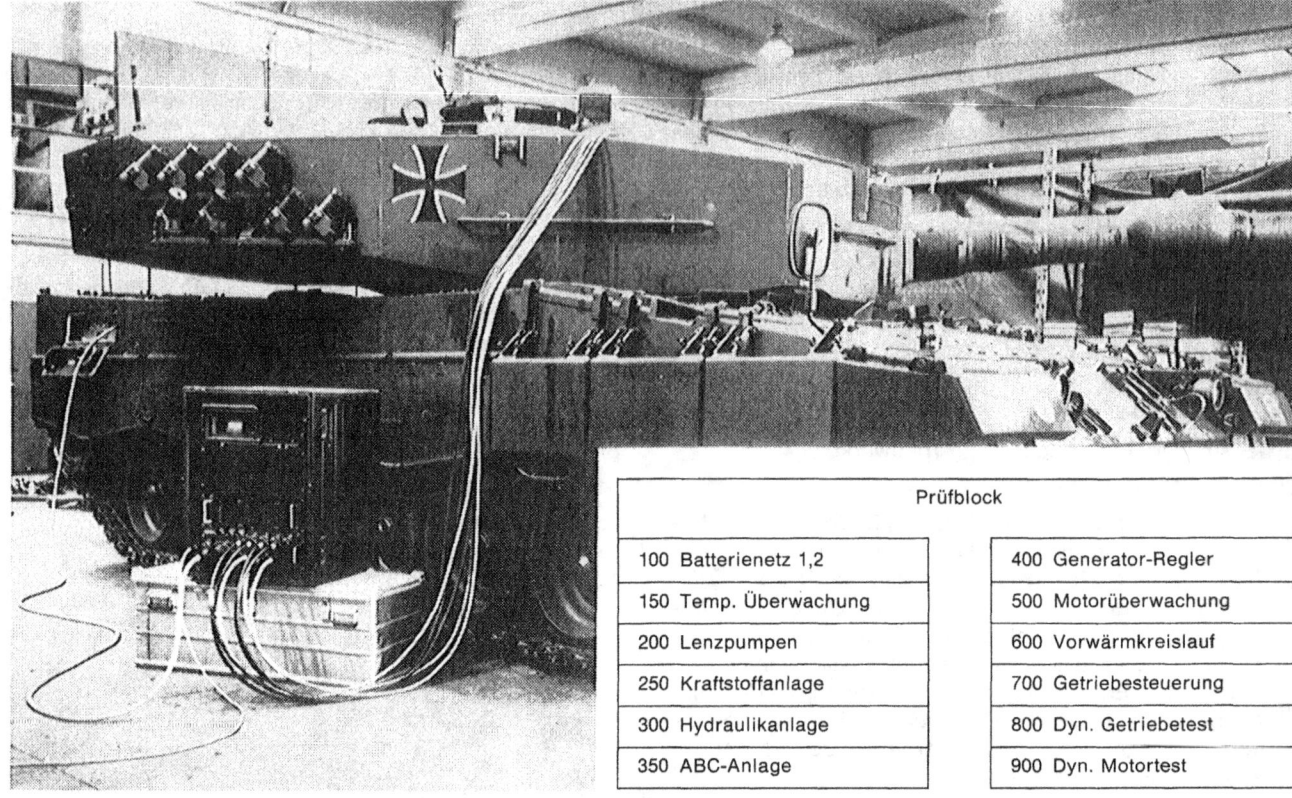

Prüfblock	
100 Batterienetz 1,2	400 Generator-Regler
150 Temp. Überwachung	500 Motorüberwachung
200 Lenzpumpen	600 Vorwärmkreislauf
250 Kraftstoffanlage	700 Getriebesteuerung
300 Hydraulikanlage	800 Dyn. Getriebetest
350 ABC-Anlage	900 Dyn. Motortest

Externes Prüfsystem

sind. Es werden funktionelle Störungen im Betriebsablauf der Feuerleitanlage erfaßt.

Die Prüfung vor und nach Einsatz des Panzers oder nach Auftreten einer Störung wird in der Fehlereinkreisungsprüfung »FP« durchgeführt. Diese Prüfung erfordert Tätigkeiten durch die Besatzung und besteht aus den Unterprüfstufen Systemtest und Fehlerlokalisierung.

Der Systemtest ist die funktionelle Überprüfung der Feuerleitanlage; hierbei sind nach Bedienungsaufforderung durch das Prüfsystem Tätigkeiten durch die Besatzung erforderlich. Eine durchgeführte Prüfung gibt eine Aussage über den Zustand der Feuerleitanlage.

Die Fehlerlokalisierung dient der schnellen Fehlersuche durch die Besatzung an in der Materialerhaltungsstufe 2 austauschbaren Baugruppen. Auch hierbei ist eine Bedienung durch die Besatzung erforderlich. Erkannte Fehler werden gespeichert. Diese Prüfung dient außerdem der Fehlererkennung durch die Instandsetzungstruppe in der Materialerhaltungsstufe 2, wobei unter Verwendung zusätzlicher Sonderwerkzeuge und Prüfgeräte die Abfeuerung der Hauptwaffe und die Stellung der optischen Visierlinien vom EMES 15 und PERI R 17 geprüft werden können.

Das externe Kraftfahrzeug-Prüfgerät EKP ist ein Querschnittsgerät auch für andere Kfz-Typen. Dieses Prüfgerät ist rechnergesteuert und für jeden Fahrzeugtyp spezifisch programmierbar. Die Prüflinge im Fahrgestell werden über 7 Prüfsteckdosen und eine Verkabelung mit dem Prüfgerät verbunden. Der Prüfer arbeitet mit dem Prüfgerät über einen kleinen tragbaren Dialogmonitor, steuert über ihn das Prüfgerät und erhält im Monitor die Prüfergebnisse angezeigt. Über einen Drucker kann ein Prüfprotokoll erstellt werden. Durch Eingabe von Stimulisignalen können in den Prüflingen Betriebszustände simuliert oder Verbraucher definiert belastet werden. Das mit erheblichen Aufwand für den LEOPARD 2 erstellte Prüfprogramm für statische und dynamische Tests soll eine Aussage über etwa 200 Bauteile im Fahrgestell ermöglichen. Die Optimierung des Prüfprogramms verläuft leider nicht nach vorgegebenem Zeitplan. Die Einführung und Ausstattung der Truppe mit Seriengeräten konnte daher noch nicht erfolgen.

Die Auftragnehmer für Fahrgestell, Triebwerkblock, Turm, Bewaffnung und Optik/Optronik schlugen die notwendigen Sonderwerkzeuge vor. Im Rahmen der Erprobung der vorgezogenen Serienfahrzeuge wurden die Prototypen dieser SWZ erprobt. Diese Erprobungsergebnisse, die Serienreifmachung des Panzers und die Auswertung der Z/M-Analyse, wurden dann bei der Serienreifmachung der SWZ berücksichtigt. Die Serien-SWZ hatten dem Serien-K-Stand des Panzers zu entsprechen. Erst zwei Jahre nach dem Serienbeginn des Panzers kamen die endgültigen SWZ zur Auslieferung. Zwischenzeitlich mußte man sich bei der Truppe mit den wenigen Prototypwerkzeugen behelfen oder die Firmenmonteure vor Ort in Anspruch nehmen. Wesentlich für die endgültige Auswahl war der Truppenversuch an der Schule der Technischen Truppe in Aachen. Hier kam es zur Synthese zwischen den Truppenerfahrungen und dem technischen Können der Konstrukteure der Baugruppenlieferanten. Aus den negativen Ergebnissen bei der LEOPARD 1-Einführung hat dieser Teil sehr profitiert. Erstaunlich war, wie groß teilweise der Unterschied in der Auffassung und Auslegung dieser Sonderwerkzeuge zwischen den Kontrahenten war. Entscheidend aber ist allein die Aussage des Bedarfsträgers, des Nutzers, hier des für die Beurteilung abgestellten Instandsetzungssoldaten.

Die durch das interne Prüfsystem erkannten und ausgetauschten Baugruppen werden durch spezielle Instandsetzungskompanien für elektronische Bauteile instandgesetzt. Diese Einheiten arbeiten mit dem Prüfsystem REMUS, um bei der Kompliziertheit elektronischer Geräte die Prüf- und Instandsetzungszeiten zu verkürzen und dadurch die Verfügbarkeit des Waffensystems zu erhöhen. Bei LEOPARD 2 sind 17 Baugruppen für eine Prüfung durch REMUS vorgesehen; darunter befinden sich 4 Baugruppen des Fahrgestells.

9.2.3 Ausbildung

Da die Ausbildungsziele und die Ausbildungsvoraussetzung erhalten blieben, konnten nur neue Ausbildungsgeräte in Verbindung mit darauf abgestimmten Ausbildungsmethoden die Basis bilden zur Optimierung der vollen Nutzung der technischen Möglichkeiten dieser neuen Waffentechnik. Ein Ausbildungsgerätekonzept wurde rechtzeitig zwischen Schulen, Ämtern und Industrie abgestimmt, und es gelang, die Entwicklung und Fertigung so zu steuern, daß die Ausbildungsgeräte gleichzeitig mit den ersten Kampfpanzern ausgeliefert wurden und schon der Kaderausbildung dienten. Es wurden folgende Ausbildungsgeräte vorgesehen:

- Ausbildungsanlage Turm ⎤ für die Ausbildung der
- Lehrsaalfahrerstand ⎦ Panzerbesatzung
- Ausbildungsanlage Waffe-Elektronik
- Ausbildungsanlage Waffe 120 mm ⎤ für das Instand-
- Ausbildungsanlage Triebwerk ⎦ setzungspersonal
- Ausbildungsausstattung Wanne

Der Einsatz von Ausbildungsgeräten hat zunehmend seine Berechtigung gefunden. Bei komplexen und teuren Waffen und Geräten ist ein wirtschaftlicher Einsatz der Originalwaffen und Geräte nicht mehr vertretbar, zumal wenn in einer bestimmten und immer knappen Zeit Kenntnisse und Fähigkeiten einer größeren Anzahl von Personen vermittelt werden sollen.

In der Ausbildungsanlage »Turm« werden Kommandant, Richt- und Ladeschütze am Gerät eingewiesen. Weitgehend wurden hier Originalbaugruppen verwendet und in einem durchsichtigen Gehäuse originalgetreu angeordnet. So können gleichzeitig 10 Personen der Einweisung folgen. Die erstrebten Ausbildungsziele sind:

- Tätigwerden der Turmbesatzung vor, während und nach der Inbetriebnahme,
- Beherrschen des Systems in allen Betriebsstufen und -arten,
- Durchführen der Betriebsüberwachung und der Systemtests mit dem internen Prüfsystem RPP 1–8,
- Tätigsein des Richtschützen zur Erreichung einer optimalen Richtgenauigkeit und -schnelligkeit,
- Handhaben der Munition durch den Ladeschützen mittels Exerziermunition.

Der Panzerfahrer erhält seine Einweisung im Lehrsaalfahrerstand. Dieser erlaubt die Simulation sämtlicher Betriebszustände und möglichen Störfälle des Triebwerkes. Da in der Bundesrepublik Deutschland nur LEOPARD 1-spezifische Fahrschulzentren bestehen, werden diese Fahrstände für die Umschulung der LEOPARD 1-Panzerfahrer eingesetzt. Über die Einrichtung von LEOPARD 2-spezifischen Fahrschulzentren wurde noch nicht entschieden. Infolge der stufenlosen Lenkung und des Automatikgetriebes beim LEOPARD 2 bestehen gegen diesen Schulungsweg keine Bedenken.

Die berechtigte Forderung, die Ausbildungsgeräte vor bzw. mit den ersten Serienpanzern auszuliefern, um damit den notwendigen Ausbildungsverlauf zu erreichen, scheint trivial, war jedoch mit einer Vielzahl von oft nur schwer lösbaren Problemen verbunden. Ursache hierfür war die schon beschriebene Überlappung von Serienreifmachung und Serienfertigung. Die Ausbildungsgeräte machten einen eigenen Entwicklungsaufwand notwendig, weil die Serienbaugruppen modifiziert werden mußten (z.B. durch Fehlersimulation); die Fertigung begann oft zu einem Zeitpunkt, zu dem der K-Stand der Auslieferung noch nicht einmal auf dem Papier feststand. Nachträgliche Änderungen und Nachrüstungen waren die zwangsläufige Folge. Trotz dieser Schwierigkeiten ist es gelungen, die Ausbildungsgeräte zum Teil noch vor den ersten Panzern an die Truppe bzw. Schulen auszuliefern und damit den notwendigen Ausbildungsvorlauf sicherzustellen.

Die Schießausbildung erfolgt noch im Originalpanzer. Eine Ergänzung und Erleichterung für den Ausbilder wird durch Einführung einer Fernsehüberwachungsanlage erwartet. Diese wird dem Ausbilder erlauben, das dem Auszubildenden im Richtschützenokular sichtbare Bild (Lage des Zielkreuzes und Entfernungsangabe) auf einen Monitor zu übertragen und zu speichern. Damit ist eine Kontrolle und Korrektur des Richtschützen möglich. Diese Anlage soll mit einer optronischen Sicherheitseinrichtung zur Begrenzung des Schießbereichs in Seite und Höhe kombiniert werden. Nach Ansicht des Heeresamtes ist diese zusätzliche Sicherheitseinrichtung nötig, um ein Schießen aus der Bewegung mit der KE- bzw. KE-Üb-Munition auf deutschen Schießplätzen ohne Sicherheitsrisiko möglich zu machen. Die Probleme beim Ausbildungsschießen mit dieser leistungsstarken Munition machen die Notwendigkeit des Einsatzes von Schießsimulatoren deutlich. Außerdem zwingen die hohen Kosten für die Munition 120 mm zu einer schnellen Entscheidung, zumal es bei anderen Teilstreitkräften heute schon Entwicklungen gibt, die einen echten Ausbildungsgewinn und Kosteneinsparungen möglich machen.

Die Gefechtsausbildung wird unterstützt durch das in der Entwicklung befindliche »Ausbildungsgerät Trefferanzeige« (Talissi). Es ist dies eine Weiterentwicklung des für den LEOPARD 1 eingeführten Gerätes.

9.2.4 Industrieinstandsetzung

Die Industrieinstandsetzung gemäß neu abgeschlossener bzw. erweiterter Rahmenverträge Standort und Werk dient in der MES 3 als Übergangslösung und in der Stufe 4 als Alternative zu den Heeresinstandsetzungswerken. Unter Voraussetzung guter kaufmännischer Vertragsabschlüsse und unter Berücksichtigung aller Kosten BW-eigener Einrichtungen entstehen keine zusätzlichen Kosten. Ein Firmenteam ist wegen der Gewährleistung 6 Monate nach Anlieferung des letzten Panzers im Bataillon sowieso am Standort. Theoretisch würden erst nach dieser Zeit Kosten für Instandsetzung auftreten.

Die Firmenleute sind normalerweise über längere Zeit am Standort; damit steht kontinuierlich Fachwissen vor Ort zur Verfügung. Das kommt der Einsatzbereitschaft der Panzer zugute. Durch Vertragsregelung sollte es möglich sein, nur in der Wehrüberwachung stehende Firmenangehörige als Mitglieder des Firmenteams zuzulassen, die dann im V-Fall bei der Truppe bleiben würden.

In diesem Zusammenhang muß aber auch betont werden, daß die Einsatzbereitschaft der Kampfpanzer wesentlich beeinflußt wird durch den logistisch-organisatorischen Formweg. Eine Firmeninstandsetzung am Standort unter Beisteuerung von Ersatzteilen verhilft zu kurzen Inst-Zeiten und führt damit zur schnellen Einsatzbereitschaft. Verfügbarkeit bedeutet Wertzuwachs, heißt Erhöhung der Verteidigungsbereitschaft und führt zu sinnvollem Einsatz unserer knappen Haushaltsmittel. Unter dieser Prämisse muß die Kostenwirksamkeit auch der Firmeninstandsetzung betrachtet werden.

Um den Fortschritt bei der Herstellung der Versorgungsreife deutlich zu machen, sollten die einzelnen Vorhaben mit Stand 7/80 und 2/85 verglichen werden, wie sie sich in der gegenüberliegenden Tabelle darstellen.

9.3 Qualitätsdatensysteme

Die Versorgbarkeit eines neuen Waffensystems hängt aber nicht nur von den vorher geschilderten Einzelmaßnahmen und ihrer terminlichen Realisierung ab, sondern von Daten, die während der Nutzung durch die Truppe anfallen und eine Reflexion der von den Ingenieuren und Konstrukteuren in das Waffensystem eingebrachten geistigen Leistung darstellen. Nur bei Kenntnis dieser Daten kann ein Mangel oder eine Schwachstelle, eine fehlerhafte Bedienung erfaßt und eine Verbesserung für die Zukunft erreicht werden.

Die Leistung eines Waffensystems ist meßbar in seinen Kampfwertparametern, aber nur verbal beschreibbar in der Aussage über die Verfügbarkeit. Das Streben nach hoher Verfügbarkeit ist ein entscheidendes Kriterium für die Beurteilung der Kampfkraft eines Verbandes. Der Bedeutung entsprechend sind Logistiker und Ingenieure seit über einem Jahrzehnt bemüht, nach Wegen zu suchen, ökonomisch optimal dieser Aufgabe gerecht zu werden. Nachstehend werden die Wege beschrieben, die bisherigen Ergebnisse dargestellt und ausgeführt, wie man zukünftig handeln sollte, um diesem hochleistungsfähigen Kampfmittel auch eine optimale Verfügbarkeit zu geben und damit die konventionelle Kampfkraft zu stärken, ohne zusätzliche ökonomische Mittel einsetzen zu müssen.

Am Anfang der Entwicklung stand der Ingenieur, der die vom Bedarfsträger geforderten taktischen Ziele in technische Konstruktionszeichnungen umsetzte. Nach positiver Beurteilung der Schnittstellen zu anderen Baugruppen erfolgte die Erstellung des ersten Prototyps. Mit der Fertigung und der Gesamtmontage zum System fielen die ersten Erkenntnisse an, die von logistischer Bedeutung waren. Die anschließende Werkserprobung brachte die erste Datenschwemme, die bei komplexen Systemen nicht mehr von einer einzelnen Person gesichtet und bewertet werden kann. Im Entwicklungsgang des LEOPARD 2 wurde daher das Datensystem der Systemtechnischen Informationszentrale (STIZ) für die Prototypphase zur Anwendung gebracht. Die Beauftragung und Durchführung war im Entwicklungsvertrag mit dem Generalunternehmer-Entwicklung, der Fa. Krauss-Maffei, festgelegt. Dieses Qualitäts-, Fehlererkennungs- oder Schwachstellenerfassungssystem begleitete alle 17 Prototypen und die AV-Erprobung im In- und Ausland. Während der Gesamtlaufleistung von ca. 100 000 km, 5 000 Betriebsstunden, 6 500 abgegebenen Schüssen wurden alle Störungen bzw. Fehler ermittelt, aufgezeichnet und ausgewertet. Die statistischen Auswertungen mit den Erprobungsergebnissen wurden dem Konstrukteur zur Herstellung der Serienreife zugänglich gemacht. Das war der Zeitpunkt für den Ingenieur, vertieft logistische Belange zu berücksichtigen, wobei er natürlich die Ausführung und die Fertigungsart des datenerfaßten Prototypteils zu berücksichtigen hatte. Eine Qualitätsbeurteilung zwischen einem Prototypteil und einem Serienteil kann sowohl positiv wie negativ ausfallen, im praktischen Gebrauch kann sich aber oftmals genau das umgekehrte Ergebnis zeigen. Ausgehen kann man von der Annahme, daß alle beteiligten Konstrukteure im Rahmen der Serienreifmachung sich bemüht hatten, erkannte und gemeldete Qualitätsmängel bzw. Schwachstellen zu beseitigen mit dem Ziel, die Zuverlässigkeit zu erhöhen.

9.3.1 Daten aus der Nutzung

Das STIZ-System war ein firmeneigenes Datensystem und wurde abgelöst durch das bundeswehreigene Berichtsystem SERAV (Schwachstellen-Erkennungs-und Auswerteverfahren). Dieses System soll die **E**ntwicklung, **N**utzung und

Vorhaben zur Herstellung der Versorgungsreife	I	II
Materialgrundlagen TDv-Waffensystem -Werkstattausstattung -Ausbildungsausstattung -REMUS-Adaption **Legende** 1) Sachstände: I 7./80, II 2./85 2) Überbrückung 3) Abschluß 4) Restprobleme S 4 Konstruktionsstand des 4. Serienfahrzeuges S 164 Konstruktionsstand des 164. Serienfahrzeuges am 30.6.1980	1) Sämtliche TDv mit Stand 1, Seriengerät bei der Truppe (Ausnahme: TDv-Prüfanweisung, REMUS-Adaption und opt. Gerät) 2) TDv-Vorläufer mit K-Stand 1. Serienfahrzeug 3) Serien-TDv 12/82, mit Ausnahme: Teil 4 (MES 3) für FLA und WBG (6/84) – REMUS-Adaption (6/85) 4) Keine	**TDv KPz** 1) Vorgezogene TDv ab 10/79 geliefert Als Vorläufer mit Stand S4 von 5/80 – 9/80 geliefert; Ausnahme: Teile 30 Bd II (EKP); 40 (F) EMES, PERI, FERO; 80 2) Überbrückungstexte für 2. KPz-Los (WBG) in den Teilen in 10, 20, 22, 30, 40 (F) Firmenbeschreibungen bei den Prüfgeräten 3) Serien-TDv mit Stand S164, bezogen auf Umfang 1) mit eingearbeitetem 2) geliefert zwischen 8/82 bis 1/84; Schwerpunkt Mitte 83. Ausnahme wie bei 1). TDv für Prüfgeräte ca. Mitte 85 4) Teile 30 Bd II (EKP); 40 (F) EMES, PERI, FERO noch nicht fertig wegen Abhängigkeit von den noch nicht vorliegenden SdWzg **TDv Ausbildungsgeräte** 1) Teil 15 für AA-Wanne in 2/82 mit Stand S4 geliefert; Teil 15 für AA-WaElo und Teil 12 für AA-Turm wegen Geräteänderungen unterbrochen (TDv nur für endgültigen K-Stand). 2) Manuskripte für AA-WaElo und -Turm als Überbrückung 3) Teil 12 für AA-Turm mit Stand S164 in 7/83 geliefert. Teil 15 für AA-WaElo wird Anfang 85 fertig 4) Alle TDv sind auf letzte Bauform nachzuführen **TDv REMUS-Adaptionsausstattung** 3) Lieferung der TDv für 17 Adapter ab 84 bis Ende 87 4) K-Standanpassungen
Ersatzteile für die Versorgungskette (Erstversorgung)	1) Beginn der Auslieferung im Herbst 1979 2) Anfangsversorgung deckt Bedarf bis Anfang 1984 für 1. und 2. KPz-Los der Serie 3) ET-Erstbedarf für 1. KPz-Los 1983 abgeschlossen 4) Finanzierungsengpaß in 1981–1983	1) Beginn der Auslieferung einer Anfangsversorgung als 1. ET-Tranche im Herbst 79 2) Abschluß einer 2. ET-Tranche Anfangsversorgung deckt den Bedarf bis ausführliche ET-Auswahl aufgrund der Ersatzteilliste möglich 3) ab 82 Erstbedarfsbeschaffung (3. und 4. Tranche) aufgrund der ET-Auswahl aus der ETU. Mitte 85 Abschluß einer 5. ET-Tranche vorgesehen. 4) HHM-Engpaß in 81
Vorbereitung der Beschaffung des Ersatzteilfolgebedarfs - TDv-Teil 50 (ETU) - wiederverwendbare Behälter	1) Ersatzteil-Dokumentation (Katalog für die Anfangsversorgung und wiederverwendbare Behälter stehen zur Verfügung 2) Ersatzteil-Dokumentation 3) Ersatzteil-Katalog: Mitte 1982 4) Keine	1) ET-Dokumentation für die ET-Anfangsversorgung ab 1/80 2) entfällt 3) Serien-TDv Teil 5 mit Stand S164 als Mikrofiche 6/83 – 7/83 4) z. Z. Einbringen aller Änderungen nach Stand S164. Lieferung der neuen Mikrofiches 9/84 – 4/85 Wiederverwendbare Behälter werden jeweils mit den Ersatzteilen geliefert.
Einrichtungen, Sonderwerkzeug, Prüf- u. Meßgerät für Materhaltung -Werkstattausstattung -Adaption an REMUS (Adapter)	1) Stehen ab Juli 1979 zur Verfügung und reichen für den Bedarf bis Mitte 1981 mit Ausnahme WSA-Optik/Optronik (nicht KPz Leo 2 spezifisch) 2) Truppenversuchsmuster 3) Serie Mitte 1981, REMUS-Adapter Ende 1985, WSA-Optik/Optronik 1985/86 4) Fertigentwicklung einschl. Serienreifmachung des Externen Prüfsystems (EKP).	1) Mit Anlauf der Serie in 40/79 standen SdWzg-Sätze als Überbrückungslösung in der Qualität von Truppenversuchsmustern zur Verfügung. 2) Spezielle Einrichtungen wie REMUS, Externes Kfz-Prüfgerät SdWzg MES 3 für die optischen Geräte EMES, PERI, FERO konnten zu dieser Zeit noch nicht vorliegen. 3) Serien-SdWzg-Sätze ab Mitte 81 REMUS-Adaptionsausstattung ab Mitte 84 – Ende 87 SdWzg MES 3 für EMES, PERI, FERO in Verbindung mit den WSA Optik/Optronik ab Mitte 85–86 EKP ab Mitte 85 4) Keine
Ausbildungsanlagen = AA Ausbildungshilfsmittel -Simulatoren -Übungsgestelle -Auswerteanlagen -Hörsaalausstattung	1) Alle 7 Ausbildungsanlagen sind an STTr 1 ausgeliefert 2) Keine 3) Restauslieferung entsprechend Zulauf der KPz 4) Entscheidung über Einführung von Talissi und Fernsehüberwachungsanlage.	1) 7 verschiedene AA für die Technische Truppe: 2 verschiedene für die Kampftruppe. Die jeweils 1. AA stand mit Anlauf der Serie in 10/79 zur Verfügung 2) Keine 3) Parallel zum Hochlauf der Serie wurden alle AA bis Mitte 84 geliefert 4) Aufstellungsprobleme wegen Infrastrukturvorbereitungen. Inzwischen werden weitere, der Fortschreibung des Ausbildungskonzeptes entsprechende Ausbildungsgeräte definiert. Entwicklung und Lieferung noch nicht abgeschlossen. (z.B. Ausb.-gerät Kanonenabschuß, Duellsimulator, Fahrschul-Pz usw.)
Kaderausbildung durch Industriepersonal - zur Bedienung - zur Instandsetzung	1) Kaderlehrgänge für Bedienung und Instandsetzung abgeschlossen bis auf Optik/Optronik (ab 1981) 2) bis 4) entfällt.	1) Kaderlehrgänge für Bediener und Instandsetzer abgeschlossen bis auf Optik/Optronik MES 3 2) – 4) Keine
Instandsetzung in der Industrie und an den Standorten (IRV = Inst.-Rahmenverträge)	1) Vereinbarungen für die Betreuung und Instandsetzung der Fahrzeuge am Standort (MES 1–3) und im Werk (MES 4) getroffen. 2) bis 4) entfällt.	1) IRV-Standort ab 10/80 IRV-Werk ab 2/80 2) IRV-Werk war mit einem Auftragnehmer abgeschlossen und galt als Überbrückungslösung 3) Nacheinander Verträge weiterer IRV-Standort und IRV-Werk 4) entfällt

Industrieinstandsetzung (**D**epotinstandsetzung) begleiten und untereinander kompatibel sein. Die Aufgliederung in SERAV E, N und D berücksichtigt die spezifischen Belange in den einzelnen Phasen. Die Entwicklung dieses Systemverbundes erfolgte durch die IABG. Anfangs nahm die IABG auch die Auswertung vor, wobei die Entwicklungsfirmen technische Zuarbeit leisteten. SERAV ist ein EDV-gestütztes, Waffensystem-unabhängiges Verfahren der Teilstreitkraft Heer, das eine systematische und problemorientierte

○ Erfassung,
○ Auswertung,
○ Bewertung (einschl. Schwachstellenanalyse),
○ Wirksamkeitskontrolle hinsichtlich getroffener Maßnahmen,
○ Dokumentation

aller Ereignisse ermöglicht. Drei Ziele sollen damit erreicht werden:

○ Sammlung von Daten technischer Schwachstellen,
○ Sammlung von Erkenntnissen über logistisch/organisatorische Schwachstellen in der Mat-Erhaltungsorganisation,
○ Gegenüberstellung der Verfügbarkeit zum Mat-Aufwand.

Der Datenerfassungsträger ist die **Z**ustandskarte **G**erät (ZKG), die bei der Ausführung einer Instandsetzung aufgrund eines Instandsetzungsauftrages ausgefüllt werden muß.

Die SERAV-E-Berichterstattung und Auswertung von Erprobungsergebnissen während der Entwicklungsphase hat die STIZ-Berichterstattung abgelöst. Die Bearbeitung ist und bleibt Aufgabe der IABG. Die Berichterstattung während der Entwicklungsphase durch STIZ oder SERAV-E erfolgte zweigleisig, und zwar industrieseitig (Werkerprobung) und amtsseitig, wobei hierunter die Erprobungsstellen des Auftraggebers (BWB) und der Bedarfsträger während des Truppenversuchs gemeint sind. Beide Ergebnisse flossen beim Generalunternehmer (STIZ) bzw. bei der IABG (SERAV) zusammen. Diese beiden Systeme sind aber nicht kompatibel, so daß die Daten nicht übernommen werden konnten und nicht vergleichbar sind.

Die 30 ersten Serienfahrzeuge LEOPARD 2, die im Raum Munster stationiert sind und durch ihren Einsatz im Lehrbataillon eine erhöhte Belastung in Fahrstrecke und Schußzahl ausweisen, wurden absprachegemäß auch durch SERAV-E erfaßt. Die gewonnenen Daten sollten erweisen, ob die Serienreifmachung den gewünschten Erfolg gebracht hatte. Zwischenzeitlich liegen Erkenntnisse vor, die es rechtfertigen, eine Überarbeitung dieser Berichterstattung vorzunehmen. 6 Berichte über den Berichtszeitraum 1980 bis 1981 wurden gefertigt. Leider erschien der erste Bericht erst mit einer Verzögerung von 10 Monaten, war damit nicht mehr aktuell und außerdem in seiner detaillierten Darstellung viel zu umfangreich. Die Berichte wurden nicht verwertet. Der Vorschlag, in Zukunft die Daten bei der Quelle direkt in einen Personalcomputer einzugeben, der mit einem Rechenzentrum verbunden, die Möglichkeit böte, die ausgewerteten Daten verzugslos über ein Terminal dem Sachbearbeiter im BWB zur Verfügung zu stellen, würde die Effektivität erhöhen. Inzwischen ist die Auswertung der SERAV-N-Daten an das Mat-Amt des Heeres übergegangen. Die anfallende Datenmasse und die dem Mat-Amt verfügbare EDV-Kapazität führten aber zu starker Verzögerung der Auswertung, so daß die Aussagen nicht mehr auf dem neuesten Stand waren und nur geringe Beachtung fanden. Aber es ist nicht zu verkennen, daß die Datenmasse, auch verspätet aufgearbeitet, über das Langzeitverhalten des Systems und seiner Baugruppen wichtigen Aufschluß gibt.

Der Materialverantwortliche denkt daran, die Zahl der berichtenden Einheiten zu reduzieren, wobei unterschiedliche Belastungskriterien (insbesondere Geländeverschiedenheit der Standorte) zu berücksichtigen sein werden. Die dann stark reduzierte Datenmasse wird hoffentlich schneller zu bearbeiten sein, und das Ergebnis der Bewertung wird den technischen Bearbeitern in den Ämtern und in der Industrie kurzfristiger zur Bearbeitungsfindung zur Verfügung stehen.

Neben diesem routinemäßigen Anfall von technischen Erkenntnissen steht die »Technische Sofortmeldung der Truppe«, die überraschend auftretende Qualitätsmängel und Schwachstellen über das Mat-Amt dem ProB LEOPARD 2 des BWB anzeigt. Dabei wird vorausgesetzt, daß die Berichtenden ein Höchstmaß an Objektivität beachten und eine umfassende Prüfung der Aussagen vornehmen, um mangelhafte Bedienung und Wartung als Ursache der Beanstandung ausschließen zu können.

9.3.2 Daten aus der Fertigung

Die Fertigung der Baugruppen, die Montage der Systeme und Erkenntnisse während der Gewährleistung erbringen einen weiteren Datenfluß. Beim FlakPanzer Gepard hatte die beteiligte Industrie ein Fehlererfassungsverfahren, das FLAREV-System, firmenintern angewandt. Der gleiche Generalunternehmer für die LEOPARD 2-Fertigung beabsichtigte das KAREV-System (ein der KPz-Fertigung angepaßtes System) für alle Firmen verbindlich einzuführen. Im Beschaffungsvertrag war dies nicht als Forderung des Auftraggebers erhoben worden. Im Firmenverbund sollten alle Fehler während der Fertigung und Montage der Teilsysteme und des Gesamtsystems einschließlich der den Außendienstmonteuren der Firmen zur Erledigung anstehenden Gewährleistungsfälle und den gemäß Auftrag erledigten Instandsetzungsfällen erfaßt werden. Der kurze Weg zwischen den Monteuren und ihren Firmen und zum Generalunternehmer hätte die Voraussetzung für eine schnelle Auswertung schaffen können. Hinzu kommt der Erfahrungsschatz der Außendienstmonteure, der eine einwandfreie Berichterstattung und richtige Ausfüllung der Berichtsformulare sicherstellen und damit dieser Berichterstattung einen hohen Stellenwert hätte vermitteln können. Firmenegoismus, Wettbewerbsfurcht und schon vorhandene Einrichtungen haben die ideale einheitliche Erfassung und Auswertung verhindert. Mehr oder weniger hat jede Firma ihr eigenes System

und nimmt eine Auswertung vor ohne Rückkoppelung zum GU und Aufnahme in dessen Datenbank.
Die Firmen Rheinmetall, Wegmann und MaK verwenden ein KM vergleichbares Datensystem, geben aber keine Daten in die bei KM bestehende Datenbank. Wegmann hat für das Turmsystem eine eigene Datenbank und sammelt dort Daten der Fa. Rheinmetall und seiner eigenen Produktion, einschließlich der bei der Integration zum Gesamtsystem anfallenden und der aus der Gewährleistung kommenden Daten. Die Qualitätsdaten der Baugruppenlieferanten stehen nicht zur Verfügung. Ein Gesamtdatenverbund besteht also nicht.
Bei routinemäßigen Mängelbesprechungen innerhalb des Firmenverbundes tragen die Firmen die Bewertung ihrer Baugruppen vor, woraufhin Abhilfen beschlossen werden. Zukünftig sollte bei derartigen Fertigungsaufträgen ein für alle Firmen verbindliches Qualitätsdatenerfassungssystem im Beschaffungsvertrag vereinbart werden. Die dabei entstehenden Kosten machen sich bezahlt, wenn man im Verbund Auswertungen erhält, wodurch die mit Fehlern behaftete amtliche Erfassung und Bewertung verbessert werden könnte.
Leider war es nicht einmal möglich, diesen unvollkommenen Firmen-Datenschatz den amtlichen Stellen zugänglich zu machen. Firmenpolitik und Vertragsgestaltung haben bisher ein Hindernis gebildet. Dieses wäre zu ändern, wenn die Voraussetzungen im Vertrag festgehalten würden. Fast alle nach K-Standfestlegung von der Industrie dem Amt eingereichten Änderungsanträge gründen sich auf vorerwähnte Auswertung.
Die am Nutzungsanfang »gut« funktionierende von der und durch die Industrie erfolgte nicht einheitliche Erfassung und Auswertung geht aber nach Auslieferung des letzten Panzers laufend gegen Null zurück. Was bleibt, ist die amtliche Bearbeitung mit den leider heute noch feststellbaren Mängeln. Ab diesem Zeitpunkt treten aber neue, bisher unbekannte Schwierigkeiten und Mängel infolge Alter und Standzeit auf. Die sich laufend steigernden Mängel und deren Beseitigung sind aber entscheidend für die Kampfwerterhaltung des Waffensystems. Auch eine optimale Erprobung und ein konsequenter Truppenversuch kann diese Qualitätsminderung nicht erfaßt haben.

9.3.3 Daten aus der Industrieinstandsetzung

Ein kleiner Lichtblick ist vielleicht die »Fehlererfassung bei der Industrie« (FESI) und Auswertung bei der ESG/FEG. Dieses System verarbeitet Angaben aus den Materialerhaltungsbereichen MES 3 und 4, soweit diese bei der Industrie durchgeführt werden. Schon ab 1968 wurde dieses Verfahren für die F-104 (Starfighter) eingeführt. Es diente in erster Linie der Erfassung von Reparaturdaten (Maßnahmen und Ersatzteile), wird aber auch zur Bauzustandsüberwachung durch die Erfassung von Modifikationsdaten sowie zur Überwachung von organisatorischen Vorgängen (Durchlaufzeiten, Überprüfung der Truppenmeldungen) eingesetzt. Im Normalfall wird der FESI-Reparaturbericht vom Reparierenden selbst ausgefüllt. Er dient dazu, Ablauf und Umfang einer Reparatur mit allen Angaben zu fixieren, die nötig sind, um

- charakteristische Ausfallursachen zu erkennen (Schwachstelle, Alter, u.a.) und
- Zusammenhänge zwischen Einsatz und Ausfall zu beleuchten (Gelände, Wetter, u.a.).

Den zugeleiteten Stellen im Mat-Amt und BWB soll es dadurch möglich sein, Schwachstellen zu beseitigen bzw. die Ersatzteilbevorratung entsprechend zu überprüfen. Dieses gut funktionierende System erfaßt im LEOPARD 2 **nur** elektronische Baugruppen. Für alle anderen Baugruppen gibt es zur Zeit kein Erfassungssystem. Es ist zwar ein SERAV-D im Gespräch, aber die Meinungen gehen noch auseinander, ob man FESI erweitern oder alle Baugruppen über SERAV-D erfassen sollte. Vorteil für die erste Lösung wäre der eingespielte Ablauf, für die zweite Lösung spricht die Kompatibilität aller drei Teilbereiche SERAV-E, N und D. Die Verantwortlichen sind dringend gefordert, bald eine Entscheidung zu treffen, denn jede Nichterfassung bringt keine Bewertung und damit keine evtl. notwendig werdende Änderung bzw. Verbesserung. Ein nicht beseitigter Fehler ist kostenträchtig und kampfwertmindernd.

9.3.4 Z/M-Analyse

Mit Fertigung und Inbetriebnahme der Prototypen und der Serienfahrzeuge fielen Daten an, die eine Reflexion der von den Ingenieuren in dieses Waffensystem eingebrachten geistigen Leistung darstellen. Diese Reflexion, der Ist-Zustand, erfolgt aber nicht schlagartig, sondern in einem sich oftmals über viele Jahre erstreckenden Prozeß. Der Materialverantwortliche kann diese Zeit nicht abwarten, um dann erst seine logistischen Maßnahmen zu ergreifen. Er muß ungezählte Fragen nach Detailaspekten des logistischen Aufwandes für ein technisches Waffensystem in der Truppe schon vor oder spätestens mit der Einführung beantwortet bekommen. Jede dieser Fragen beeinflußt den Gesamtaufwand für die logistischen Maßnahmen. Das macht Analysen und Prognosen notwendig, die letztlich allerdings nur den Soll-Zustand des Systems und seiner Baugruppen aufzeigen. Beim LEOPARD 2 hat man erstmals bei einem Panzer eine Zuverlässigkeits- und Materialerhaltbarkeitsanalyse (Z/M-Analyse) erstellt. Die Firma Krauss-Maffei erarbeitete eine

- Fehler- und Auswirkungsanalyse,
- Zuverlässigkeitsanalyse sowie
- Materialerhaltbarkeits-, Instandsetzungs- und Wartungsanalyse

als Prognose des Systemverhaltens während der Nutzung, bezogen auf ein 24-Stunden-Kampftagprofil sowie auf ein Friedensjahrprofil.

Erwartet wurden Aussagen über

- das Zusammenwirken aller betrachteten Systemkomponenten,
- alle denkbaren vorkommenden Fehler an den Einzelkomponenten,

○ die Ursachen und Auswirkungen der Fehler auf die Einsatzbereitschaft des Waffensystems,
○ die Komponenten- und Systemzuverlässigkeit,
○ die Behebung der Ausfälle durch Inst.-Maßnahmen, deren Häufigkeit, die Anforderung an das Inst.-Personal (MES-Fachrichtung), die geschätzte Inst.-Dauer und die Verfügbarkeit,
○ die Fristenarbeiten, deren Umfang, Häufigkeit, Anforderungen an das Personal und der geschätzte Zeitaufwand.

Zum Zeitpunkt der Analysen-Erstellung war die Serienreifmachung des Waffensystems LEOPARD 2 erst im Werden. Man war daher gezwungen, zum großen Teil den K-Stand der AV-Prototypen für die Beurteilung heranzuziehen. Abstriche und Zulagen zu den Aussagen mußten daher notwendigerweise vorgenommen werden. Trotzdem waren die Ergebnisse für die Materialverantwortlichen von großer Bedeutung. Das Ausmaß kann man ermessen, wenn man die analytische Ermittlung von 2,4 Mio. Datenelementen betrachtet. Dabei ist zu berücksichtigen, daß diese in Verbindung mit ca. 4 000 Fehlerwahrscheinlichkeiten und ca. 4 000 logistischen Maßnahmen, die in unterschiedlichen Häufigkeiten auftreten, zu sehen sind. Diese Maßnahmen sind kennzeichnend für die Entwicklung des logistischen Unterstützungssystems und für die Herstellung der Versorgungsreife. Als Grundlage für die Ersatzteil- und Austausch-Erstbedarfsermittlung machte sich die Notwendigkeit, den Prototyp-K-Stand nutzen zu müssen, natürlich negativ bemerkbar. Über- und Unterbewertungen führten zu Engpässen und Lagerübervorräten. Die Industrie war nur selten in der Lage, diese Fehldisposition kurzfristig durch zusätzliche E-Teillieferungen auszubessern.

Eine Verbesserung der analytischen Aussage kann erwartet werden durch Nutzung des aktuellen Konstruktionsstandes. Die Verantwortlichen für die Logistik aus BWB und Mat AH forderten daher eine Aktualisierung auf den Konstruktionsstand 4. Los, eine Fortschreibung entsprechend den technischen Änderungen. Weiter sollte das Friedensjahrprofil durch die Betriebsablaufdaten aus der SERAV-N-Auswertung ergänzt werden. Dem stehen aber noch große Schwierigkeiten im Wege, denn der Materialverantwortliche glaubt, die SERAV-N-Auswertung nicht dem GU mitteilen zu dürfen. Dieser ist aber gleichfalls dem Materialverantwortlichen für die Erstellung der Z/M-Analyse zuständig. Die Sorge, bei Freigabe der Bewertungsunterlagen an die Industrie könnten Angaben daraus wettbewerbsverzerrend genutzt werden, ist zwar berechtigt, aber man sollte einen großzügigen Kompromiß eingehen, wenn man das ökonomische Grundziel erreichen will.

Erstmals sollen die aktualisierte Analyse als Referenz für die logistische Bewertung des KPz LEOPARD 3 und/oder die Studien des verbesserten KPz LEOPARD 2 herangezogen werden, wobei nicht nur der logistische Aufwand, sondern auch die Nutzungskosten errechnet werden sollen.

Die einzelnen aufgeführten und kommentierten Datensysteme können optimal nur genutzt werden, wenn sie in einer Datenbank zusammengeführt und mit Hilfe der EDV zum Dialog anstehen.

9.3.5 Baustandsüberwachung

Eine Bewertung der erfaßten Daten ist unvollkommen, wenn nicht von der beanstandeten Baugruppe auch der Bauzustand mit erfaßt wird. Nach einer Lebensdauerbetrachtung hat das Mat-Amt Heer eine Auswahl von Baugruppen des LEOPARD 2 getroffen, die der Bauzustandsüberwachung unterliegen sollen. Die ausgewählten Baugruppen werden von Gerätekarten begleitet, in denen der jeweilige Konstruktionsstand und die zugehörige Fabriknummer vermerkt wird. Die in einem Panzer anfallenden Karten werden – dokumentiert in einer Geräteliste – bei Auslieferung des Panzers von der Lieferfirma dem Nutzer als Paket übergeben. Die Auflistung hält den Ist-Stand des Panzers fest. Veränderungen durch Austausch von Baugruppen müssen durch Tausch der Karten mit entsprechender Eintragung der die Überwachung der BZÜ obliegenden Stelle gemeldet werden. Selbstverständlich erhalten auch alle der BZÜ unterliegenden Ersatzteilbaugruppen eine Begleitkarte. Nach einem vom Mat–Amt Heer festgelegten Verfahren sind beim Tausch sowie bei Werkinstandsetzungen die für eine EDV vorgesehenen Karten gleichfalls auszutauschen bzw. mit der BZÜ-Zentrale zu wechseln. Die Zahl der ursprünglich der BZÜ unterliegenden Baugruppen wurde jetzt auf 170 begrenzt, weil die Überwachung noch größerer Einheiten sich als unmöglich herausstellte. Erfolge sind nur zu erzielen, wenn die BZÜ mit großer Disziplin erfolgt. Alle Beteiligten haben

Technisch-Logistische Datenbank

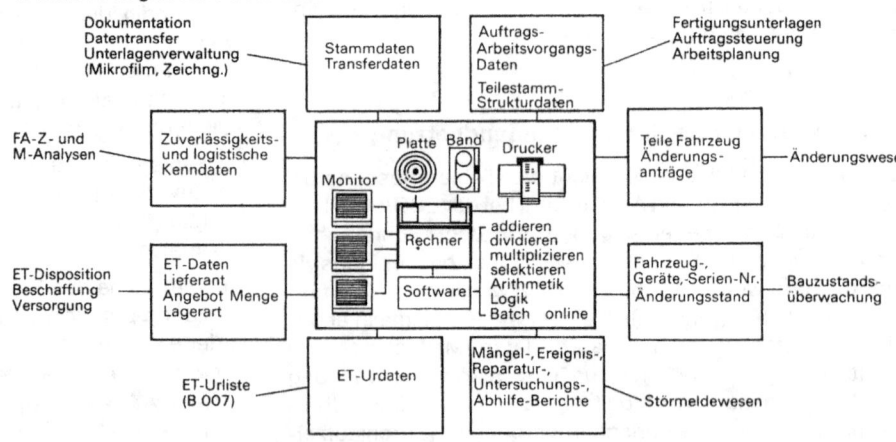

Der zentrale Rechner der Technisch Logistischen Datenbank liefert nach Verarbeitung aller Bauform-Daten, Änderungsdaten, Stördaten, Materialerhaltungs-Daten, Zuverlässigkeitsdaten, Ersatzteildaten, Materialerhaltbarkeits-Daten und Lebensdauerdaten die Daten für den logistischen Aufwand der Nutzungsphase.

Zusammenbau
des Triebwerkes

Turmmontagehalle

Fertigung
der Kraftstoffbehälter

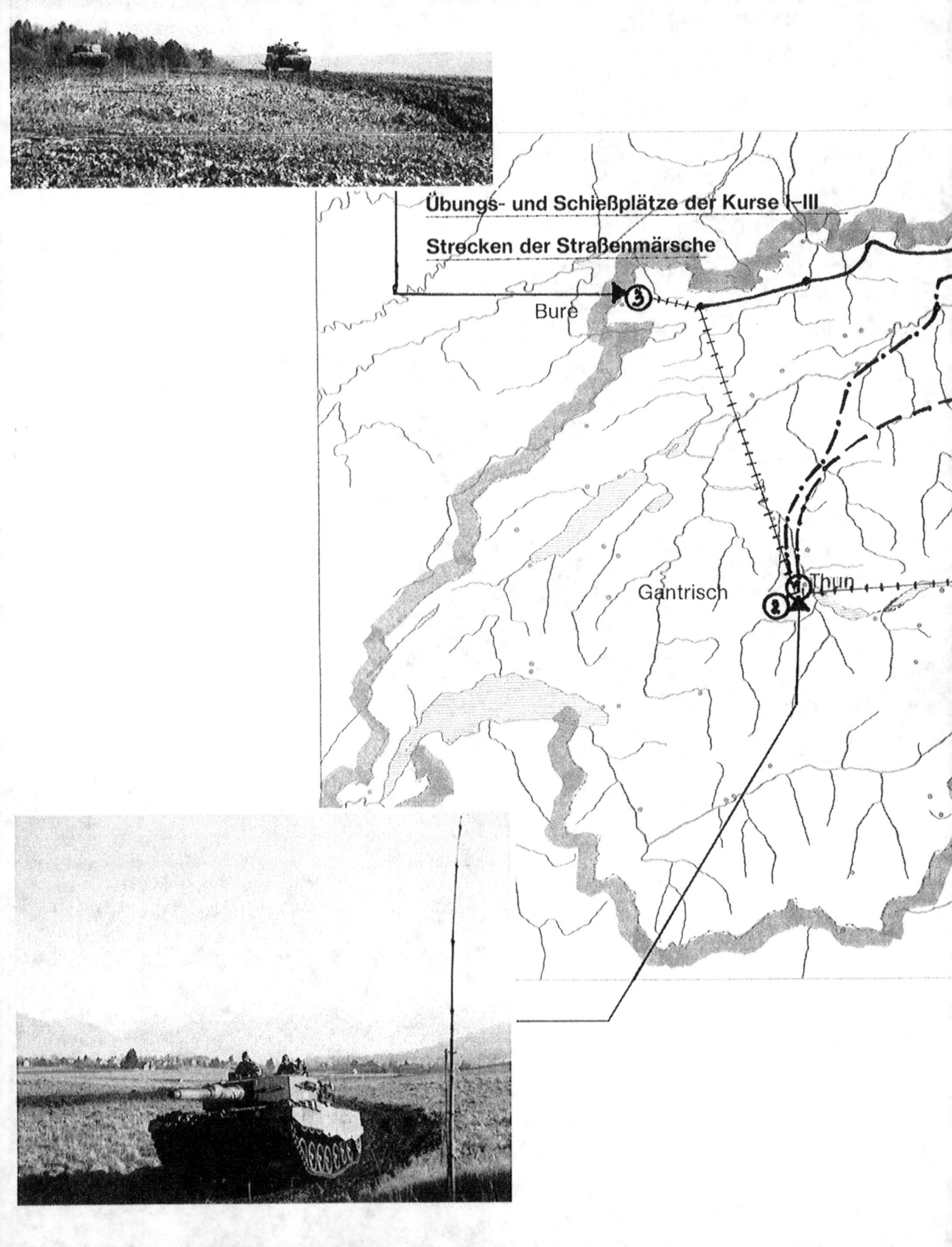

Übungs- und Schießplätze der Kurse I–III
Strecken der Straßenmärsche

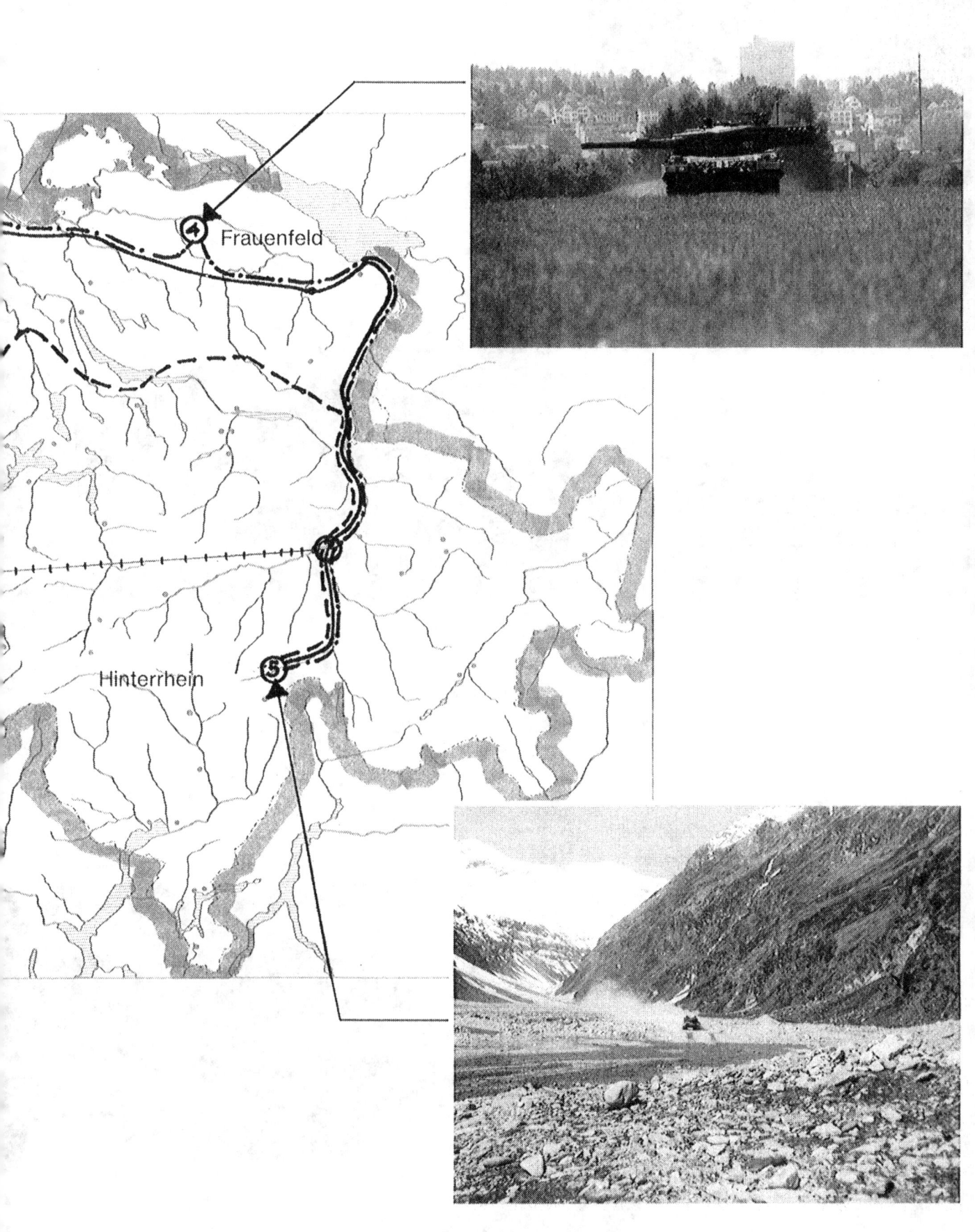

Bilder von der Erprobung in der Schweiz

den Wert dieser Maßnahme noch nicht erkannt und müssen daher immer wieder an die Probleme der Mat Eth. und E-Teilversorgung beim LEOPARD 1, bei der eine BZÜ fehlt, erinnert werden.

9.3.6 Datenbank

Die beim GU, der Firma Krauss-Maffei, installierte Datenbank erweckte große Erwartungen, aber leider erbringt sie bis zur Stunde noch nicht das, was alle Beteiligten erhofften. Die Ursachen sind folgende:

○ Firmenegoismus verhindert den Austausch der Daten.
○ Firmenintern sind noch nicht alle Voraussetzungen geschaffen.
○ Die vertraglichen Voraussetzungen fehlen.

Zur Zeit sind noch nicht alle vorhandenen Daten EDV-mäßig erfaßt. Dem ursprünglichen Leistungsverzeichnis aus dem Jahre 1979 entspricht das Ergebnis, aber die zwischenzeitlich gewonnenen Erkenntnisse und vorhandenen Daten machen eine Erweiterung der TLD notwendig. Trotzdem sollte dieser Weg weiter verfolgt werden, um eine optimale Versorgung dieses Waffensystems zu gewährleisten. 25 Jahre der Nutzung stehen noch bevor, und die während dieser Zeit anfallenden Kosten sind gewaltig. Wenn durch umfassende Datenerfassung und -bewertung die richtigen Materialerhaltungs- und Bedarfsdeckungsmaßnahmen ergriffen werden, können Kosten eingespart und die freiwerdenden Mittel dringenden Kampfwertsteigerungen zugeführt werden. Zum militärökonomischen Denken gehört daher auch die Installierung und Führung einer technisch-logistischen Datenbank zur Minderung des logistischen Aufwandes.

Zur Überwindung der Schwierigkeiten, die auch durch die Politik der Firmen entstanden und die besonders deutlich wurden durch die geänderte Stellung des GU KM gegenüber seinen Unterlieferanten, scheint es angebracht, in Zukunft eine unabhängige Firma mit der Datenerfassung und Bewertung zu betrauen und die Datenbank bei dieser zu installieren.

Die Marine besitzt für ihre Schiffe eine befüllte Datenbank, betreibt diese in eigener Regie und wertet auch selbst aus. Erfahrungen mit einer beauftragten Firma waren da negativ. Wenn von verteidigungspolitischer Seite eine Stärkung der Kampfkraft der Bundeswehr gefordert wird, dann darf gesagt werden, daß eine Steigerung der Verfügbarkeit unserer Waffensysteme ein großes Kampfkraftpotential darstellt. Der logistische Aufwand zur Steigerung der Verfügbarkeit läßt sich optimal steuern durch die vorerwähnten Qualitätsdatensysteme und deren Anwendung.

10 Die Ausbildung der Panzerbesatzung Kampfpanzer LEOPARD 2
von OTL Hermann Rößler

10.1 Einleitung

Der Kampfpanzer LEOPARD 2 kommt, im Vergleich zu bisherigen Kampfpanzern, den Ausbildungserfordernissen dadurch entgegen, daß durch höherwertige Technik die Bedienungseinrichtungen der einzelnen Besatzungsmitglieder ergonomisch günstiger gestaltet worden sind. Die Bedienungsabläufe werden somit erleichtert. Höhere Anforderungen an die Besatzungsmitglieder ergeben sich aber dadurch, daß der Umfang der zu erfassenden und zu koordinierenden Informationen, insbesondere im Bereich der Feuerleitanlage, bedeutend größer ist.

10.2 Grundausbildung

Grundsätze:
Die Grundausbildung für Panzerbesatzungen des KPz LEOPARD 2 ist in den Allgemeinen Ausbildungsgebieten gegenüber der herkömmlichen Ausbildung der Panzerbesatzungen unverändert. Für das Waffensystem KPz LEOPARD 2 wurden bei den Speziellen Ausbildungsgebieten folgende Änderungen vorgenommen:
○ Gemeinsame Ausbildung der zukünftigen Richt- und Ladeschützen bis zur 9. Ausbildungswoche, danach Aufteilung in zwei getrennte Ausbildungsklassen;
○ zukünftige Richt- und Ladeschützen werden nicht an den Bedieneinrichtungen für den Panzerkommandanten ausgebildet;
○ die Kraftfahrgrundausbildung erfolgt zunächst in der Panzerausbildungskompanie am Fahrsimulator Kette mit anschließender Einweisung in den KPz LEOPARD 2 bei den Einheiten.

Folgerungen:
Nach Trennung der gemeinsamen Ausbildungsklasse Richt-/Ladeschütze in der 9. Ausbildungswoche sollten
○ die Richtschützen speziell im »Panzerschießen«,
○ die Ladeschützen in »Ausbildung an Waffen und Gerät der PzTr«
ausgebildet werden.
Nach Beendigung der Grundausbildung kann der Richtschütze nicht mehr wie bisher den Kommandantenplatz mit seinen Einrichtungen bedienen. Die zukünftigen Panzerkommandanten müssen deswegen später eine zusätzliche Waffen- und Geräteausbildung, bezogen auf die Bedieneinrichtungen am Kommandantenplatz, erhalten.

10.3 Ausbildungsziele

○ Allgemeine Einweisung, Aufgaben der Besatzung und Sicherheitsbestimmungen bei der Benutzung des KPz LEOPARD 2 kennen,
○ Tätigkeiten des Richt- und Ladeschützen beim Bedienen der Bordkanone 120 mm beherrschen,
○ Tätigkeiten des Richt- und Ladeschützen beim Bedienen des Blenden-Fliegerabwehr-Maschinengewehrs und der Mehrfachwurfanlage beherrschen,
○ Tätigkeiten des Richt- und Ladeschützen bei Inbetriebnahme, Bedienung und Außerbetriebnahme der FLA unter Einhaltung der Sicherheitsbestimmungen beherrschen; Aufgaben der Kdt-Einrichtungen kennen,
○ Bedienung, Prüfung und Überwachung der Einrichtungen des KPz LEOPARD 2 für den Richt- und Ladeschützen beherrschen, und Einrichtungen für den Kommandanten kennenlernen,
○ Ausstattung und Zubehör mit Zuordnung zu den Verstauorten kennenlernen; Verstauen und Beladen des KPz nach Beladeplan selbständig fehlerfrei durchführen und Tätigkeiten beim Munitionieren, Entmunitionieren und Betanken unter Einhaltung der Sicherheitsbestimmungen beherrschen,
○ Tätigkeiten des Richt- und Ladeschützen bei In- und Außerbetriebnahme anhand der Prüfliste und nach Weisung des Kommandanten fehlerfrei durchführen,
○ Tätigkeiten der Bedienung und beim Betrieb des KPz unter besonderen Bedingungen und nach Weisung des Kommandanten ausführen,
○ Tätigkeiten im Rahmen der monatlichen Fristenarbeiten und beim Technischen Dienst kennen und anhand des Fristenheftes ausführen,
○ Der Ladeschütze beherrscht die Tätigkeiten bei der Bedienung der Bedienteile für den Ladeschützen-Platz und die Teile ohne Bedienerzuordnung und Befähigung; Prüfungen an den Bedienteilen und im Einsatz vornehmen und die Tätigkeiten in der MES 1a selbständig ausführen,
○ Grundkenntnisse der Schießlehre besitzen und die Grundregeln der Schießtechnik und des Feuerkampfes in »STAB EIN« aus Stellungen sicher anwenden, stehende und fahrende Ziele schnell und genau anrichten und diese innerhalb von 12 sec mit dem ersten Schuß im simulierten Feuerkampf treffen.

In der Waffen- und Geräteausbildung werden der Feuerleitanlage, der In- und Außerbetriebnahme des Kampfpanzers und den Fristenarbeiten besonderes Gewicht beigemessen. Gemeinsame Ausbildung der Richt- und Ladeschützen in der 3. bis 9. Ausbildungswoche.
Durch Wegfall der zeitintensiven Ausbildung im Entfernungsmessen wird der Stundenansatz bei der Vorbereitenden Schießausbildung gekürzt.
Die Waffen- und Geräteausbildung wurde im Verhältnis zum bisherigen Zeitansatz erweitert. Der Schwerpunkt liegt in der drillmäßigen Ausbildung.

Die Ladeschützen erhalten in den letzten drei Ausbildungswochen eine zusätzliche WuG-Ausbildung mit dem Ziel, durch drillmäßiges Üben die Bedienung der Waffen sowie die Fehlererkennung zu beherrschen und bessere Leistungen als bisher in der Materialerhaltung MES 1a zu erreichen.

10.4 Vollausbildung

Ausbildungsziel der Vollausbildung für die Panzerbesatzungen am Beispiel Schießausbildung Kampfpanzer LEOPARD 2
Die Besatzung muß befähigt sein,
- unter gefechtsmäßigen Bedingungen
- alle Zielarten und -formen in kürzester Zeit aufzuklären und sie
- selbständig
- mit verschiedenen Waffen und Munitionssorten
- in allen Betriebsstufen und -arten
- in schneller Feuereröffnung

wirksam zu bekämpfen.
Der Schwerpunkt der Schießausbildung ist beim Waffensystem KPz LEOPARD 2 dem Gefechtsschießen zugeordnet.

10.5 Aufbau der Schießausbildung

Die Schießausbildung ist wie bisher in
- vorbereitende Schießausbildung,
- Schulschießen und
- Gefechtsschießen

gegliedert.
Die Schießübungen sind auf das neue Waffensystem und dessen Leistungsfähigkeit abgestimmt. Die grundsätzlichen Forderungen sind
- in der vorbereitenden Schießausbildung der simulierte Treffer in 12 sec
- beim Schul- und Gefechtsschießen der Treffer in 15 sec.

Zur Erfüllung dieser Zeitvorgaben ist der Treffer mit dem ersten Schuß erforderlich.
Der Kampfpanzer LEOPARD 2 ist technisch in der Lage, bei richtiger Bedienung und fehlerfreier Funktion der Feuerleitanlage mit hoher Wahrscheinlichkeit mit dem ersten Schuß zu treffen. Für die Planung und Durchführung der Schul- und Gefechtsschießen kommt es daher besonders darauf an, den Zielaufbau abwechslungsreicher zu gestalten, z.B. durch
- Verwendung von Klappscheiben-/Kassettenscheibenanlagen,
- Erhöhung des Anteiles fahrender Ziele und von Mehrfachzielen mit dem Zwang, die Gefährlichkeit der Ziele zu beurteilen.

Nach Einführung des Wärmebildgerätes ist für den Einzelpanzer das Schießen bei Nacht wie bei Tage im Prinzip gleich.

10.6 Schul- und Gefechtsschießen

Grundsätzlich sind alle Schießübungen, mit einer Ausnahme, so angelegt, daß der Feuerkampf aus Stellungen und in der Bewegung geführt wird. Die Schießbahnen müssen daher den Möglichkeiten für den Feuerkampf des KPz LEOPARD 2 angepaßt werden. Mit Ausnahme bei der ersten Schulschießübung mit Bordkanone 120 mm wird jeweils eine Vorgehtiefe von 300 bis 500 m erforderlich.
Im Rahmen der Erprobung des KPz LEOPARD 2 wurden die Schul- und Gefechtsschießübungen festgelegt und mit der »Vorläufigen Anweisung für das Schießen mit dem KPz LEOPARD 2« befohlen. Beispiele für Ausbildungsziele bei Schul- und Gefechtsschießen:
Ausbildungsmunition:
Für den KPz LEOPARD 2 stehen pro Jahr 72 Schuß, also weniger Ausbildungsmunition für die Bordkanone als beim KPz LEOPARD 1 A 1–A 4 zur Verfügung. Trotz dieser Kürzung ermöglicht die höhere technische Leistungsfähigkeit des Kampfpanzers jedoch die Durchführung von Schul- und Gefechtsschießen in einem zu den bisher eingeführten Panzertypen vergleichbaren Umfang. Nach der für den KPz LEOPARD 2 konzipierten Schießvorschrift sind etwa $1/3$ der Ausbildungsmunition 120 mm für Schulschießen und $2/3$ für Gefechtsschießen eingeplant.

10.7 Ausbildungsmittel, Ausbildungshilfsmittel

Für die Ausbildung der Richt- und Ladeschützen wird in der Grundausbildung zunächst die »Ausbildungsanlage Turm« eingesetzt. Sie ermöglicht das Erlernen der Grundkenntnisse in der Ausbildung an Waffen und Gerät sowie Vorbereitende Schießausbildung bei guten Mitbeobachtungsmöglichkeiten von bis zu sechs Rekruten. Für die Vorbereitende Schießausbildung wird es erforderlich, die Ausbildungsanlage Turm mit Blickfeld auf das »Kleine Zielfeld« von ca. 80–100 m Tiefe aufzubauen. Die Ausbildung muß danach am Originalpanzer fortgesetzt und vertieft werden.
Die am Fahrsimulator ausgebildeten Panzerfahrer erhalten die Einweisung in den Fahrerplatz KPz LEOPARD 2 am »Lehrsaalfahrerstand«. Diese Ausbildungsanlage erlaubt das drillmäßige Üben an Originalbedieneinrichtungen und die Ausbildung im Erkennen von Störungen durch Fehlersimulation. Die gesamte Einweisung für den Militärkraftfahrer in den KPz LEOPARD 2 dauert eine Woche bei einer Ausbildungsgruppe von 3–4 Rekruten pro Fahrlehrer. Diese Ausbildung wird in der Truppe durchgeführt. Das richtige taktische Fahren erlernen die Fahrer in der Vollausbildung.
In der Erprobung befindet sich die »Fernsehüberwachungsanlage«, die dem Ausbildungsleiter eine exakte Kontrolle über die Qualität und die Geschwindigkeit bei allen Richtvorgängen bis zu simulierter Entfernungsmessung und Abgabe des simulierten Schusses durch Drücken der Feuerklinke erlauben soll. Fehler können dadurch schnell erkannt, analysiert und abgestellt werden. Es wird erwartet, daß diese

Anlage in der Grund- und Vollausbildung im Rahmen der Vorbereitenden Schießausbildung eingesetzt werden kann. Beim Schulschießen kann der Leitende noch vor Abgabe des Schusses grobe Fehler erkennen und das Schießen gegebenenfalls unterbrechen. Dadurch werden zu erwartende Fehlschüsse wegen Bedienungsfehlern rechtzeitig erkannt und vermieden, die »eingesparte« Munition steht dem Schwerpunkt der Schießausbildung – dem Gefechtsschießen – zur Verfügung, und der Ausbildungsstand wird erhöht. Zusätzlich hat der Leitende des Schießens bessere Überwachungsmöglichkeiten bezüglich des Einhaltens der Sicherheitsbestimmungen. Das »Übungsgerät Trefferanzeige für KPz LEOPARD 2« (TALISSI) befindet sich in der Erprobung.

Erst nach Abschluß der laufenden Truppenversuche mit der Fernsehüberwachungsanlage und dem Übungsgerät Trefferanzeige für KPz LEOPARD 2 können Einsatzmöglichkeiten und Leistungsspektren dieser Ausbildungsmittel aufgrund praktischer Erfahrung beschrieben werden.

Die Forderung bezüglich **Einsteckrohr** 35 mm ist immer noch aktuell. Wünschenswert ist eine ausreichende Ausstattung, die bei den Schießplatzkommandanturen lagert und von der Truppe (mindestens vier je Bataillon) ausgeliehen werden kann.

Ziel sollte es sein, alle Schulschießübungen mit der billigen 35-mm-Munition zu schießen, um dadurch mehr 120-mm-Munition für das Gefechtsschießen zu haben.

Die Forderungen an vergleichbare Ballistikwerte zwischen 35 mm/120 mm sind auf Entfernungen zwischen 800 bis 1 700 m zu begrenzen.

10.8 Ausbildung zum Panzerkommandanten

10.8.1 Allgemeines

Nach der Neuregelung der Unteroffiziersausbildung wird der zukünftige Panzerkommandant im Unteroffizierlehrgang Teil 1 in der Truppe und im Unteroffizierlehrgang Teil 2 an der Kampftruppenschule 2/FSH ausgebildet.

Bedingt durch die nur auf die Bedienerplätze bezogene Waffen- und Geräteausbildung der Richt- und Ladeschützen in der Grundausbildung wird es erforderlich, daß zukünftige Panzerkommandanten auf dem Unteroffizierlehrgang Teil 1 die Bedienung des Kommandantenplatzes erlernen.

10.8.2 Lernziele Unteroffizierlehrgang Teil 1
(ohne Gefechtsdienst der PzTr)

Ausbildung an Waffen und Gerät:
Der Kommandant als Führer des Kampfpanzers soll

○ die Bedieneinrichtungen des Richt-/Ladeschützen beherrschen,
○ Fehler bei der Bedienung der Richt-/Ladeschützeneinrichtungen erkennen und korrigieren können,
○ die Bedieneinrichtungen des Kdt selbst. bedienen können,

○ den RPP 1–8 Systemtest durchführen können,
○ die Sicherheitsbestimmungen kennen und anwenden.

Panzerschießen:
Der Kommandant als Führer des Kampfpanzers muß

○ die Grundregeln für das Schießen und den Feuerkampf des KPz kennen,
○ die Übungen der Vorbereitenden Schießausbildung in der Kommandantenfunktion erfüllen,
○ den KPz auf dem Panzerparcours unter Anleitung führen können,
○ die Aufgaben des PzKdt beim Schulschießen kennen,
○ die Schulschießübungen erfüllt haben.

Die Teilnahme an der Vorbereitenden Schießausbildung und an den Schulschießübungen ist nicht an den Zeitraum der Ausbildung gebunden. Sie richtet sich nach den Gegebenheiten der Truppe.

10.9 Vorschriften und Ausbildungshilfsmittel

Mit Auslieferung des Kampfpanzers LEOPARD 2 stehen der Truppe für die Ausbildung zur Verfügung:

○ TDv 2350/033 10 KPz LEOPARD 2 Teil 1 Beschreibung
  20 KPz LEOPARD 2 Teil 2 Bedienung
  22 KPz LEOPARD 2 Fristenheft
○ »Anweisung für das Schießen mit dem KPz LEOPARD 2«
○ »Anweisung Truppenausbildung 1, Grundausbildungsklasse Richt-/Ladeschützen KPz LEOPARD 2«
○ Anweisung Truppenausbildung Einweisung Panzerfahrer in KPz LEOPARD 2«
○ »Anweisung Truppenausbildung 2, Panzerkompanie«
○ »Unterrichtsmappe KPz LEOPARD 2« mit Durchsichtfolien für die Ausbildung der Richt-/Ladeschützen und Kommandanten
○ »Unterrichtsmappe KPz LEOPARD 2« mit Durchsichtfolien für die Ausbildung der Militärkraftfahrer
○ »Unterrichtstafeln« für Waffen- und Geräteausbildung

10.10 Zusammenfassung

Der KPz LEOPARD 2 ist ein komplexes Waffensystem, das schnellere Handlungsabläufe in den Tätigkeiten der Besatzung ermöglicht, aber auch kürzere Reaktionszeiten von ihr erfordert. Die ergonomisch günstiger gestalteten Bedienerplätze erleichtern die Bedienbarkeit. Die Ausbildung der Besatzung an Einzelgeräten ist einfacher geworden. Infolge der größeren Anzahl der Prüf- und Kontrolleinrichtungen muß die Besatzung bei kürzeren Reaktionszeiten mehr Informationen als bei bisherigen Kampfpanzern verarbeiten. Die volle technische Leistungsfähigkeit des KPz LEOPARD 2 wird nur erreicht mit qualifizierten Besatzungen und einem zielorientierten konzeptspezifischen Ausbildungsablauf.

Für das drillmäßige Beherrschen von Handlungsabläufen und Systemverständnis mußte der Anteil der Ausbildungsstunden in der Waffen- und Geräteausbildung erhöht werden. Gleichzeitig ist eine frühzeitige Spezialisierung in den einzelnen Funktionen notwendig.

Die fehlerfreie Zusammenarbeit der Besatzung erfordert noch mehr als bisher die Koordination von Waffenbeherrschung, Ausbildungsgeschick, Routine und die Fähigkeit zu taktisch richtigem Verhalten in kürzeren Zeitabläufen. Um dies zu erreichen, ist die Verwendung von Schieß-Simulatoren unumgänglich, denn Zeit, Schießplätze und Geldmittel stehen nicht unbegrenzt zur Verfügung. Nach den Erfahrungen des Fahrsimulators sind die Vorteile des Schieß-Simulators offensichtlich. Abgesehen von der Möglichkeit, derartige Anlagen mit vergleichsweise bescheidenen Raumansprüchen zentral oder an jedem gewünschten Ort unterbringen zu können und die Schießausbildung ohne Rücksicht auf Sicherheitsbestimmungen genau zu planen und einzuhalten, bietet sich eine Übungsart an, die mit weitaus geringerem Aufwand den Verhältnissen beim Gefechtsschießen schon sehr nahe kommt. Die Zieldarstellung ist denkbar wirklichkeitsnah, ebenso die Trefferkontrolle. Im Vergleich zur Schießbahn steht ein breites variierbares Übungsgelände bzw. generiertes Zielbild zur Verfügung, dessen bewegte Ziele vor allem auch unter taktischen Gesichtspunkten plaziert werden bzw. für eine Übung benützt werden können. Damit wird der »Schuß im Saal« Wirklichkeit, und zwar unter Wahrung jeder zweckdienlichen Realität, die für die Schießausbildung von Bedeutung ist.

Die Schweiz hat mit der Beschaffung der Kampfpanzer auch die Mittel für die Entwicklung und Beschaffung dieser Simulatoren bereitgestellt. Die guten Erfahrungen mit dem Einsatz dieser Ausbildungshilfsmittel an der Schule in Thun sollen nun auch auf den LEOPARD 2 umgesetzt werden. Es ist zu hoffen, daß durch die angeregte Zusammenarbeit zwischen der Bundesrepublik Deutschland und der Schweiz auf diesem Gebiet auch der deutschen Panzertruppe bald dieses wertvolle Mittel zur Verfügung stehen wird.

Der Panzerkommandant in der Dotierung des jungen Unteroffiziers und der Richtschütze als Mannschaftsdienstgrad mit kurzen Ausbildungs- und Stehzeiten reicht zukünftig nicht mehr aus, um die Kampfkraft des KPz LEOPARD 2 voll auszuschöpfen. Der Kampfpanzer LEOPARD 2 braucht den länger verpflichteten, routinierten Kommandanten und Ausbilder.

11 Die Ausbildung der Soldaten der Technischen Truppe und der Instandsetzungsdienste

11.1 Die Ausbildung des Instandsetzungspersonals für das Fahrgestell
von OTL Reinhold Martini

11.1.1 Einleitung

Noch vor der Auslieferung des ersten Kampfpanzers LEOPARD 2 an die Truppe fand Januar/Februar 1980 die Kaderausbildung der Lehroffiziere und Lehrfeldwebel der Schule Technische Truppe 1 und Fachschule des Heeres für Technik statt. Es folgten die ersten Einweisungslehrgänge an der STTr 1/FSHT für das Instandsetzungspersonal der Truppenteile, welche als erste mit dem Kampfpanzer LEOPARD 2 ausgestattet wurden.

Mit der Ausbildung von Lehrgangsteilnehmern in Laufbahnlehrgängen wurde am Kampfpanzer LEOPARD 2 im Herbst 1980 begonnen, nachdem für die Truppenteile, die mit dem neuen Kampfpanzer ausgestattet wurden, zuvor an der STTr 1/FSHT genügend Personal für die Pflege-, Wartungs- und Instandsetzungsarbeiten ausgebildet worden war.

Parallel zu den Laufbahnlehrgängen werden bis in die Gegenwart hinein weitere Einweisungslehrgänge – heute Speziallehrgänge genannt – zur Umschulung von Personal, welches bis dahin in Kampfpanzer LEOPARD 1 – und KPz M 48-Bataillonen im Instandsetzungszug Dienst tat, durchgeführt.

11.1.2 Ausbildungskonzeption

Die große Bandbreite der im Kampfpanzer LEOPARD 2 angewendeten Techniken (Mechanik, Elektrik, Hydraulik, Optronik und Elektronik) und ihre funktionelle Verknüpfung in den verschiedenen Baugruppen erforderten für die Instandsetzung eine qualifizierte Ausbildung von Spezialisten, welche im Rahmen der vorgegebenen Materialerhaltungskonzeption des Heeres in der Truppeninstandhaltung, Feldinstandsetzung und Depotinstandsetzung die Einsatzfähigkeit des Kampfpanzers LEOPARD 2 sicherstellen. Der Begriff »Spezialist« ist ganz bewußt gewählt, weil es sich bei diesen Instandsetzungssoldaten mit ansteigendem Ausbildungsgrad um Fachleute, Sachkenner, Experten, bis hin zu Kapazitäten in der Instandsetzung des Gerätes in den o.a. Techniken handelt. Die Vermittlung des Wissens über das gesamte Spektrum der im Kampfpanzer LEOPARD 2 verwirklichten Techniken übersteigt das geistige Aufnahmevermögen eines Soldaten in einer noch vertretbaren Zeitspanne. Deshalb erfolgt die Ausbildung der Instandsetzungssoldaten in den verschiedenen Techniken zu »Spezialisten« gemäß HDv 900/400 in unterschiedlichen Ausbildungs- und Verwendungsreihen. Nur durch diese Differenzierung der Ausbildung kann eine leistungsfähige Instandsetzungskapazität am Kampfpanzer LEOPARD 2 bereitgestellt werden. Die Ausbildung der Soldaten zu Instandsetzungsspezialisten am Kampfpanzer LEOPARD 2 erfolgt in folgenden Ausbildungs- und Verwendungsreihen:

- 27912 – Kraftfahrzeug/Panzertechnik (Panzertechnik Antrieb und Fahrgestell)
- 27913 – Waffen-/Gerätetechnik (Waffenanlage)
- 27914 – Elektrotechnik
- 27915 – Optik/Optronik
- 27922 – Elektronik

Die Ausbildungskonzeption zum Uffz und zum Fw ist für alle Soldaten, welche in o.a. Ausbildungsreihen ausgebildet werden, vom Zeitansatz und von der Aufeinanderfolge der Lehrgänge gleich. Sie unterscheiden sich lediglich in fachlicher Hinsicht voneinander. Der folgende Beitrag zeigt zunächst die Ausbildung des Instandsetzungspersonals in der Ausbildungsreihe Kraftfahrzeug-/Panzertechnik auf. In dieser Ausbildungsreihe werden alle Instandsetzungssoldaten der Instandsetzungstruppe und der Instandsetzungsdienste am Antrieb und Fahrgestell/Laufwerk derjenigen Rad- und Kettenkampffahrzeuge ausgebildet, mit denen die von ihnen zu unterstützenden Truppenteile ausgerüstet sind. In diese Ausbildungskonzeption, die das folgende Bild zeigt (von unten nach oben zu lesen), ist die Ausbildung der Instandsetzungssoldaten (Instandsetzungstruppe/Instandsetzungsdienste) am Kampfpanzer LEOPARD 2

- in der Spezialausbildung,
- im Unteroffizierslehrgang Teil 1,
- im Unteroffizierslehrgang Teil 2,
- in zwei Speziallehrgängen und
- im Unteroffiziersaufbaulehrgang

integriert.

Im weiteren Beitrag wird aus dieser Konzeption jedoch nur die Ausbildung am Kampfpanzer LEOPARD 2 beschrieben.
Die fachliche Ausbildung der Instandsetzungssoldaten am Kampfpanzer LEOPARD 2 beginnt für alle Soldaten der Instandsetzungstruppe und Instandsetzungsdienste, ganz gleich, ob es Wehrpflichtige, Zeitsoldaten, Mannschaften, Unteroffiziersanwärter oder Offiziersanwärter sind, mit dem Eintritt in die Bundeswehr in einer Instandsetzungsausbildungskompanie der Division. In 200 Ausbildungsstunden werden die Soldaten praxisbezogen in der Materialerhaltungsstufe 2 und 3 (MES 2 und 3) so weit ausgebildet, daß sie in der Lage sind, am Kampfpanzer LEOPARD 2 einfache Pflege-, Wartungs- und Instandsetzungsarbeiten selbständig und schwierige Arbeiten unter Anleitung sicher durchzuführen.

Nach Abschluß der Spezialgrundausbildung wird der Instandsetzungssoldat zu seinem Stammtruppenteil in einen Instandsetzungszug versetzt und erfährt dort im II. und III. Quartal seines ersten Dienstjahres im Rahmen der Vollausbildung am Arbeitsplatz in der praktischen Instandsetzung die Festigung und Erweiterung seiner in der Instandsetzungsausbildungskompanie erworbenen Kenntnisse am Kampfpanzer LEOPARD 2 (gemäß Gesamtausbildungsplan). Soweit auf seinem Dienstposten die Fahrerlaubnis für den Betrieb des Kampfpanzers LEOPARD 2 erforderlich ist, erwirbt er diese im Rahmen der Kf-Grundausbildung, ebenfalls noch in der Vollausbildung.

Für den wehrpflichtigen Instandsetzungssoldaten endet damit die Ausbildung am Kampfpanzer LEOPARD 2. Im Rahmen seiner Dienstzeit sammelt er jedoch am Arbeitsplatz weitere wertvolle Kenntnisse, praktische Fähigkeiten und Erfahrungen in der Instandsetzung des Kampfpanzers LEOPARD 2.

Zeitsoldaten, welche zur Ausbildung zum Unteroffizier vorgesehen sind, durchlaufen in der Truppe den 11wöchigen Unteroffizierslehrgang Teil 1 (UL T1). Die Unteroffiziersanwärter werden auf Bataillons- oder Brigadeebene zusammengezogen und absolvieren die Ausbildung in einem geschlossenen Lehrgang. Der Unteroffizierslehrgang Teil 1 gliedert sich in die Abschnitte A-D. Der Abschnitt B ist ein technisch/praktischer Lehrgangsteil mit dem Ziel, durch intensives Vorschriftenstudium und praktisches Üben am Gerät die Haupttätigkeit, Instandsetzung des Kampfpanzers LEOPARD 2 im Rahmen der bisherigen Ausbildung und praktischen Erfahrung, zu beherrschen. Dieser Ausbildungsabschnitt kann in der Instandsetzungseinheit durchgeführt werden.

In der Regel wird der Unteroffiziersanwärter jedoch für diesen Ausbildungsabschnitt in die Instandsetzungsausbildungskompanie, in welcher er die Spezialgrundausbildung erhielt, als Hilfsausbilder kommandiert.

Dort unterstützt er erfahrene Lehrfeldwebel in der technischen Ausbildung von Rekruten am Kampfpanzer LEOPARD 2. Er erlernt selbständiges Arbeiten in der Instandsetzung am Kampfpanzer LEOPARD 2, gewinnt gleichzeitig Sicherheit in

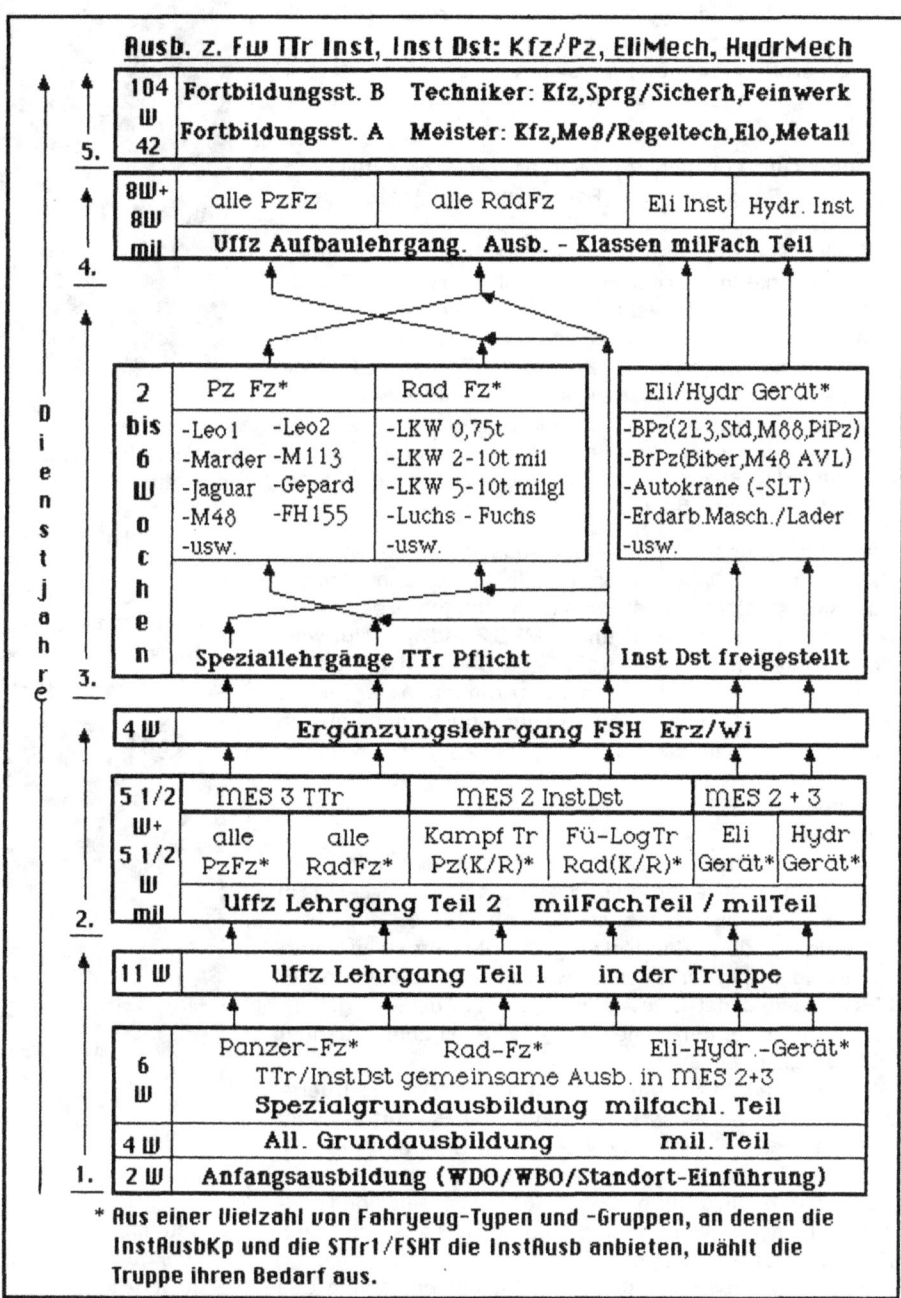

Ausbildungslehrgänge

der Führung eines Instandsetzungstrupps und erlangt die Voraussetzung zur weiteren Ausbildung im Unteroffizierslehrgang Teil 2 gemäß Soldatenlaufbahnordnung.

Im Unteroffizierslehrgang Teil 2 (UL T2) erfolgt neben der militärischen Weiterbildung des Unteroffiziersanwärters die konsequente Fortführung der technischen Ausbildung am Kampfpanzer LEOPARD 2. Wurde der Unteroffiziersanwärter bis zu diesem Zeitpunkt soweit ausgebildet, daß er einfache Arbeiten selbständig und schwierige Arbeiten unter Anleitung und Aufsicht durchführen konnte, so muß er nach der fachlichen Ausbildung im Unteroffizierslehrgang Teil 2 alle Instandsetzungsarbeiten beherrschen.

Der Unteroffiziersanwärter erreicht während des Unteroffizierslehrgangs Teil 2 folgendes Ausbildungsziel am Kampfpanzer LEOPARD 2:

○ Aufbau und Funktion des Kampfpanzer-Fahrgestells kennen, die Baugruppen und Bauteile anhand der TDv identifizieren
○ Fehler, Schäden und Mängel am Gerät bei der Inbetriebnahme erkennen (diese Fähigkeit ist nicht mit dem Durchführen einer Eingangsprüfung gleichzusetzen)
○ Ausführung der Instandsetzung aufgrund eines Instandsetzungsauftrages mit der Zustandskarte Gerät (ZKG), die gleichzeitig Datenerfassungsträger für SERAV-N ist
○ Überprüfung und Vergewisserung der richtigen Ausführung der Instandsetzung (eigene Arbeit überprüfen)
○ unterstellte Soldaten eines Instandsetzungstrupps fachlich führen und überwachen

Während die Ausbildung aller Instandsetzungssoldaten am Kampfpanzer LEOPARD 2 in den Instandsetzungsausbildungskompanien an ausgewählten wichtigen Arbeiten der Materialerhaltungsstufen **2 und 3** (MES 2 und 3) erfolgt, werden im Unteroffizierslehrgang Teil 2 die Soldaten der Technischen Truppe mit Schwerpunkt an Arbeiten in der MES 3 ausgebildet. Die Schulung von Lehrgangsteilnehmern an Instandsetzungsarbeiten der MES 2 erfolgt nur soweit, wie vom Instandsetzungsablauf ein technischer Verbund der Arbeiten der MES 2 und 3 gegeben ist.
Zum Beispiel:
Werden Instandsetzungsarbeiten MES 3 an der Spindel für die Schiebemuffe erforderlich, so ist das Seitenvorgelege in der MES 2 zuvor auszubauen.

Die Soldaten der Instandsetzungsdienste werden im Unteroffizierslehrgang Teil 2 (siehe Bild) nur an Arbeiten in der MES 2 ausgebildet. Eine Änderung dieser Ausbildungskonzeption im Unteroffizierslehrgang Teil 2 ist zum 1. Januar 1986 vorgesehen.

Wie aus dem Bild zu ersehen ist, werden die Unteroffiziersanwärter der Instandsetzungsdienste der Panzertruppe im zweiten Dienstjahr in 5 1/2 Wochen im Unteroffizierslehrgang Teil 2 nicht nur am Kampfpanzer LEOPARD 2, sondern auch an den Radkraftfahrzeugen des Panzerbataillons ausgebildet. Der Schwerpunkt liegt jedoch in der Ausbildung am Kampfpanzer LEOPARD 2.

Die folgende Übersicht zeigt eine Zusammenfassung des Ausbildungsprogramms in der MES 2 mit einigen bildlichen Darstellungen der Ausbildungsplätze und des Ausbildungsgerätes am Kampfpanzer LEOPARD 2.

11.1.2.1 Ausbildungsprogramm MES 2

○ Triebwerkwechsel unter einer Zeitvorgabe von ca. 30 Minuten
○ Ventilspiel des Motors einstellen

Ventilspiel des Motors einstellen

○ Verdichtungsdruck des Motors prüfen und auswerten
○ Kraftstoff- und Motorölfiltereinsätze des Motors reinigen/wechseln
○ Verschleißgrenzen
   + der Panzerketten,
   + der Laufrollen prüfen, Teile auswechseln
○ Laufrollenlager einstellen
○ Schwingarm auswechseln
○ Drehstäbe auswechseln

Drehstab wechseln

○ Kettenspanneinrichtung auswechseln
○ Lenkgestänge, Notschaltgestänge, Bremsgestänge einstellen
○ Betriebs- und Feststellbremse einstellen

○ Sauberkeit, Ladezustand, Säurezustand der Batterien prüfen, Batterien laden
○ Generator, Anlasser auswechseln
○ Widerstand oder Stromaufnahme der Glühkerzen messen/auswechseln
○ Fahrgestellelektrik mit Meßgeräten prüfen/auswechseln

Während die Unteroffieziersanwärter der Instandsetzungsdienste am Kampfpanzer LEOPARD 2 anteilig auch an Radkraftfahrzeugen geschult werden, erfolgt die Instandsetzungsausbildung der Unteroffizieranwärter der Technischen Truppe ausschließlich an Panzerfahrzeugen, wie das Bild auch zeigt.

In einem 5½ Wochen dauernden Lehrgang liegt der Schwerpunkt der Ausbildung in der MES 3 in folgendem Ausbildungsprogramm, welches sich von dem der MES 2 insbesondere durch den Schwierigkeitsgrad der Arbeiten, die Verwendung von Instandsetzungshilfmitteln und dem Zeitbedarf für die Ausführung der Instandsetzungsarbeiten unterscheidet.

11.1.2.2 Ausbildungsprogramm MES 3

○ Zylinderkopf des Motors ausbauen/instandsetzen
○ Einspritzpumpe auswechseln, Förderbeginn einstellen
○ Einspritzdüsen, Ventildruckkörper prüfen, Abspritzdruck einstellen
○ Stellgerät der Einspritzpumpe einstellen/auswechseln
○ Motor/Getriebe/Betriebsbremse auf Funktion und Leistung prüfen
○ Getriebe: Wandlerdruck, Schaltdruck der Lamellenbremsen und -kupplungen prüfen, Öldruckpumpen auswechseln
○ Betriebsbremse: Beläge auswechseln, Bremsen vermessen, Bremsventilblockgestänge einstellen/auswechseln
○ Feststellbremse: Beläge prüfen/auswechseln, Luftspiel einstellen
○ Lüfterkupplungen: prüfen/auswechseln und Antrieb vermessen
○ Generator mit Gleichrichter auswechseln/instandsetzen
○ Anlasser auswechseln
○ Motor- und Getriebeelektroniksteuergerät prüfen

Das Schema auf Seite 167 zeigt im 3. Ausbildungsjahr Speziallehrgänge (Einweisungslehrgänge) auf.

Die Soldaten der Technischen Truppe, welche in der Ausbildung am Kampfpanzer LEOPARD 2 den Unteroffizierslehrgang Teil 2 durchlaufen haben, sind vor dem Besuch des Unteroffiziersaufbaulehrganges zur Teilnahme an mindestens einem dieser Speziallehrgänge verpflichtet.

Den Instandsetzungsdiensten ist die Teilnahme an einem oder mehreren dieser Lehrgänge freigestellt. Die STTr 1/FSHT stellt der Truppe ein breites Ausbildungsangebot an Rad- und Kettenkraftfahrzeugtypen mit einer Dauer von 1-4 Wochen zur Auswahl. Die Lehrgänge dienen der Vermittlung von Spezialkenntnissen an den gewählten Fahrzeugtypen und sind gleichzeitig eine gute Vorbereitung auf den Unteroffiziersaufbaulehrgang. Dabei wird auch ein Ausbildungsprogramm von 4 Wochen Dauer am Kampfpanzer LEOPARD 2 angeboten, mit dem Ziel, die Lehrgangteilnehmer während des Lehrgangs zur Instandsetzung des Panzers bis MES 3 zu befähigen.

In diesem Lehrgang wird auch die Fertigkeit vermittelt, Störungen am Panzer zu erkennen und Fristenarbeiten durchzuführen. Die Speziallehrgänge werden von den Truppenteilen, welche auf den Kampfpanzer LEOPARD 2 umgerüstet werden, zur Umschulung des Instandsetzungspersonals sehr stark genutzt.

Ein weiterer Spezialehrgang am Kampfpanzer LEOPARD 2 ist der einwöchige Lehrgang zur Prüfung des Panzers mit der Adapterprüfbox. Es wird an anderer Stelle in dem Abschnitt »Einsatz des Externen Kraftfahrzeugprüfsystems und der Adapterprüfboxen« auf die Ausbildung am Kampfpanzer LEOPARD 2 in diesem Spezialehrgang eingegangen.

Ein weiteres Ausbildungsprogramm am Kampfpanzer LEOPARD 2 wird im Rahmen des Unteroffiziersaufbaulehrganges – Militärischer Fachteil – (UAL) geboten. Dabei werden die Lehrgangteilnehmer allerdings nicht mehr nur an einzelnen festgelegten Kettenfahrzeugtypen ausgebildet, sondern es werden im Unteroffiziersaufbaulehrgang den Unteroffizieren/Stabsunteroffizieren vielmehr exemplarisch für alle Kettenkraftfahrzeuge gültige technische Kenntnisse und Fähigkeiten vermittelt, die sie befähigen,

○ technische Mängel am Panzer zu erkennen und die Ursache zu ermitteln,
○ eine schadensbezogene Eingangsprüfung durchzuführen,
○ einen Instandsetzungsauftrag mit der Zustandskarte Gerät zu erstellen und die fachgerechte Instandsetzung zu überwachen,
○ die Ausgangsprüfung nach der Instandsetzung durchzuführen

und

○ erlernte Kenntnisse und Fähigkeiten an Hand von TDv und Schaltplänen umzusetzen, um auch an artverwandten Panzern, an welchen sie nicht direkt ausgebildet wurden, Prüf- und Instandsetzungsarbeiten durchführen zu können.

Die Ausbildungsgruppen der Lehrgangteilnehmer werden im Unteroffiziersaufbaulehrgang entsprechend der Zugehörigkeit zu ihrer Truppengattung eingeteilt und neben der Schulung an anderen Geräten mit Schwerpunkt an dem Panzerfahrzeug ihres Truppenteils ausgebildet. So erfährt der Unteroffizier/Stabsunteroffizier, der im Instandsetzungszug eines Kampfpanzer LEOPARD 2-Bataillons eingesetzt ist, im Unteroffiziersaufbaulehrgang eine solide Ausbildung in der Prüfung und Instandsetzung des Kampfpanzers LEOPARD 2.

Nach Abschluß des Unteroffiziersaufbaulehrgangs hat der Lehrgangteilnehmer gemäß der Militärischen Eignungsfeststellung durch die Stammdienststelle des Heeres die

Voraussetzung für die Teilnahme am Kfz-Meister- oder Technikerlehrgang erfüllt.

Mit dieser Ausbildungskonzeption ist am Kampfpanzer LEOPARD 2 eine kontinuierliche Ausbildung – beginnend von der Spezialgrundausbildung, aufbauend über den Unteroffizierslehrgang Teil 1, Unteroffizierslehrgang Teil 2 und die Speziallehrgänge bis zum Abschluß des Unteroffiziersaufbaulehrganges – sichergestellt. Neben der Ausbildung in diesen Lehrgängen erhält die praktische Erfahrung der Instandsetzungssoldaten in der Truppe ihr besonderes Gewicht.

11.1.3 Ausbildungsgeräte

In der Ausbildung der Lehrgangsteilnehmer am Kampfpanzer LEOPARD 2 konnte auf die Erfahrungen am LEOPARD 1 zurückgegriffen und aufgebaut werden. Bewährte und erprobte Ausbildungsmethoden und -organisationen konnten übertragen werden. Trotzdem unterscheidet sich die praktische Ausbildung der Lehrgangsteilnehmer am Kampfpanzer LEOPARD 2 von derjenigen am Kampfpanzer LEOPARD 1 beachtlich. Dieser Unterschied fällt bereits beim Betreten der Ausbildungshallen auf.

Mit der Einführung des Kampfpanzers LEOPARD 2 wurden in der Ausbildung neue Wege beschritten. An Stelle der Einsatzgeräte (Reserven iim Kriegsfall) wurden in der Ausbildung von Lehrgangsteilnehmern am Fahrgestell des Kampfpanzers erstmals Ausbildungsausstattungen in Form von Ausbildungstrainern und Ausbildungssimulatoren eingesetzt.

Man ist geneigt zu fragen, warum erst jetzt. 20 Jahre wurden die Lehrgangsteilnehmer am Kampfpanzer LEOPARD 1 erfolgreich ohne Simulatoren ausgebildet! Die Entwicklung und Herstellung von Simulatoren ist kostspielig! Es stellt sich die Frage, ob dieses Geld nicht eingespart werden könnte?

Die Idee, in der Ausbildung Ausbildungstrainer und -simulatoren einzusetzen, ist nicht neu.

Der Grund, warum sie nicht verwirklicht wurde, war die Überlegung, in der Ausbildung durch die Verwendung von Einsatzgeräten (einsatzfähige Kampfpanzer) Geld zu sparen. Diese Rechnung ist allerdings nicht aufgegangen. Selbst bei Verwendung von vielen eigengebauten Ausbildungsmodellen, die für die »Schlosserarbeiten« neben den Einsatzgeräten in der Ausbildung verwendet wurden, unterlagen die Einsatzgeräte durch die häufigen Demontage- und Montagearbeiten einem sehr großen Verschleiß, so daß diese Panzer auch in der Ausbildung ohne eine bedarfsorientierte Grundüberholung oder die weniger kostenaufwendige Hauptinstandsetzung in einem Depot nicht mehr verwendbar waren. Diese Materialerhaltungsmaßnahmen wären in einem Spannungs- oder Kriegsfall vor der Übergabe des »STAN-Ausbildungsgerätes der STTr 1/FSHT« an die Truppe zum Zwecke des Einsatzes erst recht erforderlich gewesen. Ob sie noch rechtzeitig hätten abgeschlossen werden können, ist eine weitere Frage. Diese Überlegungen waren aber nicht der Hauptgrund der Beschaffung von Ausbildungstrainern und -simulatoren für die Ausbildung der Lehrgangsteilnehmer am Fahrgestell des Kampfpanzers LEOPARD 2.

Die Leistungsmerkmale des LEOPARD 2 sind entscheidend durch die Nutzung modernster Technik in diesem Panzer gekennzeichnet und bestimmt. Durch den Einsatz dieser Technik wurde eine erhebliche Leistungssteigerung auf dem Gefechtsfeld – bei gleichzeitiger, im Hinblick auf die Komplexität dieses Waffensystems relativ einfacher Bedienung des Panzers durch die Besatzung – erzielt. Wenn an dieser Stelle von relativ einfacher Bedienung des Panzers durch die Besatzung die Rede ist, darf nicht übersehen werden, daß damit die manuelle Einzeltätigkeit der Bediener aufgrund der ergonomisch günstigen Bauweise des Kampfpanzers angesprochen ist. Die Anforderungen an die geistige Beweglichkeit der Besatzung sind natürlich erheblich gestiegen. Die Besatzung muß im Kampf in wesentlich kürzerer Zeit mehr Informationen umsetzen, will sie die volle Leistungsfähigkeit dieses Kampfpanzers ausschöpfen.

Die Leistungssteigerung des Kampfpanzers war nicht zum Nulltarif zu haben, sondern wurde mit einer größeren technischen Komplexität des Gerätes erkauft.

Im gleichen Maße, wie die Leistung des Kampfpanzers gesteigert und seine Bedienung erleichtert wurde, stiegen die Anforderungen an die Instandsetzungssoldaten der Technischen Truppe und der Instandsetzungsdienste der Panzertruppe im Hinblick auf ihre technischen Kenntnisse und praktischen Instandsetzungsfähigkeiten. Die Instandsetzungssoldaten können diese gestiegenen Anforderungen nur dann erfüllen, wenn sie zuvor entsprechend gründlich ausgebildet werden. Bei der Ausbildung der Lehrgangsteilnehmer am Kampfpanzer LEOPARD 2 ergab sich allerdings das Problem, daß bei sonst unveränderten Lehrgangsvoraussetzungen gegenüber der früheren Ausbildung – gleicher Teilnehmerkreis der Auszubildenden bei gleicher Lehrgangsdauer – die Instandsetzungskenntnisse und -fähigkeiten an einem technisch wesentlich anspruchsvolleren, komplizierteren und aufwendigeren Gerät in der gleichen Zeit vermittelt werden mußten.

Dieser Ausbildungsauftrag konnte in seinen qualitativ und quantitatv gestiegenen Anforderungen bei sonst gleichgebliebenen Voraussetzungen nur durch den Einsatz von Ausbildungstrainern und -simulatoren durchgeführt werden. Das war der Hauptgrund, die Trainer zu beschaffen.

Der Vorteil des Einsatzes der Instandsetzungstrainer und -simulatoren liegt in der Tatsache, daß

○ Einsatzgeräte nicht durch notwendiges Üben von Montagearbeiten in der Instandsetzungsausbildung verschlissen werden und somit als Reserve für den Ernstfall intakt erhalten bleiben,

○ die zeitraubenden Rüstzeiten zum Einbringen von Fehlern in das Einsatzgerät und die Wiederherstellung des Ausgangszustandes am Gerät entfallen,

○ mit den neuen Ausbildungsgeräten realistisch viele Fehler, Schäden und Mängel am Gerät durch Fehlereingabe simuliert werden können und die Lehrgangsteilnehmer damit an einem breiten Spektrum möglicher Fehler am Gerät ausgebildet werden.

Das Geräteprogramm der Trainer und Simulatoren umfaßt folgende Einzelgeräte:
1. Ausbildungsausstattung Wanne (AAW)
2. Ausbildungsausstattung Triebwerk (AAT)
3. Ausbildungsausstattung Fahrgestell (AAF)

11.1.4 Die Sonderwerkzeuge in der Instandsetzungsausbildung

In der Instandsetzungsausbildung werden grundsätzlich die gleichen Sonderwerkzeugsätze (SWZS) verwendet, wie die Truppe sie in der Praxis einsetzt.

Die SWZS erleichtern und beschleunigen den Instandsetzungsablauf am Kampfpanzer LEOPARD 2. Voraussetzung dafür ist allerdings eine gründliche Ausbildung der Lehrgangsteilnehmer in der Handhabung dieser SWZS.

Umfang und Austattung der SWZS richtet sich nach dem Einsatz bei den Instandsetzungsarbeiten der verschiedenen MES, wobei grundsätzlich der SWZS der höheren MES alle SWZS der niedrigeren MES einschließt.

11.1.4.1 Einsatz der Sonderwerkzeuge MES 1b und 2 in der Instandsetzungsausbildung

In der Ausbildung der Instandsetzungsdienste in der MES 2 werden die SWZS 1b und 2 verwendet. Das nachfolgende Bild zeigt als Beispiel das Reinigungsgerät für Luftfilterka-

Reinigen des Luftfilterkastens

sten. Der Einsatz bei der Reinigung erfolgt mit Bordmitteln. Das Grobstaubabsauggebläse wird dabei als Staubsauger eingesetzt.

Mit dem SWZS MES 2 können ca. 85% aller am Laufwerk anfallenden Arbeiten der MES 2 und 3 durchgeführt werden. Dieser Satz besteht aus Abziehvorrichtungen für Lager und einem Heizgerät, um Lager für die Montage anwärmen zu können, sowie Hebevorrichtungen für Schwingarme, für das Seitenvorgelege und die Leitradnaben. Einige Lehren dienen zum Einstellen von Lagern und der Drehstabvorspannung sowie der Verschleißmessung an Kette und Triebkränzen.

Ein weiteres Teil des SWZS MES 2 ist das Hebegeschirr, mit welchem das 6 t schwere Triebwerk – bestehend aus dem

Hebegeschirr

Motor und dem Getriebe – beim Triebwerkwechsel aus dem Panzer gehoben wird.

Für Wartungs- und Instandsetzungsarbeiten wird das ausgebaute Triebwerk auf Montageständer, die ebenfalls zum SWZS MES 2 gehören, gestellt.

Hierbei werden z.B. folgende Arbeiten durchgeführt:
○ Generator/Anlasserwechsel
○ Ventileinstellung/Verdichtungsdruckprüfung
○ Standlauf mit einer Leistungs- und Summenprüfung
○ Fristenarbeiten (Kühlmitteltausch, Getriebeölwechsel, Motorölwechsel über Absaugevorrichtung)

11.1.4.2 Einsatz des Sonderwerkzeugsatzes MES 3 in der Instandsetzungsausbildung

Mit der AAT wurde bereits ein Sonderwerkzeug der MES 3, der Montagebock, vorgestellt.

Der Montagebock, der zur Trennung des Motors vom Getriebe unentbehrlich ist, ist das größte und schwerste Einzelstück dieses Sonderwerkzeugsatzes.

Motor aufgebockt

Am Motor des Kampfpanzers LEOPARD 2 werden die Lehrgangsteilnehmer mit dem Sonderwerkzeugsatz des MES 3 z.B. an folgenden Arbeiten geschult:

○ Einspritzpumpe und Einspritzdüsen auswechseln
○ Förderbeginn einstellen
○ Nachformen des Düsenplättchens in der Vorkammer
○ Ventile der Lüftersteuerung einstellen, Lüfterdrehzahl synchronisieren

In der Instandsetzungsausbildung der Lehrgangsteilnehmer werden mit dem SWZS der MES 3 am Getriebe z.B. folgende Instandsetzungsarbeiten durchgeführt:

○ Druckventile für Wandlerdruck, Lenk- und Schaltdruck auswechseln
○ Druckpumpen und Bremssteuerventil auswechseln
○ Bremsscheiben austauschen/Bremse vermessen

Im Bereich des Laufwerkes sind in der MES 3 nur wenige Arbeiten durchzuführen, z.B. Leitradachse und Lagerbuchse ausbauen/auswechseln. Für diese Arbeiten werden eine Druckpumpe (Lukas-Pumpe) und eine entsprechende Abziehvorrichtung benötigt, um die Leitradachse von der Panzerwanne abzuziehen.

11.1.5 Einsatz des Externen Kraftfahrzeugprüfsystems (EKP) und der Adapterboxen in der Instandsetzungsausbildung

Alle Materialerhaltungsmaßnahmen in der Bundeswehr sind darauf ausgerichtet, die Einsatzbereitschaft des Gerätes mit einem Höchstmaß an Lebensdauer unter wirtschaftlich vertretbarem Aufwand sicherzustellen. Die Besatzung muß sich darauf verlassen können, daß der Kampfpanzer LEOPARD 2 nicht nur im Augenblick einsatzfähig ist, sondern auch einen bevorstehenden längeren Einsatz ohne Ausfall durchsteht. Dieses »Sicherheitspolster« wird durch Präventivmaßnahmen wie laufende Überwachung, Prüfung und insbesondere rechtzeitigen Austausch von Verschleißteilen erreicht.

Letztgenannte Maßnahme kann sehr teuer werden, wenn ohne vorherige Prüfung und nur aus dem Sicherheitsbedürfnis heraus pauschal Teile ausgetauscht werden. Eine zuverlässige Prüfung durch einen besonders verantwortungsvollen Prüfer ist dafür die grundlegende Voraussetzung.

Prüfung und vorbeugende Maßnahmen müssen mit einem vertretbaren Zeit- und Materialaufwand erzielt werden. Dies wird nur durch eine zerlegungsfreie Prüfung des Kampfpanzers LEOPARD 2 erreicht.

Dazu besitzt der Kampfpanzer LEOPARD 2 eine Prüfverkabelung, über die mit einem elektronischen externen Kraftfahrzeugprüfsystem (EKP) Druck-, Temperatur-, Mechanik-, Elektrik- und Elektronikmeßstellen über Sensoren geprüft werden. Die Handhabung dieses Prüfgerätes wird nach seiner Einführung in die Bundeswehr ebenfalls zum Ausbildungsprogramm am Kampfpanzer LEOPARD 2 gehören. Zur Zeit befindet sich dieses Prüfgerät noch in der Erprobung. Bis zu seiner Einführung werden die Prüfungen am Kampfpanzer LEOPARD 2 mit einem an das EKP angelehnten, durch die Ausbildungsinspektion der Schule selbst erstellten Prüfprogramm über die Meßstellen der Prüfverkabelung mit Hilfe von Adapterboxen und herkömmlichen elektrischen Meßgeräte ausgeführt.

Adapterbox

Die Adapterbox ist dabei die Verlängerung und Vergrößerung der Steckdosen der Prüfverkabelung des Kampfpanzers LEOPARD 2. So werden die empfindlichen Anschlüsse der Prüfsteckdosen geschont und Verwechslungen der Anschlüsse vermieden. Die Buchsen der Prüfsteckdose am Panzer werden über die Kabelverbindung in den Adapter geführt und tragen hier die gleiche Bezeichnung wie in der Steckdose.

Personal, welches in der Truppe in einer Prüferfunktion eingesetzt ist, wird nach Abschluß eines Instandsetzungslehrganges am Kampfpanzer LEOPARD 2 in einem einwöchigen »Adapter-Prüflehrgang Kampfpanzer LEOPARD 2« intensiv, ausschließlich in der Fehlersuche ausgebildet.

Die Grundlage für die theoretische und praktische Unterrichtung/Unterweisung der Prüfer bildet das in der Ausbildungsinspektion der STTr 1/FSHT erstellte Prüfprogramm. Das Programm ist in der Form eines Flußdiagramms aufgebaut. Die Ausbildung der Prüfer anhand des Adapter-Prüfprogramms ist eine Schulung in der herkömmlichen Prüfung des Gerätes mit Spannungs- und Widerstandsmeßgeräten. Es ist also ein konventionelles, passives Prüfen, wobei die Signale in der Regel durch Ansteuerung der Prüfpunkte in den Prüfsteckdosen der Prüfverkabelung des Kampfpanzers LEOPARD 2 vom Bordnetz ausgelöst werden.

Dieses Prüfverfahren mit den konventionellen Meßgeräten unter Zuhilfenahme der Adapter ist nicht geeignet, die Umsetzung elektronischer Signale voll zu erfassen und über die Meßgeräte anzuzeigen. Die Signale der dynamischen Prüfung, z.B. die Leistungsregelung des Motors und die Schaltpunkte der Getriebeelektronik, können nicht erfaßt werden, weil die Trägheit der Meßgeräte dies verhindert. Das Prüfverfahren mit den Adapterboxen hat sich jedoch bewährt und wird auch nach Einführung des vollelektronischen, automatischen Kfz-Prüfsystems (EKP) weiter genutzt werden, weil es leicht zu handhaben ist, sichere Aussagen macht, störungsfrei mit herkömmlichen Meßgeräten arbeitet und weil die Adapter nur einen kleinen Transportraum erfordern. Die Anwendung dieses Prüfprogramms setzt allerdings eine intensive Schulung und Einübung des Prüfperso-

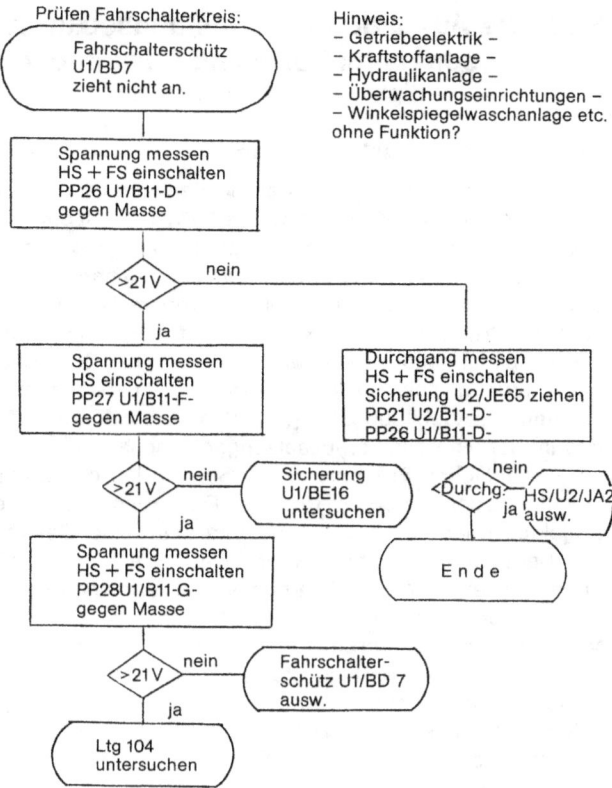

Flußdiagramm

nals in den verschiedenen Lehrgängen am Kampfpanzer LEOPARD 2 an der STTr 1/FSHT voraus. Die Prüfer müssen in der Ausbildung soweit geschult werden, daß sie die Kenntnisse über den Aufbau, die Funktion und das Zusammenwirken der Baugruppen des Kampfpanzers LEOPARD 2 beherrschen. Sie müssen elektrische Schaltpläne fehlerfrei lesen und Meß- und Prüfergebnisse auswerten und interpretieren können.

11.1.6 Ausbildungsmethode

Die Ausbildung am Kampfpanzer LEOPARD 2 ist praxisbezogen und erfolgt auf Ausbildungsstationen am Panzer, an seinen Baugruppen, an den Ausbildungstrainern und -simulatoren mit Hilfe der Werkzeuge und Sonderwerkzeuge. Theoretische Grundlagen werden in den verschiedenen Lehrgängen in unterschiedlichem Umfang nur soweit vermittelt, wie es für das Verständnis der praktischen Arbeiten erforderlich ist. Dabei werden TDv, Ausbildungsfoliensätze, Ausbildungstafeln mit Schaubildern, Schaltpläne, zivile Fachlehrerbücher, genehmigte Firmenunterlagen und Ausbildungsordner mit methodisch aufbereitetem Lehrstoff verwendet. In jedem Lehrgang wird der Lehrgangsteilnehmer entsprechend seiner Verwendung vorbereitet und ausgebildet:

1. als technischer Spezialist in der Instandsetzung am Kampfpanzer LEOPARD 2,
2. als Ausbilder von unterstellten Soldaten am Arbeitsplatz in der Instandsetzung,
3. als militärischer und fachlicher Vorgesetzter in der Instandsetzung.

Die Wertigkeit dieser drei Schwerpunktgebiete ist einerseits gleichrangig. Andererseits ist es verständlich und braucht hier nicht näher erläutert zu werden, daß die Ausbildung zum Spezialisten in der Instandsetzung im Mittelpunkt stehen muß. Denn sowohl die Tätigkeit als Ausbilder am Arbeitsplatz wie auch als fachlicher Vorgesetzter und Führer in der Instandsetzung setzt die Kenntnisse des Spezialisten voraus. Die Ausbildung zum Vorgesetzten und Führer in der Instandsetzung und die Ausbildung zum Ausbilder am Arbeitsplatz ist deshalb in die technische Ausbildung zu Spezialisten integriert und wird nicht separat vermittelt.

Die Ausbildung am Kampfpanzer LEOPARD 2 erfolgt in einer Vier-Phasen-Methode.

Die 1. Phase ist eine theoretische, aber bereits auf den Kampfpanzer LEOPARD 2 bezogene Ausbildung.

Die Lehrgangsteilnehmer werden in einem Unterricht über technische Grundlagen der Panzertechnik geschult. Dabei wird anhand der TDv, von Lehrtafeln, Bildern, Prokifolien, Skizzen und einfachen Lehrmodellen der Aufbau und die Funktion der Baugruppen und ihr Zusammenwirken im Kampfpanzer LEOPARD 2 vermittelt.

Die 2. Phase ist eine theoretische/praktische Ausbildung, in der die in der 1. Phase erworbenen Kenntnisse über den Aufbau und die Wirkungsweise an den originalen Baugruppen und am Kampfpanzer LEOPARD 2 in einer Unterweisung am Gerät

○ wiederholt,
○ gefestigt und
○ erweitert werden.

Der Ausbilder gibt dabei schon Hinweise auf mögliche Fehler, Schäden und Mängel am Gerät. Er gibt Anleitung zu einer systematischen Fehlersuche, Beurteilung der Fehler und Behebung des Schadens.

Während die Lehrgangsteilnehmer in der 1. Phase eine geschlossene Gruppe in Hörsaalstärke bilden, werden sie in der 2. Phase und der weiteren Ausbildung in kleinere Gruppen gegliedert.

In der 3. Phase erfolgt die Ausbildung anhand von Instandsetzungsanlagen in kleinen Gruppen am Kampfpanzer LEOPARD 2 und seinen Baugruppen. Fehler werden mit dem Ausbildungstrainer simuliert, z.B.: Motor läßt sich nicht starten, Anlasser dreht nicht!

Jetzt führt die Gruppe unter Anleitung des Ausbilders die Instandsetzung von der

○ Lagebeurteilung über
  + die systematische Fehlersuche/Fehlerbeurteilung/Auswertung
  + bis zur Beseitigung des Fehlers durch.

In der 4. Phase geschieht das gleiche wie in der 3. Phase, mit dem Unterschied,

○ daß ein Lehrgangsteilnehmer als Instandsetzungsgruppenführer eingestzt wird, der die ihm unterstellte Gruppe führt und den Kampfpanzer LEOPARD 2 instandsetzt.

In der 4. Phase überwacht der Lehrfeldwebel aus dem Hintergrund die Gruppe und bewertet gleichzeitig die Leistungen des eingeteilten Instandsetzungsgruppenführers, d.h. in der 4. Phase steht bei der Lösung eines technischen Problems immer der Lehrgangsteilnehmer unmittelbar verantwortlich auf dem »Prüfstand«

a) als technisch/militärischer Führer einer unterstellten Gruppe von Instandsetzungssoldaten (Führungsfunktion/Ausbildung),
b) als Spezialist, wobei er selber schwierige Prüf-, Einstell- und Instandsetzungsarbeiten auszuführen hat.

STTr 1/FHST bildet InstStOffz/InstOffz, TStOffz/TOffz und die Kommandoingenieure (Brig/Div/KorpsIng), welche in einem mit dem Kampfpanzer LEOPARD 2 ausgerüsteten Verband eingesetzt sind, in dem Lehrgang »Materialerhaltungskonzeption Kampfpanzer LEOPARD 2« aus. In diesem Lehrgang werden spezielle Fachkenntnisse über technische und logistische Aufgaben im Rahmen der Materialerhaltung des Kampfpanzers LEOPARD 2 vermittelt.

11.1.7 Rückkopplung und Erfahrungsaustausch mit der Truppe

Auch wenn die STTr 1/FHST zweifellos das »Heft der Ausbildung« fest in der Hand hält und an keiner Stelle in der Bundeswehr das Wissen und die Fertigkeit über die Instandsetzung des Kampfpanzers LEOPARD 2 in so konzentrierter Form vorhanden ist wie in den Fachinspektionen (VII. und XII. Inspektion) der Truppenschule, so weiß die Schule, daß sie zur Rückkopplung auf die Erfahrungen aus der Praxis des Truppenalltags angewiesen ist.

Durch Teilnahme der Ausbilder der Fachinspektion an Manövern, Truppenübungsplatzaufenthalten mit Schießübungen und Prüfungen der Technischen Materialprüfungen C in der Truppe werden wertvolle Erfahrungen gewonnen, die in die Ausbildung wieder einfließen.

11.2 Die Ausbildung des Instandsetzungspersonals für Turm und Bewaffnung
von Hpt Dipl.-Ing. Uwe Westermeier

11.2.1 Ausbildungskonzeption

Die Erkenntnis, daß die Steigerung der technischen Leistungsfähigkeit des Kampfpanzers LEOPARD 2 erst dann zur gewünschten Steigerung der Kampfkraft dieses Waffensystems führt, wenn auch die Fertigkeiten und Kenntnisse des Bedien- und Instandsetzungspersonals optimal ausgebildet sind, fand frühzeitig seinen Niederschlag in der Entwicklung von Ausbildungskonzepten für dieses Personal. So wurden parallel zur Entwicklung des Kampfpanzers Ausbildungsziele formuliert, Ausbildungsgänge geplant, Ausbildungsgeräte und infrastrukturelle Voraussetzungen geschaffen.

Ein wesentliches Ergebnis dieser Studien lag darin, dem Instandsetzungspersonal, trotz der Forderung nach einer projektbezogenen, d.h. den Kampfpanzer in seiner Gesamtheit betreffenden Ausbildung, in zwei getrennten Ausbildungsgängen die Anteile Fahrgestell und Turm und Bewaffnung zu vermitteln.

Maßgebend hierfür waren die
○ Komplexität des Waffensystems,
○ Vielzahl der Fachtechniken:
Kfz/Pz-Technik,
Elektrotechnik,
Elektronik,
Hydraulik,
Feinmechanik,
Optik,
Optronik,
○ Ausbildungsdauer und
○ Qualifikation der Auszubildenden.

Die Integration einer möglichst projektbezogenen Ausbildung in das seinerzeit und auch derzeit noch weitgehend geltende, nach Fachrichtungen geordnete Instandsetzungskonzept war problematisch.

Schwierigkeiten bei der Instandsetzungsdurchführung und Organisation zeichneten sich insbesondere für die Instandsetzung des Turmes und der Bewaffnung ab, da hier außer der Kfz/Pz-Technik alle Fachtechniken in Anlageteilen und Baugruppen vorzufinden sind. Deshalb wurde 1979 eine Studie von der Fa. Dornier System GmbH erarbeitet, die Instandsetzungsmodelle und Instandsetzungsausbildungsmodelle für den Anteil Turm und Bewaffnung darstellte und deren Konsequenzen hinsichtlich

○ des Bedarfs an Infrastruktur,
○ der Ausstattung mit Ausbildungsgerät und Hilfsmitteln,
○ der Integration der neu konzipierten Ausbildung in das bestehende Ausbildungssystem

aufzeigte und bewertete.

Die Ergebnisse dieser Studie trugen zur Entscheidung und Realisierung der derzeitigen Ausbildung an Turm- und Bewaffnung des KPz LEOPARD 2 bei. Diese wird nachfolgend anhand ihrer Ziele, Voraussetzungen, Inhalte und Durchführung dargestellt.

11.2.2 Ziele der Instandsetzungsausbildung

Die Ausbildungsziele werden durch das Konzept für den taktischen Einsatz dieses Kampfpanzers und durch die technische Konfiguration des Systems – beide sind bereits an anderer Stelle dargestellt – sowie das Instandsetzungskonzept bestimmt.

Das Instandsetzungskonzept folgt dem Ziel der Materialerhaltung jederzeit unter den Bedingungen des Friedens und des Krieges, um eine möglichst hohe Einsatzfähigkeit des Wehrmaterials sicherzustellen.

Es gilt, Ausfallzeiten des Kampfpanzers zu minimieren. Ziel der Instandsetzungsausbildung ist es, Kenntnisse und Fähigkeiten des Instandsetzungspersonals entsprechend zu entwickeln, d.h.

o durch vorbeugende Materialerhaltung (Pflege und Wartung) die Ausfallwahrscheinlichkeit zu senken,
o nach einem Ausfall Fehler schnell zu lokalisieren,
o durch Wahl des geeigneten Instandsetzungsverfahrens (Baugruppentausch und/oder Baugruppeninstandsetzung) die Einsatzfähigkeit des Kampfpanzers möglichst schnell wieder herzustellen.

Aus der waffensystemspezifischen Technik und der Gliederung von Materialerhaltungsarbeiten in Materialerhaltungsstufen, abhängig von Umfang, Schwierigkeit und Häufigkeit der Arbeit, ergibt sich eine zweckmäßige Strukturierung der Arbeiten und Zuordnung zu den Kräften der Instandsetzung gemäß untenstehender Abbildung.

Die Ausführungen dieses Beitrages beschränken sich auf die Ausbildung des militärischen Instandsetzungspersonals, das spezifisch für den KPz LEOPARD 2 geschult und eingesetzt wird. Im Bereich der Baugruppeninstandsetzung sind, abhängig von den Fachtechniken, sowohl militärische Dienststellen als auch zivile Instandsetzungskräfte in der Industrie tätig.

11.2.3 Voraussetzungen und Struktur des Personals

Das Ausbildungswesen der Bundeswehr baut im Bereich der militärfachlichen Ausbildung grundsätzlich auf den Berufsbildern bzw. erzielten zivilberuflichen Qualifikationen ihres Personals auf und nimmt eine Einordnung in Ausbildungs- und Verwendungsreihen (AVR) vor. Die Struktur der AVR ergibt sich aus ihrer Zuordnung zu den zuvor aufgezählten Fachtechniken.

Da für den Turm und die Bewaffnung des KPz LEOPARD 2 eine systemspezifische Ausbildung angestrebt wurde, hat man die Anteile der unterschiedlichen Fachtechniken gewichtet und die Ausbildung an Turm und Bewaffnung den Ausbildungs- und Verwendungsreihen Waffentechnik und Elektronik zugeordnet. Die diesen AVR zugeordneten zivilen Ausbildungsberufe bieten eine große Übereinstimmung der zivilberuflich erlangten Kenntnisse und Fertigkeiten mit den Anforderungen der Instandsetzungsarbeiten am System.

Jedoch sind in einigen Bereichen aufgrund sehr unterschiedlicher Ausbildungsinhalte durch geeignete Zusatzschulungen gleiche Voraussetzungen für die weiterführende Instandsetzungsausbildung zu schaffen.

Beispielsweise weisen die der Ausbildungs- und Verwendungsreihe Waffentechnik zugeordneten Ausbildungsberufe nur einen kleinen Anteil elektronischer Ausbildungsinhalte auf. Dieses Defizit besteht in geringerem Maße auch

MatErh Stufe, + Kräfte \ Arbeiten	vorbeugende Materialerhaltung	Fehlerlokalisierung, Prüfung	Fehlerbehebung und ggf. Systemoptimierung Instandsetzung
Bedienpersonal	Pflege, einfache Wartungsarbeiten	Programmierte Sicht- u. Funktionsprüfung mit RPP 1–8* ≙ SYST – TEST*	–
Instandsetzungspersonal der Panzertruppe	Wartung	SYST – TEST* und programmierte Fehlersuche mit RPP ≙ FLOK-TEST*	Truppeninstandsetzung = Fehlerbehebung am System durch Baugruppentausch unter Einsatz von Sonderwerkzeugen und Systemoptimierung mit Justier-, Prüf- u. Einstellgeräten
Instandsetzungspersonal der Instandsetzungstruppe	umfangreiche, schwierige Wartungsarbeiten	SYST – TEST* FLOK-TEST* und Einsatz externe Prüfgeräte	Feldinstandsetzung = a) Fehlerbehebung am System d. Unterbaugruppentausch unter Einsatz von Sonderwerkzeugen u. Systemoptimierung mit Justier-, Prüf- u. Einstellgeräten
		externe Prüfung von Baugruppen unter Einsatz rechnergesteuerter Prüfsysteme	b) Fehlerbeseitigung an Baugruppen unter Einsatz von Sonderwerkzeugen und Optimierung der Baugruppen

Aufteilung der Materialerhaltungsarbeiten

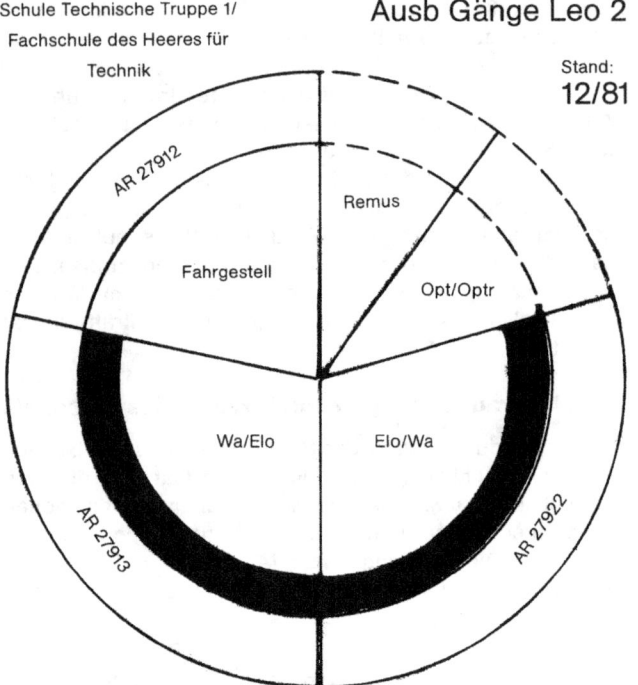

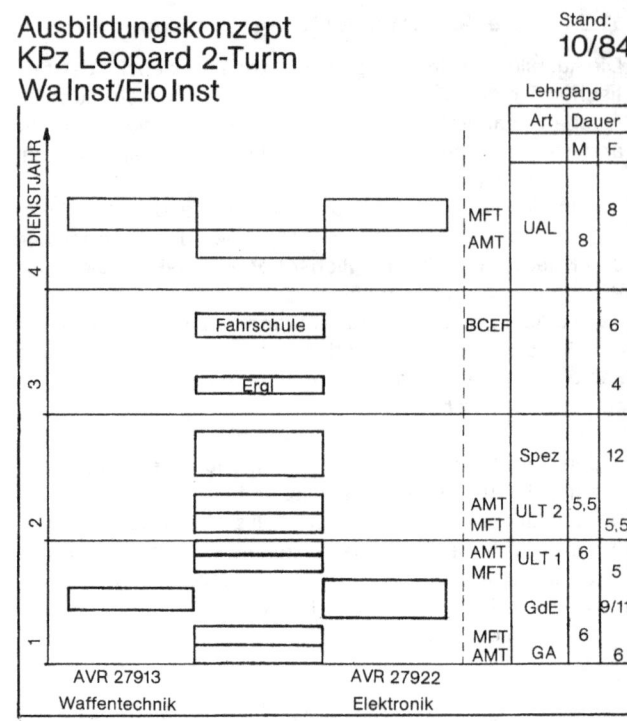

bei elektromechanisch orientierten Berufen. Für Instandsetzungspersonal mit diesen Eingangsberufen ist eine Spezialausbildung »Grundlagen der Elektronik« obligatorisch.
Innerhalb der geplanten Ausbildungs- und Verwendungsreihe hängt die militärfachliche Ausbildung wesentlich vom Dienstposten und der Verpflichtungszeit des Soldaten ab. Die Dienstpostenverteilung folgt aber wiederum der schon zuvor gezeigten Struktur der Materialerhaltungsstufen und -kräfte.

11.2.4 Gliederung und Inhalte der Turm- und Waffeninstandsetzungsausbildung

Am Beispiel zweier junger Männer, die sich für die Unteroffizierslaufbahn im Heer beworben haben und aufgrund von Ausbildung und Interessen für einen Instandsetzungsdienstposten ausgebildet werden, sollen Gliederung und Inhalte der Instandsetzungsausbildung an Turm und Bewaffnung des KPz LEOPARD 2 dargestellt werden.
W. ist ausgebildeter Werkzeugmacher, hat sich bei der Instandsetzungstruppe beworben und wird als Unteroffiziersanwärter aufgrund seines Berufsbildes der Ausbildungs- und Verwendungsreihe Waffentechnik KPz LEOPARD 2 zugeordnet.
E. ist von Beruf Energieanlagenelektroniker und hat sich bei der Panzertruppe zum Einsatz bei den Instandsetzungsdiensten beworben.
Er wird aufgrund seines Eingangsberufes der AVR Elektronik zugeordnet und ebenfalls als Unteroffiziersanwärter für eine Instandsetzungstätigkeit ausgebildet.

W. und E. beginnen ihre Instandsetzungsausbildung gemeinsam im Rahmen des militärfachlichen Teiles der Grundausbildung mit allen Rekruten, die für eine Verwendung als Waffen- oder Elektronikmechaniker vorgesehen sind, bei der Schule der Technischen Truppe 1 und Fachschule des Heeres für Technik (STTr 1/FSHT) in Aachen.
In einer 6wöchigen, 200 Ausbildungsstunden umfassenden, überwiegend praktisch orientierten Unterweisung werden die Rekruten zu Helfern in der Instandsetzung ausgebildet. Ziel ist es, die Wehrpflichtigen und Unteroffiziersanwärter zu befähigen,

○ den Turm und die Waffenanlage im Rahmen ihrer Instandsetzungstätigkeit sicher und vorschriftsmäßig zu bedienen,
○ routinemäßig nicht umfangreiche, aber häufig wiederkehrende Wartungsarbeiten selbständig durchzuführen,
○ einfache Instandsetzungen selbständig vorzunehmen
○ und umfangreichere, schwierigere Arbeiten vorzubereiten und unter Anleitung und Mitarbeit eines Instandsetzungsunteroffiziers auszuführen.

Nach der Grundausbildung werden W. und E. in ihre Stammeinheiten versetzt. W. wird als Waffenmechaniker in einer Instandsetzungskompanie eingesetzt, E. verrichtet seinen Dienst als Elektronikmechaniker im Instandsetzungszug eines Panzerbataillons. Am Arbeitsplatz gewinnen sie Sicherheit und Erfahrung im Umgang mit dem KPz LEOPARD 2. Als Unteroffiziersanwärter werden sie in der Truppe auf ihre weiteren Dienstposten vorbereitet (UL T1).

ausstattung und die Funktion entsprechen voll dem Original. Die Einsatzmöglichkeiten der Instandsetzungstrainer wurden an einigen Anlagen durch Fehlersimulatoren und Bewegungssimulatoren wesentlich erweitert.

Durch den Einsatz der Ausbildungsgeräte kann die Effizenz der Ausbildung wesentlich gesteigert werden.

Sie hängt analog dem Vollsystem von der Einsatzbereitschaft der Ausbildungsgeräte ab.

Da diese von ihrer Konzeption weitgehend kompatibel, d.h. mit den Versorgungsartikeln der Serienfahrzeuge identisch sind, sind auch sie an die Reife der materiellen Versorgung gebunden.

11.2.6 Leistung und zukünftige Entwicklung der Ausbildung

Die Leistungsfähigkeit der Ausbildung ergibt sich anhand einer Verknüpfung der zuvor dargestellten Faktoren.

Zur Zeit werden zusammengefaßt ca. 500 Soldaten pro Jahr in den zuvor genannten Lehrgängen von 2 bis 12 Wochen Dauer ausgebildet. Trotz hoher Auslastung und dem damit verbundenen Verschleiß der Ausbildungsgeräte, sowie sehr hoher Lehrer-Schülerverhältnisse, insbesondere bei praktischen Ausbildungsabschnitten, wird eine befriedigende Bewährung der vermittelten Kenntnisse und Fertigkeiten bei der Instandsetzung des Kpz LEOPARD 2 aus der Truppe bescheinigt.

Die Zukunft des Ausbildungsbetriebes ist durch verschiedene Entwicklungstendenzen gekennzeichnet:

○ Durch weitere Auslieferung von KPz LEOPARD 2 in den folgenden Jahren wird auch der Bedarf an auszubildendem Instandsetzungspersonal steigen.

○ Die Versorgungsreife wird abschließend hergestellt und die Einsatzfähigkeit auch der Ausbildungsgeräte erhöhen.

○ Personalveränderungen und Infrastrukturmaßnahmen an der STTr 1/FSHT werden die Effizienz der Ausbildung steigern.

○ Neue Überlegungen zum Konzept der Materialerhaltung werden neuartige Forderungen an die Ausbildung stellen.

12 Eine Aussage der Truppe

von OTL Reinhold Schulenburg

12.1 Erfahrungen und Einsichten aus der Begegnung mit dem Kampfpanzer LEOPARD 2

Als ich 1975 die Bearbeitung des Kampfpanzers LEOPARD 2 in der Gruppe Panzertruppe Heeresamt übernahm, befand sich das Projekt im letzten Stadium vor der Beschaffung – in der Entwicklungsphase. In dieser Zeitspanne begleitete ich den LEOPARD 2 drei Jahre. Ich bewerte diesen Zeitraum als die heiße Phase im Werdegang des LEOPARD 2, weil

○ umfangreiche Ergebnisse zur notwendigen Verbesserung aus aufwendigen Versuchen vorlagen,
○ bi- und trilaterale Vergleiche zu bestehen waren,
○ Weiterentwicklungen von Baugruppen und Fortschritte im Aufbau des Panzerschutzes einzubringen waren,
○ konkurrierende Baugruppen zu bewerten und auszuwählen waren,
○ das Gesamtgewicht zu reduzieren war,
○ Abstriche an technischen Leistungen zum Zwecke der Kostenminderung vorgenommen werden mußten,
○ die geplante Beschaffung zu einem erheblichen Zeitdruck führte,
○ zu wenige Fahrzeuge für Firmenuntersuchungen, technische Erprobung und Truppenversuche zur Verfügung standen,
○ aus der Vielzahl von Neu-/Weiterentwicklungen sowie funktionssicherer Baugruppen ein leistungsfähiges und standfestes Gesamtsystem für den Einsatz in der Truppe erzielt werden sollte.

12.2 Erfahrungen und Einsichten aus der Begleitung des Projektes Kampfpanzer LEOPARD 2 in der heißen Phase seiner Entwicklung

Nach den Rahmenbestimmungen für die Entwicklung und Beschaffung von Wehrmaterial kommt die Truppengattung, für die das Projekt entwickelt wird, erst mit dem Truppenversuch zum Abschluß der Entwicklungsphase zu Worte. Dieses mag als Modell im Sinne einer Gewaltenteilung vernünftig erscheinen, in der Praxis birgt es aber das hohe Risiko, daß an den Gegebenheiten und Forderungen der Truppengattung vorbei entwickelt wird. Die Folge davon könnte sein

○ ein negatives Ergebnis im Truppenversuch,
○ eine Abstempelung der Truppengattung zum reinen Erfüllungsgehilfen, da eine mögliche Ablehnung aus Kosten- und Zeitgründen nicht mehr aufgefangen werden kann.

Deshalb wäre es zweckmäßig, sich nicht nur – wie beim LEOPARD 2 geschehen – auf die kooperative und kameradschaftliche Haltung der bevollmächtigten Vertreter abzustützen, sondern die Truppengattung von Anbeginn als stimmberechtigtes Mitglied an das Management zu binden und die spezifischen Vorstellungen der Truppengattung ständig in den Entwicklungsprozeß einfließen zu lassen.

Fortschritte in der Technologie, neue Erkenntnisse aus Untersuchungen, das Bestreben, den neuesten technischen Leistungsstand in die Serie zu übernehmen, werden meines Erachtens die Entwicklungsphase immer wieder zu einer kritischen Spanne werden lassen. Um hier unter dem ständig wachsenden Zeit- und Kostendruck noch ein optimales Ergebnis zu erreichen, sollte mehr Gebrauch von den »Vollversammlungen« unter Führung des Systembeauftragten am jeweiligen Ort des Geschehens gemacht werden. In diesem Gremium sind alle Experten von den Firmen bis zu den Truppenversuchskommandos vertreten. Dabei können alle vorliegenden Schwierigkeiten dargestellt werden, und es kann unter Berücksichtigung aller Faktoren ohne Verzug entschieden werden, welcher Bereich welche Abhilfen in welchem Zeitraum zu leisten hat.

Unter diesen Bedingungen kann es auch zweckmäßig und effektiv sein, technische Erprobung, Truppenversuch und Firmenuntersuchung zusammenzulegen. Voraussetzung dafür sind allerdings eine gründliche Planung sowie die klare Regelung der Zuständigkeiten.

Das Versuchspersonal sollte den Kern der Mannschaften für die Umrüstung des Führungspersonals an den Kampftruppenschulen bilden. Dadurch kann erreicht werden, daß die zukünftigen Benutzer nicht nur von der Neuartigkeit des Systems überzeugt werden, sondern auch erkennen, daß in der Taktik, in der Ausbildung am Gerät und in der Durchführung des Technischen Dienstes neue Wege zu gehen sind. Gleichzeitig kann das notwendige Verständnis für unumgängliche Kompromisse in der technischen Ausführung und für Lücken in der Versorgungsreife geweckt werden. Die Forderung der genannten Rahmenbestimmungen – die Versorgungsreife muß vor Auslieferung des Wehrmaterials hergestellt sein – halte ich für idealtypisch; sie wird in der Praxis nicht erreichbar sein. Sie würde zur Überforderung des Managements und zu falschen Erwartungen bis zu Enttäuschungen in der Truppe führen. Man sollte generell eine Übergangslösung vorsehen und dafür das Machbare und für den Beginn der Beschaffung Notwendige exakt definieren. Mit den Kenntnissen über das, was die Truppenversuchsmodelle leisten können, was an Mängeln für die Serie noch beseitigt werden muß, und mit der Überzeugung, daß das Management und die Firmen dieses bis zur Serie schaffen würden, verließ ich 1978 diesen Aufgabenbereich, um Kommandeur des Panzerbataillons 194 mit LEOPARD 1 A 1 zu werden. Nachdem ich 2 ½ Jahre dieses im Münsterland verwurzelte und fest gefügte Bataillon geführt hatte, mußte ich schon Abschied nehmen, um das Panzerlehrbataillon 93 zu übernehmen. Dieses älteste deutsche Panzerbataillon wurde derzeit gerade auf den LEOPARD 2 umgerüstet. Die Herausforderung bestand für mich zum einen in der neuen Mannschaft sowie in dem Doppelauftrag, ein Einsatz- und Lehrbataillon zu führen, und zum anderen darin, diese Aufträge mit dem neuen Kampfpanzer LEOPARD 2 erfüllen zu müssen. Ich war gespannt darauf, ob der LEOPARD 2 die aufgrund der Truppenversuche begründeten Erwartungen jetzt als Serienfahrzeug erfüllen würde.

In zwei Jahren erlebte ich die Soldaten meines Bataillons am und mit dem Kampfpanzer LEOPARD 2

○ in der Grund- und Vollausbildung,
○ beim ständigen und besonders angesetzten Technischen Dienst,
○ im Schul- und Gefechtsschießen,
○ in Lehrübungen bis zum verstärkten Bataillon im scharfen Schuß,
○ in Zug- und Kompaniegefechtsübungen,
○ in Bataillons-, Brigade- und Divisionsgefechtsübungen auf Truppenübungsplätzen und im freien Gelände.

Die Beobachtungen wurden ergänzt durch einen regen Erfahrungsaustausch innerhalb des Bataillons und der Brigade sowie durch die Ergebnisse der Materialprüfung.

12.3 Erfahrungen und Einsichten mit dem Kampfpanzer LEOPARD 2 im Truppeneinsatz

Meine Erwartungen an den aus der Serienfertigung kommenden Kampfpanzer LEOPARD 2 im Truppengebrauch wurden im wesentlichen erfüllt, in Teilen sogar übertroffen. Der LEOPARD 2 überzeugt in seiner Gesamtkonzeption. Hervorzuheben sind die Überschaubarkeit seiner Bedienungseinrichtungen, die Einfachheit und Zeitersparnis in der Bedienung, die Prüfbarkeit des Kampfpanzers durch die Panzerbesatzung auf Funktionsfähigkeit, der verhältnismäßig geringe Aufwand und die Zugänglichkeit aller Elemente für die Wartung und Pflege sowie die technische Auslegung zur Schadenslokalisierung und zum Baugruppentausch. All dieses zusammen ergibt einen Kampfpanzer neuer Qualität. Dabei übersehe ich nicht, daß Konstruktions- und Fertigungsmängel erkennbar waren wie z. B. die Fahrerluke, die ABC-Schutz- und Belüftungsanlage, der auch von mir mitgetragene Kompromiß in der Auslegung des Kommandantensitzes, die anfällige Kraftstoffanlage, die häufige Fehlbedienung der Feststellbremse sowie die Störanfälligkeit in einigen Baugruppen. Die Schwächen und Mängel beeinträchtigen aber nicht die außergewöhnlich gut gelungene Konzeption und Gesamtleistung des Systems.

Die Zuführung des Turmtrainers mit seinen originalen Bedienungseinrichtungen und vollen Funktionen zur Einweisung, zur Erstausbildung und zum Drill der Panzerbesatzung sowie des Fahrerstandes mit den Bedienungs- und Kontrolleinrichtungen für die Einweisung aller Soldaten und zum Drillen der Panzerfahrer stellen eine wirksame Hilfe für die Ausbildung dar. Neue, auf die Belange der Benutzer hin konzipierte, technische Dienstvorschriften und vorbildlich gestaltete Anschauungstafeln wurden zeitgerecht während der Umrüstung zugeführt. Sie tragen dazu bei, die Ausbildung und das Gerät in den Griff zu bekommen. Damit waren die Voraussetzungen für eine gründliche systematische Ausbildung am Kampfpanzer LEOPARD 2 von der Auslieferung an gegeben.

Das Führungspersonal der Bataillone wurde durch den vierwöchigen Umschulungslehrgang an der Kampftruppenschule für den Umgang mit LEOPARD 2 befähigt. Der Zeitaufwand für diesen Ausbildungsgang zahlte sich aus. Allerdings könnte die Effektivität noch gesteigert werden, wenn

○ das die Entwicklung des Systems kennende und in der Praxis erfahrene Personal des Truppenversuchskommandos als Lehrpersonal eingesetzt würde,
○ zu Beginn der Ausbildung ein Vergleich zwischen den taktischen Forderungen und dem Leistungsstand der Serienfahrzeuge dargestellt würde,
○ daraus ableitend vermittelt würde, welche Einsatzgrundsätze weiterhin gültig bleiben und welche Einsatzgrundsätze fortgeschrieben werden müssen,
○ die Truppe noch intensiver angehalten würde, die Neuartigkeit des Systems zu erkennen, und die Bereitschaft des Führungspersonals geweckt würde, die bisherige technische und taktische Praxis zu überdenken, um neue Wege in der Planung, der Organisation und Durchführung der Ausbildung und des technischen Dienstes zu beschreiben,
○ eine uneingeschränkte ehrliche Information über erkannte Schwachstellen und die im Truppengebrauch abzusehenden Schwierigkeiten gegeben würde.

Die nicht zu erreichende Versorgungsreife, dadurch bedingte Engpässe und erst im Truppengebrauch auftretende Mängel erfordern es, daß das Systemmanagement besonders zu Beginn des Truppengebrauchs unmittelbaren Kontakt zur Truppe hält, damit ohne Verzug reagiert und informiert werden kann. Aus der Sicht der Truppe einfach abstellbare Mängel, die zu unvertretbar langen Standzeiten führen, beeinträchtigen das Vertrauen zur Standfestigkeit des Waffensystems und zur Organisation in der Beschaffung.

Die technische Leistungsfähigkeit des Kampfpanzers LEOPARD 2 spricht unsere jungen wehrpflichtigen Soldaten an. Schnell erfassen sie die Bedienung in ihrem jeweiligen Aufgabenbereich und erreichen mit einer Beständigkeit und Zuverlässigkeit Ergebnisse – besonders meßbar beim Gefechtsschießen –, die dem qualitativen technischen Stand des Kampfpanzers LEOPARD 2 entsprechen. Mit dem Kampfpanzer LEOPARD 2 wuchsen die Besatzungen in ihrem

Selbstbewußtsein und in ihrem Stolz auf ihren Kampfpanzer. Als der Schweizer Inspekteur des Heeres sich vor Ort über den Kampfpanzer LEOPARD 2 informieren wollte, bot ich ihm nach einem Gefechtsschießen an, im Kampfpanzer mitzufahren. Er lehnte dankend ab und bat darum, mit den Panzerbesatzungen unmittelbar sprechen zu dürfen. Geschickt motivierte er die Panzerbesatzung, ihm doch ihre Meinung über ihren LEOPARD 2 vorzutragen. Die Soldaten äußerten sich freimütig über ihre Ausbildung und ihre nachweisbaren Ergebnisse. Wie auch bei den vielen anderen Besuchen haben die Panzerbesatzungen durch ihr Können, ihr Selbstverständnis und ihre Offenheit den LEOPARD 2 als den modernen Kampfpanzer überzeugend dargestellt. Unser Gast gab mir anschließend zu verstehen, daß die Aussagen der Panzerbesatzungen für ihn einen größeren Wert gehabt hätten, als wenn er im Panzer mitgefahren und am Gerät eingewiesen worden wäre.

Allerdings ist nicht zu verkennen, daß die Soldaten sich nicht in befriedigendem Maß für ihr Material verantwortlich fühlten. Das zeigte sich besonders in der Zuverlässigkeit und Genauigkeit bei den ständigen technischen Kontrollen und in der Gründlichkeit der Pflege und Wartung. Die hervorragenden Leistungen im Gefechtsschießen standen in einem Mißverhältnis zu den Leistungen beim ständigen Technischen und beim besonders angesetzten Technischen Dienst. Ursachen sehe ich im Ansatz der Erziehung und Ausbildung wie auch in der grundsätzlichen Einstellung unserer jungen wehrpflichtigen Kameraden zum Material.

Es kommt darauf an, ihnen das technische Hochleistungssystem bewußt zu machen, ihr Gesamtverständnis zu wecken, durch weitsichtige Planung, straffe Organisation und Anleitung auch diesen Teil des Dienstes am und mit dem Kampfpanzer LEOPARD 2 interessant, fordernd und effektiv zu gestalten. Der Kampfpanzer LEOPARD 2 bietet mit seiner Technik und den dazugehörigen technischen Dienstvorschriften die Gelegenheit, den Technischen Dienst zu einem fordernden, interessanten Dienst zu machen. Die angesprochenen Schwächen liegen nicht unwesentlich in der Überforderung des jungen Panzerkommandanten begründet. Die bisherige Ausbildung, Praxis und Erfahrung des jungen Kommandanten reicht nicht aus, um ihn zu befähigen,

○ bei seinen annähernd gleichaltrigen Besatzungsmitgliedern Einstellung zu und Verhaltensweisen am technischen Gerät zu verändern,
○ die Verantwortung für das Material zu wecken,
○ das Systemverständnis für den LEOPARD zu vermitteln und
○ die Zuverlässigkeit, die Selbständigkeit und Gründlichkeit in der Pflege und Wartung zu steigern.

Da Versäumnisse in diesem Bereich im Verhalten der Panzerbesatzungen im weiteren Verlauf der Ausbildung schwer zu korrigieren sind, unterlassene Tätigkeiten die Verfügbarkeit des Gerätes beeinträchtigen, Kosten verursachen, Standzeiten bedingen, die Ausbildung beeinträchtigen, den besonders angesetzten Technischen Dienst verlängern und damit zur Teufelsspirale beitragen, deren Ergebnis »Gammeldienst« lautet, wird die Verwendung von in der Menschenführung sichern, in ihrer Persönlichkeit gefestigten, die Bedienung, Pflege und Wartungen beherrschenden und in der Praxis erfahrenen Kommandanten zu einer qualitativen Verbesserung führen. Der Einsatz von Kommandanten mit dem genannten Ausbildungs- und Erfahrungsstand wird sich natürlicherweise ebenso in den anderen Ausbildungsgebieten auswirken. Umgangston, Sinnverständnis und Motivation werden deutlich gefördert werden können.

Die Ausbildungs-, Bedienungs-, Wartungs- und Instandsetzungsfreundlichkeit des Kampfpanzers LEOPARD 2 führen zu einer Zeitersparnis in den unteren Ausbildungsstufen. Der gewonnene Spielraum muß genutzt werden, damit das Schwergewicht tatsächlich auf Gefechtsausbildung und Gefechtsschießen gelegt und so die Hochleistungstechnik des Kampfpanzers LEOPARD auch von den Panzerbesatzungen, den Panzerzügen, den Panzerkompanien und dem Panzerbataillon uneingeschränkt in Kampfkraft umgesetzt werden kann. Mit diesem Schwerpunkt werden dann gleichzeitig die allgemeinen Forderungen nach Auftragstaktik, kriegsnaher Ausbildung und raus aus dem Kasernenroutinebetrieb erfüllt. Diese Schwerpunktbildung ist aber auch erforderlich, um die Panzerkommandanten, die Panzerzugführer, die Panzerkompaniechefs und den Panzerbataillonskommandeur zu trainieren. Die technischen Leistungen des Kampfpanzers in Verbindung mit den Fertigkeiten des Panzerfahrers, des Ladeschützen und des Richtschützen stellen das Führungspersonal vor hohe Anforderungen. Ich kann mich noch erinnern, wie unser Generalinspekteur, General Brand, bei einer Einweisung auf dem Kampfpanzer LEOPARD, eingeteilt als Fahrer, mit hoher Geschwindigkeit schwieriges Gelände zu überwinden hatte, ausrief: »Bei dieser Geschwindigkeit soll der Panzerkommandant noch mit Umsicht führen!?!« Hier liegt die Herausforderung an die Panzertruppe, die neu gewonnene Kampfkraft auch durch eine entsprechende Führungsfähigkeit voll zur Auswirkung zu bringen.

Ein Kampfpanzer mit der hohen Erstschußtreffwahrscheinlichkeit bei einer Entfernung bis zu 2500 m, der schnellen Bedienbarkeit durch seine Besatzung, dem hohen Beschleunigungsvermögen, der großen Geländegängigkeit und der Schnelligkeit auch im schwierigen Gelände wird wohl kaum nach den gleichen Grundsätzen eingesetzt werden können wie der Kampfpanzer M 48. Die Vorschrift 700/108 weist die Richtung, in welche die Panzertruppe für den LEOPARD 2 weiterzudenken hat. Es kommt weniger darauf an, Revolutionäres zu erdenken als vielmehr, evolutionär die umfangreichen Erfahrungen der Panzertruppe und die sich ständig wiederholenden Beanstandungen der Inspizienten umzusetzen und dabei Akzente zu verschieben. Beim Gefechtsschießen, z. B. in der Entfernungsmessung, fällt auf, daß der kritische Weg nicht mehr beim Richtschützen liegt, sondern beim Kommandanten in der Zielaufklärung, Feuerleitung und Führung des Kampfpanzers. Manchmal wies mich meine Chefs darauf hin, daß die Besatzung am effektivsten ist, in der sich der Kommandant aus allem heraushält, weil der Richtschütze mit seiner stabilisierten Optik den Beobachtungs- und Wirkungsbereich – gleich Schießbahn – so

Da W. in seinem Lehrberuf als Werkzeugmacher wenig über Elektrotechnik und Elektronik erfahren hat, jetzt aber mit diesen Techniken umgehen muß, wird er zu einem 11wöchigen Lehrgang »Grundlagen der Elektronik« bei der Fachschule des Heeres für Erziehung und Wirtschaft in Darmstadt kommandiert. Hier erwirbt er die auch zivilberuflich anerkannten notwendigen Kenntnisse der Elektronik, z.B. Grundgesetze der Elektrotechnik, Digitaltechnik und Meß- und Regeltechnik.

Nach weiterer Bewährung in seiner Stammeinheit wird W. im militärfachlichen Teil des Unteroffizierslehrgangs Teil 2 auf seine Aufgaben als Waffenunteroffizier für die Instandsetzung des Turmes und der Bewaffnung am KPz LEOPARD 2 vorbereitet. Hier lernt er gemeinsam mit seinem Kameraden E. die grundlegenden Fachtechniken und ihre Anwendung am KPz LEOPARD 2, beispielsweise Hydraulik der Waffennachführanlage, Meß- und Regeltechnik an der Feuerleitanlage und Digitaltechnik an der Zentrallogik des Turmes kennen.

Darüber hinaus erwirbt er die Fähigkeit, durch Wechseln von Baugruppen Schäden, z.B. an der Waffenanlage, zu beheben.

In der zur Verfügung stehenden Lehrgangszeit kann nur ein geringer Teil der Arbeiten eines Instandsetzungsunteroffiziers erlernt werden. Den weit größeren Teil der Instandsetzungsarbeiten an der Waffennachführanlage, der Feuerleitanlage, der Turmelektrik und den Einsatz des rechnergesteuerten Panzerprüfgerätes (RPP 1-8) lernen W. und E. im Rahmen einer 11wöchigen Spezialausbildung, die möglichst unmittelbar dem Unteroffizierslehrgang Teil 2 folgen sollte. Nach Abschluß dieser Spezialausbildung stehen W. und E. ihren Einheiten als voll ausgebildete Instandsetzungsunteroffiziere für das System Turm- und Bewaffnung KPz LEOPARD 2 zur Verfügung.

Sie sind nun befähigt,

○ die sichere und vorschriftsmäßige Funktion des Turmes und der Waffenanlage des KPz LEOPARD 2 mit dem rechnergesteuerten Panzerprüfgerät (RPP 1-8) zu prüfen,
○ Fehler mit dem RPP 1-8 zu lokalisieren,
○ durch Baugruppentausch diese Fehler zu beheben,
○ das System zu warten, einzustellen und zu justieren,
○ Wehrpflichtige bei der Durchführung aller genannten Tätigkeiten anzuleiten.

W. und E. sind nun bereits im 4. Jahr bei der Bundeswehr. Ihre Leistungen im allgemeinmilitärischen und militärfachlichen Dienstbetrieb sind gut, und beide verpflichten sich, weitere Jahre bei der Bundeswehr zu dienen und die Feldwebellaufbahn einzuschlagen.

Auf einem Feldwebellehrgang (UAL-MFT) werden sie auf die Anforderung ihrer Tätigkeit als Instandsetzungsfeldwebel vorbereitet.

Ziel ist es, W. und E. zu befähigen,

○ schadenbezogene Prüfungen am System vorzunehmen,
○ komplexe Fehlerursachen am System zu erkennen,
○ umfangreiche, schwierige Instandsetzungsarbeiten am System vorzunehmen, anzuleiten und zu überwachen,
○ Baugruppen des Systems instandzusetzen,
○ den Materialerhaltungszustand des Systems zu beurteilen und zu optimieren.

Die Ausbildungstiefe und Auflagen an die Ausbildungsdauer erfordern in diesem Abschnitt der Ausbildung eine nach Fachtechniken getrennte Ausbildung von W. und E.

Der angehende Waffenfeldwebel W. erfährt,

○ wie die Waffenanlage aus dem Turm ausgebaut, vollständig in ihre Bestandteile zerlegt, nach Behebung des Schadens wieder eingebaut und letztlich die volle Funktions- und Treffsicherheit des Turmes wieder hergestellt wird,
○ wie der Turm vom Fahrgestell zu trennen und nach einer Instandsetzung wieder aufzusetzen ist,
○ wie Schäden an Hydraulikbaugruppen der Waffennachführanlage zu erkennen und zu beheben sind.

Sein Kamerad E. hingegen lernt,

○ komplexe elektronische Fehler an der Waffennachführ- und Feuerleitanlage im System mit externen Prüfgeräten und Sonderwerkzeugen zu lokalisieren und zu beheben,
○ ausgewählte elektromechanische und elektronische Baugruppen des Turmes zu prüfen und instandzusetzen,
○ Kabelbäume und Stecker der Turmelektrik instandzusetzen.

Für beide dauert der fachliche Teil des Fw-Lehrgang an der STTr 1/FSHT jeweils 8 Wochen.

Zusammengefaßt haben W. und E. nun bereits 47 bzw. 36 Wochen Instandsetzungsausbildung absolviert, davon 31 Wochen an der STTr 1/FSHT, 5 Wochen in der Truppe und ggf. 11 Wochen zusätzlich an der FSH Erz/Wi – eine Ausbildungsdauer, die die hohen Anforderungen des Systems widerspiegelt.

Parallel zur Ausbildung von Soldaten, die im Rahmen ihrer Laufbahn zum Waffenfeldwebel oder Elektronikmechanikfeldwebel ausgebildet werden – gezeigt am Beispiel von W. und E. –, besteht auch Bedarf, in Dienst stehendes und bereits instandsetzungserfahrenes Personal am KPz LEOPARD 2 aus-und weiterzubilden.

Hierfür sind besondere Spezialausbildungen eingerichtet, die Kenntnisse und Fertigkeiten in der Waffen-, besonders aber KPz-Waffeninstandsetzung voraussetzen.

Diese Umschulungen dauern derzeit 12 Wochen und erreichen die Ausbildungshöhe eines Instandsetzungsunteroffiziers an Turm und Bewaffnung des KPz LEOPARD 2 wie zuvor beschrieben.

Die Qualifikation des Instandsetzungsfeldwebels erreichen diese Lehrgangsteilnehmer im Rahmen der schon dargestellten Feldwebellehrgänge.

Bisher konzentrierte sich die Darstellung der Ausbildung auf die Ausbildung des Personals für die Instandsetzungsdurchführung, jedoch stellt der KPz LEOPARD 2 nicht nur an diesen Personenkreis hohe Anforderungen, sondern auch das Instandsetzungsführungspersonal hat die besonderen Belange des KPz LEOPARD 2 bei seinen Entscheidungen zu berücksichtigen. Als gravierende Faktoren seien an dieser

Stelle die Einschränkungen für die Materialerhaltung erwähnt, die mit der Einführung eines nicht versorgungsreifen Systems einhergehen (siehe Abschnitt Versorgung). Demzufolge finden bei der STTr 1/FSHT seit Einführung des KPz LEOPARD 2 regelmäßig Speziallehrgänge »Materialerhaltungskonzept des KPz LEOPARD 2« statt, deren Ziel es ist, den für die Materialerhaltung des KPz LEOPARD 2 verantwortlichen Offizieren einen Einblick in die Probleme der Instandsetzungsdurchführung, der materiellen Versorgung und der Ausbildung des Instandsetzungspersonals zu geben und nicht zuletzt ein Forum zur aktuellen Information und zum Erfahrungsaustausch zu schaffen.

Die dargestellten Ausbildungsgänge nehmen einen großen Anteil im Rahmen der Ausbildung des Instandsetzungspersonals für die Waffensysteme des Heeres ein. Mit der Einführung des KPz LEOPARD 2 in die Truppe galt es auch den Ausbildungsbetrieb an der STTr 1/FSHT aufzunehmen und Personal und Material zur Ausbildung bereitzustellen.

11.2.5 Ausbilder und Ausbildungsgerät

Das Erreichen der zuvor genannten Ausbildungsziele hängt wesentlich von Anzahl und Eignung sowohl des Ausbildungspersonals als auch der Ausbildungsgeräte ab.

In Verbindung mit den Ausbildungsinhalten und -methoden gilt es hier eine optimale Ausbildung sicherzustellen.

Die Zusammensetzung des Ausbildungspersonals hängt von mehreren Faktoren ab.

Anzahl und Dienstpostenverteilung wurden festgelegt aufgrund des prognostizierten, zu erwartenden Ausbildungsplatzbedarfs.

Der errechnete Bedarf wurde jedoch schon bald nach Erscheinen der diesbezüglichen Studie durch den tatsächlichen Bedarf an Ausbildungsplätzen überschritten und führt derzeit zu einer überhöhten Belastung des Ausbildungspersonals.

Für die Durchführung der gesamten dargestellten Ausbildungsvorhaben sind derzeit 1 Offizier und 11 Unteroffiziere eingesetzt.

Nach 5 Jahren Instandsetzungsausbildung sind durch natürliche Personalfluktuation noch ca. 50% dieses Personals »Ausbilder der ersten Stunde«, d. h. Ausbilder, die auf Erfahrungen insbesondere der Einführungsphase zurückgreifen können, vorhanden.

Die übrigen sind Folgekräfte, die aus dieser Einführungsphase hervorgegangen sind und sich durch ihre Leistung für eine Ausbildertätigkeit qualifiziert haben.

Die Qualifikation des Ausbildungspersonals ist bestimmt durch ihre zivilberufliche Qualifikation als Dipl.-Ing., Industriemeister der Elektro-, Meß- und Regel- sowie Feinwerktechnik und Ausbildungsabschlüssen als Radio- und Fernsehtechniker und Energieanlagenelektroniker.

Ferner verfügt die Mehrheit der Ausbilder über praktische Erfahrungen als Instandsetzungspersonal an Waffensystemen des Heeres und als Ausbildungspersonal für die Instandsetzung.

Die zweite wesentliche Komponente für eine erfolgreiche Ausbildung ist der Einsatz von Ausbildungsgeräten, die einer hohen Anzahl von Lehrgangsteilnehmern das Lernen unter weitestgehend realen Bedingungen ermöglichen.

Dem Aspekt der realen, d.h. dem Truppenalltag vergleichbaren Ausbildung wird durch den Einsatz vollständiger Kampfpanzer, sowie den zugehörigen Sonderwerkzeug- und Prüfgeräteausstattungen Rechnung getragen. Es werden im Ausbildungsbetrieb keine Hilfsmittel eingesetzt, die nicht auch in der Truppe verfügbar sind. Der Einsatz vollständiger Systeme birgt jedoch zwei Probleme:

○ Der Kampfpanzer bietet nur einer kleinen Gruppe von Lehrgangsteilnehmern die Möglichkeit zu praktischen Arbeiten. Die Grenze des Lehrer-Schüler-Verhältnisses liegt bei 1:2.
○ Die Kosten eines Kampfpanzers sind verglichen mit anderen Ausbildungsgeräten hoch.

Beide Aspekte laufen der Realisierung eines niedrigen Kosten/Nutzen-Verhältnis bei Ausbildungsgeräten entgegen. Daher hat man frühzeitig Alternativen entwickelt, die kostengünstiger sind und effizienter in der Nutzung.

Es wurden Ausbildungsgeräte konzipiert, die zum einen eine Fehlersimulation mit dem Ziel der Schulung der Fehlerlokalisierung erlauben, zum anderen dem Training der manuellen Instandsetzungstätigkeiten dienen.

Neben den Vollsystemen kommen derzeit zwei Kategorien von Ausbildungsgeräten zum Einsatz:

○ Ausbildungsausstattungen
○ Instandsetzungstrainer (mit und ohne Fehler- u. Bewegungssimulation)

Wichtigster Vertreter der Kategorie Ausbildungsausstattung ist die Ausbildungsanlage Feuerleitanlage.

Diese Anlage ist eine modifizierte Version der Ausbildungsanlage Turm, die bei der Panzertruppe Verwendung zur Ausbildung der Besatzung findet.

Die Einsatzmöglichkeit dieser Anlage beschränkt sich auf die Bereiche Bedienerausbildung des Instandsetzungspersonals und Teilbereiche von Prüf- und Justierarbeiten, da Geräte und Baugruppen zum Teil gegenüber dem Vollsystem modifiziert sind und keine reale Instandsetzungstätigkeit zulassen.

Zu dieser Kategorie der Ausbildungsausstattungen werden weiterhin ausgebaute Systemkomponenten und Geräte gerechnet (z.B. vollständige Waffenanlage, optische Sichtgeräte, hydraulische Kraftversorgung usw.).

Auch an diesen Geräten lassen sich aufgrund fehlender Peripherie und Fehlersimulationsmöglichkeiten nur eng begrenzte Ausbildungsabschnitte vermitteln. Trotzdem sind sie unverzichtbarer Bestandteil zur Darstellung von Funktionszusammenhängen im Rahmen der Baugruppeninstandsetzung.

Die zweite und wichtigste Kategorie der Ausbildungsgeräte stellen die Instandsetzungstrainer dar.

Dieses Gerät besteht aus einem Übungsturm, der auf einem fahrbaren Turmträger drehbar gelagert ist. Die Baugruppen-

beherrscht, daß Zielaufklärung, Identifizieren und Bekämpfen einen Vorgang ergeben. Die Technik des LEOPARD 2 und die Fertigkeit des Fahrers, des Ladeschützen und des Richtschützen erfordern, daß der Kommandant vorausblickend seine Aufträge erteilt, sich aber auf keinen Fall als Oberrichtschütze betätigt. Die jungen Kommandanten sind vom Feuerkampf noch so fasziniert, daß sie zu ihrer eigentlichen Führungsaufgabe nicht kommen. Bei Gefechtsübungen auf den Übungsplätzen, noch mehr im freien Gelände, kann das unzureichende Vermögen in der Führung dieses Kampfpanzers deutlich beobachtet werden. Die jungen Kommandanten hängen am Vordermann oder verlieren sich im Gelände. Es wird mehr auf Abstand und Zwischenraum nach Metern geachtet als auf Geländeausnutzung, günstigste Stellungswahl und das Beherrschen des Geländes mit Feuer.

Nur ein Kommandant mit der Ausbildung und Erfahrung in Menschenführung, Technik und Taktik wie ein Feldwebel wird befähigt sein, den in der Bedienbarkeit und in den technischen Leistungen erzielten Fortschritt auf dem Gefechtsfeld voll in Kampfkraft umsetzen zu können. Von Anfang an forderte die Panzertruppe den Feldwebel als Panzerkommandanten. Für den Kampfpanzer LEOPARD 2 wird die Notwendigkeit einer qualifizierten Besetzung besonders sichtbar. Muß es sein und ist es zu verantworten, daß 19- bis 20jährigen jungen Männern, die selbst gerade die Zeit des Grundwehrdienstes – darin enthalten die Lehrgänge zum Panzerkommandanten – absolviert haben, die Pflicht zur Gewährleistung der Sicherheit in der stationären Ausbildung, im Gefechtsdienst und im Gefechtsschießen übertragen wird? Verfügt ein junger Unteroffizier über die Reife und das Durchsetzungsvermögen, um bei Übungen im freien Gelände und bei Gefechtsschießen Gefahren, Unaufmerksamkeiten der Besatzung und Betriebsstörungen unverzüglich zu erkennen und ihnen zu begegnen, um Verletzungen, Verkehrsunfälle und Schießunglücke zu vermeiden? Im Verteidigungsfall wird die Überlebensfähigkeit der Panzerbesatzung nicht nur durch Feuerkraft, Beweglichkeit und Panzerschutz bestimmt – die Führungsfähigkeit des Kommandanten wird nach meiner Beurteilung der gewichtigere Faktor sein!

In der weiteren Betrachtung setze ich das Gefecht der verbundenen Waffen als selbstverständlich voraus. Daß Unterschiede, wie sie zwischen dem M 48 und dem LEOPARD 2 bestehen, in der Führung des Gefechts der verbundenen Waffen berücksichtigt werden müssen, versteht sich von selbst. Ich erwähne immer wieder den M 48 im Vergleich zum LEOPARD 2, um an diesem krassen Unterschied in der Konzeption und der technischen Leistung deutlich zu machen, daß die Einsatzgrundsätze der Panzertruppe nicht für beide Panzertypen in gleicher Weise Geltung haben können. Die Stärken des Kampfpanzers LEOPARD 2 und das Können seiner Panzerbesatzung bieten beinahe ideale Voraussetzungen für

○ Auflockerung und Zusammenfassen der Kräfte,
○ die Schnelligkeit im Raum,
○ die Dominanz des Feuers,
○ die Überlegenheit in der Duellsituation,
○ Feuer und Bewegung zum Stoß zu verschmelzen,
○ stets schneller als der Feind sein und
○ den Feind überraschend auf dem falschen Fuß zu erwischen.

Das bedeutet, daß mit dem Kampfpanzer LEOPARD 2 das Gefecht aggressiv, initiativ und immer wieder überraschend geführt werden kann. Das ist aber nur möglich, wenn die Überlegenheit in der Führungsfähigkeit bereits ab der Ebene des Panzerkommandanten erreicht wird. Damit kann auch zur eingeschränkten operativen Beweglichkeit ein Ausgleich auf taktischer Ebene hergestellt werden.

Zurück zum Einzelpanzer. Einer meiner Brigadekommandeure bewertete den Kampfpanzer LEOPARD 2 als ein »autonomes Waffensystem« und unterstrich dabei unseren eigentlichen Vorteil gegenüber einem potentiellen Gegner, der in der Führungsfähigkeit liegt. Dem einzelnen Kampfpanzer muß Raum gegeben werden. Abstand und Zwischenraum sind nicht nach Metern im Gelände festzulegen, sondern müssen, ausgehend vom Auftrag, nach dem Beobachtungs- und Wirkungsbereich und der Geländeausnutzung für eine überraschende Feuereröffnung bemessen werden. Es muß die Möglichkeit zum selbständigen Stellungswechsel gegeben werden, um den Feuerkampf überraschend fortführen und die Lageentwicklung zum eigenen Vorteil und damit zur besseren Wirkung auf den Feind nutzen zu können. Der Raum muß es dem Kommandanten ermöglichen, zeitlich und örtlich begrenzt selbständig zu operieren. So wird der einzelne Kampfpanzer vom Feind schwer zu bekämpfen sein, dagegen wird er aufgrund seiner Überlegenheit in der Duellsituation (hohe Treffwahrscheinlichkeit, kurze Reaktionszeit), seines Vertrautseins mit dem Gelände, seiner schnellen und geschickten Geländeausnutzung und seines abgestimmten Zusammenwirkens mit verbundenen Teilen im Ziel auch einen zahlenmäßig überlegenen Feind aus ein und demselben Raum vernichten können. Für die LEOPARD 2-Besatzung gilt mehr denn je das Motto »Schußfeld vor Deckung«.

Für den Zugführer wird es damit schwieriger, den Zusammenhang innerhalb seines Zuges zu wahren. Sein Können wird darin bestehen, ohne jeden einzelnen seiner Panzer sehen zu können, das Feuer aller im Ziel zu vereinen. Dazu hat er seine Panzer so einzusetzen, daß

○ das ihm zugewiesene Gelände mit Feuer beherrscht wird,
○ der zu erwartende Feind in seinem gesamten Kräfteansatz mit Feuer erfaßt wird,
○ der Feind nach Möglichkeit frontal wie auch flankierend mit Feuer bekämpft wird,
○ die Kommandanten so lange wie möglich selbständig im Sinne seines Auftrages kämpfen können,
○ die Feuerkraft seines Kampfpanzers in gleicher Weise zur Wirkung kommt,
○ das Zusammenwirken mit den Nachbarn gewährleistet wird,
○ sein Kompaniechef ständig die notwendigen Meldungen erhält,

○ das Feuer der verbundenen Waffen für den eigenen Einsatz optimal genutzt wird und
○ er frühzeitig erkennt, wann der Feuerkampf aus anderer Stellung erfolgreicher geführt werden kann.

So geführt, wird der Panzerzug im Angriff, in der Verzögerung wie in der Verteidigung den Feuerkampf auch gegen überlegenen Feind erfolgreich kämpfen.

Mit dem geländeausnutzenden Einsatz der Panzerzüge erhält der Kompaniechef wieder zusätzlichen Handlungsspielraum. Nach Auftrag, Gelände und Gefechtsart sollte er sich beim Einsatz seiner Kräfte davon leiten lassen, nur soviele Kräfte einzusetzen, wie zum Beherrschen des zugewiesenen Raumes zu Beginn des Gefechtes notwendig sind, um so schnell wie möglich die Absicht des Gegners zu erkennen und dann mit den gewonnenen verfügbaren Kräften unter bestmöglicher Ausnutzung des zugewiesenen Raumes den Gegner überraschend zu schlagen. Nochmals das Prinzip: »Mit den notwendigen Kräften im Sinne des Auftrages den Gegner zu stellen, ihn zum Offenlegen seiner Absicht zu zwingen und dann aus vorteilhafter Situation heraus zuzustoßen.« Ein langes Instellungstehen einer Kompanie darf es nicht mehr geben. Die Kompanie ist möglichst gedeckt zu halten. Dies bedarf besonderer Absprachen mit den im Gefecht verbundenen Truppenteilen.

Für das Bataillon gilt der Grundsatz »Wie Ziethen aus dem Busch!« Nach Auftrag, Lage und Gelände sollte auch der Bataillonskommandeur analog zum Kompaniechef seine Kräfte einsetzen. Auch er sollte bestrebt sein, mit den nur unbedingt notwendigen Kräften den Gegner überraschend zu packen, seine Planung zu unterlaufen, ihn zum vorzeitigen Ansatz seiner Hauptkräfte zu zwingen und ihn im Zusammenwirken mit den anderen Truppen im selbst zu bestimmenden Gelände mit freien Kräften zu zerschlagen. Dabei sind die Kompanien so zu führen, daß das feindliche Artilleriefeuer vorzeitig herausgelockt und unterlaufen oder von den Kompanien umgangen werden kann. Auf keiner Führungsebene darf der Kampfpanzer LEOPARD 2 als Festungspanzer mißbraucht werden. Dieses verbieten der geringere Panzerschutz gegen Trefferwirkung von oben sowie seine hohe Beweglichkeit. So eingesetzt gibt der LEOPARD 2 dem Bataillonskommandeur und dem Kompaniechef die Chance, den Gegner initiativ, aggressiv und immer wieder überraschend zu schlagen. Er befähigt diese Führungsebenen, den Gegner frühzeitig mit Feuer anzufallen, immer wieder örtliche Überlegenheit zu gewinnen und sie zu nutzen, bei feindlicher Überlegenheit den Gegner bis zur Entscheidung durch die nächsthöhere Führungsebene zu halten sowie sich schnell wieder zu lösen und den Gegner ins Leere stoßen zu lassen, um ihn an neuer Stelle überraschend anzufallen.

12.4 Zusammenfassende Bewertung

Der Kampfpanzer LEOPARD 2 entspricht dem Bildungsstand, den Erwartungen und den Fertigkeiten unserer wehrpflichtigen Soldaten. Die technischen Leistungen, das Können der Panzerbesatzung mit diesem Kampfpanzer und die hohe Überlebensfähigkeit rechtfertigen die hohen Kosten für das Einbringen der modernsten Technologie. Das Können unserer wehrpflichtigen Soldaten und die technischen Leistungen dieses Systems in Verbindung mit den hohen Führungsanforderungen auf dem Gefechtsfeld verlangen einen Kommandanten mit dem Alter, dem Wissen, dem Erfahrungsstand und dem praktischen Können eines Feldwebels. Die Einstellung zum ständigen sowie im besonders angesetzten Technischen Dienst, einschließlich seiner Planung, Organisation und Durchführung, müssen noch erheblich verbessert werden. Die Einsatzgrundsätze der Panzertruppe sind für den Kampfpanzer LEOPARD 2 zu überdenken und so fortzuschreiben, daß die Panzertruppe nicht nur modern gerüstet, sondern auch zukünftig modern geführt und eingesetzt werden kann.

12.5 Folgerungen für die Zukunft

Durch eine höhere Standfestigkeit, eine weitere Leistungssteigerung in einigen Komponenten und Abstellung der im Truppengebrauch erkannten Schwächen wird der Kampfpanzer LEOPARD 2 auch in Zukunft seine Überlegenheit behalten. Zur Kampfkraft und Universalität eines Turmkampfpanzers mit dem Leistungsvermögen des Kampfpanzers LEOPARD 2 sehe ich z.Z. keine Alternative. Kasemattpanzer selbst mit Doppelrohr und Sturmgeschützen moderner Ausführung können höchstens als weiteres Glied im Gefecht der verbundenen Waffen bewertet werden und Teilaufgaben zur Entlastung des universell einsatzbaren Kampfpanzers übernehmen. Der Kampfpanzer wird auch in weiterer Zukunft das gefechtsentscheidende Mittel in der Hand des Truppenführers bleiben müssen. Ein konventionelles, hochleistungsfähiges Waffensystem wie der Kampfpanzer LEOPARD 2 kann in seiner Bedeutung für die Vorneverteidigung mit der Rolle der Pershing II und Cruises Missiles in der eurostrategischen Abschreckung verglichen werden. Bei der Zukunftsträchtigkeit des Kampfpanzers LEOPARD 2 sollte die Panzertruppe aber heute bereits überlegen, wie sie der Gefahr entgehen kann, das Los der Dinosaurier zu erleiden. Sie sollte wiederum unter Nutzung modernster Technologien ein Waffensystem entwickeln, das den ursprünglichen Zielen wieder näher kommt. Der Kampfpanzer muß kleiner und leichter werden, sollte das hervorragend ausgebaute Straßen- und Wegenetz autoähnlich nutzen können, die Erd- und Luftaufklärung wesentlich erschweren und sollte noch schneller und überfallartiger gegen den Feind eingesetzt werden können. Als Bonuseffekt ließen sich mit diesen Zielsetzungen auch Maßnahmen zur Energieeinsparung, zum Umweltschutz und zur Verringerung von Flurschäden verbinden. Auf der anderen Seite könnte mit einem solchen Kampfpanzer viel häufiger als bisher zu allen Tageszeiten und zu allen Jahreszeiten im Einsatzgelände geübt und der »Heimvorteil« auch voll genutzt werden. Hierin kann der Beitrag der Panzertruppe zur Abschreckung im Rahmen der Vorneverteidigung auch für die weitere Zukunft liegen.

13 Aspekte der Weiterentwicklung

Gemäß der Forderung aus der HDV »Truppenführung« sind »die Möglichkeiten des technischen Fortschrittes rechtzeitig zu erkennen, wesentliche Entwicklungen voranzutreiben und ihre Ergebnisse zur Erhöhung der Kampfkraft zu nutzen«. Bei dem stürmischen Verlauf des technischen Fortschritts veralten eingeführte Waffensysteme sehr schnell und müßten eigentlich durch neue, kampfwertgesteigerte ersetzt werden. Eine kurzfristige Ablösung komplexer Waffensysteme kann sich aber keine Volkswirtschaft mehr leisten. Der steigende Technisierungsgrad und der unverkennbare Kampfwertanstieg neuester Waffensystemgenerationen hat zu einer progressiven Kostenkurve geführt, auch unter Berücksichtigung der inflationären Preisentwicklung. Als Beispiele seien genannt:

KPz M 48	450 000,–	Preisstand 1958
KPz LEOPARD 1	1 000 000,–	Preisstand 1963
KPz LEOPARD 2	3 500 000,–	Preisstand 1980

Diese Zahlen sind abgerundete Werte und geben annähernd den Stückpreis wieder.

Die Nutzungsdauer eines Waffensystems wird bestimmt durch den noch erkennbaren Leistungsstand im Vergleich zu den gegnerischen Systemen und durch die Kostenwirksamkeit, wobei hier eine Relation zwischen den Kosten für eine Hauptinstandsetzung und dem Beschaffungspreis die Basis bildet.

13.1 Kriterien

Da der Kampfwert eines Waffensystems, bedingt durch technischen Fortschritt, erkennbare gegnerische Wirksamkeit und durch Gebrauch, mit fortschreitender Nutzung abnimmt, ist es Aufgabe von Nachrüstungen, möglichst lange einen hohen Kampfwert aufrechtzuerhalten. Die Grenze einer möglichen Kampfwertsteigerung wird immer von der Frage bestimmt, ob die Kosten im richtigen Verhältnis zum abgesunkenen Kampfwert stehen. Die Darstellung in der gegenüberliegenden Abbildung zeigt den Verlauf am Beispiel LEOPARD 1. Wobei hier die 5. Nachrüstung schon vorweggenommen wurde, obwohl sie noch nicht ausgeführt ist. Aber diese Anhebung ist notwendig, wenn dieses System erst ab 1999 abgelöst werden und unsere konventionelle Abwehrkraft erhalten bleiben soll. Die Ablösung bei der Bundeswehr geschieht auf der Basis des geteilten Generationswechsels. Bei der Abwägung des zeitlichen Ablaufs der Entstehung komplexer Waffensysteme, der Beurteilung der zeitlichen Verteilung technischer Ereignisse, dem Zwang durch die am Anfang genannten militärischen Forderungen und in dem volkswirtschaftlichen Bestreben, eingeführte Waffensysteme so lange wie irgend möglich zu nutzen, ist ein geteilter Generationswechsel bei Kampffahrzeugen ange-

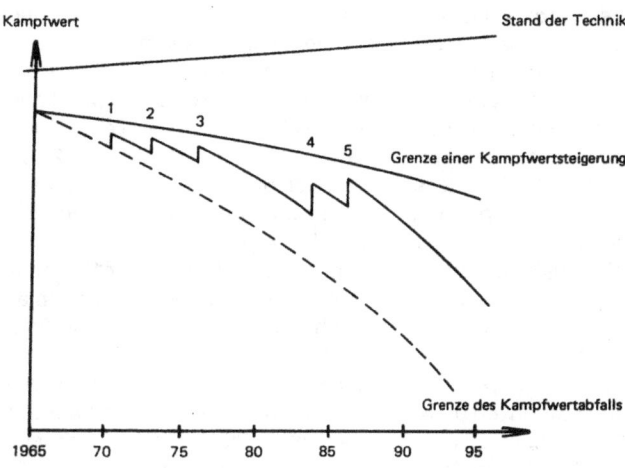

1. WSA
2. Div. Verbesserungen
3. Pz-Schutz
4. neue Munition
5. WBG + Feuerleitung

Kampfwertverlauf

strebt worden. Damit wird durch das Einschieben einer Gerätegeneration, bei gleichbleibender Dienstzeit von 30 Jahren, alle 15 Jahre der Kampfwert der Kampftruppe insgesamt angehoben. Möglichkeiten zur Kampfwertsteigerung des eingeführten Systems sind laufend zu prüfen und Voruntersuchungen für die kommende Generation durchzuführen. Orientieren muß sich diese Arbeit an den erkennbaren Ergebnissen der eigenen Panzerabwehrwaffenentwicklung, wobei hier anzunehmen ist, daß die gegnerischen Entwicklungen in die gleiche Richtung zielen. Erkenntnisse der militärischen Aufklärung und die Berichte der Truppe über die Erfahrung der Nutzung des eingeführten Systems sind gleichfalls heranzuziehen. Eine wirkungsvolle Berichterstattung und EDV-gestützte Auswertung[1] kann hier große Dienste leisten. Nicht unerwähnt darf bleiben, daß auch die Erfahrungen der Kampftruppe über veränderte taktische Einsatzgrundsätze berücksichtigt werden müssen. Erschwert wird diese Bewältigung der Kampfkraftanhebung bzw. Kampfwertsteigerung durch Nachrüstungen infolge wirtschaftlicher und politischer Zwänge. Wehretatsorgen in einer rezessiven Wirtschaft, Bündnisquerelen und -verpflichtungen engen den Spielraum erheblich ein. Trotzdem müssen bei der Bewältigung der Aufgaben alle Kräfte eingespannt werden, um dem Ziel weitgehend nahe zu kommen.

---

[1] Auswertung:
Die SERAV-N-Berichterstattung muß effektiver und darf nicht zur Pflichtübung werden.

13.2 Zeitpunkt

Nach jetziger Planung ist eine Ablösung der KPz LEOPARD 1-Generation zum Ende des Jahrhunderts zu erwarten, wenn man zwischenzeitlich neben der beschlossenen Nachrüstung einer elektronischen Feuerleitanlage und einer passiven Nachtsicht nicht auch die 105-mm-Waffe gegen eine 120-mm-Waffe austauscht und eine gewichtsmäßig verkraftbare Panzerschutznachrüstung, vielleicht durch aktive Panzerschutzpakete, vorsieht. Wenn die komplette mögliche Modernisierung durchgeführt würde, dann wäre eine Ablösung dieser Fahrzeuge erst weit nach dem Jahr 2000 gerechtfertigt. Diese längere Nutzungsdauer von Waffensystemen entspricht ganz dem Bericht der Langzeitkommission aus dem Jahre 1982 und wäre auch vertretbar.

Zur Ablösung stehen nur die 650 KPz M 48 mit der 105-mm-Waffenanlage an. Diese Kampffahrzeuge wären zweckmäßig in den 90er Jahren durch ein 6. Los KPz LEOPARD 2 zu ersetzen.

Heute schon sollte man sich Gedanken darüber machen, wie der Kampfwert des LEOPARD 2 noch weiter gesteigert werden kann, ohne daß man die Konzeption dieses Systems grundsätzlich ändert. Der jetzt erreichte Kampfwert ist Meßlatte für alle folgenden Entwicklungen. Noch sind nicht alle technischen Möglichkeiten taktisch erkannt und ausgewertet. Deshalb ist es auch verfrüht, heute schon »Taktische Forderungen« für einen Nachfolgepanzer LEOPARD 3 im Jahre 2000 und danach zu erarbeiten. Es ist deshalb auch vertretbar, daß alle Aktivitäten der Konzeptphase für einen LEOPARD 3 gestoppt und dieser in die Konzept-Vorphase verwiesen wurde.

13.3 Betrachtung

Trotzdem scheint es sinnvoll, die 3 Kampfwertparameter zu betrachten und zu überlegen, welche Änderungen und Verbesserungen aus heutiger Sicht zur Kampfwertanpassung des LEOPARD 2 zu erwarten und möglich sind.

13.3.1 Beweglichkeit

Eine Besserung wird nicht angestrebt, denn man stößt heute schon bei Ausschöpfung der Trieb- und Laufwerksleistung im Gelände an eine für die Besatzung physische Grenze. Auch die Höchstgeschwindigkeit auf Straßen ist nicht steigerungswürdig, wohl aber eine Minimierung der dabei auftretenden Schwingungen. Schwingungsarme Kettenkonstruktionen, bei möglichst gleicher Dauerstandfestigkeit in Verbindung mit nachrüstbaren konstruktiven Maßnahmen in Fahrgestell und Turm zum Abbau der Resonanzen, wären Verbesserungsziele. Wobei eine neue Kette[2] als Verschleißteil jederzeit einfließen kann.

13.3.2 Feuerkraft

Der Beitritt der USA zur 120-mm-Waffen- und Munitionsentwicklung[3] und die Parallelentwicklung der Franzosen wird weitere Munitionstypen erwarten lassen.

13.3.2.1 Rechner

Der im LEOPARD 2 vorhandene Hybridrechner erlaubt keine Erweiterung. Deshalb sollte eine Um- und Nachrüstung auf einen Digitalrechner erfolgen. Die Entscheidung für die Einbringung in das 5. Los ist prinzipiell gefallen, und auch der Schweizer Nachbau wird diesen Weg gehen. Erwartet wird dadurch eine größere Zuverlässigkeit, und die sollte Anlaß sein, auch die Feuerleitsensoren zu digitalisieren. Allerdings stehen dem zur Zeit noch wirtschaftliche Gründe entgegen. Die Digitalisierung der Ballistiken steht unter der Forderung, sich den vorhandenen Schnittstellen anzupassen.

Bei dem Technologiesprung der elektronischen Bauelemente würde die Einführung der neuesten Produkte eine weitere Zuverlässigkeitssteigerung erbringen, aber auch eine Schnittstellenanpassung notwendig machen. Es wäre abzuwägen zwischen logistischer Gleichheit und Verfügbarkeit.

Die mit dem neuen Rechner erreichte Flexibilität in den Ballistiken könnte im Ernstfall von großer Bedeutung sein, denn eine Versorgung durch die US-Logistik ist bei unserer Lage und der mangelnden Tiefe unseres Raumes entscheidend. Unter dieser Prämisse sollte die Entscheidung über die Umrüstung der schon ausgelieferten Kampfpanzer LEOPARD 2 beurteilt werden.

13.3.2.2 Laser

Die taktische Bedeutung der integrierten Nachtsichtoptik mittels Wärmebild ist erst nach Einführung voll erkannt worden, weil man dadurch auch bei schlechten Tagsichtbedingungen, bei Nebel und Dunst, voll einsatzfähig ist. Dem steht nur die Einsatzgrenze des Neodym-Yag-Lasers entgegen. Bei ungünstigen Tagsichtbedingungen kann das Messen der Entfernung mittels CO_2-Laser nur nach möglicher Aufklärung durch das Wärmebild zum sicheren Treffer führen. Als Nebeneffekt wäre die Ungefährlichkeit dieses Lasers zu erwähnen, sie könnte noch vorhandene Bedenken bei der Ausbildung am Laser zerstreuen. Eine Einführung wäre aber nur zu vertreten, wenn ein Baugruppentausch im EMES 15 gegeben wäre.

13.3.2.3 Nachtsicht

Die vorerwähnte Bedeutung der Wärmebildoptik – auch für den Tageinsatz – läßt natürlich die Frage auftauchen, ob ein hervorstechendes Merkmal des LEOPARD 2-Konzepts, die unabhängige Kommandantenoptik, bei der jetzigen Verknüpfung mit dem Richtschützenzielgerät für den Nachtkampf nicht weitgehend verlorengegangen ist. In Konse-

---

2 Kette:
  Mehrere Kettenentwicklungen werden umfangreichen Erprobungen unterzogen, die ein Optimum von Dauerstandfestigkeit **und** Schwingungsarmut anstreben.

3 Munitionsentwicklung:
  Mit den USA und Frankreich wurden in Regierungsvereinbarungen Schnittstellen insbesondere des Ladungsraumes der 120-mm-Kanone maßlich festgelegt. Innerhalb dieser Festlegungen bemühen sich alle 3 Staaten, die Munitionstypen in ihrer Leistung zu steigern und neue zu entwickeln.

quenz dieser Erkenntnis müßte dem Kommandantenperiskop eine eigene Wärmebildoptik integriert werden. Es wird dies sicherlich nicht mit den heutigen Komponenten der WBG-Optik, den US-Common Modules, erreichbar sein, denn diese bauen zu groß, aber die Fortentwicklung zur 2. Generation läßt eine Volumenverkleinerung erwarten und damit einen volumenmäßig vertretbaren Ausblickkopf eines Kdt-Periskops.

13.3.2.4 Laserwarngerät

Der Einsatz von Lasern hat auch auf östlicher Seite Eingang gefunden. Ein in gedeckter Stellung getarnter Gegner lasert und könnte erkannt werden, wenn ein Laserwarngerät vorhanden wäre. Diese mögliche Warnung bezieht sich nicht auf die Bekämpfung durch einen feindlichen Panzer, denn die Zeit zwischen einer Anlaserung und der Schußauslösung würde nicht ausreichen, sich dieser Bedrohung zu entziehen. Wohl ließe aber die Warnung vor einem lasergesteuerten Flugkörper noch Zeit für eine Reaktion des gewarnten Kampffahrzeuges.

13.3.2.5 Passives Entfernungsmeßgerät

Die mögliche Laserortung führt zwangsläufig zu der Frage, ob es denn nicht an der Zeit wäre, sich wieder der passiven Entfernungsmessung zu erinnern. In der Anfangsphase der LEOPARD 2-Entwicklung wurde durch die Fa. Leitz noch kein Durchbruch erreicht, aber zwischenzeitlich ist die Entwicklung weitergegangen, mittels Infrarotsensoren ist man nunmehr in der Lage, durch Korrelation bei Tag und Nacht die Entfernung zu messen. Bei diesem Entfernungsmesser geht es darum, auf triangulierende Weise mit Hilfe von aus dem optischen Bild herausgefilterten Signalen die Entfernung zu bestimmen. Da man zum Bekämpfen eines Zieles dasselbe sehen muß, liegt also ein optisches Bild vor. Das kann im sichtbaren Spektrum oder als Wärmebild möglich sein. Der Filterprozeß wird mittels schwingender optischer Gitter realisiert, die gefilterte Information wird Detektoren zugeführt, die die optischen Signale in elektrische umwandeln. Letztere werden nun auf ihre Phasenlage untersucht, die Phasendifferenz zwischen den vom linken und rechten Bildkanal (hierdurch wird die Triangulation möglich) stammenden Signale ist direkt eine Funktion der Entfernung. Natürlich arbeitet das Gerät im geschlossenen Regelkreis. Im Augenblick ist eine bispektrale Lösung in Bearbeitung, die umschaltbar entweder im sichtbaren oder im infraroten Spektralbereich arbeitet.

13.3.2.6 IFF

Wenn von Warngeräten gesprochen wird, dann sollte die Freund-Feind-Kennung nicht vergessen werden. Das nach einem möglichen Schlagabtausch zu erwartende »Karussell« durch vorstoßende Feindpanzer, gegenstoßende eigene Panzer wird es nicht leicht machen, den Gegner zu selektieren, besonders bei Nacht und schlechtem Wetter.

Das gleiche gilt auch für die Kennung der Panzerabwehrhubschrauber und anderer Kampffahrzeuge. Für die Luftabwehr ist die Entwicklung von IFF-Geräten (Freund-Feind-Kennung = **I**dentification **F**riend or **F**oe) bereits erfolgt; sie müßte nur den Bedürfnissen des Heeres angepaßt werden. Es erweist sich im Augenblick als sehr schwierig, ein Nato-übergreifendes Identifizierungssystem zu schaffen. Ein Großteil der jetzt in der Nato eingeführten IFF-Geräte ist überaltert und unzuverlässig. Die Einführung neuer Geräte scheiterte an der tiefgreifenden Meinungsverschiedenheit über das Frequenzband, in dem das Abfrage- und Antwortsystem betrieben werden soll.

13.3.2.7 Tarnung

Warnen und Tarnen haben einen hohen Stellenwert bei allen Kampffahrzeugen. Dem entspricht die Entscheidung, zukünftig alle Fahrzeuge[4] mit einer Fleckentarnung zu versehen. Der auch von den USA erwählte deutsche Dreifarbentarnanstrich mit den Farben: Bronzegrün, Lederbraun, Teerschwarz soll die Entdeckungswahrscheinlichkeit gegenüber dem unifarbigen Olivanstrich um mehr als die Hälfte und gegenüber den anderen Fleckenanstrichen um etwa ein Drittel verringern.

Die jetzt mögliche Tarnung durch Einnebelung entspricht nicht mehr den heutigen Erfordernissen. Die Ausbildung des Nebels erfolgt zu langsam, und die Forderung nach einem Spontannebel hatte ihre Berechtigung. Der zum Einsatz kommende zukünftige Nebel soll aber nicht nur tarnen, sondern auch täuschen. Die in jüngster Vergangenheit entwickelten elektro-optischen (eo) und optronischen Systeme, die den weiten Bereich des elektromagnetischen Spektrums der UV-, sichtbaren-, infraroten-, mm-und cm-Wellen zur Zielerfassung, -erkennung, -identifizierung und -verfolgung ausnutzen, haben dazu geführt, daß die Gefechte bei Tag und Nacht und bei jedem Wetter und aus größter Entfernung mit hoher Treffgenauigkeit geführt werden können. Um dieser Bedrohung zu begegnen, werden Breitbandtarnnebel zum Selbstschutz eingesetzt mit dem Ziel, die Sichtlinie der direkt gerichteten Waffen oder den eo-Strahl feindlicher Lenkflugkörper im jeweiligen optronischen Bereich zu unterbrechen. Diese neuen Breitbandtarnnebel bewirken

○ eine optische und thermische Sichthemmung der gegnerischen Richtschützen vor/beim Abschuß drahtgelenkter Flugkörper,
○ einen Schutz vor laser- und infrarotgelenkten Flugkörpern,

und erlauben

○ taktische Manöver und Beziehen einer Wechselstellung unter Schutz in kritischen Situationen,
○ das Ausbooten unter Schutz aus einem manövrierunfähigen Fahrzeug.

---
[4] Fleckentarnung:
Alle Kampfpanzer des 5. Fertigungsloses erhalten den neuen Tarnanstrich.

Dieser neue Nebel ist ein künstlich in der Atmosphäre erzeugtes Aerosol von Feststoffen, Flüssigkeiten oder Gasen, welches aufgrund seiner chem.-phys. Eigenschaften wie Emission, Absorption und Streuung die Durchlässigkeit für sichtbares Licht sowie die thermische Strahlung herabsetzt, so daß eine Zielerfassung durch optische und optronische Sensoren nicht mehr möglich ist. Von der eingeführten Nebelwurfanlage des Kalibers 76 mm am KPz LEOPARD 2 kann jetzt eine breitbandig wirkende Nebelwand in ca. 40 m Entfernung mit folgenden Dimensionen gebildet werden:

Breite ca. 70–80 m
Höhe ca. 7–12 m
Tiefe ca. 5–10 m

Die Nebelwand kann innerhalb von 3 sec aufgebaut und über eine taktisch ausreichende Wirkzeit aufrechterhalten werden.

Wirkspektrum: sichtbar, nahes IR (1.06 µm),
thermische IR (3–5 µm und 8–12 µm)

Die im Millimeterwellenbereich wirksamen Nebel für radargelenkte Flugkörper befinden sich derzeit in der Entwicklung, erste Erfolge zeichnen sich ab.

13.3.2.8 Feldjustierung

Mit großen Hoffnungen wurde der am 105-mm-Kanonenrohr erprobte Feldjustierkollimator in das Waffensystem mit 120-mm-Waffenanlage übernommen, weil hier erstmalig dem Richtschützen Gelegenheit gegeben war, von seinem Platz im Panzer das Zusammenspiel zwischen Rohr und Richtanlage zu überprüfen. Leider war die Komponente den Belastungen der 120-mm-Waffenanlage nicht gewachsen. Alle Kampfpanzer werden ohne Kollimator ausgeliefert. Dank der guten Justierbeständigkeit des Systems hat sich das Fehlen wenig negativ bemerkbar gemacht, es wäre aber an der Zeit, nunmehr eine brauchbare technische Lösung[5] zum Einsatz zu bringen.

13.3.2.9 *Feuergeschwindigkeit*

Für die Beurteilung der Feuerkraft ist nicht nur die Treffgenauigkeit der Feuerleitanlage und die Durchschlagsleistung der Waffenanlage und der Munition entscheidend, sondern auch die Feuergeschwindigkeit des Zweitschusses. Das Tempo der Handhabung einer ca. 20 kg schweren Patronenmunition durch einen Ladeschützen ist begrenzt, besonders beim Schießen aus der Fahrt. Eine vertretbare Bewältigung dieser Schwerhandarbeit macht eine stehende Position für den Ladeschützen im Kampfraum notwendig. Die Auslegung dieses Stehplatzes für einen 95-Percentil-Mann ergab die jetzige Turmhöhe des LEOPARD 2.
Zur Leistungssteigerung der Feuergeschwindigkeit führen 2 Wege:

A) Arbeitserleichterung für den Ladeschützen durch eine sitzende Position und Unterstützung durch eine Ladehilfe,
B) Entfall des Ladeschützen und Einbringung einer Ladeautomatik.

Weg A bringt zwar keine Steigerung, wie sie gewisse Konzepte des Webes B ermöglicht, hat aber den Vorteil, den 4. Mann als Besatzungsmitglied zu erhalten. Viele Praktiker, unter anderen auch die kampferprobten Israelis, glauben auf das 4. Besatzungsmitglied nicht verzichten zu können, weil durch die Nachtsichtfähigkeit der 24-Stunden-Kampftag Wirklichkeit wurde und damit die Beanspruchung der Besatzung ein Maß erreicht hat, das nicht mehr überboten werden sollte. Die Automatisierung des Ladevorganges kann je nach Konzeption eine große Feuergeschwindigkeit erbringen, erkauft dies aber durch eine weitere Komplexität des Systems mit einhergehender Minderung der Zuverlässigkeit und Steigerung der Kosten.
Trotzdem wird möglicherweise die Gestaltung und Unterbringung einer Ladeautomatik die Kampfpanzergeneration des Jahres 2 000 bestimmen. Da auf westlicher Seite nur die Ergebnisse aus der KPz70-Entwicklung und dem S-Panzer vorliegen und von östlicher Seite nur der Lader aus dem KPz T 72 in einer Zeichnung bekannt wurde, wird in dieser Technik Neuland betreten. Der seit vielen Jahren gut funktionierende Lader im S-Panzer (Kasematte) kann bei der weiteren Betrachtung ausgeklammert werden, denn durch die feststehende Kanone ist die Unterbringung und Funktion dieses Laders eine einfache und problemlose Konstruktion. Trotzdem muß angenommen werden, daß die Zeit reif ist, eine gute Lösung für Turmpanzer zu schaffen, denn der vielfache Einsatz von Industrierobotern kann die Basis liefern für die Entwicklung dieser Panzerbaugruppe. Interessant ist in diesem Zusammenhang die Entwicklung einer Ladeautomatik durch einen führenden Roboterlieferanten in der Bundesrepublik Deutschland. Die Umsetzung eines Industriegerätes in ein Wehrgerät macht es aber notwendig, die spezifischen Eigenschaften eines Wehrgerätes hier kurz aufzureißen:
○ Volle Funktionsfähigkeit bei äußeren Belastungen durch Stöße und Schwingungen,
○ volle Einsatzbereitschaft im gesamten Temperaturbereich von −30° bis +40°,
○ Unempfindlichkeit gegen Sand, Staub und Feuchtigkeit,
○ einfache Redundanz durch manuellen Notbetrieb,
○ Sicherheit bei Fehlfunktion,
○ wegen Brandgefahr möglichst nur elektrische oder pneumatische Steuerung mit elektromagnetischer Verträglichkeit zu anderen Baugruppen.

Bei Aufzählung dieser wesentlichsten Forderungen wird schon der Unterschied zu zivilen Entwicklungen deutlich. Für die Unterbringung eines Ladeautomaten im Turmheck wird zur Zeit in der Bundesrepublik in drei Firmen bzw. Firmengruppen an der Entwicklung gearbeitet. Eine Firma arbeitet schon längere Zeit im Auftrag des Ministeriums, dagegen haben die anderen Firmen diese Entwicklung aus eigenen Mitteln begonnen. Ein Teil der Firmen verwendet Erkenntnisse aus dem KPz70-Programm.

---

[5] Feldjustierkollimator:
Noch liegt keine brauchbare Lösung zur Nachrüstung vor.

Die Unterbringung im Turmheck bringt eine Fortsetzung der heutigen Unterbringung der Bereitschaftsmunition im LEOPARD 2 mit den Möglichkeiten des Schutzes und den Nachteilen des Ortes. Je nach Forderung an die sofort verfügbare Munitionsmenge wird die gesamte oder nur ein Teil der Turmheckfläche in Anspruch genommen. Zum Laden der Waffe muß diese immer in der Höhe eine Indexposition beziehen.

Wird nur ein Teil der Munition als Bereitschaftsmunition im Turmheck gelagert, dann kann ein Bandlader quer zur Turmlängsachse eingebaut werden. Wenn der Lader raumspa-

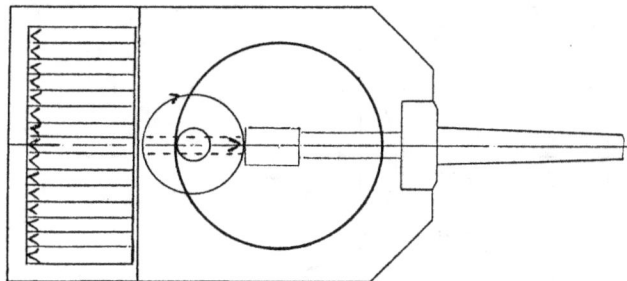

Bandlader quer zur Turmlängsachse mit Manipulator

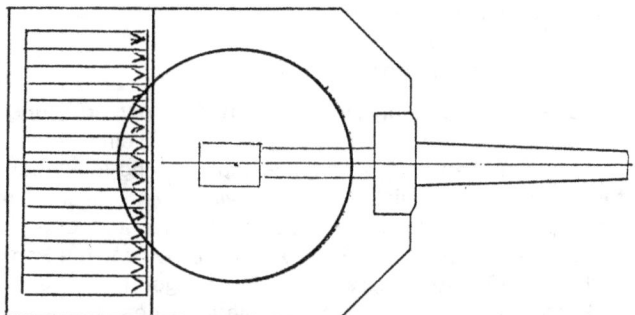

Bandlader quer zur Turmlängsachse

rend im Heck untergebracht werden soll, ist leider nicht zu umgehen, die Munition mit der Spitze des Geschosses zum Kampfraum im Transportband zu lagern. Da im Band bei Treffer im Magazin eine Ausbreitung und Übergreifen des Brandes auf alle Geschosse nicht zu verhindern sein wird, tritt durch diese Lagerung für die Besatzung eine ernste Bedrohung ein. Der Ladevorgang auf einer Ebene vom Band im Magazin in den Laderaum der Kanone macht eine einfache Vorschub- und Ansetzvorrichtung nur in einer Richtung möglich. Dabei kann der Ansetzer gleichzeitig die Entnahme aus dem Transportband übernehmen. Ein einschwenkbares Zwischenglied, Schale oder Röhre, überbrückt beim Ansetzen den Raum zwischen Magazin und Verschluß. Das Transportband besteht aus einzelnen Kassetten, in denen sich klappbare Haltebacken befinden. Beim Laden muß durch Aufklappen der Weg freigemacht werden für den überstehenden Rand des Kartuschbodens. Dies wiederum kompliziert diesen querliegenden Ladeautomat hinter der Waffe.

Wenn man die gefahrbringende Lagerung der Munition mit Spitze zum Kampfraum vermeiden will, muß man zwischen Waffenbodenstück und Transportband einen Manipulator schalten, der die entnommene Patrone zur Ansetzposition umdreht. Bei der sicheren Lagerung der Patronen ist der große Raum (Länge der Patrone) für das Umdrehen zu erwähnen. Gegenüber einer Ladeschützenanordnung wird kein Raum gewonnen, und da dieser Raum geschützt werden muß, auch kein Gewicht. Außerdem wird die Zeit für den Ladevorgang verlängert. Das Transportband mit den Haltebacken für die Patrone kann gegenüber der ersten Version

vereinfacht werden, aber zusätzlich ist der Manipulator (Drehscheibe) in die Überlegung einzubeziehen.

Soll die gesamte Munition im Turmheck gelagert werden, werden drei Lösungen aufgezeigt:

1. Fischgrätenförmige Anordnung der Patronenhalterungen. Ähnlich dem jetzigen Wannenbunker befindet sich die Patrone in festen Halterungen. Ein Ansetzmechanismus auf einem Schlitten entnimmt die gewünschte Patrone und führt sie der Waffe zu.

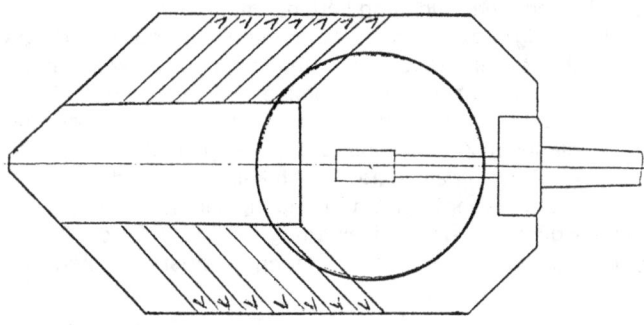

1. Lösung

2. Rotationsanordnung der Patronenhalterungen. Auch hier feste Halterungen für die Patronen. Ein drehbarer Ansetzmechanismus entnimmt die gewünschte Patrone und führt sie der Waffe zu.

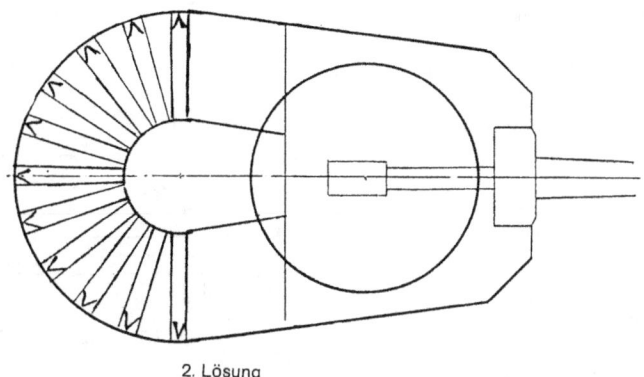

2. Lösung

Unterschiedliche Unterbringungsmöglichkeiten des Laders im Turmheck

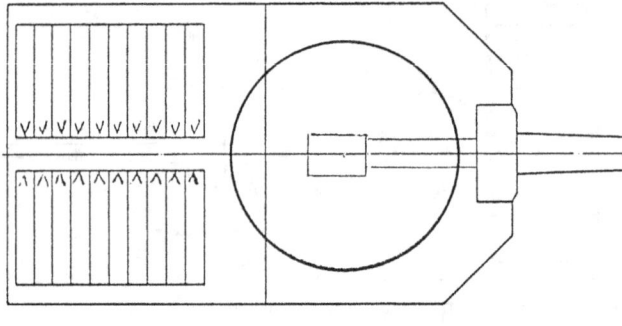

3. Lösung

3. Parallele Bandlader
Zwei parallel zur Turmlängsachse angeordnete Bandlader führen die Patronen einem Ansetzmechanismus an der Trennwand zum Kampfraum zu. Dieser entnimmt die Patronen, schwenkt sie und führt sie der Waffe zu.

Allen drei Möglichkeiten gemeinsam sind drei Bewegungsrichtungen der Patrone:
- aus dem Magazin seitlich oder nach hinten,
- Schwenkung in Rohrrichtung,
- Bewegung in Richtung Ladungsraum.

Nachteilig ist das große Turmheck und die dadurch bedingte große Projektionsfläche der Munition, die sehr verwundbar gegen die Luftbedrohung Bomblets, Splitter oder PARS 3. Generation ist. Die Unwucht am Turm im beladenen und unbeladenen Zustand soll nach Aussage auch beim stabilisierten Turm regelungstechnisch kein Problem darstellen.

Alle Lösungswege zur Unterbringung der Munition im Turmheck gestatten eine Verkleinerung der Turmhöhe, der Flachturm käme zur Anwendung. Die nur in einem Fall mögliche Volumenverkleinerung, verbunden mit einer Gewichtsminderung, kann zur Schutzerhöhung ausgeschöpft werden. In den anderen Fällen ist eine neue Schutzbetrachtung anzustellen.

13.3.3 Überlebensfähigkeit

13.3.3.1 Turmdecke

Besonders dringlich scheint die Schutzverbesserung der Turmdecke. Die Schutzforderung nach Auftreten der Bomblets und der Bekämpfungsart des Panzerabwehrraketensystems (PARS 3)[3] der 3. Generation – top attack – hat eine andere Dimension erfahren.

13.3.3.2 Aktivpanzerung

Für diesen Verwendungszweck scheint die Aktivpanzerung, die als Syntaktverbundpanzerung (wabenartig eingelagerte Sprengstoffpillen) oder als Sandwichpanzerung (eingebettete Sprengstoff-Folie) konzipiert wird, eine geeignete Lösung. Die Israelis hatten dies als Zusatzpanzerung im Libanonfeldzug an ihren KPz M 60, CENTURION und der Panzerhaubitze M 109 erfolgreich zum Einsatz gebracht. Dieser wirkungsvolle Schutz gegen Hohlladungsgeschosse ist weniger gewichtsaufwendig als die herkömmliche Verbundpanzerung. Bezogen auf homogenen Panzerstahl wird bei

---

6 PARS 3:
In der Erkenntnis, in Zukunft die Frontpanzerung moderner Panzer mit einer Hohlladung nicht mehr durchdringen zu können, beabsichtigt man, diese Entwicklung so zu steuern, daß der Lenkflugkörper im Winkel von 30° die Panzer von oben trifft. Entweder durch Steuerung der Endphase in einen Sturzflug oder Überfliegen des Panzers durch einen LFK, dessen Hohlladung winklig zu seiner Längsachse angeordnet ist. Der Gefechtskopf wird beim Überfliegen durch einen Annäherungszünder zur Detonation gebracht.

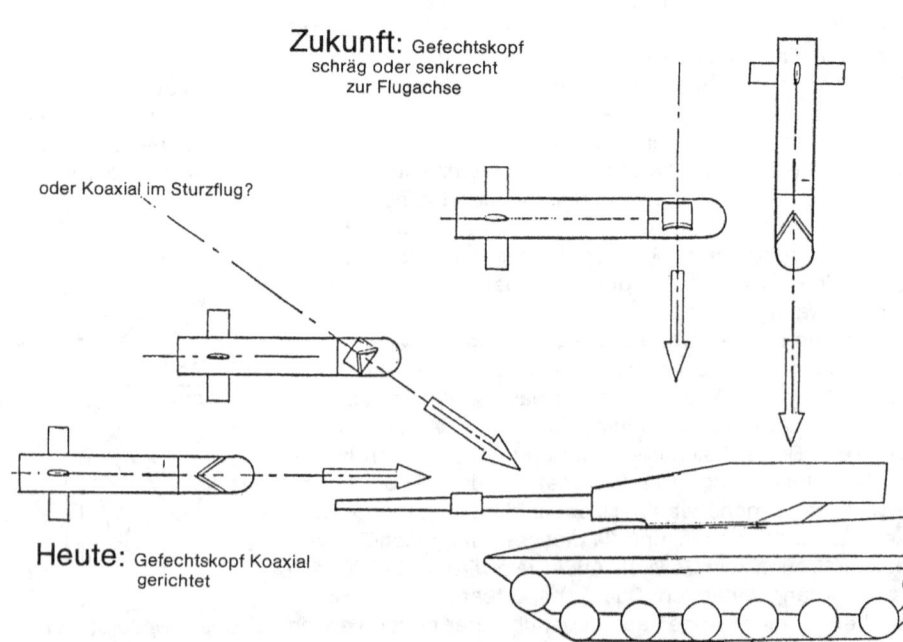

Zukunft: Gefechtskopf schräg oder senkrecht zur Flugachse

oder Koaxial im Sturzflug?

Heute: Gefechtskopf Koaxial gerichtet

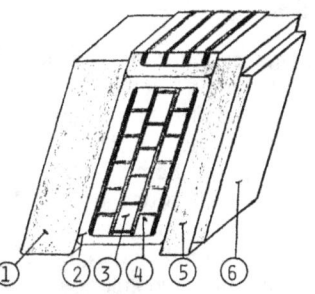
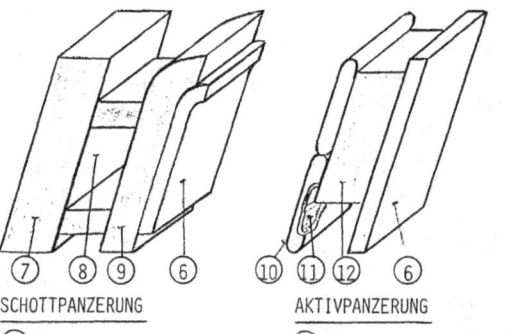

VERBUNDPANZERUNG
① HAUPTPANZERUNG
② SONDERPANZERUNGSELEMENT
③ KERAMIKPLATTE
④ TRÄGERMATERIAL
⑤ PANZERPLATTE
⑥ STRAHLENSCHUTZSCHICHT

SCHOTTPANZERUNG
⑦ AUSSENSCHOTT
⑧ SCHOTTRAUM
⑨ INNENSCHOTT

AKTIVPANZERUNG
⑩ AKTIVPANZERUNGSELEMENT
⑪ SPRENGSTOFF
⑫ HAUPTPANZERUNG

Moderne Panzerungen

13.3.3.4 Elektrische Richtanlage

Wie vorab dargestellt, würde eine Ladeautomatik im Turmheck untergebracht werden. Der jetzt dort vorhandene Platz für die Energiezentrale der Waffennachführanlage würde damit entfallen. Bei der Suche nach einer kleineren und leichteren Turm- und Waffenrichtanlage, die zudem sicherer ist und auch billiger sein könnte, würde die elektrische Richtanlage der Fa. AEG zum Tragen kommen können. Hierbei handelt es sich um transistorgesteuerte elektromotorische Antriebe. Der Seitenrichtantrieb ist in konventioneller Bauart mit Motor und Getriebe ausgeführt, während der Höhenrichtantrieb mit Motor und Gewinderollspindel ausgebildet ist. Die Steuerung der Motoren erfolgt über eine Leistungselektronik, die an beliebiger Stelle im Turm verstaut werden kann. Die unten dargestellte Anlage ist bereits im Jahr 1982 erfolgreich in einem Vorserienturm LEOPARD 2 erprobt worden, wobei alle Leistungsdaten, die für das Richt- und Stabilisierungsverhalten der elektrohydraulischen Waffennachführanlage des LEOPARD 2 spezifiziert sind, auch von dieser Anlage erfüllt wurden. Darüber hinaus konnten folgende weitere Vorteile nachgewiesen werden:

Bei stabilisierter Geländefahrt beträgt der Energiebedarf des E-Antriebes nur ein Drittel der Leistung, die von der elektrohydraulischen WNA im LEOPARD 2 gebraucht wird,

gleichem Gewicht der Aktivpanzerung eine Reduzierung von Durchgangsstrecken sowohl von Hohlladungs- als auch von Wuchtgeschossen erreicht. Da derartige kampfwertbestimmende Entwicklungen einer strengen Geheimhaltung unterliegen, können verständlicherweise keine Zeichnungen und Bilder geboten werden. Die obigen Prinzipskizzen sollen dem Leser nur einen Anhalt geben.

13.3.3.3 Nuklearschutz

Für den KPz LEOPARD 2 bestand keine TaF für Nuklearschutz, mit Ausnahme der ABC-Anlage. Die neuerdings aufgetretene Bedrohung durch Neutronenbomben macht die Frage dringlich, wie weit Mensch und System gegen Strahlung widerstandsfähig sind. Es ist notwendig, dafür zu sorgen, daß die Einsatzbereitschaft beider Komponenten von gleicher Güte und Dauer ist. Eine Nuklearanalyse wird die Grenzen beider Komponenten ermitteln. Sollten Teile des Systems schwächer sein als der Mensch, dann sind diese zu härten; im anderen Fall ist die Frage zu prüfen, welcher Schutz eingebracht werden müßte, um die Komponente Mensch der Leistungsfähigkeit des Systems anzupassen.

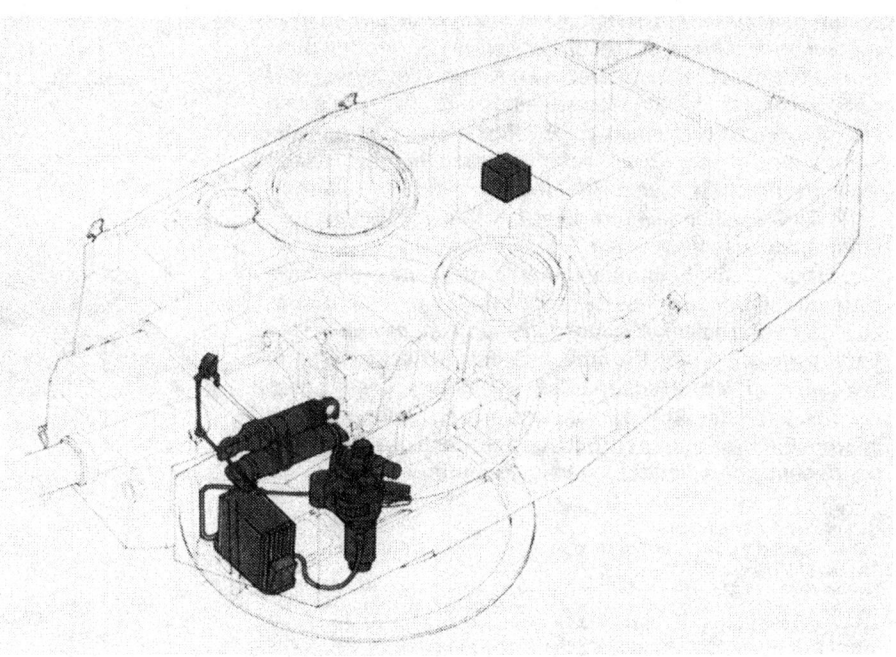

Integrierung der elektrischen Richtanlage

wodurch das Bordnetz sehr viel weniger belastet wird. Das Gesamtgewicht der elektrischen WNA beträgt nur 85% des Gewichtes der hydraulischen WNA, und das beanspruchte Einbauvolumen ist gegenüber der hydraulischen Anlage sogar um 50% geringer. Auch von der Kostenseite her liegt der E-Antrieb günstiger, zunächst schon bei Beschaffung, Einbau und Inbetriebnahme, dann aber auch wegen des minimalen Aufwandes an Pflege und Wartung in der Nutzungsphase. Schließlich verdient besondere Erwähnung, daß mit diesem Antrieb der Nachweis erbracht wurde, einen Turm der Gewichtsklasse und des Trägheitsverhaltens des LEOPARD 2 unter Verwendung des vorhandenen 28V-Gleichstrombordnetzes stabilisieren zu können.

Der von der Fa. Honeywell entwickelte digitale elektrische Turmrichtantrieb erbringt seine hohe Leistung in einem 115-Volt-Drehstrombordnetz. Da die Leistungsgrenze eines Gleichstrombordnetzes bei der jetzt im LEOPARD 2 erreichten gesehen wird, könnte mit der Einbringung einer Ladeautomatik und weiterer Verbraucher die Grenze überschritten werden. Dann müßte man notwendigerweise an ein 115-V-Drehstromnetz denken.

13.3.3.5 Feuerunterdrückungsanlage

Der Kampfpanzer LEOPARD 2 besitzt im Triebwerkraum eine automatische Feuerlöschanlage, die mit der im LEOPARD 1 identisch ist. Die Erkenntnisse und Erfahrungen des letzten Nahost-Krieges ließen es ratsam erscheinen, auch im Kampfraum eine Feuerlöschanlage zu installieren. Die Israelis erkannten die große Gefahr, die durch das Zusammenwirken von glühenden Geschoßteilen oder dem Hohlladungsstrahl mit den brennbaren Betriebsmitteln wie Hydrauliköl und Kraftstoff entsteht. Explosionen und Totalausfall des Panzers waren die Folge. Die Fachfirmen nahmen sich der erhobenen Forderung nach einer automatischen Explosionsunterdrückungsanlage an und entwickelten entsprechende Geräte. Einbauuntersuchungen und Festlegung der Ausströmdüsen für das Löschmittel und der Sensoren erfolgten nach Erprobung bei der E-Stelle 91 und würden die Einbringung in die Serie sofort möglich machen. Nicht logisch erklärbare Hemmnisse haben das bisher verhindert[7]. Die Niederlande waren sofort bereit, dieser Zusatzausrüstung zuzustimmen. Die Schweiz entschied sich im Lizenzbau für die Einbringung dieser zusätzlichen Schutzeinrichtung. Das Löschsystem ist in der Lage, eine brennbare, explosionsfähige Atmosphäre im Kampfraum eines Panzers innerhalb von 150 ms vom Zeitpunkt der Zündung zu melden und abzulöschen bzw. zu unterdrücken. Das Löschmittel Halon 1301 ist nicht toxisch und hinterläßt keine irreversiblen Verletzungen/Schäden bei der Besatzung oder den technischen Einrichtungen im Kampfraum.

13.3.4 Zusammenfassung

Die aufgeführten Kampfwertsteigerungen können einzeln oder im Verbund zur Einführung kommen. Die beiden panzerbauenden Firmen Krauss-Maffei und Krupp MaK in Verbindung mit dem Turmbauer Wegmann und ihren Unterlieferanten waren beauftragt, je 2 Lösungen als Kombination vorerwähnter Einzeländerungen zu erarbeiten und vorzustellen, wobei einfache und komplexe Lösungen erwartet wurden[8]. Bei diesen Aufgaben wurde davon ausgegangen, die Beweglichkeit, dargestellt im jetzigen Fahrgestell des LEOPARD 2, zu belassen. Eine 5. Aufgabe behandelte eine komplexe Änderung im Turm (Flachturm, Ladeautomat u.a.)

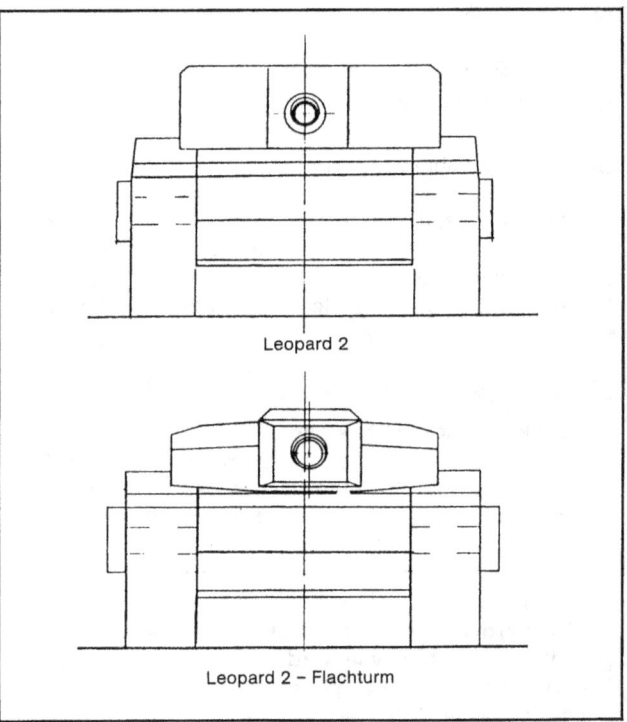

Leopard 2

Leopard 2 – Flachturm

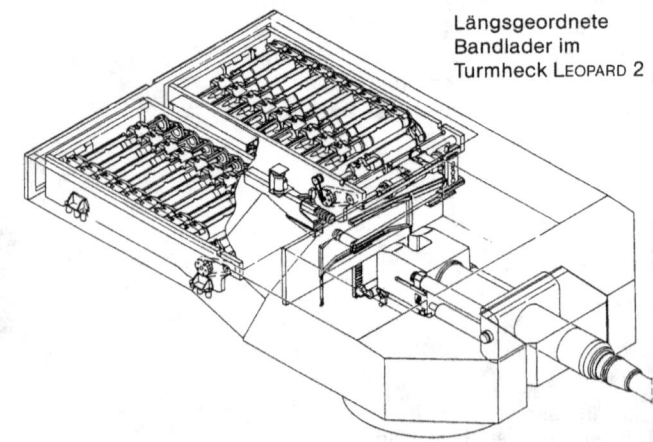

Längsgeordnete Bandlader im Turmheck LEOPARD 2

---

7 Brandunterdrückungsanlage:
  Diese Anlage wird in das 5. Serienlos eingebracht.
8 Kampfwertsteigerung:
  In einer Konzeptfindung sollten die Firmen Lösungen erarbeiten, die einzeln oder im System LEOPARD 3 zu einer neuen Panzerentwicklung führen sollte. Nach einer BMVg-Entscheidung vom Herbst 84 ist diese Arbeit gestoppt worden, und alle Aktivitäten für einen LEOPARD 3 sind in die Konzept-Vorphase zurückverwiesen worden.

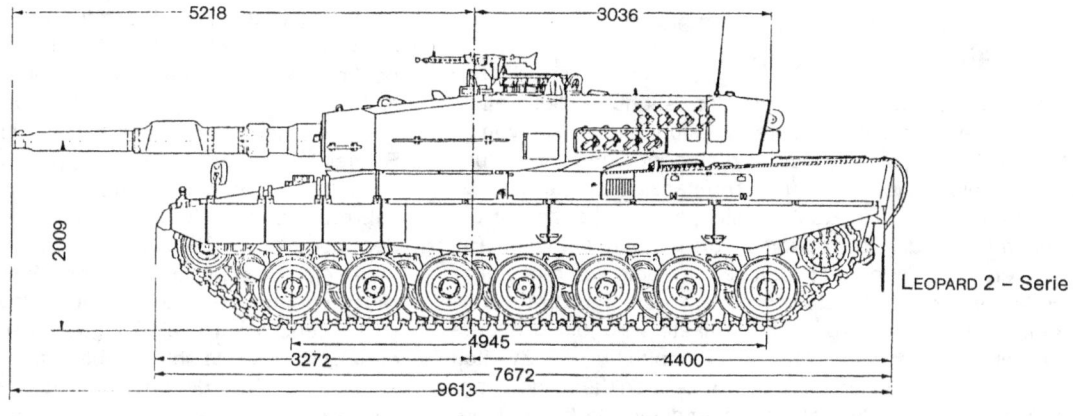

LEOPARD 2 – Serie

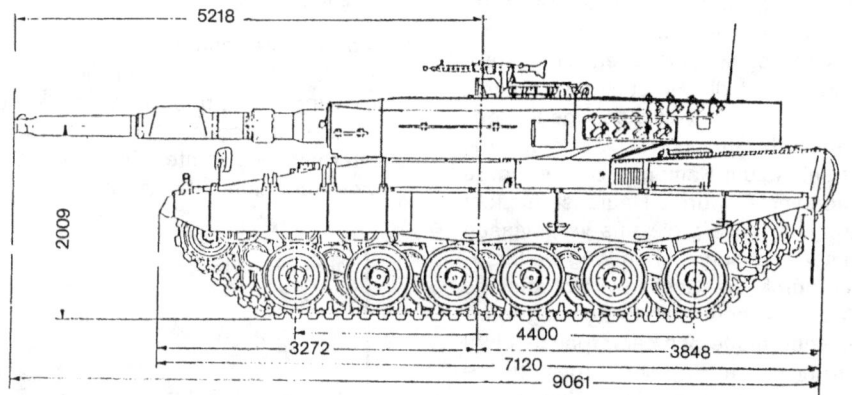

LEOPARD 2
kampfwertgesteigert
Flachturm
Ladeautomat
Motor 880

Vergleich

und Veränderungen im Fahrgestell durch Verwendung der neuen MTU-Motorbaureihe 880. Die damit einhergehende Verkürzung des Fahrgestells um ca. 1 000 mm mit Übergang zum 6-Rollen-Laufwerk würde eine Verringerung des Gewichts möglich machen oder bei Beibehalt der Gewichtsobergrenze eine Verstärkung des Schutzes. Die bei der Erprobungsstelle 41 laufenden Erprobungen eines Versuchsträgers mit Frontantrieb werden rechtzeitig Ergebnisse erbringen, damit die Frage des Triebwerkortes entschieden werden kann. Schon heute kann gesagt werden, daß ein Frontantrieb der Besatzung ein Aussteigen durch eine Hecktür ermöglichen würde (wie bei Merkawa).

Dieser in der letzten Zeit groß herausgestellte Vorteil des israelischen Panzers könnte dann auch bei uns realisiert werden. Dieses Konzept würde weitgehend dem Schweizer Nkpz entsprechen, das nicht zur Ausführung kam, weil zum Entscheidungszeitpunkt die Terminvorstellungen und das erwartete Risiko zur Ablehnung führten. Ein bemerkenswerter Vorteil dieses Konzepts war die Unterbringung der gesamten Munition im Fahrgestell mit einer automatischen Munitionszuführung.

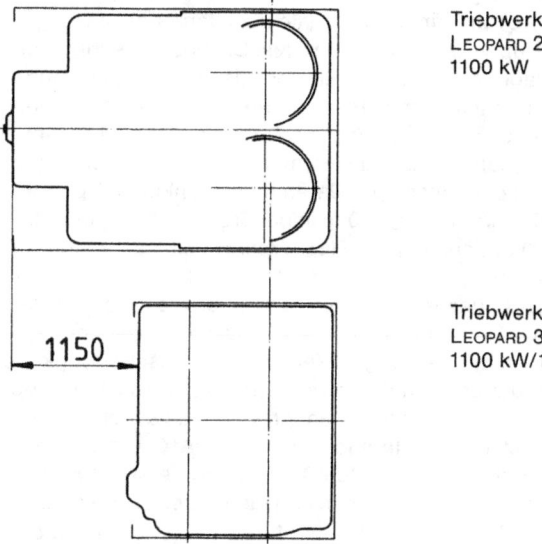

Triebwerksraum
LEOPARD 2
1100 kW

Triebwerksraum
LEOPARD 3
1100 kW/1325 kW

13.4 Gedanken nach der neuen Rüstungsplanung

Die als 5. Aufgabe bezeichnete Untersuchung stellte allerdings eine ganz neue Panzerentwicklung mit Kosten von 1–1,5 Mrd. DM dar, und dies ist aus rüstungstechnischen Gründen z.Z. nicht erforderlich und aus finanziellen Gründen z.Z. nicht machbar. Es ist auch fraglich, ob dem Panzer für die Zukunft noch die Rolle zukommt, die er heute einnimmt. Bei stärkerer Betonung der Defensivstrategie ist das Feuer bedeutender als die Beweglichkeit; dem Panzerabwehrkampfwagen mit Kanone und Rakete wird ein größeres Gewicht beigemessen. Dieses Kampfmittel, im Zweiten Weltkrieg Jagdpanzer genannt, trotzte allen damaligen Panzern der Gegner. Die hervorstechendsten Merkmale jener Jagdpanzer waren der höhere Schutz und die stärkere Bewaffnung gegenüber den gleichartigen Kampfpanzern. Als turmlose Fahrzeuge waren sie im Aufbau einfacher und gestatteten so im Rahmen der Möglichkeiten einer stark beanspruchten Kriegswirtschaft die Herstellung größerer Stückzahlen. Sie waren aber keine »Billiglösungen«, sondern Kampfmittel zur Panzerabwehr innerhalb der Infanterie, bei denen eine im Vergleich zum Kampfpanzer geringere Reaktionszeit in Kauf genommen wurde. Heute ist es nicht eine überlastete Rüstungswirtschaft, die uns veranlassen könnte, den schon einmal eingeschlagenen Weg weiterzuverfolgen, sondern der durch die Gesamtwirtschaftslage begrenzte Wehretat. Der einfachere Aufbau des Jagdpanzers erlaubt gegenüber einem modernen Kampfpanzer nicht nur eine Kostenreduzierung um ca. 30%, sondern auch eine Steigerung der Zuverlässigkeit und damit der Verfügbarkeit. Der Einsatz eines Kanonenjagdpanzers oder Panzerabwehrkampfwagens mittlerer Reichweite mit Kanone kann heute unter verschiedensten Aspekten gesehen werden.

13.4.1 Panzerabwehr im Nahbereich bis 2000 m

Die Notwendigkeit einer Panzerabwehr durch geeignete gepanzerte Kampfmittel innerhalb der infanteristisch eingesetzten Truppe wurde nie bestritten. Die Lösung schien der Raketenjagdpanzer zu sein. Bei der Leistung der Hohlladung und dem nachhinkenden Panzerschutz war die Kombination Hohlladung mit Lenkflugkörper während einiger Jahrzehnte das geeignete Panzerabwehrmittel. Kampfpanzer ohne moderne Feuerleitanlage waren dem Lenkflugkörper ab einer Entfernung von 1000 m in der Trefferleistung unterlegen. Die Drahtlenkung des Flugkörpers schloß eine Störung von außen aus.
Nach den neuesten Erkenntnissen über die Leistung der Waffen- und Feuerleittechnik, der Panzerschutztechnologie und angesichts der Möglichkeiten, elektronische Flugkörpersteuerungen von außen zu stören, stellt sich die Frage, ob die Effizienz eines derartigen Abwehrmittels heute noch gegeben ist. Nach Untersuchungen der NATO können Panzer einander unter normalen Bedingungen erst auf Entfernungen unter 2000 m sichten und identifizieren. Ein querab fahrender Panzer ist in strukturiertem (europäischen) Gelände (Wechsel von Sichtstrecke und Sichtdeckung) nur zeitweilig und kurzzeitig sicht- und bekämpfbar. Bei taktisch richtigem Fahrverhalten kann davon ausgegangen werden, daß ein potentieller gegnerischer Kampfpanzer die Sichtstrecke schnellstens überwindet. Bei Berücksichtigung der Fahrleistung neuester gegnerischer Panzer kann eine offene Geländestrecke von 100 m je nach Bewegungsablauf und Fahrgrund in 9 bis 12 sec überwunden werden. Die HOT, eine der modernsten Panzerabwehrraketen, würde beispielsweise eine Strecke von 2000 m in 9 sec zurücklegen. Unter Hinzurechnung der Zeiten für Zielauffassung, -erkennen und Abfeuern würde eine Jagdpanzerrakete keine oder nur ganz geringe Aussichten haben, den Feindpanzer während seiner Fahrt über die offene Strecke zu treffen. Bei Beachtung der Trefferwahrscheinlichkeitskurven für Flugkörper und Panzerkanonen (siehe Diagramm) ergibt sich folgende generelle Aussage:

○ Je größer die Kampfentfernung, desto größer ist die Überlegenheit der Rakete über die Panzerkanone.
○ Je geringer die Entfernung, desto eher ist die Kanone des Panzers überlegen.
○ Unterhalb bestimmter Entfernungen sind viele Raketen überhaupt nicht einsetzbar.

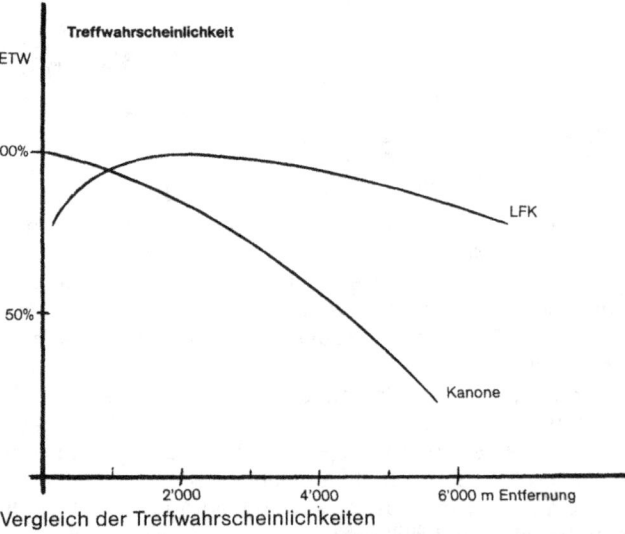

Vergleich der Treffwahrscheinlichkeiten

Unter Berücksichtigung der genannten Faktoren kann nur eine Waffe mit großer Feuergeschwindigkeit und hoher Erstschußtreffwahrscheinlichkeit (ETW) bis 2000 m eine wirkungsvolle Panzerabwehr gewährleisten. Unter 2000 m ist bei einem Kostenverhältnis von etwa 1:20 die Ineffizienz eines raketenbestückten Jagdpanzers deutlich erkennbar. Zukünftige Panzerabwehrsysteme (PARS) der 3. Generation werden in Teilbereichen zwar Verbesserungen aufweisen, aber bei der Panzerabwehr bis 2000 m die Kanone nicht ersetzen können. Die in der Entwicklung befindlichen zielselbstsuchenden Raketen müssen das Ziel während ihrer Flugzeit sehen. Bei der dargelegten Rechnung über die

Sichtzeit während der Überwindung der Sichtstrecke, wäre das Ziel in Deckung, bevor der Zielsuchkopf sein Ziel erreicht hat. Die Rakete wäre ziellos. Die zu erwartende Störanfälligkeit durch elektronische Gegenmaßnahmen läßt den Einsatz doch recht zweifelhaft erscheinen, zumal die Munitionskosten, wie gesagt, mindestens das Zwanzigfache der Kanonenmunition betragen. Diese Erkenntnisse sind neu, denn die gravierende Verschiebung der Aufgabenbereiche wurde erst durch die Trefferleistung der 120-mm-Kanone im LEOPARD 2 augenscheinlich.

Aber noch ein anderer Grund ist schwerwiegend und bestimmt die zukünftige Ausstattung eines Panzerabwehrkampfwagens. Die Panzerabwehrrakete ist jetzt und für absehbare Zeit nur Träger eines Hohlladungsgefechtskopfes. Angesichts der heutigen Panzerschutztechnologie ist davon auszugehen, daß diese Panzerung eine zwei- bis dreifach stärkere Stoppwirkung gegenüber Hohlladungsgeschossen hat (auch leistungsgesteigerten) als eine normale Stahlpanzerung gleichen Flächengewichts. Die überwiegende Mehrzahl der heute im Einsatz befindlichen Hohlladungsraketen besitzen die erforderliche Durchschlagsleistung nicht, um die Frontpanzerung der heutigen KPz-Generation eines potentiellen Gegners mit einer Überschußleistung zu durchschlagen. Diese ist aber notwendig, um im Panzerinnern Wirkung zu erzielen.

13.4.2 Ergänzung des Kampfpanzers

Der Kampfpanzer verbindet in bestmöglicher Weise Waffenwirkung mit Panzerschutz und Beweglichkeit. Seine Erstschußtreffwahrscheinlichkeit aus dem Stand und aus der Bewegung bis zu einer Entfernung von 2 000 m, und dies bei Tag und Nacht, machen einen hohen technischen Aufwand notwendig. Eindrucksvoll wie seine Leistungen sind auch Beschaffungspreis und Materialerhaltungskosten. Es stellt sich aber die Frage, ob es überhaupt notwendig ist, in allen Gefechtsarten alle teuer erkauften Fähigkeiten des Kampfpanzers zu besitzen, um der Verteidigungsaufgabe gerecht zu werden und um die Infanterie im Kampf gegen Feindpanzer wirkungsvoll unterstützen zu können. Die neue strategische Zielsetzung betont das Feuer stärker. Auch in der Verteidigung muß die Möglichkeit zum Gegenangriff gegeben sein. In beiden Gefechtsarten werden von kanonentragenden Kampfmitteln optimale Leistungen gefordert. Es erhebt sich nur die Frage, ob es auch in beiden Gefechtsarten notwendig ist, eine komplexe Mehrzweckwaffe, den Kampfpanzer, zum Einsatz zu bringen, oder ob es nicht zweckmäßig wäre, die 1. Panzergeneration ganz oder teilweise durch den Panzerabwehrkampfwagen zu ersetzen. Dieser könnte den Kampfpanzer freimachen für den beweglich geführten Gegenschlag. Es soll nicht verschwiegen werden, daß heute ehemalige Panzeroffiziere zum Teil der Ansicht sind, der Kampf in der Bewegung, die geballte Kraft möglichst vieler Panzer, sei überholt. Nach dieser Meinung dürfte ein künftiger Kampf von Gefechtsverbänden vornehmlich aus Stellungen geführt werden, die sorgsam ausgesucht und vom Gegner schwer erkennbar sind, aber mit weitem Schußfeld das eigene Feuer voll zur Wirkung bringen müssen. Diese Aussagen stützen sich auf die Erkenntnis, daß sich die taktischen und technischen Voraussetzungen sowohl hinsichtlich der Bedrohung (Entwicklung der Waffentechnik) als auch der Umwelt (Zersiedlung der Landschaft) weitgehend geändert haben. Das neue Konzept einer modifizierten Panzerabwehr räumt dem Panzerabwehrkampfwagen einen bedeutenden Wirkungsraum ein. Die Rüstungsplanung der BW bis zum Jahre 2000 orientiert sich an der Bedrohung, aber auch an den Finanzierungsmöglichkeiten der Regierung und umfaßt folgende Hauptforderungen:

○ Verbesserung der Luftverteidigung durch die Systeme Patriot und Roland,
○ Verbesserung der Panzerabwehr des Heeres durch Indienststellung eines turmlosen Panzerabwehrkampfwagens mittlerer Reichweite (2 000 m) mit 120-mm-Kanone und eines Panzerjägerkampfwagens mit elevierbarer Abschußplattform für Entfernungen bis 4 000 m zur Panzer- und Hubschrauberbekämpfung,
○ größere Munitionsvorräte,
○ verbesserte Führungssysteme.

13.4.3 Forderungen

Aus den in nachstehender Tabelle aufgeführten Forderungen an einen Panzerabwehrkampfwagen mittlerer Reichweite mit Kanone ergibt sich folgender Konstruktionsentwurf, geordnet nach den Kampfwertparametern: Feuerkraft, Schutz und Beweglichkeit. Da im Augenblick und in absehbarer Zukunft die 120-mm-Kanone einschließlich einer möglichen Leistungssteigerung die effektivste Waffe ist, kommt für dieses Kampfmittel nur diese Waffe in Frage.

Forderungen an einen Panzerabwehr-Kampfwagen mittlerer Reichweite

Hauptaufgaben:	Feuerkraft:	Beweglichkeit:
— Bekämpfung von Kampfpanzern und gepanzerten Zielen — Verstärkung der Panzerabwehr insgesamt im mittleren Entfernungsbereich bis 2000 m	— Vernichtung der Panzer der gegenwärtigen und der zu erwartenden Generation des potentiellen Gegners — Hauptentfernung bis 2000 m — 120-mm-Kanone mit 2 Munitionsarten KE und HL — Munitionsvorrat mindestens 50 Schuß — Richtbereich Höhe +15° bis −10°; Seite möglichst ±15° — Einfache Feuerleitanlage; kein Schießen aus der Bewegung — Nachtkampffähigkeit — Rundumsicht für den Kommandanten Tag und Nacht	— Nicht wie ein Kampfpanzer, da ein gemeinsamer Einsatz nicht vorgesehen ist — Mittlerer Fahrgeschwindigkeit muß möglich sein, um den Schützenkampfwagen sprungweise folgen zu können — Rückwärtsfahrt ohne Einweisung des Fahrers
Nebenaufgaben: — Bekämpfung von Schützen zur Selbstverteidigung — Fliegerabwehr		**Schutz:** — Ausreichender Frontschutz (900 mm über Boden), Dachschutz gegen Bomblets — Niedrige Silhouette **Besatzung:** — 3 Mann (keine Ladeautomatik)

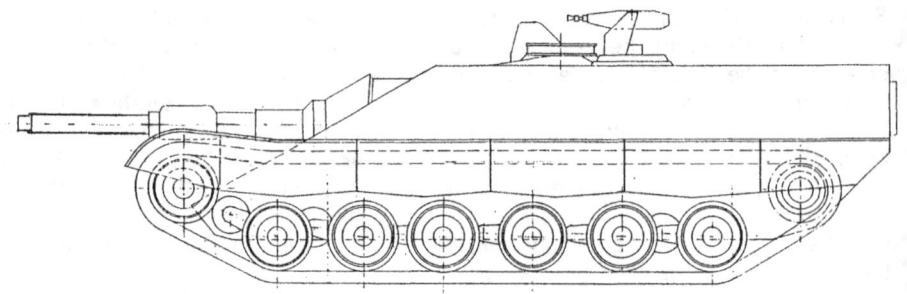

Vorschlag für einen Panzerabwehrkampfwagen in Kasemattausführung

13.4.4 Lösungsvorschlag

13.4.4.1 Feuerkraft

Das hier beschriebene Konzept sieht deshalb eine 120-mm-Waffe in kardanischer Aufhängung im Frontblech des Wannengehäuses vor. Der Schwenkbereich wird ±13° zur Seite und −8° bis +20° in der Höhe betragen. Die Schwenkbewegungen der Waffe werden gesteuert durch eine elektrische Richtanlage. Mit der Waffe rohrfest gekoppelt ist das optische Zielfernrohr; über 2 optische Gelenke wird die Verbindung zum Richtschützen hergestellt. Die Zielmarke wird im Aufsatz gesteuert nach dem Meßwert der Entfernung, dem Korrekturwert der Verkantung und der zur Anwendung kommenden Munitionssorte. Der Kommandant hat ein Rundumperiskop, eventuell mit einer Spiegelstabilisierung zur Beobachtung während der Fahrt in die Feuerstellung. Kombiniert ist dieses Beobachtungsgerät mit einem Laser-E-Messer und der Nachtsichtoptik. Der Laser-E-Meßwert wird elektronisch in den Aufsatzwert zur Steuerung der Zielmarke im Zielrohr des Richtschützen umgewandelt. Das Nachtsichtbild aus dem Kommandantenperiskop wird als Fernsehbild in das Zielfernrohr des Richtschützen eingespiegelt.

Da bei einer Drei-Mann-Besatzung der Richtschütze zugleich Fahrer ist, weil man auf ein Schießen aus der Fahrt verzichten kann, wird durch Zeichen im mittleren Fahrerwinkelspiegel die Zielrichtung des Kommandanten angezeigt, so daß der Fahrer grob die gewünschte Kampfrichtung mit seinem Fahrzeug ansteuern kann. Beim Feuerkampf mit einer Waffe eingeschränkten Schwenkbereichs ist es erforderlich, den Fahrer am Feuerkampf zu beteiligen. Innerhalb des Schwenkbereichs der Waffe von ca. 25° erfolgt eine exakte Zielzuweisung über das Periskop des Kommandanten durch eine elektrische Welle nach Auslösen eines Kontaktes. Neben dem Periskop sind rund um die Kommandantenluke Winkelspiegel zur Beobachtung angeordnet. Zur Nahbekämpfung ist ein scheitellafettiertes Maschinengewehr vorgesehen, das der Ladeschütze von innen bedienen kann. Nebelwurfbecher und Sprengkörperwurfbecher auf beiden Wannenseiten ergänzen die Bewaffnung. Ein zur Hauptwaffe koaxiales MG wäre möglich.

13.4.4.2 Schutz

Ein dem potentiellen Gegner ebenbürtiges Kampffahrzeug muß, um reelle Überlebenschancen zu haben, einen ballistischen Frontschutz besitzen, der über dem des Kampfpanzers liegt, und einen Rundum- und Deckenschutz, der der bekannten artilleristischen Vorbereitung des potentiellen Gegners entspricht. Bei Berücksichtigung dieser Schutzvorgabe wäre ein Gesamtgewicht von 50 t zu veranschlagen[9].

Da der Vorteil der Kasematte in der besseren Möglichkeit des Frontalschutzes durch niedrige Silhouette und stärkere Frontpanzerung liegt, wurde diesen beiden Punkten besondere Aufmerksamkeit gewidmet. Die Frontpanzerung ist unter 30° geneigt und mit einer Spezialpanzerung versehen. In der Frontplatte ist der Ausschnitt zur Aufnahme der Waffe. Über der Kettenabdeckung ist das Wannengehäuse abgeschrägt. Das Dach enthält nur einen Durchbruch für die Kommandantenluke, ist sicher gegen Bomblets und sollte auch sicher gemacht werden gegen PARS 3. Generation und deren Bekämpfungsart »top-attack«. Lufteintritts- und austrittsöffnungen für das Triebwerk sind seitlich und hinten angeordnet. Das Triebwerk ist so eingebaut, daß ein Gang zum Heck verbleibt. Die Besatzung hat Zugang über eine Hecktür, die auch zum Aufmunitionieren dient. Die Gestaltung der Kommandantenluke entspricht dem übrigen Dachschutz. Eine ABC-Anlage, die mit Überdruck arbeitet, ergänzt die Ausstattung. Eine Explosionsunterdrückungsanlage im Kampf- und Triebwerkraum ist vorgesehen. Der seitliche Panzerschutz einschließlich ballistischer Schürzen findet seine Grenze im Gesamtgewicht von 50 t, muß aber gegen artilleristische Splitter gegeben sein. Die Unterbringung der Munition ist an der tiefsten Stelle des Fahrzeugs vorgesehen, größtenteils außerhalb des Kampfraumes

---

[9] Schutzvorgabe:
Der Panzerabwehrkampfwagen mittlerer Reichweite wurde aufgenommen in die Forderungen für die Kampfwagen der 90er Jahre. Er wird also einen festen Platz in den Panzerabwehrmitteln einnehmen. Noch besteht aber ein großer Unterschied in der Auffassung über die Auslegung des Schutzes. Der dargelegte Entwurf besitzt einen vollkommenen Frontalschutz und einen ausreichenden Deckenschutz. Bei der Einordnung in die Familie der leichten Kampffahrzeuge läßt sich allerdings nur ein Splitterschutz realisieren. Wenn dieser Kampfwagen ein vollwertiges Kampffahrzeug innerhalb der Panzergrenadiereinheiten sein soll, dann muß auch der Schutz dem entsprechen. Die Erkenntnisse und Erfahrungen über dieses Kampfmittel aus dem Zweiten Weltkrieg sollten genutzt werden.

unterhalb und neben dem Triebwerk. Die Anzahl der mitgeführten Munition ist größer als beim Kampfpanzer. Die Gesamthöhe beträgt 2,30 m, wodurch sich bei einer Feuerhöhe von 1,70 m eine günstige Silhouette ergibt.

13.4.4.3 Beweglichkeit

Der notwendige Frontalschutz und die Kasemattenanordnung der Waffe führen zu einer Massenanhäufung im Bug. Die Schwerpunktlage muß aber möglichst mittig sein, wenn nicht eine starke Buglastigkeit das Fahrverhalten negativ beeinflussen soll. Nickschwingungen und Eintauchen des Bugs und damit Gefahr der Bodenberührung wären die Folgen. Dem wurde begegnet durch ein Hineinziehen des Waffendrehpunktes in das Wannengehäuse und Vorverlegung des Umlenkrades und damit des Kettenaufstandpunktes. Bei einem Sechsrollenlaufwerk kommt dann der Schwerpunkt in etwa auf die dritte Laufrolle. Aus logistischen Gründen sollte das Laufwerk mit dem des Kampfpanzers übereinstimmen. Im vorliegenden Konzept wird davon ausgegangen, diesem Fahrzeug als Laufwerk des LEOPARD 2 oder des LEOPARD 1 anzupassen, allerdings mit 6 Laufrollen.

Zur Erreichung eines ausreichenden spezifischen Leistungsgewichts von 15 KW/t sind 750 bzw. 600 KW erforderlich. Eine neueste Dieselmotorenentwicklung der Fa. MTU bietet die Möglichkeit, das Triebwerk einseitig und unter dem Motor den Munitionsbunker unterzubringen. Als Getriebe wäre ein lastschaltbares Automatikgetriebe mit vier Gängen und einem hydrostatischen Lenkgetriebe vorzusehen. Im Getriebe wäre eine hydrodynamische Fahrbremse (Retarder), die gemeinsam mit einer Scheibenbremse an den Seitenvorgelegen das Bremsmoment erbringt. Durch einen Getriebeabtrieb wird der Lüfter im Ringkühler betätigt, wobei die Kühlluft seitlich ein- und nach hinten austritt. Als Seitenvorgelege wäre ein Planetengetriebe, durch eine Bogen-Zahn-Kupplung mit dem Getriebe verbunden, vorzusehen. Die Konstruktion sollte der des KPz LEOPARD 2 oder LEOPARD 1 entsprechen. Die Servoventile im Lenkgetriebe werden durch Bowdenzüge mechanisch durch den Lenkgriff betätigt. Im Hinblick auf die Doppelfunktion Fahrer/Richtschütze ist der Lenkgriff mit dem Richtgriff kombiniert. Im Stand ist eine Kupplung durch Umlegen eines Hebels zu betätigen. An ein Schießen aus der Fahrt ist nicht gedacht. Um nach Abgabe eines Schusses, d.h. nach der Enttarnung, schnellstens die Deckung verlassen zu können, ist für die Rückwärtsfahrt, ohne Einweisung durch den Kommandanten, eine Rücksicht durch eine Fernsehkamera vorgesehen. Das Rückbild kann auf einem Monitor beim Fahrer oder durch Einspiegelung in den mittleren Winkelspiegel zu sehen sein. Eine Rückwärtsgeschwindigkeit bis 30 km/h ist möglich.

13.4.4.4 Beurteilung

Das dargestellte Konzept eines Panzerabwehrkampfwagen, eines Kanonenjagdpanzers, ist technisch weniger komplex als ein Kampfpanzer, weil eine wesentliche Forderung an einen modernen Kampfpanzer, das Schießen aus der Fahrt mit hoher ETW, nicht erfüllt werden muß. Dies wirkt sich auf den Beschaffungspreis, die Zuverlässigkeit und damit auf die Verfügbarkeit aus. Bei höherer Zuverlässigkeit ist der Materialerhaltungsaufwand geringer und damit auch die Nutzungskosten, die erfahrungsgemäß bei einer Lebenszeit von 20 Jahren etwa das Zehnfache der Anschaffung ausmachen. Ein derartiges Panzerabwehrsystem ist rund um ein Drittel billiger als ein in der Abwehr gleichstarker Panzer. Die Rüstungsplanung spricht von 1 700 Panzerabwehrkampfwagen, die Mitte der 90er Jahre beschafft werden sollen, was eine wesentliche Verstärkung unserer konventionellen Abwehrkraft bedeuten würde. Diese Verstärkung kann auch nicht provokativ wirken und würde innen- und außenpolitische deutliche Akzente setzen und zu einer Beruhigung beitragen. Dieser Schritt wäre eine vertrauensbildende Maßnahme und geht in die richtige Richtung und kann daher auf eine breite Zustimmung rechnen.

14 LEOPARD 2 im Ausland

14.1 Niederlande

In der Zeit der Serienreifmachung ab Herbst 1976 zeigten die niederländischen Streitkräfte verstärkt ihr Interesse am LEOPARD 2. Die Niederlande und Belgien hatten die deutsche Nachkriegspanzerentwicklung durch ihre Teilnahme an der trilateralen Erprobung des Standardpanzers, Kauf des LEOPARD 1 und aktiver Teilnahme an der Erprobung und dem Truppenversuch einer nachgerüsteten Feuerleitanlage im LEOPARD 1 auf dem sardinischen Truppenübungsplatz Teulada begleitet. Diese nachgerüstete Feuerleitanlage war Teil der Experimentalentwicklung. Dank dieser passiven und aktiven Teilnahme waren dem niederländischen Bedarfsträger alle Höhen und Tiefen der Entwicklung bekannt geworden. Den Abschluß der Entscheidungsfindung bildete die Bewertung der Ergebnisse aus der Vergleichserprobung XM 1 – LEOPARD 2 AV in Aberdeen, USA. Frei von Polemik und nationaler Emotion analysierten die Niederlande die Versuchsergebnisse und die Zeitplanung und trafen dann ihre objektive Entscheidung.

Ausschlaggebend war aber auch die mögliche Zusammenarbeit in einer Koproduktion der deutschen und der niederländischen Industrie, weil die niederländische Regierung schon frühzeitig zu Beginn der deutschen Fertigung den Entschluß zur Zusammenarbeit faßte. Im Jahr 1978 wurden mehrere Angebote erarbeitet, die einen 100%igen wirtschaftlichen Ausgleich mit einer 69%igen Koproduktion vorsahen. Das endgültige verbindliche Angebot berücksichtigte nicht nur qualitative Aspekte, sondern war auch darauf abgestimmt, daß die niederländische Industrie hochwertige und zukunftsträchtige Technologien fertigen kann.

Unter Beachtung der bündnispolititschen Zielsetzung schlossen die NL und die Bundesrepublik Deutschland ein Memorandum of Understanding (MOU) und kamen darin überein:

- »die Rüstungsstandardisierung, -rationalisierung, Austauschbarkeit und Interoperabilität innerhalb der Nato auch auf dem Panzersektor zu fördern und zu erleichtern,
- die Gleichheit der in den beiden Streitkräften verwendeten Waffensysteme KPz LEOPARD 2 soweit irgend möglich sicherzustellen,
- die erwiesenen Vorteile aus ihrer Zusammenarbeit bei den Waffensystemen LEOPARD 1 und Abwandlungen und Flak-KPz sich hierbei zunutze zu machen,
- den Kampfwert des Waffensystems LEOPARD 2 durch Zusammenarbeit bei Ausbildung, Materialerhaltung sowie technischer, logistischer und taktischer Unterstützung zu erhöhen,
- die Beschaffung des Waffensystems LEOPARD 2 in der wirtschaftlichsten Weise zu realisieren

und dadurch das Bündnis zu stärken«.

Der volle wirtschaftliche Ausgleich durch direkte und indirekte Fertigungsbeteiligung, Koproduktion und Kompensation führte zu einem Mehrpreis von über 20% gegenüber dem deutschen Beschaffungspreis, und dieser wurde begründet durch:

- höhere Lohnkosten in Zeit und Stundenlohn,
- höhere Materialkosten
- zusätzliche Sonderbetriebsmittel,
- zusätzliche Einmalkosten,
- höhere Beaufschlagung,
- höherer Gewinnansatz,
- Ausgleich der Mehrpreise für Produkte aus NL-Fertigung für deutsche Panzer,
- andere Kalkulationsstruktur.

Die direkte Fertigungsbeteiligung beschränkt sich nicht nur auf Fertigung von Teilen für die NL-Panzer, sondern eine ganze Reihe von Teilen wurden auch für die deutschen Panzer geliefert. Dies setzte nicht gleich mit der Fertigung des 1. Panzers ein, weil der Vertragsabschluß mit den NL nicht zeitgleich mit dem deutschen verlief, sondern erst ab dem ca. 100. Panzer. Demzufolge wurden auch nicht von den Teilen 1 800 St. sondern 1 255 bis 1 600, je nach deutschem Fertigungsvorlauf, gefertigt. Dem beigefügten Industriestrukturplan kann man die Beteiligungsfirmen und die gefertigten Teile entnehmen.

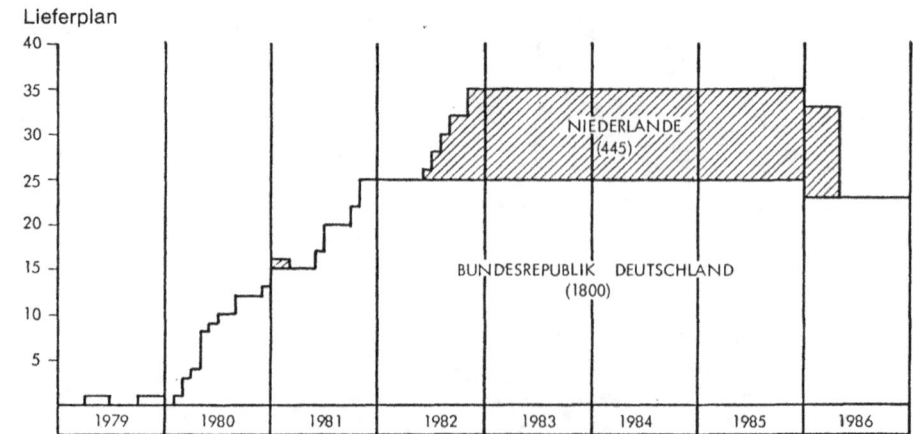

Die Auslieferung der 445 für die NL gefertigten Panzer erfolgt nach vorstehendem Lieferplan. Die anfänglich beabsichtigte Entwicklung eines eigenen Wärmebildgerätes (Philipps) wurde fallengelassen, nunmehr ist die angestrebte Gleichheit der Waffensysteme weitgehend erreicht worden. Obwohl die NL gern die Explosionsunterdrückungsanlage im Kampfraum eingebracht hätten, haben sie die Entscheidung zurückgestellt, weil der deutsche Partner sich nicht rechtzeitig äußerte und man unbedingt die angestrebte logistische Gleichheit erhalten wollte. Wenn nunmehr die Bundesrepublik Deutschland für das 5. Los die Einbringung der Anlage beschlossen hat, dann wird für die NL die Frage neu gestellt, ob sie ihre Fahrzeuge später nachrüsten will.

14.2 Schweiz

Die Einführung des LEOPARD 2 in ein weiteres Nato-Land war Signal für die neutrale Schweiz. Der schon recht alte KPz CENTURION sollte durch einen neuen Panzer ersetzt werden. Ursprünglich war daran gedacht, die eigene Panzerentwicklung in der Schweiz fortzuführen. Eine Firmengruppe unter Führung der Fa. Contraves entwickelte einen neuen Kampfpanzer (NKPZ). Dieses Konzept enthielt einige sehr fortschrittliche Komponenten wie z.B. Ladeautomat im Fahrgestell, Frontantrieb u.a. Da die amtlichen Stellen den Aussagen über Preis und Termin sehr skeptisch gegenüberstanden, wurde die Eigenentwicklung am 3. Dezember 1979 gestoppt, und eine Evaluation der modernsten westlichen Panzer begann. Geprüft wurden der LEOPARD 2 und der M 1 Abrams. Je 2 Exemplare wurden den schweizerischen Milizstreitkräften leihweise zur Verfügung gestellt. In einer sehr gründlichen Erprobung durch Milizsoldaten auf taktischen, technischen und logistischen Gebieten wurden die Ergebnisse erarbeitet. In seinem Versuchsauftrag für die Truppenversuche mit den Kampfpanzern LEOPARD 2 und M 1 Abrams vom 1. April 1981 an das Bundesamt für Mechanisierte und Leichte Truppen (BAMLT) formulierte der Generalstabschef die Zielsetzung dieser Erprobung so:

»*Die durchzuführenden Versuche sollen einen umfassenden Vergleich zwischen den beiden Panzertypen ermöglichen und Aufschluß über deren Truppentauglichkeit geben. Nach Abschluß der Versuche soll aufgrund der gemessenen und registrierten Daten und Leistungen eine klare und in allen Belangen umfassende Bewertungsgrundlage für einen allfälligen Beschaffungsentscheid vorliegen.*«

Aufgrund dieses Auftrages hat das BAMLT ein Truppenerprobungsprogramm für die beiden Panzertypen ausgearbeitet. Dieses Versuchsprogramm sollte im wesentlichen Antwort auf folgende Fragen geben:

○ Erfüllen die getesteten Kampfpanzer das militärische Pflichtenheft für den neuen Kampfpanzer der Schweizer Armee (NKPz)?
○ Welche taktischen Leistungen erbringen die beiden Fabrikate?
○ Sind die beiden Waffensysteme für die Besatzungen und im Einsatz miliztauglich?
○ Welcher der beiden Typen erfüllt dieses Pflichtenheft wo und wie besser?

Eine anschließende technische Bewertung ergab, daß der LEOPARD 2 seinem Konkurrenten gegenüber in den Kriterien Feuerkraft und Beweglichkeit überlegen und im Schutz nicht ganz gleichwertig sein soll. Meßlatte war das vom NKPz übernommene Pflichtenheft (Lastenheft). In der Botschaft über die Beschaffung von Rüstungsmaterial (Rüstungsprogramm 1984) heißt es:

»*Wie bereits dargelegt, sind beide geprüften Typen technisch hochstehende Waffensysteme, die die Anforderungen der neunziger Jahre erfüllen werden. Sie sind miliztauglich und unseren bisherigen Panzern deutlich überlegen.*
Der M 1 Abrams verfügt heute noch nicht über die in unserem Pflichtenheft geforderte Kanone des Kalibers 12 cm, und seine Ausstattung für den Feuerkampf ist bescheidener als diejenige des LEOPARD 2, dem er jedoch hinsichtlich Schutz etwas überlegen ist. Es ist allerdings zu erwarten, daß der amerikanische Typ bei laufender Fabrikation periodisch Kampfwertsteigerungen erfährt. Die nächste Version, der M 1 E 1 Abrams mit einer 12-cm-Kanone und weiteren Verbesserungen, müßte bei uns einer Nacherprobung unterzogen werden.
Der LEOPARD 2 ist ein ausgereifter und in seiner Konzeption bedienungsfreundlicher Panzer von sehr hoher Feuerkraft und Beweglichkeit. Trotz der kurzen Ausbildungszeiten unserer Besatzungen ist die volle Ausschöpfung seiner hohen Gefechtsleistungen erwiesen. Er erfüllt unser militärisches Pflichtenheft schon heute in vollem Umfange. Die technische Reife dieses Waffensystems sowie die Auslegung seiner Konstruktion auf einen auch bei uns gebräuchlichen Maschinenpark schaffen eine gute Ausgangslage für den Lizenzbau.
Die Erwägung der übrigen Beschaffungsaspekte zeigt folgendes auf: in terminlicher Hinsicht kann für ein Rüstungsprogramm 1984 lediglich der LEOPARD 2 beschaffungsreif gemacht werden, wogegen der M 1 Abrams erst ab 1986 in der unseren militärischen Anforderungen besser entsprechenden Version M 1 E 1 mit 12-cm-Kanone erhältlich wäre. Die Kosten sind für beide Typen bei reinem Kauf im Herkunftsland ungefähr gleich; bei Beteiligung unserer Industrie an der Beschaffung würde jedoch der M 1 Abrams mit zunehmendem Schweizer Anteil erheblich teurer als der LEOPARD 2. Insbesondere für einen Lizenzbau käme er der hohen Mehrkosten wegen nicht in Frage.
In Würdigung aller Aspekte entschieden wir uns deshalb, Ihnen die Beschaffung des LEOPARD 2 in Lizenz zu beantragen. Die entscheidenden Gründe für die Wahl des deutschen Typs lassen sich wie folgt zusammenfassen:
○ *Der LEOPARD 2 entspricht vollumfänglich unserem militärischen Pflichtenheft.*
○ *Mit dieser Eigenschaft ist er schon heute beschaffungsreif; ein früherer Beschaffungsbeginn ist im Hinblick auf den Erneuerungsbedarf unserer Panzerflotte bedeutungsvoll.*
○ *Die Schweizer Industrie kann mit vertretbaren Mehrkosten an der Beschaffung in wesentlichem Umfange direkt beteiligt werden.*
○ *Die Gesamtkosten, unter Berücksichtigung der Industriebeteiligung, sind günstiger als beim amerikanischen Konkurrenzprodukt.*«

Entscheidend waren auch hier wirtschaftliche Belange. Nach Wegfall der Eigenentwicklung erwartete die Schweizer Industrie eine umfangreiche Beteiligung. Zwar wurden Kaufangebote der beiden Panzer angefordert, wobei die Kostenhöhen lediglich Meßlatten für die Preise aus Koproduktion und Nachbau abgaben, denn dem Kauf »ab Stange« wurden von Anfang an geringe Chancen eingeräumt.

Nach Abschluß von Papierlizenzverträgen zwischen den deutschen und den amerikanischen Entwicklern und möglichen schweizer Nachbauern, unter Führung der zum möglichen GU erkorenen Fa. Contraves, sollte für beide Panzertypen ein Nachbau beurteilt werden. In Wettbewerb dazu trat die Fa. Krauss-Maffei mit einem Koproduktionsangebot. Die beschäftigungspolitischen Auswirkungen einer Koproduktion oder eines Nachbaus scheinen sehr ähnlich. Der koproduzierende deutsche Generalunternehmer glaubte davon ausgehen zu können, ca. 50% der Gesamtfertigung von den deutschen Baugruppenfertigern und ihren schweizerischen Koproduzenten erstellen zu lassen. Diese Koproduktion beschränkte sich auf Teile und Unterbaugruppen. Die Montage der Baugruppen und Geräte, deren Integration und Prüfung verblieben bei den deutschen Herstellern, zumal diese im Falle einer Koproduktion keine Lizenzgebühr erhielten und daher nicht willens waren, die wesentlichsten Kenntnisse aus Montage, Integration und Prüfung einem anderen zu überlassen. Der in die Schweiz gehende Fertigungsanteil hätte zwar auf die verschiedenen Branchen einen beschäftigungspolitischen Effekt erzielt, ob aber dabei alle Regionen berücksichtigt worden wären, muß bezweifelt werden, denn an der Spitze dieser Überlegungen stand die wirtschaftlichste Koproduktion. Außerdem hätten im wesentlichen nur die gewerblichen Arbeitnehmer von einer Koproduktion Vorteile gehabt. Die Verantwortung für Leistung und Gewährleistung oblag den deutschen Herstellern. Der angebotene Mehrpreis war bedingt durch die Mehrkosten bei den schweizerischen Koproduzenten infolge nachstehender Faktoren: kleinere Stückzahl, Anlaufkosten, Umlage der Sonderbetriebsmittel und aufwendigere Auftragsabwicklung. Bei einem 65%igen Nachbau wird eine Lizenz erworben und die schweizerischen Hersteller führen die Montage, Integration und Prüfung aller Baugruppen, Teilsysteme und des Gesamtsystems aus. Sie tragen die Verantwortung für die Leistungen, übernehmen die Gewährleistung und beheimaten damit das Produkt in der Schweiz. Bei genauer Betrachtung wird auch ein beschäftigungspolitischer Unterschied deutlich. Während bei der Koproduktion nur gewerbliche Arbeitnehmer beschäftigt werden, sind es im Nachbau auch Ingenieure, Prüfspezialisten, Planer, Kaufleute und Manager. In den Mehrkosten ist die Lizenzgebühr und in einigen Fällen zusätzlich Knowhow-Gebühr enthalten.

Eine Bewertung der Angebote, Kauf, Koproduktion und Nachbau, ergab einen Mehrpreis von 24% oder – je nach Berechnungsbasis – 17% des Nachbaus gegenüber Kauf und einen fast gleichen Preis bei Koproduktion und Nachbau bei 50% Schweizer Beteiligung. In dem Mehrpreis ist eine Lizenzgebühr von durchschnittlich 4% enthalten. Am 24. August 1983 hat das EMD sich für den LEOPARD 2 entschieden, und der Bundesrat ermächtigte das EMD, einen Beschaffungskredit zu beantragen, wobei 35 KPZ von der Fa. KM gekauft und 175 in der Schweiz nachgebaut werden sollten. Ein 2. Los von weiteren 210 Panzern sollte im Anschluß an das 1. Los beschafft werden. Das Rüstungsprogramm 84 (die Rüstungsbotschaft) wurde im März 1984 vorgelegt und sollte durch National-und Ständerat terminlich so bearbeitet werden, daß der Beschaffungsvertrag noch im Oktober 1984 abgeschlossen werden konnte. Die wenig glückliche Abfassung der Botschaft durch das EMD hat einige Vertreter der Medien veranlaßt, Fragen nach den Mehrkosten zu stellen. Durch den Rüstungschef wurde daher eine Mehrpreiskommission für die Beurteilung der Vergabe von Aufträgen und die Angemessenheit der Preisgestaltung berufen.

Diese Mehrpreiskommission gelangte am 11. Mai 1984 zu folgendem Schluß:

○ Die Preise entstanden grundsätzlich unter Wettbewerbsverhältnissen für eine Beschaffung von 420 Kampfpanzern.
○ Die Preisunterschiede zwischen dem Kauf von 35 Kampfpanzern, beziehungsweise der Lizenzproduktion von 175 Kampfpanzern und dem deutschen Stückpreis der Serie von 1 800 Kampfpanzern wird wie folgt erklärt:
○ 35 Kampfpanzer sind eine Kleinserie ohne Bestellanschluß an des letzte Los der Bundesrepublik Deutschland; es entstehen Auslaufkosten.
○ 175 Kampfpanzer sind eine geringe Losgröße; es entstehen einmalige Mehrkosten (insbesondere Sonderbetriebsmittel, Serienanlauf, Blocklizenzgebühren und Qualifikationsmuster) außerdem wiederkehrende Mehrkosten (Stücklizenz und teurere Fabrikation).

Die danach wieder vielfach auftretenden Fragen nach der richtigen Beschaffung: Kauf, Koproduktion oder Nachbau führte zur Entscheidung, nochmals Angebote über Kauf und Nachbau anzufordern, zu bewerten und die Entscheidung auf den Herbst 1984 zu vertagen.

Ende August 1984 tagte die Militärkommission des Ständerates und fällte einstimmig 4 Vorentscheidungen:

○ Der LEOPARD 2 wird in Lizenz gebaut.
○ Die Gesamt-Stückzahl wird von 420 auf 380 Panzer reduziert und in einem Los beschafft.
○ Die Lieferkadenz wird von 3 auf 5 – 6 Panzer monatlich erhöht.
○ Die Kosten werden nach oben begrenzt auf weniger als 10 Mio. SFr. für den Systempreis, maximal 4 Mia. SFr. für die Gesamtkosten.

Ob die Gesamtstückzahl von 380 KPZ in Lizenz gebaut werden würde, hing von den Verhandlungen der GRD mit der Firma KM ab, denn über 35 Panzer bestand ein Optionsvertrag zum Kauf »ab Stange«. Mit diesem Kauf sollte eine frühere Lieferung und damit eine frühere Kaderausbildung erreicht werden. Sollte es der GRD gelingen, sich aus den Verpflichtungen des Optionsvertrages zu befreien, dann beabsichtigte man, sich von der Bundesrepublik Deutschland bzw. von den NL 10 Panzer zur Ausbildung auszuleihen. Nach dieser Vorentscheidung wurden neue Angebote erarbeitet, die diesen Vorentscheidungskriterien gerecht wurden und die Basis bildeten für die Entscheidung des Ständerates in der Session September 1984: Danach werden 35 KPZ gekauft und 345 KPZ in einem Los nachgebaut. Die monatliche Fertigung soll 6 Stück betragen.

Nach der Entscheidung des Ständerates folgte eine Beratung in der Militärkommission des Nationalrates. Dieser Beratung lagen 2 beauftragte Gutachten der Firmen Unternehmensberater Hayek und Revisionsgesellschaft Revisuisse zugrunde. Beide Berichte wurden veröffentlicht. Sie wichen in fast allen wesentlichen Punkten deutlich voneinander ab, trotzdem hielten die Verfasser an ihren Versionen fest. Eine der »Kernaussagen« über den Kostensatz pro produzierte Arbeitsstunde bezieht sich allerdings nur auf die staatliche Konstruktionswerkstätte Thun, denn der mögliche GU, die Firma Contraves, verweigerte der Fa. Hayek den Einblick in ihre Kalkulation. In der Kowhow-Bewertung wird im nachhinein eine Angleichung vorgenommen, denn H. beteuerte in einer Rechtfertigung ».... den nicht zu unterschätzenden Kowhow-Transfer«. Bei den vom Lizenzgeber Krauss-Maffei genannten Preisen glaubte H., übersetzte Preise, insbesondere bei den Ersatzteilen und im Peripheriebereich, festgestellt zu haben, wohingegen der Revisuisse solche nicht aufgefallen waren. Die Militärkommission des Nationalrates schien in diesem Fall aber den Aussagen des H. mehr zu trauen, denn sie kürzte den Verpflichtungskredit um 25 Mio. SFr. und das mit voller Berechtigung.

Der Peripheriebereich liegt nicht im Aufgabenbereich der Lizenznehmer, denn dieser wird zwischen der GRD und der Firma KM direkt bearbeitet und beauftragt.

Nach umfangreicher Beratung im Plenum des Nationalrates am 10. und 11. Dezember 1984 wurde dann in namentlicher Abstimmung mit Mehrheit der Vorlage zum Lizenzbau zugestimmt. Wegen der Kürzung mußte die Vorlage formell nochmals vom Ständerat angenommen werden, ehe sie die Grundlage für den Vertragsabschluß bilden konnte.

Die ungewöhnlich umfangreiche parlamentarische Behandlung ging nicht um die Fragen: Kampfpanzer, ja oder nein oder LEOPARD 2, ja oder nein, sondern allein um die Frage: Kampfpanzer, Kauf oder Nachbau. Den von der GRD berechneten Mehrkosten von rund 400 Mio. SFr. wurden die inländische Wertschöpfung und die dadurch bedingten direkten und indirekten Steuereinkommen gegenübergestellt. Addiert man den gesamten Mittelrückfluß aus der Beschäftigung der 1 400 Personen auf 9 Jahre und das Gewinn- und Zinseinkommen der am Lizenzbau beteiligten Unternehmen, dann kommt man auf 15% der Beschaffungskosten, und diese Summe entspricht etwa den Mehrkosten. Eine volkswirtschaftliche Gesamtbetrachtung bringt also für die Schweiz keinen Nachteil, nachteilig wirken sich diese Mehrkosten nur auf den Verteidigungsetat aus, denn um die Summe der Mehrkosten können andere Rüstungsbereiche nicht bedient werden, und »Kampfkraft« geht verloren. Man hätte die Mehrkosten aus volkswirtschaftlicher Sicht dem Finanz- und Wirtschaftsetatposten anlasten sollen, wie es die Niederländer mit den aus der Koproduktion entstandenen Mehrkosten kostenneutral getan haben. Da es noch im Jahre 1984 zu einem Vertragsabschluß gekommen ist (am 19. Dezember 1984 mit KM und am 20. Dezember 1984 mit CZ), wird der Lieferplan keine Änderung erfahren.

Daß die parlamentarischen Gremien schließlich den Entscheid des Bundesrates, die Panzer in Lizenz zu bauen, bestätigten, begründete ein Kommissionspräsident, ohne auf Details einzugehen, mit Hinweisen auf die erhöhte Beschaffungssicherheit und auf volkswirtschaftliche Vorteile. Mit der Integration des komplexen Gesamtsystems durch die Schweizer Industrie wird wissens- und kapazitätsmäßig die Fähigkeit erworben, das System vollständig zu unterhalten, instandzusetzen und zu verbessern. Anpassungen des Waffensystems, die früher oder später notwendig werden, will man jederzeit ein optimales Kampfmittel haben, lassen sich mit dem Erwerb des »Knowhow« und der Schaffung von Betriebsmitteln durchführen und sicherstellen.

14.2.1 Fa. Contraves als Generalunternehmer für den Nachbau

Schon im Jahre 1969 bestand in der Schweiz der Plan, die CENTURION-Panzer in den Jahren 1975 – 1985 durch einen »Panzer 74« zu ersetzen. Nach Überarbeitung des militärischen Rahmenpflichtenheftes im Jahre 1974 sollte nunmehr ein »neuer Kampfpanzer« (NKPz) in den Jahren 1985 – 1995 die Ablösung vornehmen. Erste Konzeptstudien begannen bei den Eidgenössischen Konstruktionswerkstätten in Thun und führten zu 2 Entwicklungsrichtungen:

○ Dreimannpanzer mit teilschwenkbarem Turm,
○ Dreimannpanzer mit Flachturm und Frontantrieb.

Anfang 1978 wurde Contraves aufgefordert, Vorstellungen über die Entwicklung und Herstellung eines schweizerischen Kampfpanzers auszuarbeiten. Aufgrund des ersten Grobkonzeptes erhielt daraufhin Contraves den Auftrag, zusammen mit der einschlägigen Industrie und der K + W Thun die verbindlichen Grundlagen für eine Eigenentwicklung zu erarbeiten. Im April 1979 wurden Festpreisangebot und techn. Pflichtenheft für die Entwicklung von Prototypen und die Serienherstellung eingereicht. Gleichzeitig wurden in der Öffentlichkeit Schwierigkeiten beim seit Jahren in Produktion stehenden KPz 68 bekannt. Parallel zu den Aktivitäten der Eigenentwicklung prüfte eine kleine industrielle Arbeitsgruppe unter Leitung der GRD eine Lizenznahme des Kampfpanzers LEOPARD 2 und kam zum »Bericht über die kommerziell-wirtschaftliche Abklärung Kampfpanzer LEOPARD 2« vom 29. Juni 1979. Die Firma Krauss-Maffei hatte am 16. März 1979 ein Kaufangebot mit Kompensation vorgelegt.

Bei dieser Vielfalt an Möglichkeiten entschied am 3. Dezember 1979 der Bundesrat, die Eigenentwicklung zu beenden, die Panzer LEOPARD 2 und M 1 Abrams in einer technischen Erprobung und einem Truppenversuch zu bewerten und bei der Beschaffung des erwählten Projekts eine optimale Beteiligung der Schweizer Industrie abklären zu lassen.

Mit Vertrag vom 22. August 1980 wurde CZ mit der verbindlichen Nachbauanalyse des KPz LEOPARD 2 beauftragt. Aufgrund einer Neubeurteilung der finanziellen Situation im Eidgenössischen Militärdepartement wurde aber am 20. Mai 1981 das Programm zur verbindlichen Detailabklärung des KPz LEOPARD 2 auf die Durchführung einer bestmöglichen Grobanalyse des Nachbaus umgestellt. Es wurde eine verbindliche Kostenofferte, eine Terminaussage und beschäftigungsseitige Auswirkungen und Aussagen über die Vorteile eines Nachbaus gegenüber dem »Kauf ab Stange« erwartet.

Die eigentliche Evalution, die Bewertung der zur Wahl stehenden Modelle in militärisch technischer Sicht, wurde durch amtliche Stellen und die Truppe durchgeführt.

Für die Nachbauuntersuchung im Rahmen der Grobabklärung erließ die GRD umfassende Vorgaben hinsichtlich Beschaffungsumfang, Inlandanteil, max. Mehrkosten, regionale Verteilung usw.

Die Grobabklärung mit den deutschen Lizenzgebern wurde nur auf Basis der etablierten Beziehungen durchgeführt. Zeichnungsunterlagen wurden nicht ausgetauscht; Erkenntnisse wurden nur durch Gespräche und Besichtigungen der Produkte und ihrer Fertigung gewonnen. Notwendige Vorabsprachen über Lizenzgebühren und Eigenfertigungsansprüche der Lizenzgeber litten unter der mangelnden Konzessionsbereitschaft der Lizenzgeber zu dieser Zeit, weil bis zuletzt Lizenzgeber und Lizenznehmer in einem harten Konkurrenzkampf in der Beschaffungsfrage (Kauf oder Nachbau) standen. Trotz der erwähnten Schwierigkeiten konnte im Bericht über die Grobanalyse die Realisierbarkeit der Lizenzfabrikation beider Kampfpanzertypen bestätigt werden. Aufgrund der mangelnden Unterlagen konnte nur eine vorläufige Kostenermittlung erstellt werden.

Unmittelbar daran schloß sich die Phase der Lizenzoptionsverträge mit dem Ziel, in Verhandlungen der schweizerischen Industrie mit den ausländischen Lizenzgebern bestmögliche Lizenzoptionsverträge zu vereinbaren. Die in dieser Phase noch vorhandene Konkurrenzsituation zwischen LEOPARD 2 und M1 wurde zu einer Senkung der Lizenzforderungen und zur Erreichung möglichst optimaler Bedingungen genutzt. Das Recht zur Lizenzvergabe an die Schweiz lag in den Händen der deutschen LEOPARD 2-Entwicklerfirmen. Die erforderliche Genehmigung des deutschen BMVg wurde erteilt, und auf amtsseitige Benutzungsentgelte verzichtet. Für die WBG-Komponente wurde die Genehmigung der USA eingeholt, diese forderte aber ein Entgelt pro Gerät, obwohl die Common-Modules nicht nachgebaut, sondern gekauft und im System verwendet werden. Zur Lizenzübertragung wurden industrieseitig die Partnerschaften zwischen den insgesamt 13 Lizenzgebern und den schweizerischen Lizenznehmern etabliert. Die gegenüberstehende Tabelle zeigt diese Lizenzverhältnisse. Dabei ist zu beachten, daß die für die einzelnen Lizenzübertragungen gegründeten Partnerschaften noch keine Auskunft darüber geben, welche schweizerischen Firmen am Nachbau des jeweiligen Lizenzgutes beteiligt sind. Der schweizerische Lizenznehmer ist mit dem Hersteller nicht in allen Fällen identisch. So sind auch nicht alle Mitglieder des schweizerischen Industriekonsortiums Lizenznehmer, obwohl sie an der Produktion maßgeblich beteiligt sind.

Nach dieser Phase führte die Industrie im Auftrag der GRD die Detailabklärung für den Lizenzbau des ausgewählten Panzers durch. Als Ergebnis legte die Firma Contraves im Mai 1983 ein verbindliches Angebot für den schweizerischen Lizenzbau vor.

Im Rahmen der parlamentarischen Behandlung des Lizenzbaus wurde das Angebot mehrfach ergänzt, umgestellt und erweitert. Es wurde Basis für den Options-Nachbauvertrag, der im Frühjahr 1984 paraphiert werden konnte.

Zwischenzeitlich hatte am 29. Februar 1984 der Bundesrat die Botschaft über die Beschaffung von Rüstungsmaterial (Rüstungsprogramm 1984) dem Parlament vorgelegt. Nach intensiver Behandlung in beiden Kammern – unter Hinzuziehung von Experten – erfuhren die Stückzahlen, die Fertigungsaufteilung, der monatliche Ausstoß, der Systempreis und die Gesamtkosten eine Änderung bzw. Begrenzung.

Als letzter Schritt billigte der Nationalrat am 11. Dezember 1984 die Vorlage, und am 20. Dezember 1984 erfolgte die Unterschriftsleistung zum Seriennachbauvertrag zwischen der GRD und der Firma Contraves.

Auftragnehmer ist die Firma Contraves, die als GU Federführer des für die Lizenzfertigung gebildeten Konsortiums Schweizer Unternehmer ist. Dieses Konsortium – bis auf CZ umfaßt es im wesentlichen die Firmen, die auch schon an der Fertigung des Panzers 68 beteiligt waren – hatte sich frühzeitig eine Satzung gegeben und Aufgaben und Risiken sowie die Zuständigkeiten bei der Lizenzfertigung festgelegt. Obwohl die Eidgenössische Konstruktionswerkstätte Thun stark eingeschaltet ist, ist sie kein Konsorte, insbesondere weil sie als staatliches Unternehmen mit einer eigenen Rechtsform gewisse Risiken (wie die anderen Konsorten) nicht übernehmen kann.

Neben der Fertigung im eigenen Firmenbereich wurden die Konsorten verpflichtet, Baugruppen, Unterbaugruppen und Einzelteile in der ganzen Schweiz zu beschaffen. Weiter wurde festgelegt, daß die regionale Beteiligung der Westschweiz 10 bis 15%, diejenige der Südschweiz 2 bis 4% betragen muß.

CZ als GU ist für das Gesamtvorhaben verantwortlich. Planung, Steuerung, Koordination und Überwachung der Fertigung bezüglich Qualität, Termin und Kosten sind die Aufgaben. Die Managementleistungen unterscheiden sich vom deutschen GU durch die Mitwirkung bei der Qualifikationsprüfung, bei der Selektion von Nachbaufirmen sowie durch

Lizenzverhältnisse

Lizenzgut	BRD-Lizenzgeber	CH-Lizenznehmer
Panzer/Fahrgestell	KM	
Turm	Wegmann	
Waffennachführanlage	AEG/FWM	Contraves
Panzerprüfsystem	KAE	
KDT Periskop + Wärmebildgerät	Zeiss	
Waffenanlage	Rheinmetall	K+W
Wannengehäuse	KM	+GF+
Turmhaube	Wegmann	Von Roll
Hauptmotor	MTU	NAW
Integration Antriebsblock	KM	
Kette	Diehl	FFA
Laufwerk + Kraftstoffanlage	KM	
Seitenvorgelege	Zahnradfabrik Friedrichshafen	MOWAG
Fahr- und Lenkgetriebe	Renk	Sulzer
Feuerleit-Teilsystem EMES 15	KAE	Wild

Organisation des Konsortiums

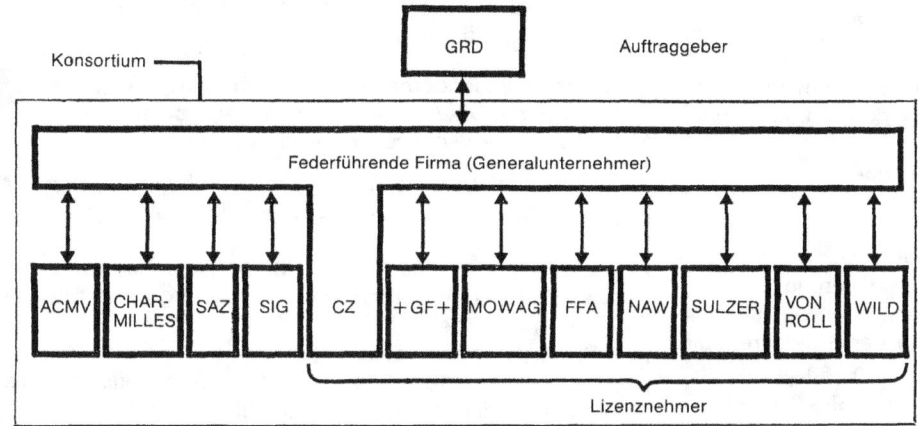

Die Planung des untenstehenden Lieferprogrammes für die 380 KPz LEOPARD 2 berücksichtigt einen monatlichen Ausstoß von 6 Kampfpanzern, neben dem Kauf von 35 KPz einen Gesamtnachbauvertrag über 345 KPz, also keine Aufteilung in zwei Fertiglose. Der Beginn wurde auf den 1. Januar 1985 festgesetzt, denn die Auftragsvergabe erfolgte erst Ende Dezember 1984. Die Auslieferung des 1. Panzers wird nach 34 Monaten erfolgen und erreicht 1988 ihren Hochlauf auf 6 Panzer pro Monat. Dieser endgültigen Planung waren viele Überlegungen vorausgegangen:

laufende Überwachung der Produktion durch unabhängige Qualitätssicherungsfachleute und Abnahmefachleute. Die Abnahme der Baugruppen, der Teilsysteme und des Gesamtfahrzeugs ist Aufgabe des GU. Die Endabnahme erfolgt durch eine amtliche Güteprüfung.

Eine weitere Aufgabe ist die Verantwortung für die mit der GRD vereinbarte Verpflichtung, dafür zu sorgen, daß für das für den Lizenzbau im Ausland beschaffte Material Kompensation im Umfang von 100% geleistet wird. Die acht Stammkonsorten haben mit ihren wichtigsten deutschen Zulieferanten Verpflichtungserklärungen abzuschließen. Die Verpflichtung muß 4 Jahre nach Auslieferung des letzten Panzers erfüllt sein. Zur Überwachung und Kontrolle sind dem GU alle Kompensationsaufträge zu melden, die periodisch in Listen zusammengestellt der GRD zur Genehmigung eingereicht werden. Die Kompensationsvereinbarungen traten bereits im März 1984 in Kraft. Entsprechend der größeren Verantwortung und des höheren Risikos, die ein Nachbau eines komplexen Systems mit sich bringen, ist die Einflußnahme des GU auf seine Unterauftragnehmer größer. Trotz der Einbindung in das Konsortium wurde diese herausragende Stellung akzeptiert, denn sie dient letztlich allen Beteiligten bei der Abwicklung dieser bedeutenden Aufgabe.

unterschiedliche Losgrößen, Aufgliederung in bis zu 4 Lose, monatlicher Ausstoß 2–9 KPz und Auslieferungszeiträume bis ins Jahr 1997. Die jetzt dem Auftrag zugrunde gelegte Planung erbrachte den günstigsten Preis, aber den amtlichen Stellen eine schwierige Finanzierung.

Das Mitte 1983 abgegebene verbindliche Angebot war Grundlage für den Bundesratsentscheid, die Erarbeitung der Botschaft für das Rüstungsprogramm 84 und für den Lieferoptionsvertrag. Die Beratung durch die Eidgenössischen Räte machte Änderungen und Ergänzungen notwendig, die den monatlichen Ausstoß, die Gesamtstückzahl und den dadurch beeinflußten Preis betrafen. Infolge der laufenden Anpassung des Vertrages an die durch die parlamentarische Behandlung gewünschten Änderungen konnte der Lizenzvertrag wenige Tage nach der Schlußberatung und -abstimmung unterschrieben werden.

Der Angebotsfestpreis beinhaltet eine Blocklizenz und eine Stücklizenz. Die Relation dieser beiden Gebühren ist bei den deutschen Lizenzgebern sehr unterschiedlich, eine einheitliche Linie ist nicht erkennbar. Auf die Blocklizenz kommt die gezahlte Papierlizenzgebühr zur Anrechnung. Die Stücklizenzgebühr schwankt von 2,5–8%, wobei für elektronische und optronische Baugruppen höhere Lizenzgebühren

Lieferprogramm für 380 KPz Leopard 2

Ausstoß: 6 KPz/Mt

Programm	Jahr	84	85	86	87	88	89	90	91	92	93
Kauf von 35 KPz			◇ Auftrag		1 35						
Lizenzbau von 345 KPz					1	43	115	187	259	331	345

Helvetisierung (Hauptelemente)
- Explosionsunterdrückungsanlage im Kampfraum (in BRD ab 5. Los)
- Hilfsbewaffnung (W+F)
  - Rohrparalleles Mg 7,5 mm
  - Kuppel Mg 7,5 mm
  - Einsatzlauf 24,0 mm
  - Leuchtgeschoßwerfer (Lyran)
- Digitaler Ballistikrechner (in BRD ab 5. Los)
- Funk- und Bordsprechanlage
- Anpassung CH-spezifischer Ausrüstung und Verstauung
- Anpassung an Straßenverkehrsgesetzgebung

gefordert werden. Insgesamt beträgt die Einnahme der deutschen Lizenzgeber etwa 90 Mio. DM.

Folgende Grundbestimmungen wurden dem Serienvertrag zugrunde gelegt:

- Preisstellung: Lieferung der Panzer unverladen frei Endmontagewerk Thun, einschließlich Abnahme
- Preisstand: 31. Dezember 1984
- Preisanpassung durch die dem Liefervertrag beigeordnete Preisgleitklausel
- Konstruktionsstand: letzter greifbarer Stand, unter Einschluß der Helvetisierung.
- Gewährleistung: Erfüllung der gleichen Leistungsdaten, wie sie in der Bundesrepublik Deutschland durch den GU KM dem öffentlichen Auftraggeber gegenüber erfüllt werden.

Die Mehrkosten eines Lizenzbaues gegenüber einem Kauf durch Lizenzgebühr und die Umlage der Einmalkosten und Sonderbetriebsmittel auf eine kleine Stückzahl erlauben eine optimale Beteiligung der Schweizer Industrie aus allen Regionen, erbringen eine hohe Wertschöpfung in der Schweiz und schaffen erhöhte Autonomie und nationale Sicherheit. Gemäß den »Richtlinien für die Rüstungspolitik« vom Februar 1983 ist die Wirtschaftlichkeit zu wahren unter Abwägen der Mehrkosten gegenüber den Vorteilen, wobei folgende Aspekte zu berücksichtigen sind:

- Mehrkosten
- Auslandsabhängigkeit
- Gewinn von Knowhow
- Auswirkung auf die Beschäftigung
- Wahrung der Geheimhaltung
- Volkswirtschaftliche Faktoren

Die sehr gründliche Prüfung der Rüstungsbotschaft durch die Militärkommissionen des National- und Ständerates und die mehrheitlichen Abstimmungen in den Kammern haben unter Beachtung dieser Aspekte den Lizenzbau sehr deutlich befürwortet und der Botschaft zugestimmt.

Der scheinbar teurere Lizenzbau hat Vorteile in sicherheitspolitischer, militärischer und industriell wirtschaftlicher Beziehung und kann durch keine »billigere« Beschaffung aufgewogen werden.

Mit der Entscheidung, den LEOPARD 2 nachzubauen, tritt die Schweiz in den Kreis der Mitentscheidenden bei der Bearbeitung technischer Änderungen. Das beispielhafte Gesamtdurchlaufschema geht von einer Störmeldung durch die Schweizer Truppe aus und endet mit der Durchführung bei einem Schweizer Nachbauer. Mit entscheidend sind die Niederlande. Das gegenüberliegende Schema zeigt die vielfältige Verknüpfung der Dienststellen und Firmen in der vorstehenden Nutzungsphase dieses Waffensystems.

Da die Peripherieleistung (Ausbildungsgeräte, Materialgrundlagen, Sonderwerkzeuge u.a.) nicht im Lizenzumfang enthalten ist, wird diese weiter von der Fa. Krauss-Maffei für die Schweiz bearbeitet; deshalb ist diese Firma auch bei der Realisierung einer Änderung mit vertreten.

14.2.2 Truppenversuche in der Schweiz
(Nach Aussage eines Teilnehmers)

14.2.2.1 Einleitung

Folgende Besonderheiten sind zu berücksichtigen, wenn man von der Überprüfung eines Waffensystems, wie es der Kampfpanzer LEOPARD 2 darstellt, spricht:

- Die technische Erprobung wurde durch die »Gruppe der Rüstungsdienste« (GRD) eine »zivile« Instanz durchgeführt.
- Die Truppenversuche, das heißt die taktischen Versuche, wurden durch die Miliztruppe unter Leitung von Berufsoffizieren durchgeführt.
- Die logistischen Abklärungen wurden durch die Kriegsmaterialverwaltung (KMV), teils durch Berufsoffiziere, teils durch zivile Instanzen durchgeführt.
- Es standen keine besonders für Truppenversuche reservierten Übungs- oder Schießplätze zur Verfügung, die taktischen Versuche hingen oft von der Verfügbarkeit der Truppenübungsplätze ab.
- Die Auftragserteilung für einen Truppenversuch erfolgte durch den Generalstabschef an das entsprechende Bundesamt.
- Die Truppenversuche »Kampfpanzer LEOPARD 2« wurden durch das Bundesamt für Mechanisierte und Leichte Truppen (BAMLT) durchgeführt. Das Bundesamt verfügte zu diesem Zwecke über einen für die Durchführung von Truppenversuchen gebildeten Versuchsstab, der sich aus Berufsoffizieren und -unteroffizieren zusammensetzte.
- Die Ausbildung des Versuchsstabes BAMLT am Kampfpanzer LEOPARD 2 erfolgte durch die Absolvierung verschiedener Fahr- und Schießkurse bei der Kampftruppenschule 2 in Munster (Bundesrepublik Deutschland).

14.2.2.2 Der Truppenversuchsauftrag

Auszugsweise sei genannt:

- Miliztauglichkeit,
- Einsatz zu allen Jahreszeiten, Voralpengebiet inbegriffen,
- Bedien- und Reparaturfreundlichkeit für Benützer,
- Material nicht über harten Einsatz hinaus bis zur Zerstörung belasten,
- die Unterhalts- und Wartungsvorschriften des Herstellers sind strikt zu befolgen,
- usw. ...

14.2.2.3 Die Truppenversuchsplätze

Grundsätzlich sind die wenigen geeigneten Waffen- und Schießplätze durch Wiederholungsdienst leistende Miliztruppen oder durch in der Grundausbildung stehende Rekrutenschulen ständig belegt. Die Belegungskoordination, die bis zur Absprache einzelner Stundenbelegungen reichte, erfolgte stets ohne Schwierigkeiten, denn alle Truppenkommandanten waren von der Wichtigkeit dieser Versuche überzeugt.

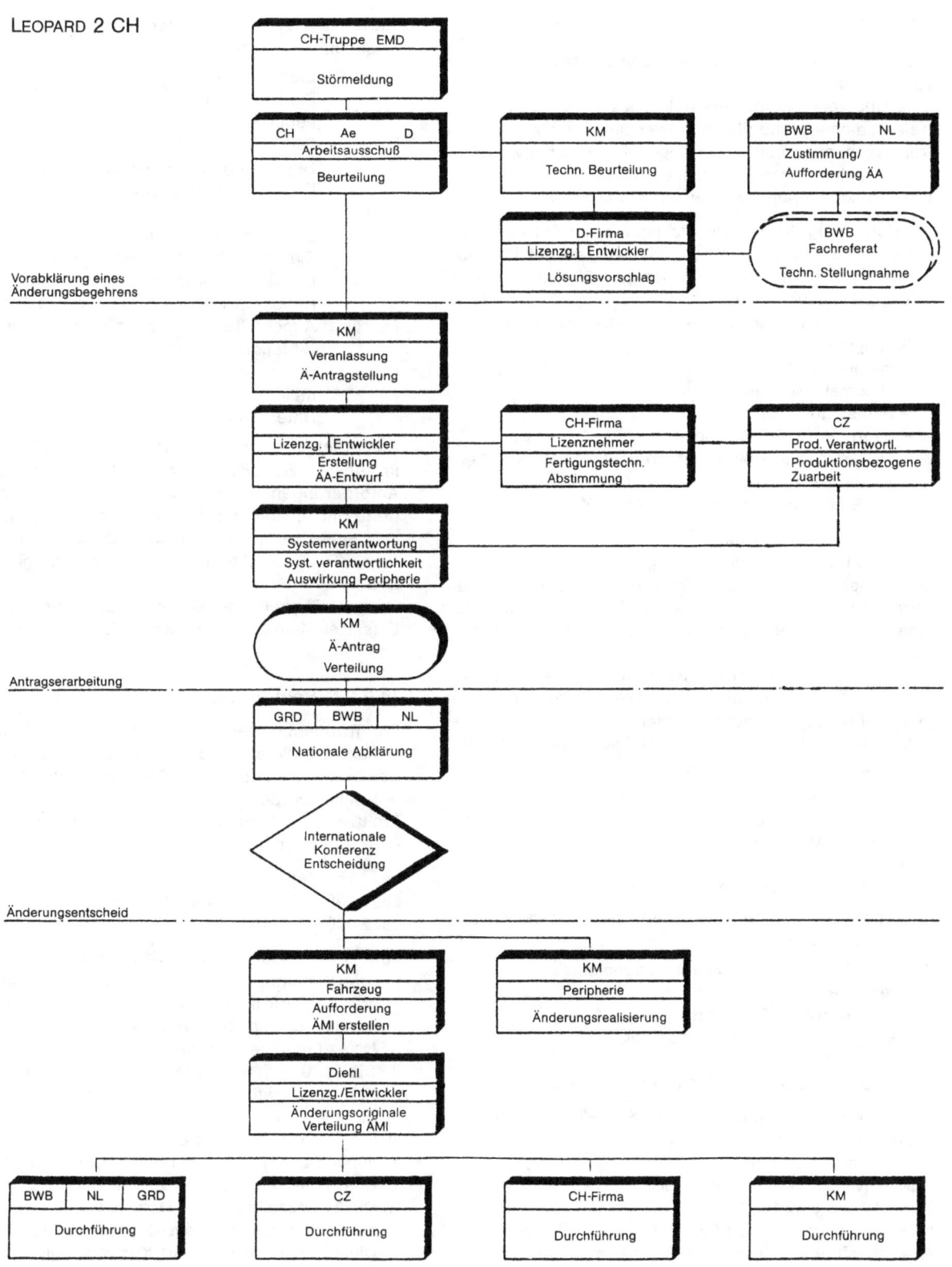

Gesamtdurchlaufschema 205

14.2.2.4 Die Versuchstruppe

Die »Schweizerische Miliztruppe« überprüfte den modernen Kampfpanzer LEOPARD 2.

Volle Überzeugung von der Qualität des Systems und fehlerfreie Bedienung sind die Voraussetzung, die die Versuchstruppe erbringen muß, um den eigentlichen Kampfwert eines Waffensystems sachlich erfassen zu können.

Die Versuchstruppe wurde wie folgt aufgestellt:

- Orientierung der KPz-Besatzungen einer Anzahl Einheiten, die noch mit älterem Material ausgerüstet sind, über die Möglichkeit einer 6-7wöchigen Dienstleistung bei Truppenversuchen LEOPARD 2
- Bedarf pro Kurs von ca. 4-5 Panzerbesatzungen
  Bedingungen:
  = mindestens 1 WK geleistet
  = maximal 4 WK geleistet
  = Dienstnachholer
  = begründete Dienstvorholer
  = Einverständnis des Arbeitgebers, 6-7 Wochen Dienst zu leisten
  = pro Einheit nicht mehr als 3 Mann (Of, Uof, Sdt)

Das Ergebnis dieser Umfrage:
über 600 freiwillige Anmeldungen,
ein Riesenerfolg, der alle Erwartungen übertraf. In der Durchführung der Kurse erwies sich dann auch, wie wichtig eine hundertprozentige Motivation der Besatzungen für das Gelingen ist.

Bei der Bestimmung der Besatzungen mußte auf eine ausgewogene Zusammensetzung aller KPz-Formationen geachtet werden. So wurde die Herkunft aus den verschiedenen Berufsgruppen ungefähr wie folgt berücksichtigt:

Absolventen von Universitäten Hochschulen und HTL	13%
Kaufleute, Lehrer, technische Zeichner	26%
Mechaniker, Metallarbeiter	36%
Baugewerbe	9%
Landwirtschaft und verwandte Berufe	16%

So konnte sich zum Beispiel eine KPz-Besatzung wie folgt zusammensetzen:

Kdt	Beruf:	Versicherungsfachmann
Richter	Beruf:	Kaufmann
Lader	Beruf:	Forstwart
Fahrer	Beruf:	Agro-Mechaniker

14.2.2.5 Gestaltung der Truppenversuchskurse

Es wurden 3 Kurse durchgeführt, jeder Kurs mit neu auszubildenden Besatzungen
Kurs I April-Juni 1981
Kurs II November-Dezember 1981
Kurs III April-Juni 1982

Im Kurs I wurde der KPz 68, im Kurs II und III der KPz M 1 ABRAMS mit dem KPz LEOPARD 2 zusammen eingesetzt.
Der obige Aufbau der Truppenversuchskurse bewährte sich vorzüglich. Nach einer sehr kurzen allgemeinen Einführung wurde unverzüglich und intensiv die Spezialisierung in der Ausbildung praktiziert:

Kdt	Zielerfassung
	Zielzuweisung
	Feuerbeweglichkeit
	Fahrzeugeinsatz
	Bedienung seiner Geräte allgemein
	Betriebsüberwachung
Richter/ Lader	Zielerfassungsablauf
	Zielübernahme und -Bekämpfung
	Bedienung ihrer Geräte allgemein
	Anteil Betriebsüberwachung und Unterhalt
Fahrer	Angepaßte Ausnützung seiner Beweglichkeit an Situation und Gelände;
	Bedienung und Überwachung seiner Geräte allgemein,
	Unterhalt und Kontrollen

Kernstück aller Überprüfungen waren die Einsatzübungen im scharfen Schuß auf dem Schießplatz Hinterrhein. Um die Anforderungen an die Besatzungen zu steigern, die Bedienerfreundlichkeit und den taktischen Gesamtwert erfassen zu können, wurden alle Einsatzübungen zur Hauptsache in der »KPz Duell-Situation« durchgeführt, gemessen und beurteilt.

Dabei wußte keine der Besatzungen, wann und wo in ihrem Einsatzstreifen das oder die zu bekämpfenden Ziele auftauchen würden.

14.2.2.6 Beurteilung

Die Truppenbeurteilung beruht auf den Erfahrungen und Resultaten, die anläßlich der 3 Truppenversuchskurse bei der Grundausbildung, den Festigungs- und Einsatzphasen erarbeitet wurden.

Pro Kurs und Mannschaft wurden durchschnittlich folgende Leistungen erbracht:

ca. 150 Kaltschüsse (pro Ri/La)
ca. 100 Schuß 120 mm (alle Mun-Sorten)
ca. 2 000 km Marschleistung (Straße + Gelände)

Zusammenfassend kann gesagt werden:

I. Das Waffensystem LEOPARD 2 ist für die Schweizerische Milizpanzertruppe erlern- und beherrschbar. Die Basisqualität der Miliztruppe muß aber auf dem heutigen hohen Niveau gehalten werden.

II. Die Benützerfreundlichkeit ist in hohem Maße vorhanden, Fehlmanipulationen mit schweren Schadenfolgen sind nicht vorgekommen.

III. Eine hohe Trefferquote ist erreichbar, die Feuerbeweglichkeit beachtlich. Die dabei auszustehende Belastung durch die Besatzung ist zumutbar.

IV. Die Ausfallzeiten wegen Defekte und Reparaturen hielten sich in dem mit anderem KPz-Material üblichen Rahmen. Die Überwachungs- und Kontrollmöglichkeiten für die Besatzung sind einfach erfaßbar und wenig zeitaufwendig.

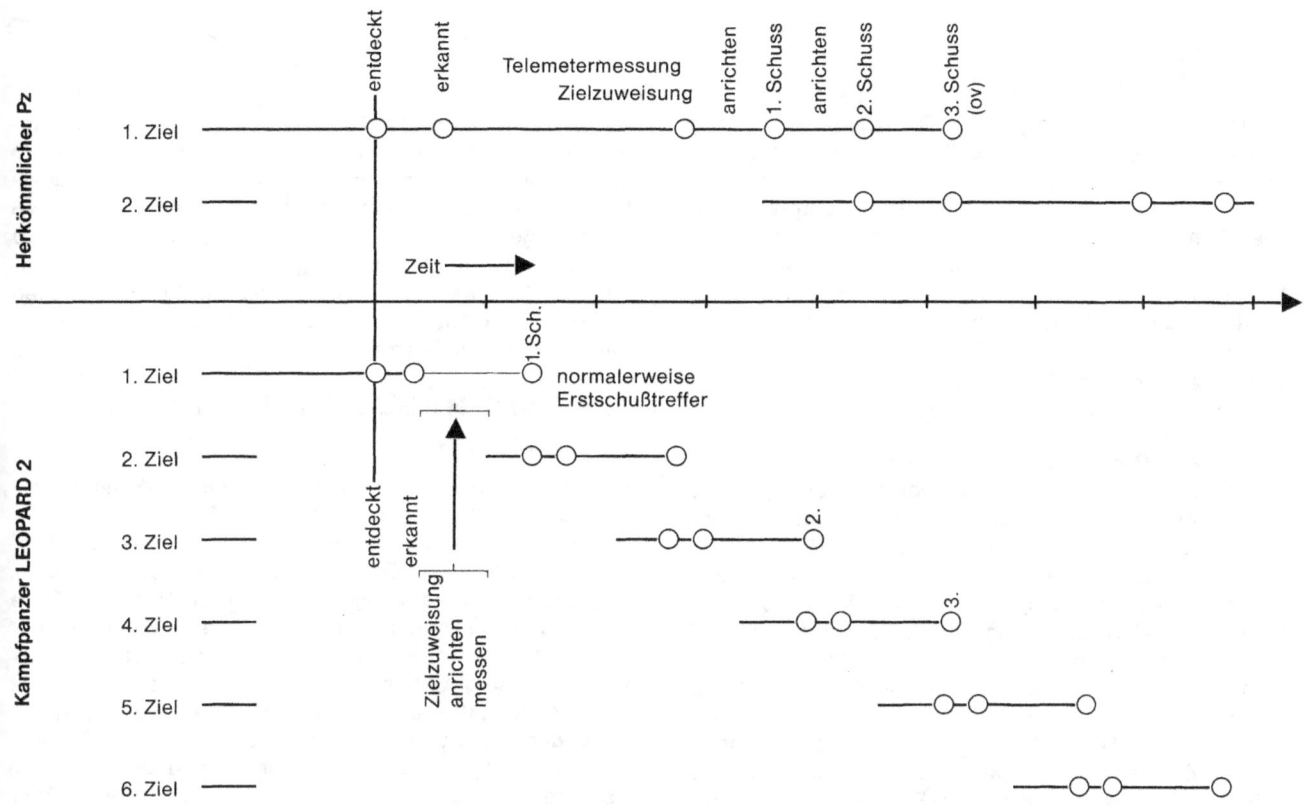

**Prinzipskizze
Vergleich »Zielverarbeitungskapazität«**

14.3 Aussichten in anderen Ländern

Man kann nicht übersehen, daß alle über entsprechende industrielle Voraussetzungen verfügenden Staaten bestrebt sind, bei dem Hauptkampfmittel Panzer eine möglichst hohe Autonomie zu erlangen und zu bewahren. Der Zug zum Nachbau oder Eigenbau ist unverkennbar.
Italien baute den LEOPARD 1 nach, Spanien den AMX 30, beide Staaten beschäftigen sich jetzt mit einer Eigenentwicklung.
Indien, Südkorea und Japan entwickelten eigene Panzer.
Israel scheute keine Kosten, um zum eigenen »Merkawa« zu kommen.
Das neutrale Schweden entwickelte und fertigte eigene Panzer.
Auch Österreich entwickelte eine leichte Panzerfamilie.
Argentinien fertigt nach einer deutschen Konstruktion, und Brasilien entwickelt nach eigenen Plänen.
Neben bedeutenden sicherheitspolitischen Erwägungen sind volkswirtschaftliche Überlegungen die Triebfeder für die Handlungen dieser Staaten gewesen. Damit wird aber auch erkennbar, daß die Schweiz sich diesen Argumenten nicht entziehen konnte. Bedauerlich ist, daß der deutsche Lizenzgeber über lange Zeit glaubte, sich den übernationalen, objektiven Beweggründen für einen Lizenzbau widersetzen zu müssen. Bei rechtzeitiger Einsicht in die Zwangsläufigkeit wären Spannungen vermieden worden und die Zusammenarbeit wäre fruchtbarer gewesen.
Der Abbruch der Konzeptphase für den LEOPARD 3 und damit die Verschiebung des Einführungstermins für einen neuen Kampfpanzer weit in das 21. Jahrhundert wird zu neuen Überlegungen bei den Ländern führen, die glaubten, die LEOPARD 2-Generation überspringen zu können wie z.B. Belgien. Die dort noch im Einsatz befindlichen KPz M 47 und KPz M 48 sind nicht mehr bedrohungsgerecht und verlangen dringend nach einer Ablösung. Im Rahmen der gegebenen finanziellen Möglichkeiten wird eine beschränkte Koproduktion mit ausreichender Kompensation dem LEOPARD 2 dort Eingang verschaffen. Auch Dänemark, Norwegen, Kanada und Griechenland werden sich dem Zwang einer Modernisierung ihrer Panzerverbände nicht entziehen können und könnten potentielle Abnehmer für LEOPARD 2 werden. Die durch die Niederlande und die Schweiz erfolgte objektive Bewertung und nachfolgende Entscheidung bilden dafür eine gute Basis.

15 Ausblick

Das Buch kann sich nicht in der Darstellung historischer Abläufe erschöpfen, sondern soll Erkenntnisse und Erfahrung weitergeben und aufzeigen, in welchen Schwerpunkten zukünftig bei der Bearbeitung ähnlich komplexer Waffensysteme Änderungen angestrebt werden sollten.
Zwei Gesichtspunkte treten als wesentlich hervor:
Die Fragen nach dem richtigen Generalunternehmen und ...
das Kostendenken in der Rüstungshierarchie.

15.1 Was spricht für den Generalunternehmer?

Der amtliche Bereich ist bei der Durchführung komplexer Entwicklungen, mit einer Vielzahl von Entwicklungsfirmen und dadurch bedingter vieler Schnittstellen, wegen seiner administrativen Organisationsform nicht in der Lage, die Aufgaben eines GU selbst durchzuführen. Trotz der Neuordnung der Rüstung hat sich an der behördlichen Arbeitsweise nach GGO bei Beibehaltung der Personalstruktur nichts grundlegendes geändert, um die Flexibilität zu erreichen, wie sie ein GU für seine Aufgaben benötigt. Ein GU sollte ein im Industriebereich wirkender »verlängerter Arm« des Auftraggebers sein. Diese Tätigkeit verursacht Kosten, und um diese erhöht sich der Entwicklungsaufwand. Das wäre auch vertretbar, wenn der GU sich nur im Sinne des »verlängerten Arms« verstehen würde. Vielfach entwickelt der GU aber ein Eigenleben und ist nicht mehr Mittler und Makler zwischen AG und entwickelnder Industrie, sondern Gegner des AG und nur noch Sprecher der Firmen. Die aus dieser egoistischen Tätigkeit herrührenden Kosten führen dann zu einer unverhältnismäßigen Verteuerung und zu einer Kritik am GU-Gedanken.

15.2 Wo sind Verbesserungsmöglichkeiten?

Es muß zu einer engeren Verzahnung zwischen GU und AG kommen. Mitglieder der amtlichen Projektgruppe und der industriellen Projektleitung müssen ausgetauscht und im jeweils anderen Bereich tätig werden, um die immer wieder aufreißende Kluft zwischen AG und GU zu überbrücken. Diesen Personen muß Einblick in alle mit dem Projekt zusammenhängenden Arbeitsbereiche gegeben werden. Diese besondere Zusammenarbeit ist nur notwendig während der Entwicklungsphase, die mit der Serienreifmachung endet.

15.3 Generalunternehmer für Fertigung und Entwicklung?

Nach den Unterlagen der Serienreifmachung sollte im Wettbewerb ein GU für die Serie ermittelt werden. Da Wettbewerbsverzerrungen auftreten können, wäre für die Phase der Serienreifmachung die Einschaltung einer fertigungsneutralen Konstruktionsfirma erstrebenswert. Ideal wäre überhaupt ein fertigungsneutraler GU. Mit der Auftragserteilung für die Serienfertigung an einen GU sollte sich das BWB aus dem Bereich des GU zurückziehen. Nunmehr hat ein GU im festgelegten Vertragsumfang zu festen Preisen und Konditionen (Termine und Leistungen) seine Aufgabe zu erfüllen und darf sich nicht durch Mitsprache des Amtes seinen Verpflichtungen entziehen können.

15.4 Nutzt der GU seine Systemkenntnisse aus?

Das ist passiert und führte schon zu der Bemerkung, ein fertigungsneutraler GU wäre der Idealfall. Der GU für die Panzerfertigung hat in den vergangenen 15 Jahren eine Erweiterung der Kapazität in Entwicklung und Fertigung betrieben. Wobei die Fertigung weniger bedeutend ist. Nach dem Ende der DEG wurde entgegen der Absprache die Entwicklungskapazität ausgeweitet und ursprünglich an Subunternehmer vergebene Aufgaben im eigenen Haus erledigt. In letzter Zeit waren es Aufgaben auf den Gebieten Materialerhaltung und Ausbildung, die auf den Sektoren Elektronik und Optik selbständig erledigt wurden. Sie führten eindeutig zu einer Beeinträchtigung der Subunternehmer und veranlaßten diese zu der Aussage, in Zukunft dem GU gegenüber mehr Zurückhaltung zu üben und ihm keineswegs alle Unterlagen zur Verfügung zu stellen. Diese Zurückhaltung hat dann zur Folge, daß der GU nicht mehr alle Informationen bekommt, die er für die Wahrnehmung seiner GU-Funktion benötigt. Er ist damit für den AG weniger wertvoll, und sein Honorar entspricht nicht mehr den Leistungen. Der GU soll mitdenken, und wenn er eine andere, bessere technische Lösung glaubt erkennen zu können, dann hat er diese, im Sinne des »verlängerten Armes« des AG, mit seinem zuständigen Subunternehmer zu besprechen und ihn zu veranlassen, die bessere, einfachere und billigere Lösung zu betreiben. Er darf nicht zum Konkurrenten seiner eigenen Mitstreiter werden. Darunter würde der Gesamtverbund, der die Voraussetzung für eine erfolgreiche Projektarbeit darstellt, leiden. Auf der amtlichen Seite muß aber auch das GU-Prinzip gewahrt werden. Es darf einzelnen Firmen nicht das Recht eingeräumt werden, außerhalb des Projektes direkt mit dem amtlichen AG Absprachen und Verträge zu schließen.

15.5 Wo liegen die Vorteile eines GU für das BWB, für die Industrie?

Das BWB kann mit Hilfe des GU Entwicklungsaufgaben erledigen, für die die Voraussetzungen im amtlichen Bereich nicht gegeben sind. Der schon mehrfach zitierte »verländerte Arm« würde im idealen Sinne wie der amtliche AG denken und handeln, seinen industriellen Sachverstand einbringen und dafür entlohnt werden. Beim Fertigungs-GU kann der AG die Verantwortung für ein komplexes System einem Lieferanten übertragen und sich dadurch die Einzelverträge, die Anpassung und Überwachung ersparen. Die Vorteile der Industrie in ihrer Gesamtheit sind nicht immer erkennbar, denn sonst würden nicht so viele Firmen immer wieder den Wunsch haben und den Versuch unternehmen, mit dem Amt direkt in vertragliche Beziehungen zu treten. Das hängt wohl damit zusammen, daß ein GU schärfere Bedingungen als Grundlagen seiner vertraglichen Beziehungen mit den Subunternehmern abschließt als es der amtliche AG tun würde.

15.6 Verbilligt der GU ein Programm, oder verteuert er es?

Der Anreiz zur Verteuerung ist durch unser Vertragssystem bei Entwicklungsaufträgen vorgegeben. Durch weitgehende Abschaffung der Bemühensklausel in den ABEI-Verträgen und Beteiligung der Industrie an den Entwicklungskosten bei Beibehaltung einer wettbewerblichen Situation könnten auf einigen Rüstungsgebieten die Kosten begrenzt werden. Bei einer Begrenzung der Kosten wird nicht so sehr an einen Selbstbehalt und die dabei auftretenden Schwierigkeiten der Kostenverrechnung auf andere Aufträge gedacht, sondern daran, Wege zu finden, Organisationen zu schaffen und besser zu planen, um die Kosten niedrig zu halten. Die heutige Verrechnungsart fordert direkt dazu heraus, großzügig zu handeln, mit unverhältnismäßig hohem Aufwand neue Konstruktionswege zu suchen, weniger brauchbare Konstrukteure mitzuschleppen, vorhandene Erfahrungen aus früheren Konstruktionen nicht zu beachten, einen aufwendigen Personaleinsatz zu ermöglichen und eine großzügige Geschäftspolitik zu betreiben. Das führt einerseits zu einem hohen Stundenaufwand und andererseits zu hohen Gemeinkostenzuschlägen. Beide addieren sich und bilden die Basis für den Gewinnzuschlag. Die von vielen Verwaltungsjuristen des BWB immer wieder geäußerte Meinung, die Preisprüfer des Amtes und der Länder würden Auswüchse erkennen und dadurch zu »ordentlichen« Kostenberechnungen beitragen, ist nach vieljähriger Praxis eine Illusion und hat nie zu einer Begrenzung der Kosten geführt. Mit der Abzeichnung des Stundenzettels und der Überprüfung der angefallenen Aufwendungen, die beide nie in Frage gestellt werden, hat der Prüfer seine Grenze erreicht. Wettbewerb, Abschaffung der Bemühensklausel, Festlegung einer Kostenobergrenze sind Möglichkeiten, die genutzt werden sollten.

Auch ein echter Selbstbehalt der Industrie wäre mit dem Knowhow-Gewinn bei der Durchführung einer Entwicklung zu begründen. Dies steht zwar im Gegensatz zu anderen Interpretationen, man kann aber aus den Erfahrungen der Panzerentwicklung an vielen Beispielen eine Übertragung des Knowhow aus der Rüstungsentwicklung in eine Zivilentwicklung und -fertigung bestätigt finden. Warum sollte das in anderen Rüstungssparten anders sein? Bei Befragung der Industrie wird man natürlich anderes hören. Auch die Entgegnung, die Rüstung ziehe Nutzen aus dem nicht mit Mitteln des Verteidigungsressorts oder sonstigen mit öffentlichen Mitteln finanzierten eingebrachten Firmen-Knowhows einschließlich der sogenannten Altrechte, trifft nur auf wenige Sparten, insbesondere die Fahrzeugindustrie zu. Gerade die hat aber schon bewiesen, daß man Rüstungsentwicklungen auch ohne Auftrag auf eigene Kosten erfolgreich durchführen kann, wenn ein entsprechendes Fertigungsgeschäft in Aussicht steht.

Zur Erhaltung des Wettbewerbs ist es daher keineswegs richtig, amtlich den Zusammenschluß von Firmen zu fordern und so den Wettbewerb zu verhindern. Die Luftfahrtindustrie ist mit Hilfe amtlicher Stellen so wettbewerbsfeindlich organisiert, daß von dieser Sparte auch in Zukunft keine Kostenerleichterung erwartet werden kann. Die dort praktizierte Art, Rüstungsgelder (=Steuergelder) umzusetzen, zeigt sich schon an der aufwendigen Art der Organisation dieser Firmen und an ihrem großzügigen und auffälligen Gepräge. Das Ergebnis ist die Kostenhöhe ihrer Produkte.

Die jetzige Vertragsform schafft für den GU keine Voraussetzung, die Kosten im Sinne des amtlichen AG zu beeinflussen. Er bewirkt durch seine Mitarbeit keine Kostensenkung, sondern sein Interesse liegt in der an sich nicht unmoralischen Handlungsweise, den Umsatz zu maximieren und damit natürlich auch den Gewinn. Daß die vom AG gewünschte Tätigkeit der industriellen Koordination beim GU mit Kosten verbunden ist, die auch entstehen würden, wenn das Amt diese Aufgaben wahrnehmen könnte, ist unbestritten und kann bei Betrachtung der idealen Arbeitsweise eines GU nicht als Verteuerung bezeichnet werden. Zu bemängeln ist allein das Fehlen eines Anreizes, im Sinne des AG zu einer Minimierung der Gesamtkosten beizutragen.

15.7 Generalunternehmer – nur große Firmen?

Bei dieser Frage muß unterschieden werden zwischen einem GU für Entwicklung und einem GU für Serienfertigung. Der erstere kann auch ein Konstruktionsbüro sein, das mit einer fähigen Mannschaft die Geschicke einer Entwicklung lenkt. Da außer einer ordnungsgemäßen Abrechnung keine finanziellen Verpflichtungen übernommen werden, könnte auch ein mittleres, weniger starkes finanzielles Unternehmen die Aufgaben als GU wahrnehmen. Voraussetzung wäre die Einrichtung einer ausreichenden EDV-Anlage für Planungs- und Abrechnungsarbeiten. Je geringer hier der organisatorische Aufwand ist, desto günstiger sind die Möglichkeiten für schnelles und kostengünstiges Erstellen der Vorstufen. Die Bearbeitung der logistischen Belange müßte nicht unbedingt vom GU in eigener Regie durchgeführt werden. Da es auf diesem Sektor heute Spezialfirmen gibt, müßten diese vom GU in den Kreis seiner zu steuernden Subunternehmer aufgenommen werden. Auch hier würde der Wettbewerb die Leistung beflügeln. Die Möglichkeiten, einen Kreis entwickelnder Firmen, einschließlich des GU, im Wettbewerb zu ermitteln, sind bis auf wenige Komponenten gegeben. Bei Beachtung anderer vertraglicher Regelungen wären die Voraussetzungen für eine Minimierung der Entwicklungskosten geschaffen. Auf der Amtsseite setzt das aber ein kreatives Mitdenken voraus und die Bereitschaft, eingefahrene Spuren zu verlassen und persönliches Engagement zu zeigen.

Ganz anders ist die Frage nach dem GU für die Serienfertigung zu beantworten. Hier hat der öffentliche AG ein Interesse daran, ein finanziell starkes Unternehmen mit der Durchführung zu beauftragen. Auch bei Aufteilung in Fertigungslose haben die Rüstungsaufträge in der Regel ein großes finanzielles Volumen. Die Fertigungs- und Lieferzeiten schwanken zwischen 6 und 24 Monaten, in denen die Firmen neben der Anzahlung eigene finanzielle Mittel für die Fertigung bereitstellen müssen. Am Beginn einer Serie ist daher die Vereinbarung einer Anzahlung für die Entwicklung und Fertigung der Sonderbetriebsmittel und die Vorbereitung der Serienherstellung richtig und vertretbar. Es ist aber falsch, die Anzahlung zur optischen Verkleinerung des Serienpreises zu benutzen, wie es leider geschehen ist. Damit wurden Preise manipuliert und Wahrheiten verschleiert. Es ist nicht zu verantworten, der Industrie Anzahlungen aufzuzwingen, sich diese mit 6% verzinsen zu lassen und gleichzeitig zur Deckung dieser Summe bei der Bundesbank Kredite aufzunehmen, für die weit höhere Zinsen zu zahlen sind. Diese kameralistische Denkungsart widerspricht jeder kaufmännischen Gepflogenheit und sollte deshalb Anlaß sein, eine Anzahlung in Zukunft nach anderen Gesichtspunkten zu vereinbaren.

15.8 Möglichkeiten zur Serienkostenreduzierung

Neben den notwendigen Mitteln für die Fertigung erwartet der öffentliche AG die vertragliche Regelung einer Gewährleistung für termingemäße Lieferung, Einhaltung der zugesagten technischen Leistungen und Abstellung von Garantieschäden innerhalb einer bestimmten Zeit nach Auslieferung. Für die Abdeckung dieser Verpflichtung können die Mittel erheblich sein und werden. Sie hängen vom technischen Zustand der Konstruktion des zu liefernden Rüstungsgutes ab. Zum Abbau des für den Lieferanten entstehenden Risikos können die sich im Preis niederschlagenden Zuschläge insgesamt erheblich sein und Anlaß geben, über eine Änderung zur Einsparung von Mitteln nachzudenken. Die Aufteilung auf einige Fertigungslose erlaubt nämlich eine Änderung der Betrachtungsweise der einzelnen Lose. Am Beginn einer Serie steht die Unsicherheit über das Ergebnis der Serienreifmachung und die Höhe der zu erwartenden Gewährleistung. Wenn dann im Laufe der Serie Schwachstellen, auch mit Hilfe und Mitteln des AG, beseitigt werden, reduziert sich das Maß der Gewährleistung. Der öffentliche AG ist deshalb aufgerufen zu überlegen, ob nicht nach einem Anlauf, etwa ein Drittel der Gesamtstückzahl, weitere Lieferverträge unter Ausklammerung dieser Gewährleistung zu einer Preissenkung genutzt werden

könnten. Zum Zeitpunkt des Abschlusses für die weiteren Lose läßt sich die technische Brauchbarkeit voll übersehen, und es tritt dadurch für den Bund kein zusätzliches Risiko ein. Man könnte sogar noch weitergehen und ab diesem Zeitpunkt einen Teil der GU-Funktion übernehmen, d.h. Großbaugruppen direkt vom Amt in Auftrag geben mit der Verpflichtung, diese an die System- bzw. Teilsystemverantwortlichen zu liefern. Diese hätten nur die Verpflichtung zur Montage, Integration und Endablieferung. Die Beaufschlagung dieser Baugruppen entfiele, was wiederum zu einem nicht unbedeutenden Preisnachlaß führen würde; die US-Administration handelt so. Eine derartige Vertragskonstellation läßt sich, wie gesagt, aber erst dann anstreben, wenn eine Serienfertigung in vollem Umfang läuft und die Qualität des Produktes voll überschaubar ist.

15.9 Möglichkeiten zur Senkung der Entwicklungskosten

Grundsätzlich sind Rüstungsausgaben eine zwar notwendige, aber wenig erwünschte Belastung des Staatshaushalts. Alle Beteiligten müssen daher immer bestrebt sein, diese Kosten auf ein Minimum zu reduzieren, um die freiwerdenden Mittel sinnvolleren Zwecken zuzuführen, oder anders ausgedrückt, die Mittel müssen ein Höchstmaß an Abwehrleistung erbringen. Die damit zusammenhängenden Kosten müssen laufend auf Notwendigkeit und Umfang überprüft werden. Den beteiligten Firmen muß ein Anreiz geboten werden, die Kosten der Entwicklung zu beschränken, und es muß die Bemühensklausel nur dort zur Anwendung kommen, wo gänzlich neue Techniken eingesetzt werden sollen. Durch klare Festlegung am Anfang muß eine nach oben begrenzte Kostenhöhe für eine Entwicklungsleistung bestimmt werden. Diese Festlegung sollte im Wettbewerb erreicht werden; denn nur dann wird die Industrie bemüht sein, Kosten einzusparen. Der aus dem Ende der 50er Jahre stammende ABEI-Vertrag muß revidiert werden, denn die damalige Voraussetzung, daß die Industrie dem Rüstungsgeschäft gegenüber abgeneigt sei, trifft heute nicht mehr zu. Das heute erkennbare Bemühen um Rüstungsaufträge zwingt zu einer Überarbeitung der Vertragsbedingungen. Wenn alle sich zu einer freien Marktwirtschaft bekennen, dann sollte auch hier Angebot und Nachfrage die Grundlage der Zusammenarbeit bestimmen. Wesentlicher Inhalt dieser Bedingungen wäre die Beseitigung der Leistungsantriebsschwächen und Ineffizienzen in der Rüstungsindustrie. Diese Globalaussage trifft keineswegs auf alle Rüstungssparten zu, und es wird nicht bestritten, daß es auch Ineffizienzen im amtlichen Bereich gibt. Es müssen Mittel und Wege gesucht werden, allen Beteiligten ein Kostendenken bei allen Entwicklungsentscheidungen zu vermitteln. Die Erarbeitung einer Entwicklungsleistung sollte sich nicht nur in der Erbringung einer funktionellen, nachgewiesenen Leistung als wichtig und notwendig verstehen, sondern diese Einbringung muß gekoppelt sein mit der Forderung nach Zuverlässigkeit, Instandsetzungsfähigkeit und einfacher Bedienbarkeit im rauhen Truppenbetrieb. Die Firmen müssen mehr als bisher angehalten werden, nicht unbedingt den letzten Stand der Technik zu verwirklichen, dafür aber eine Technik zu realisieren, die der Truppe und ihren Möglichkeiten angepaßt ist und dem Grad der Bedrohung gerecht wird. Aber auch hier hat ein Umdenken im amtlichen Bereich zu erfolgen. Der Bedarfsträger darf sich nicht von Angeboten noch möglicher Technik der Industriefirmen verlocken lassen und danach seine TaF erstellen, sondern er soll nach sorgfältiger Prüfung seines Bedarfs im amtlichen Bereich die technischen und wirtschaftlichen Aspekte abklären und dann, falls noch notwendig, seine TaF erstellen. Hierbei wären schon in der Vorphase die Verantwortlichen des Haushalts und der Logistik mit einzuschalten.

15.10 Zeitlicher Ablauf

Die strikte Einhaltung der Entwicklung und Beschaffung von Wehrmaterial nach EBMat zu fordern, ist berechtigt und wird wohl von allen Gutwilligen unterstützt. Man muß sich nur darüber im klaren sein, daß der zeitliche Ablauf einer Entwicklung bis zur Serienreife sich u.U. verzögern kann, was wehrpolitisch nicht immer zu vertreten ist. Eindeutig läßt sich aber dadurch der ökonomische Rahmen besser fassen. Die Kosten werden besser prüfbar, und man kann den Wettbewerb für eine Serienfertigung bestmöglich zur Senkung der Preise nutzen.

15.11 Organisationsänderungen im Rüstungsbereich

Der letzte Verteidigungsminister der sozial-liberalen Koalition sah sich genötigt, einen außenstehenden Wirtschaftsfachmann zu beauftragen, den Ablauf großer Rüstungsvorhaben zu durchleuchten und Vorschläge für ökonomisches Denken in der Rüstungshierarchie zu machen. Die gewonnenen Erkenntnisse führten unter anderen dazu, daß man ein zusätzliches Kontrollorgan schaffen wollte, um Fehlentwicklungen rechtzeitig zu entdecken. Bereichskontrollorgane in den Ämtern der Teilstreitkräfte sollten dem Chefkontrolleur beim Minister zuarbeiten. Diese Organisationsform kam infolge des Regierungswechsels nicht zur Durchführung. Der Wirtschaftsprofessor als neuer Rüstungsstaatssekretär hat aber diese Frage neu aufgegriffen und in der Schaffung von 3 Rüstungsabteilungen Ansätze zu einer Änderung erkennen lassen. Notwendig wäre in der neu geschaffenen Abteilung unter General Tebbe die Prüfung, ob die geplanten Vorhaben – auch wirtschaftlich betrachtet – sinnvoll sind, d.h., es wäre notwendig, an dieser Stelle eine Kosten-Nutzen-Rechnung aufzustellen. Es wäre zu prüfen, ob die Forderung für eine taktische Verwendung immer eine Bw-eigene Lösung notwendig macht. Es sollte untersucht werden, ob zur Erfüllung nicht auch ein handelsübliches, marktgängiges Produkt zur Anwendung kommen kann. Jeder Beschaffung sollte also eine Marktuntersuchung im In- und Ausland vorausgehen. Ein mögliches Kampfgeschehen in unserer Region macht nicht bei allen Geräten und Ausrüstungen Bw-eigene Lösungen notwendig. Die in den Jahren des Aufbaus tätigen Offiziere waren geprägt von den Ereignissen der Kämpfe in Rußland, und sie forderten vom Bw-Gerät Leistungen, die auf die damaligen besonderen Erfordernisse zugeschnitten waren. Die Schöpfer der Bundeswehr waren Offiziere, waren Menschen, die das Trauma der Niederlage mit sich trugen und sicher unbewußt in der ihnen gestellten Aufgabe – Aufstellung der Bundeswehr – das Ziel verfolgten; das neu zu schaffende Gerät muß besser noch als früher den Aufgaben in der Weite des Ostens im Sommer und Winter gerecht werden. Gestützt wurde diese Zielvorstellung durch die Aussagen aus dem Bereich der großen Politik:

○ Bundeskanzler Adenauer verfolgte eine Politik der Stärke,
○ der US-Außenminister Dulles propagierte eine Politik des »roll-back« in einer Zeit, als die USA das Atomwaffenmonopol noch besaßen.

Bei der Erstellung der Taktischen Forderung für die zweite Generation wurden diese Forderungen ohne neue Prüfung übernommen. Eine Abmagerung dieser Forderungen im Hinblick auf den Einsatzort in Mitteleuropa und die Doktrin der Nato wäre kostenwirksam. Ein markantes Beispiel war die Entwicklung der zweiten Fahrzeuggeneration. Erst der Einspruch des damaligen Ministers Leber aufgrund eigener Erfahrungen führte zur Entscheidung, den größten Teil der abzulösenden Fahrzeuge in handelsüblicher Ausstattung zu beschaffen. Der Preisunterschied zwischen einem Bw-Lastwagen und einem handelsüblichen Lkw beträgt 50% und mehr. In dieser Art lassen sich noch andere Beispiele anführen, z.B. die Bw-Kran-Folgegeneration. Obwohl die Spezialfirmen heute eine Vielzahl von Typen in allen Größen und Ausführungen anbieten, wurde eine Bw-Kran-Folgegeneration über viele Jahre entwickelt. Bei einer kleinen Einbuße an Leistung, die taktisch überhaupt nicht ins Gewicht fallen würde, kann man zu wesentlich reduzierten Kosten handelsübliche Ausführungen zum Einsatz bringen. Vielfach werden militärische Standards und Normen für Verteidigungszwecke (VG-Norm) angeordnet, ohne daß dabei die Kostenauswirkung bedacht wird. Die mit den USA in den Natogremien abgestimmten Standards und Normen (StANAG) sind vielfach überzogen und für einen Einsatz in Mitteleuropa nicht notwendig. Der weltweite Einsatz der US-Streitkräfte rechtfertigt die Forderungen nach umfassenden Einsatzbedingungen und den davon abgeleiteten Standards und Normen. Man sollte den politischen Mut aufbringen, sich in diesen Punkten von den USA abzukoppeln. Die mit der Abkopplung einhergehende Kostenminderung würde eine Stärkung unserer Abwehrkraft möglich machen; dagegen könnten die USA keine Einwände erheben.

Ein Bereichscontroller in der Teilstreitkraft müßte ein betriebswirtschaftlich ausgebildeter Wehringenieur sein, der beim Erarbeiten einer TaF ökonomische Überlegungen anstellt, ehe er damit Entwicklungen für Bw-Gerät einleitet. Eine Zusammenlegung der ministeriellen Rüstungsabteilung mit dem BWB zu einem Rüstungsamt würde die schon 1972 mit der Rüstungsneuordnung erwartete Vereinfachung bringen und Doppelarbeit beseitigen. Die mit dem Rüstungserlaß verfügte Beschränkung der Rüstungsabteilung auf Kontrolle des BWB (man sprach damals sogar von Stelleneinsparungen) hat sich zwischenzeitlich ins Gegenteil gewandelt. Es wurde nicht mehr nur kontrolliert, sondern Entwicklungsaufgaben selber in Angriff genommen. An beiden Stellen wurden Entwicklungen betrieben, die zum Teil sogar in Konkurrenz zueinander lagen.

Wenn aber wirklich – durch die Umstände bedingt – ernsthaft der Versuch gemacht werden sollte, ein schlagkräftiges effizientes Rüstungsamt zu schaffen, dann sollte man auch überlegen, ob die Aufgaben im Heeresamt und im Materialamt richtig verteilt sind und ob es nicht sinnvoll wäre, bei einer Neuorganisation auch an diese beiden Ämter zu denken. Es ergeben sich zwischen dem BWB und den beiden Ämtern Überschneidungen, die ökonomisch nicht vertretbar sind.

15.12 Änderungen in der Personalstruktur

Die bisher in den Fachreferaten tätigen Wehringenieure und in den Vertragsreferaten tätigen Verwaltungsjuristen werden der wirtschaftlichen Betrachtung der gestellten Rüstungsaufgaben nicht gerecht. Vom fordernden Offizier über den entwickelnden Wehringenieur zum beschaffenden Verwaltungsjuristen wird die wirtschaftliche Seite eines Rüstungsgutes nur zweit- und drittrangig behandelt. Eine Kosten-Nutzen-Analyse wird nur in den seltensten Fällen erstellt. Der von der Industrie genannte Preis ist »angemessen«, wenn die Angebotssumme mit den zur Verfügung stehenden Mitteln übereinstimmt. Der bisher nur rein technisch ausgebildete Wehringenieur verläßt sich bei der Prüfung des Kostenangebotes voll auf sein Vertragsreferat und auf die Preis- und Kostenprüfer der Vorschaltabteilungen. Das ist von der in der Laufbahn vorgesehenen Ausbildung her auch erklärlich. Die von den Hochschulen und Universitäten kommenden Maschinenbauer, Elektroniker, Kfz-Ingenieure u.a. besitzen ein umfassendes technisches Wissen und erhalten dann in der BAKWVT ihre speziellen Kenntnisse in Wehrtechnik, Organisation der Bundeswehr und Beamtenrecht und werden nach bestandener Prüfung, mit Ausnahme der Herren für die Erprobungsstellen, den Rüstungsfirmen als Verhandlungspartner gegenübergesstellt. Die anfangs der Wehrtechnik gegenüber zurückhaltende Industrie hat gelernt, die Organisation der Bundeswehr und ihrer Ämter zu beherrschen. Die vor Jahren aufsehenerregende Schrift von Herrn Köppl über »Rüstungsmanagement und Verteidigungsfähigkeit der NATO« – dargestellt am Beispiel des Tornado – hatte das ausgesagt, was heute von vielen empfunden wird. Es ist die Schwäche der Organisation der Bundeswehr in wirtschaftlichen Fragen gegenüber der Industrie, die zu einem Ausufern wichtiger Rüstungsprojekte führte.

Die in den Nahtstellen gegenüber der Industrie tätigen Techniker und Juristen haben in den seltensten Fällen ein Gespür für preisbewußtes Denken und werden daher der Industrie in diesem Punkte immer unterlegen sein.

Es fehlt in allen Entscheidungsgremien der betriebswirtschaftlich ausgebildete Wirtschaftsingenieur und der Diplom-Kaufmann, der mit den ihm anvertrauten Mitteln ökonomische Überlegungen anstellt, ehe er Forderungen erhebt und Entwicklungen für Bundeswehrgerät einleitet. Hier wäre es Aufgabe der Bw-Hochschulen, in einem berufsbezogenen Fachstudium die notwendige Ausbildung sicherzustellen.

Neben der Schulung und Fortbildung der Wehringenieure und Vertragsjuristen sollte durch Änderung der Laufbahnvorschriften der Nachwuchs eine andere Grundausbildung erhalten. Die Personalstellen sind schon seit längerer Zeit mit der Thematik beschäftigt, aber der notwendige Änderungsweg ist hier besonders lang und kompliziert, weil neben dem eigenen Ministerium auch noch das Innenministerium und ein überministerielles Oberprüfungsamt eingeschaltet werden müssen.

Gerade deshalb muß die Bedeutung dieser Laufbahnänderung hier besonders angesprochen werden. Der jetzt herangebildete Wehringenieur und Verwaltungsjurist ist nicht in der Lage, mit der Managementorganisation und den jetzigen administrativen Durchführungsverfahren dem wirtschaftlich denkenden Industriepartner gleichgewichtig gegenüberzutreten.

15.13 Schlußwort

Die hier angesprochenen Punkte sind die wesentlichsten, nicht aber die einzigen. Die derzeit notwendigen strengen Sparmaßnahmen aber bieten vielleicht die beste Voraussetzung dafür, daß Maßnahmen in die Tat umgesetzt werden, die zu einer möglichst effizienten Verwendung der Mittel für die Stärkung unserer Verteidigungskraft führen.

16 Abkürzungsverzeichnis

AFB	Ausgelagerter Fachbereich der Geräteabteilungen des BWB
AG	Auftraggeber
AN	Auftragnehmer
APG-Bahn	Simulierte Geländestrecke, entwickelt von der US Aberdeen Proving Ground
ArbGrSBWS	Arbeitsgruppe beim Systembeauftragten
Arbeitsebene	Systembeauftragter, Projektreferent, Projektbeauftragter
AST A	Außenstelle der Erprobungsstelle 41 in Meppen, wirkte bis April 1964
ATF-Öl	Spezialöl für Hydraulikgetriebe
Auslieferungstermin	Dieser war natürlich vorher mit der Industrie ausgehandelt worden, denn sonst hätte das BWVg das MOU nicht schließen können
AV	Austere Version = abgemagerte Version
AWACS-Projekte	Radarfernaufklärung durch Flugzeuge, wurde durch die BRD von den USA angekauft
AVR	Ausbildungs- und Verwendungsreihen
BAkWVt	Bundesakademie für Wehrverwaltung und Wehrtechnik in Mannheim
BMVg	Bundesministerium der Verteidigung
Basis	Entfernung der beiden Objektive
Beschußturm bzw. -wanne	Panzergehäuse mit einzelnen adaptierten und simulierten Einbauteilen zur Beschußerprobung
BITE	Selbstprüfeinreichtung
Bop	Bordprüfsystem
Büs	Betriebsüberwachungssystem
Brennkammer	Kleine Turbine zum Antrieb der Turbolader
BWB	Bundesamt für Wehrtechnik und Beschaffung
BZÜ	Bauzustandsüberwachung
Chrysler	Entwicklungsfirma des US Panzers M 1 Abrams
Continental	Motor der Teledyn Continental Motors
Datenbank	EDV-Anlage zur Speicherung, Selektierung und analytischen Verarbeitung großer Datenmassen
Dejustierung	Abweichung der Seelenachse des Kanonenrohres zur Ziellinie des Entfernungsmeßgerätes
Design to Unit Production Cost	Optimales Verhältnis von Leistung zu Preis
DT/OT II-Phase	Kombinierte technische Erprobung mit Truppenversuch in den USA
Durchführungsbestimmung	Erläuterung zum Rahmenerlaß über die Rüstungsneuordnung
Eber	Abkürzung von Eberhardt (Min.Dir. im BMVg) Bezeichnung einer Pz 70 Variante
EDV	Elektronische Datenverarbeitung
EG-Mat	Entstehungsgang für Wehrmaterial
EKP (EPS)	Externes Kraftfahrzeug-Prüfgerät
E-Messung	Messung der Entfernung
EMV	Elektromagnetische Verträglichkeit
Erprobungsträger	Fahrzeuge, hier Panzer, gebaut zum ausschließlichen Zweck der Erprobung von Komponenten im System
ESG/FEG	Elektronische Systemgesellschaft/FEG Ges. für Logistik GmbH
E-Stelle	Erprobungsstelle des BWB
E-41	Erprobungsstelle 41 für Kraftfahrzeuge in Trier
E-81	Erprobungsstelle 81 für Elektronik in Greding
E-91	Erprobungsstelle 91 für Waffen und Munition in Meppen
ETW	Erstschußtreffwahrscheinlichkeit
Exerziermunition	Blinde Munition zum Üben
FESI	Fehlererfassungssystem für die Industrieinstandsetzung
FHSH	Fachhochschule des Heeres
Firmenverbund	Alle an der Entwicklung beteiligten Firmen stellen im Abschnitt 5 ihre Produkte vor und finden sich im Anzeigenteil

FlakPz	Flugabwehrkanonenpanzer
Fla-Zwilling	Doppelrohrflugabwehrgeschütz
Flexible K-stoffbehäter	Behälter aus kraftstoffbeständigem Gummi, angefüllt mit Schaumstoff nur noch über der Kettenabdeckung
FL-System	Feuerleitsystem
FMC	Food Machinery Corporation, Ordnance Engineering Division in San Jose, Kalifornien
FSED	Entwicklungsphase in den USA
FSED-PEP-Programm	Serienvorbereitungsphase in den USA
Gefechtsgewichtsobergrenze	Das bei den Pionieren vorhandene Brücken- und Übersetzgerät ist für eine bestimmte Gewichtsgrenze ausgelegt und bestimmt damit das Gefechtsgewicht der zum Einsatz kommenden Kampfmittel, wenn man nicht auf die Inanspruchnahme verzichten und grundsätzlich Wasserhindernisse durch Tiefwaten bzw. Unterwasserfahren überwinden will
GGO	Gemeinsame Geschäftsordnung der Bundesministerien
GM	General Motors, eine der beiden US-Pz-Entwicklungsfirmen
Grundeinrichtung	Die US-Army stellt die Panzerherstellungswerke mit Fertigungseinrichtung den Auftragnehmern zur Verfügung
GU	Generalunternehmer
Guderian	Generalmajor a.D., Sohn des Generaloberst, war General der Kampftruppe und Mentor dieser Entwicklung
HA	Heeresamt
Hardthöhe	Sitz des Bundesverteidigungsministeriums
HDv	Heeresdienstvorschrift
Heißösen	Befestigungsösen am Panzer zum Einhängen des Krangeschirrs
Höckerstrecke	APG-Bahn zur Prüfung der Stabilisierungsgenauigkeit
IABG	Industrieanlagen- und Betriebsgesellschaft mbH in Ottobrunn
ILS-Software	Herstellung der Versorgungsreife in den USA
Inch	Zoll, das amerikanische Längenmaß
Inst-Titel	Haushaltsansatz für Instandsetzung i. Verteid.-Etat
IR-Gerät	Infrarotgerät (Nachtsichtgerät)
Kadenz	Feuerfolge
Katalogisierung	Erteilung der Versorgungsnummer im Mat Bw
Keiler	Kurzzeitige Bezeichnung der Entwicklung, die zum Leopard 2 führte
KE-Üb-Munition	Wuchtmunition, dessen Penetrator aus Stahl ist
KE-Üb-Munition m.v.R.	Wuchtmunition mit Stahlpenetrator und Lochkegelleitwerk mit verkürzter Reichweite
KG	Geräteabteilung Kraftfahrzeuge und Geräte im BWB
KHD	Klöckner-Humbold-Deutz
KM	Krauss-Maffei in München, Generalunternehmer
Komponenten	Baugruppen
K-Stand	Konstruktionsstand
Langzeitkommission	Vom Verteidigungsminister Apel eingesetzte Kommission zur Langzeitplanung der Rüstung
Lastenklasse MLC	Militärische Einordnung von Fahrzeugen nach ihrem Gesamtgewicht und ihrem Verhältnis von Länge zu Breite
Leo 1 A4	250 Panzer Leopard 1 mit einer Feuerleitanlage aus den Prototypen Leopard 2
Leopard II (K)	Kurzzeitige Bezeichnung der Entwicklung m. Kanone
Leo 2/3	Konzeptüberlegung einer Kombination zwischen Leopard 2-Prototyp Turm 14 mod und KPz 3
Lima, Ohio Tank Modification Center	Staatliches Panzerwerk, errichtet zum Bau des US Pz 1 Abrams
LRIP-Phase	Serienanlaufphase in den USA
Mat AH	Materialamt des Heeres
Materialerhaltungsstufen	Eine Unterteilung der Materialerhaltungsaktivitäten nach Art und Zeitumfang der Arbeiten
Materialgrundlagen	Alle Unterlagen, die für das Wehrmaterial die erforderlichen Grundlagen zur Herstellung, Benutzung und Versorgung bilden
Materialverantwortlicher	Der Inspektor, hier des Heeres, der in seinem Bereich über die Voraussetzungen verfügt, die gemäß Rahmenerlaß dem militärischen Bereich obliegenden Entscheidungen zu treffen und die erforderlichen Maßnahmen durchführen zu können
MBT	Main Battle Tank
Mehrfachschottung	Eine der engl. Chobham-Panzerung in der Leistung vergleichbare Sonderpanzerung

MES 2	Materialerhaltungsstufe 2
Metallsprühzentrum	Zum Aufspritzen des Stahlverschleißringes auf die Leichtmetallaufrollen
Mg	Maschinengewehr
MOU	Memorandum of Understanding = Regierungsvereinbarung
MTU	Motoren und Turbinen Union
MWM	Motorenwerke Mannheim
Nebenabtriebsmöglichkeit	Zum Antrieb von Hydraulikpumpen
Neunzig Percentilmann	90% aller Wehrpflichtigen in den Größen 1,63 bis 1,83 cm
Neuordnung der Rüstung	Verteidigungsminister Schmidt gab sofort nach Amtsantritt Auftrag, die Rüstung neu zu ordnen. Er verpflichtete einen Wirtschaftsfachmann, Herrn Mommsen, und dieser beauftragte die Bildung von Kommissionen, die die neue Ordnung im Rüstungsbereich erarbeiteten. Am 28.1.1971 wurde der Rahmenerlaß in Kraft gesetzt
ObLogAn	Objektbezogener, logistischer Anteil des Materialamtes
OR	Operation Research
Panzer 61	Erste Eigenentwicklung der Schweiz
Panzerwerk der Fa. Chrysler	Bis vor wenigen Jahren war die Fa. Ch. Fertiger von Kampfpanzern im Panzerwerk Detroit. Dieser Fertigungsteil wurde an die Fa. General Dynamics verkauft
Passives Entfernungsmeßgerät	Die Sorge der Truppe über den Einsatz des Lasers in der Ausbildung war groß
PK	Planungs- und Kontroll-Dezernat bei den E-Stellen
PLT	Serienreifmachungsphase in den USA
Preisprüfer des BWB	Daneben gibt es die Preisprüfer der Länder
ProB	Projektbeauftragter
Prüfanweisung	Festlegung der vollständigen Materialprüfung einschließlich § 29 (STVZO) und aller gesetzlichen Prüfungen nach UVV (Unfallverhütungsverordnung)
Replacements Schedules	Programm für den Einsatz neuer Kampfmittel
Request for Proposal	Forderungskatalog
RPP	Rechnergesteuertes Panzerprüfsystem
Rü	Rüstungsabteilung des BMVg
SAE 10	0-176 Motorenöl mit einer niedrigen Viskosität für den Wintereinsatz
SBWS	Systembeauftragter im BMVg
Schätzpreis	Alle Entwicklungsfirmen waren aufgefordert, im Februar 1977 einen Schätzpreis für ihre Baugruppe abzugeben, damit konnte ein Gesamtpreis geschätzt werden, der in der parlamentarischen Behandlung des Projektes benutzt wurde
Sekundärbewaffnung	Maschinengewehr, Maschinenkanone, Wurfanlage für Nebel- und Sprengkörper
Selbstkostenfestpreis	Ein Preis, der auf Grund von Kalkulationen ermittelt und bei, spätestens aber unmittelbar nach Abschluß eines Vertrages festgelegt wird
Selbstkostenrichtpreis	Wenn ein Selbstkostenfestpreis nicht festgestellt werden kann, so ist beim Abschluß eines Vertrages zunächst ein vorläufiger Selbstkostenpreis (Selbstkostenrichtpreis) zu vereinbaren
SERAV	Schwachstellen-Erkennungs- und Auswerteverfahren
Shillelagh	Kombinationswaffe mit Kaliber 152 mm, auch für Atomsprengköpfe geeignet
Sigma-Wert	Messung der Nachlaufgenauigkeit in Grad
Software	Konstruktionsarbeit
Spitzmaus-Turm	Studie der Fa. Wegmann mit Entfernungsmesser kleiner Basis
STAN-Gerät	Stärke und Ausrüstungsnachweis der Truppe
Strichplattenverstellung	Verstellung der Nato-Strichplatte im Entfernungsmeßgerät
STTr 1/FSHT	Schule der Technischen Truppe und Fachschule des Heeres für Technik
Studie FK	Leopard 2 mit Flugkörper (Shillelagh)
StVZO	Straßenverkehrszulassungsordnung
SWZ	Sonderwerkzeuge
TaF	Taktische Forderung des Bedarfsträgers
Talissi	Simulationsschießgerät
TDv	Technische Dienstvorschrift
TDv-Teil 4 (F)	Techn. Dienstvor. für die Feldinstandsetzung
UAL-MFT	Unteroffiziersaufbaulehrgang-Militärischer Fachteil
Überlagerungslenkgetriebe	Hydraulische Lenkeinheit im Renkgetriebe HSWL 354
UK	United Kingdom = Großbritannien
ULT 1	Unteroffizierslehrgang Teil 1
US Army Detroit Arsenal Tank Plant	Staatliches Panzerwerk in Detroit, in dem die US Pz M 47, M 48, M 60 gebaut wurden

US-Common-Module	Einheitliche Bausteine zum Einsatz in den verschiedenartigsten Wärmebild-sicht und -zielgeräten
US-Gewichtsgrenze	Berechnet nach US-Tons
Verbrennbare Hülse	Patronenmantel aus brennbarem Material
Versorgungskette	Auffüllung aller direkt anforderungsberechtigten Einheiten mit Ersatzteilen
V-Fall	Verteidigungsfall
VG-Normen	Verteidigungsgerätenormen
4 HP 250	Getriebe der Fa. ZF für den KPz Leopard 1
Vorabklärung	Weil noch nicht alle Punkte des Truppenversuchsprogramms, insbesondere der Inst-Truppe, erfüllt waren
Wedeln	Mit hoher Geschwindigkeit laufend die Richtung ändern zur Erschwerung der gegnerischen Treffaussicht
Willikens	Generalmajor a.D., später Präsident des BWB
WK	Wiederholungskurs bei der Schweizer Miliz
WM	Geräteabteilung für Waffen und Munition im BWB
WP	Warschauer Pakt
ZDv	Zentrale Dienstvorschrift
ZDv 30/41	Begriff aus der Logistik
ZF	Zahnradfabrik Friedrichshafen AG, Friedrichshafen
ZKG	Zustandskarte Gerät
Z/M-Analyse	Zuverlässigkeits- und Materialerhaltbarkeitsanalyse
Zusatzstudien	Im Rahmen KPz 3 angefertigte Studien

17 Literaturverzeichnis

Walter J. SPIELBERGER; Von der Zugmaschine zum LEOPARD 2, Bernhard + Graefe Verlag

O.a.D. Dipl.Ing. Willi ESSER; Dokumentation über die Entwicklung und Erprobung der ersten Panzerkampfwagen der Reichswehr, Krauss Maffei AG

Walter DEGENHARD; Zum Thema: Logistik, Krauss-Maffei AG

Brunno J. KÖPPL; Rüstungsmanagement und Verteidigungsfähigkeit der NATO, Donau-Verlag

Franz UHLE-Wettler; Gefechtsfeld Mitteleuropa, Bernhard+Graefe aktuell

Jürgen SENGER; Rüstungswirtschaft und Rüstungstechnologie, Verlag Könighausen + Neumann

Reinfried WALITSCHEK; Die Bundeswehr eine Gesamtdarstellung (Rüstung in der Bundesrepublik Deutschland von H.-G. Bode), Walhalla u. Praetoria Verlag

- LEOPARD 2 als Kampfpanzer der 70er Jahre, SuT 3/70 S. 124
- Wintererprobung des LEOPARD 2 beendet. Prototypen in Kanada erprobt, SuT 5/75 S. 241
- Kampfpanzer »LEOPARD 2 AV« wird entwickelt, SuT 10/75 S. 513
- US-Kampfpanzer XM 1. Vergleichserprobung des Prototyps XM 1 mit LEOPARD 2 AV, SuT 3/76 S. 124
- Der Kampfpanzer LEOPARD 2. Von der Entwicklungs- zur Beschaffungsphase, SuT 6/78 S. 296

Dr. Raimund GERMERSHAUSEN, Rudolf ROMER; Flügelstabilisierte Geschosse, JWT 10 S. 160

- Gasturbinenantriebe für Panzerfahrzeuge? WT 8/73 S. 348
- LEOPARD 2 AV in Entwicklung, WT 8/75 S. 248

Dr. Manfred HELD; Schutzmöglichkeit gegen Hohlladungen und Wuchtgeschosse, WT 10/75 S. 539

Wolfgang FLUME, LEOPARD 2 AV. Die letzte große Chance, WT 2/76 S. 64

Roland WIRTLITSCH; Gleisketten für Kampffahrzeuge, WT 8/76 S. 66

Hans Christoph ENKELMANN, Karlheinz GEBHARDT; Antriebe für gepanzerte Fahrzeuge, WT 10/76 S. 66

Wolfgang FLUME; Panzerstandardisierung: Know-how nach USA? WT 9/76 S. 48

Herbert GRAFF, Gerald ROTTER; Die deutsche 120-mm-Panzerkanone und ihre Munition, WT 1/77 S. 74

Wolfgang FLUME; LEOPARD 2: Tests bestanden, WT 2/77 S. 62

FABER; Der LEOPARD 2 – technischer Fortschritt im Heer, KT 3/78 S. 109

Richard M. OGORKIEWICZ; LEOPARD 2 AV, Armor 1/78 S. 10

- Beschaffung von 1 800 Kampfpanzern »LEOPARD 2«, TD 4/77 S. 304

Ernst SCHÄTZLE; Nachtsichtgeräte, ASMZ 4/78 S. 185

Klaus STAEHLER; Gemeinschaftliche Fertigung des Kampfpanzers LEOPARD 2 erfordert auch Topmanagement der Planung und Koordination, MaK Defence Journal I/78 S. 14

Wolfgang NÜRNBERGER; Kampfpanzer LEOPARD 2 wird zeitgerecht zum Halbgenerationswechsel Bundeswehr und NATO-Partnern zulaufen, Krauss-Maffei/Mak Presseveröffentlichung 26. Januar 1978

Martin RÖPER, Roland WIRLITSCH; Beanspruchung von Gleisketten, Diehl-Berichte aus Forschung und Entwicklung 77 S. 54

Wolfgang FLUME; LEOPARD 2 in USA, WT 8/77 S. 24

Wolfgang FLUME; 1 800 LEOPARD 2 für das Heer, WT 8/77 S. 77

- Nachtsichtgeräte für Panzer, WT 8/77 S. 30
- »Amerikanisches« Feuerleitgerät für den LEOPARD 2, WT 8/77 S. 37

Wolfgang FLUME; LEOPARD 2 vor der Entscheidung, WT 6/77 S. 52

- Glattrohrkanone: Überlegene Waffe setzte sich durch, WT 4/78 S. 75
- LEOPARD 2 Programm, MILTECH 1/77 S. 32

F. SCHREIER; Der Kampfpanzer für die 80er Jahre: LEOPARD 2, IWR 74 S. 346

- Erfolgreiche Kalt- und Heißwettertruppenerprobung des LEOPARD 2 in Amerika, IWR 75 S. 895
- LEOPARD 2 AV – Der zukünftige Standardpanzer der NATO? IWR 76 S. 111

R. MELLER; Panzerkanone der Zukunft: Die 120-mm-Glattrohrkanone von Rheinmetall, IWR 76 S. 619

R. MELLER; US-Erprobung des LEOPARD 2 AV erfolgreich abgeschlossen, IWR 77 S. 109

- Warum der neue LEOPARD der Konkurrenz überlegen ist, Capital 5/77 S. 38

Robert HECK; LEOPARD 2 – Deutschlands Kampfpanzer für die 80er Jahre, Armada 2/78 S. 76

- Kampfpanzer 70 wird zum Kampfpanzer Keiler, KT 1/70 S. 21

Hans Joachim JUNG; LEOPARD 2, ein neues Kampfpanzerwaffensystem, KT 2/75 S. 59

Edelfried BAGINSKI; Erkenntnisse beim Truppenversuch mit dem Kampfpanzer LEOPARD 2, KT 3/75 S. 102

Stichwortverzeichnis

A
Abgasturbolader 28, 74
Abmagerungskur 19
Aders 17
Aktivpanzerung 190
Alimentation 127
Amt Blank 11, 16
Arbeitsaufnahme 61
Atlantiker 18
Ausfallzeiten 175
Ausschreibung 39

B
Bedarfsträger 135, 136
Bemühensklausel 136, 210
Beschaffungsanweisung 39
Beschleunigungsvermögen 61
Bewertungsverfahren 18
Bremsleistung 62
Brennkammer 28
Burstyn 13

C
Configurations Management 109

D
Datenbank 155, 161
DEG 18
Doppelrohrkasematte 24
Durchschlagswirkung 56

E
Eberhardt 22, 46
Elektrische Richtanlage 30, 191
Entwicklungsbeauftragter 114
Entwicklungskosten 39, 48, 53

F
Fahren aus dem Turm 32
Fahrsimulator 163, 165
Feuerkraft 25, 31, 43
Flugbahnen 58, 59

G
Geländegängigkeit 62
Generalunternehmer 208, 209
Glattrohr 31
Grenzfahrgeschwindigkeit 62
Großtraktor 15
Grundausbildung 162

H
Harmonisierung 32, 35
Helvetisierung 203
Hubraumvergrößerung 29
Hughes-Patente 38
Hydropneumatische Feder 19, 24

I
Instandsetzungstrainer 170, 178

K
Kampfpanzer 3 48
Kampfreichweiten 59
Kampfwert 185
Kampfwertzuwachs 147
Kasan 15
Kasematte 196
Kompensation 203
Komponenten 22
Konsortium 202
Konstruktionsstand 40, 45, 66, 68, 118
Koproduktion 198
Korrelationsverfahren 27, 30, 187

L
Ladehilfe 3o
Landsberger Prozesse 136
Lastenklasse 30, 32
Leistungsgewicht 74
Leo 2 modifiziert 32
Lizenzgebühren 200
Lizenzverhältnisse 202
Lycoming-Turbine 29

M
Managementerlaß 137
Materialentstehungsgang 125, 138
Militärische Forderung 12
Motorgeschütz 13
MTWF 146
Mündungswucht 58
Munster 11, 26

N
Nachrüstung Leo 1 30
Nachgeführte Optik 54
Nutzungsdauer 186

P Q
Panzerbeirat 16
Pflichtenheft 201

Plus/Minus-Rechnung	40
Porsche	17, 38, 45, 69, 115, 119, 127, 142
Preisgleitklausel	118
Preiswertklausel	125
Primärstabilisierung	32
Prioritätsfolge	24
Produzierbarkeitsuntersuchung	34

Qualitätssteuerung	67, 68, 111

R

Rapallovertrag	14
Rauh	16
Raupenkette	13
Raupenschlepper	13
Raupenwagen	13
Restlichtverstärkung	26
Rohrausblaseinrichtung	30
Rohrdurchbiegung	58
Rüstungsamt	212

S

Schachtellaufwerk	17
Schulschießübung	163, 164
Schnittstellen	141
Schutzanteile	34
Sekundärschutz	60
Serienreifmachung	37, 38, 116
Shillelagh	19, 23
Standardpanzer	12
Standardisierung	31, 34, 35, 64, 198
Stationierungskosten	18
Stoppwirkung	195
Störimpulse	144
Strauß	18
Symposium	46
Systemtechnik	141
Systemtest	149

T

Technische Sofortmeldung	154
Triangulation	27
Trilateraler Waffenvergleich	31

V

Verfügbarkeit	63
Vergoldeter LEOPARD	19
Vorhabensverantwortlicher	133
Versorgbarkeit	148

W

Wehrüberwachung	152

Z

Zuverlässigkeit	144

Rolf Hilmes

Die Weiterentwicklung des KPz Leopard 2.

1. Die Weiterentwicklung nach Serienanlauf 1979.

1.1 Verbesserungen während der Fertigung (1980 – 1992)

Bedingt durch mehrjährige Entwicklungszeiten gelangt bei komplexen Waffensystementwicklungen – wie es z.B. der KPz Leopard 2 darstellt – nicht das technisch modernste Gerät beim Zulauf der ersten Serienexemplare zur Truppe. Bekanntlich ergeben sich insbesondere im Bereich der elektronischen Komponenten relativ kurze Innovationszyklen. Daher wird die Produktion komplexer Kampffahrzeuge i.a. in mehrere Lose aufgeteilt – damit können technische Verbesserungen jeweils zu Beginn eines neuen Fertigungsloses berücksichtigt werden. Um in der folgenden Nutzungsphase die Versorgbarkeit und die Materialerhaltung zu erleichtern, ist man bemüht, den Fahrzeugbestand im Laufe der Zeit auf einen einheitlichen Konstruktionsstand zu bringen. Dieses Verfahren wurde grundsätzlich sowohl beim Leopard 1 wie auch beim Leopard 2 angewendet.

Die gesamte Fertigung der Neufahrzeuge des KPz Leopard 2 für die Deutsche Bundeswehr erfolgte im Zeitraum 1979 – 1992 in acht Losen. Die dabei durchgeführten Änderungen sind nur zum Teil äußerlich sichtbar, da viele Verbesserungen bei den im Kampfraum befindlichen Komponenten vorgenommen wurden. Im Einzelnen unterscheiden sich die Fertigungslose wie folgt:

- 1. Los – 380 Stück – 10/1979 – 03/1982 – Bezeichnung: Leopard 2 A0:

Da zu Beginn der Serienfertigung im Oktober 1979 das vorgesehne Wärmebildgerät (WBG) noch nicht serienreif war, erfolgte die Auslieferung der Fahrzeuge des ersten Loses zunächst ohne WBG. Es wurden jedoch alle notwendigen Vorkehrungen für den späteren Einbau getroffen. Um dennoch die Nachtkampffähigkeit dieser Fahrzeuge sicher zu stellen, wurden 200 Stück vorübergehend mit dem passiven Ziel- und Beobachtungsgerät PZB 200 ausgestattet. Es handelt sich hierbei um einen passiv arbeitenden Restlichtverstärker der Fa. AEG. Das Szenario wurde dem Richtschützen auf einem Monitor angeboten. Die Fahrzeuge des ersten Loses verfügten auch noch über den charakteristischen Querwindsensor (Hitzdraht - Anemometer) auf dem hinteren Turmdach.

- 2. Los – 450 Stück – 03/1982 – 11/1983 – Bezeichnung: Leopard 2 A1:

Für die Fahrzeuge des zweiten Bauloses stand das WBG von Fa. Texas Instruments (TI) zur Verfügung. Aus Kostengründen entfielen der Querwindsensor und die entsprechenden Elemente der Feuerleitanlage. Im Feuerkampf wurde ein evtl. vorhandener Querwind manuell durch den Richtschützen am Richtschützen-Bediengerät eingestellt. Weiterhin wurden ab den Fahrzeugen des 2. Loses verschiedenen Änderungen im Kampf- und Triebwerksraum vorgenommen, um die Standfestigkeit zu verbessern und die Gefahr von Fehlbedienungen durch die Besatzung zu reduzieren. Zur Verbesserung der Rundumsicht (insbes. im rückwärtigen Bereich) wurde das Rundblickperiskop

PERI R 17 des Kommandanten um 50 mm höher gesetzt. Am Turmheck wurde eine von außen zugänglich Schnittstelle zur Bordverständigungsanlage (BV-Anlage) installiert; die Abdeckung der Ansaugöffnung der ABC-Anlage wurde vergrößert.

● 3. Los – 300 Stück – 11/1983 – 11/1984 – Bezeichnung: Leopard 2 A2:

Die Fahrzeuge des dritten Bauloses sind äußerlich mit denjenigen des 2. Loses identisch. Lediglich im Kampfraum wurden kleinere Änderungen vorgenommen.

● 4. Los – 300 Stück – 12/1984 – 12/1985 – Bezeichnung: Leopard 2 A3:

Bei den Fahrzeugen des vierten Bauloses wurde die neue Fahrzeug-Funkanlage SEM 80/90 eingebaut; äußerlich ist dies an den kürzeren Antennen und den schmaleren Antennenfüßen erkennbar. Erstmals wurde bei diesen Fahrzeugen vom Werk aus der neue Fleckentarnanstrich (Bronzegrün, Lederbraun und Teerschwarz) aufgebracht. Weitere Verbesserungen wurden an der Abgasanlage und an der Feststellbremse durchgeführt. Für den Richtschützen wurde eine körperstabilisierende Bruststütze installiert, die ihm beim Feuerkampf aus der Bewegung mehr Halt geben, und den sog. Vignetier-Effekt beim Einblick in die Optik reduzieren soll.

● 5. Los – 370 Stück – 12/1985 – 03/1987 – Bezeichnung: Leopard 2 A3:

Bei diesen Fahrzeugen wurde der analoge Anteil im Bordrechner, der die Ballistikrechnung (Bestimmung von Aufsatz- und Vorhaltewinkel) vornimmt, durch einen digitalen Rechnerkern ersetzt. Damit können Anpassungen an neue Munitionsarten einfacher vorgenommen werden. Weiterhin wurde am Rechner eine Schnittstelle für den Anschluss eines Duellsimulators (AGDUS) eingebracht (damit kann durch Berechnung des Flugbahnverlaufes auf die zu erwartende Treffwahrscheinlichkeit geschlossen werden). Im Kampfraum wurde erstmals eine sog. Brandunterdrückungsanlage (BUA) installiert, die unter Verwendung von optischen Sensoren etwaige Explosionen von Kraftstoff oder Hydrauliköl innerhalb von 100 millisec erkennen und wirksam bekämpfen kann.

● 6. Los – 150 Stück – 01/1988 – 05/1989 – Bezeichnung: Leopard 2 A4:

Ab den Fahrzeugen des sechsten Bauloses wurde eine neue Schutztechnologie für die Sonderpanzerungselemente von Turm und Wanne sowie bei den schweren Kettenblenden eingeführt (C-Technologie). Die Munitionsluke in der linken Turmwand entfiel, um an dieser Stelle ein ballistisches Fenster zu eliminieren. Die Fahrzeuge wurden mit der neuen Kette D 570 FT ausgeliefert, deren Kettenbolzen im Bereich der Endverbinder nunmehr keine Anfräsung mehr aufwies, sondern komplett als Rundbolzen ausgeführt wurden. Bei der vorderen Kettenabdeckung wurde eine reparaturfreundlichere Bauform verwendet. Weiterhin kamen bei diesen Fahrzeugen wartungsfreie Batterien zum Einbau. Beim Anstrich ergab sich eine Umstellung auf zinkchromatfreie Lacke.

● 7. Los – 100 Stück – 05/1989 – 04/1990 – Bezeichnung: Leopard 2 A4:

Keine nennenswerten Veränderungen gegenüber dem 6. Los.

● 8. Los – 75 Stück – 01/1991 – 03/1992 – Bezeichnung: Leopard 2 A4:

Es wurden neue Kettenblenden in sog. D-Technologie mit gerader Unterkante eingeführt (Bild 1). Ein Teil der Fahrzeuge wurde erstmals mit einer Feldjustieranlage ausgeliefert. Mit dem letzten Fahrzeug des achten Bauloses wurden insgesamt 2.125 Leopard 2 an die Bundeswehr ausgeliefert; der damalige Strukturbedarf des Heeres war damit erfüllt.

In den Folgejahren wurden alle KPz Leopard 2 auf den Konstruktionsstand des fünften Bauloses nachgerüstet. Neben den fahrzeugseitigen Verbesserungen wurde auch die Entwicklung der KE-Munition fortgeführt. Im Zeitraum von 1979 bis 1985 wurden - ausgehend von der Basisgeneration (DM 13) - zwei neue Generationen von KE-Geschossen eingeführt (DM 23 und DM 33), die unter Berücksichtigung der erzielten Fortschritte bei der Schutztechnologie eine entsprechende Verbesserung der Durchschlagsleistung auch gegenüber strukturierten Zielen aufwiesen.

1.2 Kampfwertsteigerungen nach Ende der Serienfertigung.

1.2.1 Allgemeines

Die Grundlagen für die Modernisierung des KPz Leopard 2 nach Abschluss der Serienfertigung wurden durch zwei Aktivitäten geprägt:
a) nationale Studien zur Untersuchung des Kampfwertsteigerungs-Potenzials aus den Jahren 1983/84.
b) Untersuchungen des britischen Verteidigungsministeriums (1986) für den Nachfolger des KPz CHALLENGER 1 sowie Vergleichserprobungen in Großbritannien im Herbst 1987.

Nach Auswertung der nationalen Studien wurde im März 1990 die Taktische Forderung (TaF) für das Kampfwertsteigerungsprogramm KPz Leopard 2 erlassen. Das Entwicklungsprogramm umfasste ein Volumen von 98 Mill. DM. Innerhalb der Gewichtsobergrenze MLC 70 sollten Verbesserungen nach folgenden Prioritäten durchgeführt werden:

➢ **KWS Stufe I (1995 – 2002):**
1. Verbesserung der Feuerkraft

➢ **KWS Stufe II (2002 – 2004):**
1. Verbesserung des Schutzes,
2. Verbesserung der Nachtkampffähigkeit,
3. Verbesserung der Führbarkeit.

➢ **KWS Stufe II (ab 2008):**
1. Verbesserung der Überlebensfähigkeit,
2. Verbesserung der Feuerkraft,

3. Verbesserung der Führbarkeit.

Aufgrund der verfügbaren Haushaltsmittel konnten die einzelnen KWS-Stufen nur nacheinander realisiert werden. Im Hinblick auf das geänderte Einsatzprofil des Heeres wurde beschlossen, die Maßnahmen der KWS Stufe II vorzuziehen, dann folgend die Maßnahmen der KWS Stufe I.

1.2.2 Kampfwertsteigerung – Stufe II (Leopard 2 A5).

Im Rahmen des KWS-Programms (Stufe II) war der Bau eines Komponenten-Versuchsträgers (KVT) und von zwei Truppenversuchsmustern (TVM) vorgesehen. Im KVT sollte eine größere Anzahl neue Komponenten möglichst unter Einsatzbedingungen praktisch erprobt werden. Zu diesem Zweck wurde das letzte Fahrzeug des 5. Bauloses (03/1987) für den Bau eines KVT verwendet. Der KVT wurde im September 1990 erstmals vorgestellt und in der Folgezeit erprobt sowie weiter vervollkommnet. Der Konzeption des KVT lag folgende Aufgabenstellung zu Grunde:
- praktische Untersuchung ausgewählter Komponenten bezüglich der Funktionssicherheit/Zuverlässigkeit innerhalb des Gesamtsystems,
- der KVT sollte die Basis für die späteren TVM bilden,
- zusätzlich sollten mit dem KVT erste amtliche Untersuchungen im Hinblick auf die Erklärung der Funktionsbereitschaft und der Betriebssicherheit (FuBeSi) vorgenommen werden.

Im KVT sollten konkret folgende Verbesserungsmöglichkeiten aufgezeigt werden:
- Erhöhung des ballistischen Schutzes im Bereich des Kampfraumes (Front u. Flanke) inkl. Bombletschutz im Bereich des Turmdaches. Verwendbarkeit von Schiebeluken für Fahrer und Turmbesatzungen,
- Einsatz eines anti-spall-liners im Kampfraum,
- Verbesserung der Nachtkampffähigkeit durch Einsatz eines neuen Rundblickperiskopes PERI R 17 TW beim Kommandanten mit integriertem Tag-/Nachtkanal (WBG),
- Einsatz eines Tippvisiers beim Kdt.,
- Reduzierung der Verwundbarkeit sowie Verbesserung der Materialerhaltungseigenschaften durch Einsatz elektrischer Richtantriebe,
- Einsatz eines Stromerzeugeraggregates (Kleingasturbine).

1988 wurde das spätere Aussehen des KVT vorab durch ein Fahrzeug mit Holznachbildungen der Schutzmodule an der Turmfront dargestellt (Bild 2); bereits 1990 war der KVT als Gesamtsystem realisiert (Bild 3). Das Fahrzeug wurde im Frühjahr 1991 bei der WTD 41 in Trier fahrdynamischen Untersuchungen unterzogen. Hierbei wurden insbesondere die durch das höhere Gefechtsgewicht von 60,51 to bedingten, laufwerksseitigen Änderungen (z.B. höhere Vorspannung der Drehstäbe; geänderte hydraulische Endanschläge) untersucht. Es folgten im Herbst 1991 Untersuchungen der neuen Turmbaugruppen bei der WTD 91 in Meppen.

Von der Vielzahl der im KVT untersuchten Komponenten wurde ein Teil für den Einsatz in den folgenden zwei Truppenversuchsmustern (TVM) ausgewählt. Folgende Baugruppen sollten nicht mehr eingebaut werden:
- IFIS-Anlage,
- neue Hydraulik (Bremse usw.) im Fahrgestell, abgeschottete Unterbringung

- Stromerzeugeranlage (SEA),
- geänderte Abgasführung in Verbindung mit Saugbelüftung des Triebwerkraumes.

Mit den beiden TVM sollten intensive Handhabungsversuche und Vergleichsuntersuchungen mit der Serienversion an der Panzertruppenschule in Munster durchgeführt werden. Für die beiden TVM wurden zwei Fahrzeuge des achten Bauloses aus der Serie entnommen. Die Fertigung der beiden TVM erfolgte im Zeitraum Ende 1990 – Herbst 1991; die TVM's wiesen folgende Gemeinsamkeiten auf:

- Vorsatzmodule an Turm und Fahrgestell,
- seitliche Schutzmodule an Turm und Fahrgestell,
- mittelschwerer Bombletschutz auf dem Turmdach über Kampfraum, Schiebeluken für Kommandant und Ladeschützen,
- anti-spall-Liner im Kampfraum,
- Winkelvorsatz für FERO Z 18; Ausblick auf dem Turmdach,
- Schiebeluke für Fahrer
- Anpassungen bei Drehstabvorspannung, geänderte hydr. Endanschläge.

Um eine größere Bandbreite der Untersuchungen zu erreichen, wurde in Teilbereichen eine unterschiedliche Ausrüstung vorgenommen, bzw. Komponenten unterschiedlicher Hersteller eingebaut:

TVM max (TVM 2):
- PERI mit integriertem israelischen WBG TIM 8-12 (El Op); Monitordarstellung bei Kommandant,
- Navigationshilfe als Inertialsystem,
- elektrische Richtantriebe.

TVM min (TVM 1) (Bild 4):
- PERI R 17 TW (60-Kanal – Common-Modul-Gerät) (Zeiss) mit Großfeldlupe für Kdt.,
- Navigationshilfe als GPS-System (Satellitennavigation),
- leistungsgesteigerter elektro-hydraulischer Richtantrieb,
- keine gepanzerten Nabendeckel für Laufrollen,
- kein Tippvisier für Kommandant,
- keine Laser-Erstecho-Auswertung.

Die Handhabungsversuche mit den beiden TVM wurden ab Winter 1991 bis zum Frühjahr 1992 an der Panzertruppenschule in Munster durchgeführt. Hierbei zeigte sich eine Überlegenheit des elektrischen Richtantriebes (EWNA). Das Tippvisier konnte nur bei stehendem Fahrzeug genutzt werden. Die Monitorbetrachtung erwies sich beim Kommandant als die günstigere Lösung. Die Schiebeluken für alle Besatzungsmitglieder waren noch nicht truppentauglich. Die Ergebnisse dieser Versuche flossen in die Schlusskonferenz des Systembeauftragten KPz (BMVg - FüH VIII3) ein, die im Zeitraum vom 30.3 - 3.4.1992 an der Bundesakademie für Wehrverwaltung und Wehrtechnik in Mannheim abgehalten wurde, der darin beschlossene Umrüstumfang für den KPz Leopard 2 A5 führte zu der bekannten „*Mannheimer Konfiguration*". Mit beteiligt waren bei dieser Klausurtagung auch die an der KWS beteiligten Nutzerstaaten NL und CH. Der ausgewählte Umrüstumfang musste folgenden Kriterien genügen:
- Einhaltung der finanziellen Obergrenze von ca. 1,18 Mill. DM pro Fahrzeug,
- Wegfall von Maßnahmen mit höherem Entwicklungsrisiko,:
- Einhaltung eines Netto-Verladegewichtes von 56 to (SLT 56)

Es wurde beschlossen, dass die ausgewählte Konfiguration nicht sofort in eine Serienumrüstung mündete, sondern nochmals das TVM 2 entsprechend modifiziert wurde. Bei dem TVM 2 mod. wurden folgende Änderungen nicht übernommen:
- Bombletschutz im Turmdachbereich (es wären damit zu hohe Kosten verbunden gewesen, die Schiebeluken waren zu kompliziert, alle Winkelspiegel hätten umkonstruiert werden müssen; zudem ergab sich eine Gewichtseinsparung von ca. 1,3 to),
- auf den Zusatzschutz der Wanne wurde aus Gewichtsgründen verzichtet, allerdings wurde Schiebelukenlösung für Fahrer beibehalten.

Die Umrüstung des TVM 2 (TVM max) zum TVM 2 mod. Erfolgte im Zeitraum Frühjahr 1992 - Frühjahr 1993; der taktische Truppenversuch an der Panzertruppenschule lief im Zeitraum Frühjahr 1993 bis Herbst 1993; anschließend bis Anfang 1994 logistischer Truppenversuch bei der Schule der technischen Truppe in Aachen. Weitere Nachuntersuchungen inkl. einem Klimakammertest in Unterlüß schlossen sich im Zeitraum Juni-September 1994 in Munster an.

Der TVM 2 mod. (Bild 5) wies dabei folgenden Rüstzustand auf:

a) Maßnahmen zur Verbesserung der Überlebensfähigkeit:
- Zusatzmodule im Front- und Flankenbereich des Turmes,
- anti-spall Liner im Bereich des Kampfraumes (Turm),
- gepanzerte Nabendeckel für die Laufrollen,
- Ersatz der Hub-Schwenkluke beim Fahrer durch eine Schiebeluke,
- Einsatz von nicht brennbarer Hydraulikflüssigkeit in den Rohrbremsen und Einsatz eines pneumatisch wirkenden Vorholers.

b) Maßnahmen zur Verbesserung der Führbarkeit:
- Wärmebildgerät (TIM) für Kdt.-Rundblickperiskop,
- Rückfahrhilfe (Kamera) für Fahrer mit Monitordarstellung an der Armaturentafel des Fahrers,
- Indexpositionierung des Kdt-Rundblickperiskops (6.00 und 12.00 Uhr zur Fahrgestellrichtung),
- hybride Navigationsanlage.

c) Maßnahmen zur Verbesserung der Erstschuss-Treffwahrscheinlichkeit:
- Laser-Erstecho-Auswahl,
- Elektronische Abfeuerung.

d) Sonstige Maßnahmen
- Einsatz von elektrischen Richtantrieben für die Waffennachführanlage,
- Video-Umschaltung am Monitor des Kdt.,
- die Schildzapfenlager wurden bereits für die Aufnahme der Waffe L/55 geändert; ebenso wurden neue Rücklaufbremsen mit einer max. Bremskraft von 900 kN eingebaut,
- Anpassung der Peripheriegräte (z.B. Schießsimulator; Gefechtssimulator, Duellsimulator, Sonderwerkzeuge, Mess- und Prüfmittel) an die den Konfigurationsstand Leopard 2A5,
- Wegfall Turmdrehkranzdichtung,
- elektrische Bedienung der Klappen des EMES,
- neue Staukästen für den Bereich des Turmhecks.

Die Umrüstung erforderte darüber hinaus zahlreiche „Folgemaßnahmen", die sich als zwingende Konsequenz aus den primären Umrüstmaßnahmen ergaben (z.B. Verlegung des Ausblicks TZF).

Bis auf kleinere Änderungen (wie z.B. Einsatz elektrischer Notantriebe für Turm/Waffe; Einbaumöglichkeit für BiV-Gerät in die Fahrerluke; Schutzklappe für Rückwärts-Fahrhilfe; Modifizierung der Staukästen am Turmheck), wurden diese Modifikationen auch für die Serie übernommen. Anfang September 1995 erhielt die Panzertruppenschule vier vorgezogene Serienfahrzeuge, an denen das Ausbildungspersonal eingewiesen wurde.

Die feierliche Übergabe des ersten KPz Leopard 2 A5, der die Maßnahmen der KWS Stufe II beinhaltete, fand unter Beisein des Inspekteur Heer am 30.11.1995 an der Panzertruppenschule in Munster statt. Bei der Umrüstung waren folgende Firmen, bzw. Institutionen beteiligt:

- Fa. Krauss-Maffei Wehrtechnik GmbH, München als Generalunternehmer sowie Systemintegration (55%),
- Fa. Mak Systeme GmbH; Kiel, Systemintegration (45 %),
- Fa. Wegmann &Co, Kassel, Integration Turm (55 %),
- Fa. Rheinmetall GmbH; Unterlüß; Integration Turm (45%), Umrüstarbeiten an der Waffenanlage,
- Fa. Blohm + Voss, Hamburg, mechanische Bearbeitung Turmgehäuse,
- Fa. Zeiss Eltro Optronic, Oberkochen, Umrüstung PERI R 17 A2,
- Fa. Dyneema, Eindhoven, Liner,
- Fa. El Op, Israel; Anteil WBG (TIM) im PERI,
- Fa. ESW, Hamburg-Wedel; elektrische Richtantriebe,
- Fa. Leica Sensortechnik GmbH, Wetzklar; Umrüstung FERO Z 18 inkl. Umlenkung,
- Fa. STN Atlas-Elektronik, Bremen; Umrüstarbeiten im Bereich Feuerleitanlage,
- Fa. Thyssen, Dortmund; Lieferung Panzerstahlbleche;
- Systeminstandsetzungszentrum 850, Darmstadt; Demontage der Fahrzeuge.
  (Bilder 6, 7, 8 und 9).

Durch ein ausgeklügelte Vorgehensweise wurde erreicht, daß am Ende der Umrüstung die Truppe insgesamt über einen Panzerbestand mit bestmöglicher Schutztechnologie verfügt: Für die Umrüstung zum Leopard 2A5 wurden die ältesten Türme (1.-4. Los) genommen und mit der modernsten D-Technologie zu KWS-Türmen modifiziert. Die KWS-Türme wurden mit Fahrgestellen mit Schutz in C-Technologie (6.- 8. Los) kombiniert. Aus den Resten wurden sog. Mischlospanzer gebildet, d.h. hier wurden die Türme mit der C-Technolgie (6.- 8. Los) mit den Fahrgestellen der 1.- 4. Lose (B-Technologie) kombiniert.

Aus Haushaltsgründen wurde die Umrüstung der Phase II in zwei Stufen durchgeführt: im Rahmen eines ersten Loses wurden 225 Fahrzeuge umgerüstet (Vertragsumfang: 347 Mill. DM – 1996-99); es folgte ein zweites Los über 125 Fahrzeuge (Vertragsumfang: 272 Mill. DM – 1999 – 2002). Mit den 225 Fahrzeugen konnten die drei PzBtl der KRK - Einsatzverbände sowie der Bedarf der militärischen Grundorganisationen (Schulen usw.) abgedeckt werden; die restlichen 125 Fahrzeuge dienten zur Ausrüstung der drei PzBtl der KRK - Ergänzungstruppenteile.

1.2.3 Kampfwertsteigerung – Stufe I (Leopard 2 A6)

Wenn auch nach Serienanlauf des Leopard 2 (1979) eine kontinuierliche Weiterentwicklung der KE-Munition erfolgte (DM 13/23/33), so repräsentierte die 120 mm Glattrohrkanone L/44 weiterhin einen Technologiestand von Ende der 70er Jahre. Zwischenzeitlich tauchten im internationalen Panzerbau neue Kampffahrzeuge auf, die mit einem rohrverschießbaren Lenkflugkörper ihre wirksame Kampfentfernung auf 4 – 5000 m steigern konnten. Darüber hinaus wurden in den 80er Jahren neue Reaktivpanzerungen eingeführt, die aufgrund ihrer Plattendicke wie auch der Sprengstoffeigenschaften erstmals eine Schutzwirkung gegen KE-Munition aufwiesen.

Daher wurde Ende der 80er Jahre in Deutschland die Entwicklung von Maßnahmen zur Verbesserung der Feuerkraft des KPz Leopard 2 unumgänglich. Nachdem keine Aussichten mehr bestanden, die neu entwickelte 140 mm PzK zur Serienreife zu führen, wurde beschlossen, eine Leistungssteigerung der 120 mm PzK durch eine Rohrverlängerung (L/55) sowie die Entwicklung einer leistungsfähigeren KE-Munition (LKE 1 und LKE 2) einzuleiten. Die neue Waffe musste mit geringfügigen Änderungen in den Serienturm Leopard2 nachrüstbar sein; die neue Waffe musste auch in der Lage sein, die bislang eingeführte Munitionsarten zu verschießen.

Um die geforderte Durchschlagsleistung zu realisieren, musste die neue Munition LKE 2 eine v_o von ca. 1750 m/sec erreichen. Hierfür war neben einer Optimierung der Treibladung zugleich der Einsatz eines von 5300 mm auf 6600 mm verlängerten Rohres erforderlich (damit erhöhte sich die Kaliberlänge von L/44 auf L/55). Durch Verwendung verbesserter Rohrwerkstoffe und Berücksichtigung eines optimierten Rohrwandstärkeverlaufs in Verbindung mit einer zweistufigen Autofrettage konnte der Gewichtsanstieg des Rohres von 1190 auf 1347 kg in engen Grenzen gehalten werden. Für das L/55-Rohr wurde auch eine neue Feldjustieranlage konzipiert, die eine leichtere Montage/Demontage des Kollimatorspiegels an der Rohrmündung ermöglicht.

Von der bisherigen Serienwaffe können bei der Umrüstung folgende Teile übernommen werden:
• Wiegenrohr,
• Rauchabzugsanlage,
• Bodenstück und Verschlusskeil,
• Front- und Funktionsmodule der Zusatzpanzerung.

Als Neuteile müssen in Verbindung mit der L/55 – Waffe folgende Bauteile eingesetzt werden:
• Hülsensack mit Ausgleichsgewichten,
• verstärkte Rohr-Rücklaufbremsen (K 900),
• verstärkte Schildzapfenlagerung,
• neue Feldjustieranlage,
• neue Rohrschutzhüllen.
Ebenso müssen Änderungen, bzw. Anpassarbeiten bei der Feuerleitanlage sowie der Waffennachführanlage vorgenommen werden.

Wie schon erwähnt, wurde zur Verbesserung der Feuerkraft des KPz Leopard 2 auch die Entwicklung von zwei neuen KE-Patronen eingeleitet (LKE 1 und LKE 2; Bild 10). Die Entwicklung der LKE 1 / DM 43 erfolgte in Kooperation mit Frankreich; diese Munitionsart wurde Mitte der 90er Jahre auch für den KPz LECLERC bei den frz. Streitkräften eingeführt. Eine Einführung der LKE 1 bei der Dt. Bundeswehr erfolgte im Hinblick auf die in Entwicklung befindliche LKE 2 nicht.

Die LKE 2 / DM 53 musste folgende militärische Forderungen erfüllen:
> sicherer Durchschlag (entfernungsabhängig) von Panzerungen mit einer Schutzwirkung von ca. 1000 mm RHA;
> Durchschlag von Verbundpanzerungen (composit-Panzerungen) und modernen Reaktivpanzerungen.

Bei der Penetratorkonstruktion wurden daher besondere Vorkehrungen getroffen, damit der WSM-Penetrator nach dem Auftreffen auf ein Ziel möglichst nicht zerbricht. Das Leitwerk wurde aus Stahl gefertigt, um möglichst auch auf größere Kampfentfernungen eine geringe Streuung zu erreichen (geringerer Abbrand der Flügelvorderkanten).
Bei Verschuss aus dem L/55 – Rohr wird mit der LKE 2 – Munition eine Mündungsenergie von 13 MJ erreicht – das entspricht einer Steigerung um 33 % im Vergleich zu der bisherigen Munition, die aus dem Serienrohr verschossen wird (9,8 MJ).

Der erste KPz Leopard 2 A6 wurde am 7. März 2001 in München an die Panzertruppe übergeben; geplant ist die Umrüstung aller 350 Leopard2 A5 zur Version A6 (Bild 11). Aus Haushaltsgründen musste auch dieses KWS-Programm geteilt werden: In einer ersten Stufe konnte die Beschaffung von 235 L/55 – Rohre (inkl. 10 Ersatzrohre) sowie die Umrüstung von 225 Fahrzeugen zur A6-Version unter Vertrag genommen werden. Ab 2005 ist in einem zweiten Schritt die Beschaffung von weiteren 132 Rohre (inkl. 7 Ersatzrohre) und die Umrüstung der restlichen 125 Fahrzeuge geplant. Für die Beschaffung von 27 000 Patronen LKE 2/DM 53 inkl. Transport- und Lagerbehälter konnte 2001 ein Vertrag mit einem Gesamtvolumen von 127 Mill. DM mit Fa. Rheinmetall geschlossen werden.

Neben der Signalwirkung, die durch die Entscheidung der Deutschen Bundeswehr für die Umrüstung eines Teiles der KPz Leopard 2 auf die leistungsfähigere Waffe sowie für die Einführung der fünften Generation der KE-Munition auch auf andere Leopard 2 – Nutzerstaaten ausgeht, dienten die Maßnahmen der KWS 1 auch zum Erhalt der wehrtechnischen Kernfähigkeiten (Entwicklung/Fertigung von Bewaffnung und Munition für schwere Kampffahrzeuge) in Deutschland.

1.2.4 Nachrüstung Minenschutz (Leopard 2 A6M)

Aufgrund der geänderten Bedrohungslage bei den in den letzten Jahren aufgetretenen Konfliktszenarien musste auch beim KPz Leopard 2 das Minenschutzkonzept überarbeitet werden. Bekanntlicherweise verfügt der KPz Leopard 2 bereits in der Serienkonfiguration über eine Reihe von Minenschutzmaßnahmen:
> Schrägflanschplatten im Bereich der Schwingarmlager, um die kritischen Eckschweißnähte zu vermeiden;
> im Kampfraumbereich wurden in den Wannenboden mehrere Quersicken eingebracht, um die Beulsteifigkeit zu erhöhen.

Prinzipiell waren diese Minenschutzmaßnahmen bereits ein Schritt in die richtige Richtung – allerdings ging man bei der Konzeption des Fahrzeugs vorrangig von Minendetonationen unter den Ketten aus. Außerdem war zum Zeitpunkt der Konstruktions -standfestlegung der Einsatz von projektilbildenden Minen noch nicht relevant.

Somit haben in den 90er Jahre die Leopard 2 Nutzerstaaten Schweden, Schweiz, Norwegen und Deutschland beschlossen, für den KPz Leopard 2 ein wirksames Konzept gegen die bei Kriseneinsätzen zu erwartende Minenbedrohung zu entwickeln. Das Schutzkonzept sollte u.a. folgenden Forderungen erfüllen:
- höchste Priorität hatte die Überlebensfähigkeit der Besatzung (Schäden am Fahrzeug werden hingenommen),
- der mit dem Zusatzschutzmodul versehene Wannenboden unter dem Bereich des Kampfraumes (Bild 12) muss Sicherheit bieten gegen die Detonation von schweren Panzerabwehrminen mit blast-Wirkung und gegen projektilbildende Minen des Typs TRMP unter dem Wannenboden,
- der am Wannenboden zu befestigende Minenschutz muß mit Truppenmitteln montierbar, bzw. demontierbar sein.

Da das BWB Koblenz zusammen mit der Arbeitsgruppe „Minenschutz" in der zweiten Hälfte der 90er Jahre durch die Realisierung des Minenschutzes für den SPz Marder und des Allschutz-Transportfahrzeugs DINGO 1, sowie aufgrund der damit verbundenen Grundsatzuntersuchungen über ein erhebliches know-how verfügte, wurde Deutschland die Führung dieses Vorhabens übertragen. Die allgemeinen Konstruktionsziele der Minenschutzmaßnahmen lassen sich wie folgt zusammenfassen:
- Realisierung eines Bodens mit einem adaptierbaren Schutzmodul, der bei den definierten Bedrohungsparametern nicht aufreißt und eine deutlich reduzierte dynamische Beulung aufweist,
- Realisierung eines Sitzkonzeptes für die Besatzung, welches eine hohe Überlebensfähigkeit bei Minendetonationen erwarten lässt,
- Realisierung von Maßnahmen, die eine unzulässige Verformung von gefährdeten Bauteilen (wie z.B. Drehstäbe) oder ein Ablösen von Bauteilen (wie z.B. Schleifringübertrager) verhindert,
- Realisierung eines neuen Verstaukonzeptes, um den Kampfraumboden möglichst frei von Ausrüstungsgegenstände zu halten.

Insgesamt waren zahlreiche Vorversuche, Teilansprengungen und mehrer Ansprengungen des Gesamtsystems erforderlich, bis Ende 2003 die amtliche Qualifikation für das umgerüstete Fahrzeug erteilt werden konnte. Besonders schwierig gestaltete sich die konstruktive Ausführung der Notausstiegsluke sowie des Fahrersitzes (Bild 13). Aber auch die Konstruktion der bei einer Minendetonation hochbelasteten Befestigungsschrauben erforderte einen iterativen Optimierungsprozess. Der erste von insgesamt 15 Leopard 2 A6M wurde am 7. Juli 2004 an die Truppe übergeben; Schweden wird in einem ersten Schritt 10 Strv 122 mit Minenschutzmaßnahmen umrüsten.

In Verbindung mit den Minenschutzmaßnahmen ist eine Erhöhung des Gefechtsgewichtes unumgänglich: das Gewicht des KPz Leopard 2 A6 wird von 60,2 to auf ca. 62,5 to ansteigen. Das Gefechtsgewicht des Strv 122 M wird von 62,0 to auf ca. 64,0 to steigen!

1.2.5 Kampfwertsteigerung – Stufe III

Für die KWS Stufe III waren u.a. ursprünglich folgende Maßnahmen geplant:
- Schutzverbesserungen im Fahrgestell sowie neues Verstaukonzept,

- neuer Turm mit 140 mm Glattrohrkanone sowie Ladeautomat im Turmheck; damit Reduzierung der Turmbesatzung auf zwei Mann (Bild 14);
- Einbau des FüWES IFIS inkl. leistungsfähigen Datenfunkgeräten.

Auf einer Planungsbesprechung im Jahr 1995 in Waldbröhl wurde im Beisein hochrangiger Vertreter des BMVg beschlossen, die Aktivitäten für die KWS Stufe III zu Gunsten des Rüstungsvorhabens NGP (= Neue gepanzerte Plattformen) zu streichen.

1.3 Verbesserungen und Änderungen bei den Exportfahrzeugen.

Bevor auf die Verbesserungen bei ausgewählten Exportversionen des KPz Leopard 2 eingegangen wird, soll an Hand einer Übersicht die Verteilung des Fahrzeugs dargestellt werden:

- Deutschland	2.225	(aktueller Stand 2004: ca. 1.552 Fzg.)
- Niederlande	445	(aktueller Stand: 180 KPz)
- Schweiz	380	(strebt Verkauf von ca. 150 Fahrzeugen an)
- Schweden	120	(Neuproduktion des Strv 122)
- Dänemark	51	(Kauf gebrauchter Leop 2 von Deutschland)
- Österreich	114	(Kauf gebrauchter Leop 2 von Niederlanden)
- Spanien	219	(Neuproduktion des KPz Leopard 2 E)
- Norwegen	52	(Kauf gebrauchter Leop 2 von Niederlanden)
- Finnland	124	(Kauf gebrauchter Leop 2 von Deutschland)
- Polen	128	(Kauf gebrauchter Leop 2 von Deutschland)
- Griechenland	182	(Neuproduktion des KPz Leopard 2 HEL)

Zu der Übersicht ist anzumerken, dass aus Gründen der Übersichtlichkeit jeweils der Maximalbestand der Nationen angegeben wurde. Da insbesondere Deutschland und die Niederlande bereits einen Teil ihrer Leopard 2-Flotte vermietet oder verkauft haben, ergeben sich bei diesen Ländern im aktuellen Fall niedrigere Zahlen. Als weitere Interessenten für neue oder gebrauchte KPz Leopard 2 können betrachtet werden: Italien, Ungarn, Türkei..............

Eine besondere Betrachtung verdienen somit die in den 90er Jahren, bzw. nach der Jahrtausendwende neu produzierten Versionen für Schweden, Spanien und Griechenland, da sich diese Fahrzeuge z.T. gravierend von den früheren Serienmodellen unterscheiden:

1.3.1 Schweden: Stridsvagn 122:

Am 19. Dez. 1996 wurde in München der erste Stridsvagn 122 (Bild 15) an das schwedische Heer übergeben. Vereinbart wurde die Lieferung von 29 Fahrzeugen aus Deutschland und die Fertigung der restlichen 91 Fahrzeuge in Schweden. Da Schweden die MLC 70 nicht als Gewichtslimit forderte, konnte der Strv 122 mit einem sehr leistungsfähigen Panzerschutz ausgestattet werden. Gegenüber dem Stand Leopard 2 A5 wurden zusätzliche Schutzpakte im Bereich des Wannenbugs und des Turmdachs installiert – das Gefechtsgewicht des Strv 122 stieg u.a. aufgrund der verbesserten Schutzausstattung auf 62,0 to an (Leop 2 A5: 59,7 to).
<u>Turm:</u> Auffallend ist der passive Bombletschutz auf dem Turmdach. Um trotz des hohen Gewichtes eine gute Bedienbarkeit zu gewährleisten, mussten für Kommandant

und Ladeschützen spezielle Schiebeluken konstruiert werden. Interessanterweise bestand das schwedische Heer auch auf eine Splitterschutzklappe für das Rundblickperiskop PERI – R17 A2 (Bild 16). Der Kommandant verfügt im Strv 122 oberhalb der Winkelspiegel über Tippvisier, um damit ein Einlaufen des Periskops auf die Beobachtungsrichtung zu ermöglichen. Der Laser-Entfernungsmesser wurde durch einen Vorsatz (Raman-Filter) augensicher gestaltet. Gänzlich neu ist das beim Kommandanten installierte Führungs- und Informationssystem TCCS (Tank Command and Control System), durch das die Führbarkeit des Fahrzeugs erheblich verbessert wurde. Dem Kommandanten werden auf einem Monitor die taktische Lage sowie die Standorte des eigenen und anderer Fahrzeuge angezeigt (Bild 17). Statt der Standard-Nebelwurfan- lage verfügt der Strv 122 über das französische „GALIX-System, für das einen größere Munitionspalette zur Verfügung steht. Für die 120 mm Glattrohrkanone verwendet Schweden eine gesonderte KE- und HE-Munition.

Fahrgestell: Der Fahrzeugbug sowie die obere Bugplatte erhielten zusätzliche Schutzelemente; ebenso wurde der Schutz bei den Laufwerksschürzen verbessert. Im Gegensatz zum Leopard 2 A5 wurde beim Strv 122 auch der Kampfraum im Fahrgestellbereich mit einem anti-spall-liner ausgerüstet. In den Kraftstoffbehältern befindet sich eine Füllung, welche die Brand- und Explosionsgefahr reduziert. Neu ist die Saugbelüftung des Triebwerksraumes – hierdurch ergibt sich beim Strv 122 eine deutlich günstigere IR-Signatur.

1.3.2 Spanien: KPz Leopard 2 E

Bemerkenswerterweise gab es seit Mitte der 80er Jahre bereits Tendenzen in Spanien (insbesondere in militärischen Kreisen) zur Beschaffung eines neuen Kampfpanzers, der durch deutsche Firmen konzipiert und entwickelt werden sollte. Aus dieser Zeit stammen Konzeptentwürfe von Fa. Krauss-Maffei mit dem Arbeitsbegriff „LINCE" (Luchs), die ein dem Leopard 2 ähnliches Fahrzeug mit 120 mm Glattrohrkanone zeigen; bei einem geplanten Gewicht von ca. 49 to hätte allerdings der Panzerschutz geringer ausfallen müssen. Bereits 1984 reichten fünf Firmen entsprechende Angebote auf eine offizielle Ausschreibung des spanischen Verteidigungsministeriums ein (GIAT mit AMX 40 und Angebot zur Beteiligung an EPC/LECLERC - Entwicklung, General Dynamics mit M1 bzw. M1 E1, Krauss-Maffei mit LINCE-Konzept, Vickers mit VALIANT, OTO MELARA mit Angebot zur Beteiligung an C-1/ARIETE – Entwicklung). Daran schlossen sich fast zehn Jahre an, bei der das Vorhaben zwischen Begeisterung und Desinteresse schwankte und keinerlei Entscheidungen getroffen wurden!
Erst im November 1994 brachten Gespräche am Rande des Ministertreffens der Westeuropäischen Union (WEU) in Nodrdwijk (NL) die entscheidenden Bewegungen in die Planung „neuer Kampfpanzer für Spanien". Hierbei wurde eine Absichtserklärung zwischen den spanischen und deutschen Verteidigungsministern unterzeichnet, die kurzfristig die Leihe von 108 KPz Leopard 2 über fünf Jahre, und mittelfristig (ab 1998) den Kauf von 390 neuen KPz Leopard 2 vorsah. Bedauerlicherweise kamen 1996 wegen fehlender Haushaltsmittel und wegen Unklarheiten über die Privatisierung des Rüstungsbetriebes Santa Barbara Blindados (SBB) die Konkretisierungsarbeiten zum Kauf der neuen Fahrzeuge (nunmehr wurde eine Zahl von 242 genannt) ernsthaft ins Stocken.
Erst nach weiteren zwei Jahren hat 1998 das spanische Kabinett den Weg für die Beschaffung von 219 KPz Leopard 2E (und 16 Bergepanzern) frei gemacht und hierfür 3,75 Mrd. DM) frei gegeben.

Die Produktion der 219 KPz Leopard 2E ist im Zeitraum 12/2003 – 2008 im Rüstungsbetrieb Santa Barbara (Madrid) vorgesehen (der Betrieb wurde 1999 privatisiert und vom US-Unternehmen General Dynamics aufgekauft). Naheliegenderweise beinhaltet auch diese Version zahlreiche Verbesserungen und Änderungen unter Nutzung der aktuell verfügbaren Komponententechnologie. Der KPz Leopard 2 E wird sich durch folgende Besonderheiten auszeichnen (Bild 18):

- Verwendung der neuen 120 mm L/55 Glattrohr - Kanone,
- Integration von Wärmebildgeräten der 2. Generation von Fa. Raytheon in das Kdt.-Rundblickperiskop sowie in das Hauptzielgerät des Richtschützen,
- neue Gleisketten mit härterer Gummimischung für die Kettenpolstern,
- Funkgeräte von Fa. Thales, die den speziellen spanischen Forderungen entsprechen,
- Kühlanlage im Turmheck,
- Stromerzeugeraggregat (APU)
- neues Nachtsehgerät auf Restlichtverstärkerbasis, hergestellt von Fa. INDRA-EWS; (gleiches Gerät wird auch im SPz PIZARRO verwendet),
- neues Führungs- und Informationssystem „LINCE" (Leopard Information and Communications Equipment), - ein speziell für spanische Bedürfnisse zugeschnittenes FüWES, welches mit dem Führungssystem des spanischen Heeres (SIMACET) kompatibel ist.

1.3.3 Griechenland: KPz Leopard 2 HEL

Nach einer umfangreichen Vergleichserprobung Ende 1998 zwischen den Kampfpanzern Leopard 2, M1A2 ABRAMS, LECLERC, T-84, T-80U, und Challenger 2 sowie langwierigen Verhandlungen hat das griechische Verteidigungsministerium mit Fa. Krauss-Maffei-Wegmann am 20.März 2003 den Vertrag über die Beschaffung von 170 KPz Leopard 2 HEL für das griechische Heer unterzeichnet; die Auslieferung der Fahrzeuge ist im Zeitraum 2006 – 2009 geplant.

Die griechischen Fahrzeuge werden die leistungsfähige 120 mm L/55 – Glattrohrkanone erhalten. Die Konfiguration des für Griechenland bestimmten Fahrzeugs unterscheidet sich vom deutschen Leopard2 u.a. durch Einbau einer Klimaanlage sowie eines Stromerzeugeraggregates und eines Wettersensors für die Feuerleitanlage. Das griechische Fahrzeug erhält auch ein umfangreiches Schutzpaket – u.a. mit zusätzlichem Bugschutz für das Fahrgestell sowie einen Bombletschutz auf dem Turmdach. 56 Führungspanzer werden die Möglichkeit zum Einbau eines dritten Funkgerätes erhalten. Die ursprüngliche Absicht, ein Rundblickperiskop der Fa. Raytheon einzubauen, wurde aufgegeben, da dies umfangreiche Änderungen im Turmdachbereich erfordert hätte. Statt dessen kommt nun ein Wärmebildgerät OPHELIOS von Fa. Zeiss-Eltro-Optronik zum Einsatz. Die Fahrzeuge erhalten auch ein Führungs- und Informationssystem (INIOCHOS), welches ein Zusammenschnitt von Komponenten des deutschen IFIS-Systems, des schwedischen TCCS-Systems und des spanischen Systems LINCE ist.

Im Rahmen des umfangreichen Kooperations- und Offsetprogramms werden zahlreiche Komponenten des Panzers in Griechenland gefertigt. Die Entscheidung unter den sechs Wettbewerbsfahrzeugen zu Gunsten des KPz Leopard 2 ist sicherlich ein Ausdruck der guten Erfahrungen, die Griechenland seit vielen Jahren mit dem KPz Leopard 1 und der fairen, sowie guten Zusammenarbeit mit Fa. Krauss-Maffei-Wegmann machen konnte.

1.3.4 Schweiz: Kampfwerterhaltungsprogramm KWEST Pz 87:

Obgleich die Schweiz wie auch die Niederlande gemeinsam mit Deutschland die KWS-Programme der Stufen I und II entwickelt und finanziert haben, wird die Schweiz bei dem Werterhaltungsprogramm des Pz 87 Leopard in wichtigen Bereichen eigene Wege gehen. Die einzelnen Maßnahmen dienen:
- zu Verbesserung der Führbarkeit, bzw. des Führungsprozesses,
- zur Verbesserung der Überlebensfähigkeit,
- und zur Verbesserung der Leistungsfähigkeit des Waffensystems.

Nach einer Konzeptphase (2000 – 2001) wurden im Zeitraum 2001 – 2003 die Prototypen gebaut und damit in 2004 eine technische Erprobung sowie ein Truppenversuch durchgeführt. Im Jahr 2005 soll die Umrüstung der Fahrzeuge (man denkt an 200 Stück) beginnen.

Zur Verbesserung der Führbarkeit werden die umgerüsteten Fahrzeuge das Führungs- und Informationssystem „VIINACCS" (Vehicle Integrated Identification Navigation Command and Control System) erhalten, welches mit den anderen Schweizer Führungssystemen auf taktischer und operativer Ebene kompatibel ist. In Verbindung mit dem Führungssystem werden die Fahrzeuge auch eine hybride Navigationsanlage erhalten. Der Kommandant wird mit dem Rundblickperiskop PERI RTW 17 CH ebenfalls über einem Tag- und Nachtkanal (WBG) verfügen; das Gerät wird auf dem vorhandenen PERI R 17 aufbauen. Identisch mit den anderen, kampfwertgesteigerten KPz Leopard 2 wird die Rückfahrhilfe des Fahrers sein.

Zur Verbesserung der Überlebensfähigkeit soll für ein Teil der Fahrzeuge ein Tarn-Kit beschafft werden, welches die Signaturen im visuellen, infraroten sowie im Radar-Bereich deutlich reduziert. Im Gegensatz zu dem KPz Leopard 2 A5 wird der Zusatzschutz bei der schweizerische Lösung sich vorwiegend an der Bedrohung durch tragbare PzAbw-Handwaffen (RPG-7) ausrichten und den Frontal- und Flankenbereich des Turmes (Kampfraumflächen) betreffen (Bild 19). Die schweizerischen Fahrzeuge werden auch einen Bombletschutz auf dem Turmdach erhalten – beide Schutzlösungen sind eigenständige schweizerische Entwicklungen (RUAG). Gemeinsam mit dem Leopard 2 M wird das Konzept des Minenschutzes sein; auch der anti-spall-Liner im Kampfraum sowie die elektrische Waffennachführanlage entspricht der Gemeinschaftsentwicklung.

Interessanterweise wird die Schweiz ihre Fahrzeuge nicht mit der längeren Glattrohrkanone 120 mm L/55 ausrüsten – allerdings die neue Pfeilmunition LKE 2/DM 53 beschaffen. Im Hinblick auf Auslandseinsätze und den damit häufig verbundenen Einsatz der Fahrzeuge in bebauten Gebieten, hat die Schweiz eine autonome Waffenstation (AWS) entwickelt, die unter Schutz vom Kommandanten bedient werden kann. Die Waffenstation soll auf dem Turmdach (über dem Munitionsraum) platziert werden; der modulare Aufbau soll wahlweise die Einrüstung eines 7,5 mm MG, einer 40 mm Granat-Maschinenwaffe oder eines 12,7 mm MG ermöglichen.

2. Blick in die Zukunft – Anpassungsmöglichkeiten des KPz Leopard 2 an zukünftige Einsatzszenarien.

2. 1 Randbedingungen für zukünftige Einsätze.

Gemäß den im Mai 2003 verkündeten Verteidigungspolitischen Richtlinien (VPR) stellen in Zukunft weltweite Einsätze zur Konfliktverhütung und Krisenbewältigung die vorrangige Aufgaben der Deutschen Bundeswehr dar – dies wird sinngemäß für viele andere europäische Staaten und deren Streitkräfte gelten. Im Hinblick auf das damit verbundene, neue Fähigkeitsprofil muss nach den deutschen Vorstellungen z.B. das Heer über ein Kräftedispositiv, bestehend aus leichten, mittleren und schweren (mechanisierten) Kräften, verfügen. Nur so kann flexibel unter Nutzung eines Kräftekontinuums auf alle Eskalationsgrade zukünftiger Konfliktszenarien reagiert werden.

Die schweren Kräfte – und hierzu zählt der KPz Leopard 2 – sind erforderlich, damit auch bei hohem Gefährdungsrisiko die eignen Truppenführer die Initiative und die Handlungsoptionen gegenüber dem Gegner behalten. Wenn in entscheidenden Phasen einer militärischen Auseinandersetzung darum gerungen wird,
• den Gegner zu werfen
• Räume zu besetzen
• Räume zu halten und zu beherrschen,
so haben die Erfahrungen der Vergangenheit gezeigt, dass gepanzerte Fahrzeuge aufgrund ihrer universellen Einsetzbarkeit und der <u>Kombination wichtiger Kampfeigenschaften in einem System</u> immer die Wahl der Truppenführer darstellten.

Gerade der KPz Leopard 2 vereint die wichtigen Fähigkeiten:

■ **Durchsetzungsvermögen und Wirkfähigkeit**
(hier ist insbesondere die Möglichkeit zur Bekämpfung eines breiten Zielspektrums von Entfernung „Null" bis ca. 3000 m und die Allwettereinsatzfähigkeit von Bedeutung)!

■ **Durchhaltevermögen**
(der KPz bietet den eigenen Besatzungen den bestmöglichen Schutz vor Waffenwirkung; eine Klimatisierung des Kampfraumes und vorhandene Munitions- sowie Lebensmittelvorräte ermöglichen eine hinreichende Einsatzautonomie vor Ort und das Halten von Stellungen über mehrere Tage, bzw. Nächte).

■ **Stoßkraft**
(die Beweglichkeit ermöglicht die Waffenwirkung an und in den Feind hineinzutragen; abgesehen von Hochgebirgs- und Sumpflandschaften, gibt es nur relativ wenige Geländepartien, die nicht von einem Kettenfahrzeug bezwungen werden können).

Trotz dieser relativ guten Ausgangsbedingungen erfordern zukünftige Peace Support Operations (PSO) auch bei einem Kampfpanzer eine Reihe von Maßnahmen, um einen wirksameren und optimaleren Einsatz zu ermöglichen. Die notwendigen Änderungen betreffen insbesondere :
➢ das Führungs- und Aufklärungskonzept,
➢ das Bewaffnungskonzept,
➢ das Schutzkonzept
➢ sowie das Ausrüstungskonzept.

2.2 Anforderungen an das Führungs- und Aufklärungskonzept:

Bei Einsatz in einer unbekannten Region / Gelände ist das Vorhandensein eines fahrzeugseitigen Führungs- und Informationssystems, bzw. Führungs- Waffeneinsatzsystems sowohl für die Fahrzeugbesatzung wie auch für die Einsatzführung von unschätzbarem Wert. Die Erfahrungen haben gezeigt, dass bei Einsatz in ungünstigem Gelände (zerschnittenes Gelände) die Reichweite der heute allgemein üblichen VHF-Funkgeräte häufig nicht ausreicht – für eine sichere Führung sind datentaugliche HF-Funkgeräte erforderlich. Wie in dem Beitrag beschrieben, haben alle Exportausführungen das geforderte Führungs- und Informationssystem (oder werden es erhalten). Für die Bundeswehr bleibt zu hoffen, dass die seit vielen Jahren andauernden Aktivitäten auf diesem Sektor in absehbarer Zeit zu einer Realisierung (Umsetzung) geführt werden können.

Die Verfügbarkeit von zwei unabhängigen Wärmebildgeräten auf dem Fahrzeug (Leopard 2 A5/A6) hat sich bei Überwachungsaufgaben in Krisengebieten als sehr nützlich erwiesen (die meisten kritischen Situationen passieren meist nachts!).

Dringender Nachholbedarf besteht für die Aufklärung und Überwachung im Nächstbereich um das Fahrzeug. Wie die Rückfahrhilfe beim Leopard2 A5/A6 zeigt, bietet der Markt die entsprechende Technologie an. In Zukunft muss durch ca. 6 Überwachungskameras sichergestellt werden, dass die Besatzung (z.B. bei Einsätzen im urbanen Umfeld) unter Schutz stets den Nächstbereich des Fahrzeugs unter Kontrolle hat.

2.3 Anforderungen an das Bewaffnungskonzept:

Zukünftige PSO-Einsätze erfordern vom Bewaffnungskonzept gepanzerter Fahrzeuge eine größere Universalität. Das Spektrum reicht hier (unter Beachtung der Rules of Engagement (ROE) von nicht letalen Waffen- und Wirkmitteln bis zu großkalibrigen Waffen. Zur Verteidigung im Nahbereich war bereits beim KPz Leopard 1 A3 eine Nahverteidigungswaffe im Turmdach vorgesehen (wurde in der Serie nicht realisiert). Bereits eine Reihe von Panzerfahrzeugen der ehemaligen dt. Wehrmacht verfügte über eine derartige Nahverteidigungswaffe.

Wie die Einsätze im Balkan zeigen, müssen sich gepanzerte Fahrzeuge, bzw. Konvois auch im ungünstigen Gelände (z.B. in Hinterhaltsituationen) wirksam verteidigen können. Wichtig ist, dass alle Waffen unter Schutz bedienbar sein müssen und mit einer Nachtsichtoptik ausgestattet sind. Das Schweizer Konzept zeigt hier einen vorbildlichen Weg auf! Speziell der Kampfpanzer müsste zusätzlich über eine Sekundärwaffe verfügen, die über die Leistungsfähigkeit des heute üblichen 7,62 mm MG hinaus geht, um den Einsatz der Hauptwaffe möglichst zu vermeiden. In Betracht zu ziehen sind hierfür: ein 12,7 mm MG oder eine 40 mm Granatmaschinenwaffe.

Duellsituationen mit gegnerischen Kampfpanzern sind bei PSO-Einsätzen mit geringerer Wahrscheinlichkeit zu erwarten – aber sie sind nicht völlig auszuschließen! Gerade die russischen KPz der Reihe T-54/55/62 (von denen über 100 000 Stück gebaut wurden), finden heute bei vielen paramilitärischen Gruppierungen und war-lords eine weite Verwendung (s. Afghanistan- oder in afrikanischen Staaten; Bild 20). Beim Einmarsch der Bundeswehr von Mazedonien in den Kosovo musste grundsätzlich mit dem Auftauchen jugoslawischer KPz M-84 gerechnet werden – insofern war die Anführung des Spitzenzuges durch KPz Leopard 2 A5 vollauf gerechtfertigt (Bild 21)! Leider könnte sich der lange Rohüberstand bei der 120 mm L/55 bei Einsätzen im urbanen Umfeld als ungünstig erweisen. Für den Einsatz im urbanen Umfeld oder zur Bekämpfung von Zielen hinter Deckungen (Mörserstellungen, Stellungen mit PzAbw-Waffen) ist in Zukunft ein tempierbares Sprenggeschoß (mit Luftsprengpunkt) erforderlich. Die Entwicklung eines derartigen Geschosses ist in Deutschland recht weit fortgeschritten; mit einer Einführung könnte ab 2007/08 gerechnet werden (Bild 22). Allerdings sind hierfür auch tiefergehende Eingriffe in die Feuerleit- und die Waffenanlage erforderlich!

2.4 Anforderungen an das Schutzkonzept:

Bei PSO-Einsätzen muß vorrangig mit dem Einsatz folgender Waffen gerechnet werden:

- Panzerabwehr- und Schützenabwehrminen,
- Schützen und Scharfschützen,
- Panzerabwehrwaffen kurzer Reichweite,
- Sprengfallen und Brandsätze,
- Mörser-Beschuß, ggf. Artillerie-Beschuß,
- Panzerabwehr-Lenkflugkörper,
- Beschuß aus Rohrwaffen (PzK, MK),
- (Barrikaden und Sperren).

Wie im Beitrag beschrieben, wurde für den KPz Leopard 2 ein wirksames Schutzkonzept gegen schwere Panzerabwehrminen mit blast-Wirkung sowie gegen projektilbildende Minen (Detonation unter der Wanne) erarbeitet. Ab Juli 2004 werden deutsche und schwedische Fahrzeuge entsprechend umgerüstet. Gegenüber der Bedrohung durch Scharfschützengewehre; Sprengfallen und Splittern bietet der KPz Leopard 2 bereits heute einen hinreichenden Schutz. In Einzelbereichen (wie z.B. Schutz der Optiken) besteht allerdings Nachholbedarf.
Nachholbedarf besteht hingegen auch beim Schutz gegen Panzerabwehr-Handwaffen, wie z.B. die weit verbreitete russische RPG-7 (Bild 23). Bereits ältere Modelle weisen eine Durchschlagsleistung von über 300 mm homogenen Panzerstahl auf! Zwar ist der Leopard 2 frontal und im Flankenbereich bis zu einem gewissen Winkel gegenüber dieser Bedrohung geschützt – doch muss bei PSO-Einsätzen im urbanen Umfeld mit einer ausgeprägten Rundumbedrohung durch diese Waffen gerechnet werden. Der von der Schweiz beschrittene Weg zur Werterhaltung des Pz 87 zeigt hier einen sinnvollen Weg auf.

Ebenso muss der Einsatz von Brandkampfmittel durch paramilitärische Kräfte stärker in Betracht gezogen werden. Hier sollten in praxisorientierten Versuchen die Schwachstellen des Konzeptes ermittelt, (z.B. Lukendichtungen, Optiken, Lufteinlaßgrätings usw.) und Schutzmaßnahmen in Angriff genommen werden. Der Golf-Krieg 2003 hat bei einigen US-Panzerfahrzeugen hier gravierende Defizite erkenn lassen!

Der Erfolg und die Wirksamkeit der in vielen Staaten in Entwicklung befindlichen abstandsaktiven Schutzsystem sollte kritisch unter realen Einsatzbedingungen beurteilt werden. Speziell bei zukünftigen PSO - Einsätzen, die häufig in panzerungünstigem Gelände, bzw. im urbanen Umfeld erfolgen, nützen sog. „soft-kill" - Systeme aufgrund ihrer notwendigen Reaktionszeit (-entfernung) nichts. Selbst sog. „hard-kill"-Systeme haben bei Kampfentfernungen unter 50 m erhebliche Probleme. Darüber hinaus wird häufig im Zusammenhang mit abstandsaktiven Schutzsystemen der damit verbundene, finanzielle Aufwand verschwiegen – Komplettpreise (Beschaffung und Integration) von ca. 250 000 Euro aufwärts werden einen umfassenden Einsatz an jedem Fahrzeug verhindern. Insofern bleibt das Vorhandensein eines leistungsfähigen ballistischen Schutzes der beste Garant für eine ausreichende Überlebensfähigkeit der Besatzung unter Bedrohung! Unter diesem Gesichtspunkt stellt der Kampfpanzer – auch in Zukunft - die beste Lösung dar.

2.5 Anforderungen an das Ausrüstungskonzept:

Auch bei der Ausrüstung der Panzerfahrzeuge stellen zukünftige PSO-Einsätze besondere Forderungen. So muß insbesondere bei Anfangsoperationen verstärkt mit dem Einsatz von Sperren und Barrikaden gerechnet werden. Hierfür ist die Adaptionsmöglichkeit eines stabilen Räumschilds erforderlich. Beim Räumeinsatz ist natürlich auch mit dem Vorhandensein von Minen und Sprengfallen zu rechnen.

Die extremen klimatischen Einsatzbedingungen bei Auslandseinsätzen erfordern bei gepanzerten Fahrzeugen sowohl eine wirksame Kühlanlage wie auch eine Heizung für den Kampfraum. Eine Kühlanlage ist bei Einsatz in heißen Gebieten sowohl für die Besatzung wie auch für die Elektronik erforderlich (Bild 24). Im Hinblick auf die notwendigen Kühlleistungen und die langen Betriebszeiten wird bei Einbau einer Kühlanlage zwingend auch der Einsatz eines Stromerzeugeraggregates erforderlich. Wie im Beitrag vorgestellt, werden die KPz Leopard 2 von Spanien und Griechenland (und von Dänemark) diese Komponenten erhalten (Bild 25).

Die in Auslandseinsätzen von den Einheiten geforderte Durchhaltefähigkeit bedingt auch eine ausreichende Einsatzautonomie der Fahrzeuge. Neben einem ausreichenden Vorrat an Munition und Betriebsstoffen muss auch an entsprechende Trinkwasser- und Lebensmittelvorräte für die Besatzung gedacht werden! Die aus dem Golf-Krieg 2003 bekannten Lösungen hatten den Nachteil, dass die außen angebrachten Ausrüstungsgegenstände und Lebensmittelvorräte beschossen wurden. Nach langen Märschen hatten die Besatzungen im entscheidenden Augenblick kein Trinkwasser mehr verfügbar!

Der Einfluss auf die Moral der Besatzung sollte nicht unterschätzt werden, wenn die Fahrzeugausrüstung die Möglichkeit bietet, z.B. bei stundenlangen check-point-Einsätzen, sich eine warme Mahlzeit zu zubereiten! Die Väter des Leopard 1 hatten hierfür eine Kochplatte vorgesehen – dem Zeitgeist entsprechend sollte in Zukunft über die Verfügbarkeit eines kleinen Mikrowellenherdes für die Besatzung im Leopard 2 nachgedacht werden...........

3. Schlussbemerkung.

Im Jahr 2004 vollenden die ersten KPz Leopard 2 ihr 25-jähriges Nutzungsjubiläum! Die modernen Ausführungen des Fahrzeugs haben (vereinfacht ausgedrückt) – abgesehen von Triebwerk, Fahrwerk und Grundgehäuse – nicht mehr viel Gemeinsamkeiten mit den ersten Serienversionen. Durch eine frühzeitige Untersuchung des Aufwuchs- und Modernisierungspotenzials in den Jahren 1983/84 konnte eine gelungene Basis für die späteren Kampfwertsteigerungsprogramme gefunden werden. Sowohl die KPz Leopard 2 A5/A6 wie auch die Exportversionen fanden hier ihren Ursprung.

25 Jahre Einsatz des KPz Leopard 2 stehen somit symbolisch für ein ausgereiftes,

bewährtes, zuverlässiges und bedienungsfreundliches Waffensystem. Darüber hinaus stehen für Zwecke der Ausbildung und der Materialerhaltung umfangreiche Peripheriegeräte zur Verfügung. In den letzten Jahren hat sich der KPz Leopard 2 aber auch als ein sehr anpassungsfähiges Waffensystem erwiesen, der unter Nutzung aktueller Technologien bei wichtigen Baugruppen den heutigen und zukünftigen Anforderungen gerecht werden kann. Dieser Erfolg beruht sicherlich u.a. auf den Anregungen der Leopard - Benutzerstaaten und auf einem rührigen Generalunternehmer (Fa. Krauss-Maffei-Wegmann), der auch in wirtschaftlich schwierigen Situationen mit Augenmaß und klarem Ziel konsequent an der Fortentwicklung des KPz Leopard 2 arbeitet.

Im Jahr 1999 wurde der KPz Leopard 2 A6 vom amerikanischen Consulting Unternehmen „Forecast International" zum weltbesten Kampfpanzer deklariert. Es gilt, diesen Spitzenplatz auch in Zukunft zu behaupten!

Bildunterschriften:

Kopfbild: KPz Leopard2 A5 und ein SPz Marder 1 A3 beim gemeinsamen Vorgehen auf einem Truppenübungsplatz.

Bild 1: KPz Leopard 2 A4 des 8. Bauloses mit neuen Kettenschürzen in D-Technologie und gerader Unterkante.

Bild 2: Vorläufer des Komponentenversuchsträgers aus dem Jahr 1988 mit Holznachbildung der Zusatzpanzerung.

Bild 3: Der Komponentenversuchsträger (KVT) wurde im Jahr 1989 fertig gestellt.

Bild 4: Das Truppenversuchsmuster TVM 1 (TVM min) im Jahr 1992 an der Panzertruppenschule in Munster.

Bild 5: Der TVM 2 mod beim Truppenversuch im Jahr 1993 auf dem TrÜbPlatz Bergen - Hohne.

Bild 6: Serienausführung des KPz Leopard 2 A5.

Bild 7: Glasbild des KPz Leopard 2 A5.

Bild 8: Rückfahrhilfe (Rückfahrkamera) am Heck des KPz Leopard 2 A5.

Bild 9: Geänderte Anordnung des Rundblickperiskops PERI R 17 A2 beim KPz Leopard 2 A5.

Bild 10: Darstellung der fünf KE-Generationen für die 120 mm - Glattrohrkanone des KPz Leopard 2.

Bild 11: Serienversion des KPz Leopard 2 A6 mit der längeren Hauptwaffe.

Bild 12: Schematische Darstellung des Minenschutzes unter dem Wannenboden im Bereich des Kampfraumes.

Bild 13: Der neue Fahrersitz ist mit Bändern am Wannendach befestigt.

Bild 14: Konzept K3 der KWS Stufe III mit 140 mm PzK und Ladeautomat.

Bild 15: Serienversion des schwedischen Stridsvagn 122.

Bild 16: Splitterschutzhaube für das PERI R 17 A2.

Bild 17: Kommandantenplatz im Strv 122 mit Monitor des TCCS.

Bild 18: Der KPz Leopard 2 A6 EX entspricht weitestgehend der für Spanien vorgesehenen Version.

Bild 19: Skizze des für die Werterhaltung Pz 87 Leo vorgesehenen Turmes mit Zusatz-Schutzmodulen und der autonomen Waffe über dem Munitionsraum.

Bild 20: Zerstörter T-62 in Afghanistan.

Bild 21: Einmarsch des deutschen Kontingentes aus Mazedonien in den Kosovo; die Spitze bildeten KPz Leopard 2 A5!

Bild 22: Neues Sprenggeschoss mit tempierbarem Zünder. Oben: gesamte Patrone: unten: Fluggeschoß.

Bild 23: Kämpfer mit RPG-7 zur Panzerabwehr in Afghanistan.

Bild 24: Prinzip der Lüftführung der Kühlanlage im Turm des KPz Leopard 2.

Bild 25: Faryman-Hilfsstromaggregat, welches im Heckbereich der rechten Kettenschulter beim KPz Leopard 2 eingebaut werden kann (zwei Batterien entfallen dabei).

Vorstellung des Autors:

Rolf Hilmes ; Wissenschaftlicher Direktor / Dipl. Ing. – Jahrgang 1948 –
Nach Ausbildung zum Reserveoffizier in der Panzertruppe 1967 – 69 (Einsatz auf KPz M 48 A2, Leopard 1 und Leopard 2) – Studium des allg. Maschinenbaus an der TH Darmstadt (1969 – 75). Nach Referendarausbildung Einsatz im BWB Koblenz im Bereich der Waffen- und Panzertechnologie (1975 – 89). Danach Verwendung als Dozent und Fachgebietsleiter (Systemtechnik Land) an der Bundesakademie für Wehrverwaltung und Wehrtechnik (Mannheim).

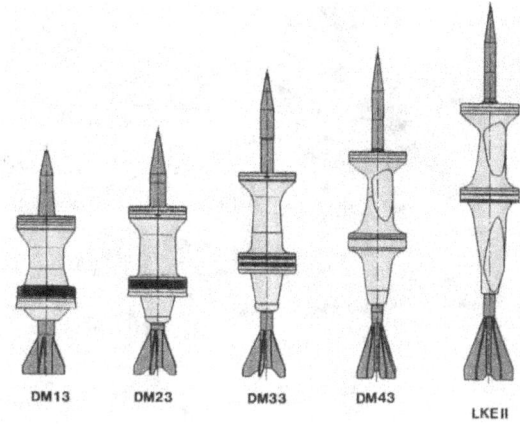
DM13 DM23 DM33 DM43 LKE II

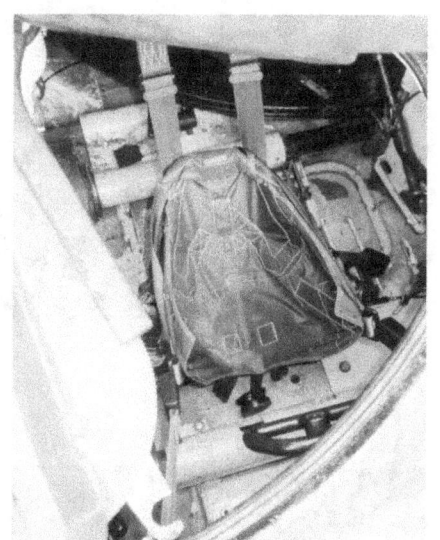

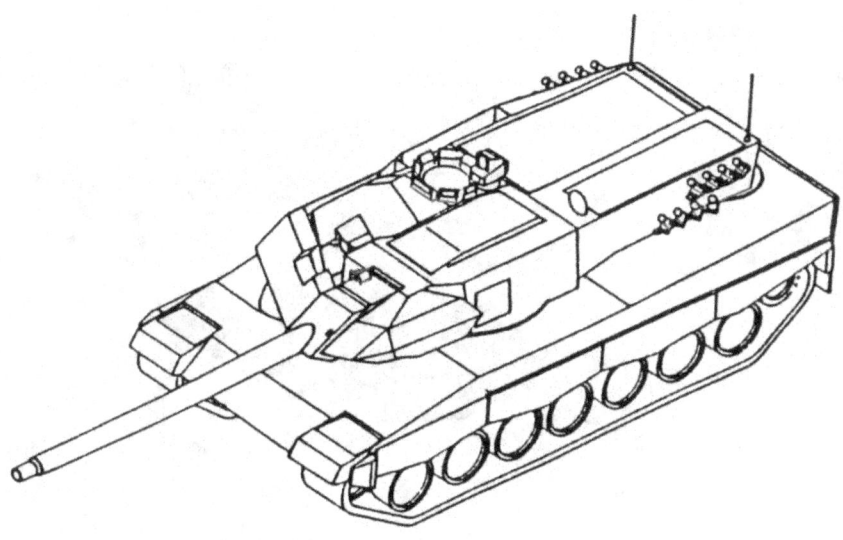

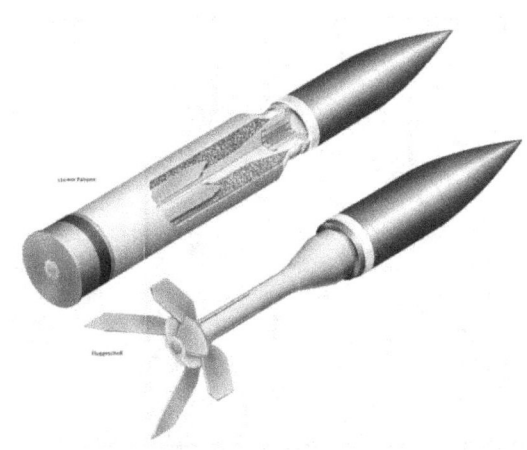

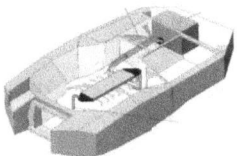